元素の略号と原子量

原子番号	名　前	略　号	原子量
1	水　素	H	1.007 94
2	ヘリウム	He	4.002 60
3	リチウム	Li	6.941
4	ベリリウム	Be	9.012 18
5	ホウ素	B	10.81
6	炭　素	C	12.011
7	窒　素	N	14.0067
8	酸　素	O	15.9994
9	フッ素	F	18.9984
10	ネオン	Ne	20.1797
11	ナトリウム	Na	22.9899 77
12	マグネシウム	Mg	24.305
13	アルミニウム	Al	26.981 54
14	ケイ素	Si	28.0855
15	リ　ン	P	30.9738
16	硫　酸	S	32.066
17	塩　素	Cl	35.4527
18	アルゴン	Ar	39.948
19	カリウム	K	39.0983
20	カルシウム	Ca	40.078
21	スカンジウム	Sc	44.9559
22	チタン	Ti	47.88
23	バナジウム	V	50.9415
24	クロム	Cr	51.996
25	マンガン	Mn	54.9380
26	鉄	Fe	55.847
27	コバルト	Co	58.9332
28	ニッケル	Ni	58.69
29	銅	Cu	63.546
30	亜　鉛	Zn	65.39
31	ガリウム	Ga	69.72
32	ゲルマニウム	Ge	72.61
33	ヒ　素	As	74.9216
34	セレン	Se	78.96
35	臭　素	Br	79.904
36	クリプトン	Kr	83.80
37	ルビジウム	Rb	85.4678
38	ストロンチウム	Sr	87.62
39	イットリウム	Y	88.9059
40	ジルコニウム	Zr	91.224
41	ニオブ	Nb	92.9064
42	モリブデン	Mo	95.94
43	テクネチウム	Tc	(98)
44	ルテニウム	Ru	101.07
45	ロジウム	Rh	102.9055
46	パラジウム	Pd	106.42
47	銀	Ag	107.8682
48	カドミウム	Cd	112.41
49	インジウム	In	114.82
50	ス　ズ	Sn	118.710
51	アンチモン	Sb	121.757
52	テルル	Te	127.60
53	ヨウ素	I	126.9045
54	キセノン	Xe	131.29
55	セシウム	Cs	132.9054
56	バリウム	Ba	137.33
57	ランタン	La	138.9055
58	セリウム	Ce	140.12
59	プラセオジム	Pr	140.9077
60	ネオジウム		
61	プロメチウ		
62	サマリウム		
63	ユウロピウ		
64	ガドリニウ		
65	テルビウム		
66	ジスプロシウム	Dy	
67	ホルミウム	Ho	164.9304
68	エルビウム	Er	167.26
69	ツリウム	Tm	168.9342
70	イッテルビウム	Yb	173.04
71	ルテチウム	Lu	174.967
72	ハフニウム	Hf	178.49
73	タンタル	Ta	180.9479
74	タングステン	W	183.85
75	レニウム	Re	186.207
76	オスミウム	Os	190.2
77	イリジウム	Ir	192.22
78	白　金	Pt	195.08
79	金	Au	196.9665
80	水　銀	Hg	200.59
81	タリウム	Tl	204.383
82	鉛	Pb	207.2
83	ビスマス	Bi	208.9804
84	ポロニウム	Po	(209)
85	アスタチン	At	(210)
86	ラドン	Rn	(222)
87	フランシウム	Fr	(223)
88	ラジウム	Ra	226.0254
89	アクチニウム	Ac	227.0278
90	トリウム	Th	232.0381
91	プロトアクチニウム	Pa	231.0399
92	ウラン	U	238.0289
93	ネプツニウム	Np	237.048
94	プルトニウム	Pu	(244)
95	アメリシウム	Am	(243)
96	キュリウム	Cm	(247)
97	バークリウム	Bk	(247)
98	カリホルニウム	Cf	(251)
99	アインスタイニウム	Es	(252)
100	フェルミウム	Fm	(257)
101	メンデレビウム	Md	(258)
102	ノーベリウム	No	(259)
103	ローレンシウム	Lr	(262)
104	ラザホージウム	Rf	(261)
105	ドブニウム	Db	(262)
106	シーボーギウム	Sg	(266)
107	ボーリウム	Bh	(264)
108	ハッシウム	Hs	(269)
109	マイトネリウム	Mt	(268)
110	ダームスタチウム	Ds	(271)
111	レントゲニウム	Rg	(272)
112	コペルニシウム	Cn	(285)
113	ニホニウム	Nh	(284)
114	フレロビウム	Fl	(289)
115	モスコビウム	Mc	(288)
116	リバモリウム	Lv	(292)
117	テネシン	Ts	(293)
118	オガネソン	Og	(294)

生化学 編

原書8版

マクマリー 生物有機化学

Fundamentals of General, Organic, and Biological Chemistry (8th Edition)

John McMurry
David S. Ballantine
Carl A. Hoeger
Virginia E. Peterson

監訳
菅原二三男
倉持　幸司

訳
上田　　実
紙透　伸治
佐原　弘益
菅原二三男
田沼　靖一
仲下　英雄
平田　敏文
藤井　政幸

丸善出版

Authorized translation from the English language edition, entitled FUNDAMENTALS OF GENERAL, ORGANIC, AND BIOLOGICAL CHEMISTRY, 8th Edition, ISBN : 0134015185 by MCMURRY, JOHN E.; BALLANTINE, DAVID S.; HOEGER, CARL A.; PETERSON, VIRGINIA E., published by Pearson Education, Inc.,

JAPANESE language edition published by MARUZEN PUBLISHING CO., LTD.,

JAPANESE translation rights arranged with PEARSON EDUCATION, INC. through JAPAN UNI AGENCY, INC., TOKYO JAPAN

本書は Pearson Education, Inc. の正式翻訳許可を得たものである.

Printed in Japan

原書まえがき

本書は，化学と生化学の知識が必要な生命科学分野の学生を対象にしている．しかし，多くの化学的概念に基づいた一般的な内容を含んでいるので，ほかの分野の学生にとっても，日常生活における化学の重要性を，より正しく認識できるようになるだろう．

“原子とは”からはじまり“私たちはどのようにしてグルコースからエネルギーを得ているのか”まで，化学のすべてを教えることは挑戦である．本書の『基礎化学編』と『有機化学編』では，生物や日常生活の化学の基本概念に焦点を当てた．『生化学編』では，生物系に化学の概念を適用する内容を提供するよう工夫した．本書の目標は，学生が完全に理解するための十分な内容を提供することだが，一方では学生が勉学意欲をなくすほどの過度に詳細な内容は避けるようにした．実践的かつ適切な例題や概念図を数多く用意し，学習効果が増すように努力した．

取り上げた内容は，2～3 学期分の基礎化学，有機化学，生化学の入門書として十分な内容である．『基礎化学編』と『有機化学編』のはじめの章は生体物質を理解するための基本的な概念を含む内容とし，その後の章は学生と授業のニーズに合わせて調整できるように各論とした．

文章は明快かつ簡潔なものとし，学生個人の経験を考慮した現実的で親しみやすい実例を挿入した．真の知識とは，その知識を適切に応用する能力によって試されるので，本書は一貫した問題解決法を取り入れた膨大な例題を用意した．

仕事の選択に関係なく，私たちは増加し続ける技術社会の一員である．仕事ばかりではなく，日常生活においても化学の原理に気づくことがある．そのようなとき，原理原則を確実に理解していれば，科学的な問題に対して情報に基づいた決定をすることができる．

構成と概要

基礎化学編：化学の概念について内容の充実を図り，個々の概念を結びつけることによって，特異的な概念に集中できる．

元素，原子，周期表，化学の定量性（1，2 章），ついでイオン化合物および分子化合物の章を設けた（3，4 章）．そのつぎの 3 章では，化学反応と化学量論，エネルギー，速度，平衡について述べた（5～7 章）．生活関連の化学をその後の章にあげた：気体，液体，固体（8 章），溶液（9 章），酸と塩基（10 章）．核化学を最後に配した（11 章）．

有機化学編：有機化学と生化学は互いに密接に結びついているので，『有機化学編』を通して生物学的に重要な分子を紹介している．読者がより明確に有機分子を理解するため基本的な反応を強調し，生化学編で再度学ぶことになる反応は“Mastering Reactions”などの囲み記事で取り上げ，とくに注意を払った．この“囲み記事”の特徴は，有機反応の背後にある“どのように”を掘り下げて議論することである．Mastering Reactions を授業に組み入れてもよいし，あるいは有期反応機構の議論は不要と判断した場合は，とくに触れなくてもよい．生体分子の議論ではきわめて重要となる線構造式は，旧版に比べてより強調した．立体化学と不斉（キラル）に関しては 3 章の最後により詳細に記述し，学生がこの概念を十分に理解する時間が持てるよう配慮した．ただし，教員が不要と判断した場合は省略してもよい．全章にわたって応用的な特徴を更新あるいは新しいものにし（Chemistry in Action 含む），種々の有機分子の臨床上の特性を強調し，その話題にかかわる現在の知見と研究を反映させた．さらに，補足的な内容は各章に例題として付け加え，生化学編の学習に備えるよう配慮した．

学生が生化学を理解するために，必ず知っておかなければならない事柄に焦点を当て，簡潔なものにした．基礎的な命名法を炭化水素のところで紹介し最低限必要な内容に留めた（1，2章）．酸素，硫黄，ハロゲンの単結合の官能基（3章），ついで化学にとって重要な役割を担う炭素と酸素の二重結合をもつアルデヒドとケトンを説明した後（4章），生物と薬の化学にとって非常に重要なアミンの短い章をおいた（5章）．最後に，カルボン酸とその誘導体（エステル，アミド）の化学を取り上げ，同属化合物の類似性に焦点を当てた（6章）．有機反応機構の解説には，旧版同様に日常的な語句を用いた．

生化学編：生物化学あるいは生化学と表現されるこの分野は，生物の化学，とくに細胞レベル ―― 細胞の内と外 ―― の特別な化学である．生物化学の基礎は，『基礎化学編』と『有機化学編』に記載した．生物化学は，生物分子の学習においては無機化学と有機化学の融合であり，生物分子の多くは細胞内で特別な役割を担った巨大有機分子である．生化学編でみる生物分子の反応は『有機化学編』で学んだ反応と同じ反応であり，無機化学の基礎も細胞では重要である．

複雑な構造をもつタンパク質，炭水化物，脂質，核酸については，まず体内における役割について説明することにし，構造と機能についてまとめて解説し（1章），その後，酵素と補酵素の章を設けた（2章）．つぎに一般的な炭水化物の構造と機能を取り上げた（3章）．酵素と炭水化物の解説をしたところで，生化学エネルギー生産の主経路と主題の説明が可能になる（4章）．もし生化学に割く学習時間が限られている場合は4章で止めても代謝の基本について十分な基礎学力を身につけることができる．ここから先の章は，炭水化物の化学（5章），脂質の化学（6，7章），さらにタンパク質とアミノ酸の代謝（8章）について解説した．ついで核酸とタンパク質の合成（9章），ゲノム科学（10章）について議論を重ね，最後にホルモンと神経伝達物質の機能と薬の作用（11章），体液の化学（12章）を取り上げた．

David S. Ballantine

まえがき：訳者を代表して

本書は，米国で高い評価を受けている“Fundamentals of general, Organic and Biological Chemistry”を翻訳した教科書です．今回の改訂版（原書8版）では，生物における化学反応の過程を理解するには，無機化学と有機化学の知識が必須になることを明確にしています．とくに，有機反応をより深く理解することで生化学反応の理解をより深めるため，有機反応機構の解説をこれまでよりも多く加えました．さらに，医療現場で幅広く活用されている知識と技術の多くが，化学反応を基盤にして開発されたことを囲み記事にして紹介しています．

前版までの目標――“物理法則によって成り立つ化学と，化学反応によって成り立つ生命活動や現象を関連づけながら，合理的かつ科学的に理解する”――からさらに一歩進んで，日常生活，とりわけ医療に使われる革新的な科学技術に結びつけて理解できるよう配慮がされています．医療系の学生ばかりではなく，理学系，工学系，農学系や食品系など，多くの分野の学生の学習の助けになるよう最大限の努力と細心の注意が払われており，一般化学・有機化学・生化学として十分な内容となっています．

“自然界における現象を化学的に理解する”その例をあげて説明しましょう．

「あなたのスマホはウイルスに感染しています！」という表示がいきなり出たら，ビックリです．スマホだけではなく，PCもウイルスに感染する危険性が常にあります．世界中で発生したランサムウェアによるサイバー攻撃も，身代金要求型といわれるウイルスによるものです．生物学でお目にかかるウイルスは，生物でもなく無生物でもない，ほかの生物の細胞を利用して自己複製する微小構造体で，タンパク質の外殻（カプシド）と内部の核酸（RNA型とDNA型がある）で構成される粒子です．みなさんにも，夏場の屋外プールなどで広く感染するプール熱（咽頭結膜熱）や冬場のインフルエンザをはじめ，ウイルスによる病気の経験があるはずです．ヒト以外でも高病原性鳥インフルエンザや牛口蹄疫，ブタインフルエンザなどによる被害は，頻繁にニュースに出てきます．また自らは動かない植物にもウイルスが存在し，昆虫などの媒介生物を通して感染し，大きな被害をもたらします．

魚類の養殖場では，あるとき一斉に魚が死んでしまう現象がおこることがあります．その原因はウイルスによる病気と考えられています．たとえば，コイヘルペスウイルスが原因となるコイの病気は，治療法もワクチンも開発されていないので，致死率は100％といわれています．ニジマスも例外ではなく，しばしば*Novirhabdovirus*属のウイルスによる病気が蔓延し，ほぼ全滅してしまいます．しかし，少ないながらも生き残る個体をみつけることができます．この個体（学名*Oncorhynchus mykiss*）の消化管には*Pseudomonas*属の細菌がおり，その細菌が抗ウイルス薬を生産して対抗し，生き延びていることが想定されました．そこで細菌の培養液から抗ウイルス活性を探索した結果，C末端側に環状エステルを形成する8個のアミノ酸，直鎖を構成する6個のアミノ酸，N末端側の(*R*)-3-ヒドロキシデカン酸により構成されるMA026(1)を発見しました（筆者ら，特許公表番号2002-542258）．この物質は，ヒトC型肝炎ウイルス（HCV）に対しても，抗ウイルス活性を示しました．詳細な構造は，アミノ酸分解とキラルHPLC，LC-MS/MS，NMRなどによって決定することができました．細菌由来のアミノ酸は，ヒト由来のアミノ酸と異なりD型の場合も多く，実際このペプチドの分析によれば，14個のアミノ酸のうち9個のアミノ酸がD型，残りがL型でした．最終的には多段階の合成反応を経て全合成を達成し，その構造を図のように確認しました（筆者ら，*J. Am. Chem. Soc.*, **135**, 18949（2013））．

MA026（1）の構造▶

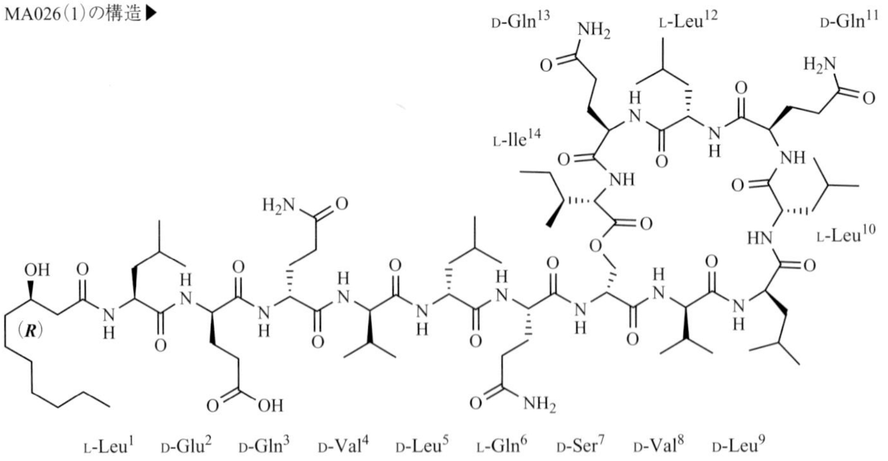

D-Gln13　L-Leu12　D-Gln11　L-Ile14　L-Leu10

L-Leu1　D-Glu2　D-Gln3　D-Val4　D-Leu5　L-Gln6　D-Ser7　D-Val8　D-Leu9

全合成を達成したので，HCV 複製を阻害する機構の解明に挑みました．まず，ランダムな配列の DNA を T7 ファージ（ウイルスの一種）の特定の遺伝子に挿入し，ランダムなアミノ酸配列のペプチドをつくらせ，ファージ表面に提示させました．この中から MA026 と結合するペプチドを選抜し，その配列を回収した DNA から解析しました（ポリメラーゼ連鎖反応（PCR）を使うことによって，アミノ酸配列の解析よりも，DNA 配列の解析のほうが容易となります）．バイオインフォマティクスサーバーで，結合アミノ酸配列と *HCV* 遺伝子の相同性を検索した結果，結合候補タンパク質としてクローディン-1（CLDN 1）が得られました．実際に結合することを組換えタンパク質を作成して確認し，MA026 が CLDN 1 と相互作用することによって HCV の感染を抑制する可能性を証明しました．

この例のように，現代の科学では学際領域の垣根を越えて，特定の化合物の機能を化学かつ生物学双方の視点から解析することが可能になっています．大村 智 北里大学特別栄誉教授のノーベル生理学・医学賞の受賞は，微生物の生産する有用な天然有機化合物の探索研究から，感染症の予防・創薬，生命現象の解明に至る幅広い功績によるものです．医療における成果と貢献は，とくに高い評価を受けています．本書を学んだあとに，みなさんのものの見方が，より科学的な考察に富んだものになることを，訳者を代表して心より願うものです．

最後に，本書の出版にあたり多彩なご尽力をくださった丸善出版株式会社企画・編集部の長見裕子さんに，訳者を代表して心より感謝致します．

2017 年　晩　秋

東京理科大学名誉教授
菅　原　二三男

訳者一覧

監訳者

菅原 二三男	東京理科大学名誉教授
倉持 幸司	東京理科大学理工学部

訳 者

上田 実	東北大学大学院理学研究科
紙透 伸治	麻布大学獣医学部
佐原 弘益	麻布大学獣医学部
菅原 二三男	東京理科大学名誉教授
田沼 靖一	東京理科大学薬学部
仲下 英雄	福井県立大学生物資源学部
平田 敏文	広島大学名誉教授
藤井 政幸	近畿大学産業理工学部

（五十音順，2017年10月現在）

歴代訳者一覧

初版［2002（平成 14）年］，2 版［2007（平成 19）年］，3 版［2010（平成 22）年］

監訳者： 菅原二三男

訳　者： 上田　実
大澤貫寿
奥　忠武
菅原二三男
田沼靖一
平田敏文
藤井政幸

4 版（原書 7 版）［2014（平成 26）年］

監訳者： 菅原二三男

訳　者： 上田　実
佐原弘益
菅原二三男
田沼靖一
仲下英雄
平田敏文
藤井政幸

全体目次

目　次

本書の使い方

医療やバイオとの関連性に焦点をあて，現代の教育や研究による最新の知見を話題に取り上げるとともに，インターネットの活用を通じて学生それぞれが関心をもって経験をつめるよう改訂した．その結果，医療系，理学系，工学系，農学系や食品系など，多くの分野の学生に最適な一般化学・有機化学・生化学の教科書となっている．

NEW! 各章の最初のページのイメージ写真とトピックスは，臨床的な視点を通して，医療に関連する話題をあげた．各節のはじまりには学習目標を，章末には学習ポイントの要約と補充問題を設け，学生が理解度を確認できるようにまとめた．

2

アルケン，アルキン，および芳香族化合物

目 次

復習事項

A. VSEPR モデルと分子の形（基礎化学編 4.8 節）
B. 有機分子の族：官能基（1.2 節）
C. 有機構造の描き方（1.4 節）
D. 有機分子の形（1.5 節）
E. アルカンの命名法（1.6 節）

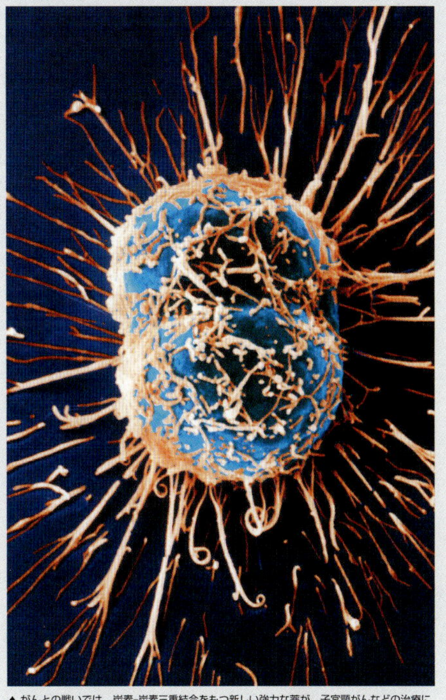

▲ がんとの戦いでは，炭素-炭素三重結合をもつ新しい強力な薬が，子宮頸がんなどの治療に希望をもたらしている．

官能基は，個々の有機分子に特徴的な物理的，化学的，生物学的な性質を与える．1 章ではもっとも単純な炭化水素であるアルカンについて学習した．アルカンは，生命に関与する複雑な分子が構築される際の基礎となる．ではここで，炭素-炭素多重結合をもつ分子，すなわち**不飽和**炭化水素の化学について見てみよう．アルケンや芳香環をもつ化合物は自然界に存在する生体分子に数多く見られる．一方，アルキンはあまり多くはないが，生物系においては驚くべき生理活性を示す．化学者は疾病治療のための創薬研究で，出発材料として自然界から得られる生物活性分子を頻繁に利用している．この研究過程において，細菌の培養液など，たくさんの天然資源から複雑な構造をもつアルキンが発見された．これらのアルキンはその後，抗がん剤としての有効性が認められた．その結果，**エンジイン**(enediyne)抗菌薬として知られるきわめて興味深い化合物群が発見された．これらの抗腫瘍抗菌薬は，これまでに知られている中でもっともよく効く抗がん剤と認めら

CHEMISTRY IN ACTION 新たな試みとして，多くの囲み記事を医療に焦点をあわせたものとし，化学的な考え方が発展できるような話題を取り上げた．章の最後の Chemistry in Action は章の最初のトピックスにつながっており，各章における内容の議論を深めるものになっている．

CHEMISTRY IN ACTION

エンジイン抗生物質：新進気鋭の抗がん剤

アルキンについては本章や本書全体を通してごく簡単にしか解説していないが，これはアルキンが有機化学においてあまり重要ではないという意味ではない．自然界では通常アルキンはあまり見つからないが，植物や細菌から単離されたアルキン化合物は有毒性などの思いもよらない生理作用を示す．たとえば，アマゾン流域で漁の際に魚毒として使われていた植物から単離されたトリイン(triyne)化合物の(−)-イクチオテレオール(ichthyothereol)は，ミトコンドリアでのエネルギー生産を阻害する．この化合物はその後，中央アメリカの植物からも単離されている．イクチオテレオールは魚だけでなくマウスやイヌにも毒性を示すが，ヒトには作用しない．この化合物の発見により，アルキ

イクチオテレオール

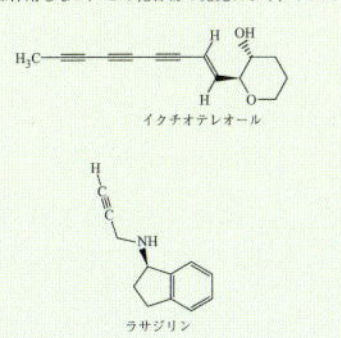

ラサジリン

ンという官能基がほかの生物活性物質に導入されたらどうなるかという研究がはじまり，パーキンソン病(Parkinson's disease)治療薬のラサジリン(rasagiline)などの開発につながった．ラサジリンは，ドーパミンの分解酵素であるモノアミン酸化酵素 B(MAO-B)を阻害して，脳内のドーパミン濃度を高め，パーキンソン病に特徴的な運動症状などを改善する．また，神経保護作用をもつので，アルツハイマー病(Alzheimer's disease)の薬物治療の新規アプローチとしても注目されている．ラサジリンは記憶と学習を増強するといわれている．さらに，気分ややる気を高め，老化に伴う記憶衰退を改善するので，この深刻な病を治療する新しい薬の開発の優れたリード化合物となる．このラサジリンの成功により，化学者や生化学者は天然アルキン化合物の発見にさらに邁進することとなった．この広範な探索研究によって，本章のはじめに記載したエンジイン(enediyne)という予想もしなかった種類の抗がん抗生物質が発見された．*Micromonospora* 属の細菌の培養液から見つかったエンジイン化合物は，抗生物質の全く新しい化学構造の分類群となった．エンジイン類の化合物は，知られている中でもっとも強い抗がん活性を示す．これらの化合物の毒性は，標的である DNA 鎖を切断する能力に起因する．エンジイン抗生物質は，カリキアマイシン類(calicheamicins)，ダイネミシン類(dynemicins，右図)，およびこのグループでもっとも複雑なクロモプロテイン類(chromo proteins，色素タンパク質)の 3 種類に分類される．これらの化合物はすべて三つの特徴的な部分構造，(1) アントラキノン部分，(2) 九〜十員環に二重結合

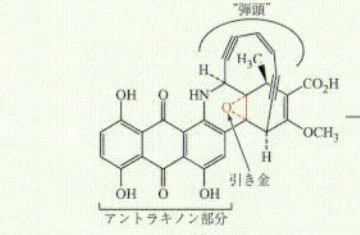

ダイネミシンA

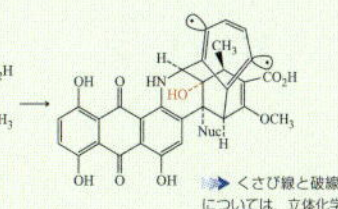

➡ くさび線と破線で示した結合については，立体化学を解説している 3.10 節で確認せよ．

を介して共役している二つの三重結合からなる化学的"弾頭(warhead)"，そして(3)"引き金(trigger)"をもつ．図に示したダイネミシン A の引き金は赤で示した三員環のエポキシドである．アントラキノン部分は DNA の主溝に入り込む．キノン部位が酵素によって還元され，引き金のエポキシドが開環すると求核種(酸素，窒素，硫黄などを含む化学種，図中の Nuc)が付加し，共役ジイン部分のひずみが増大する．その結果，(Bergman 反応と呼ばれる)芳香化反応がおこり，炭素ビラジカルが発生して活性中間体(右の図)となり，DNA 鎖を酸化的に切断する．

ほかの抗がん剤と同様に，すべてのエンジイン化合物は毒性が高い．がんとの戦いにおいてこれらの抗がん剤を有効に使用する手段の一つに，治療対象のがん細胞に特異的な抗体をつくり，その抗体に抗がん剤を結合させる方法がある．この方法は"イムノターゲッティング(immunotargeting)"として知られており，目標のがん細胞のみを攻撃してほかの細胞には全く影響を与えない"魔弾(magic bullet)"の作成を可能にする．エンジイン抗生物質が非常に魅力的な理由の一つに，薬剤耐性の悪性腫瘍にも活性を示すことがあげられる．治療に用いる抗がん剤の多くに耐性をもつがん細胞も少なからずあり，また，治療中に薬剤耐性を獲得するがん細胞もある．この薬剤耐性と抗がん剤の選択毒性の乏しさ(抗がん剤はがん細胞だけでなく，ほかの正常な細胞にも影響を及ぼす)が，がんの化学療法における大きな問題点となっている．ダイネミシン A をはじめエンジインの研究を通して見つけ出された化合物が，老獪で致命的な敵"がん"に対する我々の攻撃の新たなる武器を象徴するかもしれない．

CIA 問題 2.4 アルツハイマー病の治療に有利であると考えられるラサリジンの優れた性質とはなにか．

CIA 問題 2.5 エンジインを含む分子を抗体に結合させる方法は，がん細胞を攻撃するうえで魅力的であるのはなぜか．

CIA 問題 2.6 がんの化学療法において，効果を低減させる主な要因はなにか．

NEW! 囲み記事の最後に問題を追加し，とくに学習の到達度が確認できるように配慮した．

『基礎化学編』『有機化学編』『生化学編』を通して，医療やバイオの化学に関連する幅広い内容を，魅力的で応用的かつ正確な方法で，つねに明快に解説した．この新しい版では，学生が化学を習得できるような特徴を配し，より積極的に学習できるよう工夫した．

HANDS-ON CHEMISTRY 2.1

分子モデルは有機化学において構造を検討する際にとても貴重な道具である． この課題では，二重結合の形とそれが有機分子中にあるとどのようにして自由回転を妨げるのか，また，二重結合が分子の姿を大きく変化させる様子を見てみよう．そこで分子モデルを使用する．ただし，この課題のための分子模型キットは必要ではないが，持っていたら，その取扱い説明書に従って以下の“組立用ブロック(building blocks)”をつくってみよう．もし分子模型キットがない場合は，つぎの説明に従って“ガムドロップ組立ブロック”をつくってみよう．これには爪楊枝と色とりどりのガムドロップ(ゼリー状のキャンディー)を使用する．ガムドロップがもっとも適しているが，グミ(gummy)や小さなマシュマロでも代用できる(大きさが一定して
るものがよい)．要は，爪楊枝を刺して固定させる
とができればよい．この課題で重要なことは，炭素
4価(結合手が4本)で水素と塩素が1価(結合手
本)であることである．

異なる色にする(**注意**：以下の問題でつくる分子モデルは，後で比較検討ができるように，写真を撮っておくとよい．そうすれば，一つの問いが終わったら，つぎの問いで分子モデルをいったんばらして利用できる)．

a. 四つの正四面体炭素ユニットを結合させてブタンを組み立ててみよう(ユニットどうしを結合させるときには，適宜爪楊枝を抜く必要がある)．水素原子には，爪楊枝の先にガムドロップをつけてみよう．単結合を回転させ，可能なすべてのコンフォメーションを描いてみよう．1.5節を参照し，それぞれどの立体配座のエネルギーがより高いかを検討してみよう．

HANDS-ON CHEMISTRY 5.1

発酵の実験をしてみよう． 料理本かWebで，基本的な発酵パンのつくり方を見てみよう．あるいは冷凍の焼いていないパンの塊を購入して，パンを焼いてみよう．パンがどのように膨れるかを観察しよう――なにがおこるだろうか？

酵母を水(冷水と温水)に溶かし，なにがおこるかを観察しよう．パンが膨れるとき，また焼くときに，どのような匂いがするか．長時間置いておくと，アルコールの匂いがするかもしれない．なにがおこったのだろうか．

もしオーブンが使えないなら，パン屋に行ってできたてのパンを見てみよう．あるいは牛乳と少量の活性なヨーグルトから，ヨーグルトをつくってみよう．なお，この方法では非常に清潔にすることが必要であることを覚えておこう．この手順はWebで見つけることができる．

NEW! **HANDS-ON CHEMISTRY** 日常生活の身近なものを使う簡単な実験を通して，化学の理解を確実なものにする機会を用意した．自分で手を動かし五感を使って化学を体感しよう．

グループ問題

9.75 HIV/AIDSの新しい治療を調べている研究チームの一員であると想像してほしい．HIVの感染について議論をし，薬剤の設計やその治療で，問題になる段階を見極めよ．

9.76 どのようにして鳥インフルエンザがヒトへと感染するかを書け(Chemistry in Action“インフルエンザ：多様性の課題”参照)．

9.77 インフルエンザA型の10個の亜種をみつけて，分割する．それぞれの亜種について，もっとも感染しやすい動物種を決める．加えて，感染によって，ほかの動物種に移行する亜種をみつける．

9.78 インフルエンザウイルスH1N1は，ヒトとほかの動物の両方に感染する．インターネットを使って情報を集め，H1N1ウイルスと鳥インフルエンザウイルスとの間の似ている点と異なる点を書け(Chemistry in Action“インフルエンザ：多様性の課題”参照)．

NEW! **グループ問題** 各章末の補充問題の最後に出題した“グループ問題”には，じっくり考えてほしい高度な内容の問題を用意し，各章で学んだ事項との関連や，医療的な応用を学ぶことができる．

各章は，学習の目標からはじまって章末のまとめと問題でおわる構成になっている．

学習目標は，各節タイトルの下に箇条書で記載した．

1.2 タンパク質とその機能：概論

学習目標：

- タンパク質のさまざまな機能を理解し，おのおのの機能について説明できる．

おなじみの**タンパク質**の語源は，ギリシャ語の“*proteios*；いちばん大切なもの”という意味で，タンパク質はすべての生物にとってもっとも基本でいちばん重要な物質だからである．体の乾燥重量の約 50％がタンパク質からなる．

体の中でタンパク質はどのような働きをしているのだろうか？ ハンバーガーが動物の筋タンパク質からつくられており，この筋タンパク質は，私たちが体を動かすときに必要なものであることは，みなさんご存知のとおりである．しかし，これらはタンパク質が果たす多くの非常に重要な役割のうちのほんの一部にすぎない．タンパク質は私たちの体全体の組織や器官に**構造**(ケラチン)や**支持**(アクチンフィラメント)を与えたり，**ホルモン**(hormone)や**酵素**(enzyme)として代謝のすべての段階をコントロールする．また体液中では可溶性タンパク質が**貯蔵**(storage；トランスフェリン，Fe^{3+} の貯蔵)や**輸送**(transport；カゼイン)のためにほかの分子を拾い上げる．さらに，免疫系のタ

ion；イムノグロブ

生物機能を発揮す

要　約　章の学習目標の復習

- **タンパク質のさまざまな機能のおのおのについて，例をあげて説明する**

タンパク質は，構造，輸送など，機能によって分類できる．表 1.2(問題 40，41)．

- **20 種類の α-アミノ酸の構造と側鎖を説明する**

体液中のアミノ酸は，イオン化したカルボキシ基($-COO^-$)，イオン化したアミノ基($-NH_3^+$)，さらには中心の炭素原子(α 炭素)に結合した側鎖 R 基をもつ．タンパク質には 20 種類の異なるアミノ酸が含まれ(表 1.3)，これらが一つのアミノ酸のカルボキシ基とつぎのアミノ酸のアミノ基とのあいだでペプチド結合を形成して連結している(問題 38，42 ～ 45)．

- **アミノ酸を側鎖の極性と電荷で分類し，親水性のもの，疎水性のものを予測する**

アミノ酸の側鎖に酸性あるいは塩基性の官能基をもつもの，極性または非極性の中性基をもつものがある．水と水素結合する側鎖は親水性であり，水素結合しない側鎖は疎水性である(問題 50，51，110，111)．

- **キラリティーについて説明し，キラルなア**
を指摘する

- **アミノ酸配列をもとに，単純タンパク質の構造を描き，命名する**

ペプチドは，アミノ酸の名前を組み合わせて命名する．アミノ酸配列は，三文字表記あるいは一文字表記のアミノ酸を，左から右に順番に並べて表記する(問題 36，60 ～ 65)．

- **単純なタンパク質(ペプチド)のアミノ末端とカルボキシ末端を指摘し，そのアミノ酸配列を説明する**

アミノ酸配列は，末端アミノ酸のアミノ基を左に，別の末端アミノ酸のカルボキシ基を右にして描く(問題 36，60 ～ 65)．

- **タンパク質の一次構造を定義し，これがどのように表現されるか説明する**

一次構造とはアミノ酸がペプチド結合で直鎖状に結合する配列のことである．タンパク質の一次構造は，構造式やアミノ酸略号を用いてアミノ末端($-NH_3^+$)を左に，カルボキシ末端($-COO^-$)を右側にして描く(問題 66 ～ 69)．

，そ

る

各章末の要約は学習目標の復習で，各項目に対して各目標に到達するために必要な基本情報をまとめている．

章末の問題は，各章で解説した内容の習熟度を学生自身が確認することと，化学と自分をとりまく世界，とりわけ医療との関連に目を向けさせるために設けた．

補 充 問 題

タンパク質とその機能：概論(1.2 節)

1.40 人体におけるタンパク質の生化学的機能を四つ答えよ．また，各機能をもつタンパク質の例を示せ．

1.41 つぎに示す各タンパク質の生物学的機能はなにか．

(a) ヒト成長ホルモン　(b) ミオシン
(c) プロテアーゼ　(d) ミオグロビン

アミノ酸(1.3 節)

1.42 つぎの略号はどのアミノ酸をあらわすか．各アミノ酸の構造式を描け．

(a) Val　(b) Ser　(c) Glu

1.43 つぎの略号はどのアミノ酸をあらわすか．各アミノ酸の構造式を描け．

(a) Ile　(b) Thr　(c) Gln

1.44 つぎに適合するアミノ酸の名称と構造式を描け．

(a) チオール基をもつもの
(b) フェノール基をもつもの

1.45 つぎに適合するアミノ酸の名称と構造式を描け．

(a) イソプロピル基をもつもの
(b) 第二級アルコール基をもつもの

1

アミノ酸とタンパク質

目　次

復習事項

A.　酸–塩基の特性
（基礎化学編 5.5，10.9 節，有機化学編 6.2 節）

B.　加水分解反応
（有機化学編 6.4 節）

C.　分子間力
（基礎化学編 8.2 節）

D.　ポリマー
（有機化学編 2.7，6.5 節）

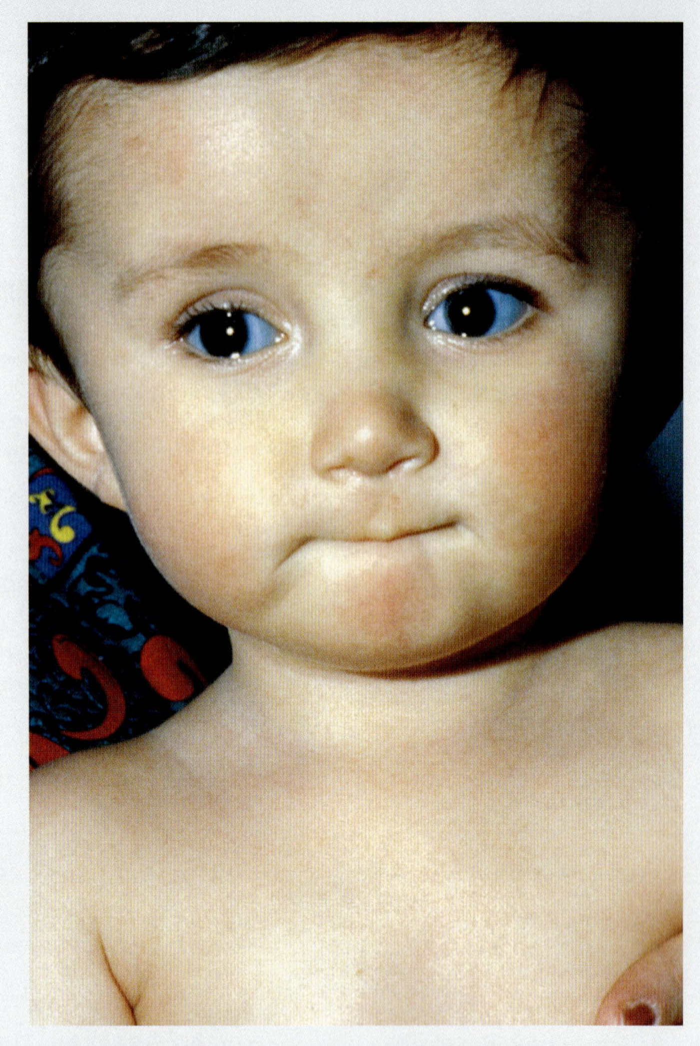

▲ 遺伝病の一種，骨形成不全症の子ども．骨形成不全症の特徴の一つとして，目のきょう膜(白い部分)が青くなるといった症状がある．

青い目をした新生児に対面することを想像してみよう．よく目にするような青い虹彩をもつ子ではなく，上の写真のように，きょう膜，いわゆる“白目”が完全に青い子だ．このように，きょう膜が青くなるのは，遺伝病の一種，**骨形成不全**(osteogenesis imperfecta)または骨粗鬆症の目印である．骨形成不全は，人体にもっとも多く含まれるタンパク質，コラーゲンの合成が不完全なためにおこる．遺伝子の変異によって，コラーゲン中のアミノ酸の置換がおこり，不完全なコラーゲンがつくられる．コラーゲンは骨の土台となり，軟骨，結合組織，そして目のきょう膜に含まれる．本章全体を通じて，アミノ酸がどのように結合してコラーゲンやほかのタンパク質をつくり上げるのかなど，コラーゲンについてより詳しく学ぶ．また，医療従事者が，骨形成不全などの病気を理解する助けとなるようなタンパク質の機能についても学んでいく．タンパク質の研究やそれがどのようにして骨形成不全のような病気につながっていくかは，分野としては生化学のトピックに分類される．骨形成不全については，p.34 の Chemistry in Actionでさらに詳しく紹介する．

1.1 生　化　学

生化学(biochemistry)とは，生体中での分子とその反応に関する学問である．しかし，これは，化学の最初に学ぶ無機化学と有機化学に基づいている(有機化学編 6 章)．つまり，私たちは生命の化学的基礎について学ぶ準備がすでにできているわけである．医師たちは，日々生化学的な問題に取り組んでいるといえる．なぜなら，すべての疾病は生体内での生化学的な異常と関連しているからである．また栄養士たちは，私たちが必要とする食餌量を生化学に基づいて評価しなければならない．さらに製薬業界は，生体分子の作用を模倣・改変する分子の設計に全力を傾けている．

生化学は生命科学の共通基盤となりつつある．微生物学，植物学，動物学，免疫学，病理学，生理学，毒性学，神経生理学，細胞生物学――これらすべての分野において，根本的な疑問に対する解答が分子レベルで得られるようになりつつある．

タンパク質(protein)，**炭水化物**(carbohydrate)，**脂質**(lipid)，**核酸**(nucleic acid)は主要な生体分子である．生体分子にはわずかな官能基をもつ小分子もあれば，膨大な数の官能基をもち，それらの相互作用によって機能を発現する巨大分子もある．本章の主題のタンパク質，さらには核酸(8，9 章)，巨大な炭水化物(3.7 節)は，数百，数千，場合によっては数百万もの繰返し単位からなるポリマーである．

絶え間なく食物中の分子を分解し，エネルギーの製造・貯蔵を行い，新たに生体分子を合成し，老廃物を消去し続けるために，生化学反応が使われている．上の 4 種類の生体分子は，そのいずれもが，これらの過程においてそれぞれ固有の役割を担っている．しかし，分子のサイズがいかに巨大であっても，またそれら生体分子間の相互作用がいかに複雑であっても，分子内の官能基とそこでおきる化学反応は，単純な有機化合物の場合と何ら違いがない．これまでに学んだ**化学の原理は，生化学においても当てはまる**．有機化学編で学んだ官能基のうち，生体分子においてきわめて重要なものを表 1.1 に示す．

さらに先へ ▶▶▶ 本章以降では，ヒトの生化学および生体分子の構造と機能の関係の基礎に焦点をあてる．まず本章と次章で，タンパク質の構造および生化学反応の調節に果たすタンパク質やそのほかの分子の役割について触れる．つぎに炭水化物の構造と機能(3 章)．さらに代謝とエネルギー生産を解説する(4，5 章)，脂質の構造と代謝(6，7 章)，タンパク質とアミノ酸の代謝(9 章)，タンパク質合成と遺伝における核酸の役割(9，10 章)，神経化学における小分子の役割(11 章)，体液の化学(12 章)とつづく．

1.2 タンパク質とその機能：概論

学習目標：

- タンパク質のさまざまな機能を理解し，おのおのの機能について説明できる．

おなじみの**タンパク質**の語源は，ギリシャ語の“*proteios*；いちばん大切なもの”という意味で，タンパク質はすべての生物にとってもっとも基本的でいちばん重要な物質だからである．体の乾燥重量の約 50%がタンパク質からなる．

体の中でタンパク質はどのような働きをしているのだろうか？ ハンバーガーが動物の筋タンパク質からつくられており，この筋タンパク質は，私たちが体を動かすときに必要なものであることは，みなさんご存知のとおりである．しかし，これらはタンパク質が果たす多くの非常に重要な役割のうちのほんの一部にすぎない．タンパク質は私たちの体全体の組織や器官に**構造**(ケラチン)や**支持**(アクチンフィラメント)を与えたり，**ホルモン**(hormone)や**酵素**(enzyme)として代謝のすべての段階をコントロールする．また体液中では可溶性タンパク質が**貯蔵**(storage；トランスフェリン，Fe^{3+} の貯蔵)や**輸送**(transport；カゼイン)のためにほかの分子を拾い上げる．さらに，免疫系のタンパク質は細菌やウイルスなどの外敵に対する**防御**(protection；免疫グロブリン)の役目を担っている．表 1.2 に示すようなさまざまな生物機能を発揮する

表 1.1　生化学分子の重要な官能基

官能基	構　造	生体分子のタイプ
アンモニウムイオン，アミノ基 (amino group)	$-NH_3^+$, $-NH_2$	アミノ酸とタンパク質(1.3，1.6 節)
ヒドロキシ基 (hydroxyl group)	$-OH$	単糖(炭水化物)とグリセロール，トリアシルグリセロールの成分(脂質)(3.3，6.2 節)
カルボニル基 (carbonyl group)	$-\overset{\mathrm{O}}{\overset{\Vert}{\mathrm{C}}}-$	単糖(炭水化物)．異化過程において，炭素原子の移動に用いられるアセチル基(CH_3CO)にみられる(3.3，3.4 節)
カルボキシ基，カルボキシラートイオン (carboxyl group)	$-\overset{\mathrm{O}}{\overset{\Vert}{\mathrm{C}}}-\mathrm{OH}$, $-\overset{\mathrm{O}}{\overset{\Vert}{\mathrm{C}}}-\mathrm{O}^-$	アミノ酸，タンパク質，脂肪酸(脂肪)(1.3，1.6，6.2 節)
アミド基 (amide group)	$-\overset{\mathrm{O}}{\overset{\Vert}{\mathrm{C}}}-\underset{\vert}{\mathrm{N}}-$	タンパク質中のアミノ酸を結ぶ．アミノ基とカルボキシ基の反応で形成される(1.4 節)
カルボン酸エステル (carboxylic acid ester)	$-\overset{\mathrm{O}}{\overset{\Vert}{\mathrm{C}}}-\mathrm{O}-\mathrm{R}$	トリアシルグリセロール(およびほかの脂質)．カルボキシ基とヒドロキシ基の反応で形成される(6.2 節)
モノ-，ジ-，トリ-リン酸基 (phosphate group, mono-, di-, tri-)	$-\underset{\vert}{\overset{\vert}{\mathrm{C}}}-\mathrm{O}-\underset{\mathrm{O}^-}{\underset{\vert}{\overset{\mathrm{O}}{\overset{\Vert}{\mathrm{P}}}}}-\mathrm{O}^-$ $-\underset{\vert}{\overset{\vert}{\mathrm{C}}}-\mathrm{O}-\underset{\mathrm{O}^-}{\underset{\vert}{\overset{\mathrm{O}}{\overset{\Vert}{\mathrm{P}}}}}-\mathrm{O}-\underset{\mathrm{O}^-}{\underset{\vert}{\overset{\mathrm{O}}{\overset{\Vert}{\mathrm{P}}}}}-\mathrm{O}^-$ $-\underset{\vert}{\overset{\vert}{\mathrm{C}}}-\mathrm{O}-\underset{\mathrm{O}^-}{\underset{\vert}{\overset{\mathrm{O}}{\overset{\Vert}{\mathrm{P}}}}}-\mathrm{O}-\underset{\mathrm{O}^-}{\underset{\vert}{\overset{\mathrm{O}}{\overset{\Vert}{\mathrm{P}}}}}-\mathrm{O}-\underset{\mathrm{O}^-}{\underset{\vert}{\overset{\mathrm{O}}{\overset{\Vert}{\mathrm{P}}}}}-\mathrm{O}^-$	アデノシン三リン酸(ATP)やほかの代謝中間体(有機化学編 6.6 節，および 4.4 節ほか代謝を扱う節)
ヘミアセタール基 (hemiacetal group)	$-\underset{\mathrm{OR}}{\underset{\vert}{\overset{\vert}{\mathrm{C}}}}-\mathrm{OH}$	単糖類の環状構造．カルボニル基とヒドロキシ基の反応で形成される(有機化学編 4.7 節，3.4 節)
アセタール基 (acetal group)	$-\underset{\mathrm{OR}}{\underset{\vert}{\overset{\vert}{\mathrm{C}}}}-\mathrm{OR}$	二糖類や，さらに大きい炭水化物において単糖どうしをつなぐ．カルボニル基とヒドロキシ基の反応で形成される(有機化学編 4.7 節，および 3.6，3.7 節)
チオール基 スルフィド基 ジスルフィド基	$-SH$ $-S-$ $-S-S-$	システインやメチオニンといったアミノ酸に含まれるタンパク質の構造要素(有機化学編 3.8 節，および 1.3，1.8，1.10 節)

表では，二つの異なる構造をもつアミノ基およびカルボキシ基の両方を示している．これは 1.4 節で詳細する．

表 1.2　タンパク質の機能による分類

タイプ	機　能	例
酵　素	生化学反応の触媒	**アミラーゼ**：加水分解により炭水化物の消化を開始する
ホルモン	受容体へ情報を伝達することで生体機能を調節する	**インスリン**：エネルギー生成のためにグルコースを使いやすくする
貯蔵タンパク質	必要時に必須の物質を供給する	**ミオグロビン**：筋肉中に酸素を貯蔵する
輸送タンパク質	体液を通じて物質を輸送する	**血清アルブミン**：血液中で脂肪酸を運搬する
構造タンパク質	機械的な形と支持物を提供する	**コラーゲン**：腱や軟骨の構造を形成する
防御タンパク質	外部物質から体を守る	**免疫グロブリン**：侵入した細菌の駆除を助ける
収縮性タンパク質	機械的な仕事をする	**ミオシン，アクチン**：筋肉の運動を支配する

ために，タンパク質には硬い繊維状のもの，さらには球状で体液に可溶性のものなど，さまざまな性質をもつものが存在する必要がある．後の章でもみられるようにタンパク質分子の全体の形は，私たちの体の中の代謝においてタンパク質が果たす役割に不可欠である．

問題 1.1

肝細胞に存在するアルコールデヒドロゲナーゼは，アルコールをアセトアルデヒドに変換する．アルコールデヒドロゲナーゼはどのような役割をもつタンパク質か．

問題 1.2

ストレス下ではコルチゾール*濃度が上昇する．オキシトシンは気分をリラックスさせ，ロマンチックな気分にさせる．コルチゾールとオキシトシンはどのような役割をもつタンパク質か．

*（訳注）：コルチゾールはステロイドホルモンであって，タンパク質ではない．

1.3 アミノ酸

学習目標：

- 20 種類の α-アミノ酸の構造と側鎖を説明できる．
- アミノ酸を極性または側鎖の電荷で分類でき，どれが親水性でどれが疎水性か予測できるようになる．
- キラリティーについて説明でき，どのアミノ酸がキラルか指摘できる．

タンパク質(protein)　多くのアミノ酸がアミド結合（ペプチド結合）によって連結した巨大な生体分子．

アミノ酸(amino acid)　官能基としてアミノ基とカルボキシ基を有する分子．

（アミノ酸の）**側鎖**(side chain)　アミノ酸の中心炭素に結合するさまざまな官能基であり，アミノ酸ごとに異なる．

α-アミノ酸(α-amino acid)　アミノ基が $-COOH$ 基の隣りの炭素に結合するアミノ酸．

タンパク質は**アミノ酸**と呼ばれる小さな分子のポリマーである．すべてのアミノ酸は，アミノ基($-NH_2$)，カルボキシ基($-COOH$)，および**側鎖**と呼ばれる R 基をもち，これらすべてが同じ炭素原子に結合している．この中心炭素原子はカルボキシ基の隣りに位置することからアルファ(α)炭素と呼ばれる．タンパク質中のアミノ酸は**アルファアミノ(α-アミノ)酸**である．つまり，各アミノ酸のアミノ基は α 位の炭素原子に結合している．各 α-アミノ酸は，おのおの異なる R 基をもち，これが各アミノ酸の違いとなっている．R 基は炭化水素の場合もあれば極性官能基を含む場合もある．

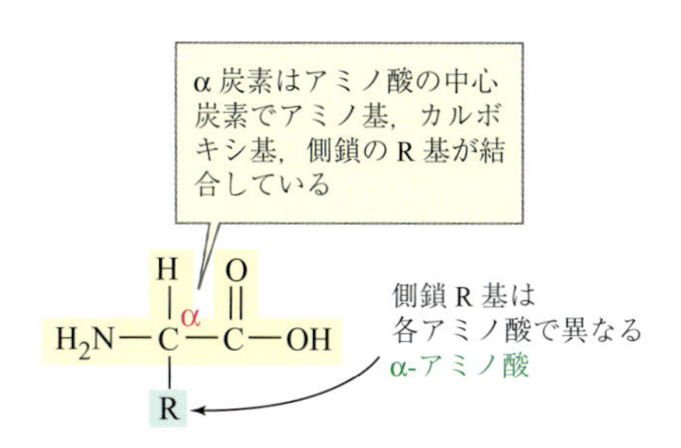

生物の多様なタンパク質は，すべて表 1.3 にある 20 種類の α-アミノ酸からつくられている．このうち 19 種類は，α 炭素に結合する側鎖が異なる．残りのアミノ酸（プロリン）は，窒素原子と α 炭素原子が五員環の構造内で結合する第二級アミンである．各アミノ酸は 3 文字の略号（たとえばアラニンは Ala，グリシンは Gly，プロリンは Pro といったように）あらわされる．これらの略号を表 1.3 に示す．生化学者は，アミノ酸の一文字表記を使用する．たとえば，アラニンは A，グリシンは G，プロリンは P と略される．これらの一文字表記も表 1.3 に併記した．グリシンとプロリンを除くすべてのアミノ酸は，α

表 1.3　タンパク質中にみられる 20 種類の α-アミノ酸とその略号および等電点

非極性の中性側鎖

アラニン
Ala, A（6.0）

グリシン
Gly, G（6.0）

イソロイシン
Ile, I（6.0）

ロイシン
Leu, L（6.0）

メチオニン
Met, M（5.7）

フェニルアラニン
Phe, F（5.5）

プロリン
Pro, P（6.3）

トリプトファン
Trp, W（5.9）

バリン
Val, V（6.0）

極性の中性側鎖

アスパラギン
Asn, N（5.4）

システイン
Cys, C（5.0）

グルタミン
Gln, Q（5.7）

セリン
Ser, S（5.7）

トレオニン
Thr, T（5.6）

チロシン
Tyr, Y（5.7）

酸性側鎖　　**塩基性側鎖**

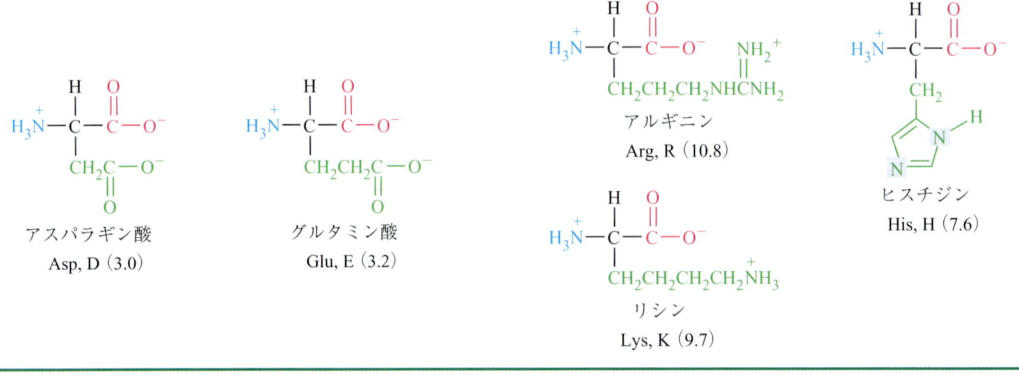

ここでは構造式は完全にイオン化した形で書かれている．これらのイオンと（　）で示した等電点については 1.4 節で説明する．

炭素に結合した側鎖以外は同じ構造をもっている．アミノ酸ごとに異なるR基が，各アミノ酸に個性を与え，その機能を決めている．たとえば，アラニンはα炭素に結合したメチル基($-CH_3$)をもち，システインはチオール基(−SH)をもつ．もっとも単純なアミノ酸であるグリシンは，アルキル側鎖の代わりに水素原子をもつが，プロリンのアミノ基中の窒素原子はα炭素と結合して五員環を形成している．主として微生物産物に含まれる異常アミノ酸は，表1.3には含まれない．なお，各アミノ酸中のR基はおのおの緑色で表示した．

問題 1.3

表1.3を見て，アラニンの構造式を描け．官能基を示し，三文字表記と一文字表記の略号を示せ．側鎖はどの官能基か．

基礎問題 1.4

右下に示すバリンのボールアンドスティックモデル(ball-and-stick model)において，カルボキシ基，アミノ基，R基はそれぞれどの部分にあたるか示せ．

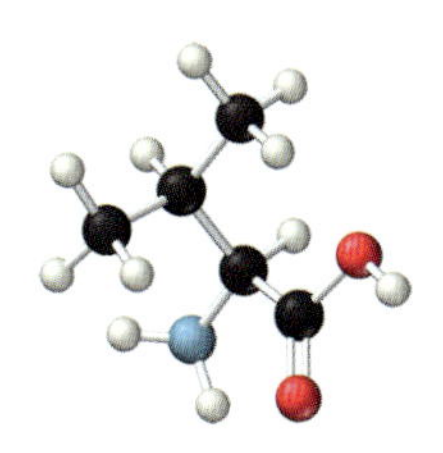

問題 1.5

以下の分子はα-アミノ酸か，あるいはそうでないか．理由とともに答えよ．

(a)
$$\begin{array}{ccccccc} & & & & O & & \\ & & & & \| & & \\ H_2N & - & CH & - & C & - & OH \\ & & | & & & & \\ & & CH & - & OH & & \\ & & | & & & & \\ & & CH_3 & & & & \end{array}$$

(b)
$$\begin{array}{ccccc} & & O & & \\ & & \| & & \\ H_2N & - & C & - & CH_2CH_2CH_3 \end{array}$$

(c)
$$\begin{array}{cccccc} CH_3CH_2 & CH & - & CH_2 & - & NH_2 \\ & | & & & & \\ & OH & & & & \end{array}$$

(d)
$$\begin{array}{ccccccc} & & O & & & & \\ & & \| & & & & \\ HO & - & C & - & CH & - & CH_2CH(CH_3)_2 \\ & & & & | & & \\ & & & & NH_2 & & \end{array}$$

問題 1.6

表1.3を参照して，α-アミノ酸のうち，(a) 芳香環をもつもの，(b) 硫黄原子をもつもの(含硫)，(c) アルコール，(d) アルキル側鎖をもつもの，を答えよ．

側鎖の極性と水との相互作用

タンパク質をつくっている20種類のα-アミノ酸は，側鎖の性質に従って中性，酸性，塩基性アミノ酸に分類される．15種類の中性アミノ酸は，非極性の側鎖をもつものと，アミド基やヒドロキシ基のような極性官能基を側鎖にもつものに分類される(表1.3)．アルキル基などの中性側鎖は，イオン化しないため正電荷も負電荷ももたない．ロイシンのように非極性側鎖をもつものは，アルキル側鎖のみをもつ．いくつかのアミノ酸は，極性であるがイオン化しない側鎖をもち，中性の極性アミノ酸に分類される．たとえばセリンは，極性のヒドロキシ基を側鎖にもつ．二つのアミノ基が，カルボキシ基を側鎖にもち，H^+を放出して酸として機能する．これらは酸性アミノ酸と呼ばれる．三つのアミノ酸が，アミノ基を側鎖にもつ．これらのアミノ基は，H^+を受け取る塩基として機能する．これらは塩基性アミノ酸と呼ばれる．タンパク質の構造と機能を学ぶことによって，アミノ酸の配列とアミノ酸側鎖の化学的性質が，タンパク質のさまざまな機能の発現に重要な意味をもつことを理解できる．

◀◀◀ **復習事項** さまざまな分子間相互作用が基礎化学編 8.2 節で紹介されている．水分子とほかの分子の相互作用については基礎化学編 9.2 節を参照．

また**分子間相互作用**(分子間力，intermolecular force)が，タンパク質の形と機能を決定するうえでもっとも重要になる例も多い．生化学では共有結合以外のすべての相互作用を**非共有結合性相互作用**と呼ぶ．アミノ酸間またはタンパク質間に働く分子間相互作用としては，水素結合，ファンデルワールス力，イオン結合，ジスルフィド結合がある．

非極性側鎖は**疎水性**で，水分子に引き寄せられず，水に溶けない．極性，酸性，塩基性などの側鎖は**親水性**で，極性分子の水分子に引き寄せられ，水に溶ける．

非共有結合性相互作用(noncovalent force)　分子内あるいは分子間で働く共有結合以外の引力．

疎水性(hydrophobic)　“水を嫌う”こと．疎水性の分子は水に不溶．

親水性(hydrophilic)　“水を好む”こと．親水性の分子は水に可溶．

例題 1.1　側鎖の親水性 / 疎水性を決めよ

表 1.3 のフェニルアラニンとセリンの構造について考える．これら二つのうち，疎水性の側鎖をもつものはどちらか，また親水性の側鎖をもつものはどちらか．

解　説　側鎖はどの部分か．フェニルアラニンの側鎖はアルカンだが，セリンの側鎖にはヒドロキシ基が含まれている．

解　答

フェニルアラニンの側鎖は炭化水素のアルカンなので，非極性で疎水性である．したがって，フェニルアラニンは疎水性である．セリンの側鎖に含まれるヒドロキシ基は極性官能基なので，親水性である．したがって，セリンは親水性である．

基礎問題 1.7

バリンは非極性側鎖をもつアミノ酸であり，セリンは極性側鎖をもつアミノ酸である．これらの二つのアミノ酸を示せ．

(a) なぜ，バリンの側鎖は非極性で，セリンの側鎖は極性なのか．
(b) どちらのアミノ酸が疎水性側鎖をもち，どちらのアミノ酸が親水性側鎖をもつか．

問題 1.8

どのアミノ酸が親水性(水に溶ける)か．またそれはなぜか．

(a) イソロイシン　(b) フェニルアラニン　(c) アスパラギン酸

問題 1.9

どのアミノ酸が疎水性(水に溶けない)か．またそれはなぜか．

(a) グルタミン酸　(b) トリプトファン　(c) アルギニン

アミノ酸のキラリティー

キラリティーについては有機化学編 3.10 節を参照.

20 種類の一般的なアミノ酸のうち 19 種類がキラルである．グリシンのみがアキラルである．残り 19 種類のキラルな α-アミノ酸は，D- あるいは L-エナンチオマーのいずれかの型で存在しうるが，天然に存在するタンパク質を構成するのは，このうちの L-アミノ酸のみである．つぎに，アラニンとグリシンを例として，キラルおよびアキラルなアミノ酸の立体構造を比較してみよう．

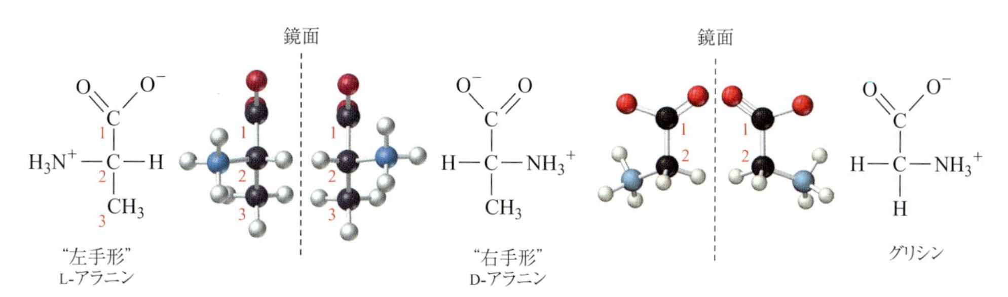

アラニンはキラル分子である．アラニンの鏡像は，もとの分子と重ね合わせることができない．このため，アラニン分子には互いに鏡像体の関係にある二つの異なる形が存在する．D-アラニンとして知られる“右手形”と，L-アラニンとして知られる“左手形”である．これとは対照的にプロパンはアキラルな分子である．したがってこの分子とその鏡像は全く同一であり，左手形異性体，右手形異性体とも存在しない．ある分子がキラルであるためには，一つの不斉炭素原子が必要である．

これまで見てきたようにアミノ酸はキラルである．キラリティーは，別の主要な生体分子においても重要である．炭水化物中の糖ユニットもおのおのキラルであり，これについては 3.2 節で述べる．

問題 1.10

セリンはキラルか？ セリンの構造式を描き，キラルな原子を示せ．また，なぜセリンはキラルか説明せよ．

問題 1.11

セリンの鏡像体を描け．また，D-型，L-型のどちらであるか示せ．

問題 1.12

一般的な 20 種類のアミノ酸のうち，2 種類が分子内に不斉炭素 2 原子をもっている．この二つのアミノ酸を描き，不斉炭素原子を指摘せよ．

1.4　アミノ酸の酸：塩基性

学習目標：

- アミノ酸の酸性 / 塩基性条件でのイオン構造を描き，双性イオンを示せる．

アミノ酸は酸性基（$-COOH$）と塩基性基（$-NH_2$）をもつ．これら二つの官能基は分子内で酸塩基反応を行う．$-COOH$ 基がプロトンを放出しカルボキシラートアニオン $-COO^-$ になり，$-NH_2$ 基がプロトンを受け取ってアンモニウムイオン $-NH_3^+$ になる．このアミノ酸分子内のプロトン移動は，一つの正電荷と一つの負電荷をもつ，電気的に中性な**双極イオン**（dipolar ion）になる．この双極イオンは**双性イオン**と呼ばれる．双性イオン型のトレオニンを次ページに示

双性イオン（zwitterion）　一つの正電荷と一つの負電荷をもつ中性の双極性イオン．zwitter とはドイツ語で“あいのこ”の意

す．また，表 1.3 中には，α-アミノ酸を双性イオン型で示した．R 基が酸性または塩基性の置換基をもつ場合は，表 1.3 ではイオン化型を示しており，双性イオン型ではない．中性 R 基をもつアミノ酸は，双性イオン型となっている．

$$\mathrm{H_3\overset{+}{N}{-}CH(CHOH{-}CH_3){-}\overset{\displaystyle O}{\overset{\|}{C}}{-}O^-}$$

トレオニン（双性イオン型）

双性イオンのアミノ酸は，塩としての物理的性質を数多くもっている．純粋なアミノ酸は結晶性で，融点が高く，また水には溶けるが炭化水素には溶けない．

◀◀◀ 基礎化学編 3.10 節「イオン化合物の命名」を参照．また，基礎化学編 10 章「酸と塩基」も参照すること．

酸性溶液中（低 pH）では，アミノ酸の塩基性 $-COO^-$ 基がプロトンを受け取り，正に荷電した $-NH_3^+$ 基はそのまま残る．一方，塩基性溶液中（高 pH）ではアミノ酸の酸性 $-NH_3^+$ 基がプロトンを**放出**し，負に荷電した $-COO^-$ 基はそのまま残る．

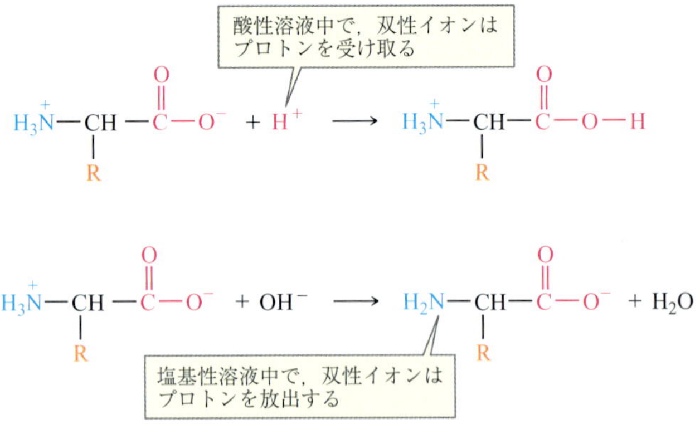

酸性溶液中で，双性イオンはプロトンを受け取る

$$\mathrm{H_3\overset{+}{N}{-}CH(R){-}\overset{\displaystyle O}{\overset{\|}{C}}{-}O^-} + \mathrm{H^+} \longrightarrow \mathrm{H_3\overset{+}{N}{-}CH(R){-}\overset{\displaystyle O}{\overset{\|}{C}}{-}O{-}H}$$

$$\mathrm{H_3\overset{+}{N}{-}CH(R){-}\overset{\displaystyle O}{\overset{\|}{C}}{-}O^-} + \mathrm{OH^-} \longrightarrow \mathrm{H_2N{-}CH(R){-}\overset{\displaystyle O}{\overset{\|}{C}}{-}O^-} + \mathrm{H_2O}$$

塩基性溶液中で，双性イオンはプロトンを放出する

アミノ酸は固体でも溶液でもイオン型で存在する．ある条件におけるアミノ酸分子の電荷は，アミノ酸分子の特性と溶液の pH に依存する．正電荷と負電荷がちょうどつり合い，電気的に中性な分子を生じる pH を，そのアミノ酸の**等電点**（p*I*）と呼ぶ．等電点ではアミノ酸の正味の電荷はゼロになる．各アミノ酸の p*I* は表 1.3 中にカッコ書きで示した．p*I* はアミノ酸ごとに異なるが，これは側鎖中の官能基の影響によるものである．

等電点（isoelectric point, p*I*）　アミノ酸が同数の正負両電荷をもつ pH.

いくつかのアミノ酸は中性（pH 7）付近に等電点をもたない．たとえば，酸性側鎖をもつ二つのアミノ酸（アスパラギン酸，グルタミン酸）は，中性側鎖をもつものよりも酸性（低 pH）側に等電点をもつ．このような分子では側鎖の $-COOH$ 基は生理的 pH（pH 7.4）で完全に解離しているため，これらは通常**アスパラギン酸イオン**（aspartate），**グルタミン酸イオン**（glutamate）（側鎖の $-COOH$ 基がイオン化した場合のアニオンの名前）と呼ばれる*（たとえば，硝酸からの硫酸，硝酸イオンからの硫酸イオンは同じ慣習が用いられていることを思い出そう（基礎化学編 表 3.3 参照））．

＊（訳注）：生化学の反応式では，酸・塩基類の構造式をイオンで表記し，英語名も変化する．しかし日本ではもとの化合物名を使うことが多い（表 1.3）．
例　lactate：乳酸（lactic acid）
pyruvate：ピルビン酸（pyruvic acid）
sulfate：硫酸（sulfuric acid）
nitrate：硝酸（nitric acid）

側鎖間の相互作用はタンパク質構造の安定化に大きく寄与するので，各側鎖が生理的 pH でもつ電荷をよく知っておくことは重要である．さらに，pH はタンパク質の溶解度に大きく影響し，また，酵素反応において，酵素中のどの

CHEMISTRY IN ACTION

電気泳動によるタンパク質の分析

分子全体の電荷の正負を利用することで，溶液中のタンパク質を互いに分離することができる．二つの電極に挟まれた電場内では，正に荷電した粒子は陰極へ，負に荷電した粒子は陽極へ移動する．**電気泳動**(electrophoresis)として知られるこの動きは，電場の強さ，粒子の電荷，粒子の大きさと形，さらにはタンパク質が移動する媒体である緩衝液/ポリマーゲルの組合せに依存する．

あるタンパク質分子全体の正負の電荷は，タンパク質側鎖の酸性および塩基性の置換基がイオン化する程度によって決まり，これはアミノ酸の電荷の場合と同様に pH に依存している．したがって電気泳動によるタンパク質の移動度は，緩衝液の pH に依存する．緩衝液の pH がタンパク質の等電点に等しい場合には，そのタンパク質は泳動されない(つまり動かない)．

電極間の緩衝液の pH を変えることで，タンパク質をさまざまな方法で分離することができる．これには分子量の差による分離も含まれる．分離後には，色素を添加することでさまざまなタンパク質を可視化できる．

電気泳動は，臨床系の研究室では血液中に含まれるタンパク質を定性的・定量的に分析するために日常的に用いられている．その応用例の一つに鎌状赤血球貧血の診断がある(p.18)．健常成人のヘモグロビン(HbA)と，遺伝的に鎌状赤血球形質を示すヘモグロビン(HbS)とでは全体のもつ電荷が異なっている．したがって，HbA と HbS を電気泳動分析すると異なる移動度を示す．上に正常な赤血球を破壊した試料と，鎌状赤血球貧血のもの(二つの鎌状赤血球遺伝子をもつ)，鎌状赤血球形質のもの(一つは正常遺伝子をもち，もう一つは鎌状赤血球遺伝子をもつ)から抽出したヘモグロビンの電気泳動分析の結果を示す．鎌状赤血球形質の患者が病状の徴候を示すのは，深刻な酸素欠乏状態の場合のみである．

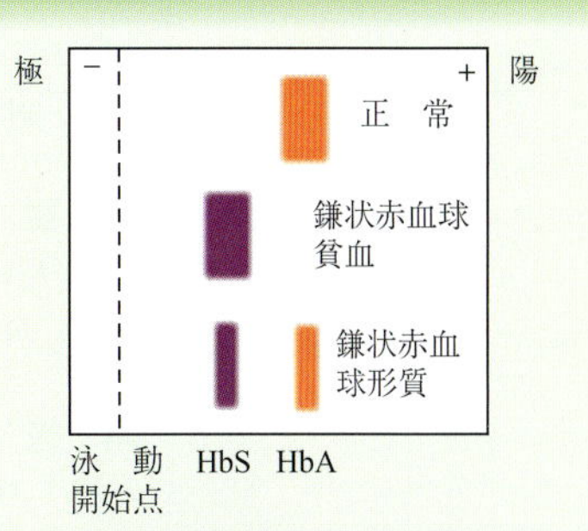

▲ **ヘモグロビンのゲル電気泳動** 泳動開始点に置かれた試料中のヘモグロビンは，一定の pH をもつ緩衝液に浸した極性ポリマーゲル中を左から右に移動する．正常型には HbA のみが含まれる．鎌状赤血球貧血のものには HbA が含まれず，鎌状赤血球形質は HbA と HbS をほぼ等量含んでいる．HbA と HbS は負電荷の大きさが異なる．これは HbS に含まれる Glu 残基数が，HbA にくらべて 2 個少ないためである．

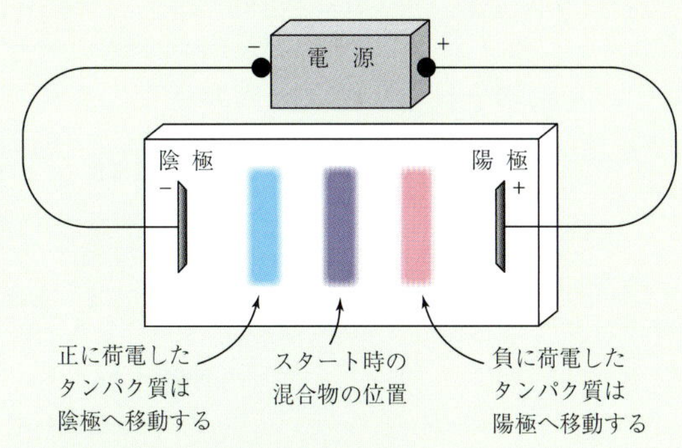

▲ **電気泳動における荷電分子の動き**

CIA 問題 1.1 コラーゲン，ウシインスリン，ヒトヘモグロビンの各タンパク質の等電点は，それぞれ 6.6，5.4，7.1 である．これらのタンパク質を含む試料を，pH 6.6 の緩衝液中で電気泳動に付したとする．電気泳動装置中の正負電極に対する各タンパク質の移動の様子を示せ．

CIA 問題 1.2 3 種類のジペプチドを pH 5.8 において電気泳動で分離した．これらを，Arg-Trp，Asp-Thr，Val-Met としたとき，おのおのの移動度を電気泳動装置の正極および負極とともに図示せよ．

アミノ酸が反応に直接寄与するかを決定する．酸性および塩基性側鎖はとくに重要である．これらは生理的 pH において完全に解離して，電荷をもち，タンパク質鎖中のイオン結合に寄与するだけでなく，反応においては 2 章に見るように H^+ の受け渡しに関与する．

例題 1.2　双性イオンの形を描け

表 1.3 に示したバリンの双性イオン型構造を参照して，(a) pH が低いとき，および (b) pH が高いときのバリンの構造を予想せよ．

解　説　pH が低いとき，つまり酸性では，塩基性の官能基は H^+ を受け取り，pH が高いとき，つまり塩基性では，H^+ を放出する．アミノ酸の双性イオン構造では，塩基性官能基は $-COO^-$ 基であり，酸性官能基は $-NH_3^+$ である．

解　答

バリンの側鎖はアルキル基なので，pH の影響を受けない．pH が低いとき，バリンはカルボキシ基で水素イオンを受け取って，左の構造をとる．pH が高いとき，バリンは酸性の $-NH_3^+$ 基から水素イオンを放出して，右の構造をとる．

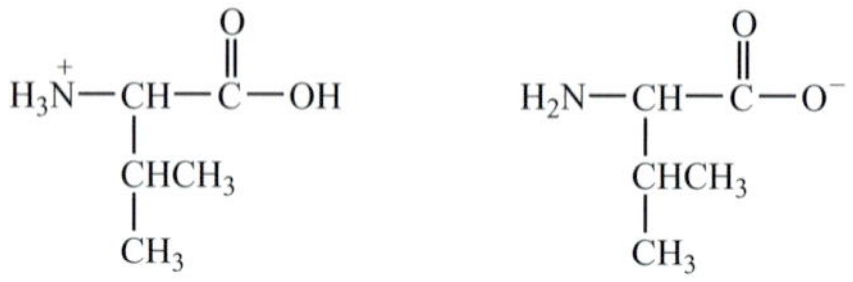

$$H_3\overset{+}{N}-CH(CH(CH_3)CH_3)-C(=O)-OH \qquad H_2N-CH(CH(CH_3)CH_3)-C(=O)-O^-$$

低 pH　　　高 pH

問題 1.13

pH が低いとき，高いとき，および高 pH と低 pH の間で存在するグルタミン酸の構造式を描け．ただし，高 pH と低 pH の間では，グルタミン酸は 2 種類の構造を取りうる．また，これらのうち，双性イオン型はどれか．

問題 1.14

プロトンを受け取るものを塩基，放出するものを酸とする定義を用いて，双性イオン型構造のアミノ酸分子のどの官能基が酸で，どの官能基が塩基か示せ（基礎化学編 10.3 節を参照）．

1.5　ペプチド

学習目標：

- ペプチド結合を指摘し，それがどのようにして形成されるか説明できる．
- アミノ酸配列を与えられれば，単純なタンパク質の構造と名前を指摘できる．
- アミノ酸配列を与えられれば，単純なタンパク質（ペプチド）のアミノ末端とカルボキシ末端を指摘できる．

ペプチド結合（peptide bond）　二つのアミノ酸をつなぐアミド結合．

◀◀◀ アミド結合については有機化学編 6.3 節を参照．

二つ以上のアミノ酸は，アミド結合によって連結でき，タンパク質中では，この結合は**ペプチド結合**と呼ばれる．たとえば，あるアミノ酸のアミノ基 $-NH_2$ と別のアミノ酸のカルボキシ基 $-COOH$ がペプチド結合すると**ジペプチド**（dipeptide）が生じる．この結合ができる際には，一つのアミノ酸のアミノ基から外れた H^+ が，別のアミノ酸から外れた OH^- と結合することで，HOH すなわち水を生じる．たとえば，バリンとシステインが結合すると，以下のようにジペプチドを生じる．

$$H_2N-CH(CH(CH_3)_2)-COOH + H-NH-CH(CH_2-SH)-COOH \longrightarrow H_2N-CH(CH(CH_3)_2)-CO-NH-CH(CH_2-SH)-COOH + H-OH$$

バリン　システイン　ジペプチド

ペプチド結合

三つのアミノ酸が，二つのペプチド結合で連結すると**トリペプチド**(tripeptide)が生じる．アミノ酸はいくつでも互いに結合することができ，直鎖状のポリマー，**ポリペプチド**(polypeptide)を生じる．数百のアミノ酸から生じる巨大なペプチド(oligopeptide)をタンパク質と呼ぶ．タンパク質は四つのレベルに分類される構造をもち，本章の後半でそれぞれについて解説する．

ペプチドまたはタンパク質中の正確なアミノ酸配列は重要である．配列が異なれば，異なる分子になってしまう．たとえば，アラニンとセリンのような1組のアミノ酸は結合して二つの異なるジペプチドを生じる可能性がある．アラニンの $-COO^-$ 基がセリンの $-NH_3^+$ 基と結合する場合．

$$H_3\overset{+}{N}-CH(CH_3)-COO^- + H_3\overset{+}{N}-CH(CH_2OH)-COO^- \longrightarrow H_3\overset{+}{N}-CH(CH_3)-CO-NH-CH(CH_2OH)-COO^- + H_2O$$

アラニン(Ala, A)　セリン(Ser, S)　アラニルセリン(Ala-Ser, AS)

ペプチド結合

あるいは，セリンの $-COO^-$ 基がアラニンの $-NH_3^+$ 基と結合する場合．

$$H_3\overset{+}{N}-CH(CH_2OH)-COO^- + H_3\overset{+}{N}-CH(CH_3)-COO^- \longrightarrow H_3\overset{+}{N}-CH(CH_2OH)-CO-NH-CH(CH_3)-COO^- + H_2O$$

セリン(Ser, S)　アラニン(Ala, A)　セリルアラニン(Ser-Ala, SA)

ペプチド結合

ペプチドとタンパク質は，一般的に**アミノ末端アミノ酸**(または**N末端アミノ酸**，遊離の $-NH_3^+$ 基をもつもの)を左に，**カルボキシ末端アミノ酸**(または**C末端アミノ酸**，遊離の $-COO^-$ 基をもつもの)を右に描く．鎖中の各アミノ酸は**残基**と呼ばれる．

ペプチドは，N末端からC末端へアミノ酸残基を順番に引用して命名する．C末端以外のすべてのアミノ酸残基は，アラニルセリン(略号 Ala-Ser)，セリルアラニン(略号 Ser-Ala)といったように，語尾が-(イ)ン(-ine)から-(イ)ル(-yl)に変わる．これは一文字表記ではASとなる．

アミノ末端(N末端)アミノ酸(amino-terminal(N-terminal)amino acid)　タンパク質末端の遊離 $-NH_3^+$ 基をもつアミノ酸．

カルボキシ末端(C末端)アミノ酸[carboxyl-terminal(C-terminal) amino acid)]　タンパク質末端の遊離 $-COO^-$ 基をもつアミノ酸．

残基(アミノ酸)[residue(amino acid)]　ポリペプチド鎖のアミノ酸単位．

HANDS-ON CHEMISTRY 1.1

アミノ酸の分子模型

市販の分子模型キットあるいは小さいマシュマロと爪楊枝を用意して，アラニン，グリシン，およびアラニルグリシンを組み立ててみよう．不斉炭素原子，カルボキシ基，アミノ基，ペプチド結合を見つけよ．ペプチド結合形成時に，除かれた原子はなにか．また，その原子はどのような分子に変化したか．

例題 1.3　ジペプチドの構造式を描く

ジペプチド Ala-Gly の構造式を描け．

解　説　二つのアミノ酸の名前と構造を調べる必要がある．アラニンの名前が最初にあるので，これがアミノ末端であり，グリシンがカルボキシ末端である．Ala-Gly は，アラニンの $-COO^-$ とグリシンの $-NH_3^+$ とのあいだにペプチド結合をもたなければならない．

解　答

アラニンとグリシンの構造およびジペプチドの Ala-Gly 構造は，

$$H_3\overset{+}{N}-\underset{\underset{CH_3}{|}}{CH}-\overset{\overset{O}{\|}}{C}-O^-$$

アラニン (Ala)

$$H_3\overset{+}{N}-CH_2-\overset{\overset{O}{\|}}{C}-O^-$$

グリシン (Gly)

$$H_3\overset{+}{N}-\underset{\underset{CH_3}{|}}{CH}-\overset{\overset{O}{\|}}{C}-NH-CH_2-\overset{\overset{O}{\|}}{C}-O^-$$

ペプチド結合

Ala-Gly

問題 1.15

バリンは非極性側鎖をもつアミノ酸であり，セリンは極性側鎖をもつアミノ酸である．これら 2 個のアミノ酸からできる 2 種類のジペプチドの構造式を描け．

問題 1.16

トリペプチドは 3 個のアミノ酸がペプチド結合で連結した化合物である．3 個のアミノ酸から，いくつかの異なるトリペプチドをつくることができる．

(a) セリン，チロシン，グリシンからつくることができるすべてのトリペプチド異性体を三文字略号表記を用いて命名せよ．ただし，各アミノ酸はトリペプチド中に 1 個のみ含まれることとする．

(b) グリシンをアミノ末端にもつトリペプチドの構造を省略せずに描け．

問題 1.17

イソロイシン，アルギニン，バリンからなる 6 種類のトリペプチドを三文字略号表記を用いて示せ．

基礎問題 1.18

つぎに示すジペプチドおよびトリペプチドに含まれるアミノ酸を示し，これらのペプチドの名称を略号で示せ．ジペプチド構造式中のペプチド結合を四角で囲み，α 炭素原子を矢印で示せ．また，R 基を丸で囲み，中性，極性，酸性，塩基性のいずれか示せ．

(a) $H_3\overset{+}{N}-\underset{\substack{|\\CH_2\\|\\CH_3CHCH_3}}{CH}-\overset{\substack{O\\\|}}{C}-NH-\underset{\substack{|\\CH_2COO^-}}{CH}-\overset{\substack{O\\\|}}{C}-O^-$

(b) $H_3\overset{+}{N}-\underset{\substack{|\\CH_2\\|\\C_6H_4\\|\\OH}}{CH}-\overset{\substack{O\\\|}}{C}-NH-\underset{\substack{|\\CH_2OH}}{CH}-\overset{\substack{O\\\|}}{C}-NH-\underset{\substack{|\\CH_2(CH_2)_3\overset{+}{N}H_3}}{CH}-\overset{\substack{O\\\|}}{C}-O^-$

問題 1.19

バソプレッシンは 8 個のアミノ酸を含む．この小さなタンパク質にはいくつのペプチド結合が含まれるか．

CHEMISTRY IN ACTION

食物中のタンパク質

タンパク質は毎日の食事に必要だ．なぜなら私たちの体は，炭水化物や脂質のようにタンパク質を貯蔵しておくことができないからである．子どもは健康に成長するために大量のタンパク質を必要とし，大人は日常生活の生化学反応で失うタンパク質を補充するために必要とする．さらに 20 種類のアミノ酸のうち 9 種類は体内で合成できないものであり，食餌から摂取しなければならない．これらは**必須アミノ酸**(essential amino acid，ヒスチジン，イソロイシン，ロイシン，リシン，メチオニン，フェニルアラニン，トレオニン，トリプトファン，バリン)として知られている．

成人の 1 日当たりに推奨されるタンパク質の総量(健康を保つために**最低限**必要な量)は，体重 1 kg あたり 0.8 g である．米国の平均タンパク質摂取量は約 110 g / 日であり，これは私たちが必要とする量を大きく超えている．

▲ この昔ながらのメキシコ料理にはタンパク質を補うための食品の組合せ(マメ類とコメ)が含まれている．

すべての食料がタンパク質の良い供給源になるわけではない．**完全な**タンパク質の供給源は，9 種類の必須アミノ酸を毎日の必要量に十分なだけ含んでいる．ほとんどの肉類や日常口にする料理はこの条件を満たすが，小麦やトウモロコシのような多くの野菜類はこれを満たしていない．

菜食主義者は，すべての必須アミノ酸を含む食餌を意識してとらなければならない．これはつまり，いろいろな食物を食べる必要があるということである．世界のある地域では，自然にタンパク質を補うことができるような(二つ合わせることですべての必須アミノ

つづく

酸をとることができる）食物の組合せが伝統的に伝わっている．たとえば，インドではコメとレンズマメ，メキシコではトルティージャとマメ類，米国南部ではコメとササゲといった具合である．穀類にはリシンとトレオニンが少ないが，メチオニンとトリプトファンを含む．これに対して，マメ類（レンズマメ，ダイズ，エンドウマメ）は，リシンとトレオニンを含むが，メチオニンとトリプトファンが少ない．このため，これら二つのタンパク源は互いに補っている．

飢餓状態のようなタンパク質摂取量が不十分なときには悪性腫瘍，腸の吸収不良性症候群，腎臓病などにみられる．

健康と栄養の専門家たちは，タンパク質摂取量の不足によって引きおこされるすべての病気を**タンパク質–エネルギー栄養失調**（protein-energy malnutrition, PEM）として分類している．子どもは多くのタンパク質を必要とするため，この種の栄養失調にもっとも陥りやすい．この病気は，肉やミルクの供給が不足していたり，野菜や穀類を主食とする地域で流行する．人間は，普段の食餌中に必須アミノ酸のうちいずれか一つでも不足していると，程度の差こそあれ栄養失調になる．タンパク質欠乏症が単独で見られることは稀だが，その症状には通常，ビタミン欠乏症や伝染病，飢餓状態の症状が伴う．健康的な食生活のガイドとして，米国農務省は，マイプレート（My Plate）と呼ばれる健康的な食生活への最新のガイドを発表した．図に示したように，お皿の半分は野菜と果物で占められており，残り半分がタンパク質と炭水化物に割り振られている．さらに，横には小さく乳製品が添えられている．このガイドの目的は，一般の人々に食餌中の各栄養分の役割を理解してもらうことである．マイプレートについてのさらに詳しい情報は，オンラインで入手可能である（http://www.choosemyplate.gov）．

CIA 問題 1.3　脂質や炭水化物を毎日摂取するより，タンパク質を毎日摂取するほうが重要なのはなぜか．

CIA 問題 1.4　不完全タンパク質とはなにか．

CIA 問題 1.5　牛乳のタンパク質（カゼイン）と卵白のタンパク質の二つはもっとも完全な（バランスのとれた）タンパク質（すなわち，ヒトにとって最高の比率で各アミノ酸が含まれているタンパク質）である．これらが（驚くことではないが），ヒトの成長と発達に非常にバランスの良いタンパク質である理由を述べよ．

1.6　タンパク質の構造：概論と一次構造（1°）

学習目標：

- タンパク質の一次構造を定義し，一次構造をどのように表現するか説明できる．
- 一次配列のなかの平面構造を示し，タンパク質の形に対するそれらの影響を説明できる．さらに，一次配列から平面構造を取る部分を指摘できる．
- 一次構造の変化がどのようにしてタンパク質の機能を変化させるか，例をあげて説明できる．

タンパク質一次構造（primary protein structure）　タンパク質のアミノ酸が，ペプチド結合によって連結する配列．

タンパク質一次構造（1°）とはアミノ酸が1列に並んで，ペプチド結合で連結された配列のことである．タンパク質の**骨格**（backborn）に沿ってペプチド結合とα炭素原子とが交互に並んでいる．アミノ酸側鎖（R_1，R_2，…）は骨格に沿った置換基であり，α炭素原子に結合している．アミノ基の窒素原子に結合した水素原子，R基，およびカルボニル基の酸素原子の位置に注意せよ．これらの特異な配置が，次章で説明するタンパク質の二次構造に大きく影響する．

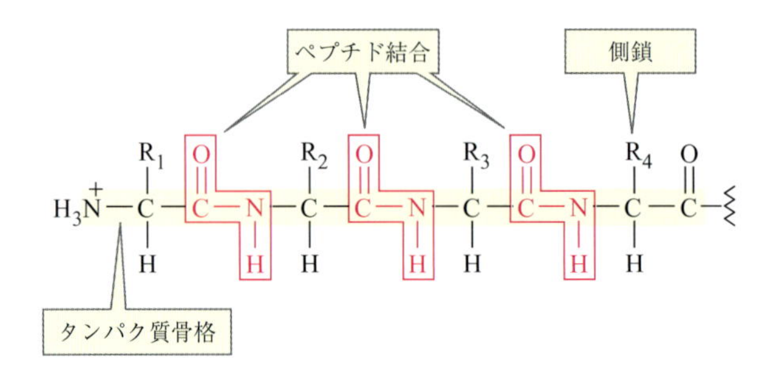

炭素原子と窒素原子は骨格に沿ってジグザグ型の配置に並んでおり，α 炭素原子のまわりでは四面体型配置をとっている．各カルボニル基の二重結合の電子は隣りの C–N 結合とのあいだで共有されている．このような電子の共有は非局在化と呼ばれ，有機化学編 2.8 節で説明したベンゼン分子の例と同様の現象である．C=O から電子を共有することによって C–N 結合は，回転することができない二重結合のような性質をもつため，近くの結合の回転は不可能になる．その結果カルボニル基，それに結合する –NH 基，さらに隣接する二つの α 炭素は強固な平面状のユニットを形成する．二つの α 炭素に結合した側鎖部分は，互いに平面の逆方向に突き出す．長いポリマー鎖は，これらの平面性ペプチドユニットが，長く連結した形となり，–N–C–C–の繰返し骨格はジグザグ型となる．

有機化学編 2.4節の炭素–酸素二重結合の性質を参照.

タンパク質鎖に沿った平面性ユニット

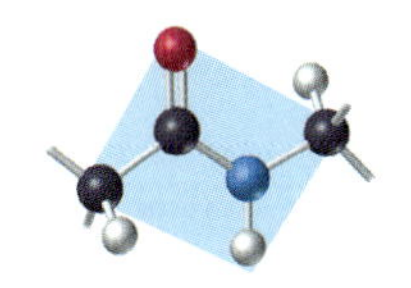
一つの平面性ユニット

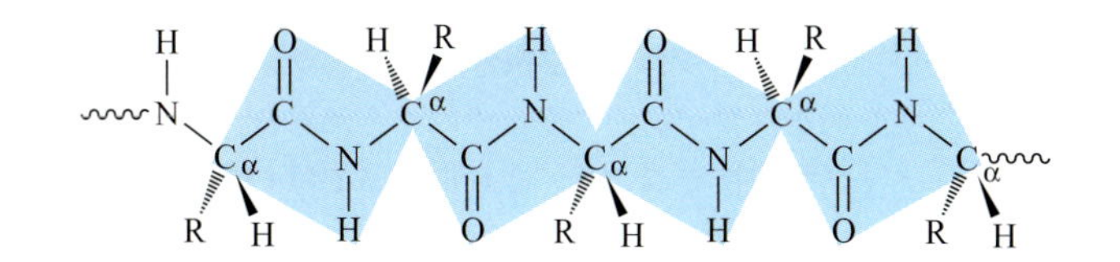

タンパク質の一次構造は，アミノ酸が正確な順番で一つ一つ並んでペプチド結合した結果である．ある組み合わせのアミノ酸でつくることができる配列のバリエーション数を，計算することができる．n が整数のとき，n 個のアミノ酸からは N の階乗(N！)通りの配列が数学的に可能である．たとえば，$n = 3$ のとき，$n! = 3! = 3 \times 2 \times 1 = 6$ である．したがって，3 種類の異なるアミノ酸は 6 通りの配列を取りうる．また，8 個の異なるアミノ酸からは 4 万通り以上の配列が可能となり，10 個からは 36 万通り以上となる．しかし，これは同じアミノ酸が一つしか含まれない場合の組合せ総数であることに注意してほしい．アミノ酸の数が増すにつれて可能な組合せは飛躍的に増大するにもかかわらず，タンパク質の機能は正しいアミノ酸配列に依存しており，それらのうち機能を発揮するのはたった一つの正しい配列をもつ異性体である．たとえばヒト**アンジオテンシン**Ⅱ(angiotensin Ⅱ)では，8 個のアミノ酸が正しい順番で正確に配列しなければならない．

N末端　C末端

Asp(D)　Arg(R)　Val(V)　Tyr(Y)　Ile(I)　His(H)　Pro(P)　Phe(F)

もしアミノ酸配列が違えばこのホルモンは血圧調節の機能を発揮しないだろう．

ペプチド中の 1 個か 2 個のアミノ酸が変化することで，ペプチドの機能そのものが変化することがある．たとえば，脳下垂体から分泌される二つのホルモンの違いは，下図のようにわずかにアミノ酸 2 個であるが，生体内においては全く異なる機能をもつ．オキシトシンは，陣痛時に子宮平滑筋の収縮を引きおこし，乳腺において母乳の分泌を促す．しかし，アミノ酸が 2 個変化したバソ

▶▶ タンパク質は，ほかのいかなる生体分子よりも私たちの体内の生化学を制御するために重要である．私たちの体内にある数千種類のタンパク質のどれをとっても，すべてのアミノ酸が正しい順番に並んでいるのは不思議ではないだろうか？ 必要な情報は DNA の中にたくわえられており，この驚くべき装置は私たちの細胞核の中にある．タンパク質合成に関する詳細は 9 章で述べる．

細胞がタンパク質を合成するためには，合成材料となるアミノ酸を食餌からつねに供給する必要がある．これは，ヒトの細胞は 20 種類のアミノ酸のうちの一部しか合成することができないためである．食餌とタンパク質については，Chemistry in Action"食物中のタンパク質"も参照．

プレッシンは，腎臓における水分の再吸収と血管収縮を調節して血圧調節に関与する．

$$\overset{+}{H_3N}-\text{Cys}-\text{Tyr}-\text{Ile}-\text{Gln}-\text{Asn}-\text{Cys}-\text{Pro}-\text{Leu}-\text{Gly}-\overset{O}{\overset{\|}{C}}-NH_2$$

（Cys と Cys の間に S—S 結合）

オキシトシン

$$\overset{+}{H_3N}-\text{Cys}-\text{Tyr}-\text{Phe}-\text{Gln}-\text{Asn}-\text{Cys}-\text{Pro}-\text{Arg}-\text{Gly}-\overset{O}{\overset{\|}{C}}-NH_2$$

（Cys と Cys の間に S—S 結合）

バソプレッシン

いかに巨大なタンパク質でも一次構造はタンパク質の機能にきわめて重要で，たった一つのアミノ酸がほかのアミノ酸に変化することでタンパク質の生物学的な性質が劇的に変化することがある．鎌状赤血球貧血は，たった一つのアミノ酸置換でおこり，これについては Chemistry in action で詳しく紹介する．

CHEMISTRY IN ACTION

鎌状赤血球貧血とはなにか？

鎌状赤血球貧血は遺伝的欠陥のため，ヘモグロビン分子を構成する二つのポリペプチド鎖おのおのの一つのアミノ酸（グルタミン酸，Glu）が，ほかのアミノ酸（バリン，Val）に置換された結果おこる遺伝病である．

鎌状赤血球貧血は，赤血球が"鎌"状になることから名づけられた．この変化は，親水性のカルボン酸をもつ側鎖（Glu）を疎水性の中性炭化水素側鎖（Val）に置換し，ヒトヘモグロビン分子の形を変化させる（ヘモグロビンの電荷に対するアミノ酸置換の影響については，Chemistry in Action "電気泳動によるタンパク質の分析"p.11 を参照）．通常のヘモグロビンは，酸素結合時も放出後も，水溶性（球状）であるが，変異ヘモグロビン分子は，一次構造中のアミノ酸が変化した結果，"鉤状"となって凝集し，繊維を形成する．このヘモグロビン分子の凝集によって形成された硬い繊維が赤血球を変形させ，病態の原因となる．

鎌状赤血球は壊れやすく，また柔軟性に欠けるため凝集して毛細血管をふさぎやすく，このため炎症や痛みを引きおこし，血流を止めることで主要な器官にダメージを与える．またこのような異常な細胞は正常な赤血球に比べて寿命が短いため，この病気をもつ人々はひどい貧血に苦しむことになる．

鎌状赤血球貧血は，欠損のあるヘモグロビン遺伝子を両親から 1 コピーずつあわせて 2 コピー引き継いだ場合に発症する．欠損遺伝子を 1 コピー，正常遺伝子を 1 コピーもつ場合には，鎌状赤血球形質をもつといわれるが，鎌状赤血球貧血を発症することはない．遺伝的に鎌状赤血球貧血の形質をもつ人の割合は，マラリアが流行する熱帯地域に起源をもつ少数民族でもっとも高い．彼らの祖先はマラリアに感染しても，それが致死的でないために生き延びてきた．マラリア原虫は赤血球に入り込み，そこで繁殖する．鎌状赤血球貧血の形質をもつ人々では，赤血球が鎌状化するので原虫は繁殖することができない．結果として，生き延びた人々には鎌状赤血球貧血の遺伝形質が残されることになった．鎌状赤血球形質をもつ人は，概して健康であり，正常な生活を送ることができるが，鎌状赤血球貧血を発症した人は，生涯にわたって健康上の問題を多くかかえることになる．

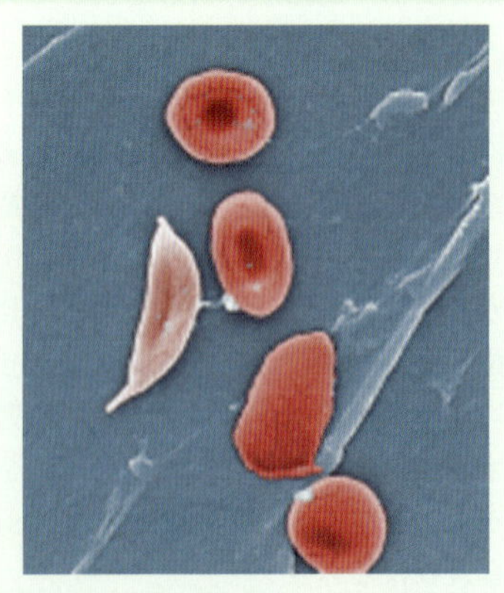

▲ 四つの通常の（凹型の）赤血球と一つの鎌状に変形した赤血球．この変形のため，鎌状赤血球は血管に詰まりやすい．

CIA 問題 1.6　鎌状赤血球貧血について説明せよ．

CIA 問題 1.7　鎌状赤血球貧血と鎌状赤血球形質の違いを説明せよ．

問題 1.20

(a) タンパク質鎖の平面ユニットにはどんな原子が含まれるか．

(b) これらの原子は，いくつのアミノ酸単位に由来するか．また，なぜ平面になるのか説明せよ．

問題 1.21

それぞれ異なる四つのアミノ酸は，何通りの配列を取りうるか．

問題 1.22

タンパク質の一次構造において，正確なアミノ酸の配列順序が重要であるのはなぜか．

1.7　タンパク質の二次構造(2°)

学習目標：

- α-ヘリックスとβ-シート構造を理解し，主としてヘリックスを含むタンパク質の例，主としてシート構造を含むタンパク質の例をあげることができる．
- 二次構造を形成するために必要な特異な水素結合を説明することができる．
- 繊維状および球状タンパク質を区別することができる．

アミノ酸側鎖やタンパク質の骨格にみられる原子間相互作用がなければ，タンパク質鎖は，沸騰した水の中のスパゲッティのように体液中でランダムにねじれてしまうだろう．タンパク質の構造と機能の本質的な関係は，これらの相互作用によって，ポリペプチド鎖が必要な形に固定されることに基づいている．タンパク質の二次，三次，四次構造を見る前に，タンパク質分子の形を決める相互作用の種類について学んでおこう．

タンパク質二次構造(2°)とは，タンパク質中におけるポリペプチド骨格の空間的配置である．二次構造として，**α-ヘリックス**と**β-シート**と呼ばれる2種類の繰返しパターンが知られている．これらは両方とも，骨格中の原子間で形成される水素結合がポリペプチド鎖を一定の形に保っている．水素結合は一つのペプチドユニットのカルボニル酸素と，もう一つのペプチドユニットのアミド水素原子をつないでいる(C=O⋯H−N)．

タンパク質二次構造(secondary protein strucure)　規則的な繰返し構造パターン(α-ヘリックス，β-シートなど)．タンパク質鎖中の隣り合ったセグメント間で，骨格を構成する原子間の水素結合によって形成される．

骨格に沿った水素結合

電気陰性度の高い原子に結合した水素原子が，非共有電子対をもつほかの電気陰性度の高い原子に引き寄せられると水素結合が形成される．タンパク質の骨格にある −NH⁻ 基の水素原子と −C=O 基の酸素原子はこの条件を満たす．

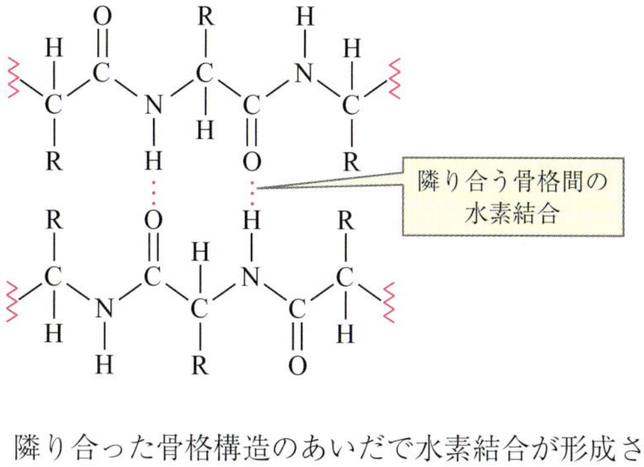

隣り合う骨格間の水素結合

このように，隣り合った骨格構造のあいだで水素結合が形成されるとプリーツシートやヘリックスといった二次構造が形成される．一つ一つの水素結合は弱いが，多くの弱い力が集まることで，ヘリックスやプリーツシートの例のように，構造を安定化するに十分な強さになる．

α-ヘリックス（α-helix）　タンパク質鎖が，骨格のペプチド結合間の水素結合によって右回りのコイルを形成して安定化するタンパク質の二次構造．

α-ヘリックス

1本のタンパク質鎖が，右回り（時計回り）のらせん状にねじれた構造は**α-ヘリックス**として知られている（図1.1(a)）．電話機のねじれたコードにも似たこのヘリックスは，骨格構造の各カルボニル酸素原子が，3.6残基離れたアミノ酸残基のアミド基の水素原子と水素結合を形成することで安定化している．この水素結合はヘリックスに対して垂直であり，またR基はコイルの外側に突き出ている．各水素結合自体は弱いが，ヘリックス中にきわめて多数の結合が存在しているので，この二次構造は非常に安定化している．ヘリックスを上から見下ろした図1.1(b)で明らかなように，アミノ酸の側鎖はヘリックスの外へ突き出ている．

β-シート（β-sheet）　おなじまたは異なる分子の隣り合ったタンパク質鎖が，骨格に沿った水素結合で束ねられることで，平らなシート状構造を形成するタンパク質の二次構造．

β-シート

ポリペプチド鎖の**β-シート**構造の規則的なパターンは，2本のポリペプチド鎖間で，隣り合った骨格構造に沿って形成される水素結合で保たれている．目一杯まで引き延ばされたタンパク質鎖は，ひだを形成するように各α炭素で曲がっており，またR基はシートの上下に突き出ている（図1.2）．

問題 1.23

図1.1のα-ヘリックスから，一つのアミド水素原子とこれと水素結合を形成するカルボニル酸素とのあいだのループに，いくつのCおよびN原子が含まれるか調べてみよ．

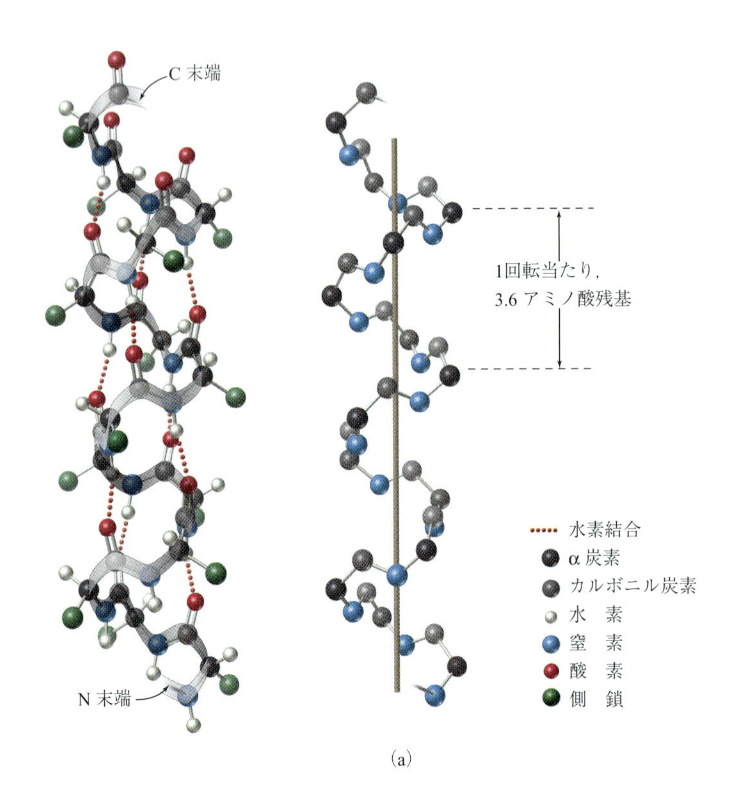

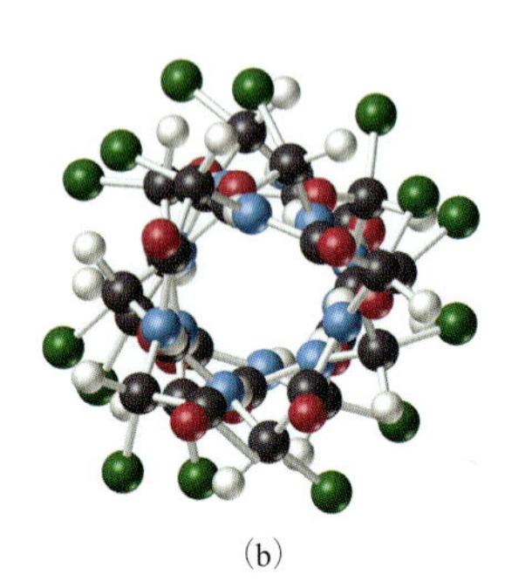

◀**図 1.1**
α-ヘリックス二次構造
(a) 各カルボニル酸素と，これと3.6残基離れたアミノ酸のアミド水素とのあいだの水素結合（赤い点線）によってコイルが固定されている．鎖は右回りのコイル（右側に分けて示した）をつくり，水素結合は長軸に沿って形成される．リボン状に強調したタンパク質骨格を左図に示す．
(b) 真上からヘリックスの中心を見下ろした図．側鎖はヘリックスの外側に突き出ている．

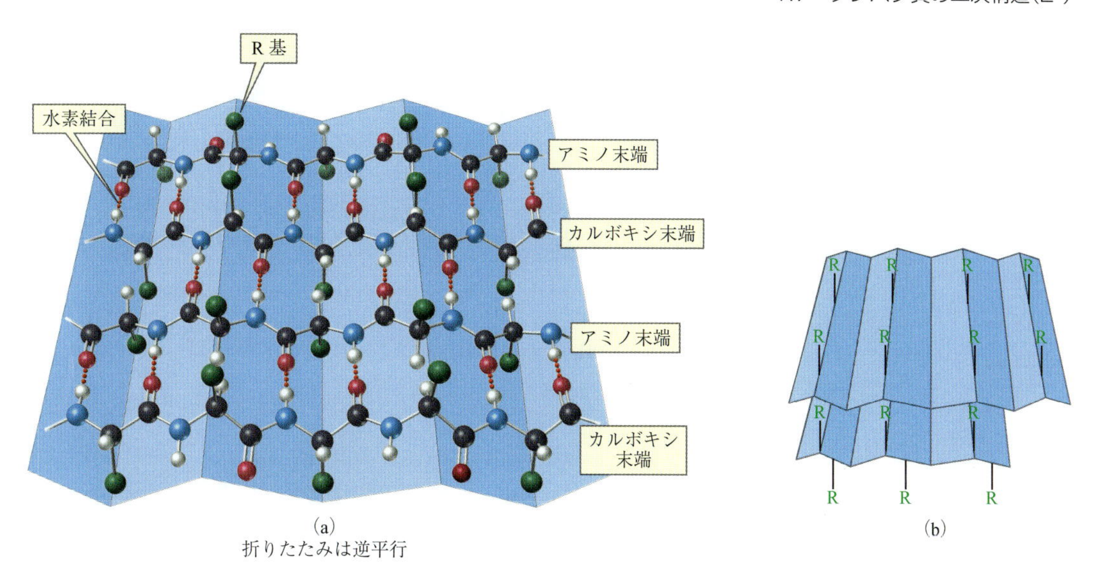

▲図 1.2
β-シート二次構造
(a) 隣接するタンパク質鎖間の水素結合．タンパク質鎖は通常，鎖が交互に N 末端(アミノ末端)から C 末端(カルボキシ末端)へ，C 末端から N 末端に向かって並んでいる(**逆平行**として知られる配置)．(b) 1 対のプリーツシートが折り重なった様子を下側に示してある．この図を見ると，R 基がシートの上下に突き出ている様子がわかる．

問題 1.24
図 1.2 に示す β-シートを参考にして，(a) シート構造の形成に重要な結合の名前をあげよ．(b) (a)の結合に重要な原子を特定せよ．

繊維状と球状のタンパク質の二次構造

タンパク質の分類にはいく通りかの方法がある．そのうちの一つは，タンパク質を**繊維状**(fibrous)と**球状**(globular)に分類する方法である．生化学の中心的な課題である分子構造と機能の関係を考えると，繊維状および球状タンパク質は，それぞれ特有の構造によってはじめて可能になる機能をもっている．

二次構造は，**繊維状タンパク質**の性質(丈夫な不溶性のタンパク質で，この性質によりタンパク質鎖は長い繊維やシートを形成できる)を決めている．羊毛，毛髪，爪，これらはみな α-ケラチンとして知られる繊維状タンパク質でできていて，ほぼ α-ヘリックスのみからなる．α-ケラチン(keratin)では，二つの α-ヘリックスが互いにねじれあって小さな原繊維を形成し，さらにこれらがねじれあってしだいに大きな束となっている．素材の硬さ，柔軟さ，伸縮性は，ジスルフィド結合の数によって変わる．たとえば爪を例にとると，非常に多数のジスルフィド結合が束をしっかりと固定している．

繊維状タンパク質(fibrous protein) タンパク質鎖が繊維やシートをつくっている丈夫で不溶性のタンパク質．

天然絹やクモの糸は**フィブロイン**(fibroin)でできている．これは，ほぼ完全に β-シートだけが積み重なった構造をもつ繊維状タンパク質である．非常に接近して積み重なるために，R 基は比較的小さい必要がある(図 1.2(b))．フィブロインにはグリシン(α 炭素に −H が結合)とアラニン(α 炭素に $-CH_3$ が結合)が交互に結合する領域がある．β-シートは小さいグリシン水素をもつ側どうし，大きなアラニンのメチル基をもつ側どうしが互いに面するように積み重なっている．

球状タンパク質(globular protein) タンパク質鎖が親水性基を外側に向けてコンパクトに折りたたまれた水溶性タンパク質．

球状タンパク質は，繊維状タンパク質とは異なりタンパク質鎖がコンパクトに折りたたまれた球体状の可溶性タンパク質である．その構造は機能の違いに

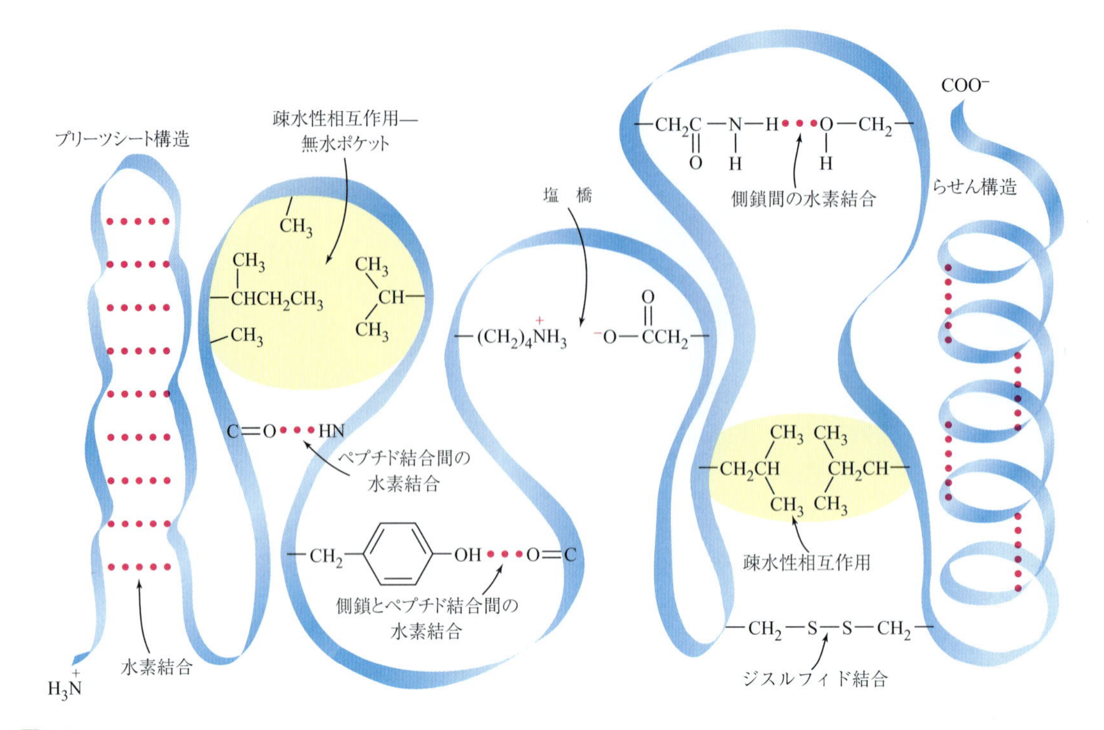

▲図 1.3
タンパク質の形を決める相互作用
規則的なプリーツシート（左）とらせん構造（右）は，隣り合う骨格を構成する原子間の水素結合によって形成される．ほかの相互作用は，タンパク質鎖の中の近くまたは遠く離れた側鎖どうしのあいだで生じる．

▲クモの巣は繊維状タンパク質でできている．一方，卵や牛乳，チーズに含まれるタンパク質は球状タンパク質である．

よって変化しているため，繊維状タンパク質のような繰返し構造をもたない．図 1.3 に示すように，骨格構造どうしが隣接するようにタンパク質鎖が折り返した場合には，しばしば α-ヘリックスや β-シート領域が形成される．親水性のアミノ酸側鎖が球状タンパク質の外側表面に存在するため，これらは水溶性になり細胞内，細胞外の体液に溶け，それぞれ異なる機能を発揮する．さらに球状タンパク質の多くは酵素であり，細胞内の細胞質に溶けている．球状タンパク質の全体構造は，三次構造に分類されるため，つぎの節で説明する．表 1.4 に，いくつかの繊維状および球状タンパク質の分布と機能を示す．

表 1.4　繊維状および球状タンパク質の例

名　称	分布と機能
繊維状タンパク質（不溶性）	
ケラチン	皮膚，毛皮，羽，ひづめ，絹，爪
コラーゲン	獣皮（皮膚），腱，骨，角膜などの結合組織
エラスチン	血管，靭帯など伸縮性を要求される組織
ミオシン	筋肉組織
フィブリン	凝血中
球状タンパク質（可溶性）	
インスリン	グルコース代謝を調節するホルモン
リボヌクレアーゼ	リボ核酸（RNA）の加水分解を触媒する酵素
免疫グロブリン	免疫応答に関与するタンパク質
ヘモグロビン	酸素の運搬に関与するタンパク質
アルブミン	血液中で多くの輸送機能を担う．卵白のタンパク質

問題 1.25

つぎの二つの空白に“球状”または“繊維状”のどちらかを入れて，文章を完成させよ．

(a) 主として α-ヘリックスで構成される二次構造をもつタンパク質は，______タンパク質である．

(b) 主として β-シートで構成される二次構造をもつタンパク質は，______タンパク質である．

基礎問題 1.26

なぜヒトは水泳をしたり，雨に降られても肌が溶けないのか？

1.8　タンパク質の三次構造(3°)

学習目標：

- 三次構造に重要な役割をもつ四つの特異的な力を指摘できる．
- アミノ酸側鎖間にはどのような力あるいは結合が働くか，指摘できる．
- 単純タンパク質と複合タンパク質を区別できる．

タンパク質三次構造(3°)は，一つのタンパク質鎖の折りたたみによって生じるタンパク質全体の三次元的な形をいう．二次構造は骨格を構成するペプチド結合間の引力(C=O から NH)によって生じる水素結合に基づくが，三次構造はこれとは異なり，主におなじ骨格の遠く離れたアミノ酸側鎖(R 基)間の相互作用によって生じる．

タンパク質三次構造(tertiary protein structure)　タンパク質鎖全体が，コイル形成や折りたたみによって特定の三次元的な形をとる構造．

球状タンパク質ではタンパク質鎖の折れ曲がりやねじれが不規則であり，三次元構造はランダムに見えるかもしれないが，それは事実ではない．各タンパク質分子は一次構造および二次構造によって決定される特有の構造に折りたたまれ，つぎに述べる力によって特定の三次構造をとる．その結果，活性タンパク質はもっとも安定な形をとっている．生体系で機能する形のタンパクを**活性タンパク質**という．

活性タンパク質(native protein)　生体内での自然な形(二次，三次，四次構造)をとるタンパク質．

R 基間あるいは R 基と骨格原子間の水素結合

アミノ酸側鎖には水素結合を形成できる原子をもつものがある．側鎖間の水素結合は，タンパク質鎖の異なる構造どうしをつなぎ合わせることができる．これは近くの構造どうしのこともあれば，ポリペプチド鎖上の遠く離れた構造間の場合もある．図 1.3 に示したタンパク質では，側鎖間の水素結合はタンパク質鎖に 2 カ所の折れ曲がりをつくっている．水素結合性の側鎖はしばしば折れ曲がったタンパク質分子の表面に存在し，周囲の水分子と水素結合を形成する．水素結合は非共有結合であることを思い出そう．

R 基間の水素結合の例として，極性のヒドロキシ基に含まれる水素原子と，異なるアミノ酸中のほかの極性基に含まれる酸素原子あるいは窒素原子との水素結合を右図に示す．

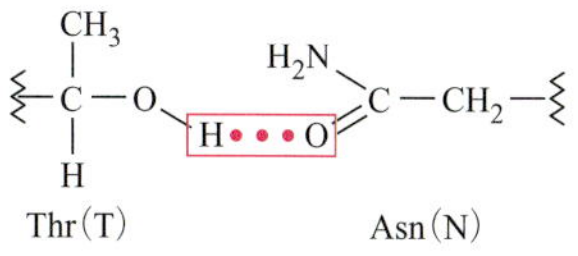

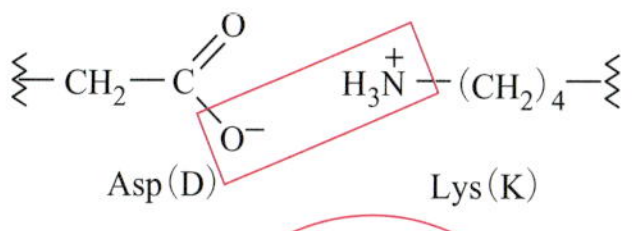

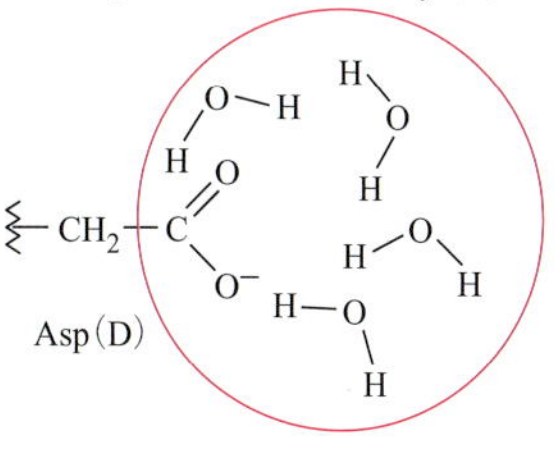

R 基間のイオン的な相互作用(塩橋)

イオン化した酸性および塩基性側鎖があれば，正負の電荷間の引力により**塩橋**(salt bridge)という結合を形成する．図 1.3 のタンパク質の真ん中付近で，塩基性のリシン残基と酸性のアスパラギン酸残基が塩橋を形成している．

R基と水の親水性相互作用

電荷をもつR基をもったアミノ酸は，水素結合によって水と相互作用する．右図に，アスパラギン酸と水の相互作用を示した．これらの相互作用は引力であって，共有結合ではない．

R基間の疎水性の相互作用

分散力については基礎化学編8.2節を，vander Waals力については，基礎化学編9.2節を参照のこと．

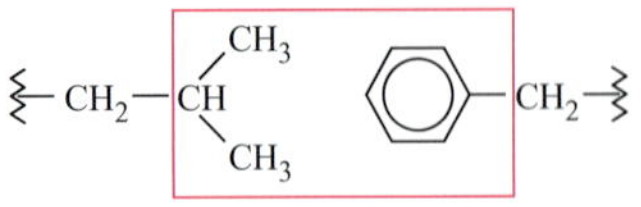

側鎖の炭化水素は，電子の瞬間的な不均一な分散によっておこる分散力（主として vander Waals 力）で互いに引き付けられる．ここでみられる引力は共有結合ではないが，結果として，これらの側鎖はちょうど油の分子が水面で集合するように互いに寄り集まる．このような相互作用を**疎水性相互作用**（hydrophobic）と呼ぶ．このように集合することで，図1.3および右図にさらに詳しく示した疎水性基はタンパク質鎖中に水分子を含まないポケットを形成する．個々の相互作用は弱くても，タンパク質全体では膨大な数になるため，タンパク質分子の折れ曲がった構造を安定化するために重要な役割を果たしている．

$$\sim CH_2-CH(CH_3)_2 \quad C_6H_4-CH_2\sim$$

Phe（F）　Leu（L）

共有結合性の硫黄–硫黄結合：ジスルフィド結合

ジスルフィド結合の形成については，有機化学編3.8節で紹介している．

タンパク質の形を決めるには，上述したような非共有結合性の相互作用に加えて共有結合も重要な働きをしている．側鎖にチオール基（–SH）をもつ複数のシステイン残基は，反応して硫黄–硫黄結合（–S–S–）を形成することができる．

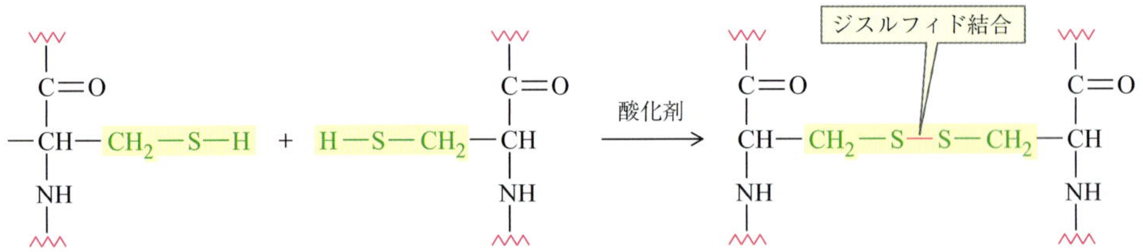

$$-CH(C{=}O)(NH)-CH_2-S-H \; + \; H-S-CH_2-CH(C{=}O)(NH)- \xrightarrow{\text{酸化剤}} -CH(C{=}O)(NH)-CH_2-S-S-CH_2-CH(C{=}O)(NH)-$$

システイン（Cys, C）　システイン（Cys, C）　ジスルフィド結合

二つのシステイン残基が異なるタンパク質鎖にある場合，二つのタンパク質鎖どうしがジスルフィド結合によって互いに結合する．一方，二つのシステイン残基が同一のタンパク質鎖にある場合，鎖中にループが形成される．インスリンはこの良い例である．インスリンは**ジスルフィド結合**と呼ばれる硫黄–硫黄結合によって2カ所で連結された2本のポリペプチド鎖からなっている．一方の鎖は，さらに三つ目のジスルフィド結合によって形成されるループをもつ．

ジスルフィド結合（disulfide bond）　二つのシステイン残基側鎖間で形成されるS–S結合．二つのペプチド鎖を結合させたり，ペプチド鎖中にループを形成させることができる．

インスリンは，ホルモンとして機能する小さなポリペプチドの代表例であり，ある場所から別の場所へと運ばれる化学的な信号があると分泌される（p.17に示したアンジオテンシンIIは，もう一つのポリペプチドホルモンの例である）．

ポリペプチドホルモンについては11章で，糖尿病については5.9節でさらに詳しく学ぶ．

インスリンの構造と機能は大きな関心を集めた．これは，グルコース代謝における役割と糖尿病患者がインスリンの補給を必要とするためである．インスリンは，血中グルコース濃度が上昇すると，細胞にグルコースを取り込むよう指示する．多くの糖尿病患者は，インスリンをつくれないか，インスリンに対する応答能力を失っているため，インスリンの補給を必要としている．糖尿病とインスリンのグルコース代謝における役割に関しては，5.7節で詳しく紹介する．インスリンの研究は，生体分子の構造決定と合成に大きな進歩をもたらしたが，これはインスリン供給の必要性によるものであることは疑う余地もない．

インスリンの構造

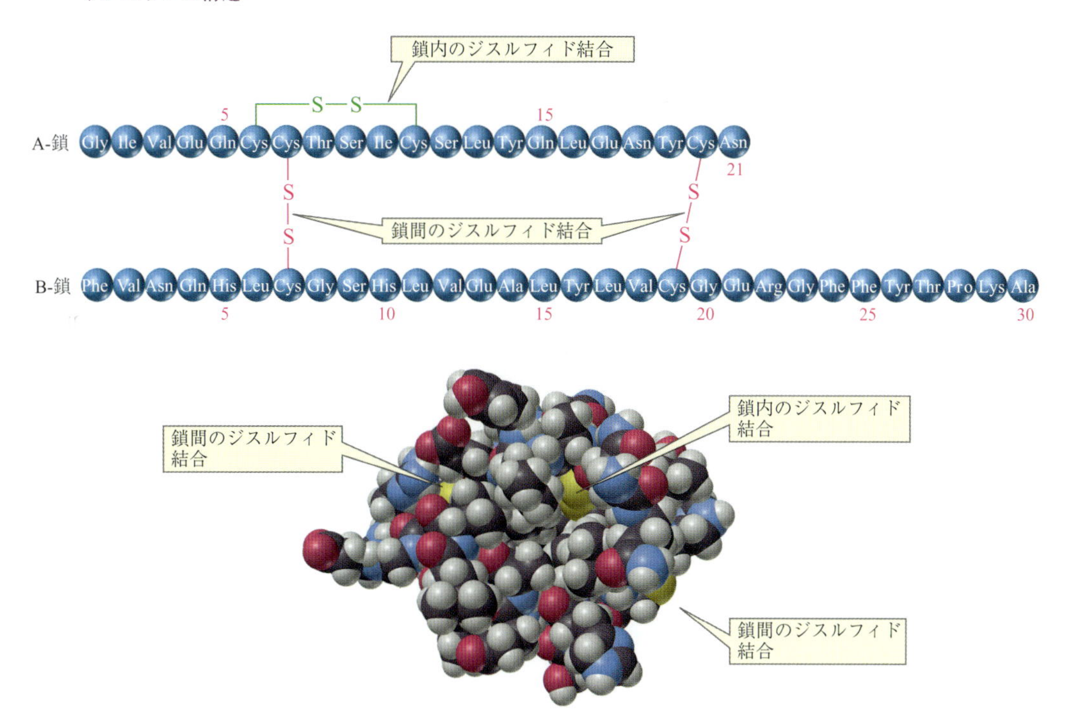

インスリンのアミノ酸配列が1951年に決定されたことは，歴史的に重要な成果である．これは一次構造が決定された**第1号のタンパク質**である．この分子の架橋を含む完全な構造解析と，実験室における全合成が達成されるまでには，15年の歳月が必要であった．1980年代には，バイオテクノロジーの出現によって再びインスリンが第1号となった．それまで糖尿病患者は，ウシの膵臓から抽出されたインスリンを使用していたが，ウシとヒトのインスリンでは3カ所のアミノ酸が異なっているため，ときおりアレルギー反応がおこった．1982年には，ヒトインスリンは遺伝子工学による商品としてはじめて米国政府から医療目的の使用を認可された．

これまでに述べた四つの非共有結合性相互作用とジスルフィド結合が，タンパク質の三次構造を決定している．たとえば，以下のリボン構造で示す**リボヌクレアーゼ**(ribonuclease)酵素は，α-ヘリックスとβ-シート領域，これらをつなぐループ，さらに4カ所のジスルフィド結合を組み合わせた形をしている．

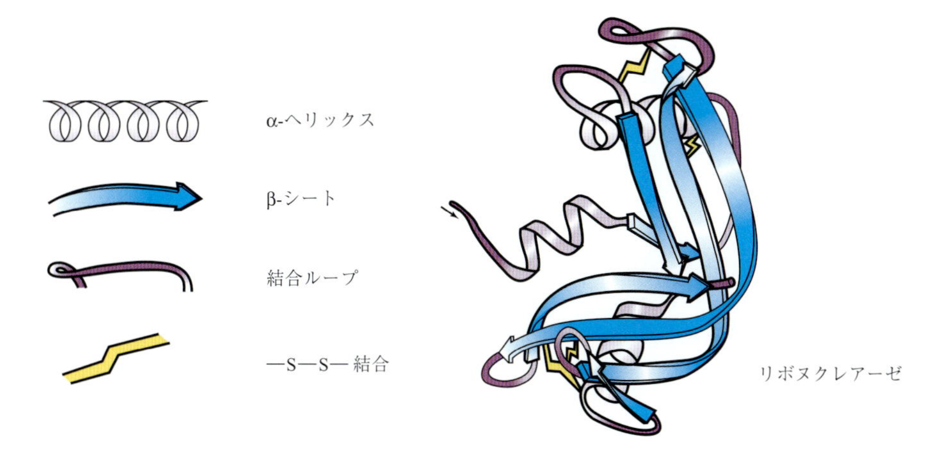

単純タンパク質(simple protein)
アミノ酸残基のみからなるタンパク質.

複合タンパク質(conjugated protein)
構造中に1個以上の非アミノ酸単位を含むタンパク質.

リボヌクレアーゼの構造は球状の水溶性タンパク質の三次構造として代表的なものである. 疎水性の非極性側鎖は内部に集まって炭化水素の領域を形成し, 一方, 水溶性の親水性の側鎖は外側に集まっている. リボヌクレアーゼはアミノ酸残基(124残基)のみで構成されているので, **単純タンパク質**と呼ばれる. 図からは, リボヌクレアーゼが一次構造と二次構造の組合せからなる三次構造をもつ球状タンパク質ということがよくわかる. 図の左には, タンパク質構造中にみられる構造要素を一般的な記号で示した.

つぎに小型の球状タンパク質の例として, 1本のタンパク質鎖からなる**ミオグロビン**(myoglobin)を取り上げよう. ミオグロビンはヘモグロビンの類縁体であり, エネルギーが急に必要になったときに使用できるよう骨格筋で酸素を貯蔵する. 構造的には, ミオグロビンの153個のアミノ酸残基は短い部分構造で連結され, 8個のα-ヘリックス構造は親水性アミノ酸残基がコンパクトな球状の三次構造の外側に並ぶように束ねられている. 多くのタンパク質とおなじように, ミオグロビンも単純タンパク質ではなく**複合タンパク質**(非アミノ酸ユニットとの複合体形成によって機能を発現するタンパク質)である. ミオグロビンの酸素を運搬する部分には, ポリペプチド鎖に埋め込まれたヘム基がある. 図1.4にミオグロビン分子が二つの異なる方法を示す. これらは, いずれもタンパク質分子の三次元構造を表示するのによく用いられる描写法である. そのほかの複合タンパク質の例を表1.5に示す.

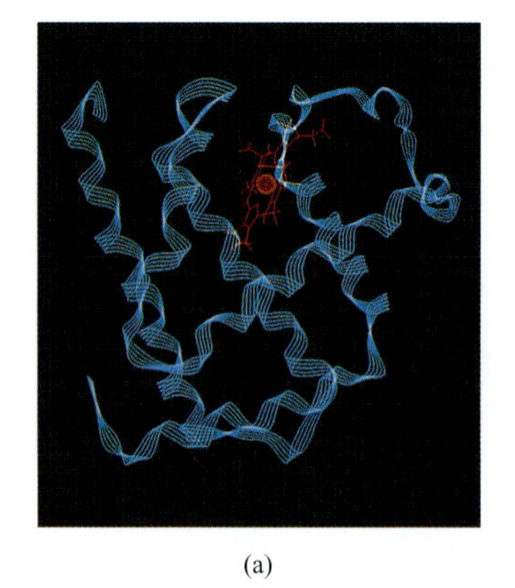
(a)

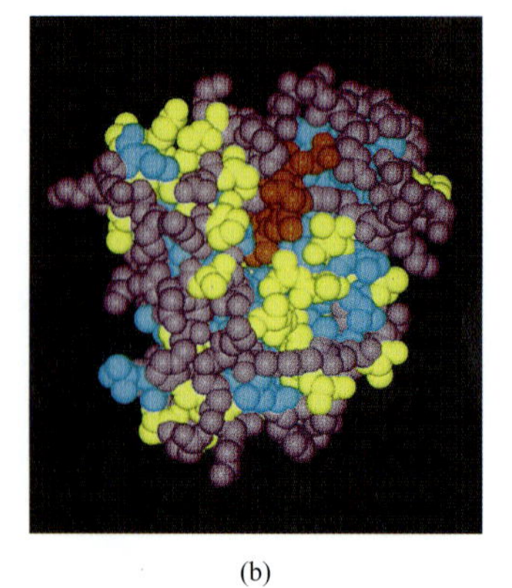
(b)

▶**図 1.4**
二つの表現法で描いたミオグロビン*
おのおのの図において, タンパク質中に埋め込まれている赤色の構造は, O_2と結合するヘム分子である.
(a) リボンモデルで描かれたタンパク質では, らせん部分はリボンで表現される. この表現法では, タンパク質の二次構造が明瞭に表現される.
(b) コンピュータを用いたスペースフィリング(空間充填)モデルで表したミオグロビンでは, 疎水性残基は青で, 親水性残基は紫で表現されている. この表現法では, タンパク質の全体構造と, 大きさ(体積)がわかりやすくあらわされる.
*(訳注): 2013年のノーベル化学賞は, タンパク質などの生体分子をコンピュータで計算し, シミュレーションする方法を開発したM. Karplus, M. Levitt, A. Warshelの3氏に贈られた.

表 1.5　複合タンパク質の例

タンパク質の分類	非タンパク質性部分	例
糖タンパク質	炭水化物	細胞膜の糖タンパク質(3.7節)
リポタンパク質	脂　質	コレステロールなどの脂質を体中へ輸送する高密度および低密度リポタンパク質(7.2節)
金属タンパク質	金属イオン	生物的なエネルギーを生産するために必要なシトクロムオキシダーゼなど, 多くの酵素
リン酸化タンパク質	リン酸基	幼児に必須の栄養を供給する牛乳のカゼイン
ヘムタンパク質	ヘ　ム	ヘモグロビン(酸素の運搬)とミオグロビン(酸素の貯蔵)
核タンパク質	RNA	細胞のリボソームにみられ, タンパク質の生合成に関与する

タンパク質はどのようにして，組み上げられるべき正しい三次元構造を知るのだろうか．タンパク質合成において，N末端からC末端に向かってアミノ酸が一つずつ結合していく際，タンパク質はリボソームと呼ばれる構造に結合している(9章)．伸長中のタンパク質鎖は，親水性の残基が細胞内の水溶液と相互作用するように，また，疎水性残基が最終構造においてタンパク質内部に隔離されるように折りたたまれていく(フォールディング)．フォールディングは，アミノ酸側鎖どうしの相互作用やアミノ酸側鎖と水溶液の相互作用によって，折りたたまれたタンパク質がエネルギー的にもっとも安定な構造をとるように導かれ，構造を安定化する．このため多くのタンパク質は，合成の過程で自発的に活性型構造にフォールディングされるが，例外も存在する．シャペロンと呼ばれるタンパク質は，とくに合成されるタンパク質の最終構造が不安定な場合に，タンパク質のフォールディングをサポートする．タンパク質は，フォールディングによって機能をもつ構造にならなければならない．通常，ミスフォールディング(misfolding)タンパク質は機能をもたず，しばしば有毒となる．

例題 1.4　側鎖間の相互作用を描く

トレオニン残基とグルタミン残基間には，どのような非共有結合性相互作用がみられるか．これらのアミノ酸の構造を描き，相互作用を示せ．

解　説　グルタミン残基はカルボニル基を含み，トレオニン残基はヒドロキシ基を含む．これらはイオン化していないため塩橋を形成することはできないが，極性が高く，したがって疎水性ではない．これらの官能基は，アミドカルボニル基の酸素とヒドロキシ基の水素とのあいだで水素結合を形成する．

解　答

トレオニンとグルタミンのあいだで形成される非共有結合性の水素結合は以下のとおりである．

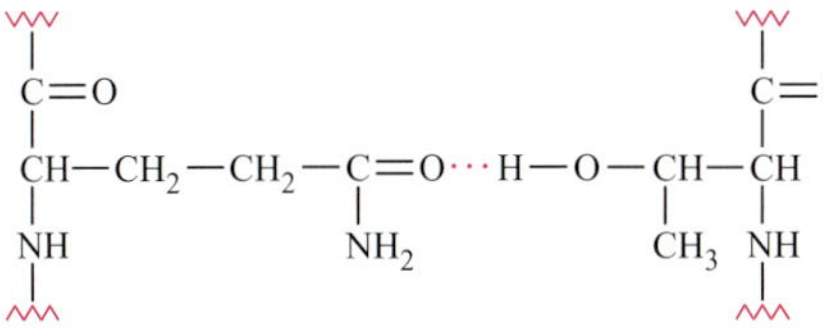

```
~~~                                           ~~~
 |                                             |
C=O                                           C=O
 |                                             |
CH—CH2—CH2—C=O···H—O—CH—CH
 |          |          |   |
NH         NH2        CH3  NH
 |                         |
~~~                       ~~~
```

例題 1.5　水素結合に関与する官能基の特定

水素結合は，タンパク質の二次構造と三次構造の両方の安定化に重要である．二次構造と三次構造で，官能基が水素結合を形成する方法はどのように異なっているか．

解　説　図 1.1 および 1.2 を参照し，二次構造中の水素結合を考えよ．タンパク質骨格中の窒素原子に結合した水素原子と，その近くにあるカルボニル炭素原子に結合した酸素原子のみが水素結合に関与する．三次構造においては，水素結合は主として，極性 R 基間に生じ，これらは必ずしも近くにある必要はない．

解　答

二次構造は，タンパク質骨格中の窒素原子に結合した水素原子と，その近くにあるカルボニル炭素原子に結合した酸素原子間で，規則的に繰返し形成される結合によって形成される．規則的に繰返し形成される結合は，α-ヘリックスや β-シート構造を生み出す．

三次構造は，水素結合だけでなく，いくつかの異なるタイプの結合によってつくられる．水素結合は主としてR基間にみられ，分子全体に不規則的に広がっている．

問題 1.27

つぎのアミノ酸の組み合わせのうち，側鎖間で水素結合を形成するものはどれか．水素結合によって対をつくる様子を，水素結合部分を明示して示せ．

(a) Phe, Thr　(b) Asn, Ser　(c) Thr, Tyr　(d) Gly, Trp

基礎問題 1.28

表1.3を見て，つぎの各アミノ酸の組み合わせでどのような種類の疎水性相互作用が形成されうるか述べよ．

(a) グルタミンとセリン　(b) イソロイシンとプロリン

(c) アスパラギン酸とリシン　(d) アラニンとフェニルアラニン

問題 1.29

図1.3で，(a) 側鎖から水素結合を形成するアミノ酸と，(b) 疎水性の側鎖の相互作用を形成するアミノ酸を示せ．

問題 1.30

以下の複合タンパク質はどの分類(表1.5)に属するか示せ．

(a) 血液系中を移動するために，コレステロールはこのタンパク質に結合している．

(b) 活性型になるには，このタンパク質はイオン化した亜鉛と結合する必要がある．

(c) このタンパク質には，リン酸基が結合している．

(d) この膜タンパク質には，複雑な糖鎖が結合している．

(e) 活性型になるには，このタンパク質は三価鉄イオンを含む大きな多環性共役炭化水素と結合する必要がある．

(f) このタンパク質がRNAと結合すると，タンパク質合成がおこりやすくなる．

1.9　タンパク質の四次構造(4°)

学習目標：

- 四次構造を説明できる．
- 四次構造の形成に重要な力を指摘できる．
- 四次構造をもつタンパク質を例示できる．

タンパク質四次構造(quaternary protein structure)　二つ以上のタンパク質鎖が寄り集まり，巨大で規則的な構造を形成する．

4番目に紹介する最後のタンパク質構造は，もっとも複雑な四次構造である．**タンパク質四次構造**(4°)は，二つ以上のポリペプチドサブユニットが寄り集まって一つの三次元的なタンパク質を形成する構造である．おのおののポリペプチドは，三次構造に基づく非共有結合性の引力によって互いに集合している．また共有結合(ジスルフィド結合)が関与する例もいくつか知られており，このタンパク質は非アミノ酸部分に結合している．たとえば，**ヘモグロビン**(hemoglobin)や**コラーゲン**(collagen)はおのおのの機能に不可欠な四次構造をもつタンパク質としてともによく理解されている例である．

ヘモグロビン

ヘモグロビン(図 1.5(a))は，主として疎水性基の相互作用によって集合した四つのポリペプチド鎖(二種の異なるポリペプチド鎖である α 鎖と β 鎖を二つずつ)と四つのヘム基からなる四次構造をもつ複合型タンパク質である．各ポリペプチドの組成と三次構造はミオグロビン分子(図 1.4)に類似している．α 鎖は 141 個のアミノ酸残基からなり，β 鎖は 146 個のアミノ酸残基からなる．

ヘム分子(図 1.5)はその機能に不可欠な鉄 1 原子を含んでいる．ヘム分子はヘモグロビン分子を構成する四つのポリペプチド鎖にそれぞれ一つずつ含まれている．その四つのポリペプチド鎖が集合して赤血球において酸素を運搬するヘモグロビンの四次構造を構成している．肺の中では O_2 が Fe_2^+ に結合し，ヘモグロビン 1 分子で最大 4 分子の O_2 を運ぶことができる．酸素を必要とする組織では O_2 を放出し，CO_2(呼吸によって生じる生成物)を拾って再び肺へと運ぶ．ヘモグロビンは水溶性タンパク質だが，通常は，**細胞内タンパク質**として細胞内にのみ存在し，赤血球に含まれて体中に運ばれる．**移動性タンパク質**と呼ばれる血清アルブミンは，水溶性タンパク質であるが細胞外液に溶けており，ガス交換のために CO_2 を肺に運ぶ．

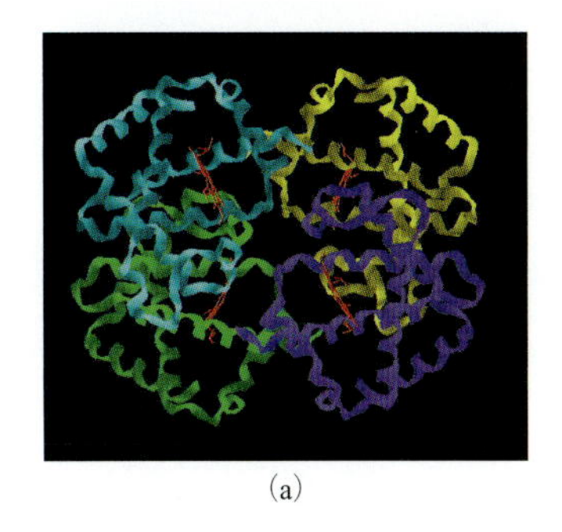

(a)

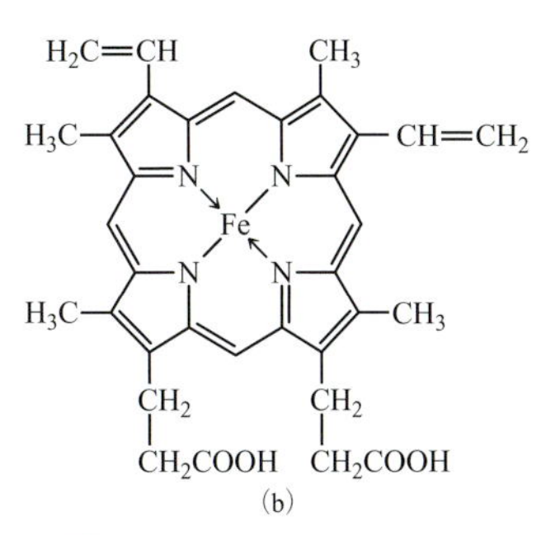

(b)

▲ **図 1.5**
ヘムと四次構造をもつヘモグロビン
(a) 各ポリペプチド鎖は，おのおの紫，緑，青，黄色で，ヘム単位は赤色で表現してある．各ポリペプチド鎖の構造はミオグロビンに類似している．(b) ヘモグロビン中の各ポリペプチド鎖は，おのおの一つのヘム単位をもっている．

細胞内タンパク質(cellular protein)
細胞内に存在するタンパク質．

移動性タンパク質(mobile protein)
血液のような体液中に存在するタンパク質．

▶▶ 酸素の運搬については，12 章でさらに詳しく学ぶ．

コラーゲン

コラーゲンは哺乳類のタンパク質の中でもっとも多く存在し，全タンパク質量の 30％以上を占める．繊維状タンパク質のコラーゲンは，皮膚，腱，骨，血管などの結合組織の主要な構成成分になっている．コラーゲンの基本構成単位(**トロポコラーゲン** tropocollagen)は，おのおのが 1000 アミノ酸残基からなる 3 本の鎖がからみ合った構造である．各鎖は，おのおのが左巻き(反時計回り)に緩やかに巻きついている(図 1.6(a))．これら 3 本のコイル状のタンパク質鎖が，(時計回りに)互いに包み込むように硬い棒状のトロポコラーゲン三重らせんを形成する(図 1.6(b))．この中で，各鎖は水素結合で連結されている．

体中には，数種のコラーゲンが存在し，これらは互いに一次配列がわずかに異なる．しかしすべてのコラーゲンで，3 残基おきにグリシン残基をもつ点が共通している．グリシン残基(α 炭素に"側鎖"として −H を有する)だけが，きつく巻きついたトロポコラーゲンの三重らせんの中央に収まることができる．もっと大きな側鎖はらせんの外側に向いている．コラーゲンタンパク質は，合成された後に，分子中の一部のプロリン残基がヒドロキシ化される．この反応にはビタミン C が必要であり，プロリンのヒドロキシ化は，強いコラーゲン繊維を形成するために重要である．これがビタミン C の不足によって壊血症がおこる理由である．ビタミン C が不足するとコラーゲン中のヒドロキシ化されたプロリン残基が少なくなり，その結果コラーゲンはうまく繊維状になることができない．このため壊血病(現代では稀な病気)による皮膚病変や，血管が弱くなるといった症状がみられる．

トロポコラーゲンの三重らせんが寄り集まってコラーゲンが形成される．これは無数の鎖が縦方向に重なることで形成される四次構造である(図 1.6)．生体内での正確な目的に応じて，コラーゲン分子はさらに構造改変を受ける．腱のような結合組織ではコラーゲン繊維は鎖間での共有結合を形成して，硬い架橋構造をつくる．歯や骨ではヒドロキシアパタイト[$Ca_5(PO_4)_3OH$]が鎖間のギャップ構造に堆積して，全体の結合を強くしている．

まとめ：タンパク質の構造

- **一次構造**：ポリペプチド鎖中でペプチド結合によって結合するアミノ酸の配列．たとえば，Asp-Arg-Val-Tyr.

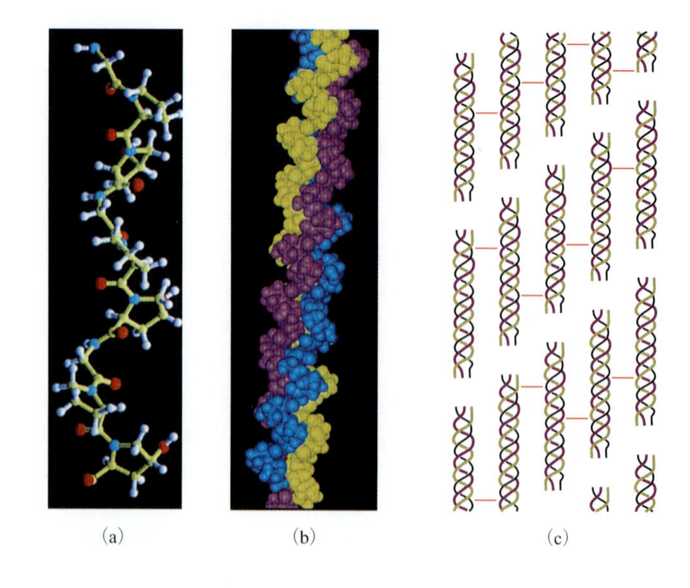

▶**図 1.6**
コラーゲン
(a) 単一のコラーゲン分子のらせん構造(炭素は黄緑色，水素は薄い青色，窒素は濃い青色，酸素は赤色). (b) トロポコラーゲンの三重らせん構造. (c) 架橋したコラーゲンの四次構造のトロポコラーゲン分子の集合の様子をあらわしている.

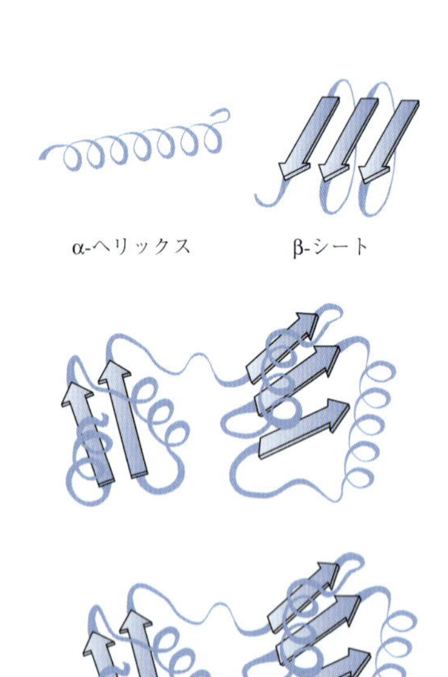

- **二次構造**：ポリペプチド鎖の空間的配置. 通常よくみられるパターンとして，α-ヘリックスとβ-シートモチーフ(骨格のアミノ酸残基中のカルボニル基とアミノ基のあいだで水素結合が形成されて集合する)があり，これに加えてこれらのセグメントをつなぐループやコイルなどが知られている.
- **三次構造**：一つのタンパク質分子が折りたたまれて特定の三次元的な形になったもの. これは主としてアミノ酸側鎖間の非共有結合性の相互作用(塩橋，水素結合，疎水性相互作用)によるもので，側鎖間のジスルフィド結合による場合もある.
- **四次構造**：非共有結合性の相互作用によって，二つ以上のタンパク質鎖が集合して形成する大きな三次元構造.

まとめ：タンパク質の分類

- **繊維状タンパク質**：丈夫で不溶性であり，繊維やシートからなっている.
- **球状タンパク質**：水溶性でコンパクトに折りたたまれたタンパク質鎖からなる.
- **単純タンパク質**：アミノ酸のみからなる.
- **複合タンパク質**：一つ以上の非アミノ酸構成単位をもつ.
- **活性タンパク質**：機能をもつ，変性していないタンパク質である.
- **移動性タンパク質**：水溶性で，血液のような細胞外体液に溶けて体中に運ばれる. 血清アルブミンがその例である.
- **細胞内タンパク質**：水溶性で，細胞内に含まれる. ヘモグロビンがその例である.

タンパク質は，上記のうち一つ以上のクラスに属することがある点に注意せよ. たとえば，機能性ヘモグロビンは，球状タンパク質であり，複合タンパク質であり，細胞内タンパク質であり，なおかつ活性タンパク質でもある.

例題 1.6 タンパク質の高次構造を指摘する

つぎの記述は，タンパク質の二次，三次，四次構造のいずれの説明か．また，各高次構造を安定化するのはどのようなタイプの相互作用か．

(a) ポリペプチド鎖には多くの曲がりやねじれがあり，このためコンパクトな構造をとる．
(b) ポリペプチド骨格は右巻きのらせん構造になる．
(c) 四つのポリペプチド鎖は，球状の配置をとる．

解 説 二次，三次，四次構造について知っていることを思い出せ．四次構造は，1本以上のポリペプチド鎖が関与する構造である．右巻きらせんは二次構造に特徴的である．多くの曲がりやねじれ，コンパクトな構造は，三次構造に特徴的である．

解 答

(a) 三次構造：親水性および疎水性相互作用，塩橋，水素結合，およびジスルフィド結合によって安定化される．
(b) 二次構造：骨格のカルボニル酸素とアミノ水素間の水素結合により安定化される．
(c) 四次構造：三次構造と同じ相互作用で安定化される．

問題 1.31
α-ケラチンとトロポコラーゲンは，ともにらせん状の二次構造を有している．これらの分子は，三次元構造はどのように異なっているか．

1.10 タンパク質の化学的性質

学習目標：

- タンパク質の化学的および酵素的加水分解について説明できる．
- 変成について説明し，変成を引きおこす原因について説明できる．

タンパク質の加水分解

単純なアミドがアミンとカルボン酸に加水分解できるのとおなじように，タンパク質もまた加水分解できる．タンパク質の加水分解ではその合成とは逆に，ペプチド結合が加水分解されてアミノ酸を生じる．毎日の食事の際のタンパク質の消化は，下の反応式のようなペプチド結合の加水分解反応にほかならない．

アミド結合の加水分解については，有機化学編 6.4 節を参照のこと．

$$\text{—HN—CH(CH}_3\text{)—C(=O)—NH—CH}_2\text{—C(=O)—NH—CH(CH}_2\text{SH)—C(=O)—NH—CH(CH}_2\text{COO}^-\text{)—C(=O)—}$$

加水分解反応で切れるペプチド結合

H_3O^+ または消化酵素

$$\overset{+}{H_3N}\text{—CH(CH}_3\text{)—C(=O)—O}^- + \overset{+}{H_3N}\text{—CH}_2\text{—C(=O)—O}^- + \overset{+}{H_3N}\text{—CH(CH}_2\text{SH)—C(=O)—O}^- + \overset{+}{H_3N}\text{—CH(CH}_2\text{COO}^-\text{)—C(=O)—O}^-$$

アラニン(Ala, A)　グリシン(Gly, G)　システイン(Cys, C)　アスパラギン酸(Asp, D)

化学者が実験室でタンパク質を加水分解反応をするときには，塩酸水溶液とともに加熱する方法が好まれる．これは，塩酸の代わりに水酸化ナトリウムを用いると塩基性条件下で一部のアミノ酸が分解するためである．生体内でのタンパク質の消化は胃と小腸で行われ，その過程は酵素で触媒される．エンドプロテアーゼは，タンパク質中のペプチド結合を配列中の特定の部位で加水分解する酵素である．キモトリプシンは，芳香族アミノ酸のC末端側のペプチド結合を切断するエンドペプチダーゼである．また，トリプシンは，ペプチド結合をリシンあるいはアルギニンのC末端側で加水分解するエンドプロテアーゼである．タンパク質中の各アミノ酸は加水分解されると腸壁から吸収され，血流で必要とされる部位へと運ばれる．

▶▶▶ 消化については，5.1節でさらに詳しく議論する．

例題 1.7　タンパク質加水分解フラグメントを同定する

表1.3で芳香族側鎖をもつ三つのアミノ酸を示せ．さらに，下に示すバソプレッシンをキモトリプシンで切断したときに生じるフラグメント（断片）の数を答えよ．

Asp-Tyr-Phe-Glu-Asn-Cys-Pro-Lys-Gly

また，三文字略号を用いて，これらの断片の配列を書け．

解　説　バソプレッシンに含まれる二つの芳香族アミノ酸を書いてみよう．加水分解とは，ある結合に水を付加して結合を壊すことであり，この場合にはそれは二つのアミノ酸間のペプチド結合である．キモトリプシンは，バソプレッシンに含まれる芳香族アミノ酸のC末端側を加水分解する．

解　答

バソプレッシンに含まれる芳香族アミノ酸は，チロシンとフェニルアラニンである．切断は，つぎに示す三つのフラグメントを与える．

Asp-Tyr　Phe　Glu-Asn-Cys-Pro-Lys-Gly

問題 1.32

もう一つのエンドプロテアーゼとしてトリプシンがある．トリプシンは，ペプチド結合をリシンあるいはアルギニンのC末端側で加水分解する．つぎの配列をもつペプチドをトリプシンで加水分解すると，フラグメントはいくつ生じるか．また三文字略号を用いて，これらのフラグメントの配列を書け．

Ala-Phe-Lys-Cys-Gly-Asp-Arg-Leu-Leu-Phe-Gly-Ala

問題 1.33

問題1.32と同じペプチドを酸加水分解反応に付すと，いくつのフラグメントが生じるか．また，それはなぜか説明せよ．

タンパク質の変性

これまで見てきたように，タンパク質全体の形は非共有結合性因子の微妙なバランスによって決定されるため，そのバランスが崩れるとしばしばタンパク質の形が崩れるのは不思議なことではない．一次構造（タンパク質鎖中のアミノ酸配列）に影響することなくタンパク質の形が壊れる現象を**変性**という．たとえば，球状タンパク質が変性するとその構造はほどけてしまい，はっきりとした球状からループ状のランダムな鎖状構造に変化するが，タンパク質鎖中の

変性（denaturation）　非共有結合性の相互作用やジスルフィド結合の破壊によって，ペプチド結合と一次構造はそのままで二次，三次，四次構造が失われること．

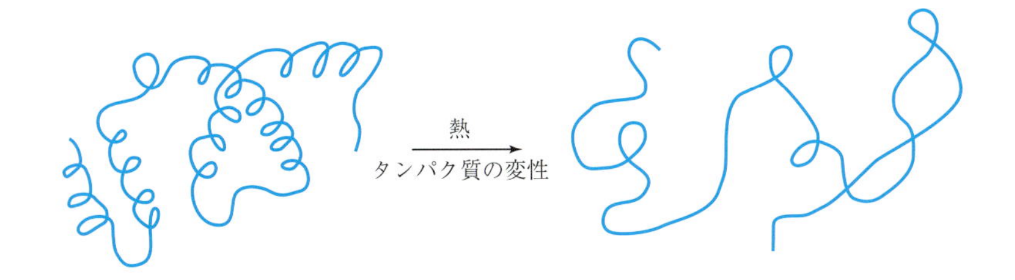

アミノ酸配列は変化しない．

変性に伴ってタンパク質の物理的，化学的，および生物学的な性質に変化がみられる．たとえば，卵白を調理するとアルブミンが凝固して不溶性の白い固体になるように，溶解性は変性により低下することが多い．変性によって構造が変化すると酵素は触媒活性を失い，ほかのタンパク質もその生物学的機能を果たすことができなくなる．

▲ タンパク質の変性．卵を焼くと卵の白身が変性する．

変性は熱，機械的なかくはん，洗剤，有機溶媒，強い酸性またはアルカリ性の pH，無機塩などが原因になっておきる．

- **熱**：球状タンパク質の側鎖間の弱い引力は，加熱(多くの場合 50℃以上)によって容易に壊される．肉を調理すると不溶性のコラーゲンの一部が可溶性のゼラチンに変化する．これは接着剤の役目を果たしたり，ソースにとろみをつけたりするのに利用される．
- **機械的かくはん**：もっともなじみ深いかくはんによる変性の例は，卵白をかくはんするときに生じる泡である．空気の泡の表面でタンパク質が変性することでタンパク質が固化し，泡がそのまま残ることになる．
- **洗　剤**：きわめて低濃度でも疎水性側鎖の会合を壊し，タンパク質の変性を引きおこす．
- **有機化合物**：アセトンやエタノールのような極性溶媒は，結合部位を競うことによって水素結合の形成を妨害する．たとえばエタノールの殺菌性は，細菌のタンパク質を変性させることによる．
- **pH の変化**：過剰の H^+，または OH^- はアミノ酸残基の塩基性あるいは酸性側鎖と反応して塩橋を壊す．もっともなじみ深い pH の変化による変性は，牛乳が酸敗して酸性になり，その中のタンパク質が凝固する例だろう．これは，牛乳に繁殖した細菌がラクトース(乳糖)を酪酸に変換するためである．
- **無機塩**：イオン濃度が十分に高いと塩橋が破壊される．

変性のほとんどは非可逆的である．たとえば固ゆで卵は冷めても柔らかくはならない．しかし変性したタンパク質が自発的に**再生**(renaturation；非変性溶媒中でタンパク質が自然状態へ回復すること)できる例も多く知られている．再生によって生物活性は回復する．これはタンパク質の安定な二次および三次構造へのたたみ直しがおきたことを意味している．自発的に天然型への折りたたみ直しがおきることから，タンパク質の形を決定するのに必要な情報は一次構造にすべて含まれていることがわかる．

タンパク質のミスフォールディングは，合成中にも，合成後にもおこり，異常な二次および三次構造を形成することで，そのタンパク質本来もつはずの機能を損なう．正常な機能をもたないミスフォールディングタンパク質は，変性させられる．これらのミスフォールディングタンパク質は，しばしば細胞内で分解不能の集合体を形成する．このようなタンパク質集合体(プラークと呼ばれる)が見られる病気の一つにアルツハイマー病がある．アルツハイマー病は，脳機能の低下を引きおこす神経疾患である．また，これとは別のミスフォールディングタンパク質が関与する病気としてプリオン病がある．クロイツフェルトヤコブ病，ヒツジのスクレイピー，ニューギニア原住民にみられたクールー，そして“牛海綿状脳症(脳がスポンジ状になる変成脳疾患)”などがプリオン病である．これらの病気は，脳組織内でプリオンの複製がおこり，タンパク質の凝集，あるいは脳の組織内に空間が広がることでおこる．

HANDS-ON CHEMISTRY 1.2

ここにあげた変性法が有効であることを自分で試してみよう．

1. 卵をフライパンで加熱して，卵白の変化を観察せよ．
2. 酢やピクルスの汁など，家庭にある酸と卵白を静かに混ぜてみよ．
3. 洗剤と水と一緒に卵白を静かに混ぜてみよ．
4. レモンメレンゲパイをつくろう．メレンゲをつくるには，卵白をどのように使うか．

注意：卵白を使うことを奨励する．すべての実験は，殻を取り除いた生卵で行う．どのような形にせよ(紐のような形でも)卵白が固まったら，卵白に含まれるアルブミンが変性している．

CHEMISTRY IN ACTION

不完全なコラーゲン：不幸な話

本章の最初に見た，驚くほど青い目をした幼児の写真を覚えているだろうか．この6カ月の女の子は腕に骨折も負っていたが，乳幼児の骨折の原因としてなにが考えられるだろうか．もっとも明らかな前提として，事故と虐待があげられるが，第3の可能性もある．骨形成不全症は難治性の遺伝病の一種で，骨がもろく，骨折を引きおこす．

骨形成不全症は別名コラーゲン病とも呼ばれる．この遺伝的な欠陥は優性(ドミナント)であり，これは片方の親からの遺伝によってもおこり得ることを意味している．この病気の主要な症状は，自然発生的な骨折，目のきょう膜(白い部分)が青くなる，関節のゆるみ，筋肉のしなやかさの低下，歯がもろくなるなどである．さらに深刻な場合には子どもが頻繁に骨折するケースや(これは生まれる前の胎児でもおこることがある)，身長が伸びなかったり，呼吸障害の症状がみられるケースもある．これに対する治療は，骨折を防ぐことを目的としたものや筋力の強化など対処的である．よりよい対処法を生み出すことを目的に，骨形成不全症の根底にある生化学的な問題を理解するための研究が行われているが，現在のところ治療法はない．

では，これらの病気にコラーゲンはどのように関係しているのだろうか．コラーゲンは骨の大本をつくっている．骨マトリックスはコラーゲン繊維であり，骨はヒドロキシアパタイト[$Ca_5(PO_4)_3OH$]の結晶を含むカルシウムで満たされている．コラーゲンとヒドロキシアパタイトの組合せは強い骨組織を生む．骨形成不全症では，コラーゲンの合成が不十分なため骨の構造が弱くなる．コラーゲン遺伝子の変異により，コラーゲン中のグリシンが立体的に嵩高いアミノ酸に置換される．正常なコラーゲンは，グリシン－プロリン－ヒドロキシプロリンの繰返し配列をもっている．グリシンは，コラーゲンの強固な三重らせんと強い繊維の形成に重要な役割を果たしている．立体的に嵩高いアミノ酸は，三重らせんの形成を阻害し，繊維状構造を弱めることで肌，骨，靱帯をもろくする．

骨形成不全症を幼児虐待と区別することは難しいかもしれない．しかし骨形成不全症にみられる自然発生的な骨折は，幼児虐待でみられる典型的な骨折とは異なるタイプに属する．骨形成不全症の確定診断には，子どもから組織を採取して遺伝的検査を行う必要がある．これには皮膚の組織がほんの少しあれば十分である(10章参照)．

CIA 問題 1.8　骨形成不全症の原因となる生化学的欠損，ならびに欠損そのものを述べよ．

CIA 問題 1.9　コラーゲンはなぜ力学的に強い必要があるか．

要　約　章の学習目標の復習

- **タンパク質のさまざまな機能のおのおのについて，例をあげて説明する**

タンパク質は，構造，輸送など，機能によって分類できる．表 1.2（問題 40，41）．

- **20 種類の α-アミノ酸の構造と側鎖を説明する**

体液中のアミノ酸は，イオン化したカルボキシ基（$-COO^-$），イオン化したアミノ基（$-NH_3^+$），さらには中心の炭素原子（α 炭素）に結合した側鎖 R 基をもつ．タンパク質には 20 種類の異なるアミノ酸が含まれ（表 1.3），これらが一つのアミノ酸のカルボキシ基とつぎのアミノ酸のアミノ基とのあいだでペプチド結合を形成して連結している（問題 38，42 ～ 45）．

- **アミノ酸を側鎖の極性と電荷で分類し，親水性のもの，疎水性のものを予測する**

アミノ酸の側鎖に酸性あるいは塩基性の官能基をもつもの，極性または非極性の中性基をもつものがある．水と水素結合する側鎖は親水性であり，水素結合しない側鎖は疎水性である（問題 50，51，110，111）．

- **キラリティーについて説明し，キラルなアミノ酸を指摘する**

グリシン以外のすべての α-アミノ酸はキラルである（問題 39，42 ～ 51）．

- **酸性および塩基性条件下でのアミノ酸のイオン化構造をすべて描き，双性イオンを指摘する**

アミノ基とカルボキシ基がともにイオン化した双極イオンは**双性イオン**として知られ，その電荷はゼロである．各アミノ酸はそれぞれ特徴的な**等電点**（溶液中の正電荷と負電荷の数が一致する pH）をもつ．これより酸性側ではカルボキシ基の一部はイオン化しない．また，これよりアルカリ性側ではアミノ基の一部がイオン化しない（問題 34，52 ～ 59）．

- **ペプチド結合を指摘し，これがどのようにして形成されるか説明する**

あるアミノ酸のカルボキシ基と，別のアミノ酸のアミノ基の間で形成されるアミド結合をペプチド結合という（問題 36，60 ～ 65）．

- **アミノ酸配列をもとに，単純タンパク質の構造を描き，命名する**

ペプチドは，アミノ酸の名前を組み合わせて命名する．アミノ酸配列は，三文字表記あるいは一文字表記のアミノ酸を，左から右に順番に並べて表記する（問題 36，60 ～ 65）．

- **単純なタンパク質（ペプチド）のアミノ末端とカルボキシ末端を指摘し，そのアミノ酸配列を説明する**

アミノ酸配列は，末端アミノ酸のアミノ基を左に，別の末端アミノ酸のカルボキシ基を右にして描く（問題 36，60 ～ 65）．

- **タンパク質の一次構造を定義し，これがどのように表現されるか説明する**

一次構造とはアミノ酸がペプチド結合で直鎖状に結合する配列のことである．タンパク質の一次構造は，構造式やアミノ酸略号を用いてアミノ末端（$-NH_3^+$）を左に，カルボキシ末端（$-COO^-$）を右側にして描く（問題 66 ～ 69）．

- **一次構造の中で平面構造をもつ部位を説明し，それらがタンパク質骨格の形に及ぼす影響を説明する**

カルボニル酸素とペプチド結合中の窒素のあいだでの電荷分散によって，これらの原子は平面構造をとり，これには二つの α 炭素原子が含まれる．このため，タンパク質骨格に沿って連続した平面が並び，その結果タンパク質骨格はジグザグ状の形となる（問題 66 ～ 69）．

- **一次構造の変化がタンパク質の機能を変化させる例をあげる**

鎌状赤血球貧血は，ヘモグロビン分子の一次構造中の一つのアミノ酸が変異したために生じる（問題 66 ～ 69）．

- **α-ヘリックスと β-シートについて説明し，主として α-ヘリックスを含むタンパク質，主として β-シートを含むタンパク質の例をそれぞれあげる**

二次構造とは，主鎖内あるいは隣接鎖間との水素結合によって形成される繰返し単位をもつ規則的な三次元構造のことである（問題 37，70 ～ 75，103）．

- **二次構造の形成に重要な特異的な水素結合について説明する**

α-ヘリックスは，カルボニル酸素原子と主鎖に沿って 4 残基離れたアミド水素原子とのあいだで形成される水素結合をもつコイル状の構造である．β-シートは，α-ヘリックスと同じ原子間のペプチド間の水素結合によって隣接するタンパク質鎖構造どうしが結合して生じるひだつきのシート状の構造である（問題 37，70 ～ 75，103）．

- **繊維状タンパク質と球状タンパク質を区別する**

二次構造は，丈夫で不溶性の**繊維状タンパク質**の性質を決定する．繊維状タンパク質は不溶性であり，球状タンパク質は水溶液に可溶である（問題 37，74，75）．

- **三次構造を決定する四つの力を説明する**

三次構造は，折りたたまれたタンパク質鎖全体の三次元的な形である．タンパク質鎖は，骨格上の原子間や側鎖の原子間の引力によって特徴的で生化学的に活性な形になる（問題 76，77，82 ～ 87，98，99）．

- **アミノ酸側鎖間にはどのような力あるいは結合が存在するか説明する**

水素結合は，骨格構造のカルボニル基と隣接するタンパク質鎖のアミド水素原子間でもおきる．側鎖間の

非共有結合性相互作用には，イオン結合，非極性側鎖間での**疎水性相互作用**などがある．またタンパク質鎖は，共有結合性の硫黄–硫黄結合（**ジスルフィド結合**）によってシステイン側鎖間で架橋を形成することができる（問題 76 〜 83）．

- 単純タンパク質と複合タンパク質を区別する

単純タンパク質はアミノ酸のみからなり，複合タンパク質はヘモグロビンのように非タンパク質性の構成単位を含む（問題 76 〜 83，90，91）．

- 四次構造について説明する

1 本以上のポリペプチド鎖からなるタンパク質は**四次構造**をもつ（問題 84，85，88）．

- 四次構造を決定する力を説明する

四次構造は，2 本以上の折りたたまれたタンパク質サブユニットが非共有結合性の相互作用によって一つの構造に一体化されている（問題 86，87）．

- 四次構造をもつタンパク質の例を説明する

たとえば，ヘモグロビンは 2 対のサブユニットと四つのサブユニットおのおのに含まれる非タンパク質性のヘム分子から構成されている．また，コラーゲンはねじれあって三重鎖を形成するタンパク質鎖で構成される繊維状タンパク質である（問題 89）．

- タンパク質の化学的および酵素的加水分解について説明する

ペプチド結合は**加水分解**によって壊される．このようなタンパク質の加水分解は，酸性溶液中や食料中のタンパク質が酵素触媒によって消化される過程でみられる．加水分解の結果，タンパク質は各アミノ酸に分解される（問題 92 〜 97，106）．

- 変性について説明し，変性を引きおこす試薬について例をあげて説明する

変性とは，一次構造を保ったままタンパク質がその全体構造を失うことである．タンパク質の変性を引きおこすものとしては，熱，機械的かくはん，pH 変化，洗剤を含む各種化学薬品との接触などがある（問題 92 〜 97，106）．

KEY WORDS

概念図：アミノ酸とタンパク質

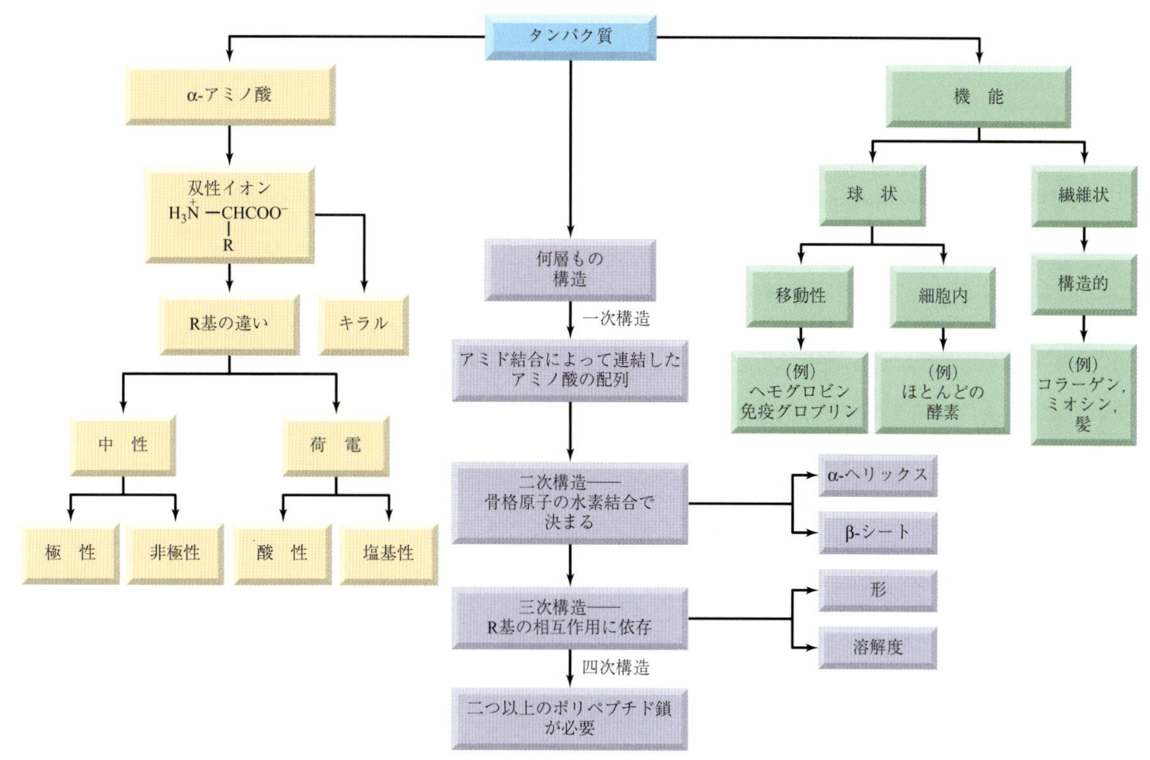

▲図 1.7　**概念図**

さまざまなタンパク質がもつ構造の多様性は複雑にみえるかもしれないが，この概念図に，タンパク質，構成単位(アミノ酸)，構造の基となる基本原理間の関係を解説したのでよく検討してほしい．構造のレベルはもっとも簡単なものからもっとも複雑ものへと体系化してあり，相互に関係のある概念を示す．官能基については，必要に応じて官能基概念図(有機化学編 図 1.5)を参照のこと．基礎化学編の図 4.7，図 8.25 に示した概念図は，分子間相互作用(分子間力)と結合の復習に役立つだろう．これらすべての概念は生体分子の中で統合されている．

基本概念を理解するために

1.34　つぎのアミノ酸，ジペプチド，トリペプチドについて，低い pH(pH 1)と高い pH(pH 14)における構造式を描け．各 pH において，すべての官能基は可能な限りイオン化しているものと仮定せよ．

(a) Val　(b) Arg　(c) Tyr-Ser
(d) Glu-Asp　(e) Gln-Ala-Asn　(f) Met-Trp-Cys

1.35　タンパク質内部におけるアミノ酸の相互作用は，タンパク質の形を決める鍵である．下のグループ(a)のうち，どのアミノ酸ペアが疎水性相互作用を示すか．グループ(b)のうち，どのアミノ酸ペアがイオン性相互作用を示すか．また，グループ(c)のうち，どのアミノ酸ペアが水素結合を示すか．

(a)	(b)	(c)
1. Pro… Phe	1. Val … Leu	1. Cys… Cys
2. Lys… Ser	2. Glu … Lys	2. Asp… Ser
3. Thr… Leu	3. Met… Cys	3. Val … Gly
4. Ala… Gly	4. Asp… His	4. Met… Cys

1.36　ヘキサペプチド Asp-Gly-Phe-Leu-Glu-Ala の構造をすべての原子を示して直鎖状に描き，これがα-ヘリックスの一部と仮定したときに，この構造を安定化させる水素結合を示せ(点線で示すこと)．

1.37　繊維状および球状タンパク質の特徴を比較し，対比せよ．その生化学的機能，水溶性，アミノ酸組成，二次構造，三次構造について検討せよ．また，繊維状ならびに球状タンパク質の例を各三つずつ示せ(ヒント：表をつくること)．

1.38　細胞膜上にはタンパク質が分散している．これらの中には，膜を貫いて存在し，分子を細胞の内側へ輸送するものもあり，膜貫通型タンパク質と呼ばれる．細胞膜の内部は疎水的で非極性な環境であるが，細胞の外側と内側の液体は水溶液である．

(a) 膜貫通型タンパク質の膜を貫通している部分に存在すると予想されるアミノ酸を三つあげよ．

(b) 膜貫通型タンパク質の細胞の外側部分に存在すると予想されるアミノ酸を三つあげよ．

(c) 膜貫通型タンパク質の細胞の内側部分に存在すると予想されるアミノ酸を三つあげよ．

1.39 トレオニンには二つのキラル中心が存在する．L-トレオニンの構造式を描き，不斉炭素原子を指摘せよ．また，D-または L-配置は，どの炭素原子によって決まるのか示せ．

補充問題

タンパク質とその機能：概論(1.2 節)

1.40 人体におけるタンパク質の生化学的機能を四つ答えよ．また，各機能をもつタンパク質の例を示せ．

1.41 つぎに示す各タンパク質の生物学的機能はなにか．

(a) ヒト成長ホルモン　(b) ミオシン

(c) プロテアーゼ　(d) ミオグロビン

アミノ酸(1.3 節)

1.42 つぎの略号はどのアミノ酸をあらわすか．各アミノ酸の構造式を描け．

(a) Val　(b) Ser　(c) Glu

1.43 つぎの略号はどのアミノ酸をあらわすか．各アミノ酸の構造式を描け．

(a) Ile　(b) Thr　(c) Gln

1.44 つぎに適合するアミノ酸の名称と構造式を描け．

(a) チオール基をもつもの

(b) フェノール基をもつもの

1.45 つぎに適合するアミノ酸の名称と構造式を描け．

(a) イソプロピル基をもつもの

(b) 第二級アルコール基をもつもの

1.46 キラルとはなにを意味するか．例を二つあげよ．

1.47 アキラルとはなにを意味するか．例を二つあげよ．

1.48 ロイシンの構造式を描き，不斉炭素原子を指摘せよ．

1.49 イソロイシンの構造式を描き，不斉炭素原子を指摘せよ．

1.50 フェニルアラニンは親水性か疎水性か．また，その理由を説明せよ．

1.51 ヒスチジンは親水性か疎水性か．また，その理由を説明せよ．

アミノ酸の酸：塩基性(1.4 節)

1.52 つぎのアミノ酸のうち，中性の pH 条件で正電荷をもつもの，負電荷をもつもの，中性のものはどれか(ヒント：回答の前に，各アミノ酸の電荷をもつ形をすべて描け)．

(a) アスパラギン　(b) リシン

(c) プロリン

1.53 つぎのアミノ酸のうち，中性の pH 条件下で正電荷をもつもの，負電荷をもつもの，中性のものはどれか(ヒント：回答の前に，各アミノ酸の電荷をもつ形をすべて描け)．

(a) アスパラギン酸　(b) ヒスチジン

(c) バリン

1.54 つぎに示すアスパラギン酸の各構造が主に存在するのは，低 pH，中性，高 pH のいずれと予想されるか．

(a) 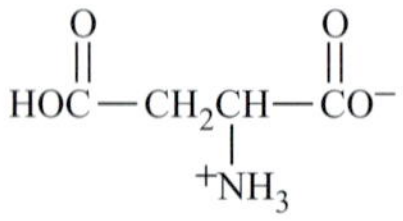 $HOC(=O)-CH_2CH(^{+}NH_3)-C(=O)O^-$

(b) $^-OC(=O)-CH_2CH(NH_2)-C(=O)O^-$

(c) $HOC(=O)-CH_2CH(^{+}NH_3)-C(=O)OH$

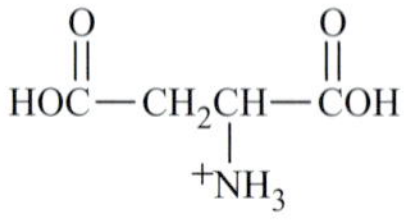

1.55 問題 1.54 のアスパラギンの各構造のうち，双性イオンはどれか．また双性イオンの p*I* を示せ．

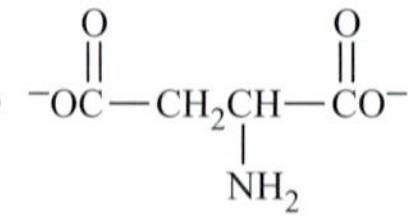

1.56 つぎに示すリシンの各構造が主に存在するのは，低 pH，中性，高 pH のいずれと予想されるか．

(a) 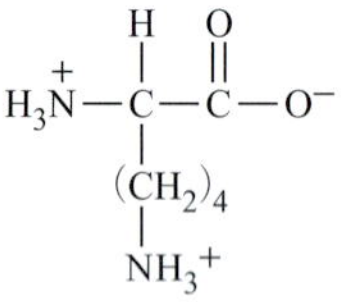 $H_3\overset{+}{N}-CH((CH_2)_4NH_3^+)-C(=O)-O^-$

(b) $H_3\overset{+}{N}-CH((CH_2)_4NH_3^+)-C(=O)-OH$

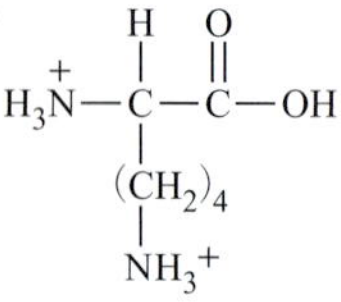

(c) $H_3\overset{+}{N}-CH((CH_2)_4NH_2)-C(=O)-O^-$

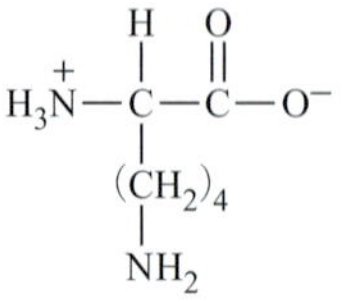

1.57 問題 1.56 のリシンの各構造のうち，双性イオンはどれか．また双性イオンの p*I* を示せ．

1.58 通常，タンパク質は等電点においてもっとも溶解性が低い．それはなぜか．

1.59 アスパラギン酸の双性イオンの水溶性を高めるにはどうすればよいか．

ペプチド(1.5 節)

1.60 バリン，メチオニン，ロイシンを含むすべてのトリペプチドを三文字略号を用いて表記せよ．

1.61 フェニルアラニンとアスパラギン酸を含む二つのジペプチドの構造式を描け．

1.62 **エンドルフィン**(endorphin)は天然の神経伝達物質であり，モルヒネに似た作用で痛みをコントロールする．研究の結果，エンドルフィン分子の生物活性部位は，**エンケファリン**(enkephalin)と呼ばれる単純なペンタペプチドである．メチオニンエンケファリン Tyr-Gly-Gly-Phe-Met の構造式を描け．また，N 末端および C 末端アミノ酸を示せ．

1.63　問題 1.62 を参照して，ロイシンエンケファリン Tyr-Gly-Gly-Phe-Leu の構造式を描け．また，N 末端および C 末端アミノ酸を示せ．

1.64　(a) つぎのペプチド中のアミノ酸を示し，ペプチドをアミノ酸の三文字略号を用いて命名せよ．
(b) つぎのペプチドの N 末端，および C 末端アミノ酸を示せ．

```
              O            O            O            O          O
   +          ||           ||           ||           ||         ||
H3N—CH——C—N—CH——C—N—CH——C—N—CH——C—N—CHCO-
     |         H  |         H  |         H  |         H  |
  CH3CHCH3        H            CH2OH        CH3          CH2COO-
```

1.65　(a) つぎのペプチド中のアミノ酸を示し，ペプチドをアミノ酸の三文字略号を用いて命名せよ．
(b) つぎのペプチドの N 末端，および C 末端アミノ酸を示せ．

```
              O              O              O
   +          ||             ||             ||
H3N—CH——C—N—CH——C—N—CH——C—N—CH—COO-
     |         H  |          H  |            |    \
    CH2         (CH2)4        (CH2)2        CH2   CH2
     |            |+            |             \   /
    SH           NH3           C—O-            CH2
                                ||
                                O
```

タンパク質の構造：概論と一次構造(1°)（1.6 節）

1.66　タンパク質の一次構造とはなにか．

1.67　タンパク質骨格中では，原子はどのような順番で並んでいるか．

1.68　血圧調整に関与するペプチドのブラジキニンは Arg-Pro-Pro-Gly-Phe-Ser-Pro-Phe-Arg である．
(a) ブラジキニンの完全な構造式を描け．
(b) ブラジキニンは非常にねじれた二次構造をもつ．それはなぜか．

1.69　ヘモグロビンの一次構造中のバリンをグルタミン酸に置換すると，酸素存在下および非存在下でのヘモグロビン全体構造にどのような影響が及ぶか．

タンパク質の二次構造(2°)（1.7 節）

1.70　タンパク質の二次構造形成に必要な特徴的な結合を指摘せよ．また，どの原子がこの結合に含まれるか．

1.71　水素結合は共有結合性か，または非共有結合性か．

1.72　α-ヘリックスは，水素結合によってどのように形成されるか．

1.73　β-シートは，水素結合によってどのように形成されるか．

1.74　主としてα-ヘリックスからなるタンパク質の例をあげよ．また，これは繊維状タンパク質と球状タンパク質のどちらか．

1.75　主としてβ-プリーツシートからなるタンパク質の例をあげよ．また，これは繊維状タンパク質と球状タンパク質のどちらか．

タンパク質の三次構造(3°)（1.8 節）

1.76　つぎのアミノ酸の側鎖間に形成される結合はどのようなものか．
(a) システインとシステイン
(b) アラニンとロイシン
(c) アスパラギン酸とアスパラギン
(d) セリンとリシン

1.77　問題 1.76 の各ペア間に形成される結合は，それぞれ共有結合性か非共有結合性か．

1.78　新しく合成されるタンパク質鎖は，なぜ自発的にフォールディングして正しい三次構造をとるのか．

1.79　シャペロンタンパク質の機能を説明せよ．

1.80　単純タンパク質と複合タンパク質の違いはなにか．

1.81　つぎの複合タンパク質中には，タンパク質部分以外にどのような分子が存在するか．
(a) 金属タンパク質　(b) ヘムタンパク質
(c) リポタンパク質　(d) 核タンパク質

1.82　いくつかのタンパク質の三次構造で，システインがきわめて重要なアミノ酸なのはなぜか．

1.83　タンパク質のシステイン残基間でジスルフィド結合が形成されるために必要な条件はなにか．

タンパク質の四次構造(4°)（1.9 節）

1.84　タンパク質の構造に関して，つぎの用語はなにを意味するか，また，どのような結合や分子間相互作用が各結合を安定化するのか．
(a) 一次構造　(b) 二次構造
(c) 三次構造　(d) 四次構造

1.85　つぎの要因によって決まるのは，タンパク質の一次，二次，三次，四次構造のいずれか．
(a) アミノ酸間のペプチド結合
(b) 骨格上のカルボニル酸素原子と骨格上の窒素原子に結合した水素原子間の水素結合
(c) vander Waals 力，イオン相互作用，水素結合などを含む R 基間の相互作用

1.86 つぎの非共有結合性相互作用は，タンパク質の三次および四次構造の安定化にどのように働くか．また，各相互作用を示す対になるアミノ酸の例を示せ．
(a) 疎水性相互作用
(b) 塩橋(イオン性相互作用)

1.87 つぎの相互作用は，タンパク質の三次および四次構造の安定化にどのように働くか．また，各相互作用を示す対になるアミノ酸の例を示せ．
(a) 側鎖の水素結合　(b) ジスルフィド結合

1.88 タンパク質が四次構造をもつためには，ポリペプチド鎖は最低いくつ必要か．

1.89 四次構造をもつタンパク質の例をあげよ．そのタンパク質中に，ポリペプチド鎖はいくつ存在するか．

1.90 複合タンパク質とはなにか．例をあげて説明せよ．

1.91 複合タンパク質の非タンパク質部分はどのような分子か．例をあげて説明せよ．

タンパク質の化学的性質(1.10 節)

1.92 タンパク質が変性するとどのような変化がみられるか．

1.93 タンパク質はつぎの条件でどのように変性するか説明せよ．
(a) 熱　(b) 強い酸　(c) 有機溶媒

1.94 タンパク質の消化と変性の違いはなにか．両方とも食事をとった後でおきる現象である．

1.95 なぜタンパク質の加水分解は変性と区別されるのか．

1.96 新鮮なパイナップルはゼラチンを含むデザートに使用できない．これは，パイナップルがゼラチン中のタンパク質を加水分解する酵素を含むため，ゲル化を妨げることが原因である．しかし，缶詰のパイナップルは，問題なくゼラチンに加えることができる．それはなぜか．

1.97 あなたはシェフで，毎日さまざまな料理をつくるとする．つぎにあげる料理はいずれもタンパク質を含んでいる．おのおのの料理で，タンパク質を変性させるために用いた方法があれば答えよ．
(a) 炭焼きステーキ
(b) 塩漬け豚足(pickled pigs feet)*
(c) メレンゲ
(d) タルタルステーキ(生牛肉のきざみ)
(e) 塩漬け豚肉
*豚の足をゆで，塩水，砂糖，香料などに漬けたもの．

全般的な問題

1.98 つぎの各アミノ酸が三次構造に及ぼす影響は，主として疎水性相互作用，水素結合，塩橋の形成，共有結合，あるいはこれらの組合せのいずれによるものか答えよ．
(a) チロシン　(b) システイン
(c) アスパラギン　(d) リシン
(e) トリプトファン　(f) アラニン
(g) ロイシン　(h) メチオニン

1.99 オキシトシンは子宮壁の収縮を引きおこすため，分娩誘発剤として用いられる小さなペプチドである．その一次構造は Cys-Tyr-Ile-Gln-Asn-Cys-Pro-Leu-Gln である．このペプチドはジスルフィド結合によって環状構造を保っている．ジスルフィド結合を明示してオキシトシンの構造式を描け．

1.100 メチオニンの化学式には硫黄原子が含まれる．メチオニンがジスルフィド結合を形成することができないのはなぜか．

1.101 ロイシン，アラニン，グリシン，バリンの四つは，タンパク質中にもっとも多く含まれるアミノ酸である．これらのアミノ酸に共通する性質はなにか．またこれらのアミノ酸はタンパク質の内部，あるいは表面のいずれに存在するか．

1.102 球状タンパク質は水溶性であるが，繊維状タンパク質は水に不溶である．以下に示すアミノ酸は，球状タンパク質，あるいは繊維状タンパク質のいずれの表面に存在するか．
(a) Ala　(b) Glu　(c) Leu
(d) Phe　(e) Ser　(f) Val

1.103 図 1.4 には，ペプチド鎖の急激な方向転換がみられる．これは，リボンモデル，スペースフィリングモデルのいずれにも見出すことができる．このような隣り合う二次構造どうしをつなぐ急激な方向転換は，しばしば“リバースターン”“ベンド”などと呼ばれる．グリシンとプロリンはリバースターンにもっともよくみられるアミノ酸である．これら二つのアミノ酸に関する知識を用いて，なぜこれらのアミノ酸がリバースターン領域によく見られるのか，説明せよ．

1.104 鎌状赤血球貧血で赤血球が鎌状化する原因を調べたところ，アミノ酸配列解析より患者のヘモグロビン β-サブユニットの 6 番目のアミノ酸はグルタミン酸ではなくバリンであることがわかった．すなわち，グルタミン酸がバリンに置換されることでヘモグロビンの三次元構造が大きく変化している．Glu をどのようなアミノ酸で置換すれば，ヘモグロビンの構造変化をもっとも小さくできるか．その理由も述べよ．

1.105 ある家族が病気の子どもを連れてかかりつけの医者を訪れた．4 カ月の男の子の顔色は青く，明らかに痛みの症状が現れており，元気がない．医師は，ヘモグロビン型を含む一連の血液検査を指示した．その結果，鎌状赤血球貧血とわかった．家族は，病気の子以外の 2 人の子どもも鎌状赤血球貧血か，あるいは鎌状赤血球貧血形質か，または鎌状赤血球遺伝子をもたないか，のいずれであるか知りたいと申し出た．
(a) どのような検査を行うか．
(b) 2 人の子どもの試料の検査を同時に行った場合，予想される結果を示せ．
(c) 鎌状赤血球貧血と鎌状赤血球貧血形質の違い

はなにか．

1.106 糖尿病患者は，インスリンを経口よりも皮下注射で服用することが望ましいのはなぜか．

1.107 フェニルケトン尿症(PKU)の患者は食餌中のフェニルアラニンに対して敏感である．PKU 患者がアスパルテーム(L-aspartyl-L-phenylalanine methyl ester)を含む食品についての警告に注意を払うのはなぜか．

1.108 完全菜食主義者のために，すべての必須アミノ酸を適切な量を含む夕食を準備するには，どのような材料が必要か(完全菜食主義者は肉，卵，ミルクなどの動物性食品を含む製品を食べることができないことに注意する)．

グループ問題

1.109 主としてアラニンとロイシンを含むペプチドと，主としてリシンとアスパラギン酸を含むペプチドを比較すると，どちらが水に溶けやすいと予想されるか．また，その理由を説明せよ(ヒント：側鎖と水の相互作用を考察せよ)．

1.110 つぎのアミノ酸のうち水溶性タンパク質の外側によく見られるのはどれか．また，内側によく見られるのはどれか．理由についても説明せよ(ヒント：おのおのについて，アミノ酸側鎖が及ぼす影響を考え，タンパク質が球状にフォールディングしていることを考慮せよ)．

(a) バリン　(b) アスパラギン酸
(c) ヒスチジン　(d) アラニン

1.111 つぎのアミノ酸のうち，水溶性タンパク質の外側によく見られるものはどれか．また，内側によく見られるものはどれか．理由についても説明せよ(ヒント：おのおのについて，アミノ酸側鎖が及ぼす影響を考え，タンパク質が球状にフォールディングしていることを考慮せよ)．

(a) ロイシン　(b) グルタミン酸
(c) フェニルアラニン　(d) グルタミン

1.112 水素結合を形成することができるアミノ酸をあげよ．これらのアミノ酸から二つを例にとって，互いに水素結合している図を描け．またおのおののアミノ酸について，水と水素結合している様子を別々に描け．水素結合の描き方に関しては，基礎化学編 8.2 節を参照せよ．

2

酵素とビタミン

目　次

◀◀◀ 復習事項

A.　配位共有結合
（基礎化学編 4.4 節）
B.　反応速度
（基礎化学編 7.5 節）
C.　pH
（基礎化学編 10.9 節）
D.　さまざまな条件が反応速度におよぼす影響
（基礎化学編 7.6 節）
E.　タンパク質の三次構造
（1.8 節）

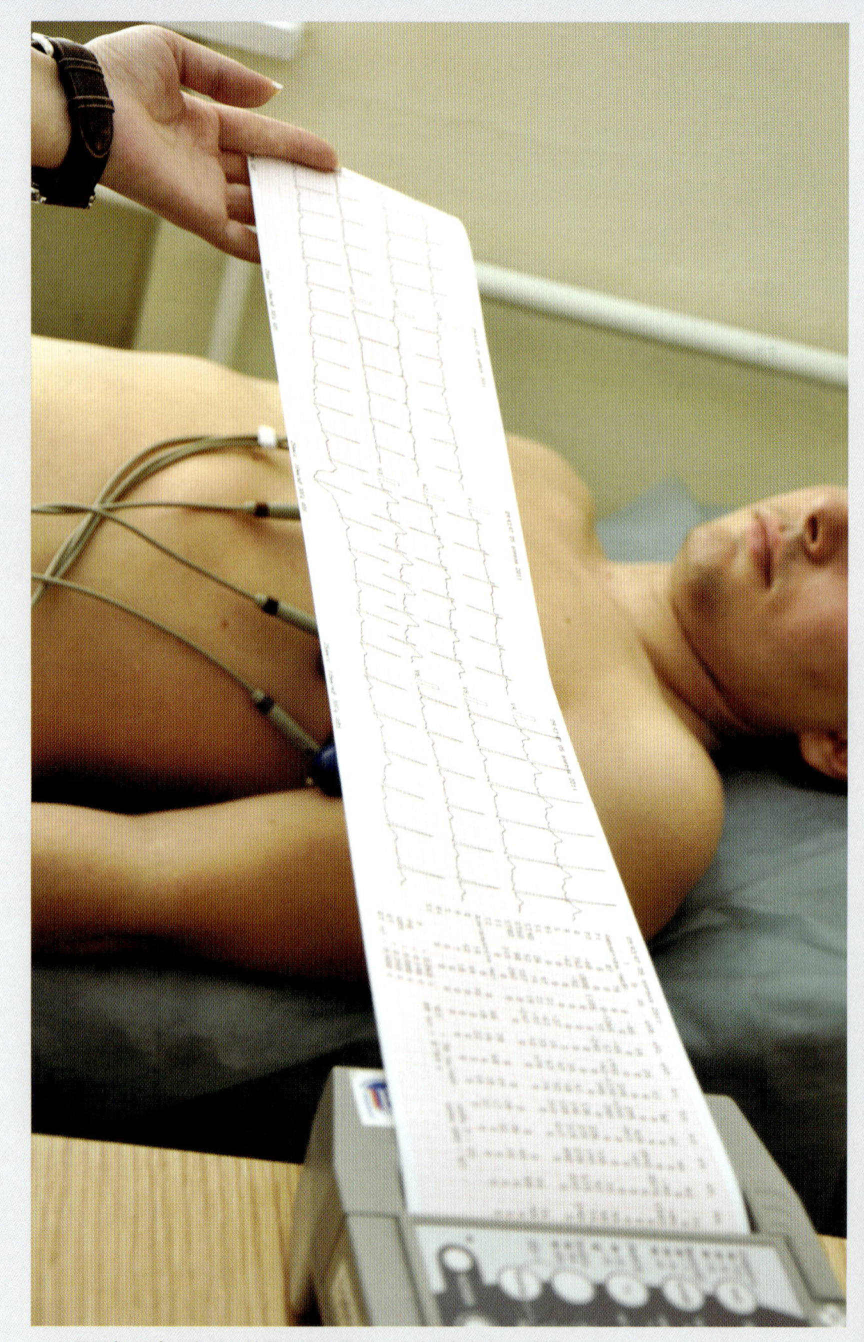

▲ 心電図(ECG)は患者の鼓動する心臓がつくる電気信号を記録している．この記録から内科医チームは患者の心臓になにがおこっているかを判断することができる．

救急処置室の看護師である Ann は，勤務の際にいつもさまざまな患者に対応している．ある晩，緊急に迅速な処置が必要な２人の患者がいた．まず１人目の 52 歳の John Smith は，胸の中央から左腕にかけての痛みがあり，呼吸が困難なために病院へやってきた．これらの症状から，一つの診断として心臓発作であることに気づいた．数分後に，75 歳の Brenda Givens が搬送されてきた．彼女は話すことと歩行が困難で，顔の片側がしなだれていた．Ann は，これらは脳内の血栓によりおこる脳の障害のサインであることに気づいた．救急処置室の医師は，２人の患者について，心電図の継続的測定(EKG)と数種の血液検査を命じた．Smith と Givens の２人とも，血液の酵素検査で，通常は無傷の細胞の中にのみある複数のタンパク質が検出された．これらの結果は，多くの症状を特定する診断に役立った．Smith の損傷した心臓は，心臓に特異的な数種の酵素と，筋肉細胞の収縮と密接に関係する小さなタンパク質トロポニンを大量に放出していた．血中脂質濃度も調べられた．Givens は，血栓の主要なタンパク質であるフィブリンに作用するプラスミノーゲンを活性化するために，プラスミノーゲン活性化剤を静脈内投与した．この処理は，血栓を溶かして，脳の損傷した部分への血流を回復させた．本章の主題となる酵素は，多くの医学的症状の診断と処置の両方で使用されている．

動物と植物は，異なる機能をもつ組織化された膨大な数の細胞で構成されている．各細胞内にあるいく千のタンパク質分子の中には，酵素と呼ばれる 2000 以上の異なる特別なタンパク質があり，それぞれが異なる反応に使われる．強力かつ高度に選択的な生物触媒の酵素は細胞内の化学反応を進めるが，細胞はどのようにしてそのような多くの異なる反応を組織化してすべてが適正におこるように組織するのだろうか．答えは，生体内のすべての酵素反応がさまざまな機構によって厳密に制御されていることにある．実験室内の化学反応と生体内の化学反応の重要な違いは，反応の制御にある．実験室内では，反応速度は温度，溶媒，pH などの実験条件を調節することによって制御される．生体内では，これらの条件が調節されることはない．ヒトの体は，体温を 37 ℃(99 ℉)に維持しなければならず，また溶媒は水であり，ほとんどの体液の pH は約 7.4 付近でなければならない．

本章では，酵素と酵素反応の制御に焦点を絞った．また，酵素の機能に必須の**ビタミン**と**ミネラル**も取り上げた．酸素活性の調節により私たち自身の生化学を制御している**ホルモン**と**神経伝達物質**が果たす役割については 11 章で触れる．

2.1　酵素による触媒作用

学習目標：

- 生化学反応における酵素の機能を説明できる．

酵素は生化学反応の速度を加速する触媒であるが，反応のおわりにも酵素自体は変わらない．しかし，酵素は触媒として反応生成物中で分子中の化学結合を切断したり新しい化学結合を形成したりして分子の構造を変える．あらゆる触媒とおなじように，酵素が反応の平衡点に影響を及ぼすことはなく，エネルギー的に不利な反応をおこすことはできない．酵素が行っていることは，活性化エネルギーを下げることによって，平衡に到達するまでの反応時間を短縮することである．

酵素(enzyme)　生化学反応の触媒として作用するタンパク質などの分子．

◀◀◀ **復習事項** 基礎化学編 図 7.4 の反応の活性化エネルギーに対する触媒の効果を参照のこと．

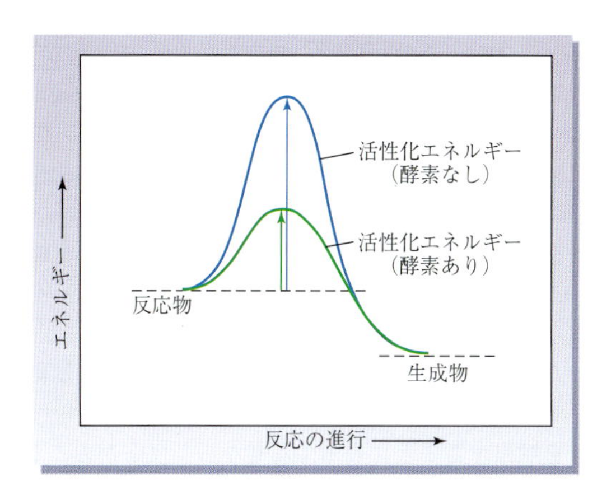

例外はあるものの，酵素には水溶性の球状タンパク質が多い(1.7 節参照)．タンパク質である酵素は，単純な無機触媒とくらべれば相当大きく複雑な分子である．酵素は大きく複雑な分子であるため，反応物との結合，反応の加速，

あるいはほかの分子による制御に多様性がある.

活性部位(active site)　基質との結合に必要な特異的な形状と化学構造をしている酵素内のポケット.

基質(substrate)　酵素触媒による反応の反応物.

特異性(酵素の)［specificity (enzyme)］　特異的な基質，特異的な反応，あるいは特異的な反応様式に対する酵素の活性の限界.

酵素のタンパク質鎖の折りたたみ構造の中に**活性部位**があり，ここで反応がおこる．活性部位は特異的な形状をしており，反応を触媒するために必要な化学的な反応性をもつ．1 種類あるいはそれ以上の**基質**(酵素が結合する物質や酵素が触媒する反応中の反応物質)が活性部位にある官能基との分子間力によって保持される.

酵素が作用する範囲は特定の基質と特定の型の反応に限定されるが，これは各酵素の**特異性**による．種々の酵素の特異性はそれぞれ大きく異なる．**カタラーゼ**(catalase)を例にするとほぼ 1 種類の反応(過酸化水素の分解(図 2.1))を触媒する．カタラーゼは，過酸化物が酸化反応で必須の生体分子を傷つける前に，過酸化物を分解する.

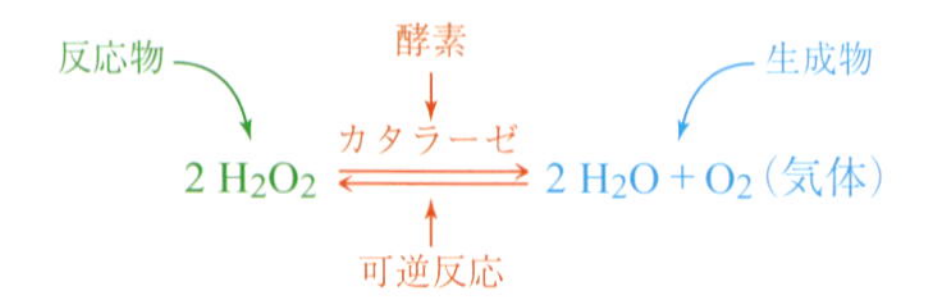

HANDS-ON CHEMISTRY 2.1

食品は活性をもつカタラーゼを含んでいるか？

これは，生の肉や野菜を試料に使って調べることができる．透明(無色の)コップ，3% 過酸化水素(薬局や日用品店で入手)，鶏肉のレバーやハンバーグのような生肉の 1 cm 角のもの数個が必要になる．過酸化水素をコップに数センチメートルの深さまで入れ，そこへ生肉を入れる．別のコップの過酸化水素にはジャガイモを同様に入れる．肉片はどうなるか？ ジャガイモはどうなるか？ 入れる肉とジャガイモの量は影響するか？ おなじ実験を調理済みの肉やジャガイモで行ってみると，なにがおこるか？

泡の発生は，試料に含まれていたカタラーゼが過酸化水素を水と酸素に変換していることを意味する．すなわち，酵素は自然な状態では活性があるが，変性された状態では活性がない．十分な量の泡が現れなかったら，カタラーゼは存在しないか，または活性がない．生と調理済みの試料を使った実験の結果をもとに，カタラーゼは存在するか，しないか，または活性がないか．活性がないなら，その理由はなにかを考えてみよう.

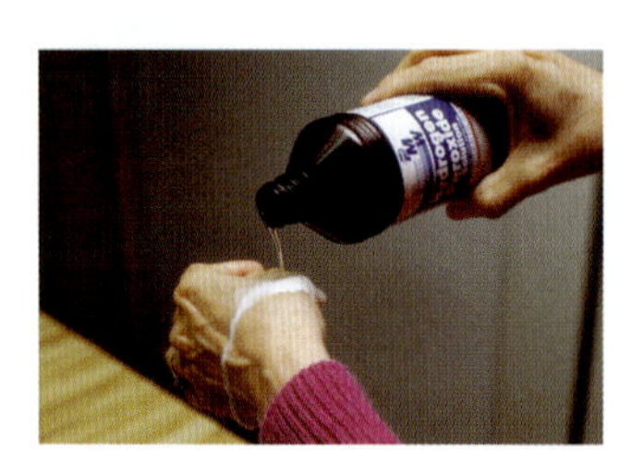
▲ 図 2.1
希釈された過酸化水素は，小さな傷の処置に使用されることが多い．傷口に生じる泡は，傷ついた組織や細胞から放出された酵素カタラーゼの作用により生成する酸素である.

トロンビン(thrombin)は，アミノ酸であるアルギニンの後のペプチド結合の加水分解を特異的に触媒し，主に凝血に必須のタンパク質であるフィブリノーゲンに作用する．ペプチド結合が切断されると，生成物(フィブリン)が重合して凝血する(12.5 節)．**カルボキシペプチダーゼ** A (carboxypeptidase A)はそれほど限定されない ― 消化の過程でさまざまな C 末端アミノ酸残基をタンパク質鎖から除去する．果物のパパイヤの酵素**パパイン**(papain)は多くの部位のペプチド結合の加水分解を触媒する．食肉を軟らかくするミート・テンダライザーやコンタクトレンズの洗浄液，壊死あるいは感染した組織を傷から除く(**創傷清拭** debridement)ときにパパインが使用される理由は，パパインがタンパク質を分解する性質をもつからである.

酵素のアミノ酸はすべてが L-アミノ酸なので，酵素は立体化学に関する特異性を示す．もし基質がキラルな場合，酵素は鏡像異性体(エナンチオマー)の一方の反応だけを触媒することになる．なぜなら，反応がおこるように活性部位に適合できるのは一方のみになる．たとえば乳酸デヒドロゲナーゼ(LDH)は，L-乳酸から水素を除去する反応を触媒するが，D-乳酸の反応は触媒しない.

$$\underset{\text{L-乳酸}}{\mathrm{HO{-}CH(CH_3){-}COO^-}} + \mathrm{NAD^+} \xrightleftharpoons{\text{乳酸デヒドロゲナーゼ}} \underset{\text{ピルビン酸}}{\mathrm{O{=}C(CH_3){-}COO^-}} + \mathrm{NADH} + \mathrm{H^+}$$

L-乳酸：基質　NAD⁺：酸化型補酵素　ピルビン酸：生成物　NADH：還元型補酵素

これは，生化学における分子の形の重要性を示すもう一つの例になる．二つの鏡像異性体の一方に対する酵素の特異性は，適合性の問題である．左手の手袋が右手に合わないように，左手型の酵素は右手型の基質とは適合しない(図 2.2)．

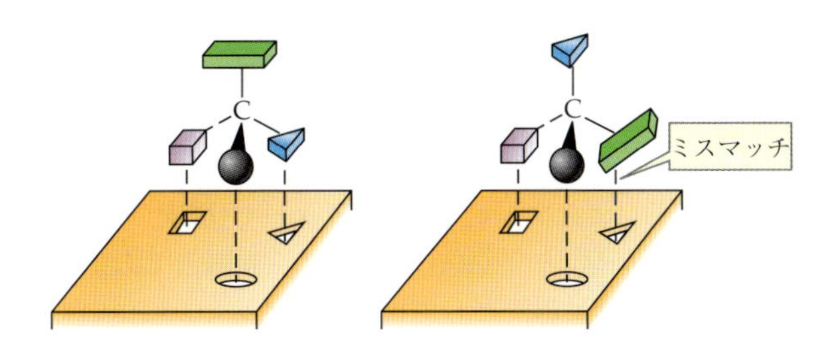

◀ **図 2.2**
キラル反応物とキラル反応部位
手袋に手をはめるように，上の鏡像異性体は反応部位に適合するが，下の鏡像異性体は適合しない．したがって，この酵素の基質になることができない．

酵素の触媒作用は，代謝回転数によって測定できる．**代謝回転数**とは，単位時間内に酵素 1 分子によって反応を受ける基質分子の最大数に相当する(表 2.1)．ほとんどの酵素は，1 秒当たり 10 ～ 1000 個の分子数の割合で代謝回転しており，もっと速い酵素も存在する．カタラーゼの主な役割は，過酸化物による損傷から細胞を守ることだが，1 秒間に 1000 万分子以上の代謝回転を触媒することのできる，もっとも高速に作用する酵素の一つである．これは分子が衝突する速度に等しいため，生体内におけるもっとも高速な反応になる．

代謝回転数(turnover number)　単位時間当たりの，酵素 1 分子によって反応を受ける基質分子の最大数．

表 2.1　一部の酵素の代謝回転数(1 秒当たりの触媒作用の回数の最大値)

酵　素	触媒される反応	代謝回転数
パパイン	ペプチド結合の加水分解	10
リボヌクレアーゼ	リボ核酸(RNA)のリン酸エステル結合の加水分解	10^2
キナーゼ	基質間のリン酸基の転移	10^3
アセチルコリンエステラーゼ	神経伝達物質のアセチルコリンの失活	10^4
カルボニックアンヒドラーゼ	CO_2 を HCO_3^- に変換	10^6
カタラーゼ	H_2O_2 を H_2O と O_2 に分解	10^7

問題 2.1
表 2.1 に示した酵素のうち，1 秒間に最大 1000 回の反応を触媒する酵素はどれか．

問題 2.2
酵素 LDH は乳酸をピルビン酸に変換する．哺乳類では，この酵素は L-乳酸のみを基質として受容するが，牡蠣のように無脊椎動物での正しい基質は D-乳酸である．LDH は二つの異なる形があり，それぞれが基質の鏡像異性体の一方を受容するが，もう一方を受容しない理由を説明せよ．

2.2 酵素の補助因子

学習目標：

- 酵素反応における補助因子の役割を説明できる.

補助因子(cofactor)　酵素の触媒作用に必須な酵素の非タンパク質部分. 金属イオンまたは補酵素.

補酵素(coenzyme)　酵素の補助因子として作用する有機分子.

多くの酵素は，機能するために構造の一部として非タンパク質の**補助因子**(**補因子**)を必要とする複合タンパク質である．一部の補助因子は金属イオンであるが，その他は**補酵素**と呼ばれる非タンパク質の有機分子である．酵素が活性化するためには，金属イオンや補酵素のいずれか一方，あるいはその両方が必要になる．ある種の酵素の補助因子は非共有結合性の分子間力によって酵素に強く保持されているか，あるいは酵素と共有結合している．そのほかのものはより弱く結合しており，必要に応じて活性部位に出入りしている．

補酵素が必要な理由はなにか．酵素がもつ官能基はアミノ酸側鎖に限定される．補助因子と結合することにより，酵素は側鎖にはない化学的に反応する官能基を獲得する．たとえば，アルドースレダクターゼのリボン構造に示されているように，分子間力によりアルドースレダクターゼ(酵素)に結合したニコチンアミドアデニンジヌクレオチド(NADH)分子は，補酵素であり，反応を可能にする還元剤でもある(補助因子として機能するビタミンについては 2.9 節で述べる)．私たちが食物から微量ミネラルを摂取しなければならないのは，多くの酵素が金属イオンを補助因子として必要とするからである．酵素の補助因子として機能するさまざまな金属イオンを表 2.2 に示す．

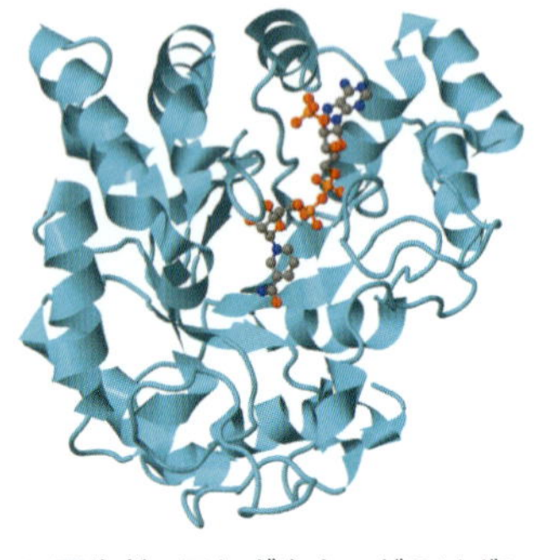

▲ **アルドースレダクターゼのリボン構造**　オキシドレダクターゼの一つで NADH を補酵素として糖分子中の C=O 基を −C−OH 基に還元する．酵素の活性部位中に糖グルコース(橙色)と補酵素 NADH(灰色)を示した．この酵素にある α-ヘリックスに注意する．

表 2.2　無機イオン補助因子

イオン	酵素の例
Cu^{2+}*	シトクロムオキシダーゼ
Fe^{2+} または Fe^{3+}*	カタラーゼ，ペルオキシダーゼ
K^{+}	ピルビン酸キナーゼ
Mg^{2+}	ヘキソキナーゼ，グルコース -6- ホスファターゼ
Mn^{2+}*	アルギナーゼ
Mo	ジニトロゲナーゼ
Ni^{2+}	ウレアーゼ
Se*	グルタチオンペルオキシダーゼ
Zn^{2+}*	アルコールデヒドロゲナーゼ

* 微量元素

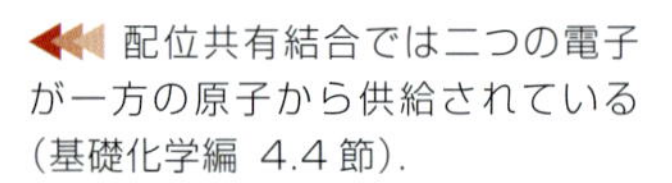

◀◀◀ 配位共有結合では二つの電子が一方の原子から供給されている(基礎化学編 4.4 節).

◀◀◀ 基礎化学編 4.6，4.7 節のルイス酸，ルイス塩基を参照のこと.

金属イオンは，酵素や基質中の窒素や酸素原子に存在する孤立電子対を受け取って配位共有結合して，ルイス酸として機能することができる．

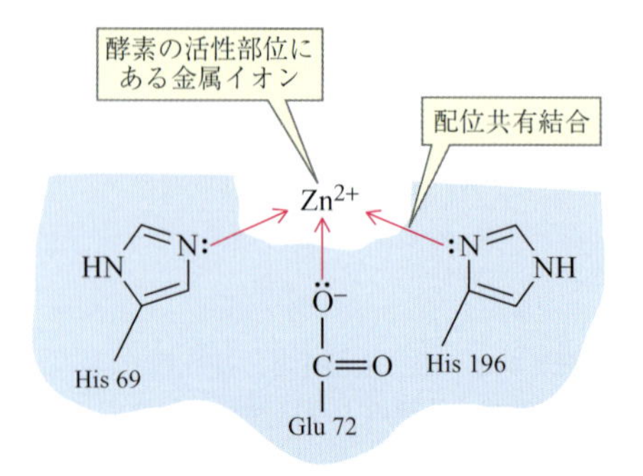

この結合は酵素の結合部位に基質を固定し，さらに触媒反応に金属イオンを関与させる．たとえば，消化酵素カルボキシペプチダーゼAのどの分子も1個の亜鉛イオン(Zn^{2+})をもつことが，この酵素が触媒として作用するために不可欠となる．亜鉛イオンは活性部位の2個のヒスチジン側鎖のそれぞれの窒素原子と，グルタミン酸側鎖の酸素1原子に“配位”されるという．このようにして亜鉛イオンは酵素の活性部位に確実に固定される．

金属イオン補助因子となる微量ミネラルとおなじように，ある種のビタミンは補酵素の重要な構成単位であるが，体内で合成することができないので，私たちは食物から摂取する必要がある．表2.3を参照．

表2.3 重要な補酵素

補酵素	移動する化学基の種類	食物分子
補酵素A	アシル基	パントテン酸
補酵素B_{12}	H原子とアルキル基	コバラミン(ビタミンB_{12})
フラビンアデニンジヌクレオチド(FAD)	電子	リボフラビン(ビタミンB_2)
ニコチンアミドアデニンジヌクレオチド(NAD^+)	ヒドリドイオン($:H^-$)	ニコチン酸(ナイアシン)
ピリドキサールリン酸	アミノ基	ピリドキシン(ビタミンB_6)

HANDS-ON CHEMISTRY 2.2

マルチビタミン/マルチミネラルの錠剤が入った瓶の**ラベルをチェック**して，サプリメントの成分で，表2.2の金属イオン補助因子と一致するものの名前を示せ．また，表2.3の食物由来分子と一致するものの名前を示せ．

基礎問題 2.3

補助因子NAD^+，Cu^{2+}，Zn^{2+}，補酵素CoA，FAD，そしてNi^{2+}は，すべてが体内の酵素反応に必要となる．

(a) 補酵素である補助因子はどれか．

(b) 補酵素と補助因子の主な違いはなにか．

2.3 酵素の分類

学習目標：

- 基質名から適切な酵素の名前をつけることができる．
- 反応の種類から酵素を正しく分類できる．

酵素の命名法

ほとんどの酵素が−アーゼ(-ase)でおわるファミリー名をもっている．パパインやトリプシンは，この規則の例外として従来の慣用名が使用される．情報価値が高い系統的名称は一般的には二つの部分から構成される：最初の部分では酵素が作用する基質(反応物)を示し，つぎの部分反応を説明する酵素の分類名を示している．たとえば**ピルビン酸カルボキシラーゼ**(pyruvate carboxylase)

MASTERING REACTIONS

生化学反応の読み方

はじめに一目見ると，生化学反応は複雑なものに見える．しかし，生化学反応は生体の中の単純な有機化学反応である．つぎの反応を見ながら，理解するために分析してみよう．

最初に，これは一方向で，一つのおなじ酵素により触媒される2段階の反応であり，そこには補助する分子は必要がない．本文中に見られる反応と同様に，この反応も左から右へ進み，クエン酸が第1の基質であり，アコニット酸が第1の生成物である．つぎに，アコニット酸は第2の基質となり，イソクエン酸が第2（最終）の生成物となる．また，第1段階で H_2O が引き抜かれ，第2段階で再度付加されているのがわかる．はじめの基質（クエン酸）と最後の生成物（イソクエン酸）を比較すれば，両方とも全くおなじ数の炭素原子，酸素原子，水素原子をもっていることに気づく．したがって，原子が転移しているが，生成物と基質の原子の数と種類は全くおなじである．しかし，アコニット酸はおなじ数の炭素原子をもつが，クエン酸やイソクエン酸より，酸素原子は1個少なく，水素原子は2個少ない．最初の基質のクエン酸と最後の生成物のイソクエン酸は異性体であるから，アコニターゼはイソメラーゼであるに違いない．イソメラーゼのみがある分子をその異性体に変換でき，一般に生化学反応は，この反応にみられるように中間体を介していることを覚えておこう．

おなじように段階的な過程を使えば，どのような生化学反応も読み取ることができ，反応の中の基質や酵素を同定することができる．

$$
\begin{array}{c}
COO^- \\
| \\
CH_2 \\
| \\
HO-C-COO^- \\
| \\
CH_2 \\
| \\
COO^-
\end{array}
\xrightarrow[\text{アコニターゼ}]{-H_2O}
\begin{array}{c}
COO^- \\
| \\
CH_2 \\
| \\
C-COO^- \\
\| \\
CH \\
| \\
COO^-
\end{array}
\xrightarrow[\text{アコニターゼ}]{+H_2O}
\begin{array}{c}
COO^- \\
| \\
CH_2 \\
| \\
H-C-COO^- \\
| \\
HO-CH \\
| \\
COO^-
\end{array}
$$

クエン酸　　　アコニット酸　　　イソクエン酸

の場合，基質の**ピルビン酸**（pyruvate）に**カルボキシ基**（carboxyl group）を付加するリガーゼを意味している．いくつかの酵素の名前は，末尾の文節をなくして基質名の最後に -ase をつける．クエン酸回路でフマル酸をコハク酸に変換するフマラーゼ（fumarase）がその例である．尿素（urea）やショ糖（sucrose）のように長く研究されてきた基質に作用する酵素も，ウレアーゼ（urease）やスクラーゼ（sucrase）のように同様の方法で名前がつけられている．いくつかの酵素は反応を進める触媒能と逆反応の触媒能を有することに注意し，その場合双方向が明確になるよう，化学反応式に両方向の矢印を記載する．

酵素の分類

数千の酵素が私たちの体の活動を支えている．体中の細胞のそれぞれにすべて酵素があるわけではない．酵素は必要な場所でのみ特異的に存在して働く．

酵素は，触媒する反応に従って6種類に分類（クラス）され，基質特異性に基づいてさらに細分化（サブクラス）される．酵素の分類とサブクラスを例とともに表2.4に示す．

表 2.4　酵素の分類

	例
オキシドレダクターゼ(酸化還元酵素) オキシドレダクターゼは酸化–還元反応を触媒する. サブクラス: **オキシダーゼ**(酸化酵素)は基質に O_2 を付加することにより酸化を触媒する. **レダクターゼ**(還元酵素)は基質の還元を触媒する. **デヒドロゲナーゼ**は 2 個の H 原子の付与と引き抜きを触媒し，補酵素を必要とする.	酸化還元酵素アルコールデヒドロゲナーゼは，肝臓に存在し，食物中に自然発生したアルコールをアルデヒドとケトンに酸化する．酵母では，この酵素はビール，ワイン，蒸留酒中のエタノールを代謝する第 1 段階で働く. A(還元される) + B(酸化される) ⟶ A′(酸化される) + B′(還元される) $CH_3-CH_2-OH + NAD^+ \rightleftharpoons CH_3-C(=O)-H + NADH + H^+$ (アルコールデヒドロゲナーゼ) 還元された基質　酸化された補酵素　酸化された産物　還元された補酵素
トランスフェラーゼ(転移酵素) トランスフェラーゼは 2 個の化合物間の官能基の移動を触媒する. サブクラス: **トランスアミナーゼ**はアデノシン三リン酸(ATP)から供給されるエネルギーを利用して基質間のアミノ基の移動を触媒する. **キナーゼ**は基質間のリン酸基の移動を触媒する.	転移酵素ホスホフルクトキナーゼは ATP からリン酸基をフルクトース-6-リン酸へ転移させ，グルコースの異化[分解]におけるエネルギー的な始動状態をつくる．グルコースの異化は私たちの体の重要なエネルギー源である．これについては 5 章に詳しい説明がある. A + B–C ⇌ A–B + C フルクトース 6-リン酸 (CH_2OH–C=O–HO–C–H–H–C–OH–H–C–OH–$CH_2OPO_3^{2-}$) + アデノシン三リン酸 ⇌ (ホスホフルクトキナーゼ) フルクトース 1,6-ビスリン酸 ($CH_2OPO_3^{2-}$–C=O–HO–C–H–H–C–OH–H–C–OH–$CH_2OPO_3^{2-}$) + アデノシン二リン酸
ヒドロラーゼ(加水分解酵素) ヒドロラーゼは水を付加して化学結合を切断して生じた断片に H と OH を与える反応を触媒する. サブクラス: **リパーゼ**はグリセリド(脂質)をグリセロールと脂肪酸に分解する. **プロテアーゼ**はタンパク質をペプチドとアミノ酸に分解する. **アミラーゼ**はデンプンを糖に分解する. **ヌクレアーゼ**はデオキシリボ核酸(DNA)と RNA をヌクレオチドに分解する.	ヒドロラーゼは消化においてとくに重要である．タンパク質はさまざまなプロテアーゼによってアミノ酸へ加水分解され，デンプン，ラクトース，スクロースのような炭水化物は特異的酵素によって単糖のグルコース，フルクトース，ガラクトースへ加水分解される．ヒドロラーゼは，タンパク質合成のためのアミノ酸やエネルギー産生の経路で消費するためのグルコースの供給に必須の酵素である. A–B + H_2O ⟶ A–OH + B–H ～NH–CH(R′)–C(=O)–NH–CH(R)–CO^-(=O) (ポリペプチド) + H_2O ⟶ (プロテアーゼ) ～NH–CH(R′)–CO^-(=O) (短縮ポリペプチド) + $H_3\overset{+}{N}$–CH(R)–CO^-(=O) (アミノ酸)
イソメラーゼ(異性化酵素) イソメラーゼは基質内での原子団の転移を触媒する. サブクラス　なし	解糖(エネルギー生成のためのグルコースの異化)の中のトリオースリン酸イソメラーゼは，直前の反応の二つの生成物が完全に代謝されるようにする．ジヒドロキシアセトンリン酸はそのままでは代謝されないが，この酵素により D-グリセルアルデヒド-3-リン酸へ変換されて解糖のつぎの酵素の基質となる．イソメラーゼのおかげで，グルコースの代謝からの最大限のエネルギーを得ることができる．解糖はすべての細胞でおこるが，主に，赤血球，腎臓，脳，筋組織でおこる. A ⟶ B 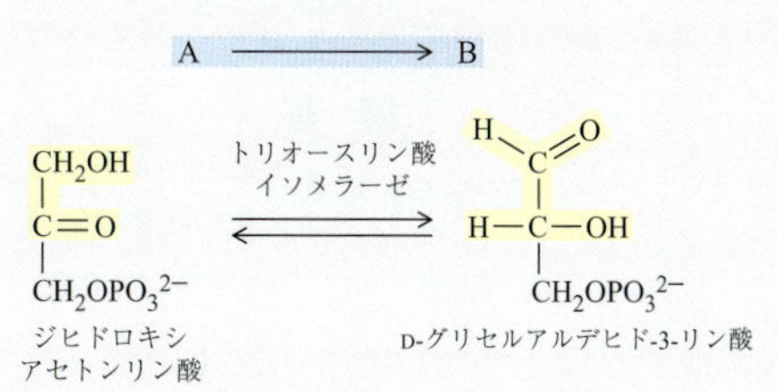

つづく

表 2.4　酵素の分類(つづき)

	例
リアーゼ(脱離酵素) リアーゼは加水分解せずに基質から官能基を付加したり脱離する反応を触媒する． **サブクラス：** **デカルボキシラーゼ**は CO_2 の脱離を触媒する． **デアミナーゼ**はアンモニア(NH_3)の脱離を触媒する． **デヒドラターゼ**は水(H_2O)の脱離を触媒する． **ヒドラターゼ**は水(H_2O)の付加を触媒する．	クエン酸回路で働く酵素フマラーゼは**リアーゼ**の一例である．クエン酸回路は細胞中のミトコンドリアでおこる．植物のリアーゼは，細胞壁の構造成分であるペクチンを分解することにより，果実の軟化や登熟を引きおこす． 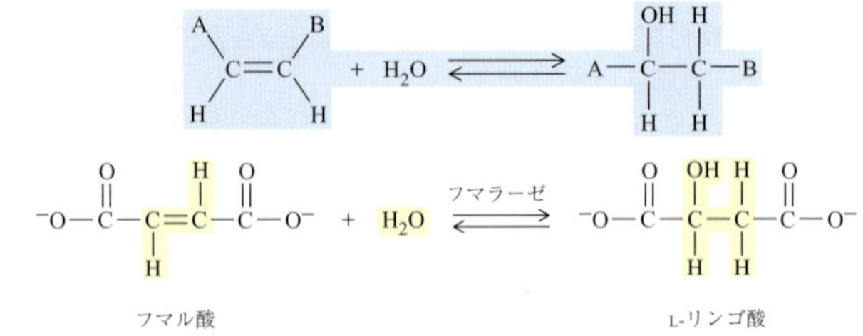 A(H)C=C(B)(H) + H_2O ⇄ A—C(OH)(H)—C(H)(H)—B $^-$O—C(=O)—C(H)=C(H)—C(=O)—O$^-$ + H_2O ⇄(フマラーゼ) $^-$O—C(=O)—C(OH)(H)—C(H)(H)—C(=O)—O$^-$ フマル酸　　L-リンゴ酸
リガーゼ(合成酵素) リガーゼは2個の基質分子の結合を触媒する． **サブクラス：** **シンテターゼ**は ATP のエネルギーを利用して2個の基質間の結合を触媒する． **カルボキシラーゼ**は ATP のエネルギーを利用して基質と CO_2 のあいだの結合を触媒する．	リガーゼは，タンパク質や DNA のような生物ポリマーの合成に使われる．DNA リガーゼは，太陽からの紫外線のような環境的な損傷や化学的変異原に対しておきる DNA 修復や成長や組織の再生時の細胞分裂でおきる DNA 複製でヌクレオチドを連結するタンパク質と DNA リガーゼはほとんどすべての細胞に存在する． A + B + アデノシン三リン酸(ATP) ⟶ A–B + アデノシン二リン酸(ADP) + $HOPO_3^{2-}$ + H^+ 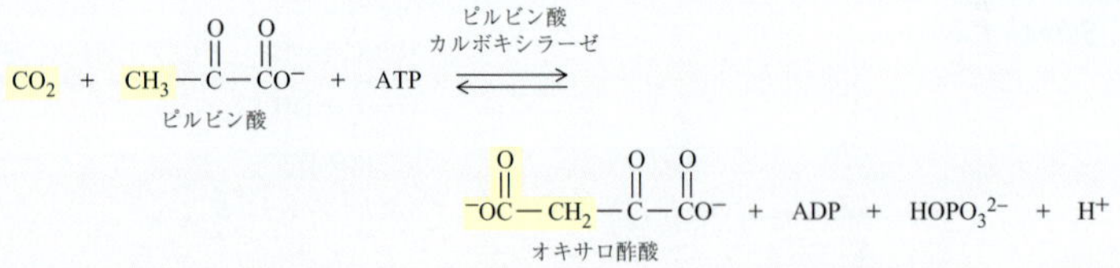 CO_2 + CH_3—C(=O)—C(=O)O$^-$ (ピルビン酸) + ATP ⇄(ピルビン酸カルボキシラーゼ) $^-$OC(=O)—CH_2—C(=O)—C(=O)O$^-$ (オキサロ酢酸) + ADP + $HOPO_3^{2-}$ + H^+

例題 2.1　酵素の分類

下の反応を触媒する酵素はどの種類に分類されるか．

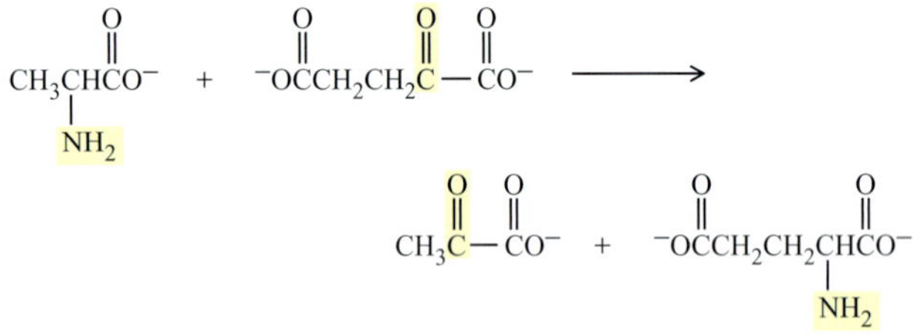

$$CH_3CH(NH_2)CO^- (=O) + {}^-OC(=O)CH_2CH_2C(=O)—C(=O)O^- \longrightarrow CH_3C(=O)—C(=O)O^- + {}^-OC(=O)CH_2CH_2CH(NH_2)C(=O)O^-$$

解　説　まず，何が変わったかを見つけるために化学反応を読み取り，おきている反応の種類を知る．二つの分子のあいだでアミノ基とカルボニル基の酸素原子が入れ換わって二つの異なる分子が生成している．つぎに，官能基の交換を触媒する酵素の種類を決める．

解　答

アミノ基とカルボニル基の酸素原子(黄色部分)の位置が入れ換わっているので反応はアミノ基の転移である．したがって，この酵素はトランスフェラーゼである．

問題 2.4
下の酵素が触媒すると思われる反応を書け.
(a) アルコールデヒドロゲナーゼ
(b) アスパラギン酸トランスアミナーゼ
(c) チロシン tRNA シンテターゼ
(d) ホスホヘキソースイソメラーゼ

問題 2.5
つぎのものを基質とする酵素の名前はなにか.
(a) 尿素 (b) セルロース

問題 2.6
ヘキソキナーゼはどの酵素に分類されるか. この酵素が触媒する反応を一般的に述べよ.

問題 2.7
表 2.4 中でフマル酸とリンゴ酸が含まれていてリアーゼが触媒する反応の化学変化を述べよ. 基質と生成物を書け.

問題 2.8
つぎの反応のうちデカルボキシラーゼが触媒するのはどちらか.

(a) (3,4-ジヒドロキシフェニル)$-CH_2-CH(NH_3^+)-C(=O)-O^-$ ⟶ (3,4-ジヒドロキシフェニル)$-CH_2CH_2-NH_3^+$

(b) $^+H_3NCH_2CH_2CH_2-C(=O)-O^-$ ⟶ $H-C(=O)-CH_2CH_2C(=O)-O^-$

2.4 酵素の作用機構

学習目標:
- 二つの酵素触媒モデルを説明できる.
- 反応を容易にするために酸素と基質がどのように結合するかを説明できる.

酵素の**特異性**(specificity)は活性部位によって決定し, 活性部位は反応のための最適な環境を提供している. そこでは, 酵素のアミノ酸側鎖が, 非共有結合性の分子間力, 時には一時的な共有結合によって単一あるいは複数の基質を引き寄せて保持する. また活性部位は, 反応の触媒に必要な酸性または塩基性の官能基をもつ. 触媒反応は記号を使って記述されることが多い. E(酵素), S(基質), P(生成物), [P] (生成物の濃度), ES(酵素–基質複合体), EP(酵素–生成物複合体)を使用して, 反応は以下のように記述される.

$$E + S \rightarrow ES \rightarrow EP \rightarrow E + P$$

これは,

酵素＋基質 → 酵素–基質複合体 → 酵素–生成物複合体 → 酵素＋生成物

をあらわしている.

二つの酵素–基質相互作用モデル

鍵と鍵穴モデル(lock and key model)　酵素は固定された鍵穴で，基質である鍵と正確に一致して反応がおこるという酵素作用のモデル．

基質と酵素の間の相互作用は二つのモデルにより説明されている．歴史的には，**鍵と鍵穴モデル**(lock and key model)が最初に導入された．それは基質と酵素の空間的な適合の必要性がはじめて認識された際に提唱されたモデルである．鍵が鍵穴と一致するように，基質は活性部位に適合すると説明される．この適合は厳密で，変わることはなく，鍵と鍵穴のように，一つの基質は一つの酵素に特異的に適合する．

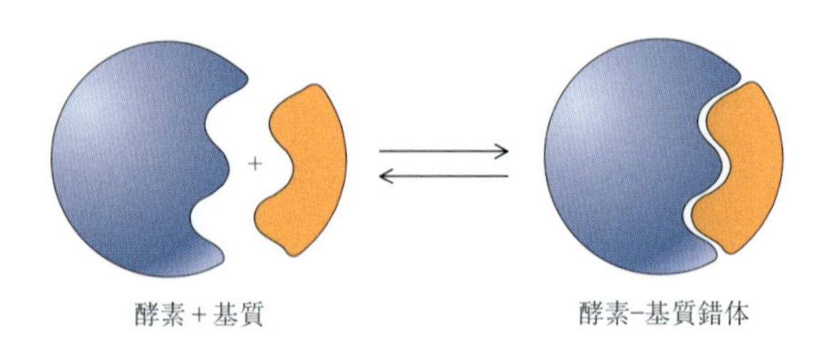

誘導適合モデル(induced-fit model)　酵素は基質に最適な形状に変化する柔軟な活性部位をもち，反応を触媒する酵素作用のモデル．

酵素–基質相互作用についてさらに詳しく研究されるようになり，実験結果から鍵と鍵穴モデルは誤りであることが示された．私たちの最近の分子構造の理解から，酵素分子は鍵穴のように固定されたものではないことは明らかである．**誘導適合モデル**は，酵素の活性部位の形状が基質(または，他の構造が似ている基質)に合わせて変化し，反応を促進すると説明する．酵素と基質が出会い，それらの相互作用は反応を触媒するように最適な適合性を**誘導**(induce)する．

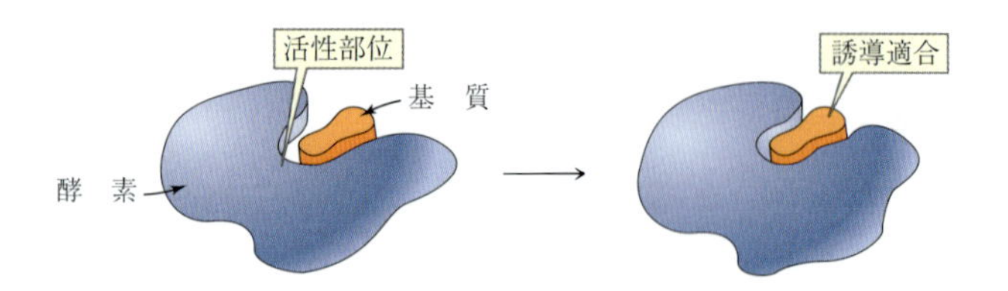

誘導適合の詳細な研究例として，グルコース(ヘキソースの一つ)とヘキソキナーゼ間の相互作用を図 2.3 に示す．この転移酵素反応は，リン酸化反応(リン酸基を −OH 基に付加する反応)の一つであり，キナーゼが触媒する．この反応は，グルコース代謝の第 1 段階になる(5.3 節)．グルコース分子がいったん活性部位に入ると，酵素がどのように(活性部位を)閉じるか，図 2.3 で注目してほしい．これが誘導適合である．

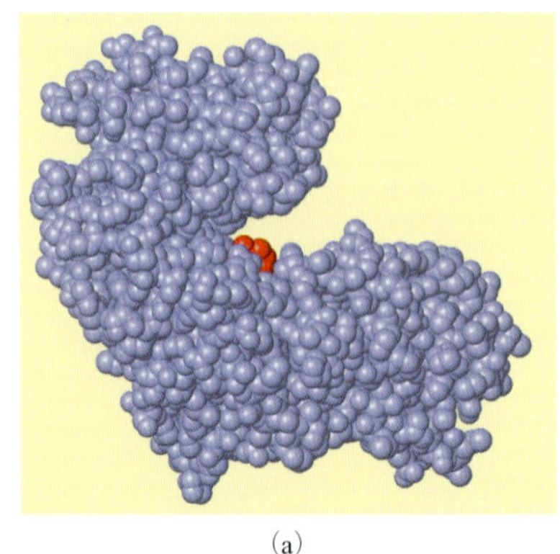

(a)

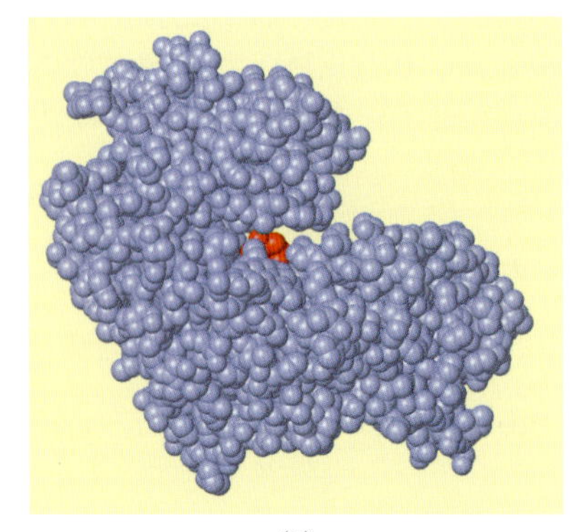

(b)

▶図 2.3
ヘキソキナーゼ(青)とその基質グルコース(赤)との誘導適合を示す空間充塡モデル
(a) 活性部位はヘキソキナーゼ分子中では溝になっている．(b) グルコースが活性部位に入ると，酵素の形状が変化し基質の周囲に密着するように基質を囲む．

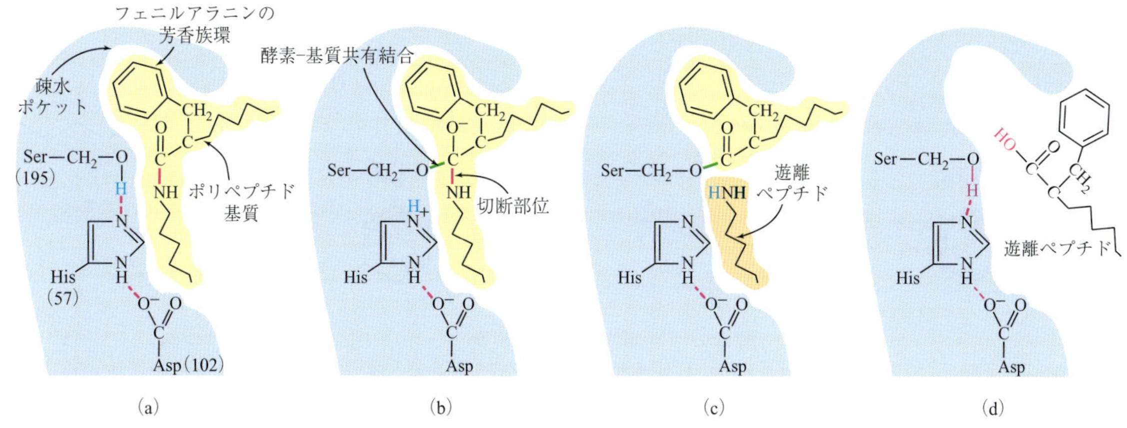

▲ **図 2.4**
キモトリプシンによるペプチド結合の加水分解
(a) ポリペプチドは，疎水性側鎖(芳香族環)のところで酵素の活性部位にある疎水性ポケット内に入り，切断されるペプチド結合(赤色)がセリンおよびヒスチジン残基と向かい合う．
(b) H^+がセリンからヒスチジンに転移することにより，セリン側鎖がペプチド結合の炭素(緑色)に結合するひずんだ中間体が形成される．
(c) ペプチド結合が切断し，新しい末端の $-NH_2$ 基をもつ断片が活性部位を離れる．
(d) その後の段階では，水分子が活性部位に入る．水の H 原子がセリン側鎖に復帰し，$-OH$ 基は基質タンパク質のほかの部分と結合して新しい末端の $-COOH$ 基を与えることで，この断片は活性部位から離れることができる．

酵素が触媒する反応は，単一あるいは複数の基質(S)が酵素の活性部位に移動し，**酵素-基質複合体**(enzyme-substrate complex, ES)を形成してはじまる．タンパク質分子の形状を決定するある種の非共有結合作用により，はじめに基質は特定の位置に誘導される(図 2.4)．

酵素-基質複合体を形成する前は，基質分子はもっとも安定した低エネルギーの形になる．酵素-基質複合体の内部では，基質は強制的に不安定な形になり，結合電子が複数の結合から引き寄せられ，結合を開裂して新しい結合を形成する準備ができる．その結果，大きなエネルギーの投入の必要なく**基質と生成物とのあいだの活性化エネルギー障壁が低下する**．純粋な化学反応と酵素が触媒するおなじ反応に必要なエネルギー投入量の比較は，p.43 のエネルギー図に示されている．

酵素-基質複合体の内部では，新しい結合をつくる原子が互いに結合しなければならない．新しい結合が第 2 の基質とできる，あるいは酵素内の原子と一時的に結合すると考えられる．また触媒に必要な官能基は，基質内で反応する場所に近くなければならない．多くの有機反応では，たとえば酸性，塩基性，金属イオンの触媒が必要となる．体液の恒常的な pH 環境を変化させることなく，酵素の活性部位は酸性基と塩基性基を備えており，また必要な金属イオンが補助因子として存在する．化学反応がいったん終了すると，酵素と生成物の分子は互いに離れ，酵素は元の状態に戻って別の基質分子のために利用できるようになる．

図 2.4 に示したキモトリプシンによるペプチド結合の加水分解は，酵素の機能をよくあらわしている．キモトリプシンは，タンパク質を分解して小分子にする消化酵素の一つである．芳香族の環を含むアミノ酸残基のカルボニル側のペプチド結合を壊してポリペプチド鎖を切断する．

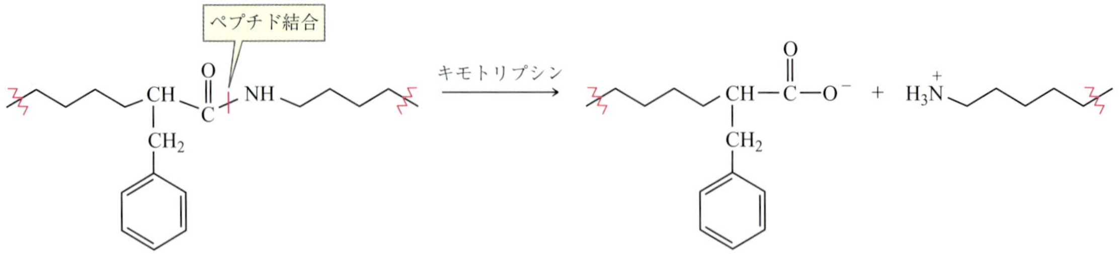

ペプチド結合

キモトリプシン

酵素の活性部位の疎水性ポケットの中で，基質の疎水性側鎖(ここでは，芳香族環)が分子間力により安定化することによって酵素-基質複合体が形成し(図 2.4(a),(b))，続いて基質との共有結合(緑色)ができる．その結果，分解されるペプチド結合(赤色)をもつ基質を，触媒として機能するアミノ酸側鎖の近くに配置する．酵素は基質と結合する(**近接効果** proximity effect)ばかりでなく，結合すべき官能基を互いに接近させる(**配向効果** orientation effect)．アスパラギン酸，ヒスチジン，セリンは，活性部位の触媒に必要な側鎖官能基を供給する(**触媒効果** catalytic effect)．タンパク質の折りたたみの重要な性質を図示したように，一次構造が 241 アミノ酸残基のキモトリプシンでは，アスパラギン酸の 102 番，ヒスチジンの 57 番，セリンの 195 番に注目する．これらのアミノ酸は一次配列の主鎖に沿って互いに離れたところに位置しているが，主鎖の折りたたみによって互いに近くなるように運ばれ，側鎖が活性部位で必要とされる位置に正確に位置する．

活性部位でセリンと一時的に結合するペプチド結合の炭素原子の場合，活性化エネルギー障壁が低下するため(**エネルギー効果** energy effect)，ペプチド結合は解裂しやすい．結合が切断されると，窒素はヒスチジンから水素原子(水色)を取り込み新しい末端アミノ基を形成し，基質のこの部分は遊離する(図 2.4(c))．水分子との反応で水素をセリンに戻し，短くなったペプチドに −OH 基を与え新しい末端カルボキシ基を形成する．基質のこの部分は遊離して，酵素は本来の状態に戻る(図 2.4(d))．

要約すると，酵素は以下の性質によって触媒として作用する．

- 基質と触媒部位を接近させる(**近接効果**)．
- 反応に必要な正確な距離と正確な方向に基質を保持する(**配向効果**)．
- 触媒作用に必要な酸性基，塩基性基，そのほかの官能基を供給する(**触媒効果**)．
- 基質分子内の結合をひずませ，エネルギー障壁を低下させる(**エネルギー効果**)．

例題 2.2　活性部位の側鎖の機能を同定する

図 2.4 のキモトリプシンによるペプチド結合の加水分解を見よ．

(a) 基質にみられる芳香族環を安定化することのできる側鎖をもつアミノ酸はどれか．

(b) 反応におけるセリン側鎖の働きを理由とともに説明せよ．

(c) 反応におけるヒスチジン側鎖の働きを理由とともに説明せよ．

解　説　図 2.4 の反応の図解を注意深く見て，原子の移動を追え．図解を助けとして，それぞれの質問を個別に考えよ．

(a) フェニルアラニンの芳香族環が “疎水性ポケット” にぴったり合うことを考え

ると，このキモトリプシンのポケットを取り巻くアミノ酸側鎖は非極性でなくてはならない．

(b) 2番目の図でセリンが水素イオンをヒスチジンへ受け渡していることに注意せよ．

(c) やはり2番目の図で，ヒスチジンがセリンからプロトンを受け取っていることに注意せよ．プロトンを受け取るのは塩基である．

解　答

(a) キモトリプシンの疎水性ポケットの一部となり得る非極性アミノ酸は，アラニン，ロイシン，イソロイシン，メチオニン，プロリン，バリン，フェニルアラニン，トリプトファンである(表1.3を見よ)．

(b) セリンは極性アミノ酸であり，側鎖の $-OH$ 基からプロトンを受け渡すことができる(酸として働く)．

(c) ヒスチジンは塩基性アミノ酸で，切断反応が終了するまで，プロトンを受けとることができる．

この例では，酸または塩基として作用できるアミノ酸が反応を実行するあいだ，非極性アミノ酸が弱い分子間力によって基質を決まった場所に保持している．

基礎問題 2.9

酵素の活性部位には通常，酸性，塩基性そして極性の側鎖をもつアミノ酸が存在する．ある種の酵素は，非極性側鎖のアミノ酸を活性部位にもつ．どの種類の側鎖が活性部位に基質を保持するために働くと考えられるか．どの種類の側鎖が，酵素の触媒活性に関与すると考えられるか．

2.5　酵素活性に影響を及ぼす因子

学習目標：

- 基質濃度，酵素濃度，温度，pH が変化するためにおこる，酵素活性における変化を説明できる．

反応がおこるには，酵素と基質分子が集まって酵素–基質複合体を形成しなければならない．酵素活性に影響を及ぼし，反応速度の変化の原因となる因子がいくつかある．基質濃度，酵素濃度，温度，pH のすべてが反応速度に影響する．酵素は，この四つの因子に依存して最大の触媒活性をもつように，進化の過程で調整されてきた．

基質濃度

細胞中では酵素濃度は一定であるときにも基質濃度はつねに変化する．酵素濃度に対して基質濃度が低ければ，すべての酵素分子が使われることはない．したがって，基質濃度の上昇に伴って作用する酵素分子も増えるため反応速度が増す．このような状況では，図2.5の曲線の左端に示すように，反応にあずかる基質が増えるにつれて反応速度も増す．基質濃度が低いうちは正比例の関係であり，もし基質濃度が2倍になれば，反応速度も2倍になる．しかしながら，基質濃度がさらに増すにつれて活性部位がどんどん埋まってしまうので，反応速度の増加は頭打ちになりはじめる(劇場で席をとるために並んでいる人たちを考えてみよう．席が埋まるにつれ列の流れは遅くなり，空いている席を探すのは難しくなる)．最終的に，基質濃度が増して空いている活性部位がない状態にまで達する．すなわち，酵素は基質で飽和されている．この段階で

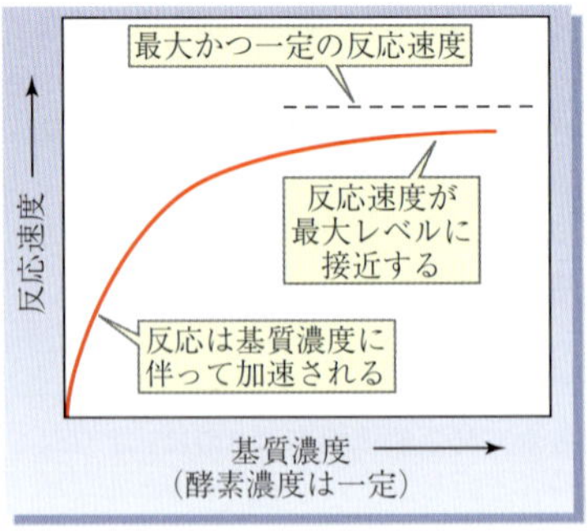

最大かつ一定の反応速度
反応速度が最大レベルに接近する
反応は基質濃度に伴って加速される
反応速度
基質濃度
(酵素濃度は一定)

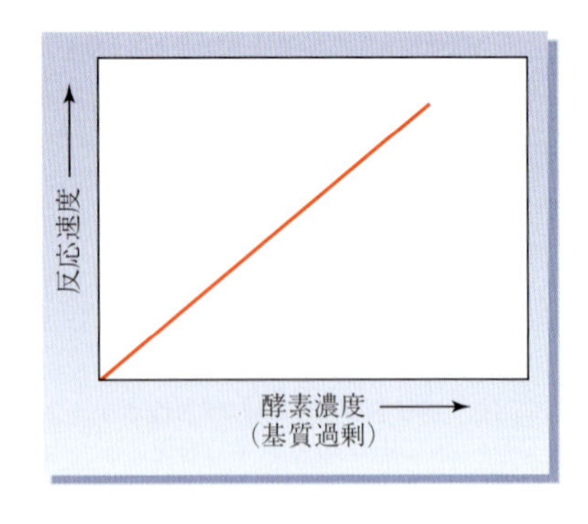

▶ **図 2.5(左)**
酵素濃度が一定の場合の基質濃度による反応速度の変化
基質濃度が低い場合，反応速度は基質濃度に正比例する(pH と温度は一定)．基質濃度が増すと活性部位がふさがってしまうため，反応速度の増加は低下する．最終的に，すべての活性部位が占められ，速度は最大かつ一定の値に達する．

▶ **図 2.6(右)**
基質が過剰に存在する場合の酵素濃度による反応速度の変化

は，酵素–基質複合体がどれくらい速く生成物に変換されるかにより反応速度が決まる．最大の分子数の酵素が基質を生成物へ同時に変換するので，基質から生成物への変換速度が，最大の反応速度となる．

酵素が一度飽和すると，基質濃度の上昇は反応速度に影響しない．酵素濃度が変化しないとき，酵素が飽和したときの速度は酵素の効率，pH，そして温度によって決められる．

一般的な状況下で酵素が飽和することはない．したがって pH と温度の値が決まると，反応速度は基質の量と酵素の総合的な能率によって制御されることになる．酵素–基質複合体が急速に生成物に変換する場合，酵素と基質が結合して複合体を形成する速度が律速になる．上限の反応速度を計算によって求めることができる：酵素と基質分子が溶液中を無作為に動くと，相互に衝突する回数は 1 モル，1 L 当たり，1 秒間に約 10^8 回以下になる．驚くべきことに，いくつかの酵素は，まさにこの値に近い効率で働く——衝突が 1 回おこるごとに生成物ができる．このような効率のよい酵素の一例として前述したカタラーゼがあり，これは 1 秒間に 10^7 回の触媒反応で過酸化水素を分解する(表 2.1 参照)．

酵素濃度

◀◀◀ 1.10 節 "タンパク質の化学的性質" を参照のこと．

活性な酵素の濃度が，私たちの体の代謝の需要に応じて変化することがある．基質濃度が限度にならないかぎり，反応速度は酵素濃度で直接的に変化する(図 2.6)．もし酵素濃度が 2 倍になれば，反応速度は 2 倍になる，もし酵素濃度が 3 倍になれば，速度は 3 倍になる，など．

酵素活性におよぼす温度の影響

温度の上昇はほとんどの化学反応の速度を上昇させるが，酵素による触媒反応も例外ではない．しかしながら単純な反応と異なり，酵素触媒による反応速度は，温度を上げても連続的に増すことはない．図 2.7(a)に示すように，その代わりに反応速度が最大値に到達し，続いて減少しはじめる．この反応速度の減少は，酵素が過度に加熱されて変性しはじめるためにおきる．タンパク質の側鎖間の非共有結合性引力が妨害されると，酵素の繊細な三次元構造が崩れはじめ，結果として触媒作用に必要な活性部位が壊れる．

温度が 50 ～ 60 ℃ を超えると，大多数の酵素が変性して触媒活性を失う．この事実から，医療器具と実験用ガラス器が，オートクレーブ内(高圧滅菌器)の蒸気による加熱で滅菌されることが説明できる．高温の蒸気は，細菌の酵素を永久に変性させて殺菌する．

体温の極度な低下は，代謝反応の低下を伴う致命的な低体温症にする．このことを利用して，心臓の手術のあいだ体を冷却することがある．徐々に暖めれば，冷却によるタンパク質の変性はないため，酵素反応の速度は正常に戻る．

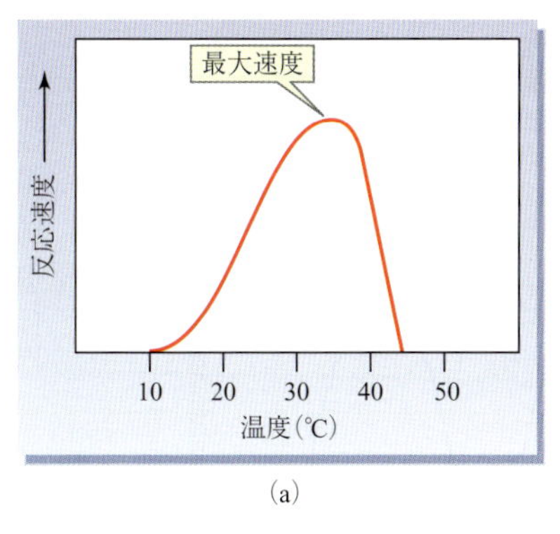

(a)

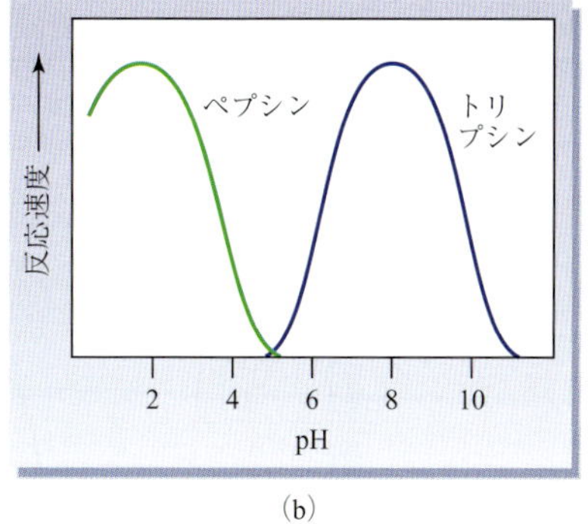

(b)

◀ **図 2.7**
反応速度におよぼす温度(a)とpH(b)の影響
(a) 反応速度は，酵素が変性する温度に達するまで，温度の上昇に伴って増加する．その後，反応速度は急速に低下する．
(b) 酵素にとって最適な活性は，特定の pH でおこる．二つのタンパク質加水分解酵素(胃内部の強い酸性環境で作用するペプシンと小腸内部の塩基性環境で作用するトリプシン)の例を示している．

酵素作用におよぼす pH の影響

多数の酵素の触媒活性は pH に依存しており，通常は正常な状態，すなわち緩衝された酵素の環境の pH で至適になるよう，うまく定義されている．たとえば，胃の強酸性の環境でタンパク質を消化するペプシンの至適 pH は 2 である(図 2.7(b))．対照的にトリプシンは，小腸内でタンパク質の消化を助ける酵素のキモトリプシンのように，至適 pH は 8 になる．ほとんどの酵素は pH 5～9 で最大の活性をもつ．つまり，両極端な pH はタンパク質を変性させる．“一般的な”体内の pH は血液の pH で，pH 7.4 である．極端な pH は血液の pH を著しく変えるため，身体組織に大きな損傷を与える．これが，濃塩酸(HCl, pH 1 以下)やドレーンクリーナー(たいてい NaOH，pH 14 以上)を飲むことが致命傷となる理由である．

例題 2.3 酵素活性：至適温度を決める

下のような温度–活性曲線を考えてみよう．0 ℃ から 60 ℃ における筋の乳酸デヒドロゲナーゼ(LDH)の酵素活性を示している．ある試料の LDH 活性を調べると仮定すると，何 ℃ が至適か．

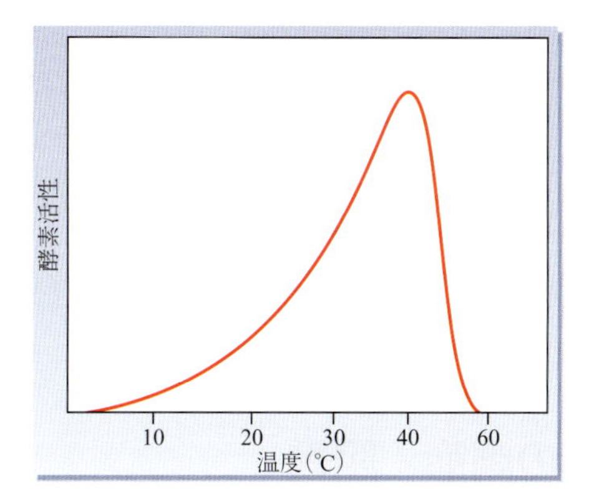

解 説 酵素はある温度で最大の触媒活性を示し，その温度よりも低くても高くても活性は小さくなる．温度–活性曲線から最高点をみつける．そこが至適活性になる．

解 答

温度–活性曲線上の最高点から，垂線を x 軸(“温度”)に下ろし，至適温度をみつける．LDH の至適温度は 40 ℃ である．

例題 2.4　酵素活性：至適 pH を決める

pH の一つの機能として，下図に 3 種類の酵素の活性が示されている．ペプシン(A)，ウレアーゼ(B)，アラニンデヒドロゲナーゼ(C)の至適 pH はいくつか．

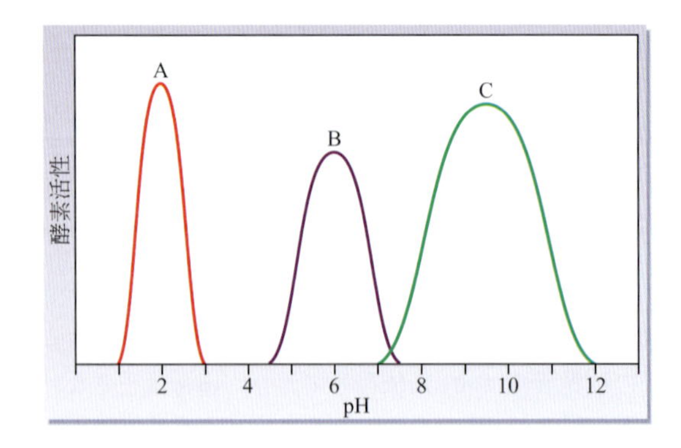

解　説　至適 pH は，酵素が最大活性を示すときの pH の値になることを思い出してみよう．そうすると，曲線の最高点が最大の活性となり，酵素の至適 pH となる．

解　答

それぞれの酵素の正しい曲線を探し，つぎに活性曲線の頂点を見つける．垂線をその頂点から pH 軸に下ろし，軸の値から直接至適 pH を読み取る．ペプシンの至適 pH はおよそ 2.0，ウレアーゼはおよそ 6.0，アラニンデヒドロゲナーゼはおよそ 9.5 となる．

基礎問題 2.10

酵素が基質で飽和されているとはどのような状態にあるか．ある酵素が基質で飽和されているときに，(a)さらに基質を加える，(b)さらに酵素を加える，と反応速度にどのような影響が出るか．

問題 2.11

図 2.7(a)に示した酵素触媒の反応は，25 ℃ と 35 ℃ のどちらの温度が速い反応速度か．35 ℃ あるいは 45 ℃ ではどちらが速い反応速度か．

問題 2.12

トリプシンの触媒反応(図 2.7(b))において，pH 2 と pH 4 の反応速度を比較するとどうなるか．

2.6　酵素の調節：阻害

学習目標：

- 可逆的阻害と不可逆的阻害を明確に理解して区別できる．
- 非競合阻害と競合阻害を明確に理解して区別できる．

体内では，いく千もの種々の化合物の濃度が絶えず変化し，食べる，寝る，動く，病気になるなどの状況の変化に対応している．酵素は反応をたんに加速する以上の作用をしている．一瞬のうちに酵素は一部の反応を停止したり，速度をいくらか下げたり，あるいは，ほかの反応を即座に最高速度に加速したりする．このとき，明らかに酵素自体が制御されなければならない．このような制御はどのようにして行われるか．

酵素触媒による反応速度の調節には多くの方法がある．酵素の作用を開始あるいは増強する過程は，**活性化**である．反対に酵素の作用を減速あるいは停止させる過程は，**阻害**である．酵素を制御する方法を個々に説明するが，複数の方法が同時に機能していることを忘れてはならない．細胞は数千のタンパク質(いくつかのタンパク質の多数の分子とほかのタンパク質の少数の分子)とそのほかに数百の生体分子を含み，これらすべてが定常状態を維持するために必要な濃度に調節されていることを考えると，生体において酵素の制御が達成されていることに対して畏敬の念をはらわずにはいられない．

活性化(酵素の)［activation(of an enzyme)］　酵素の作用を開始あるいは増強するあらゆる過程．

阻害(酵素の)［inhibition(of an enzyme)］　酵素の作用を減速あるいは停止させるあらゆる過程．

酵素の阻害には**可逆的**(reversible)と**不可逆的**(irreversible)がある．可逆的阻害の場合，阻害剤は離れることができ，酵素は阻害されない活性レベルに戻る．不可逆的阻害の場合，阻害剤は結合して永久に残り，酵素は永久に阻害される．阻害剤が活性部位，基質，または酵素と基質の複合体に結合するかにより，阻害は**競合**(competitive)にも**非競合**(uncompetitive)または混合型にもなり得る．

可逆的な非競合阻害

非競合阻害の場合，阻害剤が活性部位で基質と競合することはない．阻害剤は酵素に結合できない．非競合阻害剤は酵素–基質複合体に結合することにより反応の効率を低下させたり止めたりする制御を行う．この型の阻害は可逆的で，2 個の基質が使われる反応でおこることが多い．

非競合阻害剤の存在および非存在下での反応速度は，図 2.8 中の上と下の曲線で比較できる．阻害剤の存在下では，反応速度は基質濃度の上昇とともに増すが，阻害剤が存在しないときよりも緩やかな増加になる．最大反応速度は低下し，反応速度が最大に達すると基質をさらに加えても速度を増加させることはできない．存在する阻害剤の濃度が一定であるかぎり，この上限値が変わることはない．

非競合(酵素)阻害［uncompetitive (enzyme) inhibition］　阻害剤が酵素–基質複合体に可逆的に結合する酵素の制御．結合によって酵素の活性部位につぎの基質が結合するのを妨害する．

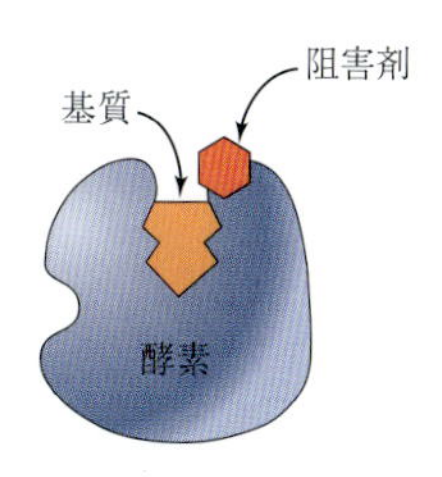

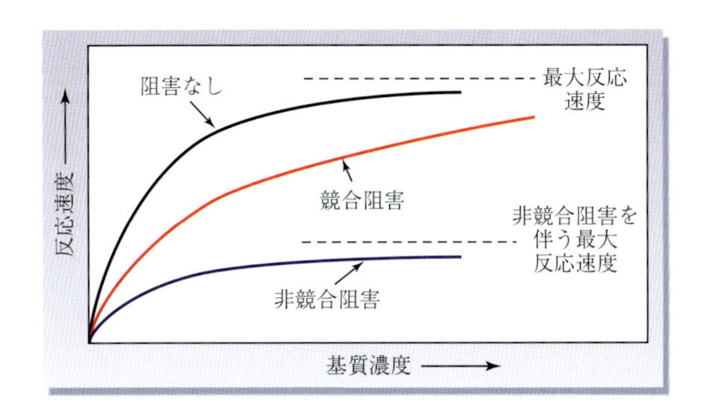

◀ **図 2.8**
酵素の阻害
いちばん上の曲線と点線は，それぞれ阻害剤がない場合の反応速度と最大反応速度を示す．競合阻害剤があると(赤い曲線)，最大反応速度は変わらないが(上の破線)，それに到達するにはより高い濃度の基質が必要になる．非競合阻害剤がある場合は(青い曲線)，最大反応速度が低下する(下の破線)．

可逆的な競合阻害

もし酵素が，正常な基質と形状，大きさ，官能基がほぼ等しい分子に近づいた場合，どのようなことがおこるだろうか．そのような“にせ”の分子が酵素の活性部位に進入し，結合するため，通常の基質分子が活性部位と結合することを防げる．その結果，酵素は束縛され触媒として働かない．この状況は，阻害剤が活性部位に結合する基質と競合するため，**競合阻害**と呼ばれる．競合阻害剤は，非共有結合の相互作用で活性部位と可逆的に結合するが，反応はしない．競合阻害剤があると，基質が活性部位に入るのを妨害する．

競合(酵素)阻害［competitive (enzyme) inhibition］　阻害剤が，酵素活性部位と結合する基質と競合する酵素の制御．競合阻害は，競争阻害，拮抗阻害とも呼ばれる．

基質 + 酵素 ⇌ 基質－酵素複合体

阻害剤 + 酵素 ⇌ 阻害剤－酵素複合体

基質と阻害剤のどちらが活性部位を占領するかは，それらの相対的な濃度に依存する．相対的に高い濃度の基質は多くの活性部位を占有するため，反応はより阻害されなくなる．相対的に高い濃度の阻害剤はより多くの活性部位を占有するため，反応はより阻害される．

図 2.8 の赤い曲線で示したように，一定の濃度の競合阻害剤の存在下では，阻害剤がない場合にくらべて，基質濃度の上昇による反応速度の上昇が緩やかである．しかしながら非競合阻害剤と異なり，最大反応速度は変化しない．最終的には酵素の活性部位のすべてが基質によって占められるが，このような状態に達するにはより高い基質濃度が必要になる．

反応生成物は，反応を触媒する酵素の競合阻害剤になると考えられる．たとえばグルコース 6-リン酸は，グルコースのリン酸化体を生成する反応を触媒する酵素ヘキソキナーゼの競合阻害剤である．これによりグルコース 6-リン酸の供給量が豊富な場合，グルコースはほかの反応で利用される．

競合阻害剤は，不健康な状態を処置する場合に使われることがある．なぜなら，阻害剤は基質の構造を模倣しており，酵素の活性部位に適合するためである．たとえば，競合阻害剤はメタノール中毒を処置する場合，優れた利点があるために使用される．メタノール（木精）自体は有害物質ではないが，体内で酸化されて有害なホルムアルデヒドになる（$CH_3OH \longrightarrow H_2C=O$）．メタノールと分子構造が似ているため，エタノールはアルコールデヒドロゲナーゼの競合阻害剤として作用する．メタノールの酸化がエタノールによって阻害されるため，害をもたらすことなくメタノールはそのまま排泄される．したがって，患者の失明や死を回避するために，メタノール中毒の治療はエタノールの大量投与も処方される．

可逆的阻害のもう一つの例として，鉛による中毒があげられる．鉛は，ヒトを含む動物に対し，二つの理由で有害である．第 1 は，酵素の活性部位から必須の金属のコファクターと置換することにある．鉛が，ヘモグロビンの酸素運搬に働く部分であるヘムの合成に必須の酵素の亜鉛と置換すると，酵素の活性がなくなり，結果として貧血になる．医師は，キレート療法でこの種の鉛中毒を処置する．エチレンジアミン四酢酸（EDTA）は，体内の鉛と優先的に共有結合を形成し，したがって鉛はキレート化合物となって尿中に排出される．

第 2 は，鉛が不可逆阻害として知られる過程をとおして有毒になる．つぎにこの例を見ることにしよう．

不可逆的阻害

不可逆的（酵素）阻害［irreversible (enzyme) inhibition］　阻害剤が活性部位で共有結合を形成し，永久に遮断する酵素の失活化．

阻害剤が活性部位の官能基と容易に壊れない結合をつくる場合，結果的に**不可逆的阻害**になる．基質が活性部位と的確に結合できないために，酵素反応はおこらない．多くの不可逆的阻害剤は，活性部位を完全にふさいでしまうために有毒になる．水銀（Hg^{2+}）あるいは鉛（Pb^{2+}）などの重金属イオンは，システイン残基の－SH 基の硫黄原子と共有結合し，不可逆的阻害剤になる．

鉛や水銀のような重金属イオンは，神経系の酵素に悪影響を与えることが多い．鉛は，低濃度で注意力を減少させ，心神障害をおこす．この症状は，鉛を含む塗料の薄片（甘い味がする）を食べる子どもにみられる．主にこの理由から，鉛を含む塗料は 1950 年代から使われなくなった．しかしながら，古い家にはまだ残っていることが多い．食物中の微量の水銀も，おなじような問題をおこす．このため子どもと妊娠中の女性にはとくにマグロのような大型の深海魚の摂取は厳しく制限されている．マグロは体内に水銀を蓄積しているので，私たちの消化系から吸収され，体内に残る．

パラチオンやマラチオンなどの有機リン系殺虫剤やサリンなどの神経ガスは，神経刺激を伝える化学メッセンジャー（**アセチルコリン** acetylcholine）を分解する酵素，アセチルコリンエステラーゼの不可逆阻害剤である（11.6 節参照）．アセチルコリンエステラーゼ阻害剤は，酵素の活性部位でセリン残基と共有結合する．

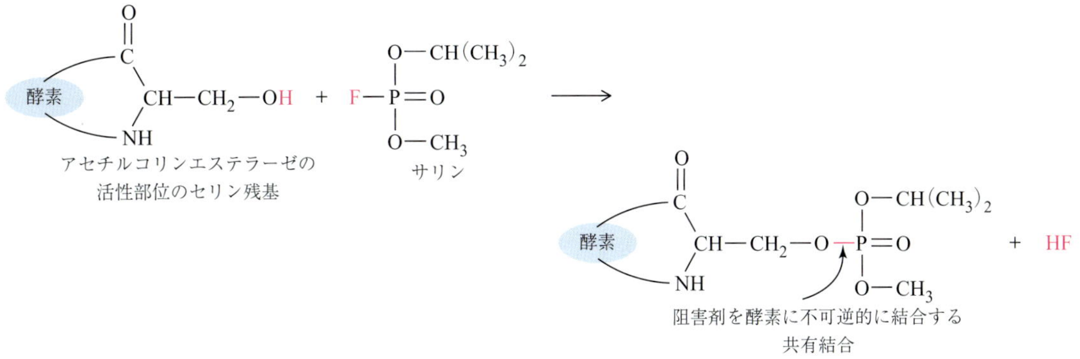

酵素 $-CH-CH_2-OH$ ＋ $F-P(=O)(O-CH(CH_3)_2)(O-CH_3)$ ⟶ 酵素 $-CH-CH_2-O-P(=O)(O-CH(CH_3)_2)(O-CH_3)$ ＋ HF

アセチルコリンエステラーゼの活性部位のセリン残基

サリン

阻害剤を酵素に不可逆的に結合する共有結合

正常な場合，アセチルコリンエステラーゼはアセチルコリン分子が神経刺激を伝達した直後に分解する．アセチルコリンの除去は受容細胞を“リセット”して，つぎのシグナルを受けることができるようにする．この酵素活性がないと蓄積したアセチルコリンはその後の神経刺激の伝達を阻害し，筋繊維麻痺および呼吸不全により死亡に至る．サリンは，もっとも毒性が強い神経ガスの一つであり，ばく露は致命傷になりうるので，現在は国連により大量破壊兵器として分類されている．アセチルコリンエステラーゼの不可逆阻害を中和する効果的な処方はない．

問題 2.13

下に示す分子のうち，*p*-アミノ安息香酸を基質とする酵素の競合阻害剤となるのはどちらか．もし競合阻害剤なら，その理由はなにか．

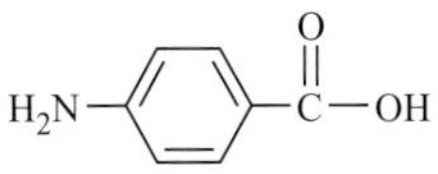

$H_2N-C_6H_4-C(=O)-OH$

基質　*p*-アミノ安息香酸

（a）$H_2NCH_2CH_3$　（b）$H_2N-C_6H_4-S(=O)_2-NH_2$

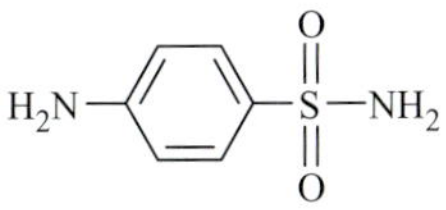

問題 2.14

どのような反応生成物が，合成を触媒する酵素の競合阻害剤になるか．

2.7 酵素の調節：アロステリック制御とフィードバック制御

学習目標：

- アロステリック制御を理解して見分けることができる.
- フィードバック制御を理解して，酵素の触媒をどのように調節しているかを説明できる.

2.6 節で活性の可逆的阻害と不可逆的阻害による酵素の調節を扱った．これは基質や阻害剤と酵素の間の特定の種類の結合が必要であった．つぎに，ほかの二つの酵素の共通の調節方法であるアロステリック制御とフィードバック制御をみていく．これらの酵素調節方法も，酵素と結合する制御因子を必要とするが，それは阻害的調節とは異なるものである．

アロステリック制御

アロステリック制御（allosteric control）　阻害剤がタンパク質のある部位と結合することにより，タンパク質が別の部位でほかの分子と結合する能力に影響する一種の相互作用.

アロステリック酵素（allosteric enzyme）　活性化因子あるいは阻害因子が活性部位以外の場所に結合することによって活性が制御される酵素.

多くの酵素は，アロステリック制御によって制御されている（allosteric は，ギリシャ語の“そのほか”を意味する *allos* と“空間”を意味する *steros* に由来する）．**アロステリック制御**では，タンパク質のある部位と結合している分子（アロステリックレギュレーターあるいはエフェクター）が，別の場所におけるほかの分子の結合に影響する．大多数の**アロステリック酵素**は，1 本以上のタンパク質鎖と 2 種類の結合部位（基質のための部位とレギュレーターのための部位）をもっている（図 2.9）．非共有結合の分子間力によるレギュレーターとの結合は，酵素の形状を変化させる．この変化は活性部位の形を変え，酵素の基質との結合能および反応の触媒能に影響する．酵素のアロステリック制御の一つの利点は，レギュレーターが活性部位と結合しないため，基質とレギュレーターが構造的に類似する必要がないことである．

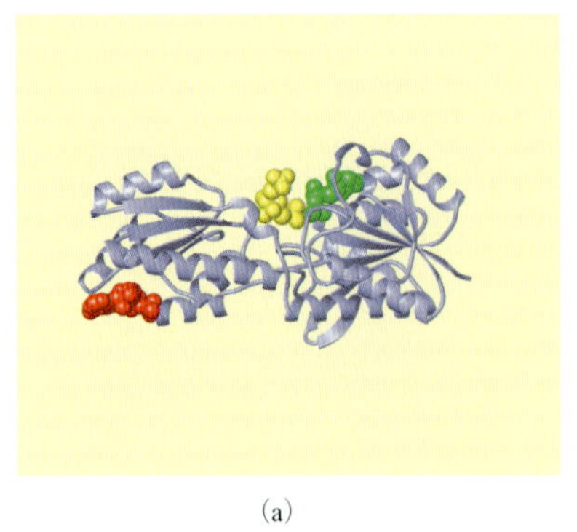

(a)

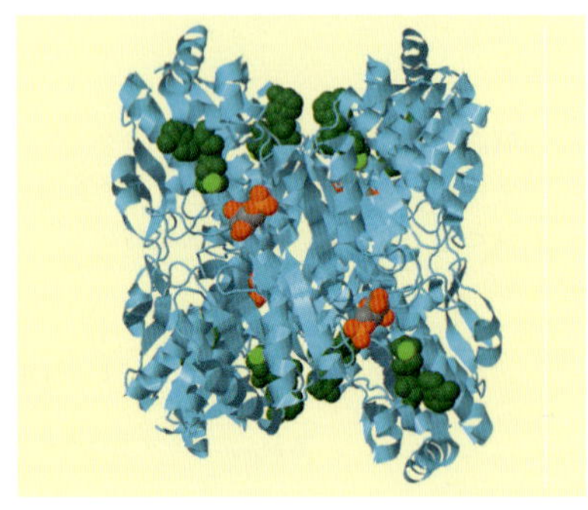

(b)

▲ 図 2.9
アロステリック酵素
(a) ホスホフルクトキナーゼを構成する同一の四つのサブユニットの一つを示す．この酵素は，ATP から一つのリン酸基をフルクトース 6-リン酸へ転移する（表 2.4 のトランスフェラーゼの項を参照）．図では反応終了後のサブユニットが示され，解糖系の第 3 段階で生成する反応産物のフルクトース 1,6-二リン酸を含んでいる．活性部位にはリン酸化された基質の二リン酸部分（黄色）と ADP（緑色），制御部位にはアロステリック活性化因子（赤色，これも ADP）がある.
(b) 完全な酵素の 4 個のサブユニットが青色で示されている．補助因子の ADP（緑色）は活性部位にみられ，アロステリックレギュレーターの ADP（赤色）はレギュレーター部位で機能している．一つのタンパク質当たり，補助因子とレギュレーター分子が一つずつある.

レギュレーター分子による酵素のアロステリック制御は，正か負いずれかであるが，つねに酵素の微妙な形状変化を伴う．正のレギュレーターとの結合は，利用できなかった活性部位を変化させて，基質が活性部位にはまり込むことができ，反応がおこる正のアロステリックレギュレーター分子の存在は反応速度を大きくする．反対に，負のレギュレーターとの結合は，活性部位を変化させて酵素が活性部位で基質と結合できなくなり，反応を減速する．アロステリック酵素は複数の基質結合部位と複数のレギュレーター結合部位をもち，それらの結合部位間の相互作用も考えられるため，非常に微妙な制御が可能になっている．

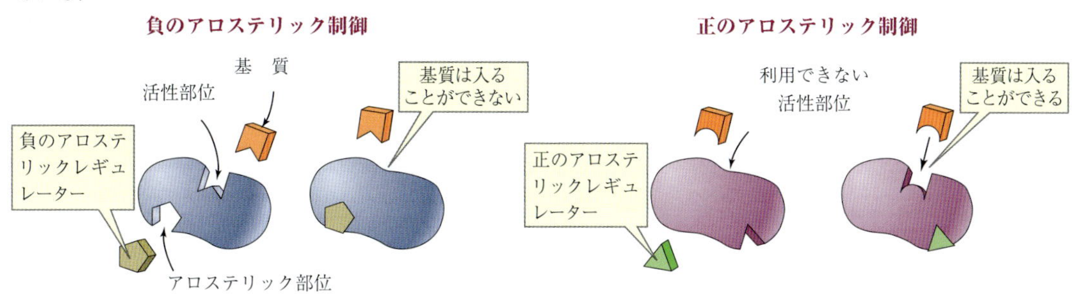

フィードバック制御

次の章で学ぶように，生化学反応の経路は，ある反応の生成物がつぎの反応物になる一連の継続的な反応に依存する．このような経路はフィードバック制御の対象となり，ある過程の結果が情報となって戻り，その過程の開始に影響する．オーブンなどの一定の温度を保つことができる器具は，すべてがフィードバック制御されている．オーブンではセンサーが温度を検出し，加熱装置のスイッチをオンあるいはオフするために情報を戻している．

生化学経路について考えてみる．A が B に変換され，B が C に変換されるなど，個々の反応はそれぞれの酵素で触媒される．

$$A \xrightarrow{\text{酵素 1}} B \xrightarrow{\text{酵素 2}} C \xrightarrow{\text{酵素 3}} D$$

生成物 D が酵素 1 を阻害した場合，なにがおこるだろうか．この阻害は B に変換される A の量を減少し，B と C の合成が順次低下する．この**フィードバック制御**機構により D の濃度が制御される．ほかの生化学経路に必要な量よりも多く D が存在する場合，酵素 1 は阻害され，D の合成は減速あるいは停止する．経路の最初の酵素を阻害することによって不要な中間体 B と C を生産するエネルギーを浪費することはない．ほかの反応で使い切られて，利用できる D の量が減少すると，酵素 1 と結合していた D は解離し，まもなくフィードバック制御に利用できる D はなくなる．その結果，酵素 1 は長く阻害されず，そして D の生産が促進される．

フィードバック制御（feedback control）　後の経路の反応の生成物が酵素活性を制御すること．

フィードバック制御は一般に経路上の制御が決定的な部分でおこる．上記の経路の中では，それは酵素 1 による A から B への変換である．中間体 B と C はほかの代謝経路では使われない（経路は分岐していない）．すなわち A を D へ変換するためにのみ B と C はつくられ，そのため細胞がこれらの中間体を合成し続けることは重要ではない．したがって，エネルギーの観点から，生成物 D が経路の最初の段階を制御するのがもっとも道理にかなっている．糖代謝で働く酵素であるピルビン酸デヒドロゲナーゼとクエン酸シンターゼや，ピリミジン生合成経路の第 1 段階の酵素アスパラギン酸カルバモイルトランスフェラーゼは，フィードバック制御により調節される酵素の例である．

例題 2.5　フィードバック制御の段階を決める

3-ホスホグリセリン酸がセリンに変換される 3 段階の経路(反応経路)を見る.

3-ホスホグリセリン酸 $\xrightarrow{1}$ 3-ホスホヒドロキシピルビン酸 $\xrightarrow{2}$ 3-ホスホセリン $\xrightarrow{3}$ セリン

細胞中に大量のセリンがある場合, この経路のどの酵素(1, 2 あるいは 3)がもっとも強く阻害を受けるか.

解　説　これは単純な線形の反応経路である. たいていの場合, 最終産物によるフィードバック制御を受ける.

解　答

フィードバック制御が, この線形の反応経路にとってもっとも単純な制御方法であると考えると, この経路の生成物セリンが細胞中に大量にあるとき, セリンは経路の最初の酵素を阻害する.

問題 2.15

(a) L-トレオニンは, 五つの異なる酵素を含む直線的経路を通して L-イソロイシンに変換される. 下に示す経路で生成物の L-イソロイシンにより阻害されると考えられるのはどの酵素か.

L-トレオニン $\xrightarrow{E1}$ A $\xrightarrow{E2}$ B $\xrightarrow{E3}$ C $\xrightarrow{E4}$ D $\xrightarrow{E5}$ L-イソロイシン

(b) 生成物 A がこの経路の最初の酵素(E1)を阻害する場合, これはフィードバック制御と呼べるか, 説明せよ.

2.8　酵素の調節：共有結合性修飾と遺伝子制御

学習目標：

- 共有結合性修飾による阻害を理解して見分けることができる.
- 酵素の遺伝子制御による阻害を理解して見分けることができる.

共有結合性修飾

共有結合性修飾による酵素の調節には, 酵素の共有結合部分を除去する方法と官能基を付加する方法の, 二つの方法が存在する. 一部の酵素は, 活性型とは組成が異なる不活性型で合成される. **チモーゲン(酵素前駆体)**あるいは**プロ酵素**(proenzyme)として知られるこのような酵素の活性化には, 分子を分割する化学反応が必要になる. 血液凝固を例にすると, チモーゲンの活性化によって開始される.

チモーゲン(zymogen)　化学変化後に活性型酵素となる物質.

ほかのチモーゲンの例としては, 小腸内部でタンパク質を消化する酵素の前駆体である**トリプシノーゲン**(trypsinogen), **キモトリプシノーゲン**(chymotrypsinogen), **プロエラスターゼ**(proelastase)がある. これらの酵素が膵臓で合成されるときは, 直ちに膵臓で消化することのないよう不活性型でなければならない. 各チモーゲンには, 活性型酵素には存在しないポリペプチド断片が片方の末端部分に含まれている. チモーゲンが小腸に達したとき, この余分な断片が切断されて活性型酵素のトリプシン, キモトリプシン, エラスターゼになり, タンパク質を消化する.

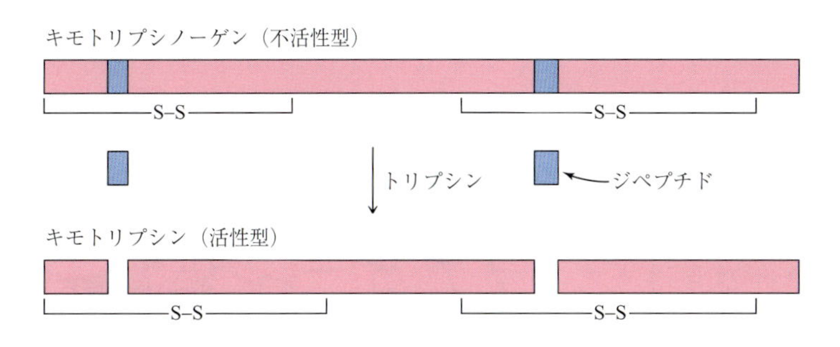

◀キモトリプシノーゲン（チモーゲン）［上段］と活性をもつ酵素であるキモトリプシン［下段］.

膵臓あるいは小腸に通じる管に発生する外傷リスクの一つに，膵臓の細胞でのこれらチモーゲンの早すぎる活性化があり，活性化した酵素が膵臓を攻撃することによって疼痛を伴う致命傷でもある急性膵炎を引きおこす.

共有結合の修飾の別の方法として，セリン，チロシンあるいはトレオニン残基に対するリン酸基($-PO_3^{2-}$)の可逆的な付加がある．**キナーゼ酵素**(kinase enzyme)は，ATP によって供給されるリン酸基の付加を触媒する(**リン酸化** phosphorylation)．**ホスファターゼ酵素**(phosphatase enzyme)は，リン酸基の除去を触媒する(**脱リン酸化** dephosphorylation)．たとえば，急速にエネルギーを必要とするため，グリコーゲン分解として知られる過程で筋肉内に貯蔵されたグリコーゲンを加水分解してグルコースにしなければならないとき，この制御の方法が働く．グリコーゲンの分解を開始する酵素，グリコーゲンホスホリラーゼの二つのセリン残基がリン酸化される．これらのリン酸基が導入されるだけで，グリコーゲンホスホリラーゼが活性化される．急速なエネルギー供給のためにグリコーゲンを分解する必要がなくなると，リン酸基は除かれ酵素の形と電荷が変化する.

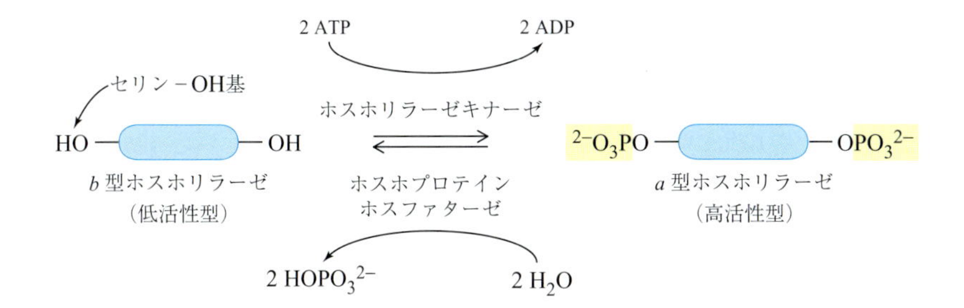

巻矢印は，生化学の反応式で頻繁に使用される．主反応の矢印は主要な生体分子の反応における変化を示す．化学的な変化を完成させるために必要なそのほかの反応物の関与は，主反応の矢印の近くの曲線で示す．補酵素とエネルギーを供給する ATP のような分子は，この方法で表示されることが多い．上の巻矢印は，反応が進むためにはリン酸基を供給する ATP を要求し，ADP を生産することを示している．下の巻矢印は，逆反応，すなわちリン酸水素アニオンとしてリン酸基を除去する加水分解には，水が必要なことを示している.

遺伝子制御

あらゆるタンパク質の合成とおなじように，酵素の合成は遺伝子(9 章参照)によって制御される．**遺伝子制御**機構は，成長の特定の段階で必要とされる酵素にとってとくに有用である．ホルモン(11.2 節参照)によって制御される機構が，酵素合成を促進または抑制することができる．たとえば，ラクターゼはラクトース(乳糖)の消化に必要だが，たいていの大人ではつくられない．大人は乳児よりも多様な食物を摂取するため，ラクトースを消化する必要がないため

遺伝子(酵素)制御［genetic (enzyme) control］　酵素の合成を制御することによる酵素活性の制御.

CHEMISTRY IN ACTION

薬としての酵素阻害剤

基質とその基質が結合する活性部位の化学構造が明らかな場合の，医学的可能性を考えてみる．医薬分子を設計する人たちは，活性部位と結合し阻害剤として作用するように基質と十分に似た分子を設計することができる．特定の酵素を阻害することは，さまざまな健康状態を扱うのに役に立つ．

アンジオテンシン変換酵素(ACE)阻害薬として知られる一群の薬は，健康状態への対処に役立っている酵素阻害剤のよい例である．下に示すオクタペプチドのアンジオテンシンⅡは強力な**昇圧剤**であり，血管収縮をおこして血圧を上昇させる．アンジオテンシンⅠは，アンジオテンシンⅡの不活性な前駆物質である．活性化するには，ACE が触媒する反応によって 2 個のアミノ酸残基(ヒスチジン：His，ロイシン：Leu)をアンジオテンシンⅠの末端部で切断しなければならない．この反応は血圧を維持する正常な経路の一部であり，出血あるいは脱水によって血圧が低下した場合に活性化される．ACE 活性の阻害は高い血圧を正常なレベルに下げる．

$$\underset{\text{アンジオテンシンⅠ}}{\text{Asp-Arg-Val-Tyr-Ile-His-Pro-Phe-His-Leu}} \xrightarrow{\text{アンジオテンシン変換酵素}} \underset{\text{アンジオテンシンⅡ}}{\text{Asp-Arg-Val-Tyr-Ile-His-Pro-Phe}} + \text{His-Leu}$$

最初に市販された ACE 阻害薬の**カプトプリル**(captopril)の場合，プロリン様構造を改変する実験によって開発された．活性部位で亜鉛イオンと結合する −SH 基を導入することによって，ACE 阻害薬の開発に成功した．

末端プロリンに似ている

ACE の亜鉛イオン(Zn^{2+})と結合する

$$\text{O=C(-N(ring)-CH-C(=O)-OH)} - \text{CH}(\text{CH}_3) - \text{CH}_2 - \text{SH}$$

カプトプリル（ACE 阻害薬）

その後，いくつかのほかの ACE 阻害薬が開発され，高血圧患者に広く処方されている．

酵素阻害薬の開発は続けられており，**後天性免疫不全症候群**(acquired immunodeficiency disease，AIDS［エイズ］)との戦いでも重要な役割を果たしている．現状は勝利とは程遠い状態だが，2 種類の重要な AIDS 治療薬は酵素阻害薬である．第 1 の治療薬 AZT［**アジドチミジン**(Azidothymidine)（一般には**ジドブジン**(Zidovudine)と呼ばれる)］は，AIDS を引きおこす**ヒト免疫不全ウイルス**(HIV)の再生に不可欠な分子と構造的に類似している．AZT は HIV 酵素に基質として取り込まれるため，ウイルスが自己を複製するのを防ぐ．

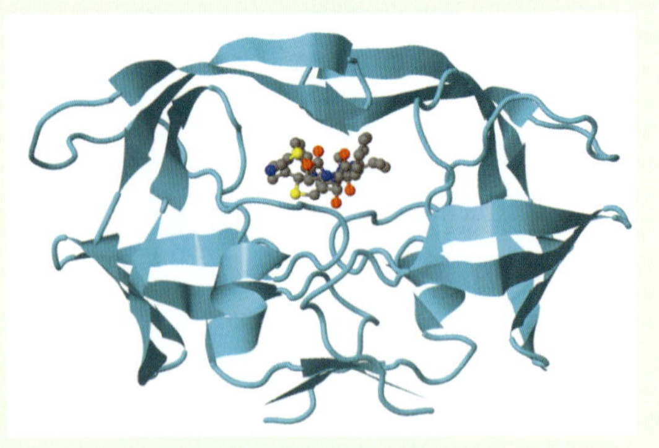

▲ リトナビルは酵素阻害剤で HIV プロテアーゼの活性部位に入る．

これまでもっとも有効な AIDS 治療薬は，HIV に必要なタンパク質の小さな断片を長いタンパク質鎖から切り出す酵素，**プロテアーゼ**(protease)を阻害する．リトナビル(ritonavir)などの**プロテアーゼ阻害薬**(protease inhibitor)は，ウイルス数と AIDS の症状を劇的に減少させる．しかしながらこの成功は，AZT を含む数種類の薬の“カクテル”を調合することによって達成された．このカクテルは高価であり，毎日確実に 20 錠を服用しなければならない．多くの患者にとって，この薬を手に入れることも治療法を正しく守ることも難しい．

多くの薬剤は酵素阻害剤である．たとえば，炭酸脱水酵素阻害薬であるトピラメート(topiramate)は，発作性障害および片頭痛を予防するために使用される．

CIA 問題 2.1　アンジオテンシンⅡの一次構造は，Pro-Phe をオクタペプチドのカルボキシ基末端にもつ．南米のマムシ由来の ACE 阻害剤は，カルボキシ基末端がプロリンのペンタペプチドであり，弱い ACE 阻害活性をもつ．カプトプリルはプロリンを改変した構造をもち，やはり弱い ACE 阻害活性を示す．
(a) 高血圧の治療には，強い ACE 阻害剤ではなく弱い ACE 阻害剤が有効なのはなぜか(ヒント：すぐに変化させるべき血圧の値はどれだけか)．
(b) マムシ由来の阻害剤にどのような改変を行えば，より強力な阻害剤になるだろうか(ヒント：タンパク質の C 末端の構造を比較せよ)．

CIA 問題 2.2　AZT は，基質分子に似ているため，HIV ウイルスの RNA 合成を阻害する．この反応では，どのような種類の阻害がもっともよくおこっているか．

CIA 問題 2.3　リトナビルは HIV プロテアーゼの作用を阻害する．リトナビルによる HIV プロテアーゼの阻害はどのような種類か．

である．反対に，胎児と乳児はエタノールを代謝できない．これは，必要な酵素であるアルコールデヒドロゲナーゼが遺伝子制御を受けていて成長しないうちはつくられないからである．

本節では，酵素の活性を調節するためのもっとも重要な方法について述べた．健康な人のどの生化学経路においても，複数のこれらの調節機構がいかなる瞬間でも同時に使われると考えられる．

まとめ：酵素の調節機構

- 可逆的または不可逆的な**阻害**．**可逆的な阻害**には，活性部位から離れたところでおこる**非競合阻害**と，活性部位でおこり，基質と類似した構造の分子がかかわることが多い**競合阻害**がある．不可逆的な阻害は，阻害剤が酵素に共有結合するためにおこる．競合阻害は薬剤にしばしば利用され，不可逆的阻害は多くの毒物の作用機構である．
- **フィードバック制御**．反応経路の後の生成物により前の反応物に作用するもので，**アロステリック制御**により可能になる．フィードバック分子は反応経路上の上流の特定の酵素に結合して酵素の形を変え，その結果酵素活性の効率を変える．
- **不活性酵素（チモーゲン）の合成**．分子の一部が切断されることによって活性化される．
- **リン酸基の付加および除去による酵素の共有結合の修飾**．リン酸基は ATP から供給される．
- **遺伝子制御**．利用可能な酵素の量は酵素の合成を制限することによって制御される．

問題 2.16

つぎの各状況では，どの方法による酵素の調節が最適か．

(a) 病気で過剰に活性化する酵素
(b) 低血糖時にのみ必要な酵素
(c) けがをするとすぐに働く酵素
(d) 思春期にのみ必要な酵素

2.9 ビタミン，抗酸化物質，ミネラル

学習目標：

- 2 種類のビタミンの分類，食生活でビタミンが必要な理由，ビタミンの過剰摂取や不足の影響を説明できる．
- 抗酸化物質を見分けて，その機能を説明できる．
- 必須なミネラルを見分け，食生活でのミネラルの必要性を説明し，ミネラル不足の影響を説明できる．

◀◀◀ コラーゲン合成でのビタミンCの役割は 1.9 節を参照のこと．

科学的な根拠が明らかになるはるか前から，ライムをはじめとする柑橘類の果汁を摂取すると壊血病が治癒すること，肉や牛乳の摂取によってニコチン酸欠乏症（ペラグラ）が治癒し，タラの肝油によってくる病が予防されることなどが知られていた．結局，これらの病気は食物から摂取する**ビタミン**の欠乏によって引きおこされることが解明された．私たちの体はビタミンを合成することができないため，食物から摂取する必要がある．

ビタミン（vitamin）　体内で合成されないため，食物から摂取しなければならない微量の必須な有機分子．

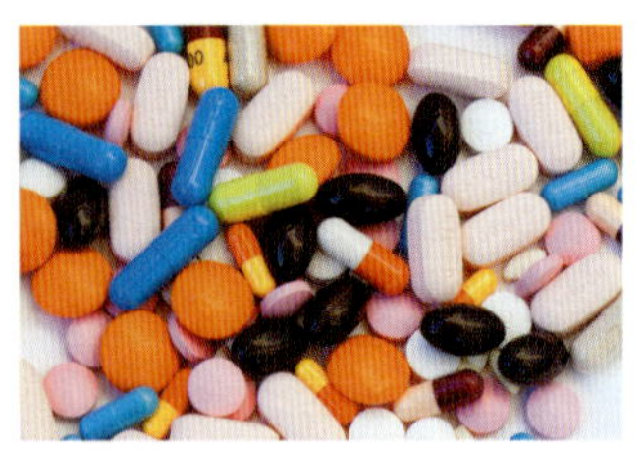

▲ たくさんの種類のビタミン剤のカプセルと錠剤.

水溶性ビタミン

ビタミンは溶解性によって2種類(水溶性ビタミンと脂溶性ビタミン)に分類される. 水溶性ビタミン(表2.5)は水の多い細胞内の環境に存在し, その多くが補酵素として必要である. 長いあいだ, 名前, 文字(綴り), 番号の組合せがビタミンの識別に使われてきた. 構造としては, 水溶性ビタミンは, 水に対する溶解性を高める−OH基, −COOH基, そのほかの極性基をもつが, ビタミンCのような単純な分子からビタミンB_{12}のようにきわめて大きく複雑な構造をもつものまで多彩である.

ほとんどのビタミンは補酵素の一部分であるが, それ自体が補酵素として機能するものもある. **ビタミンC**(vitamin C)は, 食物中に存在する分子構造のままで生物学的に活性である. 同様に**ビオチン**(biotin)はカルボキシ基がアミド結合で酵素と結合するが, それ以外に食物中のビオチンと構造的に変わるところはない.

ビタミンC（アスコルビン酸）　　ビオチン

そのほかの水溶性ビタミン類は補酵素に取り込まれる. NAD^+と補酵素Aはもっとも重要な2種類の補酵素であり, これらのビタミンに由来する部分を図2.10に示す. 水溶性ビタミン類の機能, 欠乏による症状, 主な食物源を表2.5に示す.

ナイアシン(ニコチン酸)　　ニコチンアミド　　ニコチンアミドアデニンジヌクレオチド(NAD^+), 補酵素

パントテン酸　　補酵素A

▲ **図 2.10**
NAD^+と補酵素Aのビタミンに由来する部分

表 2.5 水溶性ビタミン*

ビタミン	成　分	含有食品	RDI(1 日)**	欠乏による影響	過剰摂取による影響
チアミン(B_1)	脱炭酸反応の補酵素の構成成分	牛乳，肉，パン，豆類	1.2 mg	筋力低下，心疾患を含む心血管障害，脚気を引きおこす	血圧低下
リボフラビン(B_2)	フラビンモノヌクレオチド〔FMN〕やFAD などの補酵素の構成成分	牛乳，肉	1.3 mg	皮膚損傷，粘膜損傷	掻痒（そうよう），耳鳴りの感覚
ナイアシン(ニコチン酸，ニコチンアミド，B_3)	補酵素 NAD^+ の構成成分	肉，パン，ジャガイモ	16 mg	神経系症状，消化器症状，皮膚損傷，粘膜損傷，ペラグラを引きおこす	掻痒（そうよう），灼熱感，血管拡張，大量摂取後には死亡する危険性あり
B_6(ピリドキシン)	アミノ酸と脂質代謝の補酵素の構成成分	肉，豆類	1.3 mg	発育遅滞，貧血，けいれん，上皮変性	中枢神経系障害，致命傷に至る危険性あり
葉　酸	アミノ酸と核酸代謝の補酵素の構成成分	野菜，穀類，パン	0.4 mg	発育遅滞，貧血，消化器障害，神経管欠損	大量投与時における症状以外は不明
B_{12}(コバラミン)	核酸代謝の補酵素の構成成分	牛乳，肉	2.4 μg	悪性貧血	赤血球過剰
ビオチン	カルボキシ化反応の補酵素	卵，肉，野菜	0.3 mg	疲労感，筋肉痛，悪心，皮膚炎	報告されていない
パントテン酸(B_5)	補酵素 A の構成成分	牛乳，肉	5 mg	発育遅滞，中枢神経系障害	報告されていない
C(アスコルビン酸)	補酵素；水素化物イオンを輸送；抗酸化物質	柑橘類，ブロッコリー，緑色野菜	90 mg	上皮損傷，粘膜損傷，壊血病を引きおこす	腎結石

*　一部は，Frederic H. Martini の *Fundamentals of Anatomy and Physiology*, 4th Ed.(Prentice Hall, 1998)から引用.

**　RDI(1 日当たりの食事摂取推奨量)は，ほとんどの包装食品に採用されている栄養成分表の情報を基準とした．数値は食事摂取基準報告(2006 ～ 2011)に準拠する．www.nap.edu を参照.

例題 2.6　補酵素を同定する

下の反応式の中で，基質，生成物，補酵素を識別せよ．反応は酵素アルコールデヒドロゲナーゼによって触媒される

$$\text{エタノール} + NAD^+ \longrightarrow \text{アセトアルデヒド} + NADH + H^+$$

解　説　矢印の左側(反応の最初)からはじまって矢印の右側(反応の終わり)まで，どの分子がどのように変わったか見分ける．この場合，エタノールは酸化されてアセトアルデヒドになり，NAD^+は還元されて $NADH / H^+$になる．ニコチンアミドアデニンジヌクレオチド(NAD^+)は酸化還元反応にかかわる補酵素であることを認識する.

解　答

NAD^+は酸化還元反応にかかわる補酵素なので，エタノール(反応式の左にあるもう一つの分子)は基質であり，アセトアルデヒド(矢印の右側)は反応生成物である．$NADH + H^+$は NAD^+還元型で，反応生成物ではなく，単に還元された補酵素と考える.

問題 2.17

つぎの文章に述べられている酵素は活性のために補助因子を必要とするか.

(a) 活性部位に Ni^{2+} が存在する.

(b) FAD の添加により反応がおこる.

(c) K^{+} の存在は反応に影響を及ぼさない.

問題 2.18

つぎの因子を私たちに与えるのはどのビタミンか.

(a) NAD^{+}　(b) 補酵素 A

▲ 濃い色の野菜や果物にはビタミンが含まれている.

脂溶性ビタミン

脂溶性ビタミン A, D, E, K は, 体内の脂肪組織に貯蔵される. 脂溶性ビタミン類の欠乏による臨床上の影響ははっきりしているが, これらが作用する分子機構については, 水溶性ビタミン類ほど明らかではない. 脂溶性ビタミン類の中で補酵素として確認されたものはない. これらの機能, 食物源, 欠乏に伴う症状を表 2.6 に示す. 脂溶性ビタミン類は体脂肪に蓄積するため, 過剰摂取による危険性は水溶性ビタミン類の過剰摂取の場合よりも重大である. 過剰の水溶性ビタミン類は尿中に排泄される.

問題 2.19

ビタミン A とビタミン C の構造を比較せよ. 水溶性ビタミンと脂溶性ビタミンはそれぞれどちらか. どのような構造上の特徴により, 一方が水溶性ビタミンであり, 他方が脂溶性ビタミンなのか理由を述べよ.

ビタミンA
(レチノール)

ビタミンC
(アスコルビン酸)

表 2.6　脂溶性ビタミン*

ビタミン	機　能	含有食品	RDI(1 日)**	欠乏による影響	過剰摂取による影響
A	夜間視力, 目の健康, 上皮組織の正常な形成に必要, 抗酸化物質	葉物を含む緑黄色野菜	900 μg	発育遅滞, 夜盲症, 上皮損傷	肝障害, 皮膚剥離, 中枢神経系作用(悪心, 食欲不振)
D	正常な骨成長に必要, 腸管におけるカルシウムおよびリンの吸収に必要, 腎臓における貯留に必要	陽光にさらされた皮膚で合成される	15 μg	くる病, 骨格損傷	多数の組織内におけるカルシウムの蓄積, 機能障害
E	ビタミン A および脂肪酸の分解抑制, 抗酸化物質	肉, 牛乳, 野菜	15 mg	貧血. そのほかの障害が発生する疑いあり	報告されていない
K	プロトロンビンおよびそのほかの血液凝固因子の肝臓での合成に不可欠	野菜. 腸内細菌による生産	120 μg	出血性障害	肝機能障害, 黄疸(おうだん)

* 一部は, Frederic H. Martini の *Fundamentals of Anatomy and Physiology*, 4th Ed.(Prentice Hall, 1998)から引用.

** RDI(1 日当たりの食事摂取推奨量)は, ほとんどの包装食品に採用されている栄養成分表の情報を基準とした. 数値は食事摂取基準(2006 ～ 2011)に準拠する. 脂溶性ビタミンの RDI は国際単位(IU)で報告される場合が多く, 個々のビタミンによって定義が異なっている. 表中の数値は質量単位で, 等価の近似値である.

問題 2.20
レチノール(ビタミン A)の構造と，ビタミン A 関連化合物のレチナールおよびレチノイン酸の名前から，これら三つの化合物にはどのような違いがあると思われるか．

抗酸化物質

抗酸化物質とは酸化を防止する物質である．食品会社は抗酸化物質を使用して，焼き菓子を劣化の原因となる不飽和脂肪酸の空気による酸化を防ぐ努力をしている．体内でも，正常な代謝の副産物として発生する活性酸化剤に対して同様の防護を必要とする．

抗酸化物質(antioxidant) 酸化剤と反応することにより，酸化を防止する物質．

食物から摂取する主な抗酸化物質は，ビタミン C，ビタミン E，β-カロテン，そして鉱物のセレンである．これらはともに作用し，不対電子をもつ高い反応性の分子の断片である**フリーラジカル(遊離基)**による有害な作用を緩和する(例：スーパーオキシドイオン，$\cdot O_2^-$)．フリーラジカルは，近くの分子から電子を取り込むことによって直ちに安定性を獲得するので，その分子は損傷を受ける．

フリーラジカル(free radical) 不対電子を有する原子または分子．

ビタミン E は，その主な生化学的役割として抗酸化活性をもつ唯一のものである．水素を $-OH$ 基から酸素を含むフリーラジカルに与えることによって働く．水素はビタミン C との反応によって回復する．セレンは，過酸化物がフリーラジカルをつくる前に過酸化水素(H_2O_2)を水に変換する酵素の補助因子なので，重要な抗酸化物質とみなされる．

さらに先へ ▶▶▶ 抗酸化物質としてのビタミンの役割は，活性酸素の無毒化について詳述している．4 章，Chemistry in Action，"有毒な酸素種と抗酸化ビタミン"を参照．

基礎問題 2.21
ビタミンは食物に含まれ，多岐にわたる化合物である．体内でのビタミンの役割を四つあげよ．

問題 2.22
次ページの Chemistry in Action"ビタミン，ミネラル，食品ラベル"を見よ．ラベルに記されたビタミンのうち生体内で抗酸化剤として働くのはどれか．その重要な理由を述べよ．

ミネラル

もう一つの重要な微量栄養素の 1 群はミネラルであるが，そのうちのいくつかは遷移元素である．必須のミネラルの摂取源と機能を表 2.7 に示す．バランスの取れた食事により，これらの微量栄養素の十分な量を摂取できる．遷移元素の多くは酵素の補助因子として使われるため，酵素が適切に機能するために必要である．ほかのミネラルは，生体の構成成分として使われたり，電解質と呼ばれるイオンとして存在する．このようなミネラルの RDI を Chemistry in Action"ビタミン，ミネラル，食品ラベル"の中で表に示した．

食物中のミネラルは，1 日当たり 100 mg 以上摂取が必要な多量元素と，もっと少ない摂取でよい微量元素に分けられる．表 2.7 に示す多量元素には，硫黄が含まれていないが，硫黄はアミノ酸のシステインとメチオニンの必須成分であり，食物から十分な量が摂取されている．カルシウムとリンは十分な量の規則正しい摂取が骨の形成と維持のために必要である．マグネシウムも骨の代謝にとって必要であり，骨に蓄えられる．マグネシウムはグルコースや脂質の代

CHEMISTRY IN ACTION

ビタミン，ミネラル，食品ラベル

ビタミンやミネラルについて，不完全あるいは不正確な情報に出合うのはめずらしいことではない．アルミニウムがアルツハイマー病を引きおこす可能性があるという情報にはびっくりさせられたし，ビタミンCが風邪の治療に有効であるという情報についてはいまだにはっきりしない．つくり話から事実だけを選択すること，あるいは科学的に証明された因果関係から予備研究レベルの結果を識別することなどは，栄養学の分野ではとくに難しい．

栄養に関して一貫性のある情報を提供している機関として，米国国立科学アカデミー国立研究評議会の食品栄養委員会があげられる．同委員会では最新の栄養情報についての定期調査を実施し，推奨された栄養所要量（RDA）を発表している．RDAは，"米国における大多数の健康な人々が健全な栄養状態を維持するために企画された"資料である．このほか，米国食品医薬品局（FDA）は各種の食品規制業務を担当するなかで，食品のラベル表示に関する規則も制定している．

1994年以来，FDAの規定に基づき，ほとんどの包装食品には指定の**栄養成分表**が添付されている．一定量の食品の栄養価が，**1日当たりの摂取量**に対する百分率（%）で表示されている．ビタミンとミネラルに関しては，1968年に公開された食事摂取推奨量（1日）（RDI）に基づいて百分率が算出されている．RDIは，成人と4歳以上の幼児を対象にした平均値で示されている．ビタミンの数値は表2.5と表2.6に，ミネラルに関しては右上に示した．

Nutrition Facts
Serving Size 55 pieces (30g/1.1oz)
Servings Per Container About 6

Amount Per Serving	
Calories 140	Calories from Fat 45
	% Daily Value*
Total Fat 5g	**8%**
Saturated Fat 1g	**5%**
Trans Fat 0g	
Polyunsaturated Fat 1.5g	
Monounsaturated Fat 2.5g	
Cholesterol Less than 5mg	**1%**
Sodium 250mg	**10%**
Total Carbohydrate 19g	**6%**
Dietary Fiber 2g	**7%**
Sugars Less than 1g	
Protein 4g	
Vitamin A 0% • Vitamin C 0%	
Calcuim 4% • Iron 6%	

*Percent Daily Values are based on a 2,000 calorie diet. Your daily values may be higher or lower depending on your caloric needs:

	Calories:	2,000	2,500
Total Fat	Less than	65g	80g
Sat. Fat	Less than	20g	25g
Cholesterol	Less than	300mg	300mg
Sodium	Less than	2,400mg	2,400mg
Total Carbohydrate		300g	375g
Dietary Fiber		25g	30g

すべてのビタミンとミネラルは重要であり必須だが新しいラベルに記載すべきビタミンとミネラルを選択する際に，政府は健康を維持するために現在もっとも重要な種類のものを加えるように配慮した．記載する物質の選択に関しては，欠乏を予防するというよりも病気を予防することに重点がおかれている．記載が義務づけられているのはビタミンA，ビタミンC，カルシウム，鉄である．推奨されたこれらの摂取量は，抗酸化物質のビタミンA（あるいは関連化合物のβ-カロテン）とビタミンCを大量に含む食物を摂取することが，健康促進に有効であるという科学的根拠に基づく数値である．カルシウムが欠乏すると骨粗鬆症に至る．女性の場合には，生理による出血があるため鉄の欠乏は重大な問題である．

ミネラルに関する食事摂取推奨量（1日）*

ミネラル	RDI	ミネラル	RDI
カルシウム	1.0 g	セレン	70 μg
鉄	18 mg	マンガン	2 mg
リン	1.0 g	フッ化物	2.5 mg
ヨウ素	150 μg	クロム	120 μg
マグネシウム	400 mg	モリブデン	75 μg
亜鉛	15 mg	塩素	3.4 g
銅	2 mg		

* 栄養成分表への記載が義務づけられているのはカルシウムと鉄である．リン，ヨウ素，マグネシウム，亜鉛，銅の表示は任意である．そのほかは法的に表示できない．

CIA 問題 2.4　食品ラベルに表示されているビタミンとミネラルはなにか．それはどのような数値で表示されているか．これらのビタミンとミネラルの消費は栄養学的によい選択か．

CIA 問題 2.5　1日に摂取した食品のラベル表示を見てみよう．あるいは摂取した食物を栄養成分表で探し，ビタミンとミネラルの食事摂取推奨量（1日）に対して何%摂取することができたかを検討せよ．推奨された摂取量を食物から摂取しているか，あるいはビタミンまたはミネラルをサプリメントで摂取すべきか．

CIA 問題 2.6　ビタミンA，ビタミンC，鉄，カルシウムは食品ラベルに含有量を表示するように義務づけられているが，それはなぜか．

CIA 問題 2.7　CIA 問題2.6の四つの栄養素に加え，食品ラベルにはほかにどのような栄養素が載っているか（ヒント：ラベルにはすべての内容物の量がリストされている）．

表 2.7　多量元素と微量元素

元　素	機　能	含有食品	欠乏による影響	過剰摂取による影響
多量元素				
Ca	骨の形成，筋収縮	酪農製品，卵，豆類	骨粗鬆症，筋肉のけいれん	腎臓結石，心臓の不整脈
P	骨の形成，DNA やエネルギー関連代謝物の構成成分	タンパク質を含む食品	筋力の低下	カルシウム代謝の異常
K	細胞内の浸透圧バランス	果実，野菜，肉	食欲減退，筋力の低下	心臓機能の阻害
Cl	細胞外液の主要な陰イオン	すべての食品，とくに加工食品	ひきつけ(稀)	高血圧
Na	神経の刺激伝達，電解質(浸透圧バランス)	すべての食品，とくに加工食品	筋肉のけいれん，吐き気	高血圧
Mg	タンパク質合成，グルコース代謝	酪農製品，全粒粉，植物	筋力の低下	吐き気
微量元素				
Fe	ヘモグロビンとシトクロムの構成成分	肉，全粒粉，豆類	疲労，貧血	血色症
F	骨・歯に含まれる	牛乳，卵，魚	虫　歯	歯の変色
Zn	酵素の補助因子，嗅覚や味覚で働く	肉，酪農製品，全粒粉	免疫力低下，傷の治癒の遅延	免疫力低下，低密度リポタンパク(LDL)コレステロールの増加
Cu	酸化酵素，結合組織の形成	肉，ナッツ，卵，ふすま	貧　血	吐き気
Se	グルタチオンペルオキシダーゼの補助因子	肉，全粒粉	心筋の障害	吐き気，脱毛
Mn	いろいろなエネルギー代謝の酵素の補助因子	全粒粉，豆類	成長が悪くなる	虚弱，精神錯乱
I	甲状腺ホルモンの合成	ヨウ素含有食塩，魚	甲状腺腫	甲状腺機能の低下
Mo	補酵素	肉，全粒粉，豆類	不　明	不　明
Cr	インスリン機能の促進	肉，全粒粉	耐糖能障害	食物からは稀

謝からタンパク質合成までのさまざまな酵素の補助因子でもある．

ほかの三つの多量元素は，欠乏することが稀であるため，一般には必須であるとは思われていない．むしろ，私たちは過剰量のナトリウム，塩素，カリウムを加工食品から摂取している．これらの多量元素は電解質として機能し，細胞の内側と外側の浸透圧バランスを維持している．また，これらのミネラルは神経系の電気信号の生成にも役に立っており，カリウムイオンは心臓の拍動の調節にとって重要である．

マグネシウムとセレンは，遷移元素であるクロム，銅，マンガン，モリブデン，亜鉛と一緒に微量栄養素に分類される．酵素の補助因子として働く十分な量の陽イオンを供給するために，私たちの体はこれらの元素を必要とする．銅やセレンのようにいくつかの元素は，多量に摂取すると非常に有毒である．それぞれの遷移元素は陽イオンとして存在し，それぞれ関連する酵素のタンパク質構造中の特異的な荷電残基と配位結合を形成している．これらはさまざまな酸化状態をもつ遷移元素の陽イオンであるため，酵素反応の中で電子を一時的に保持することができる．

ビタミンと微量栄養素のミネラルは相補的な機能をもっている．どちらも酵素の補助因子となるが，ミネラルはそのまま機能し，ビタミンは反応に寄与す

CHEMISTRY IN ACTION

医療診断の酵素

健康なヒトでは，凝血塊を形成，または溶解するようなある種の酵素群が，通常は血清中に高濃度で存在している．細胞内で機能する酵素の血清中の濃度は通常低いが，それは健康な細胞が正常な変性をしたときに限って血清に入るからである．しかしながら組織が損傷されるとき，大量の酵素が壊死細胞から血液中に放出される．その酵素やほかのタンパク質の分布は損傷細胞の性質によって決まる．したがって，特定の分子の血中濃度を測定することは意義のある診断となる．たとえば，通常の血液検査に含まれる酵素活性が正常値より高い場合，以下の状態を示す．

酵　素	診　断
アスパラギン酸トランスアミナーゼ(AST)	心臓や肝臓の障害
アラニントランスアミナーゼ(ALT)	心臓や肝臓の障害
乳酸デヒドロゲナーゼ(LDH)	心臓や肝臓，赤血球の障害
アルカリホスファターゼ(ALP)	骨や肝細胞の障害
γ-グルタミルトランスフェラーゼ(GGT)	肝細胞障害やアルコール中毒
クレアチンホスホキナーゼ(CPK-2)	心臓の障害
酸性ホスファターゼ	前立腺がん

酵素の分析は濃度の測定よりも，むしろ活性を測定する．活性はpH，温度，基質濃度による影響を受けるため，標準的な条件で測定される．1国際単位(IU)は，pH，温度，基質濃度を規定の標準条件とし，基質1 μmolを1分間に生成物に変換する酵素量として定義される．分析結果は，1 L当たりのユニット数(U/L)であらわされる．

酵素検査は，本章のはじめのSmithの場合のような心臓発作(心筋梗塞，MI)の診断に利用され，肝臓病のようなほかの病気と区別できる．CPKは3種類のアイソザイムがあり，CPK-1は脳組織に，CPK-2は心臓組織に，CPK-3は骨格筋にある．CPK-2活性はMIがおこってから6時間以内に急速に上昇し，12時間後ごろにピークに達して，その後は減少する．ASTとALTの血中濃度も診断に役立てるために測定するが，これらも肝臓病の指標となる．LDHには5種類のアイソザイムがあるが，その一つは心筋にのみにあり，以前は心筋梗塞の指標として使われていた．現在は，血液試料中のトロポニンタンパク質の濃度を18時間以上にわたって測定する．トロポニンには数種類のアイソマーがあるが，心臓のトロポニンは心筋細胞に特異的なものであり，細胞内ではアクチンとミオシンと関係している．トロポニンは酵素ではないが，信頼できる心筋梗塞のマーカーである．トロポニン濃度は，心筋梗塞の直後すぐに劇的に上昇し，その数日後に低下する．

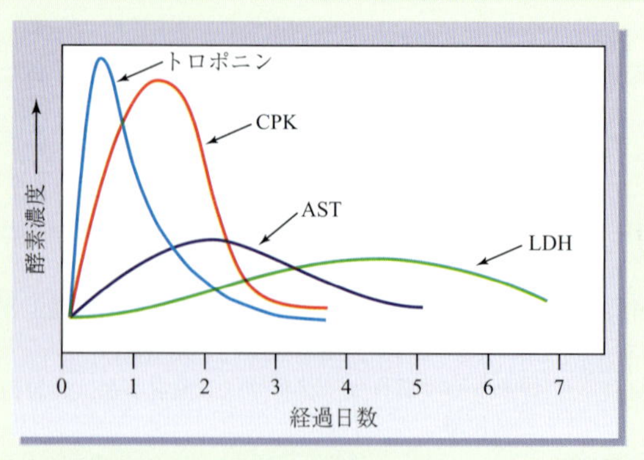

▲ 心臓発作後のトロポニン，CPK-2，AST，LDHの血中濃度．

本章冒頭のSmithとGivensには，なにがおこったのだろうか．医師は，CPKとAST濃度(いずれも酵素)の上昇とトロポニン濃度の特徴的な上昇(酵素を含む検定により決定された)およびほかの検査から，Smithは心筋梗塞であると診断をくだした．血中脂質濃度も上昇していたため，適切な薬物治療とともに心臓によい食事をとることになった．Givensは，じつは虚血性脳梗塞で，脳の一部で血液の循環が詰まっていた．彼女は即座に組換えDNA技術によってつくられた酵素tPAの静脈内注入を受けた．早期にtPAを処理すれば，血餅融解をおこし脳梗塞からの回復が良くなる．Givensは入院から退院するまで，推奨される食事や薬物治療の指示を受けた．

CIA 問題 2.8　酵素の血中濃度はさまざまな病気で上昇することがある．心臓発作をもっとも早い段階で特定できる酵素またはほかの血液マーカーはなにか．数日間にわたるいくつかの検査のあとに心臓発作を確認するために使われる酵素はなにか．

CIA 問題 2.9　なぜ酵素活性は標準的な条件で測定しなければならないか．

るためにほかの有機分子に変換される．ほかの必須ミネラルは生体の構造成分や電解質バランスの維持に使われている．

問題 2.23
過剰摂取したときに毒性がもっとも強い微量栄養素のミネラルはなにか．それが有毒であっても必要な理由はなにか．

要　約　章の学習目標の復習

- **生化学反応での酵素の機能を描写する**

酵素は生化学反応のための触媒であり，反応に必要な活性化エネルギーを低下させて働く．酵素の大部分は水溶性の球状タンパク質である（問題 84，85）．

- **酵素反応における補助因子の役割を説明する**

酵素は活性のために**補助因子**をもつものがあるが，それは金属イオンか**補酵素**と呼ばれる非タンパク性の有機化合物である．これらの補助因子は，反応中の電子や化学基の移動を促進する（問題 25，27，32 ～ 35）．

- **酵素に基質から与えられる適切な名前をつける**

酵素は，基質（名前の先頭部分）と反応の種類（名前の 2 番の部分）の名を取って，接尾辞 –ase をつけて命名する．酵素によっては旧式の名前を使い，この規則にしたがっていない（問題 25，36，37）．

- **酵素を反応に基づいて正しく分類する**

酵素に触媒される反には 6 種に分類でき，それぞれには類似の反応のサブクラスが含まれる（表 2.2）（問題 25，36，37，41 ～ 46）．

- **酵素触媒の二つのモデルを説明する**

触媒の**鍵と鍵穴モデル**では，鍵が鍵穴に適合するように，基質は酵素の活性部位に適合する．**誘導適合モデル**では，基質は非共有結合性相互作用により活性部位に引き込まれる．基質が活性部位に入ると，基質をもっともよく保持して反応を触媒するように酵素の形状が調整される（問題 40，41，48，49）．

- **反応が進むように酵素と基質がどのように結合するか説明する**

基質は，**酵素–基質複合体**の中で，反応のために最良の向きで，活性化エネルギーが低下するひずんだ状態で，保持される．反応が終了して，生成物が遊離すると，酵素はもとの状態に戻る．活性部位にある触媒として活性な化学基，疎水性ポケット，基質の化学構造に正確に適合するイオン性または極性の化学基により，それぞれの酵素の**特異性**は決定される（問題 24，30，50 ～ 53，81，82）．

- **基質濃度の変化，酵素濃度，温度，pH は酵素作用に及ぼす影響を説明する**

酵素濃度が一定の場合，基質濃度の上昇に伴って最初は反応も上昇し，全活性部位が占められると一定の最大速度に達する．基質が過剰に存在する場合，反応速度は酵素濃度と正比例する．温度が上昇すると反応速度は最大限度まで上昇し，その後，酵素タンパク質が変性して低下する．反応速度は，作用する酵素の場所の体内における pH を反映する pH で最大になる（問題 54 ～ 57，82）．

- **可逆的阻害と不可逆的阻害を理解して区別する**

酵素の作用は，さまざまな**活性化**と**阻害**の方法によって制御される．**競合阻害剤**は可逆的阻害剤であり，典型的には基質と似ており，活性部位を可逆的に阻害し，反応速度を低下させるが，最大速度を変化させることはない．**不可逆的阻害剤**は，酵素と共有結合を形成して酵素を不活性化し，その多くは有害物質となる（問題 30，62，64，65）．

- **非競合的阻害と競合的阻害を理解して区別する**

非競合阻害剤の酵素–基質複合体に作用して，つぎの基質が活性部位に入るのを妨害する．したがって，最大反応速度を低下させる．**競合阻害剤**は基質と類似した分子であり，活性部位に入って反応速度を低下させる（問題 28，58 ～ 61）．

- **アロステリック制御を理解して同定する**

アロステリック制御は，酵素調節分子（レギュレーター）が活性部位以外の部位に結合して酵素を制御することによっておこる．レギュレーターの結合は活性部位の構造変化を誘導し，酵素作用の効率を向上あるいは低下させる．レギュレーター分子は基質と類似している必要はない（問題 29，30，66，67）．

- **フィードバック制御を理解して，どのように酵素触媒を調節するか説明する**

フィードバック制御は，活性部位とは別の制御部位をもつ酵素の**アロステリック制御**を通して働く．一連の反応系の生成物が十分にあるときには，過剰な生成物が一連の反応系の最初の酵素活性を阻害して，さらに生成物が蓄積するのを回避する（問題 29，30，68，69）．

- **共有接合性修飾による阻害を理解して同定する**

酵素活性は，**可逆的**なリン酸化と脱リン酸化，および分子の一部が除去されることによって後で活性化される不活性型**チモーゲン**の合成によって制御される

(問題 29, 71, 73).

- **遺伝子制御による酵素の制御を理解して同定する**

生育段階や生体の必要性に応じて特異的に酵素の合成を調節するところで遺伝子制御が働いている(問題 29, 30, 70, 72).

- **ビタミンの 2 種の分類を説明し，食事中のビタミンが必要な理由，ビタミンの過剰摂取と欠乏が引きおこす影響を説明する**

ビタミンは，私たちの体が合成できないため食物から微量を摂取しなければならない有機分子である．水溶性ビタミン(表 2.5)は補酵素または補酵素の一部である．脂溶性ビタミン(表 2.6)はさまざまな機能を有するが，その詳細については不明な点が多い．一般に，過剰な水溶性ビタミンは排泄されるが，過剰な脂溶性ビタミンは体脂肪に貯蔵されるので危険性が高い(問題 80, 81, 88).

- **抗酸化物質を同定し，その機能を説明する**

ビタミン C，β-カロテン(ビタミン A の前駆物質)，ビタミン E，セレンは**抗酸化物質**としてともに作用し，生体分子がフリーラジカル(遊離基)によって損傷されるのを防ぐ.

- **必須ミネラルを同定し，食事中のミネラルが必要な理由，ミネラルの欠乏の影響を説明する**

ミネラルは食物中に微量含まれることが必要な化学元素である．ミネラルは，多量栄養素として(骨のカルシウムとリン)，電解質として，また主に酵素の補助因子のための微量栄養素として，機能している(問題 78, 79).

概念図：酵　素

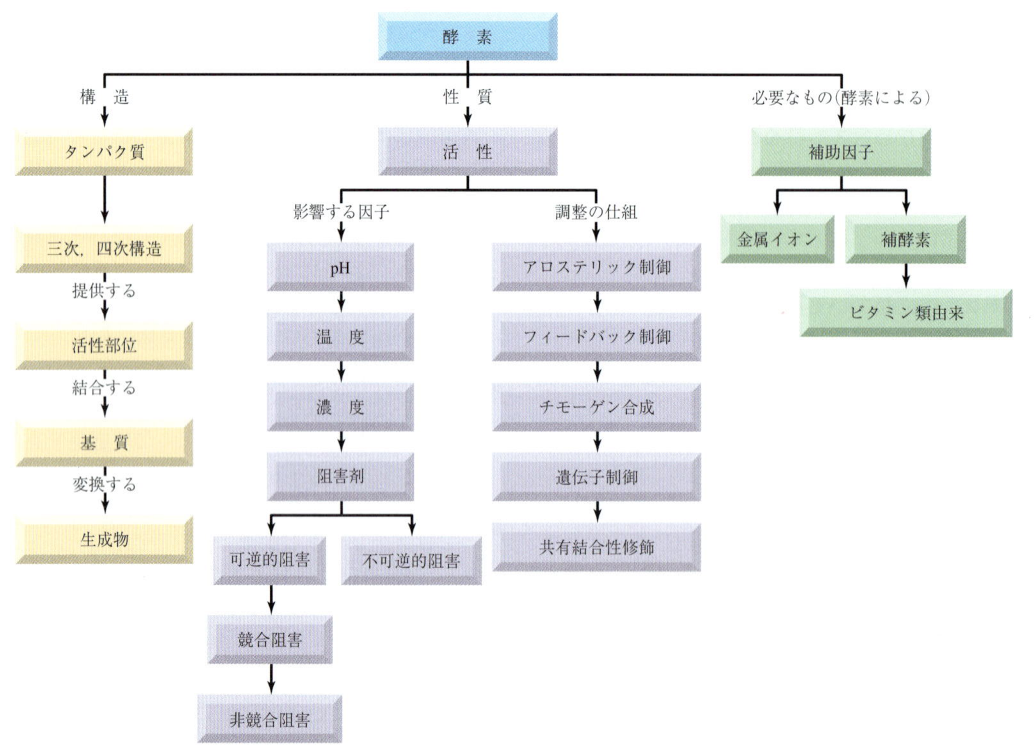

▲**図 2.11　概念図**

タンパク質の三次，四次構造は酵素に生化学反応がおこる活性部位を提供する．活性は複数の物理的因子の影響を受け，阻害分子の影響を受けることがある．酵素によっては，活性は複数の異なる制御を受ける．活性のために金属イオンまたは補酵素を補助因子として必要とする酵素もある.

KEY WORDS

アロステリック酵素，p.62
アロステリック制御，p.62
遺伝子(酵素)制御，p.65
鍵と鍵穴モデル，p.52
活性化(酵素の)，p.59
活性部位，p.44
基質，p.44
競合(酵素)阻害，p.59
抗酸化物質，p.71
酵素，p.43
阻害(酵素の)，p.59
代謝回転数，p.45
チモーゲン，p.64
特異性(酵素の)，p.44
非競合(酵素)阻害，p.59
ビタミン，p.67
フィードバック制御，p.63
不可逆的(酵素)阻害，p.60
フリーラジカル，p.71
補酵素，p.46
補助因子，p.46
誘導適合モデル，p.52

基本概念を理解するために

2.24 つぎの図で，酵素–基質複合体を形成するための酵素(ジペプチダーゼ；いくつかのアミノ酸残基を黒で示す)と基質(青色で示す)のあいだの結合を点線で示せ．予想される2種類の結合はなにか．

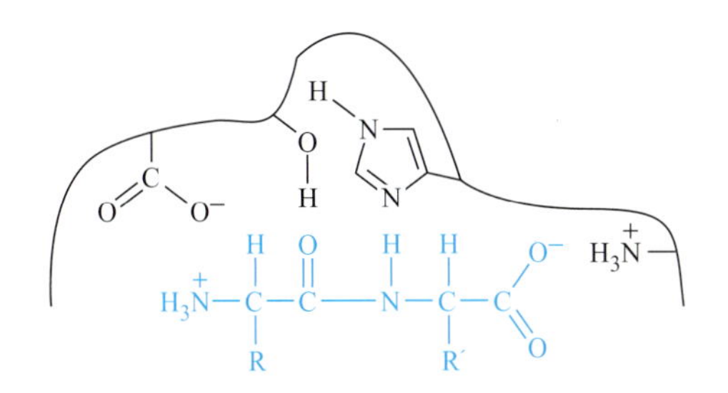

2.25 つぎの反応に関する(a)～(e)の質問に答えよ．

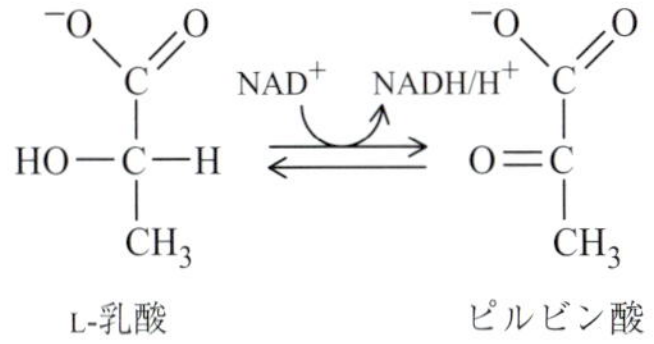

$$\mathrm{HO{-}CH(CH_3){-}COO^-}\ \xrightarrow[\ \ ]{NAD^+\ \ NADH/H^+}\ \mathrm{O{=}C(CH_3){-}COO^-}$$

L-乳酸　　　　ピルビン酸

(a) この反応に関与する酵素はどのような種類の酵素か．

(b) 水素が除去されることから，上の質問(a)で解答した酵素はどれに細分化されるか．

(c) この反応のための基質はなにか．

(d) この反応の生成物はなにか．

(e) 酵素の名前には基質の名前と酵素の種類に由来して命名され，末尾には酵素の属名をつける．具体的な酵素名はなにか．

2.26 問題2.25の反応で，酵素はD-乳酸を基質として使用する可能性があるか説明せよ．D-乳酸が酵素と結合する場合，酵素にどのような作用を及ぼすか．

2.27 問題2.25の反応で，触媒作用に必要とされる補酵素をあげよ．補酵素は酸化剤か，あるいは還元剤か．この反応のための補酵素の一部とされるビタミンはなにか．

2.28 非競合阻害剤の存在下で，つぎの変化が酵素–触媒反応の速度にどのように影響するか説明せよ．

(a) 阻害剤濃度が一定で，基質濃度を増やす．

(b) 基質濃度が一定で，阻害剤濃度を減らす．

2.29 つぎの各機構がどのように酵素活性を調節するか説明せよ．

(a) 共有結合の修飾　(b) 遺伝子制御

(c) アロステリック制御　(d) フィードバック制御

2.30 つぎの状況で，どのような種類の酵素の調節がおこるか．

(a) 多段階反応において，グルコースをピルビン酸に変換する経路の産物の蓄積により最初の酵素で止まる．

(b) 神経ガスのサリンはアセチルコリンエステラーゼに共有結合し，神経情報伝達を止める．

(c) ラクターゼは成人ではつくられない．

(d) イソクエン酸からα-ケトグルタル酸の変換は高濃度のATPで阻害される(ヒント：ATPはこの反応で生成物でも基質でもない)．

2.31 酸性，塩基性の官能基は酵素の活性部位によく見られる．下図の活性部位中で酸性，塩基性アミノ酸を区別せよ(ヒント：表1.3および酸と塩基の定義については基礎化学編 10章を参照せよ)．

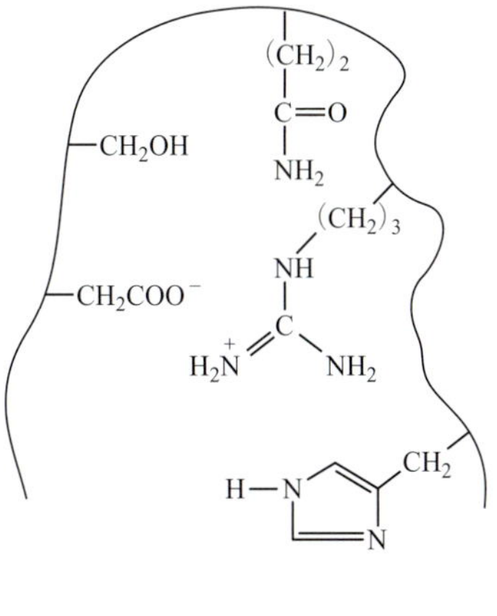

$-CH_2OH$　$-CH_2COO^-$　$-(CH_2)_2-C(=O)-NH_2$　$-(CH_2)_3-NH-C(=\overset{+}{N}H_2)-NH_2$　$-CH_2-$(イミダゾール環，H−N)

補充問題

酵素の補助因子（2.2 節）

2.32　つぎの補酵素に関連するビタミンはなにか．
(a) FAD　(b) 補酵素 A
(c) NAD^+

2.33　つぎの補助因子を分類せよ．
(a) Cu^{2+}　(b) テトラヒドロ葉酸
(c) NAD^+　(d) Mg^{2+}

2.34　つぎのビタミンのうち補助因子として働くのはどれか．
(a) ビタミン A　(b) ビタミン C
(c) ビタミン D

2.35　つぎの補助因子のうちどれが補酵素か．
(a) Fe^{2+}　(b) ピリドキシルリン酸
(c) FAD　(d) Ni^{2+}

酵素の分類（2.3 節）

2.36　つぎの種類の酵素が触媒するのはどのような一般的反応か．
(a) デヒドロゲナーゼ
(b) デカルボキシラーゼ
(c) リパーゼ

2.37　つぎの種類の酵素が触媒するのはどのような一般的反応か．
(a) キナーゼ
(b) イソメラーゼ（異性化酵素）
(c) シンテターゼ

2.38　つぎの分子に作用する酵素はなにか．
(a) アミロース　(b) 過酸化水素
(c) DNA

2.39　つぎの分子に作用する酵素はなにか．
(a) ラクトース　(b) タンパク質
(c) RNA

2.40　酵素はどのような性質により，反応特異性を示すか．

2.41　酵素が触媒としてどのように作用するかについて一般的な用語で説明せよ．

2.42　どの種類の酵素がつぎの反応を触媒すると考えられるか．

(a) $H_2NCH(R)C(=O)NHCH(R')C(=O)OH + H_2O \longrightarrow H_2NCH(R)C(=O)OH + H_2NCH(R')C(=O)OH$

(b) $HOOC{-}CH_2{-}C(=O){-}COOH \longrightarrow CH_3{-}C(=O){-}COOH + CO_2$

(c) $HOC(=O)CH_2CH_2C(=O)OH \longrightarrow HOC(=O)CH{=}CHC(=O)OH$

2.43　どのような種類の酵素がつぎの反応を触媒すると考えられるか．

(a) $^-OOC{-}C(=O){-}CH_3$ （ピルビン酸） ＋ $^-OOC{-}CH(\overset{+}{N}H_3){-}CH_2{-}COO^-$ （L-アスパラギン酸） $\overset{\text{ビタミン}B_6}{\rightleftharpoons}$ $^-OOC{-}CH(\overset{+}{N}H_3){-}CH_3$ （L-アラニン） ＋ $^-OOC{-}C(=O){-}CH_2{-}COO^-$ （オキサロ酢酸）

(b) $OHC{-}CH(OH){-}CH_2{-}O{-}P(=O)(O^-){-}O^-$ （3-ホスホグリセルアルデヒド） $\rightleftharpoons$ $HOCH_2{-}C(=O){-}CH_2{-}O{-}P(=O)(O^-){-}O^-$ （ジヒドロキシアセトンリン酸）

(c) $^-OOC{-}C(=O){-}CH_3$ （ピルビン酸） ＋ CO_2 $\xrightarrow{\text{ATP}\ \to\ \text{ADP}}$ $^-OOC{-}C(=O){-}CH_2{-}COO^-$ （オキサロ酢酸）

2.44　つぎの酵素はどのような反応を触媒するか．
(a) リガーゼ
(b) トランスメチラーゼ
(c) リダクターゼ

2.45　つぎの酵素はどのような反応を触媒するか．
(a) デヒドラーゼ　(b) カルボキシラーゼ
(c) プロテアーゼ

2.46　つぎの反応はウレアーゼにより触媒される．ウレアーゼはどの種類に分類されるか．

$$H_2N-\overset{\overset{\large O}{\|}}{C}-NH_2 + 2\,H_2O \xrightarrow{\text{ウレアーゼ}} 2\,NH_3 + H_2CO_3$$

尿素

2.47 アルコールデヒドロゲナーゼ(ADH)は，つぎの反応を触媒する．ADH はどの種類に分類されるか．

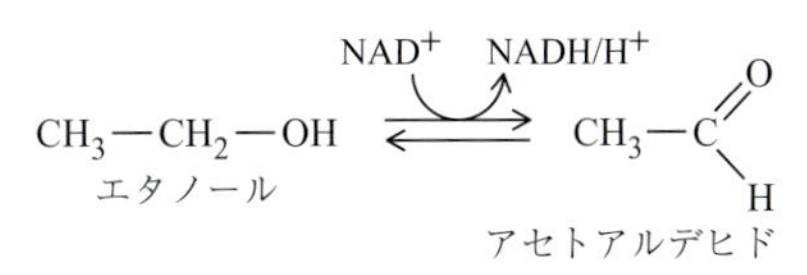

酵素の作用機構(2.4 節)

2.48 酵素作用の鍵と鍵穴モデルと誘導適合モデルの違いはなにか．

2.49 誘導適合モデルが，鍵と鍵穴モデルよりもモデルとして適しているのはなぜか．

2.50 活性部位のアミノ酸残基は，ポリペプチド鎖に沿って近接していなければならないか．また，その理由を説明せよ．

2.51 酵素の活性部位は酵素分子のごく一部である．巨大分子の残りの部分の機能はなにか．

2.52 胃内に存在する消化酵素ペプシンは，pH 1.5 で高い触媒作用をもつ．一方，小腸内の酵素トリプシンは pH 1.5 でも触媒作用をもたない．この違いについて説明せよ．

2.53 酵素の活性部位のアミノ酸側鎖は，触媒の酸あるいは塩基として作用することが可能である．酵素が触媒する作用で，水素イオンを取り込むアミノ酸側鎖と水素イオンを与えるアミノ酸側鎖を描け．

酵素活性に影響を及ぼす因子(2.5 節)

2.54 酵素量が 2 倍になると酵素反応速度が 2 倍になる場合には，酵素量が 3 倍になると反応速度はどうなるか，説明せよ．

2.55 基質量が 2 倍になると酵素反応速度はどうなるか，説明せよ．

2.56 体温(約 37 ℃)で最大活性をもつ酵素の場合，つぎの変化は酵素触媒による反応速度にどのような影響を及ぼすか．

(a) 温度が 37 ℃ から 70 ℃ に上昇する．

(b) pH が 7 から 3 に下がる．

(c) メタノールのような有機溶媒を添加する．

2.57 体温(約 37 ℃)で最大作用をもつ酵素の場合，つぎの変化は酵素触媒による反応速度にどのような影響を及ぼすか．

(a) 温度が 40 ℃ から 10 ℃ に低下する．

(b) $HgCl_2$ の希薄溶液を 1 滴添加する．

(c) 過酸化水素などの酸化剤を添加する．

酵素の調節：阻害(2.6 節)

2.58 本文では，非競合阻害，競合阻害，不可逆阻害の 3 種類の酵素阻害を説明した．

(a) それぞれの酵素阻害がどのように働くか述べよ．

(b) これら 3 種類の阻害剤は，酵素とのあいだでそれぞれどのような結合をつくるか．

2.59 下記の項目ではどの種類の阻害(非競合的，競合的，不可逆的)がおきているか．

(a) ペニシリンは特定の細菌感染に対して処方される．ペニシリンの効果はグリコペプチドトランスペプチダーゼに結合して離れないことによる．

(b) メタノールを摂取する事故はよくおこる．治療にはエタノールの摂取が含まれる．どちらの分子もアルコールデヒドロゲナーゼによりアルデヒドに変換することができるが，この酵素の本来の基質はエタノールである．

(c) 抗生物質のデオキシサイクリンは，細菌の酵素のコラゲナーゼを阻害する．デオキシサイクリンは酵素の活性部位に適合しないが，酵素のどこかに結合する．

2.60 DNA 鎖を加水分解する酵素 *Eco*RI は，Mg^{2+} が補助因子として活性に必要である．エチレンジアミン四酢酸(EDTA)は溶液中で 2 価金属イオンをキレートする．つぎのグラフで，矢印は *Eco*RI による反応に EDTA を加えた時間を示す．どのグラフが，活性を示す曲線になると期待されるか(活性は，経過時間での反応生成物の総量として示されている)．

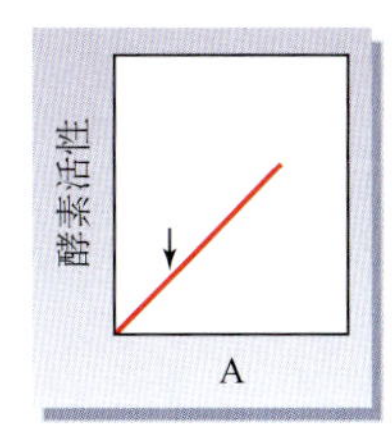

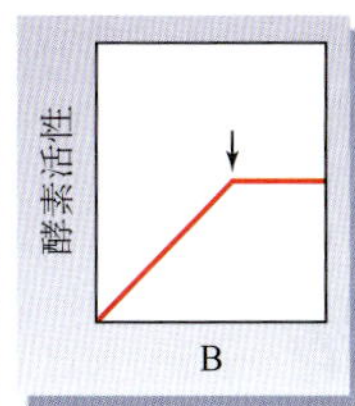

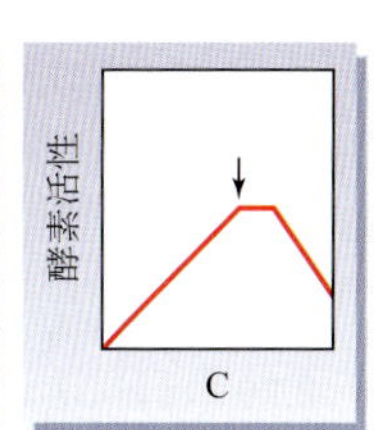

2.61 酵素の乳酸デヒドロゲナーゼは，補酵素 NAD^+ の存在下，乳酸をピルビン酸に変換する．問題 2.60 の図で，矢印はエチレンジアミン四酢酸(EDTA)が添加された時間を示す．どの図が活性を示すグラフと考えられるか(活性は，経過時間での反応生成物の総量として示されている)．

2.62 鉛は，二つの機構によって酵素に毒性をもたらす．どの機構が不可逆的か，その理由を述べよ．

2.63 鉛が酵素に毒性をもたらす一つの機構は，EDTA を用いたキレート療法によって抑制できる．このような鉛の毒性を説明し，可逆的な理由を述べよ．

2.64 調理用として使用されている食肉柔軟剤(ミート・テンダライザー)の主要成分は，パパイヤから分離されたプロテアーゼ酵素のパパインである．パパインが効果的に食肉を軟らかくする理由はなぜか．

2.65 マルハナバチの毒は数種のヘプタデカペプチドを含んでいる．パパインはハチに刺された場合に痛みを和らげるためにも使われる．どのような作用によると考えられるか．

酵素の調節：アロステリック制御とフィードバック制御(2.7 節)

2.66 アロステリック酵素が二つの結合部位をもつのはなぜか.

2.67 正と負の制御が存在する目的について述べよ.

2.68 フィードバック制御とはなにか.

2.69 フィードバック制御が細胞機能にとって有利な点はなにか.

酵素の調節：共有結合性修飾と遺伝子制御(2.8 節)

2.70 チモーゲンとはなにか. 一部の酵素がチモーゲンとして分泌されなければならないのはなぜか.

2.71 チモーゲンは共有結合の修飾によって活性化される. リン酸化あるいは脱リン酸化(いずれも共有結合の修飾)は, どのようにして酵素を修飾して活性化するのか(あるいは不活性化するのか).

2.72 タンパク質消化酵素トリプシンとキモトリプシンがチモーゲンであるトリプシノーゲンとキモトリプシノーゲンとして分泌される理由はなにか.

2.73 乳児はエタノールを代謝する能力がないが, それは酵素のアルコールデヒドロゲナーゼがないためと推定される. これはどのような調節か.

ビタミン, 抗酸化物質, ミネラル(2.9 節)

2.74 ある化合物をビタミンとする基準はなにか.

2.75 ビタミンと酵素はどのような関係にあるのか.

2.76 ビタミン A を毎日摂取することよりも, ビタミン C を毎日摂取することのほうが重要なのはなぜか.

2.77 4 種類の脂溶性ビタミンとはなにか. 脂溶性ビタミンの過剰摂取が問題とされるのはなぜか.

2.78 多量栄養素のカルシウムとリンをほぼ同量の割合で摂取することが重要な理由はなにか.

2.79 ほとんどの微量栄養素は遷移元素である. 遷移元素の生体内での機能にとってとくに適しているのは, 遷移元素のどのような性質か.

全般的な問題

2.80 Web サイトでビタミン C とビタミン E の構造を調べ, これらのビタミンの官能基をあげよ.

2.81 ビタミン A と β-カロテンはどのような関係にあるか(ヒント：Web サイトで構造を見よ).

2.82 多くの野菜は, 冷凍する前に数分間"湯通し(沸騰した湯に浸す)"する. 湯通しが必要なのはなぜか.

2.83 競合阻害剤と非競合阻害剤をどのようにして実験的に識別することができるか. 実験はどのようなものか.

2.84 反応の活性化エネルギーとはなにか. 活性化エネルギーはなぜ必要か.

2.85 酵素が触媒する反応が必要とする活性エネルギーは, 酵素の存在なしにおこるおなじ反応にくらべて, おなじ, より大きい, またはより小さいか. その理由を説明せよ.

2.86 酵素反応における下記の条件変化は, 反応速度にどのように影響するか. また, それぞれの場合について, 理由を説明せよ.
(a) 温度が 37 ℃ から 15 ℃ に低下する
(b) 温度が 37 ℃ から 60 ℃ に上昇する
(c) pH が 7.4 から 3.0 に下がる
(d) pH が 7.4 から 10 に上がる
(e) 基質の量を 2 倍にする
(f) 基質の量を半分に減量する

2.87 不可逆性酵素阻害剤が毒物と呼ばれるのはなぜか.

グループ問題

2.88 リボフラビンの場合, 成人に推奨された栄養所要量(RDA)は 1.3 mg である. コップ 1 杯(100 mL)のリンゴジュースに 0.014 mg のリボフラビンが含まれている場合, リボフラビンの RDA を満たすためには, 成人はどれだけの量のリンゴジュースを摂取しなければならないか.

2.89 あるアミノ酸残基を別のアミノ酸に変えることを, 生化学者たちは"点変異"と呼ぶ. 図 2.4 のペプチド結合の加水分解反応を参考にして, つぎの点変異が図 2.4 にあるキモトリプシンの反応機構に与える影響を推測せよ—セリンをバリンに, アスパラギン酸をグルタミン酸にする.

2.90 トリプシンは, タンパク質やペプチドのすべての塩基性アミノ酸のカルボキシ基末端側(すなわち右側)を切断する酵素である(塩基性アミノ酸については表 1.3 を参照). 下のようなペプチドをトリプシン処理したときに得られる断片を予測せよ.
N 末端 -Leu-Gly-Arg-Ile-Met-His-Tyr-Trp-Ala-C 末端

2.91 皮を剥いたリンゴやジャガイモはフェノラーゼがあるため, 空気中ですぐに茶色くなる. フェノラーゼはチロシンのようなフェノール化合物を酸化して, 茶色に見える色素分子であるキノン類へ変換する. フェノラーゼ活性を試験するために, まず, リンゴとジャガイモのスライスの着色がおこるまでの時間を比較する実験を行った. そのつぎに新しいリンゴとジャガイモのスライスを使って, 過酸化水素をカタラーゼが分解して泡が出るまでの時間を測定する実験を行った.

酵素	リンゴ	ジャガイモ
フェノラーゼ	130 秒	180 秒
カタラーゼ	20 秒	10 秒

(a) フェノラーゼを多く含む試料はどちらか, その理由を示せ.
(b) カタラーゼを多く含む試料はどちらか, その理由を示せ.
(c) (a) (b)への答えに影響する, 実験で変わりやすいものはなにか.
(d) 代謝回転速度が大きい酵素はどちらか.

3

炭水化物

▲ 炭水化物はテーブル，皿，衣類はもちろん，このピクニックで食べる多くの食物の中にもみられる．

目　次

復習事項

A.　分子の形
（基礎化学編 4.8 節）
B.　キラリティー
（有機化学編 3.10 節）
C.　酸化還元反応
（基礎化学編 5.6 節，有機化学編 3.4，4.5，4.6 節）
D.　アセタールの生成
（有機化学編 4.7 節）

2 人の大学生(Sarah と Jacob)が，昼食に食べたものについて話している場面を想像してみよう．Sarah は健康を考えて野菜スープとサラダを選び，Jacob はたくさんのケチャップをかけたジューシーなベーコン入りチーズバーガーを選んだ．Sarah は自分の選んだメニューのほうが Jacob のものよりも炭水化物がより少ないと主張したが，Jacob は自分が食べたものの中で炭水化物を含んでいるのはハンバーガーのパンだけだと主張して，Sarah に同意しなかった．どちらが正しいのだろうか．そして，どのようにしてそれを判定できるだろうか．すべての食物について，炭水化物，繊維および糖の存在値を調べる多くの手段がある．それについては，章末の Chemistry in Action “炭水化物と食物繊維”で，より詳細に述べる．食物中のそれらの存在値を知ることは，健康な生活を維持するうえで重要である．本章では，私たちが毎日食べる多くの食物に存在する炭水化物について解説する．それによって，食物中に存在する炭水化物を判定できるようになる.

炭水化物(carbohydrate)は，初めはもっとも単純な糖で容易に手に入れることができたグルコースをあらわしていた．グルコースの化学式は $C_6H_{12}O_6$ のため，かつては“炭素の水和物 $C_6(H_2O)_6$”と考えられていた．この考えは捨て去られたが“炭水化物”という名前は残り，現在でも類似した構造をもつ生体分子類を示すために用いられている．炭水化物は共通してアルデヒド基あるいはカルボニル基とともに，隣接する炭素に多くのヒドロキシ基をもつ．たとえば，グルコースは 5 個のヒドロキシ(-OH)基と 1 個のアルデヒド(-CHO)基をもつ．

```
        H   H   H   OH  H   O
        |   |   |   |   |   ‖
    HO—C—C—C—C—C—C—H
        |   |   |   |   |
        H   OH  OH  H   OH
```

グルコース

炭水化物は植物によってつくられ，グルコースのポリマーのデンプンとしてたくわえられる．デンプンが食べられ消化されて生成するグルコースは，生物が必要とする主要なエネルギー源になる．したがって炭水化物は，動物が太陽からのエネルギーを手に入れるための媒体である．

3.1　炭水化物の概要

学習目標：

- 炭水化物を官能基と炭素原子の数によって分類し，それによって炭水化物を命名できる．

炭水化物は，天然に存在するポリヒドロキシアルデヒド類やポリヒドロキシケトン類の大きな一群である．**単糖類**は**単純な糖**として知られ，もっとも単純な炭水化物である．これらは 3 ～ 7 個の炭素原子からなり，それぞれは 1 個のアルデヒド基あるいはカルボニル基をもつ．糖がアルデヒド基をもつなら**アルドース**として，カルボニル基をもつなら**ケトース**として分類される．アルデヒド基はつねに炭素鎖の端にあり，カルボニル基はつねに炭素鎖の 2 番目の炭素にある．どちらの場合も，炭素鎖のもう一方の端に $-CH_2OH$ 基がある．

炭水化物(carbohydrate)　天然に存在するポリヒドロキシアルデヒドとポリヒドロキシケトンの一群．

単糖類(単純な糖)[monosaccharide (simple sugar)]　3 ～ 7 個の炭素原子をもつ炭水化物．

アルドース(aldose)　アルデヒドのカルボニル基をもつ単糖．

ケトース(ketose)　ケトンのカルボニル基をもつ単糖．

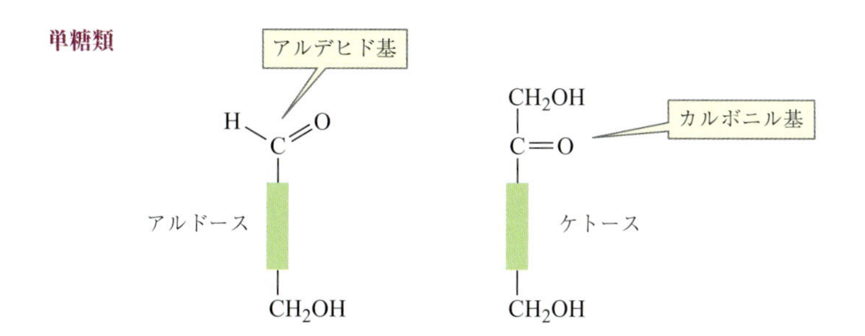

つぎの三つの構造式に描かれているように，カルボニル炭素と反対側の端の $-CH_2OH$ 基のあいだのすべての炭素原子，およびカルボニル基に隣接する炭素原子にヒドロキシ基がある．語尾にオース(-ose)をつけたものは炭水化物をあらわしており，単糖は系統名よりもむしろ**グルコース**(glucose)，**リボース**(ribose)，**フルクトース**(fructose)のような慣用名で知られる．

アルドースやケトースの炭素原子の数はトリ(tri-)，テトラ(tetr-)，ペンタ(pent-)，ヘキサ(hex-)，ヘプタ(hept-)などの接頭語で示される．したがって，グルコースは一種のアルドヘキソース(aldohexose：aldo- はアルデヒド，-hex

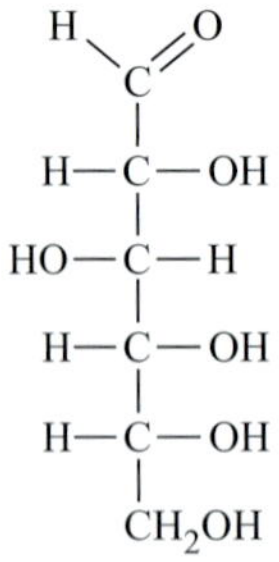

```
    H   O
     \ //
      C
      |
  H — C — OH
      |
 HO — C — H
      |
  H — C — OH
      |
  H — C — OH
      |
     CH2OH
```

グルコース，アルドヘキソース（デンプンやセルロースのモノマー，主なエネルギー源）

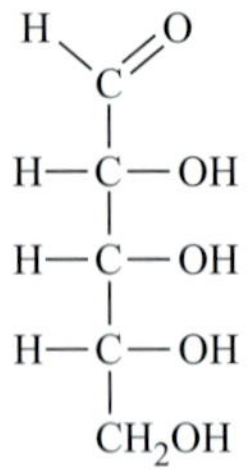

```
    H   O
     \ //
      C
      |
  H — C — OH
      |
  H — C — OH
      |
  H — C — OH
      |
     CH2OH
```

リボース，アルドペントース（ATP，補酵素および RNA の構成要素）

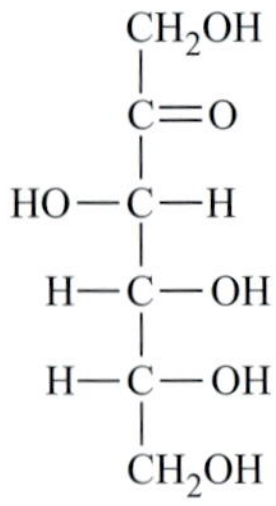

```
     CH2OH
      |
      C=O
      |
 HO — C — H
      |
  H — C — OH
      |
  H — C — OH
      |
     CH2OH
```

フルクトース，ケトヘキソース（コーンシロップや果物に存在）

は炭素数 6，-ose は糖をあらわす）であり，フルクトースは一種のケトヘキソース（炭素数 6 のケトン型の糖），またリボースはアルドペントース（炭素数 5 のアルデヒド型の糖）である．天然に存在するほとんどの単糖類は，炭素数 5 あるいは 6 のアルデヒドである．

二糖類（disaccharide）　二つの単糖によって構成される炭水化物．

多糖類（複雑な糖）［polysaccharide (complex carbohydrate)］　単糖のポリマーである炭水化物．

多くの官能基をもつため，単糖類の構造と反応は変化に富んでいる．それらは互いに反応して**二糖類**や単糖類のポリマーの**多糖類（複雑な糖）**を形成する．それらの官能基はアルコール類，脂質やタンパク質と反応し，特別の機能をもった生体分子を形成する．これらやそのほかの炭水化物類は，本章の後で紹介する．まず炭水化物の構造について，二つの重要な点について述べることにしよう．

- 単糖類はキラル分子である（3.2 節）．
- 単糖類は主に，上に描かれたような直鎖構造よりもむしろ環状構造で存在する（3.3 節）．

例題 3.1　単糖類の分類

つぎの単糖類をアルドースまたはケトースに分類し，その炭素数に従って名前をつけよ．

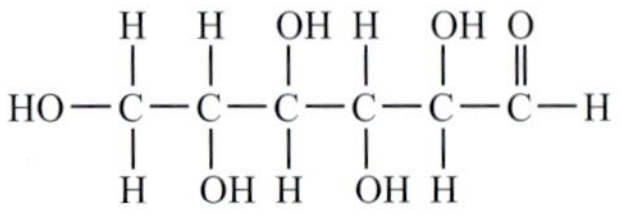

```
     H   H   OH  H   OH  O
     |   |   |   |   |   ||
HO — C — C — C — C — C — C — H
     |   |   |   |   |
     H   OH  H   OH  H
```

解　説　最初にその単糖類がアルドースかケトースかを決定する．この単糖類はアルデヒド基をもつのでアルドースである．これは 6 個の炭素原子をもつ．

解　答

この単糖類は 6 炭素のアルドースなので，アルドヘキソースと呼ぶ．

問題 3.1

つぎの単糖類をアルドースとケトースに分類し，炭素数に従って名称をつけよ．

```
(a) HOCH2—CH(OH)—CH(OH)—CH(OH)—C(=O)—H
(b) HOCH2—C(=O)—CH2OH
(c) HOCH2—CH(OH)—CH(OH)—C(=O)—H
```

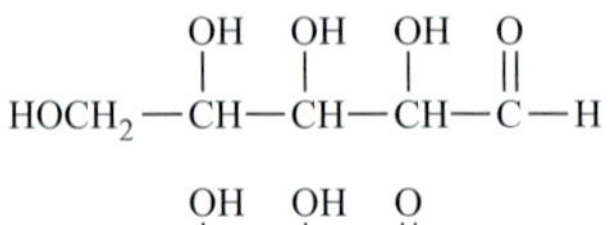

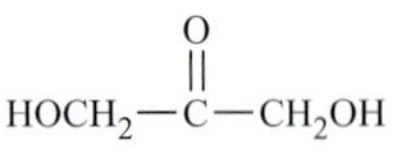

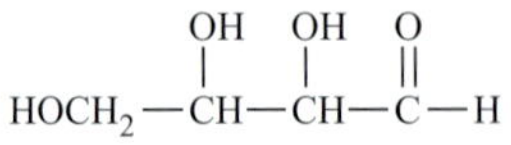

問題 3.2
アルドペントースとケトヘキソースの構造式を描け．

3.2　炭水化物の対称性と Fischer 投影式

学習目標：

- Fischer 投影式から単糖類の D, L エナンチオマーとジアステレオマーを識別できる．
- 単糖類の Fischer 投影式を描ける．

これまでに，アミノ酸類は 4 種類の異なる置換基と結合している炭素原子をもっているという理由で，キラルになることを学んだ．

◀◀◀ 復習事項　キラル分子はその鏡像体（エナンチオマー）に重ね合せることができない（有機化学編 3.10 節参照）．

アルドトリオースで天然に存在するもっとも単純な炭水化物のグリセルアルデヒドは，つぎに示す構造をもつ．異なる 4 種類の置換基（$-CHO$, $-H$, $-OH$, $-CH_2OH$）が 2 番目の炭素原子に結合しているので，グリセルアルデヒドもキラルになる．

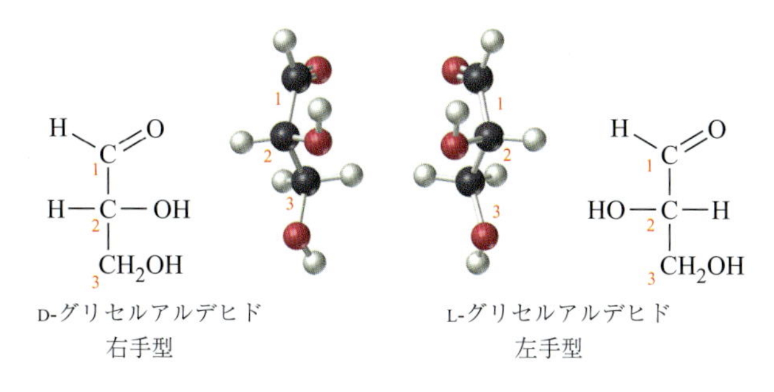

D-グリセルアルデヒド　右手型　　L-グリセルアルデヒド　左手型

キラル分子は対称面をもたず，“右手型”の D 型か“左手型”の L 型のどちらかのエナンチオマーとして存在する．すべてのエナンチオマーとおなじように，グリセルアルデヒドの二つのエナンチオマーは，偏光を受けた際の挙動以外はおなじ物理化学的特性をもつ．偏光が 1 対のエナンチオマーを別々に通過するとき，偏光は同じ角度で回転するが，回転方向は**逆**となる．もし，一つのエナンチオマーが偏光を左に回転させるならば，もう一方のエナンチオマーは偏光を右に回転させる．しかし，**回転の方向は予測できない**．偏光を左に回転させる D-異性体があり，それを右に回転させる L-異性体もある．“*d* と *ℓ* はそれぞれ光の右回転と左回転を示すが，それらは D と L 絶対配置（構造）に相関していない”（有機化学編 3.10 節参照）．

1 個の不斉炭素のみをもつグリセルアルデヒドのような化合物は，二つのエナンチオマーとして存在できる．しかし，1 個以上の不斉炭素をもつ化合物についてはどうなるだろうか．2 個，3 個，4 個，あるいはそれ以上の不斉炭素をもつ化合物には何個の異性体が存在するだろうか．たとえば，アルドテトロース類は二つの不斉炭素をもっており，図 3.1 に示すように 4 個の異性体として存在することができる．これら 4 個のアルドテトロースの立体異性体は 2 対のエナンチオマーで構成され，1 対は**エリスロース**（erythrose）と呼ばれ，もう一方の対は**トレオース**（threose）と呼ばれる．エリスロースとトレオースは立体異性体であるが互いは鏡像ではないので，それらは**ジアステレオマー**と呼ばれる．

ジアステレオマー（diastereomer）互いが鏡像でない立体異性体．

慣例として，カルボニル基と末端の CH_2OH は右向きに描かれる．これらの炭素原子とほかの炭素原子のあいだの結合は自由に回転でき，その分子の対称性に影響しない．

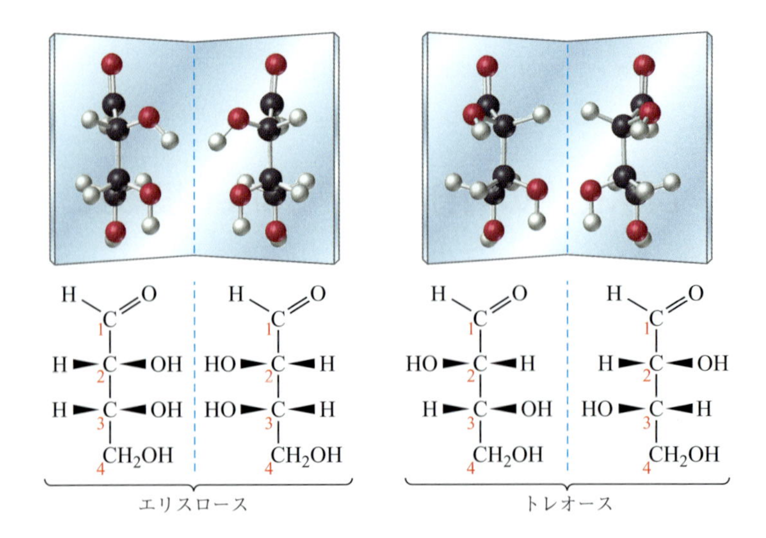

▶図 3.1
2 対のエナンチオマー，4 個のアルドテトロース異性体(2,3,4-トリヒドロキシブタナール)
炭素の 2 と 3 位の −OH 基の配置を比較する．エリスロースとトレオースは 2 対のエナンチオマーからなる．

問題 3.3

構造式(a)～(d)で，いちばん下の炭素原子とその置換基がすべて CH_2OH として描かれていることに注目する．この $-CH_2OH$ 基の炭素はその上の炭素原子とどのように異なるか．この基とカルボニル基とのあいだの炭素に結合している H 原子と −OH 基は，なぜ分けて示されなければならないか．

H−C=O
H−C−OH
H−C−OH
H−C−OH
HO−C−H
CH_2OH

(a)
H−C=O
H−C−OH
H−C−OH
HO−C−H
H−C−OH
CH_2OH

(b)
H−C=O
HO−C−H
H−C−OH
HO−C−H
H−C−OH
CH_2OH

(c)
H−C=O
H−C−OH
HO−C−H
HO−C−H
H−C−OH
CH_2OH

(d)
H−C=O
HO−C−H
HO−C−H
HO−C−H
H−C−OH
CH_2OH

問題 3.4

問題 3.3 に示した単糖類(a)～(d)から符号のついていない単糖類のエナンチオマーを一つ選べ．

問題 3.5

アルドヘプトースは五つの不斉炭素原子をもつ．アルドヘプトースの可能な立体異性体数は最大でいくつか．アルドヘプトースのすべての立体異性体を描け．

糖分子の表示：Fischer 投影式

Fischer 投影式と呼ばれる標準の表示法は，平らな紙面に立体異性体を描くことができる．Fischer 投影式では不斉炭素原子を二つの線の交差する交点としてあらわし，この炭素原子は印刷された紙面上にあることになる．手前に向いている結合は水平の線としてあらわし，後ろ側に向いている結合は垂直の線としてあらわす．これまで，紙面の上側および下側に向いている結合をそれぞれくさび形実線および点線であらわし，紙面上の結合を通常の実線であらわした．その構造と Fischer 投影式との関係をつぎに示す．

Fischer投影式（Fischer projection）水平線が紙面の上側の結合を，垂直線が紙面の下側の結合を示すような 2 本の線であらわし，その交点が不斉炭素をあらわす表示法．糖ではアルデヒドあるいはケトンを上にする．

押しつぶす

W　X　C　Y　Z　→　W—C—X（Z, Y）　→　W—X（Z, Y）　= W—C—X（Z, Y）

Fischer 投影式

Fischer 投影式では，単糖類のアルデヒドあるいはケトンのカルボニル基をつねに上におく．その結果，紙面の上側になる −H と −OH 基は不斉炭素の左と右に描き，紙面の下側にくる置換基を不斉炭素の上か下に描く．このようにして，グリセルアルデヒドのエナンチオマーのうちの一つは Fischer 投影式によってつぎのようにあらわされる．

グリセルアルデヒドエナンチオマーの Fischer 投影式

紙面の上側の結合　CHO　HO—H　CH_2OH　紙面の下側の結合　=　CHO　HO—C—H　CH_2OH　=

Fischer 投影式

比較のために，おなじグリセルアルデヒドのエナンチオマーを，不斉炭素の結合を四面体構造であらわす標準の方法でつぎに示す．

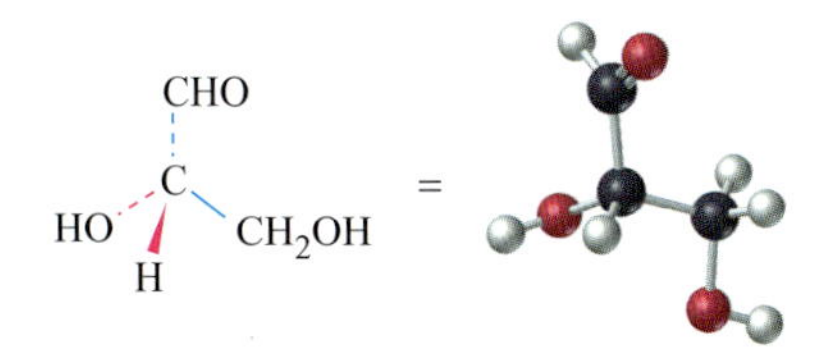

単糖類は，グリセルアルデヒドの構造に関係づけることによって二つのグループ，すなわち **D 糖**と **L 糖**に分けられる．単糖類の化学式を Fischer 投影式として描くことのメリットは，一目で D 型か L 型かを見分けることができることにある．グリセルアルデヒドの D 型と L 型の構造式をもう一度見よう．

D 糖（D-sugar）　Fischer 投影式によって右側に配置させる −OH 基を，カルボニル基からもっとも遠い位置の不斉炭素にもつ単糖．

L 糖（L-sugar）　Fischer 投影式によって左側に配置させる −OH 基を，カルボニル基からもっとも遠い位置の不斉炭素にもつ単糖．

鏡

H–C=O　H—OH　CH_2OH　D-グリセルアルデヒド

H–C=O　HO—H　CH_2OH　L-グリセルアルデヒド

D 型については，2 番目の炭素原子上の −OH 基は紙面の**右**向きに配置し，L 型については**左**向きに配置している．これらの Fischer 投影式のあいだに鏡面を置いて考えれば，これらが鏡像になることがわかる．

▲ 自然界の優勢．多くの分子のように，巻貝の殻はキラルである．

自然界では，炭水化物はアミノ酸や巻貝の殻のように，一方の対称性のものが非常に優位に存在する．しかし，炭水化物とアミノ酸は逆の対称性である．天然に存在する α-アミノ酸のほとんどは L 型であり，炭水化物のほとんどは D 型である．

1 個以上の不斉炭素原子をもつ分子の Fischer 投影式は，垂直の線上に別の不斉炭素を描いて記載される．構造を見た目でわかりやすくするために，紙面上の不斉炭素に C を入れることがある．その場合も，その構造式は Fischer 投影式とみなされる．アルドヘキソースの 2 対のエナンチオマーを，この方法でつぎに示す．一つのエナンチオマーの Fischer 投影式に対して，もう一方のエナンチオマーは，それぞれの不斉炭素の左と右の置換基を入れ替えることによって描くことができる．2 対のエナンチオマーのおのおのは異なる名前をもっていることに注意しよう．

2 対のアルドヘキソースエナンチオマー

```
 H   O          H   O            H   O          H   O
  \ //           \ //             \ //           \ //
   C              C                C              C
   |              |                |              |
 H—C—OH        HO—C—H            H—C—OH        HO—C—H
   |              |                |              |
 H—C—OH        HO—C—H           HO—C—H          H—C—OH
   |              |                |              |
 H—C—OH        HO—C—H            H—C—OH        HO—C—H
   |              |                |              |
 H—C—OH        HO—C—H            H—C—OH        HO—C—H
   |              |                |              |
  CH2OH          CH2OH            CH2OH          CH2OH
 D-アロース      L-アロース        D-グルコース    L-グルコース
```

C=O から
もっとも遠い
不斉炭素

例題 3.2　D と L 異性体の識別

つぎの単糖類が，(a) D-リボースか L-リボースかを，また (b) D-マンノースか L-マンノースかを識別せよ．

```
(a)  H   O         (b)  H   O
      \ //               \ //
       C                  C
       |                  |
     H—C—OH             H—C—OH
       |                  |
     H—C—OH             H—C—OH
       |                  |
     H—C—OH            HO—C—H
       |                  |
      CH2OH            HO—C—H
                          |
                         CH2OH
```

解　説　D あるいは L 異性体を識別するために，カルボニル基からもっとも遠い不斉炭素原子上の −OH 基の配置を調べる．Fischer 投影式において，この炭素原子は最下位の炭素原子のすぐ上にある．−OH 基は L エナンチオマーでは左に，D エナンチオマーでは右におかれる．

解　答

(a)では，この構造式の最下位のすぐ上の不斉炭素上の −OH 基は右に位置しているので，これは D-リボースである．(b)では，−OH 基は左に位置しているので，L-マンノースである．

問題 3.6

つぎの単糖類のそれぞれのエナンチオマーを描け．またそれぞれの対のどちらが D 糖でどちらが L 糖かを示せ．

(a)
```
 H    O
  \  //
    C
    |
HO—C—H
    |
 H—C—OH
    |
 H—C—OH
    |
   CH2OH
```

(b)
```
   CH2OH
    |
    C=O
    |
 H—C—OH
    |
HO—C—H
    |
HO—C—H
    |
   CH2OH
```

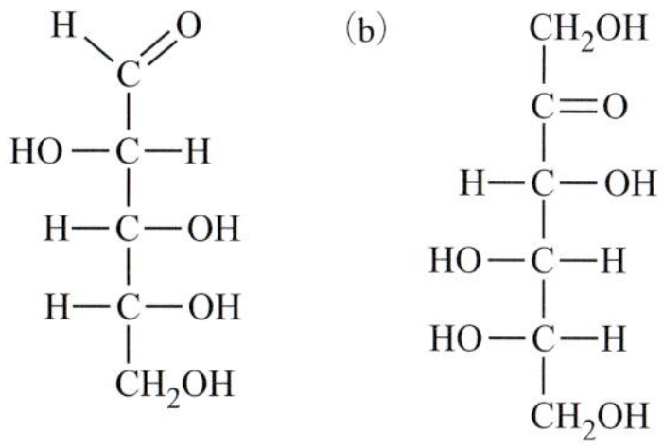

3.3　グルコースとほかの単糖類の構造

学習目標：

- Fischer 投影式であらわした五炭糖および六炭糖を Haworth 投影式に変換できる．
- 単糖類のアノマー炭素と α 型あるいは β 型構造を認識し，環状構造に関連する変旋光について説明できる．

デキストロース(dextrose)あるいは**ブドウ糖**(blood sugar)とも呼ばれる D-グルコースは，すべての単糖類の中でもっとも多く存在しており，もっとも重要な機能をもっている．ほとんどすべての生物では，D-グルコースが生化学反応を司るエネルギー源になる．植物ではデンプンとして，また動物ではグリコーゲンとしてたくわえられる(3.7 節)．D-グルコースの構造に関する説明は，単糖類全般の構造の主な点を説明することになる．構造は炭素原子の直鎖型で描かれているが，5 あるいは 6 炭素原子の単糖類は生体中でみられるように溶液中では環状型で存在する．図 3.2 に示すように，Haworth 投影式で示される環状構造は，分子内反応によって形成され，ヘミアセタールあるいはヘミケタールとなる．

図 3.2 の D-グルコースの Fischer 投影式を見よう．そして，アルデヒド基とヒドロキシ基の位置に注意しよう．アルデヒドやケトンは可逆的にアルコールと反応し，それぞれヘミアセタールとヘミケタールを生成することがわかる．

◀◀◀ ヘミアセタールを見分ける手がかりは，−OH 基と −OR 基の両方と結合した炭素原子があることを有機化学編 4.7 節から思い出そう．

グルコースは，同一分子内にアルコール性のヒドロキシ基とアルデヒド性のカルボニル基をもっているので，**分子内で**ヘミアセタールを形成することができる．グルコースの炭素 1(C1)のアルデヒド性カルボニル基と炭素 5(C5)のヒドロキシ基が反応して，六員環のヘミアセタールを形成する．ケトンでは C2 のカルボニル基で分子内ヘミケタール形成を行う．炭素数 5 あるいは 6 の単糖類はこのような方法で環を形成する．

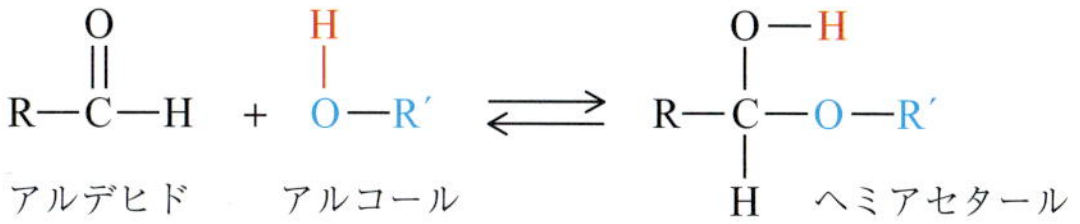

$$\underset{\text{アルデヒド}}{R{-}C({=}O){-}H} + \underset{\text{アルコール}}{H{-}O{-}R'} \rightleftharpoons \underset{\text{ヘミアセタール}}{R{-}C(O{-}H)(H){-}O{-}R'}$$

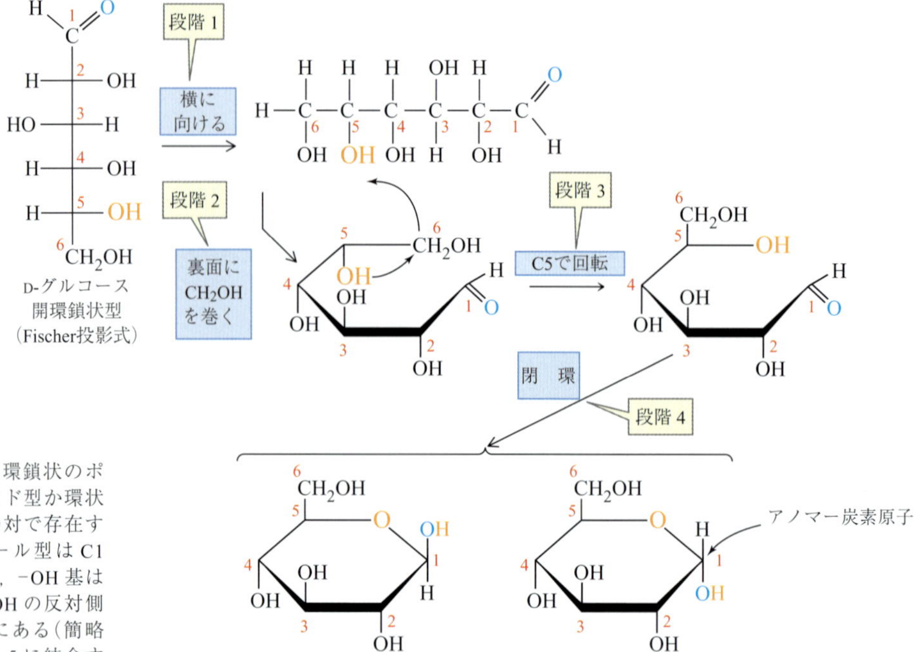

▶図 3.2
グルコースの構造
D-グルコース分子は開環鎖状のポリヒドロキシアルデヒド型か環状のヘミアセタール型の対で存在する．環状ヘミアセタール型は C1 位のみが異なっており，−OH 基は六員環に対して $-CH_2OH$ の反対側(α)か，おなじ側(β)にある(簡略化のために，炭素 2 ～ 5 に結合する H は省かれている)．

図 3.2 上の四つの構造は，ヘミアセタールを形成するために C5-ヒドロキシ基とアルデヒド基がどのように接近するかを示している．この方法で描くと，Fischer 投影式を環状構造に変えられる．そしてこの環状構造は，不斉炭素上の置換基が Fischer 投影式とおなじ相対配置を保っているために合理的に説明することができる．

図 3.2 下の環状構造では，Fischer 投影式の左に描かれている C3 の −OH 基は**上**向きに描かれており，また C2 と C4 の右側に配置していた −OH 基は**下**向きに描かれていることに注意する．Haworth 投影式が図 3.2 のように描かれるとき，その関係はつねに保たれる．また D 糖の $-CH_2OH$ 基は，つねに環平面の**上側**にあることに注意する．

環状構造のヘミアセタール炭素原子(C1)は，ほかのヘミアセタール類とおなじように二つの酸素原子と結合している(一つは −OH 基で，もう一つは環酸素)．この炭素はキラルである．結果として，グルコースには α 型および β 型として知られる二つの環状構造がある．その違いを確認するために，図 3.2 の下の二つの構造の C1 におけるヘミアセタール −OH 基の配置を比較しよう．β 型では C1 のヒドロキシ基は**上側**を向いており，C5 の $-CH_2OH$ 基とおなじ側にある．α 型では C1 のヒドロキシ基は**下側**を向いており，$-CH_2OH$ 基とは環の反対側にある．

C1 の置換基の配置のみが異なる環状単糖類は**アノマー**として知られており，C1 は**アノマー炭素原子**と呼ばれる．開環構造ではカルボニル炭素原子(アルドースでは C1，ケトースでは C2)であるが，環状構造では二つの酸素原子と結合している．例にあげた糖の α および β アノマーは，互いが鏡像ではないのでエナンチオマーではないことに注意する．

アノマー間の構造的な違いは小さくみえるかもしれないが，それは非常に大きな生物学的な影響をもっている．たとえば，この一つの小さな構造の変化が，消化されるデンプンと消化されないセルロースとのあいだの非常に大きな違いになる(3.7 節)．

アノマー(anomer)　ヘミアセタール炭素(アノマー炭素)の置換基のみが異なる環状糖．α 型は −OH が $-CH_2OH$ と反対側にある．β 型は −OH が $-CH_2OH$ とおなじ側にある．

アノマー炭素原子(anomeric carbon atom)　環状糖のヘミアセタール C 原子．その C 原子は −OH 基と環の O 原子と結合する．

結晶のグルコースは，ほとんどが環状の α 型で存在する．しかしながら，水に溶かすと開環鎖状型と二つのアノマー間で平衡になる．β-D-グルコースや α と β 型の混合物の溶液では，開環反応や閉環反応がつぎの図のような平衡状態になるまで旋光度がしだいに変化する（**変旋光**として知られている）．

変旋光（mutarotation）　糖の環状アノマーと開環鎖状型とのあいだの平衡の結果，旋光度が変化する．

α-D-グルコース（36%）　⇌　鎖状 D-グルコース（0.02%）　⇌　β-D-グルコース（64%）

炭素数 5 あるいは 6 のすべての単糖類には，類似の平衡状態（異なる構造の異なる割合）が存在する．

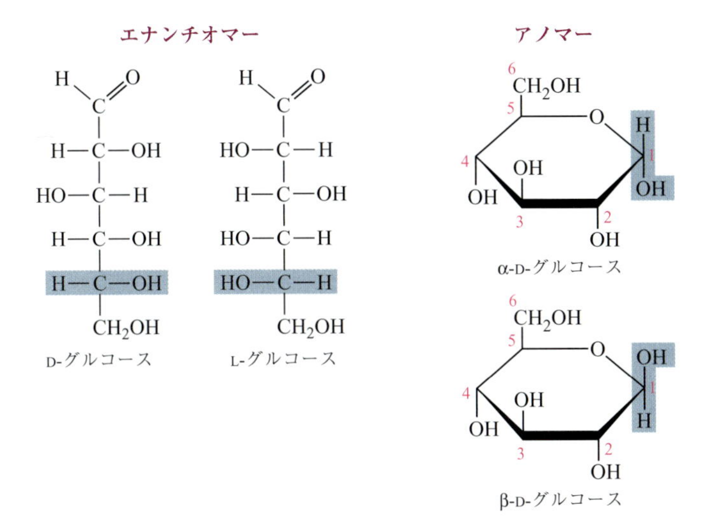

まとめ：単糖類の構造

- 単糖類はポリヒドロキシアルデヒドあるいはポリヒドロキシケトン．
- 単糖類は 3 〜 7 個の炭素原子をもっている．
- D と L のエナンチオマーでは，カルボニル基からもっとも遠い不斉炭素上の −OH 基の配向が異なっている．Fischer 投影式で，この −OH 基は D 糖では右側に，L 糖では左側に描かれる．
- D-グルコース（また，ほかの炭素数 6 のアルドース）は環状ヘミアセタール（図 3.2）を形成する．その際に，Fischer 投影式で左側に配置していた不斉炭素の −OH 基を上向きに，右側に配置していた −OH 基を下向きに描く．
- グルコースでは，ヘミアセタール炭素（**アノマー炭素 anomeric carbon**）はキラルであり，α と β アノマーはこの炭素の −OH 基の配向が異なる．α アノマーはその −OH 基が $-CH_2OH$ 基と環の反対側にあり，β アノマーはその −OH 基が $-CH_2OH$ 基と環のおなじ側にある．

例題 3.3　Fischer 投影式の環状ヘミアセタールへの変換

グルコースのアルドヘキソース異性体にあたる D-アルトロースの開環型はつぎの構造をもっている．この D-アルトロースの環状ヘミアセタール型を描け．

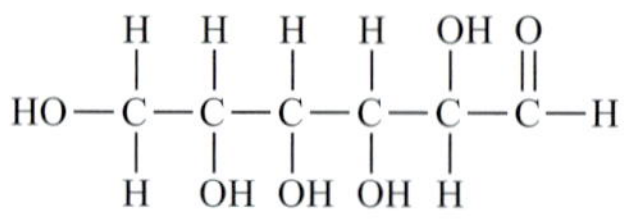

D-アルトロース

解　答

まず，D-アルトロースのカルボニル基からもっとも遠い端を頭の中でつかみ，輪状に巻き込み，紙面の奥に曲げる．

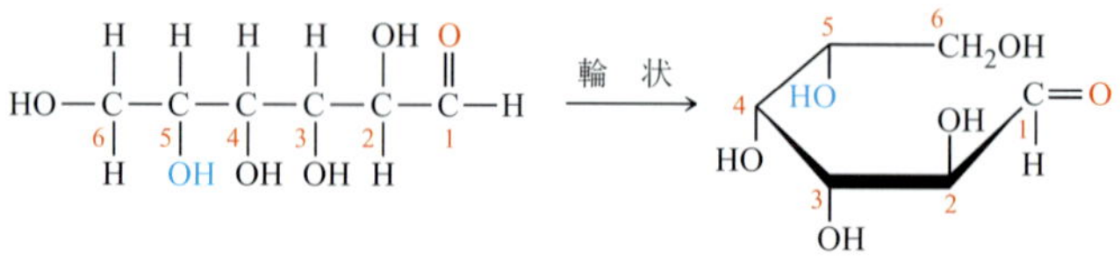

輪　状

つぎに，C4 と C5 のあいだの単結合を回転し，鎖の端の $-CH_2OH$ 基を上向きにして C5 の $-OH$ 基が右側のアルデヒドのカルボニル基と向き合うようにする．

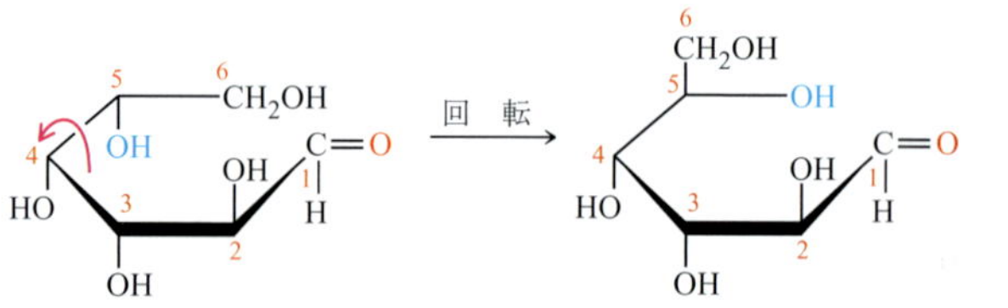

回　転

最後に，C5 の $-OH$ 基をカルボニル $C{=}O$ に付加し，ヘミアセタール環をつくる．C1 に新しくできる $-OH$ 基は上向き(β)か，下向き(α)にすることができる．

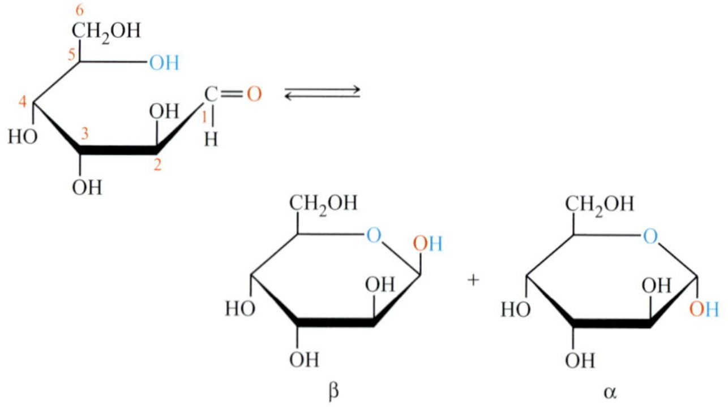

β　α

HANDS-ON CHEMISTRY 3.1

単糖類は炭素原子を用いて開環型（Fisher 投影式）で描くことができるが，生体でみられるように溶液中では 5 あるいは 6 炭素原子をもつ単糖類は主として環型（Haworth 投影式）で存在する．この変換を紙に描いたり，あるいは頭の中で考えたりすると混乱するが，分子モデルをつくりそのモデルを一つの型からもう一つの型に組み換えることによって，その変換が可視化され，わかりやすくなる．

『有機化学編』Hands-on Chemistry 2.1 と 4.1 に概略を示した方法と手法を用いてみよう．課題として，グルコースの直鎖状 Fischer 投影式のモデルをつくり，それを Haworth 投影式のモデルに変換してみよう．

組立用ブロック——この課題にはつぎのものが必要である．

1 箱の爪楊枝：丸いものがもっとも良いが，ほかのものでもよい．

12 個の炭素用の球：黒色あるいはつぎに必要とするものとは異なる黒っぽいもの．

4 個の環内酸素用の球：赤色あるいはオレンジ色を用いる．これらは C1 と C5 の間に結合する酸素原子に用いる．

8 個の他の酸素用の球：青色あるいは緑色を用いる．これらは環内炭素と C6 に結合している OH 基を表すために用いる．

24 個の水素用の球：白色あるいは明色を用いる．これらは，環内炭素に結合している水素原子を表すために用いる．

図 3.2 に示したような，開環型すなわち Fischer 投影式型の D-グルコースモデルを作成しよう．C2 ～ C6 は四面体角をもっていることに注意しよう．C1 と C5 は赤色あるいはオレンジ色の O 原子をもつ．C5 に結合した OH はその O に結合した H をもたねばならない．そのほかの H 原子は OH 基から省いてもよい．C1 はアルドース型であり，結合角は 120° である．グルコースは直線型でも平面でもない．

図 3.2 に従ってつぎの段階を進もう．

段階 1：開環型を環状型に変換するためには，分子の回転が求められる．そのために，C6 が左，C1 が右となるように分子を水平にする．

段階 2：C1 の位置を保ち，C6 をモデルの裏側に巻き込むことによって，ほぼ六角形になるようにする．

段階 3：C6 を C5 のまわりで回転させ，C6 が C1 ～ C5 の平面上にくるようにする．

段階 4：C5–OH の O と C1 の間でヘミアセタール結合をつくる．C5–OH からの H は C1 上の O と結合し，OH となる．生成した C1–OH の配向によって，α-D-グルコースか β-D-グルコースとなる．

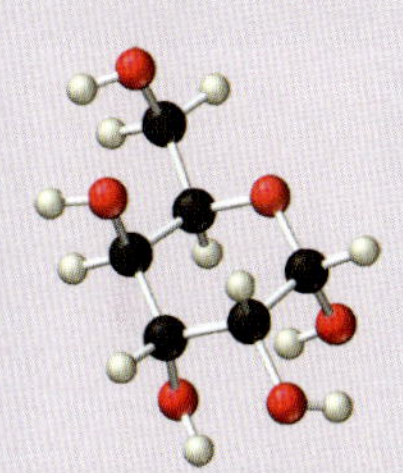

段階 5：もう一つの D-グルコース Fischer 投影式のモデルをつくり，それを C1–OH が反対の配向をもつ環状型（Haworth）に変換しよう．

質　問：

1. 開環鎖状型のグルコースには何個の不斉炭素原子が存在するか．
2. 環状型のグルコースには何個の不斉炭素原子が存在するか．
3. それらは違いがあるか．それはなぜか．
4. α-D-グルコースと β-D-グルコースの関係はなにか．それは鏡像か．
5. アノマーとはなにか．これらの二つのモデルはアノマーか，説明せよ．

問題 3.7

ある抗菌薬の構成成分の D-タロースはつぎに示す開環鎖状構造をもつ．D-タロースを環状ヘミアセタール型で描け．

```
      H    H   OH  OH  OH  O
      |    |    |   |   |  ||
HO—C—C—C—C—C—C—H
      |    |    |   |   |
      H   OH   H   H   H
```

D-タロース

問題 3.8

アルドヘキソースの一種である D-イドースの環状構造を右図に示す．これを直鎖状の Fischer 投影式に書き換えよ．

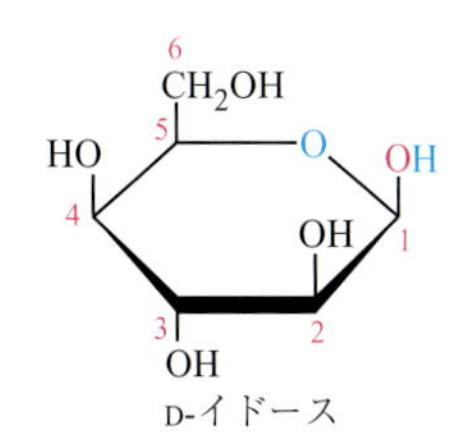

D-イドース

問題 3.9

ガラクトース(a)とフルクトース(b)の二つの環状構造間の変旋光反応を完成させる構造式を描け．

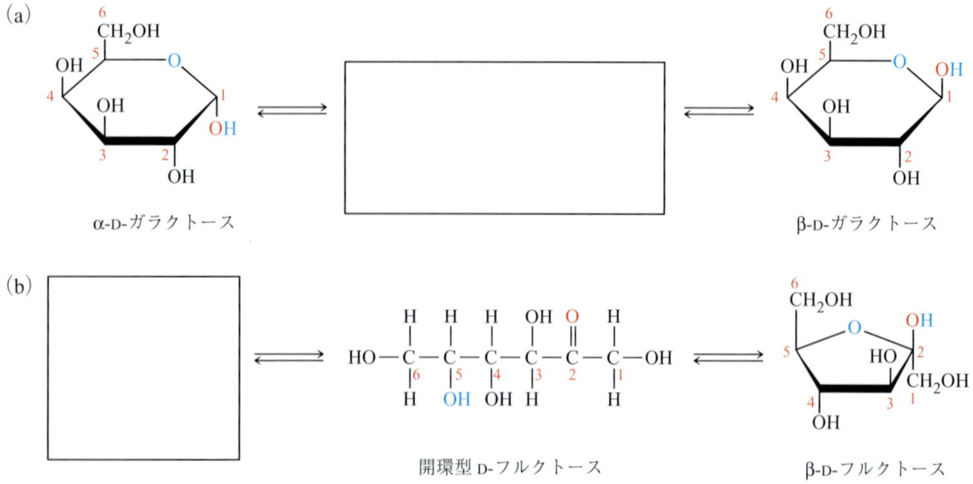

(a)

α-D-ガラクトース　⇌　［　　］　⇌　β-D-ガラクトース

(b)

［　　］　⇌　開環型 D-フルクトース　⇌　β-D-フルクトース

3.4 重要な単糖類

学習目標：

- 単糖類を名称，構造，出所，用途によって識別できる．

さらに先へ ▶▶▶ 5章では，グルコースがピルビン酸に変換され，さらにクエン酸回路に入るためにアセチル-CoA に変換される代謝経路（解糖）について述べる．また，血液の糖濃度を調節するためのインスリンの役割と，その濃度が糖尿病によって影響されることを述べる．

単糖類はヒドロキシ基によって多くの水素結合を形成することができる．一般に，単糖類の結晶は高い融点をもち，水に可溶で，非極性溶媒に不溶である．ほとんどの単糖類と二糖類は甘味をもち(表 3.2 参照)，消化されやすく無毒である(図 3.3)．グリセルアルデヒド(アルドトリオース)とフルクトース(ケトヘキソース)を除いて，生化学において興味深い炭水化物はアルドヘキソースあるいはアルドペントースである．そして，大部分が D 型である．表 3.1 に示す五つの単糖類のなかで，グルコースは人間の代謝においてもっとも重要な単純炭水化物である．それは，複雑な炭水化物が消化される際の最終生成物であり，クエン酸回路に入るときにアセチル-CoA としてアセチル基を供給し，エネルギーに変換される．

例題 3.4　多糖類中の糖および抗生物質の糖部分の識別

典型的な抗生物質であるネオマイシン(neomycin)は，アミノ糖(糖の −OH 基が $-NH_2$ で置換)で構成される四環の分子であり，その環のあいだは酸素原子で結合されている．それぞれの環はどのような糖あるいは分子から誘導されているか．

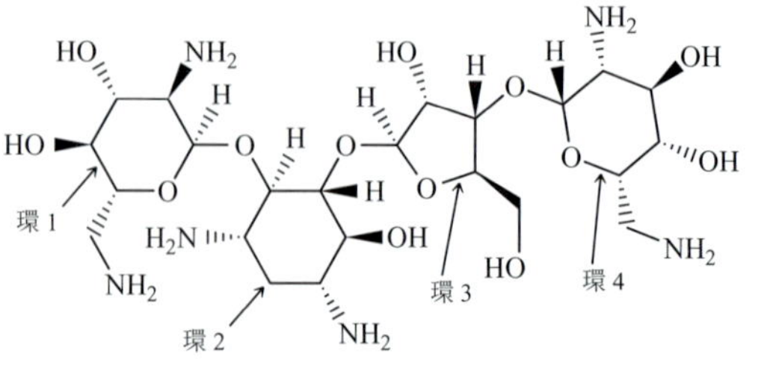

環 1　環 2　環 3　環 4

表 3.1 一般的な単糖類

単糖構造	一般名と分類名	別 名	所在・機能・用途
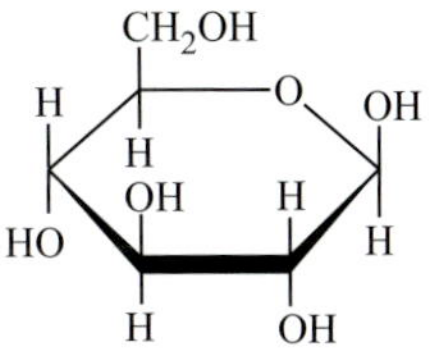	D-グルコース アルドヘキソース	デキストロース, ブドウ糖	・光合成の生成物．植物によってつくられデンプンとして貯蔵 ・果物，野菜，コーンシロップ，蜂蜜にみられる ・二糖類や多糖類の構成単位 ・哺乳類，とくに赤血球細胞，筋肉組織，肝臓組織，脳組織に代謝エネルギーを与える役割をするクエン酸回路へのアセチル基の供給源 ・エネルギー源として用いるために，筋肉にグリコーゲンとして貯蔵 ・血糖値の回復や点滴によるエネルギー供給の医療的な使用
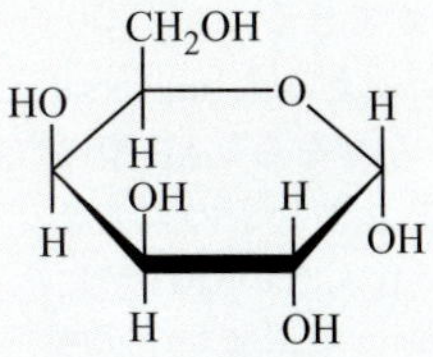	D-ガラクトース アルドヘキソース	なし	・植物樹脂とペクチンにみられる ・二糖類のラクトースを構成する単糖類の一つで，ミルクにみられる ・脳や神経組織の構成要素 ・エネルギー生成経路において，グルコースに代謝される ・ガラクトース血症は，グルコースをガラクトースに変換するために必要な酵素類が遺伝的に欠落することによる．それによって，肝臓障害，知的障害，白内障がおこる．ガラクトース血症はガラクトースを含まない食事によって治療される
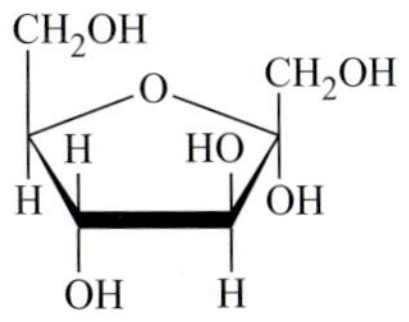	D-フルクトース ケトヘキソース	レブロース, 果糖	・果物や蜂蜜にみられる ・フルクトース含量の高いコーンシロップは，コーンスターチを加水分解して生産 ・スクロースを構成する二つの単糖類のうちの一つ ・リン酸化されたフルクトースはグルコース代謝の中間体 ・スクロースよりも甘く，多くの飲料や調理食品の甘味料として使用
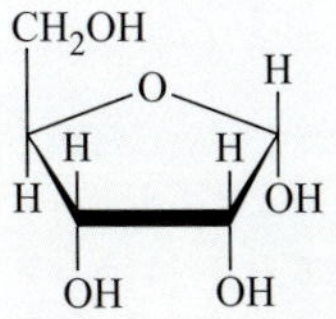	リボース アルドペントース	なし	・生体高分子の構成単位としてみられる ・タンパク質合成に関連するリボ核酸 RNA(9 章)の構成単位 ・補酵素 A の構成単位 ・セカンドメッセンジャーの cAMP(11 章)の構成単位
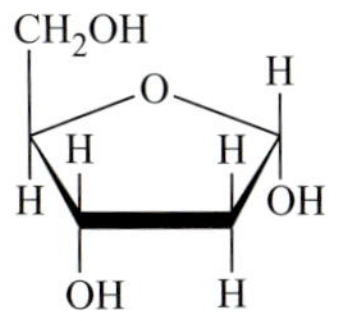	デオキシリボース	なし	・細胞の遺伝物質である DNA(9 章)の構成単位

CHEMISTRY IN ACTION

細胞表面の糖鎖と血液型

ヒトの血液を四つの血液型(A, B, ABおよびO)に分類することができることは，一世紀前に発見された．この分類は，赤血球細胞表面にA, B, Oとデザインされる3種類の 異なるオリゴ糖(糖鎖)が存在することによる(右図を参照)．ABの血液型をもつ人は，おなじ細胞中にAとBの両方のオリゴ糖をもっている．

適合する血液型を知ることは，輸血のための血液を選ぶうえで非常に重要である．これは，体の免疫系の主要な構成要素(12章)が**抗体**(antibody)と呼ばれるタンパク質の集まりだからである．抗体はウイルス，細菌，害になる可能性のある巨大分子類や外来の血液細胞などの外来物質を認識し，攻撃する．これらの抗体類の攻撃ターゲットは自身の細胞に存在せず，外来の血液細胞に存在する細胞表面分子である．たとえば，もしあなたがA型なら，あなたの血漿(血液の液状タンパク質)はB型オリゴ糖に対する抗体を含んでいる．ここで，もしB型の血液が体に入ってくると，その赤血球細胞は外来物と認識され，免疫系がそれらに対して攻撃を開始する．その結果，その細胞の集積(凝集)，毛細血管の封鎖，そして細胞死がおこる．

そのような相互作用は危険なので，受け入れることができる血液型と提供できる血液型は右の表に示した組合せに制限されている．

- A，BおよびAB型の人はすべてO型の細胞に対する抗体が欠けている．このため，O型の人は“誰にでも与えられる人(universal doner)”として知られる．緊急時には，彼らの血液はすべての血液型の人に安全に与えることができる．
- AB型の人は“誰からでももらえる人(universal recipients)”として知られる．なぜなら，AB型の人はその赤血球細胞にA型とB型分子の両方をもっており，その血液はA，BあるいはO型に対する抗体を含んでいない．そこで，彼らは必要ならすべての血液型の血液を受け入れることができる．

解　説　それぞれの環を注意深く見よう．環2はOを含んでいないので，糖ではない．環1，3，4はOを含んでいる．$-NH_2$基の代わりに$-OH$基がついている誘導体でない糖の環を想像しよう．それぞれの糖の炭素原子の数を数える．そして，糖を確認するための助けとして糖の構造式を描く．

解　答

環2は6個の炭素原子をもっており，環部分には酸素原子がない．したがって，それは糖ではなく，シクロヘキサン誘導体である．環1と環4はアルドヘキソースであるD-グルコースとL-イドースから誘導され，環3はアルドペントースであるD-リボースから誘導される．

基礎問題 3.10

ネオマイシンは，細菌の増殖を抑えるために用いられる典型的な抗生物質であり，糖の$-OH$基が$-NH_2$基やR基で置換されているアミノ糖である．ネオマイシンを構成する四つの環はグリコシド結合によって結合し，二つの環はアミノ糖である．例題3.4に示した構造式において，(a) アミノ糖の環番号，(b) 修飾されていない糖の環構造，および (c) 糖でない構造の環を示せ．また，それぞれの環に何個の炭素原子があるかを示せ．

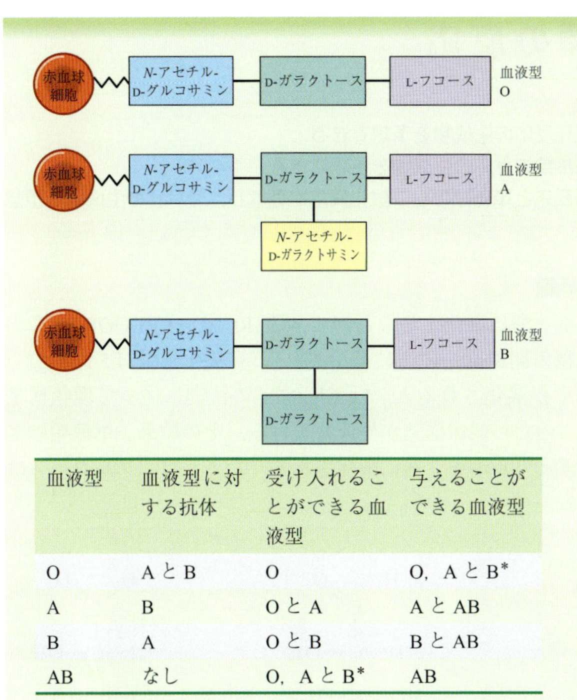

血液型	血液型に対する抗体	受け入れることができる血液型	与えることができる血液型
O	A と B	O	O，A と B*
A	B	O と A	A と AB
B	A	O と B	B と AB
AB	なし	O，A と B*	AB

* 赤血球細胞のみ

CIA 問題 3.1 血液型を決定する要因となる構造を見よ．なにが血液型を異なるようにさせているか．

CIA 問題 3.2 O 型の血液をもつ人は誰にでも血液を提供できるが，誰からでも血液をもらうことができるとは限らない．誰から血液をもらうことができないか．AB 型の血液をもつ人は誰からでも血液をもらうことができるが，誰にでも血液を提供できるとは限らない．誰に血液を提供することができるか．それはなぜか．

CIA 問題 3.3 体内のすべての細胞は，細胞膜の部分に糖タンパク質をもっている（短いオリゴ糖鎖をもつタンパク質については 1 章を参照）．糖タンパク質の炭水化物部分は，細胞膜を通過して細胞間液までのび，その分子のシグナル部分として働く．赤血球細胞は特殊な糖タンパク質をもっており，異なる血液型を特定するために用いることができる．どの糖あるいは糖誘導体がすべての血液型にみられるか（**ヒント**：図中のそれぞれの赤血球細胞に結合している糖鎖をよく見よう）．

問題 3.11

横に示す単糖のヘミアセタールのすべての炭素原子に番号をつけ，アノマー炭素原子を示し，さらにそれが α アノマーか β アノマーかを示せ．

$HOCH_2$ OH O HO CH_2OH OH

問題 3.12

α-D-フルクトース，α-D-リボース，および β-D-2-デオキシリボースの不斉炭素を識別せよ．

問題 3.13

L-フコースは天然に存在する L 型単糖類の一つである．それは短い糖鎖として存在し，それによって血液型が分別される（Chemistry in Action "細胞表面の糖鎖と血液型" 参照）．横に示す L-フコースの構造を α および β-D-ガラクトースの構造と比較し，つぎの質問に答えよ．

(a) L-フコースは，α アノマーか β アノマーか．

(b) ガラクトースと比較し，L-フコースはどの炭素の酸素が欠けているか．

(c) 炭素 2，3 および 4 位で，−OH 基の位置が環平面の上側か下側かを，D-ガラクトースと L-フコースとで比較せよ．

(d) フコースは慣用名である．6-デオキシ-L-ガラクトースはフコースの正しい名前といえるか．

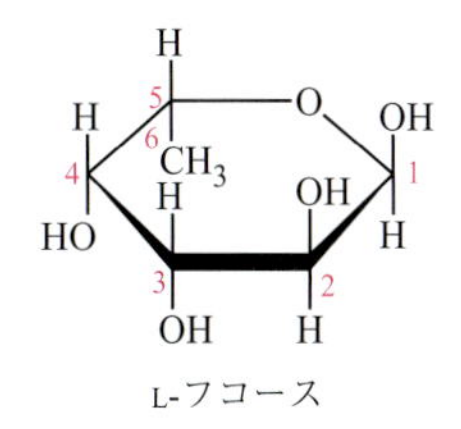

L-フコース

3.5　単糖類の反応

学習目標：

- 単糖類の酸化・還元反応の生成物を予想できる.
- 単糖類とアルコール類の反応の生成物を予想できる.
- 多糖類の加水分解反応と単糖類のリン酸化反応を理解し，それらの生成物を予想できる.

酸化剤との反応：還元糖

アルデヒドはカルボン酸に酸化することができる(RCHO → RCOOH). この反応はアルドース単糖の開環構造のみに適用される(有機化学編 4.5 節参照). 鎖状構造のアルデヒドが酸化されると，Le Chatelier の法則に従って環状構造との平衡は移動し，このため開環構造が生成し続ける. その結果，単糖類のアルデヒド基はつぎつぎとカルボキシ基に酸化される. たとえば，グルコースはつぎのように反応する.

◀◀◀ Le Chatelier(ルシャトリエ)の法則は，"平衡状態の系に圧力が加わるとき，平衡は圧力を解放する方向に向かう"ことを定めている(基礎化学編 7.9 節参照).

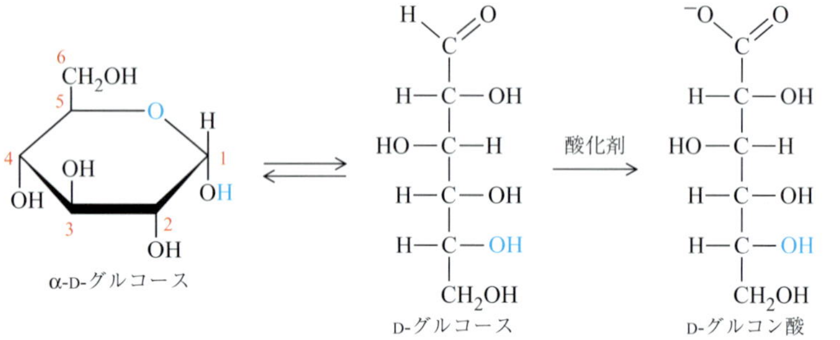

α-D-グルコース ⇌ D-グルコース —酸化剤→ D-グルコン酸

還元糖(reducing sugar)　塩基性溶液中で弱い酸化剤と反応する炭水化物.

弱い酸化剤と反応する炭水化物は，**還元糖**(それらは酸化剤を還元する)に分類される. Benedict 試験は還元糖かどうかを調べる一般的な試験である. Benedict 試験は，塩基性溶液の中で単糖類のアルドースやケトースによって還元される Cu^{2+} 値に基づいている. 試料を加えた Benedict 溶液を熱したときに，緑，茶，オレンジあるいは赤色の沈殿を生じると還元糖が存在していることがわかる.

ケトン類は一般に酸化されないことを有機化学編 4.5 節から思い出そう. なぜならば，それらはアルデヒドがもっているようなカルボニル炭素についた H 原子がないためである. しかし，塩基性の溶液中でケトースは還元糖である. なぜならば，カルボニル炭素に隣接した炭素原子に H 原子をもつケトンが，転位反応を行うからである. この水素はカルボニル酸素に転位する. 生成物は**エンジオール**(enediol) [二重結合のための"エン(ene)"と二つのヒドロキシ基のための"ジオール(diol)"を示す]になる. エンジオールは酸化されることができるアルドースに転位する.

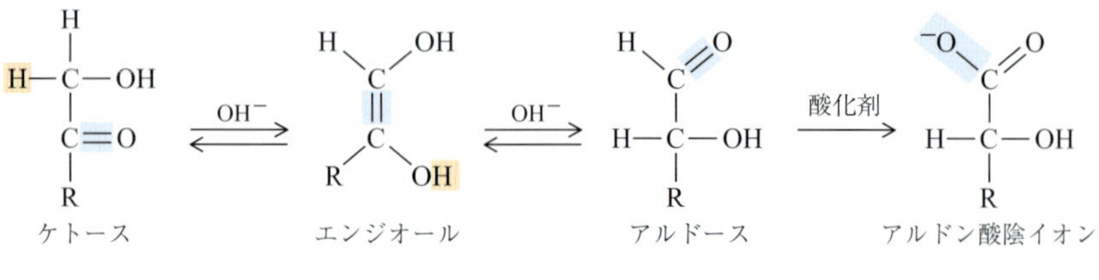

ケトース ⇌(OH^-) エンジオール ⇌(OH^-) アルドース —酸化剤→ アルドン酸陰イオン

またアルデヒドの酸への酸化は平衡を右に移動させ，ケトースは完全に酸化する．したがって**塩基性溶液中ではアルドースかケトースかにかかわらず，すべての単糖類が還元糖になる**．この還元剤として働く能力は，単糖類の存在を実験室で試験する根拠になっている．

還元剤による反応：糖アルコール

単糖類はそのカルボニル基をアルコール基に還元することによって簡単にアルジトールと呼ばれる糖アルコールに変換される．これは工業的には，糖を白金触媒のもとで H_2 に曝すことによって達成できる．

糖アルコール類は，糖の誘導体として接尾辞 -ose を -itol に変えることによって命名される．そこで，D-グルコースは D-グルシトール（これは D-ソルビトールとして知られている），D-キシロースは D-キシリトール，D-マンノースは D-マニトールとなる．これらの三つの糖アルコールは，健康の理由で糖の摂取を制限された人のために調製されたダイエット食品はもちろん，ダイエット飲料やシュガーレスガムの甘味料として用いられる．とはいえ，糖アルコールの過剰摂取が鼓腸（ガスが胃や腸にたまること）や下痢を引きおこすので，摂取量にはつねに注意しなければならない．

$$\underset{\text{D-グルコース}}{\mathrm{CHO{-}CH(OH){-}CH(OH){-}CH(OH){-}CH(OH){-}CH_2OH}} + H_2 \xrightarrow{\text{Pt}} \underset{\text{D-グルシトール（D-ソルビトール）}}{\mathrm{CH_2OH{-}CH(OH){-}CH(OH){-}CH(OH){-}CH(OH){-}CH_2OH}}$$

アルコール類との反応：グリコシドと二糖類の形成

ヘミアセタールは水の脱離を伴ってアルコール類と反応し，アセタール類（同一炭素に二つの−OR 基をもつ化合物）を生成する（有機化学編 4.7 節参照）．

$$\underset{\text{ヘミアセタール}}{\mathrm{R{-}CH(OR')(OH)}} + \underset{\text{アルコール}}{\mathrm{R''{-}O{-}H}} \underset{\text{触　媒}}{\overset{H^+}{\rightleftharpoons}} \underset{\text{アセタール}}{\mathrm{R{-}CH(OR')(OR'')}} + H_2O$$

グルコースやほかの単糖類は環状ヘミアセタールなので，それらはアルコール類と反応してアセタール類も形成する．このアセタール類を**グリコシド**と呼ぶ．グリコシドは，アノマー炭素原子の −OH 基が −OR 基で置き換えられている．たとえば，グルコースはメタノールと反応してメチルグルコシド（**グル**コシドとはグルコースによって形成される環状アセタールであることに注意する．**ほかの糖**から誘導される環状アセタールは**グリ**コシドになる）を生成する．

グリコシド（glycoside）　単糖類とアルコールが脱水を伴う反応で形成する環状アセタール．

グリコシドの形成

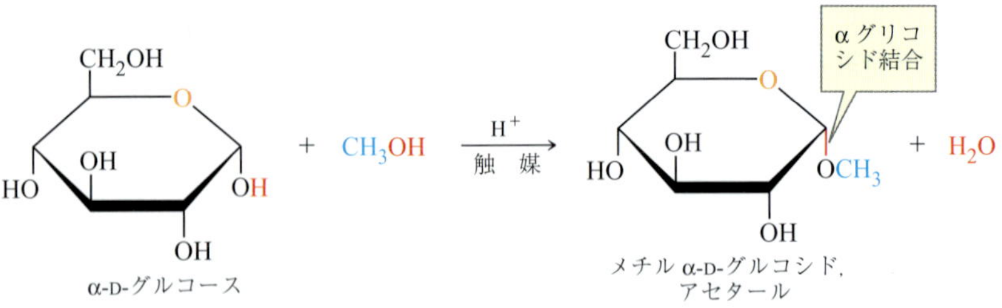

$$\alpha\text{-D-グルコース} + CH_3OH \xrightarrow[\text{触媒}]{H^+} \text{メチル }\alpha\text{-D-グルコシド, アセタール} + H_2O$$

αグリコシド結合

グリコシド結合(glycosidic bond) 単糖類のアノマー炭素原子と−OR基とのあいだの結合.

単糖類のアノマー炭素と−OR基の酸素原子とのあいだの結合は，**グリコシド結合**と呼ばれる．先のグリコシドは，開環構造と平衡になるヘミアセタール基を含まないので還元糖ではない．

二糖類や多糖類を含むより大きな糖分子は，単糖類がグリコシド結合によって互いに連結している．たとえば，二糖類は一つの単糖のアノマー炭素に2番目の単糖の−OH基が反応して形成される．

二つの単糖類間でのグリコシド結合の形成

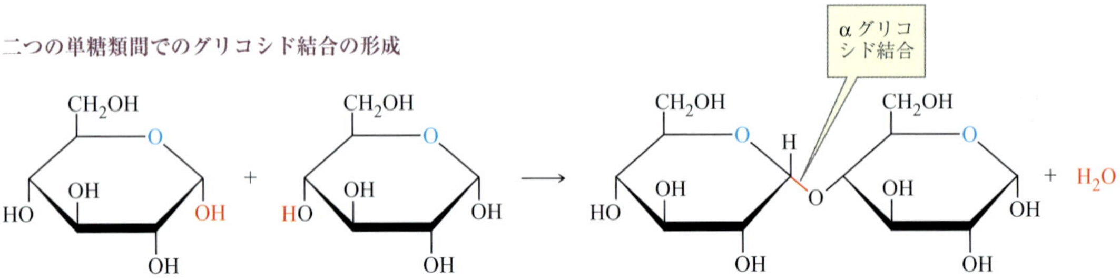

αグリコシド結合

この反応の逆は**加水分解**(hydrolysis)で，この反応はすべての炭水化物の消化でおきる．

二糖の加水分解反応

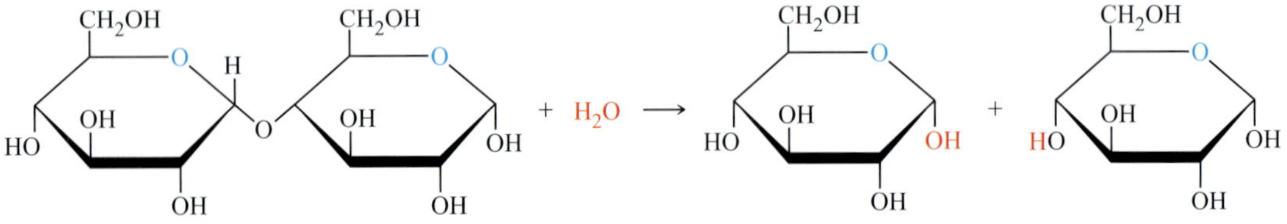

問題 3.14

メタノールとリボースの反応によって得られるαおよびβアノマーの構造を描け．この化合物はアセタールか，ヘミアセタールか．

アルコール類のリン酸エステルの形成

アルコール類のリン酸エステルは，−OH基の酸素原子に $-PO_3^{2-}$ 基が結合している．同様に，糖の −OH基は $-PO_3^{2-}$ 基と結合してリン酸エステルを形成する．単糖類のリン酸エステルは，炭水化物の代謝過程において反応物や生成物としてあらわれる．グルコースリン酸がまず生成し，つぎの反応段階に続く．それは解糖の第1段階において，ATPから $-PO_3^{2-}$ 基を転位することによって形成される．解糖とは，5章で述べるようにグルコースやそのほかの糖類の多段階代謝経路である．解糖はグルコースを最終的にアセチル基に変換し，さらにアセチル基はクエン酸回路に導入される．

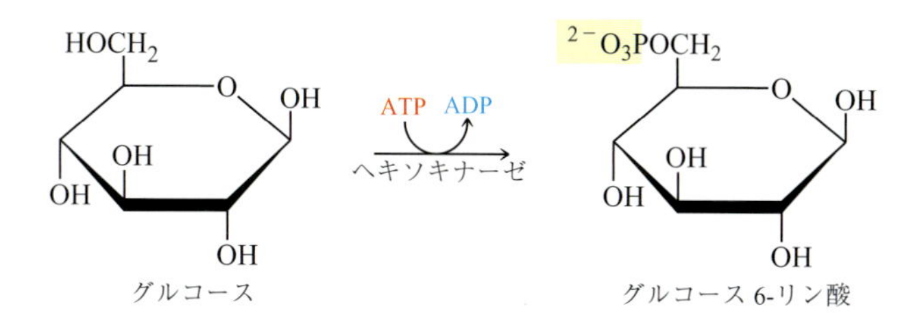

3.6 一般的な二糖類

学習目標：

- 二糖類を名称，構造，構成単位とその間の結合，所在，用途によって識別できる．

私たちは毎日，テーブルシュガーともいわれる二糖類のスクロース(ショ糖)を食べている．スクロースは二つの単糖類 — グルコースとフルクトース — の共有結合によって形成されている．また，ほかの単糖類や二糖類と比較して適度な量が新鮮な果物や野菜の中にも含まれている．しかし，食物中の大部分のスクロースは添加されたものである．たとえば，コーヒーや紅茶にスクロースを入れるだろう．また，スクロースは市販の加工食品である朝食用のシリアル，アイスクリーム，あるいはソーダやパンにも入っている．スクロースを多く含む食物を過度に食べることは，広く受け入れられるほどの科学的な根拠はないものの，子どもの心臓病に対する過敏症の原因として非難されている．もちろん心臓病との関連の確かな根拠はある．それは過剰な糖カロリーの肥満に対する影響である．

糖類およびその代用品の甘味度は，スクロースを100としたときの相対的な甘味度で決定する．甘味は味覚の審査員によって評価される．多くの試験結果

表 3.2 糖類と糖代用品の相対的な甘味度(スクロース＝100)

名前 / 型	甘 味	一般的な所在
単糖類		
フルクトース	175	果物
ガラクトース	30	果物ペクチン
グルコース	75	砂糖，デンプン
二糖類		
ラクトース	16	ミルク
マルトース	33	発芽穀物
スクロース	100	サトウキビ，サトウダイコン
糖アルコール		
マルチトール	80	ダイエット食品*
ソルビトール	60	ダイエット食品*
キシリトール	100	ダイエット食品*
合成甘味料		
アスパルテーム	18 000	糖代用品
シクラメート	3000	糖代用品
サッカリン	45 000	糖代用品
スクラロース	60 000	糖代用品

* とくに糖尿病のためのダイエット食品.

(a)

(b)

(c)

▲ **図 3.3**
一般的な糖類
(a) 二糖類のスクロース(グルコース＋フルクトース)はサトウキビとサトウダイコンの中にみられる．(b) ジャムは粘りを出すペクチンの中に単糖類のガラクトースを含んでいる．(c) 蜂蜜は単糖類のフルクトースを高濃度に含む．

が平均化され，表 3.2 に示すような相対値が決定される．医学的あるいは個人的な理由で食餌中の糖の量を減らさなければならない人のために，糖アルコールと合成甘味料が多くの食品に利用されている．たとえば，糖尿病用に開発されたキャンディーやデザートに使われる糖アルコールは非消化性なので血糖値に影響を与えない．しかし，このような糖アルコールを，もし多量に摂取すると下痢を引きおこす．

二糖類の構造

二糖類を構成する二つの単糖類は，グリコシド結合によって結合している．この結合には，環状の単糖類の場合のようにαあるいはβ(αは環より下，βは環より上)がある(図 3.2)．つぎに示す二つの構造式のグリコシド結合は **1,4 結合**(一つの単糖類の C1 ともう一方の単糖類の C4 とのあいだの結合)である．

1,4 結合(1,4 link)　一つの糖の C1 のヘミアセタールと別の糖の C4 のヒドロキシル基とのグリコシド結合．

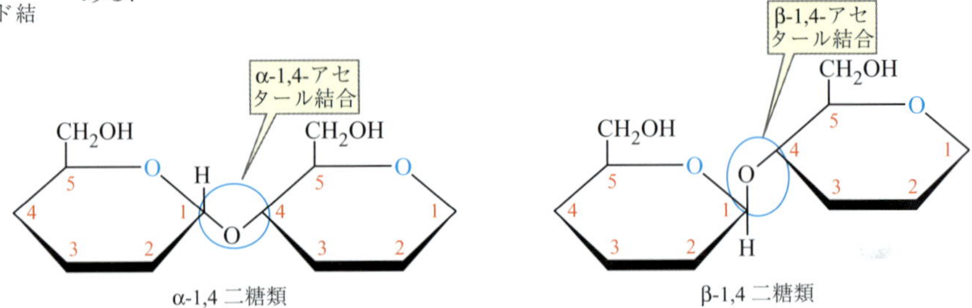

表 3.3 に天然に存在する 3 種類のもっとも一般的な二糖類の概略を示す．これらは単糖類が結合することができる 3 種類の異なる様式を説明している．すなわち，α配向によるグリコシド結合(マルトース)，β配向によるグリコシド結合(ラクトース)，二つのアノマー炭素が連結する結合(スクロース)である．

例題 3.5　還元糖の確認

二糖類のセロビオースはセルロースの酵素的な加水分解反応によって得ることができる．セロビオースは還元糖か，非還元糖か．

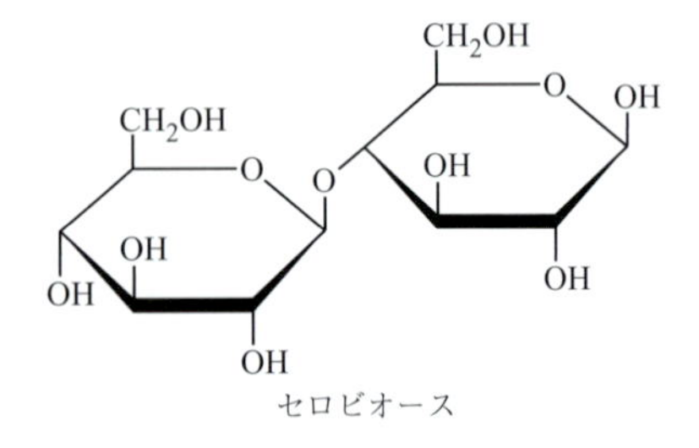

解　説　還元糖はヘミアセタール基をもたなければならない．それは，一つの炭素に一つの −OH 基と一つの −OR 基が結合した構造である．上の構造式の右側の環がそのような基をもっている．

解　答

セロビオースは還元糖である．

▲ 乳糖不耐症の人のための牛乳．この牛乳中のラクトース(乳糖)含量は，ラクターゼ処理することによって減らしている．

問題 3.15

例題 3.5 のセロビオースの構造を見よ．セロビオースにおける単糖類の結合を類別せよ．

表 3.3　一般的な二糖類

二糖類	構成単位と結合様式	事　実
マルトース C1 でグリコシド結合 α-1, 4 結合 C1 でヘミアセタール α-D-グルコース α-D-グルコース	α-D-グルコースが α-1,4 結合で α-D-グルコースに結合	● 右側のグルコースの C1 でヘミアセタール結合 ● ヘミアセタールのため還元糖 ● 麦芽糖と呼ばれる ● 発芽穀物に存在（ビール製造） ● 調理食品の甘味料として使用 ● 小腸のアミラーゼによってデンプンが消化されるときに生成 ● 小腸のマルターゼによってグルコースに加水分解
ラクトース 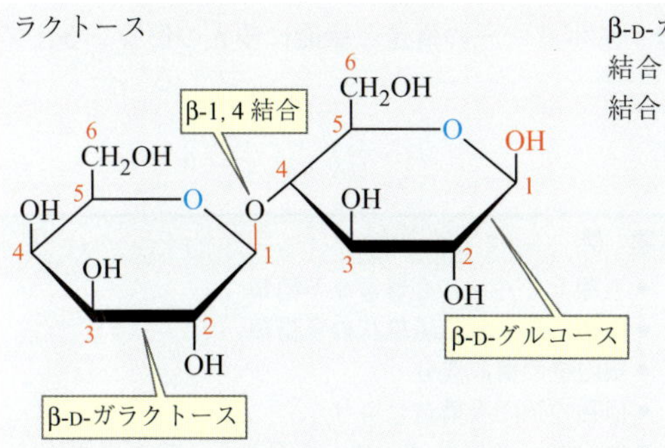	β-D-ガラクトースが β-1,4 結合で β-D-グルコースに結合	● β-D-グルコースの C1 でヘミアセタール結合 ● ヘミアセタールのため還元糖 ● 乳糖と呼ばれる ● 人間の乳に 7% 存在 ● 小腸のラクターゼによって加水分解 ● 人間はラクターゼをもたないのでラクトースが腸内に残り，腸内の浸透圧が上がり，腹痛をおこすことがある ● 大腸の微生物によって加水分解され，腹痛をおこすことがある ● これらの二つの状態は乳糖不耐症と呼ばれる
スクロース α-D-グルコース 1,2 アノマー結合 β-D-フルクトース	α-D-グルコースが 1,2-アノマー結合によって β-D-フルクトースに結合	● グルコース部分はアセタール，フルクトース部分はケタールのため，還元糖ではないことに注目 ● ショ糖（テーブルシュガー）と呼ばれる ● サトウダイコンやサトウキビから得られる ● 加水分解によって，グルコースとフルクトースが 50：50 の混合物を与える（転化糖と呼ばれる） ● 転化糖は食品添加物として用いられる ● 転化糖はスクロースよりも甘い ● スクロースは小腸のスクラーゼによって加水分解される

問題 3.16

例題 3.5 のセロビオースの構造を見よ．セロビオースの加水分解反応によって生成する二つの単糖類の名称を示せ．

基礎問題 3.17

つぎの二糖類を決定せよ．また，これらの二糖類は天然ではなにに含まれているか．

(a) この二糖類は，α-グリコシド結合によって結合している二つのグルコースを含んでいる．

(b) この二糖類は，フルクトースとグルコースを含んでいる．

(c) この二糖類は，ガラクトースとグルコースを含んでいる．

3.7 グルコースを基本とする重要な多糖類

学習目標：

- 一般的な多糖類を識別し，それらの多糖類が天然のどこに存在し，どのような機能をもつかを知る．
- 多糖類を構成しているモノマーの種類と結合様式を認識できる．
- 天然の多糖類を構成している修飾された単糖類を識別し，さらにその多糖類の機能を認識できる．

多糖類は 10 個，100 個，あるいは数千個の単糖類がマルトースやラクトースとおなじ型のグリコシド結合をするポリマーである．重要な 3 種類の多糖類は，**セルロース**(cellulose)，**デンプン**(starch)，**グリコーゲン**(glycogen)である．表 3.4 に示すセルロースやデンプンの繰返し単位を比較せよ．グルコシド結合のわずかな違いがグルコースポリマーの構造と機能に多大の影響を与えている．

表 3.4　一般的な多糖類

多糖類	結　合	事　実
セルロース 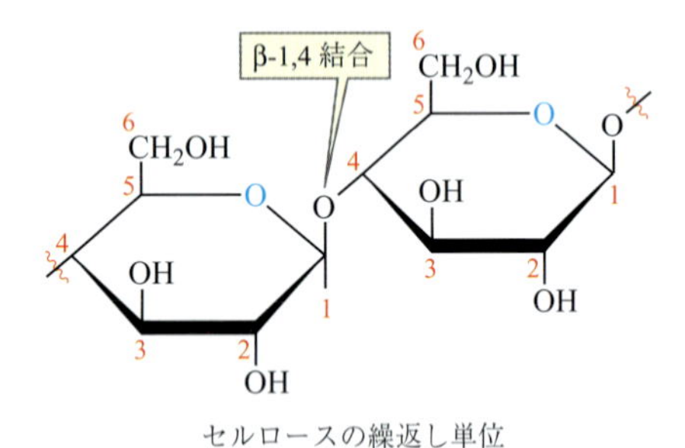 セルロースの繰返し単位	β-1,4 結合	● 地球上でもっとも豊富な多糖類 ● 植物にみられる繊維状の多糖類 ● 細胞壁の構成成分 ● 植物の強固な構造に寄与 ● セルロース分子は，数千のグルコースが直鎖状に結合 ● β-1,4 結合は，セルロース分子を強固でひだ状の構造にする ● いくつかの動物(ウシやほかの草食動物)や昆虫(シロアリと蛾)の消化管中に生存する微生物はセルラーゼをつくる．それによって，セルロースをグルコースに加水分解する ● 人間はセルロースを消化できない ● 私たちの食餌に食物繊維を与える ● セルロースは建築材，厚紙や他の紙製品をつくるために用いられる ● セロハン，レーヨン，綿火薬はセルロース誘導体
アミロース(デンプン) 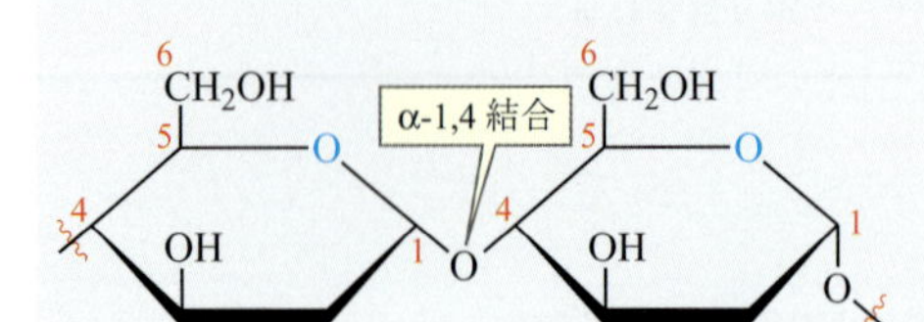 デンプンとグリコーゲンの繰返し単位 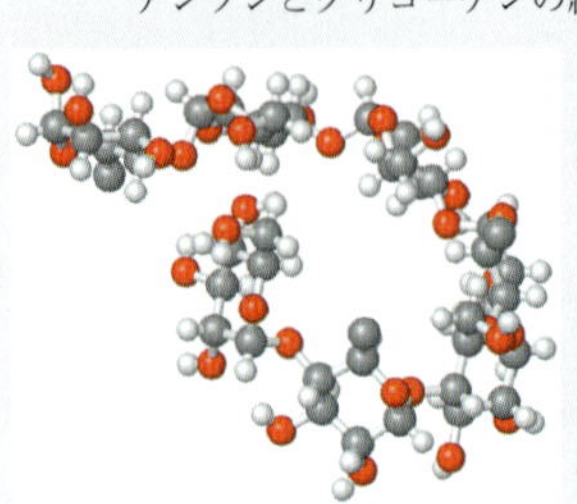 ◀**図 3.4** **アミロースのらせん構造**	α-1,4 結合	● 植物，とくに種子の中に存在 ● 豆類，麦や米のような穀類，ジャガイモのような塊茎が一般的な所在 ● デンプン中の約 20%をしめる ● 数百から 1000 単位の長鎖構造 ● 構成単位間の α-1,4 結合によって，らせん状に巻いた繊維状の鎖状構造となる ● 熱水に可溶 ● 動物の唾液や小腸中の α-アミラーゼによって加水分解され，代謝やエネルギー蓄積に用いられるグルコースを供給する ● 図 3.4 にそのらせん構造を示す

つづく

表 3.4 一般的な多糖類(つづき)

多糖類	結 合	事 実
アミロペクチン(デンプン) 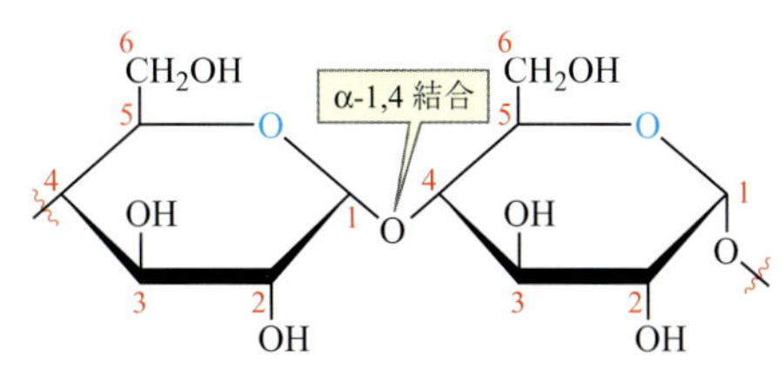 デンプンとグリコーゲンの繰返し単位	α-1,6 結合の分岐点* をもつ α-1,4 結合	● 植物，とくに種子の中に存在 ● 豆類，麦や米のような穀類，ジャガイモのような塊茎が一般的な所在 ● デンプン中の約 80%を占める ● 数百から 1000 単位の長鎖構造 ● 単位間の α-1,4 結合によって，繊維状の鎖状構造となる ● 単位間の α-1,6 結合によって，分岐した構造となる ● アミロペクチンは多く分岐した構造 ● 熱水に不溶 ● アミロペクチンの分子量は 200 万以上 ● 分岐によって分子が巨大化，不溶，コンパクトとなり，グルコースの蓄積に理想的 ● 種子の発芽や初期の成長のためのエネルギー供給 ● 動物の小腸中の α-アミラーゼによって加水分解され，代謝やエネルギー蓄積のためにグルコースを供給 ● α-1,4 結合のみが α-アミラーゼによって加水分解される．α-1,6 結合は α-アミラーゼによって加水分解されない
グリコーゲン 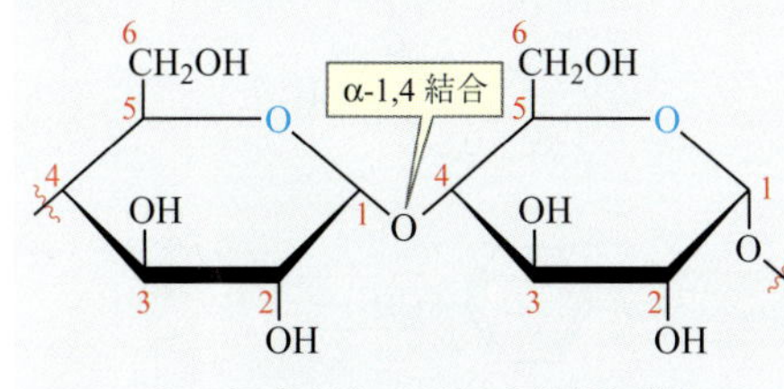 デンプンとグリコーゲンの繰返し単位	α-1,6 結合の分岐点* をもつ α-1,4 結合	● 動物にみられる ● 動物のデンプンといわれる ● 肝臓や筋肉へのグルコースの貯蔵に用いられる ● 微粒といわれる集合体として貯蔵される ● 肝臓のグリコーゲンは，他の細胞が必要とする血糖値を保つためにグルコースを供給 ● 筋肉のグリコーゲンは，動物が運動エネルギーを必要とするとき ATP に変換するために筋肉細胞にグルコースを供給 ● 単位間の α-1,4 結合によって，繊維状の鎖状構造となる ● 単位間の α-1,6 結合によって，分岐した構造となる ● グリコーゲンにも分岐構造は存在するが，アミロペクチンよりもさらに高度な枝分かれである ● グリコーゲンは 1 分子中に 100 万以上のグルコース単位をもち，アミロペクチンよりも大きい

* α-1,6 結合をもつ枝分かれ鎖は p.107 を参照.

つぎに示す構造は，アミロース，アミロペクチンおよびセルロースの構造を比較したものである．赤い点で描いた図は，アミロペクチンとグリコーゲンにおける枝分かれの混み具合を比較したものである．

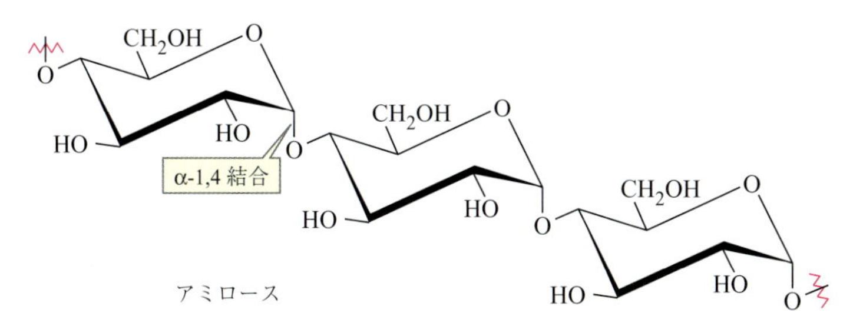

CHEMISTRY IN ACTION

細菌細胞壁：強固な防御システム

すべての細胞は，原形質膜の存在によって仕切りがつけられている．そして細胞の内容物は，タンパク質が散在する脂質二重層の中に閉じ込められている(6.7節)．細菌や高等植物の原形質膜は固い細胞壁でおおわれているが，壁をもたない有機体の細胞は原形質膜のみをもっている．細胞壁は，組成の点では著しく異なっているが，機能はおなじで，細胞を強固にすることにある．この細胞壁の硬さが，浸透圧による細胞の破裂を防いでいる．細胞壁は自ら形状を保持し，病原菌から身を守る働きをもつ．

細菌の細胞壁は，強さ，形状および鞭毛や繊毛をつけるための硬い土台を与える．また細胞壁の組成は，バクテリオファージ(細菌を食べるウイルス)の付着部位を与える．細胞壁の組成は細菌種間で異なっていて，それが細菌のいくつかのグループを識別するための重要な要素になる．細菌の細胞壁の大部分は，修飾された糖の*N*-アセチルグルコサミン(NAG)と*N*-アセチルムラミン酸(NAMA)が交互に連なった**ペプチドグリカン**(peptidoglycan)の重合体で構成されている．ペプチドグリカンは互いに短いペプチドの架橋で連結されている．この架橋は独特で，D-アラニンとL-アラニンの両方が存在する．重合体が組み合わさった紐(ひも)は，細菌の細胞膜上に多孔性で多層の格子を形成する．

幸いなことに，動物は多くの細菌を制御できる生体防御機能を発達させている．たとえば涙，唾液，卵白に含まれる酵素のリゾチームは，病原性細菌の細胞壁のペプチドグリカンを加水分解して，細菌を殺す．20世紀中頃に抗生物質のペニシリンが発見された．ペニシリン類はすべてβ-ラクタム環をもっており，これがペプチドグリカンの架橋ペプチド鎖を合成する酵素の“自滅的な阻害剤”として働く．ペニシリンやその類縁物質は，増殖している細菌だけをねらう．哺乳類はペプチドグリカンを合成する酵素過程をもっていないので，自身が傷つけられることなくその細菌のみを殺すことができる．

私たちは，今日では抗菌薬の有用性と有効性を当然のことと思っている．ペニシリンが発見されたとき，“魔法の弾丸”として受け入れられた．しばしば致命的な細菌感染症を治すことができたからである．不幸なことに，多くの細菌はペニシリンやその類似物質に対する抵抗力を進化させた．耐性細菌はβ-ラクタム環を破壊する酵素をつくり出し，それによってペニシリンの効果を破壊した．以来ほかの抗菌薬が数多く開発されたが，抗菌薬の耐性菌株が蔓延し，耐性菌株がもつ細胞壁の“防弾チョッキ”的な性質が人々の健康上の懸案事項となっている．

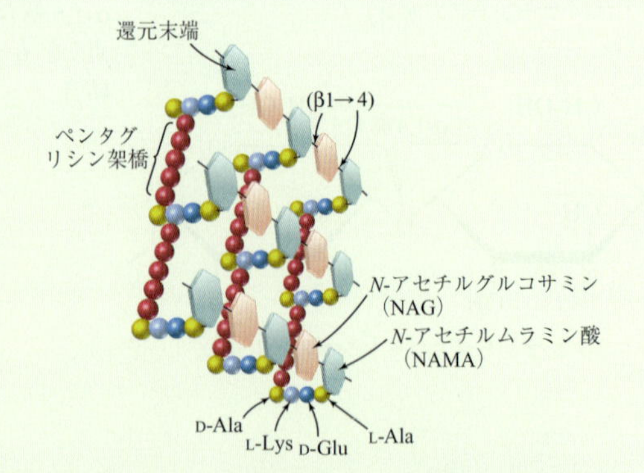

▲ペプチドグリカンの構造：NAGとNAMAが交互に連なった糸状の多糖類が，ペプチドによって連結されて格子状構造となる．これが細菌の細胞膜をおおう．

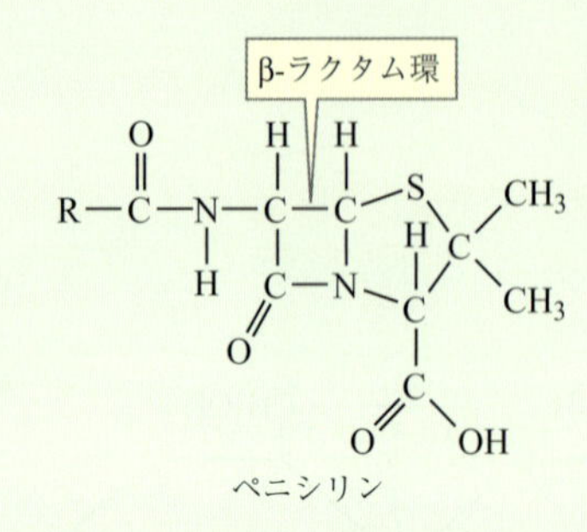

ただし R = （ベンゼン環）$-CH_2-$

または （ベンゼン環）$-O-CH_2-$

または （ベンゼン環，$O-CH_3$ 2個）

CIA 問題 3.4　細胞壁の三つの機能をあげよ．

CIA 問題 3.5　ほとんどの細菌の細胞壁をつくっている重合体の構成単位と架橋構造について述べよ．

CIA 問題 3.6　ペニシリンは特定の細菌の成長をどのようにして阻害するか．

CIA 問題 3.7　病気で抗生物質のペニシリンを飲んだとき，ペニシリンは細菌の細胞を殺すが，肝細胞は殺さない．それはなぜか．

アミロペクチン(またはグリコーゲン)の分枝点

α-1,6 結合

α-1,4 結合

セルロース(1,4-β-D-ポリグルコース)

アミロペクチンとグリコーゲンの分枝の比較

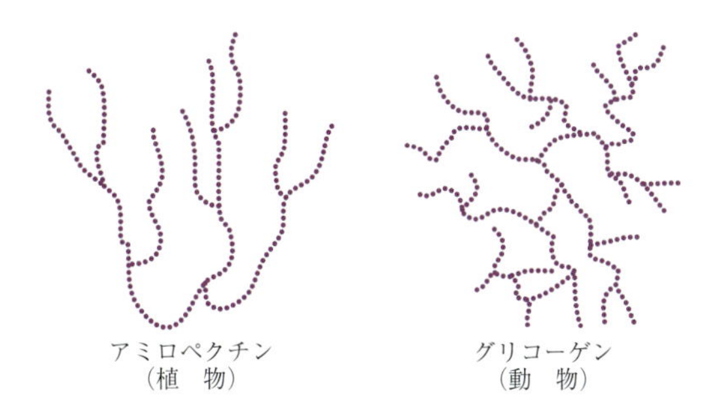

修飾したグルコースを基本とするいくつかの多糖類

修飾された官能基をもつ単糖類は多様な生体分子の構成要素である．修飾された単糖類のいくつかは独特な機能をもつポリマーを形成する．短い単糖鎖がタンパク質に結合すると糖タンパク質となり，脂質に結合すると糖脂質となる．タンパク質や脂質に短鎖の単糖類が結合すると，それらの機能が強められる．三つの興味深いポリマーがある．ヒアルロン酸はβ-D-グルクロン酸と*N*-アセチル-β-D-グルコサミンが繰返し単位として結合してできたポリマーで，関節のなかの関節滑液や眼球のなかの硝子液にみられる．コンドロイチン6-硫酸はβ-D-グルクロン酸と*N*-アセチル-β-D-グルコサミン-6-硫酸のポリマーで，腱や軟骨にみられる．ヘパリンはβ-D-グルクロン酸-2-硫酸と*N*-硫酸-β-D-グルコサミン-6-硫酸のポリマーで，医学的には抗血液凝固薬(血液凝固を妨げる作用物質)である．これらの三つのポリマーにみられる三つの修飾されたグルコース分子の構造をつぎに示す．

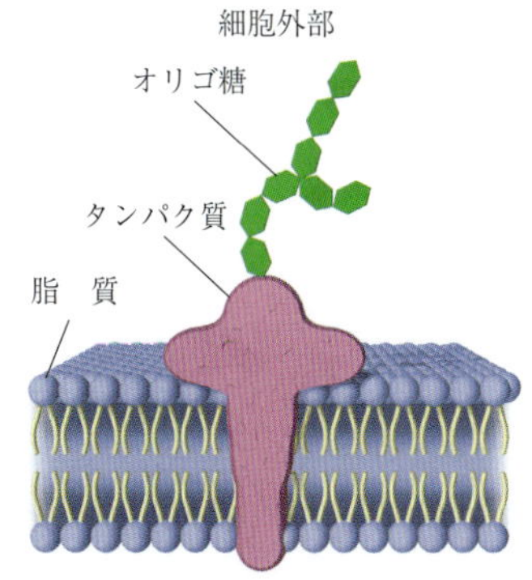

▶▶ 細胞膜の基本的な構成物は脂質分子である．細胞膜の驚くべき複雑な構造と機能は6.5，6.6節で述べる．炭水化物が脂質と結合している糖脂質は，糖タンパク質とおなじように細胞膜に必須である．

HANDS-ON CHEMISTRY 3.2

食料品店で買った**加工食品になにが入っているのか疑問に思ったことはあるだろうか？**

ここでは食品表示に記載されている成分中の糖や複雑な炭水化物を識別するために十分な化学を学習しよう．

たとえば，マルチグレイン・クラッカー（雑穀粒粉を使用してつくったクラッカー）の箱につぎのような成分表示がされているとしよう．

［強化粉（小麦粉，ナイアシン，葉酸），ヒマワリ油およびキャノーラ油（アスコルビン酸を含有），砂糖，オート麦，イヌリン，ライ麦粉，複数の穀物粉の混合物（小麦，ライ麦，大麦，トウモロコシ，キビ，ダイズ，ヒマワリの種，コメ，亜麻，マカロニ小麦，オート麦），小麦胚，コーンスターチ，転化糖，およびベーキングに用いたいくつかの無機化合物］

ここで，粉と表示されているものにはデンプン（アミロースとアミロペクチンの混合物）が含まれており，多くのデンプン源があることに注目しよう．また，糖類は砂糖に代表されるように，スクロースと転化糖を意味している．

a.　この食品表示の中に三つのビタミンがある．それはなにか．

b.　インターネットでつぎのものを調べてみよう．ライ小麦（triticale），キビ（millet），コーンスターチ（corn starch）．

c.　朝食に食べるシリアル（cereal）やグラノーラ（granola），あるいは家や食料品店にあるほかの食品の表示成分を記録してみよう．そして糖類や複雑な炭水化物類を識別しよう．

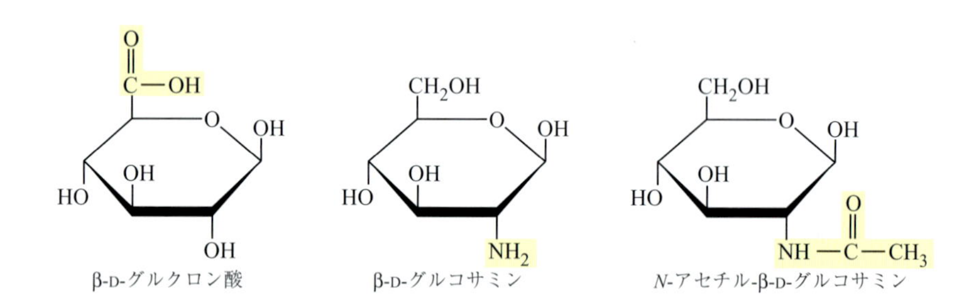

問題 3.18

グルコースと（a）β-D-グルクロン酸，（b）β-D-グルコサミン，（c）*N*-アセチル-β-D-グルコサミンの構造の違いはなにか．

問題 3.19

N-結合した糖タンパク質において，糖は通常，タンパク質のアミド側鎖の N 原子に結合している．どのようなアミノ酸がそのような結合を形成できるか．

CHEMISTRY IN ACTION

食物中の繊維と炭水化物

章のはじめで学んだように，炭水化物は私たちの食生活の大きな部分を占め，食餌中の主要な単糖類は，果物や蜂蜜からのフルクトースとグルコースである．主な二糖類は，一般にテーブルシュガーと呼ばれサトウキビやサトウダイコンから精製されるスクロース（ショ糖）と，牛乳からのラクトースである．また，私たちの食餌は消化できる多糖類のデンプンを多量に含んでいて，小麦や米などの穀物，ジャガイモのような根菜，ダイズやエンドウのような豆類に含まれる．栄養士は**複雑な炭水化物**としてこれらの多糖類を推奨している．セルロースのようないくつかの多糖類はヒトによって消化されない．このような消化できない炭水化物は**食物繊維**としてよく知られている．

複雑な炭水化物は容易にまた迅速に消化，吸収され，血糖値に影響を与える．漂白パンや白米のように精製された食物や，ジャガイモの中にみられる容易に消化される炭水化物は吸収され，血糖値の急速な上昇をもたらし，引き続いて数時間後には望ましいレベルよりも低い血糖値をもたらす．パスタや全粒穀物，シリアルやパン，豆類のようなゆっくりと消化・吸収される炭水化物は，より健康的な血糖値の応答をおこす．

消化される炭水化物の体内での主な役割はエネルギーの供給で，そのエネルギーは炭水化物 1 g あたり 4 kcal（16.7 kJ）になる．少量の過剰な炭水化物は，グリコーゲンに変えられ肝臓や筋肉にたくわえられる．しかし食餌中の大部分の炭水化物は，エネルギーとしてただちに必要とするもの以外は脂肪に変えられる．

マイプレート（食事バランスガイド）（1 章，Chemistry in Action“食物中のタンパク質”参照）は，私たちの食餌中の肉の量を減らし，穀物，野菜や果物のように複雑な炭水化物や繊維質を含む肉以外の食物を増やすことを推奨している．

消化できる炭水化物と繊維質の両方を含む**総炭水化物**の点から，加工食品に示される栄養成分表は，1 日 300 g の総炭水化物と 25 g の食物性繊維（非消化性の炭水化物）の摂取を推奨している（2 章，Chemistry in Action“ビタミン，ミネラル，食品ラベル”参照）．この総炭水化物の量は 1 日 2000 kcal（8400 kJ/ 日）の食餌の 60％である．また，この表示は食物による糖の総重量（糖の日々の摂取量が推奨されていないために割合ではない）を示している．この表示は“糖”を天然か添加かにかかわらず，すべての単糖類と二糖類に限定している．

一つの考え方として，この表示に**可溶性繊維**（soluble fiber）と**不溶性繊維**（insoluble fiber）の量を示してもよいかもしれない．これらは単糖類に加水分解できないか，あるいは血液循環系に吸収できない多糖類である．これらの多糖類には，セルロースや野菜中にある消化されない可溶性や不溶性の多糖類が含まれる．

▲ ヘルシーな食餌は穀物や豆類によって供給できるいろいろの複雑な炭水化物を含んでいる．

不溶性の繊維を多く含む食物は，小麦，シリアルや玄米である．インゲンやエンドウ，そのほかの豆類は，可溶性，不溶性の両方の繊維を含んでいる．繊維は固形の排泄物に軟らかさとかさ高さを与える．繊維質の多い食物は，結腸や直腸のがん，痔核，多発性憩室症，心血管疾患にかかるリスクを軽減するかもしれないという研究結果が得られている．結腸や直腸のがんを発病するリスクの軽減は，発がん物質が繊維表面に吸着され，何らかの障害を与える前に取り除かれることによるのかもしれない．ペクチンは胆汁酸を吸着し，運び去るかもしれない．それによって，肝臓でのコレステロールからの胆汁酸合成を増加し，血液中のコレステロール量を減少させることになる．

米国食品医薬品局（FDA）は，食品の健康に関する科学的な根拠について報告している．二つの主張が炭水化物に関係している．第 1 は，飽和脂肪酸やコレステロール含量が低く繊維質の高い食物は，がんや心臓病の危険度が低いかもしれないということである．第 2 は，オーツ麦（麦糠）のような可溶性繊維含量が高い食物（これについても飽和脂肪酸やコレステロール含量が低い場合）も，心臓病の危険性を減少させるかもしれないということである．

CIA 問題 3.8 食餌中の複雑な炭水化物と単純な炭水化物の例をあげよ．可溶性繊維と不溶性繊維は，複雑あるいは単純な炭水化物のどちらか．

CIA 問題 3.9 私たちの体はセルロースを消化する酵素をもたないが，セルロースを健康食品に加えることは必要である．それはなぜか．

CIA 問題 3.10 二つの可溶性繊維とそれらの出所を示せ．

要　約　章の学習目標の復習

- **炭水化物を官能基と炭素原子の数によって分類し，それによって炭水化物を命名する**

単糖類は，3～7個の炭素をもつ化合物で，炭素番号1がアルデヒド基（**アルドース**）あるいは炭素番号2がケトン基（**ケトース**），そのほかの炭素にヒドロキシ基をもっている．**二糖類**は二つの単糖類で構成されており，**多糖類**は1000個以上の単糖類で構成されるポリマーである（問題28～31，83）．

- **Fischer投影式から単糖類のD,Lエナンチオマーとジアステレオマーを識別する**

単糖類は，炭素鎖中に一つの−H，一つの−OHおよび二つの別の炭素が結合するいくつかの不斉炭素原子をもっている．*n*個の不斉炭素原子をもつ単糖類は，2^n個の立体異性体とその半分の数の鏡像体（エナンチオマー）をもっている．異なるエナンチオマーは**ジアステレオマー**であり，それらは互いにエナンチオマーではない（問題21，23，32，33，38～43）．

- **単糖類のFisher投影式を描く**

Fischier投影式は開環構造の単糖類を表している．これらは1対のDとLエナンチオマーをもっており，このエナンチオマーはカルボニル基からもっとも遠い位置のキラル原子上の−OH基が右側にある（D型）か，左側にある（L型）かによって識別される（問題34，35，74，75，78，79）．

- **Fischer投影式であらわした五炭糖および六炭糖をHaworth投影式に変換する**

Fischer投影式で描かれる開環型の単糖類は，環状に巻き込まれ，ヘミアセタール形成を伴って環を閉じる（Haworth投影式）（問題50，51，76，77）．

- **単糖類のアノマー炭素とα型あるいはβ型構造を識別し，環状構造に関連する変旋光について理解する**

環状構造の単糖類はヘミアセタール炭素（二つのO原子が結合）を含んでいる．それは**アノマー炭素**と呼ばれ，その炭素はキラルである．環状構造のD型およびL型単糖類はそれぞれ二つの異性体（**アノマー**として知られている）が可能である．なぜなら，アノマー炭素上の−OHが環平面の上側か，下側に配向できるからである（問題22, 46～49, 67, 69）．

- **単糖類を名称，構造，出所，用途によって識別する**

五つの一般的な単糖類は表3.2に述べた（問題36，37，84）．

- **単糖類の酸化・還元反応の生成物を予想する**

単糖類の酸化は第一の炭素原子（Fisher投影式のC1）をカルボキシ基に変換する．アルドースと同様にケトースは**還元糖**である．なぜならば，ケトースは酸化されることができるアルドースと平衡になるからである（問題24，27，44，45，52～55）．

- **単糖類とアルコール類の反応の生成物を予想する**

ヘミアセタールとアルコールの反応はアセタールを生成する．環状の単糖類とアルコールの反応はアノマー炭素上の−OH基を−OR基に変換する．−OR基の結合（グリコシド結合として知られている）の方向は，もとの−OH基の配向と同じであり環に対してαあるいはβである．二糖類は，二つの単糖類の間の**グリコシド結合**の生成物である（問題56～59）．

- **多糖類の加水分解反応と単糖類のリン酸化反応を理解し，それらの生成物を予想する**

多糖類の加水分解反応は，その多糖類を構成していたモノマー単位に分解する．たとえば，デンプンの加水分解によって，グルコースが得られる．リン酸化された単糖類は炭水化物の代謝における反応物となる（問題20，66，68）．

- **二糖類を名称，構造，構成単位とその間の結合，所在，用途によって識別する**

マルトース（D-グルコースとD-グルコース），**ラクトース**（D-ガラクトースとD-グルコース）および**スクロース**（D-フルクトースとD-グルコース）は表3.3に述べた．マルトースやラクトースと異なって，スクロースは還元糖ではない．なぜならば，それはアルデヒドを伴う平衡となることができるヘミアセタールをもたないからである（問題25，60，61，65，81，82，84～86）．

- **一般的な多糖類を識別し，それらの多糖類が天然のどこに存在し，どのような機能をもつかを知る**

セルロースは植物の構造を司る．デンプンは植物のためのグルコースの貯蔵体であり，人間によって消化される．**グリコーゲン**は動物のためのグルコースの貯蔵体である（問題62～64，84）．

- **多糖類を構成しているモノマーの種類と結合様式を認識する**

セルロースはβ-D-グルコースがβ-1,4結合した直鎖状ポリマーである．**デンプン**はα-D-グルコースが直鎖状（**アミロース**）と分岐した鎖状（**アミロペクチン**）でα-1,4結合したポリマーである．グリコーゲンはα-D-グルコースが直鎖状にα-1,4結合したポリマーである（問題26，70）．

- **天然の多糖類を構成している修飾された単糖類を識別し，さらにその多糖類の機能を認識する**

ヒアルロン酸，コンドロイチン6-硫酸，ヘパリンおよび糖タンパク質は，それらのポリマー鎖に繰返し単位として，修飾されたグルコース単位の対（ダイマー）をもっている．関節や細胞間隙は**ヒアルロン酸**や**コンドロイチン6-硫酸**のような多糖類によって滑らかにされている．**ヘパリン**は血液中の凝結因子と結合して抗凝固剤として作用する．**糖タンパク質**は，細胞表面で受容体として機能する（問題33，72，73）．

概念図：炭水化物

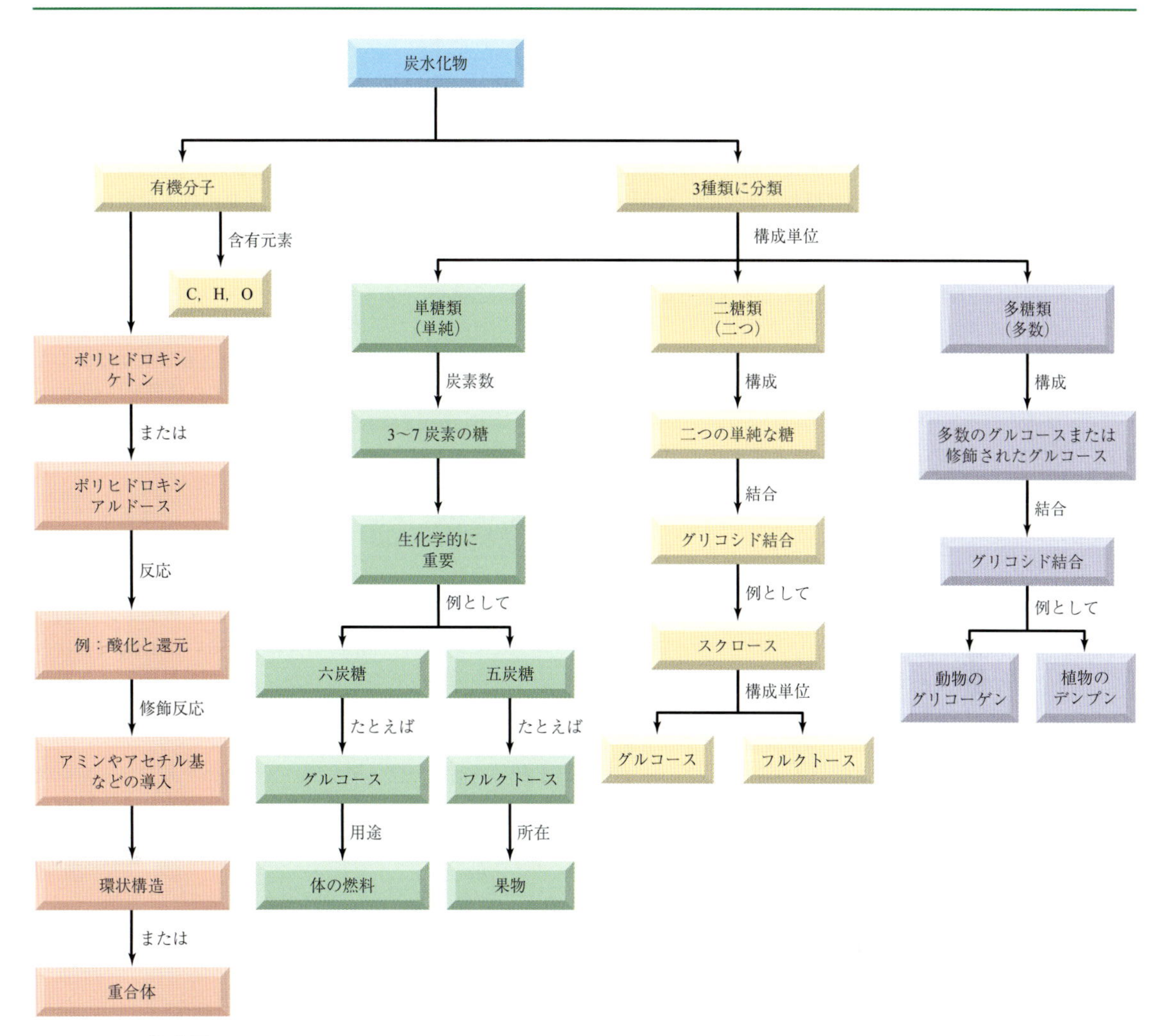

▲ **図 3.5　概念図**
炭水化物は生物学的に重要な有機分子であり，共通のモノマー構造によって統一されている．単糖類はエネルギー生産に用いられ，主として食物中の二糖類や多糖類から得られる．動物によるグリコーゲンや植物によるデンプンの蓄積によってエネルギーが保存される．この概念図はこれらの分子の相互関係と共通性を示している．

KEY WORDS

アノマー，p.90
アノマー炭素原子，p.90
アルドース，p.83
1,4 結合，p.102
L 糖，p.87
還元糖，p.98
グリコシド，p.99
グリコシド結合，p.100
ケトース，p.83
ジアステレオマー，p.85
多糖類（複雑な糖），p.84
炭水化物，p.83
単糖類（単純な糖），p.83
D 糖，p.87
二糖類，p.84
Fischer 投影式，p.87
変旋光，p.91

基本概念を理解するために

3.20 ジャガイモのデンプンの消化で，α-アミラーゼがデンプンのマルトースへの加水分解を触媒する．その後，酵素マルターゼがマルトースを2個のグルコースに加水分解する．デンプンからグルコースへの酵素変換をあらわす図式を描け．この図式中の炭水化物をそれぞれ二糖類，単糖類，あるいは多糖類に分類せよ．

3.21 つぎの糖類がジアステレオマー，エナンチオマー，あるいはアノマーのいずれであるかを区別せよ．
(a) α-D-フルクトースとβ-D-フルクトース
(b) D-ガラクトースとL-ガラクトース
(c) L-アロースとD-グルコース(両方ともアルドヘキソース)

3.22 問題3.23に示す三糖類について考察せよ．
(a) ヘミアセタール結合とアセタール結合を区別せよ．
(b) アノマー炭素を指摘し，それぞれがα型かβ型かを示せ．
(c) 単糖類AとBとでグリコシド結合を形成する炭素原子の番号を示せ．
(d) 単糖類BとCとでグリコシド結合を形成する炭素原子の番号を示せ．

3.23 つぎの三糖類の二つのグリコシド結合の加水分解は三つの単糖類を生成する．
(a) これらの単糖類のうちの二つはおなじ単糖類か．
(b) これらの単糖類のうちの二つは互いにエナンチオマーか．
(c) 三つの単糖類のFischer投影式を描け．
(d) これらの単糖類のそれぞれの名前を示せ．

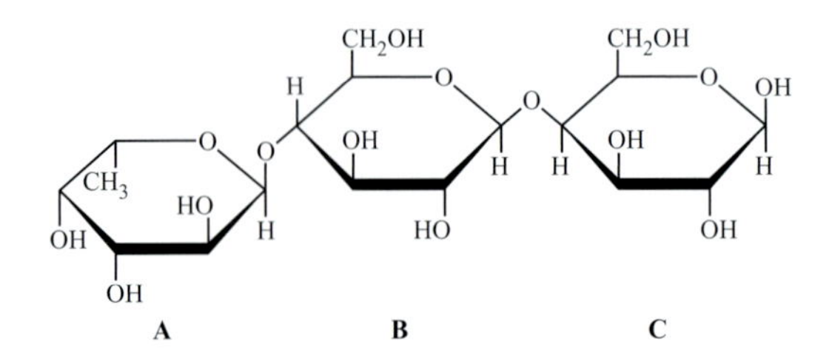

3.24 問題3.23で示した三糖類は，単糖類が特異的に配列している．この配列を決定するために，この三糖類と酸化剤を反応させる．三糖類中の単糖類の一つは還元糖なので，アルデヒドからカルボン酸に酸化される．単糖類(A, BおよびC)のどれが酸化されるか．酸化された単糖の加水分解後の構造を描け．この反応は三糖類の配列を決定するためにどのように役立つか．

3.25 二糖類(マルトース，ラクトース，セルビオースおよびスクロース)のどれかが，問題3.23で示した三糖類の一部分となっているか．もしそうであるならば，その二糖類を確認し，その位置を示せ(ヒント：α-1,4結合，β-1,4結合あるいは1,2結合を探し，それから相当する単糖類が存在するかどうかを決定せよ)．

3.26 本章で，グルコースからつくられる多糖類はセルロース，アミロース，アミロペクチンおよびグリコーゲンであることを学習した．これらを区別するための主な基準は，これらがαグリコシド結合，βグリコシド結合，1,4結合あるいは1,4と1,6結合の両方をもつかどうか，および分枝の程度を調べることである．おのおのの多糖類をこれらの観点から，表をつくって説明せよ．

3.27 溶液中では，グルコースは主にアルデヒド基を含まない環状ヘミアセタール型で存在する．穏やかな酸化剤によるグルコースの酸化はどうして可能か．

補充問題

炭水化物の概要(3.1節)

3.28 炭水化物とはなにか．

3.29 糖を示す系統名はなにか．

3.30 アルドースとケトースの構造的違いはなにか．

3.31 四つの炭水化物(a)～(d)を，カルボニル基の性質と炭素数を示すことによって分類せよ．たとえば，グルコースはアルドヘキソースである．

(a)
H–C(=O)
HO—C—H
H—C—OH
CH_2OH
トレオース

(b)
CH_2OH
C=O
H—C—OH
H—C—OH
CH_2OH
リブロース

(c)
```
 H   O
  \ //
   C
   |
H—C—OH
   |
HO—C—H
   |
H—C—OH
   |
  CH2OH
```
キシロース

(d)
```
   CH2OH
    |
    C=O
    |
HO—C—H
    |
HO—C—H
    |
 H—C—OH
    |
   CH2OH
```
タガトース

3.32　問題3.31に示したおのおのの分子中に何個の不斉炭素原子が存在するか.

3.33　ヘパリン(p.107)の繰返し単位中の二つの糖部分にそれぞれ何個の不斉炭素原子があるか. また, その繰返し単位全体に何個の不斉炭素原子があるか.

3.34　ケトヘプトースの鎖状構造を描け.

3.35　炭素数4のデオキシ糖の鎖状構造を描け.

3.36　4種類の重要な単糖類の化合物名を示せ. また, これらの糖は天然のどこに存在するか.

3.37　問題3.36の単糖類は, 一般になにに用いられているか.

炭水化物の対称性(3.2節)

3.38　エナンチオマーは互いにどのように関係づけられるか.

3.39　L-グルコースとD-グルコースの構造的関係はなにか.

3.40　2,3-ジブロモ-2,3-ジクロロブタンは3種類の立体異性体のみが可能である. これらを描き, どの対がエナンチオマーであるかを示せ. なぜそのほかの異性体はエナンチオマーをもたないか.

3.41　有機化学編4.6節で示したようにアルデヒドは還元剤と反応し, 第一級アルコール類($RCH=O \rightarrow RCH_2OH$)を生成する. 二つのD-アルドテトロースの構造を以下に示す. このうちの一つは還元され, キラル物質を生成するが, もう一方はキラルでない物質を生成する. これを説明せよ.

```
 H   O
  \ //
   C
   |
H—C—OH
   |
H—C—OH
   |
  CH2OH
```
D-エリスロース

```
 H   O
  \ //
   C
   |
HO—C—H
   |
 H—C—OH
   |
  CH2OH
```
D-トレオース

3.42　スクロースとD-グルコースは平面偏光を右に回し, D-フルクトースは左に回転させる. スクロースが加水分解されたとき, グルコースとフルクトースの混合物は偏光を左に回す.

(a) これはグルコースとフルクトースの偏光の回転の相対的強度について, なにを示しているか.

(b) この混合物を転化糖と呼ぶのはなぜか.

3.43　エナンチオマーによる光の回転の方向と程度の一般則について述べよ.

単糖類の構造と反応(3.3～3.5節)

3.44　還元糖(reducing sugar)とはどのような意味か.

3.45　還元糖の構造的特徴はなにか.

3.46　変旋光とはなにか. またそれによってなにがわかるか.

3.47　アノマーとはなにか. また, 糖のアノマーはどのように異なるか.

3.48　炭水化物のα型ヘミアセタールとβ型ヘミアセタールの構造的な違いはなにか.

3.49　グルコースのアルドヘキソース異性体のD-グロースは下に示す環状構造をもつ. α型とβ型のどちらが示されているか.

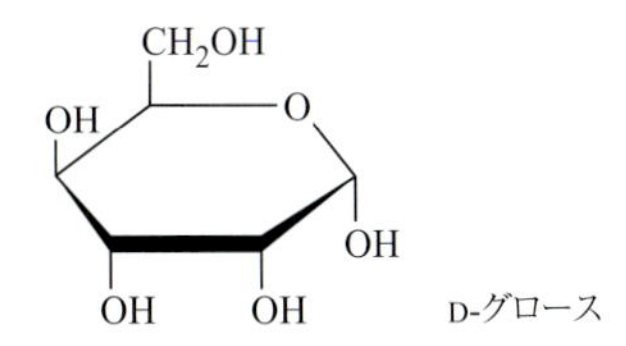

D-グロース

3.50　オレンジの皮に存在するアルドヘキソースのD-マンノースは, 鎖状構造ではつぎの構造をもつ. マンノースをα型およびβ型の環状ヘミアセタール構造式として描け.

```
     H   H   H   OH  OH  O
     |   |   |   |   |   ||
HO—C—C—C—C—C—C—H
     |   |   |   |   |
     H   OH  OH  H   H
```
D-マンノース

3.51　D-アルトロースの開環鎖状構造をつぎに示す. アルトロースをα型およびβ型の環状ヘミアセタール構造式として描け.

```
     H   H   H   H   OH  O
     |   |   |   |   |   ||
HO—C—C—C—C—C—C—H
     |   |   |   |   |
     H   OH  OH  OH  H
```
D-アルトロース

3.52　D-グルコースは還元剤による反応で, ソルビトール(糖尿病患者の代用糖として知られる)を生成する. ソルビトールの構造式を描け.

3.53　D-フルクトースを還元剤で還元すると, 異性体生成物を伴ったD-ソルビトール混合物を生成する. この異性体の構造式を描け.

3.54　Tollens試薬(有機化学編4.5節参照)のような酸化剤でアルドースを処理するとカルボン酸が生成する. グルコン酸(グルコースの酸化生成物)はマグネシウム欠乏症の処置のためにマグネシウム塩として用いられる. グルコン酸の構造を描け.

3.55　リボースのアルデヒド基を酸化するとリボン酸が生成する. リボン酸の構造を描け.

3.56 ヘミアセタールとアセタールの構造上の違いはなにか．

3.57 グリコシドとはなにか．またそれらはどのようにして形成されるか．

3.58 D-マンノースの構造(問題 3.50)を見て，D-マンノースとメタノールとの反応によって得られることが期待される二つのグリコシド生成物を描け．

3.59 二つの環状マンノース分子が α-1,4 グリコシド結合で結合した二糖類を描け．問題 3.58 におけるグリコシド生成物は還元糖ではないのに，この二糖類が還元糖なのはなぜかを説明せよ．

二糖類と多糖類(3.6，3.7 節)

3.60 三つの重要な二糖類の名前をあげよ．またこれらが天然のどこに存在し，どのような単糖類からつくられるかを述べよ．

3.61 ラクトースとマルトースは還元性の二糖類であるが，スクロースは非還元性の二糖類であることを説明せよ．

3.62 アミロース(デンプンの一種)とセルロースは両方ともグルコースのポリマーである．それらのあいだの主な構造上の違いはなにか．それらは天然でどのような役割をもっているか．

3.63 アミロースとアミロペクチンはどこが類似し，どこが異なっているか．

3.64 つぎのうちセルロースを用いていないのはどれか．

(a) 建築木材
(b) ウシの飼料
(c) コンピュータチップの原料
(d) T シャツの織物

3.65 つぎのうち乳糖不耐症の人が食べられるのはどれか．

(a) アイスクリーム
(b) フライドポテト
(c) チョコレート入りのミルクセーキ

3.66 ゲンチオビオース(サフランにみられる希少な二糖類)はつぎの構造をもっている．ゲンチオビオースの加水分解によって得られる単糖はなにか．

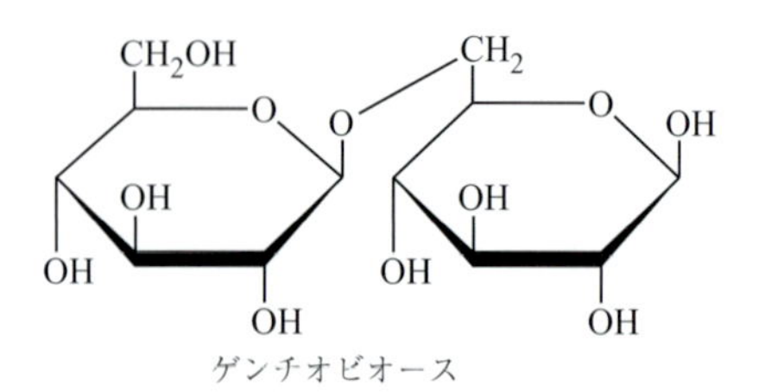

ゲンチオビオース

3.67 ゲンチオビオース(問題 3.66)はアセタール基をもっているか．ゲンチオビオースは還元糖か，非還元糖か．二つの単糖類間の結合様式(α あるいは β および炭素番号)はなにか．

3.68 トレハロース(trehalose，昆虫の血液にみられる二糖類)はつぎの構造をもっている．トレハロースを加水分解して得られる単糖はなにか(ヒント：環を回転させ，それを描き直してみよ)．

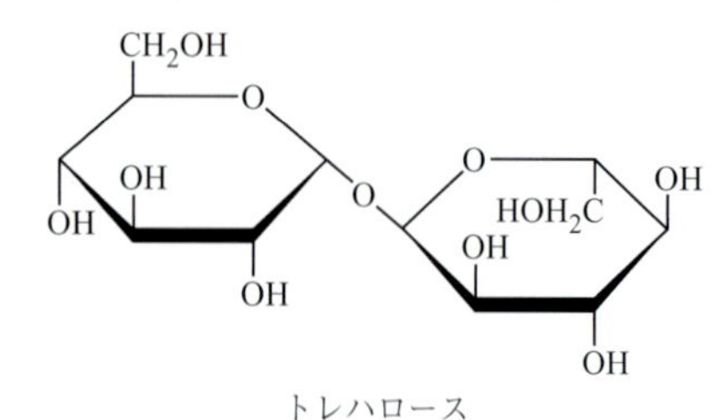

トレハロース

3.69 トレハロース(問題 3.68)はアセタール基をもっているか．トレハロースは還元糖か，非還元糖か．二つの単糖類間の結合様式(α あるいは β および炭素番号)はなにか．

3.70 アミロペクチン(デンプンの一種)とグリコーゲンは，ともにグルコースが α 結合したポリマーである．それらの構造的違いはなにか．

3.71 種子や植物組織においてデンプンの生理学的役割はなにか．また，哺乳動物においてグリコーゲンの生理学的役割はなにか．

3.72 ヘパリン，ヒアルロン酸およびコンドロイチン6-硫酸は，どのような修飾された糖によって構成されているか．

3.73 ヘパリン，ヒアルロン酸およびコンドロイチン6-硫酸はどのような機能をもっているか．

全般的な問題

3.74 単糖類の α 型と β 型はエナンチオマーの関係か．それはなぜか．

3.75 二糖類のラクトースの α 型と β 型はエナンチオマーの関係か．それはなぜか．あるいは，なぜそうでないか．

3.76 D-フルクトースは一般的な五員環型と同様に，六員環ヘミアセタールを形成できる．D-フルクトースの六員環異性体を描け．

3.77 サトウダイコン(テンサイ)にみられるラフィノースはもっとも一般的な三糖類である．それはスクロースのグルコース部分に D-ガラクトースが α-1,6 結合して形成される．ラフィノースの構造を描け．

3.78 ケトトリオースの鎖状構造を描け．この化合物を命名し，光学異性体が存在しない理由を述べよ．

3.79 ケトテトロースの鎖状構造を描け．この化合物を命名せよ．それは光学異性体が存在するか．

3.80 乳糖不耐症とはなにか．またそれはどのような症候か．

3.81 体内にガラクトースを消化するために必要な酵素が欠けているためにおきる一群の病気の名前はなにか．それはどのような症候か．

3.82 ヒトがガラクトースを消化できないとき，その還元型(ズルシトールと呼ぶ)はしばしば血液や組織中に蓄積する．ズルシトールの鎖状構造を描け．ズルシトールはエナンチオマーをもつか．それはなぜか．

3.83 単糖類，二糖類および多糖類の違いを述べよ．

3.84 問題 3.83 にあげたそれぞれの糖類について，天然に存在する炭水化物の例をあげ，それらがなにに含まれるかを述べよ．

3.85 乳糖不耐症とガラクトース血症を比較し，対比せよ（ヒント：表をつくる）．

グループ問題

3.86 乳糖不耐症の多くの人は牛乳を細菌によって固まらせたヨーグルトを消化の問題なく食べることができる．これが可能な理由を述べよ（ヒント：いくつかのヨーグルトの容器の表示を見よ．成分の違いがあるか？）．

3.87 炭水化物は 1 g あたり 4 kcal を与える．もしヒトが消化できる炭水化物を 1 日に 200 g ほど食べると，炭水化物は 1 日の食事 2000 kcal の何パーセントを占めるか．

3.88 コーラ 1 缶には 42 g の糖が含まれている．もし，糖が 1 g あたり 4 kcal/g（16.7 kJ/g）を与えるならば，コーラ 1 缶の中には何キロカロリーの糖が存在するか．また，それは何キロジュールか．

3.89 ほとんど純粋なセルロースである綿の繊維が水に不溶なのに，グルコースのもう一つのポリマーであるグリコーゲンが水溶性なのはなぜか，説明せよ．

4

生化学エネルギーの発生

目 次

復習事項

A. 酸化還元反応（基礎化学編 5.6，5.7 節）
B. 化学反応のエネルギー（基礎化学編 7.2，7.4 節）
C. 酵 素（2 章）

▲ このような定期的な運動は，本章で取り上げる大量のエネルギーの絶え間ない生産を必要とする．

Jasmine（22 才）はボディービルディングに取り組み，自信を深めた．先輩ボディービルダーのアドバイスを受けて栄養サプリメントを摂取し，1 年間のトレーニング後，ボディスカルピングの競技会に向けて準備をはじめた．ボディスカルピングに出場するため脂肪を落とし，筋肉を鍛え，減量する必要がある．Jasmine は何週間かの減量後に効果を速めるためにトレーニングジムで勧められた減量薬を使用した．それでも減量のスピードに満足がいかず，薬の 1 日摂取量を 2 倍にしたところ数時間後に倒れ，気を失った．病院の救急治療室に到着したときには体温が 41℃に上がっていた．彼女が服用していた薬には危険な副作用があるジニトロフェノールが含まれていた．後述の Chemistry in Action “代謝毒” ではジニトロフェノールについて詳しく学ぶ．

すべての生物は，生きるためにまわりからエネルギーを得る必要がある．動物では食物からエネルギーを得て，そのエネルギーは精巧に組み立てられた代謝の反応過程の中で放出される．私たちは主に炭素，水素，酸素からなる生体分子の酸化によってエネルギーを得ている．最終生成物は二酸化炭素，水，エネルギーである．

$$\mathrm{C, H, O}\ (\text{食物分子}) + \mathrm{O_2} \longrightarrow \mathrm{CO_2} + \mathrm{H_2O} + \text{エネルギー}$$

主な食物中の分子 ── 脂質，タンパク質，炭水化物 ── は構造が異なっており，後の章で述べるように独自の経過で分解される．これらの過程の生成物は通常アセチル補酵素A（アセチル-CoA）で，エネルギー生産の最終過程へと入っていく．本章ではすべての食物分子から最後にエネルギーが放出される共通の過程について学ぶ．

4.1　エネルギー，生命，生化学反応

学習目標：

- エネルギーの源はなにか，化学エネルギーに必要な条件はなにかを説明できる．
- 発エルゴン反応と吸エルゴン反応の重要性を理解し，説明できる．

生物は機械的な働きをしなければならない．微生物は食物を飲み込み，植物は太陽の方向に伸び，人間は歩き回る．生物はエネルギーの生産，成長，けがの回復，歯や骨などの置換に必要な生体分子を合成するという化学的な作業をこなさなければならない．加えて，細胞は細胞膜の内外で分子やイオンを輸送するためのエネルギーを必要とする．人間では，この営みを可能にしているのが食物からのエネルギーである．

エネルギーは形を変えることはできるが，創造されたり消滅したりすることはない（基礎化学編 7.2 節参照）．究極的には少数の生物を除いて，すべての生物に使われるエネルギーは太陽に由来している（図 4.1）．植物は太陽光をエネルギーに変換し，主に炭水化物中の化学結合にたくわえる．草食動物はこのエネルギーを利用し，即座に消費したり，主に脂質の化学結合の中にたくわえて将来の要求に備える．人間を含むほかの動物は，植物や動物を食べてこれらの生物にたくわえられた化学エネルギーを利用する．

大量のエネルギー（熱）が一度に放出されると有害になるのとおなじように，私たちの体は食物を全部一度に燃やしてエネルギーを生産するわけではない．

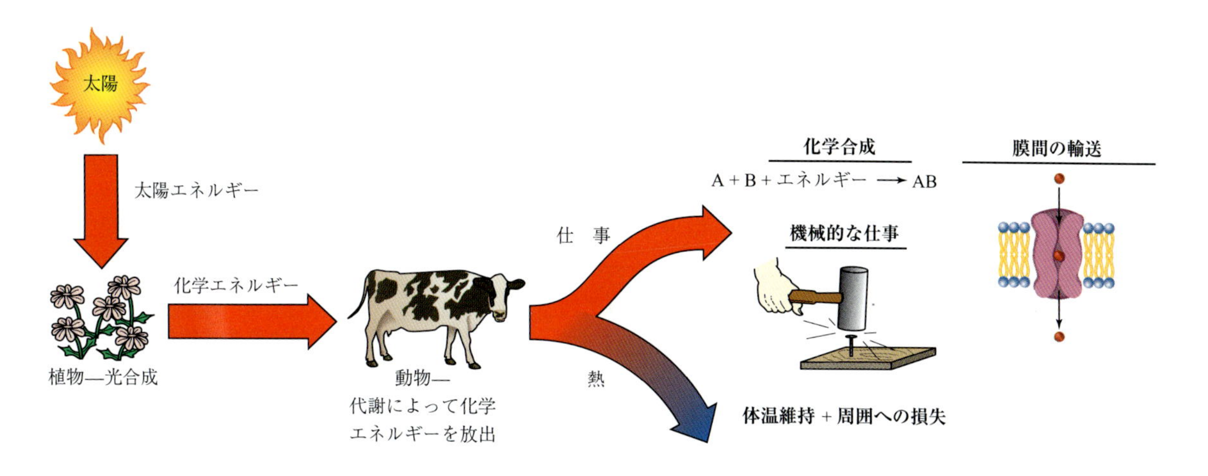

▲ 図 4.1
生物圏でのエネルギーの流れ
太陽エネルギーは最終的には化学結合の中にたくわえられ，細胞内や機械的な仕事，あるいは体温維持に利用され，熱として失われる．

また，いったん熱に変換されたエネルギーを捕まえてたくわえることもできない．私たちが必要とするのはたくわえることができて，ジョギングしたり，勉強をしたり，眠ったりするために，必要なときに必要な場所で適正な量だけ放出されるエネルギーである．そこで，エネルギーには特定の必要条件がある．

- エネルギーは食物から徐々に放出されなければならない．
- エネルギーはグリコーゲンや脂質のようにすぐに利用できる形でたくわえられなければならない．
- たくわえられたエネルギーの放出は，必要なときに必要な場所で正確に行われるよう精密に制御されなければならない．
- 体温を一定に保つために必要十分なエネルギーが放出されなければならない．
- 熱以外の形のエネルギーは，体温では進行しない化学反応をおこすために利用されなければならない．

本章では，これらのエネルギー調節に対する必要条件を満たす方法について見ていきたい．まずはエネルギーに関する基本概念について述べる．つぎに，**代謝**(metabolism)について述べる．さらには，エネルギーの生産に共通の**クエン酸回路**(citric acid cycle)と**酸化的リン酸化**(oxidative phosphorylation)について述べる．

生化学反応

化学反応は，エネルギーを放出するか吸収するかのどちらかである．反応が有利に自発的におきるかどうかは，エネルギーを熱として放出するか吸収するかということと(エンタルピー変化，ΔH)，反応によって乱雑さが増加するか減少するかということ(エントロピー変化，ΔS)に依存している．これらの変化の総合的な影響は反応の自由エネルギー変化で与えられる．

◀◀◀ 復習事項　エンタルピー変化，エントロピー変化，自由エネルギー変化については，基礎化学編 7.2〜7.4 節を復習すること．

$$\Delta G = \Delta H - T\Delta S$$

生物の反応も化学実験室での反応と差はない．ともにおなじ法則に従い，エネルギー的な必要条件もおなじである．正の方向に進む**有利**(favorable)な自発的反応は自由エネルギーを放出し，そのエネルギーは仕事に使われる．そのような反応は**発エルゴン反応**(exergonic reaction)と呼ばれる．

基礎化学編 図 7.3 のエネルギー図に示したとおり，有利な発エルゴン反応の生成物は出発物よりも**坂の下**(downhill)にある．つまり，生成物は反応物よりも安定で負の自由エネルギー変化(ΔG)の値をもつ．たとえば，酸化反応は普通，坂を下ってエネルギーを放出する反応である．動物の主なエネルギー源となるグルコースの酸化は，グルコース 1 モルにつき 686 kcal(2870 kJ)の自由エネルギーを生成する．

$$C_6H_{12}O_6 + 6\,O_2 \longrightarrow 6\,CO_2 + 6\,H_2O \qquad \Delta G = -686\ \text{kcal/mol}\,(-2870\ \text{kJ/mol})$$

放出される自由エネルギー量が大きいほど，反応はより生成物側に傾いて平衡に達する．

生成物が反応物よりもエネルギー的に高い場合でもおきることがある．しかし，そのような**不利**(unfavorable)な反応は外部からエネルギーを加えられなければおきない．そのような反応は**吸エルゴン反応**(endergonic reaction)である．

自由エネルギー変化は逆反応の場合，符号が変わるだけで絶対値は変わらない．植物が CO_2 と H_2O をグルコースに変える光合成は，グルコースの酸化反応の逆反応である．したがって，その ΔG の符号は正で，絶対値はグルコースの酸化反応とおなじである（次ページの Chemistry in Action “植物と光合成” 参照）．太陽は光合成に必要な外部エネルギーを供給する（生成するグルコース 1 モルあたり 686 kcal/mol〔2870 kJ/mol〕）．

光合成 $\Delta G = +686$ kcal/mol（+2870 kJ/mol）（吸エルゴン反応，エネルギーが必要）

$$6\,CO_2 + 6\,H_2O \rightleftharpoons C_6H_{12}O_6 + 6\,O_2$$

酸化 $\Delta G = -686$ kcal/mol（−2870 kJ/mol）（発エルゴン反応，エネルギーを放出）

このような生化学**過程**にみられる一連の化学反応の原理を，生命系はつねに利用している．エネルギーは吸エルゴン反応生成物にたくわえられる．そして，発エルゴン反応中に放出されてもとの反応物を再生する．おなじ反応物からおなじ生成物に至る反応過程でありさえすれば，反応物と生成物のあいだの途中の反応過程がすべて同一の必要はない．

過程（pathway）　中間体によって連結された一連の酵素触媒化学反応，すなわち第 1 反応の生成物は第 2 反応のための反応物である．

例題 4.1　反応エネルギー

つぎの反応のどちらが発エルゴン的で，どちらが吸エルゴン的か．

(a) グルコース 6-リン酸 ⟶ フルクトース 6-リン酸
　$\Delta G = 0.5$ kcal/mol（+2.09 kJ/mol）

(b) フルクトース 6-リン酸 + ATP ⟶ フルクトース 1,6-二リン酸 + ADP
　$\Delta G = -3.4$ kcal/mol（−14.2 kJ/mol）

解　説　発エルゴン反応は自由エネルギーを放出し，負の ΔG 値をもつ．吸エルゴン反応は自由エネルギーを吸収し，正の ΔG 値をもつ．

解　答

反応(a)：グルコース 6-リン酸からフルクトース 6-リン酸への変換は，正の ΔG 値をもつので吸エルゴン的である．反応(b)：フルクトース 6-リン酸からフルクトース 1,6-二リン酸への変換は，負の ΔG 値をもつので発エルゴン的である．

基礎問題 4.1

細胞中，グルコースは代謝経路に沿って酸化される．一方，研究室ではグルコースを燃やすこともできる．どちらがより多くのエネルギーを生産するだろうか(ヒント：すべてのエネルギーは，グルコース中の還元型結合にたくわえられたエネルギーが酸化型の二酸化炭素に変換されることにより生じる)．

基礎問題 4.2

つぎの反応は光合成と酸化のサイクルを示している．

$$6\,CO_2 + 6\,H_2O \underset{\text{酸　化}}{\overset{\text{光合成}}{\rightleftharpoons}} C_6H_{12}O_6 + 6\,O_2$$

両方向の反応が発エルゴン的ではあり得ない．

(a) このサイクルのどちらが発エルゴン的で，どちらが吸エルゴン的か．

(b) その吸エルゴン過程のエネルギーはどこからくるのか．

CHEMISTRY IN ACTION

植物と光合成

私たちと植物とのもっとも大きな違いは，植物が太陽光エネルギーを利用できるのに対して私たちはできない点である．植物は**光合成**(photosynthesis)によって，太陽エネルギーを利用して低エネルギーの二酸化炭素と水から酸素と高エネルギーの炭水化物を合成する．私たちの代謝では高エネルギー物質を分解してエネルギーを取り出し，低エネルギーの二酸化炭素と水を生成する．こういう化学反応の方向の違いはあるものの，植物も私たちと非常によく似た生化学的代謝経路に依存しているとしたら驚きだろうか？

光合成のエネルギーを取り込む段階は，緑の葉の中でおこる．植物細胞は**葉緑体**(chloroplast)をもち，それは大きくて構造的にはより複雑ではあるがミトコンドリアに似ている．葉緑体の膜中にはたくさんの**クロロフィル**(chlorophyll)分子と電子伝達系の酵素が埋め込まれている．クロロフィルは構造的にヘムに似ているが，鉄イオン(Fe^{2+})の代わりにマグネシウムイオン(Mg^{2+})を含んでいる．

太陽エネルギーが吸収されると，クロロフィル分子は反応中心にエネルギーを取り込み，電子のエネルギーを上昇させる．励起された電子は電子伝達系を通過するあいだに余分なエネルギーを放出する．

そのエネルギーの一部は，水を酸化して酸素，水素イオン，電子に分離させる(これらは電子伝達系に入るものと置き換わる)．連鎖の最後に水素イオンと電子は $NADP^+$ を NADPH に還元する．そのあいだ電子のエネルギーは，膜の内外に濃度勾配をつくり出すために水素イオンをくみ出すことに使われる．ミトコンドリアと同様，水素イオンは ADP を ATP に変換する酵素複合体の中をとおることによってのみ膜を透過できる．これらの**明反応**(light-dependent reaction)に必要な水は根や葉から取り入れられ，生成する酸素は葉の気孔から放出される．

エネルギー伝達分子 ATP と NADPH は葉緑体の内部に入り，そこでそのエネルギーを利用して炭水化物が合成される．ATP と NADPH さえあれば，光合成のこの反応は**暗反応**(light-independent reaction)であり，太陽光なしで進行する．

植物は葉緑体とともにミトコンドリアももっている．たくわえた炭水化物からエネルギーを取り出すこともできる．炭水化物の分解は収穫された果物や野菜の中でも続いているので，保存のためにはその分解を遅くしなければならない．低い温度では化学反応と同様，呼吸速度も遅くなるので，冷蔵庫に入れるのが一つの手段である．もう一つの手段は，空気を二酸化炭素や窒素に置換して果物や野菜を保存することである．

▲ 植物は太陽からのエネルギーを化学エネルギーに変換し，炭水化物の結合中にたくわえる．

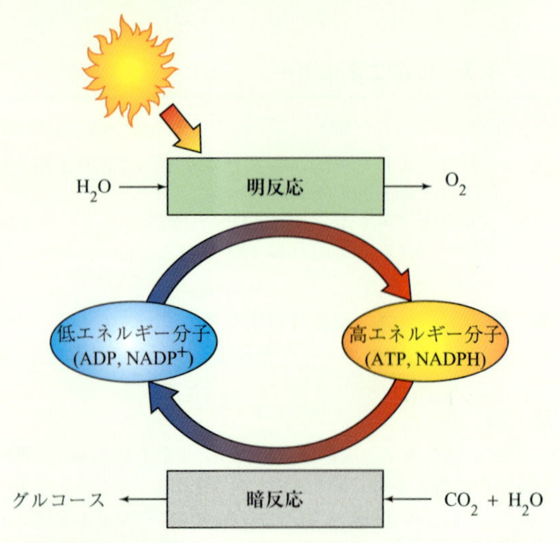

▲ 光合成の共役反応

CIA 問題 4.1　クロロフィルは赤血球中のヘムに構造が似ているが，鉄原子は含んでいない．クロロフィル中にはどんな金属イオンが含まれているか．

CIA 問題 4.2　光合成には明反応と暗反応とがある．それぞれの反応の目的はなにか．

CIA 問題 4.3　植物が CO_2 をグリセルアルデヒドに取り込む回路の一つの段階では，二つの 3-ホスホグリセリン酸が生成する．この反応において $\Delta G = -0.84$ kcal / mol(-4.5 kJ/mol)である．この反応は吸エルゴン的か発エルゴン的か．

CIA 問題 4.4　果物や野菜を冷蔵するとなにが遅くなるか．細胞内ではどんな反応が遅くなるか．

4.2　細胞とその構造

学習目標：

- 真核細胞を描き，その中の構造体の機能を説明できる．

代謝について学ぶ前に，エネルギー生成反応が生物の細胞中のどこでおこるのか理解しておくことは重要である．細胞は大別して二つに分類される．細菌や藍藻類などの単細胞生物にみられる**原核細胞**(prokaryotic cell)と酵母などの一部の単細胞生物やすべての動植物にみられる**真核細胞**(eukaryotic cell)である．

真核細胞は細菌より1000倍大きく，デオキシリボ核酸(DNA)を含む核を包む膜をもち，特定の役割を担う小さな機能単位の**オルガネラ**(organelle)と呼ばれる何種類かの内部構造体をもっている．一般的な真核細胞を，その主な機能部位の名称と合わせて図4.2に示す．真核細胞の細胞膜と核膜のあいだにあるさまざまなオルガネラを含めて，そのすべてのものが**細胞質**と呼ばれる．オルガネラは電解質，栄養素，酵素を含んだ水溶液の**細胞質ゾル**と呼ばれる細胞質の液性媒質に囲まれている．

細胞質(cytoplasm)　真核細胞における細胞膜と核膜のあいだの領域．

細胞質ゾル(cytosol)　細胞中でオルガネラ(細胞小器官)を囲んでいる細胞質の液状部．タンパク質と栄養素が溶存している．

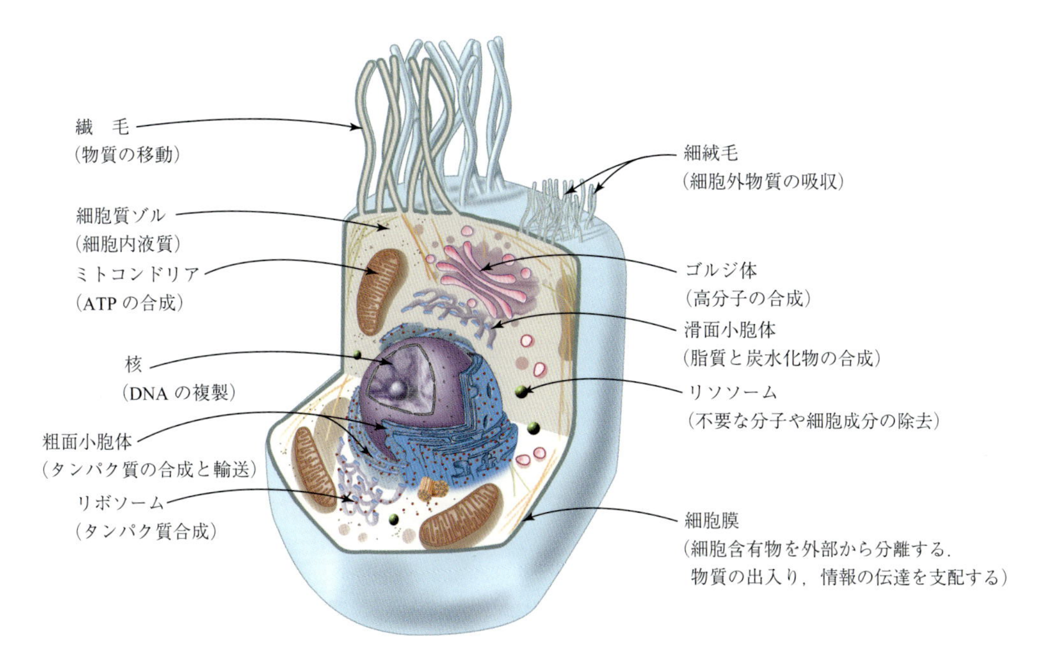

▲**図 4.2**
一般的な真核細胞
代謝に重要な細胞成分の主要な機能を(　)で付した．

しばしば細胞の“発電所”と呼ばれる**ミトコンドリア**は，エネルギー生産にもっとも重要なオルガネラであり，体内のエネルギーの90%を担う分子，ATPが生産される．

ミトコンドリアは，滑らかな外膜と折りたたまれた内膜からなる卵形の構造体である(図4.3)．内膜で閉じられた空間は，**ミトコンドリアマトリックス**と呼ばれる．クエン酸回路(4.7節)，体中のATP合成(4.8節)はマトリックス内でおきる．エネルギーを**アデノシン三リン酸(ATP)**中の化学結合に変換する補酵素とタンパク質はミトコンドリア内膜中に存在している．

ミトコンドリア(mitochondrion, plural, mitochondria)　卵形をしたオルガネラで小分子を分解してエネルギーを生産する．

ミトコンドリアマトリックス(mitochondrial matrix)　ミトコンドリアの内膜に包まれた空間．

アデノシン三リン酸(ATP)[adenosine triphosphate(ATP)]　エネルギーを担う分子．リン酸が脱離してADPと自由エネルギーを放出する．

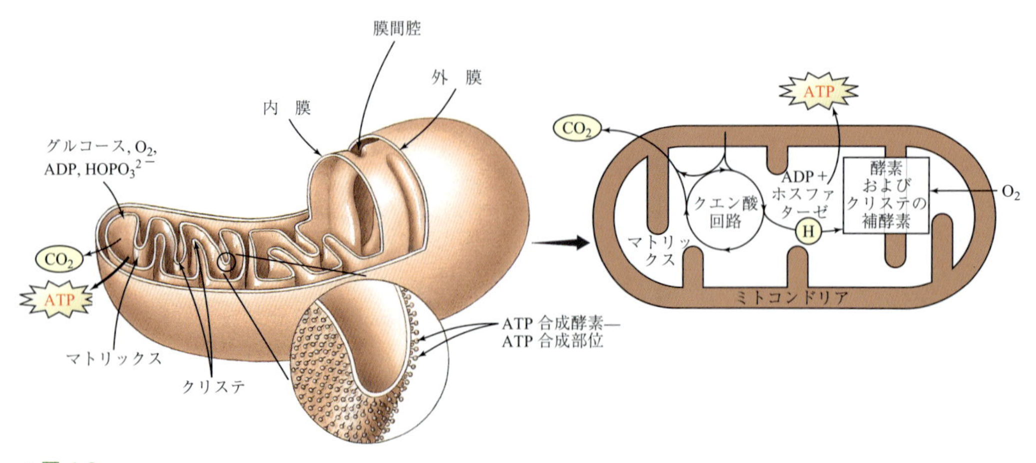

▲図 4.3
ミトコンドリア
細胞中にはたくさんのミトコンドリアがある．マトリックス内でクエン酸回路が回っている．電子伝達，ATP 合成という生化学エネルギー生産の最終段階が内膜の内側で行われる（4.8 節）．クリステと呼ばれる内膜の無数の折りたたみ構造が表面積を大きくしてこれらの反応をおきやすくしている．

ミトコンドリアは独自の DNA をもち，また，独自のタンパク質を合成し，細胞質ゾルからミトコンドリアマトリックス内に運ばれた物質を利用して複製する．ミトコンドリアの数は，多くのエネルギーが必要な目，脳，心臓，筋肉の細胞に多い．大きなエネルギーを必要とするアスリートにはミトコンドリアの大きな増殖能力が要求され，ミトコンドリアの数を増やしてエネルギー生産を助けている．

興味深いことに，私たちのミトコンドリアは受精の際に卵子だけから受け継がれる．つまり，ミトコンドリア DNA は母親からのみ遺伝するということになる．このことは人類学および考古学上大きな意味をもつ．たとえば，ミトコンドリア DNA の変化を時代間および地域間で比較して，人類の移動ルートの研究に利用されている．

4.3　代謝とエネルギー生産の概要

学習目標：

- 食物の異化の段階を記述し，各段階の役割を説明できる．

代謝（metabolism）　生体内でおこるすべての化学反応の総称．

生体中でおきるすべての化学反応は**代謝**を構成している．そのほとんどは**代謝経路**（metabolic pathway）と呼ばれる連続反応でおこる．つまり，一つの反応生成物がつぎの反応の出発物質になる．これらの経路は直線型（一連の反応により物質を一連の中間体や反応を経由して特定の生成物に変換される），循環型（一連の反応の結果，最初の反応物の一つを再生する），らせん型（1 組の酵素がつぎつぎに分子を組み立てたり分解したりする）のいずれかである．

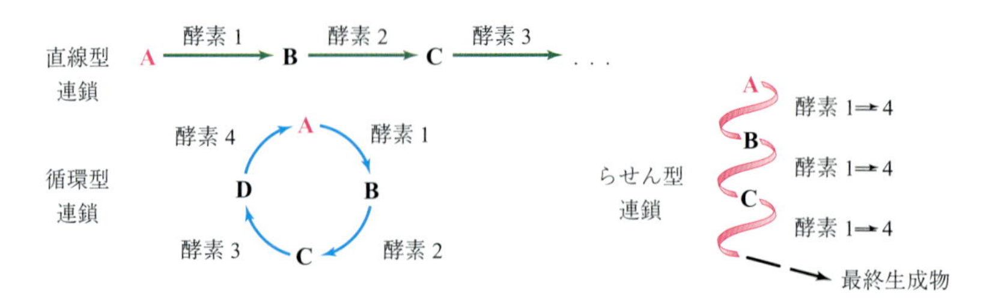

代謝においてみられる過程として，分子を分解する過程を総称して**異化作用**と呼ぶ．一方，ビルディングブロックを組み上げて大きな分子をつくる過程を総称して**同化作用**と呼ぶ．異化作用の目的は食物からエネルギーを取り出すことであり，同化作用の目的はエネルギーをたくわえる分子やそのほかの新しい生体分子を合成することである．

異化作用（catabolism） 食物分子を分解して生化学エネルギーを放出する代謝反応．

同化作用（anabolism） 小さな分子を組み上げて大きな分子を生成する代謝反応．

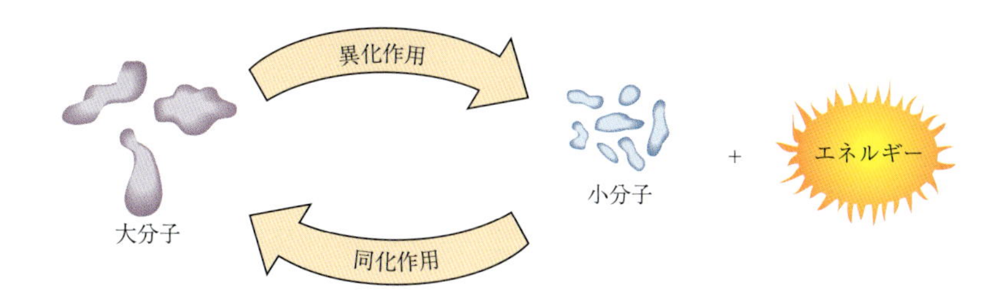

消化，異化，エネルギー生産の全体像は単純である．食べることで燃料を補給し，呼吸により酸素を供給し，体内でその燃料を酸化してエネルギーを取り出す．この過程は，図 4.4 に示すように大きく四つの段階に分けられる．

段階 1：消化 だ液，胃，小腸中の酵素によって，炭水化物，タンパク質，脂質などの大きな分子は小さな分子に分解される．炭水化物はグルコースやそのほかの糖に，タンパク質はアミノ酸に，脂肪または油脂とも呼ばれる脂質のあるトリアシルグリセロールは，脂肪酸と呼ばれる長鎖カルボン酸にそれぞれ分解される．これらの小さな分子は血中に入り，体中の細胞に運ばれる．

段階 2：アセチル補酵素 A の生産 消化された小分子は，それぞれの経路で二つの炭素を含むアセチル基に分解される．アセチル基のカルボニル炭素は補酵素 A の末端のチオール基の硫黄原子に高エネルギー結合により連結している．

アセチル基(赤)の補酵素 A への結合

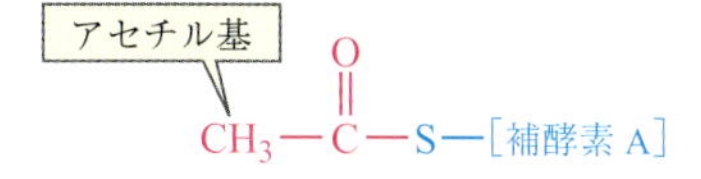

生成した**アセチル補酵素 A** は**アセチル-CoA** と略され，**すべての**食物分子が分解される中間体になっている．こうして，アセチル基は異化作用の共通の段階，段階 3 のクエン酸回路，および段階 4 の電子伝達系と ATP 生産に入っていく．

アセチル補酵素A（アセチル-CoA）［acetyl coenzyme A（acetyl-CoA）］ アセチル基がクエン酸回路に入るための共通の中間体．

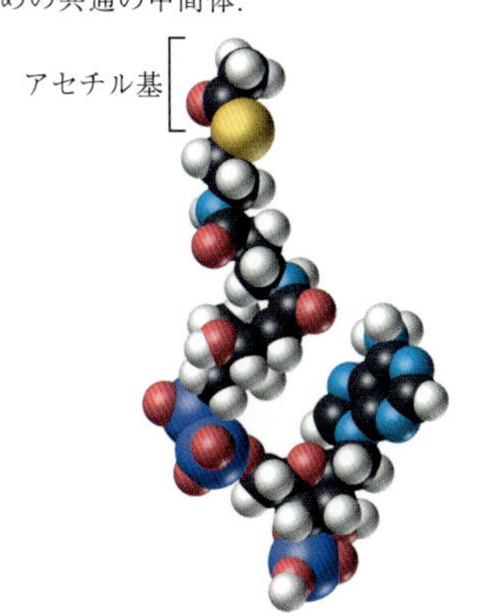

アセチル補酵素 A

段階 3：クエン酸回路 ミトコンドリア内で炭素原子は二酸化炭素になり，私たちはそれを呼吸のときに吐き出している．酸化で放出されるほとんどのエネルギーは還元型補酵素（NADH, $FADH_2$）の化学結合としてクエン酸回路から離れる．一部のエネルギーは，**グアノシン三リン酸**（guanosine triphosphate, GTP）の化学結合中にたくわえられる．

段階 4：ATP の生産 還元型補酵素からの電子は，電子伝達系の中で分子から分子に伝わっていく．この過程のおわりで，これらの電子は還元型補酵素からの水素イオンとともに酸素と結合して呼気の中の水分子になる．このように，還元型補酵素は実質的に空気中の酸素により酸化されて，そのエネルギーは ATP 分子の化学結合中にたくわえられる．

さらに先へ ▶▶▶ 食物分子が消化され，アセチル-CoA に変換される図 4.4 の段階 1，2 は，炭水化物，脂質，タンパク質ではそれぞれ違う代謝経路がおこる．炭水化物の代謝は 5 章で，脂質の代謝は 7 章で，タンパク質の代謝は 8 章でそれぞれ述べる．

▶**図 4.4**
食物の消化と生化学的エネルギー生産の概要
この図は本章で述べる反応経路（クエン酸回路と電子伝達系）について，5章 炭水化物の代謝，7章 脂質の代謝，8章 タンパク質の代謝と合わせてまとめている．

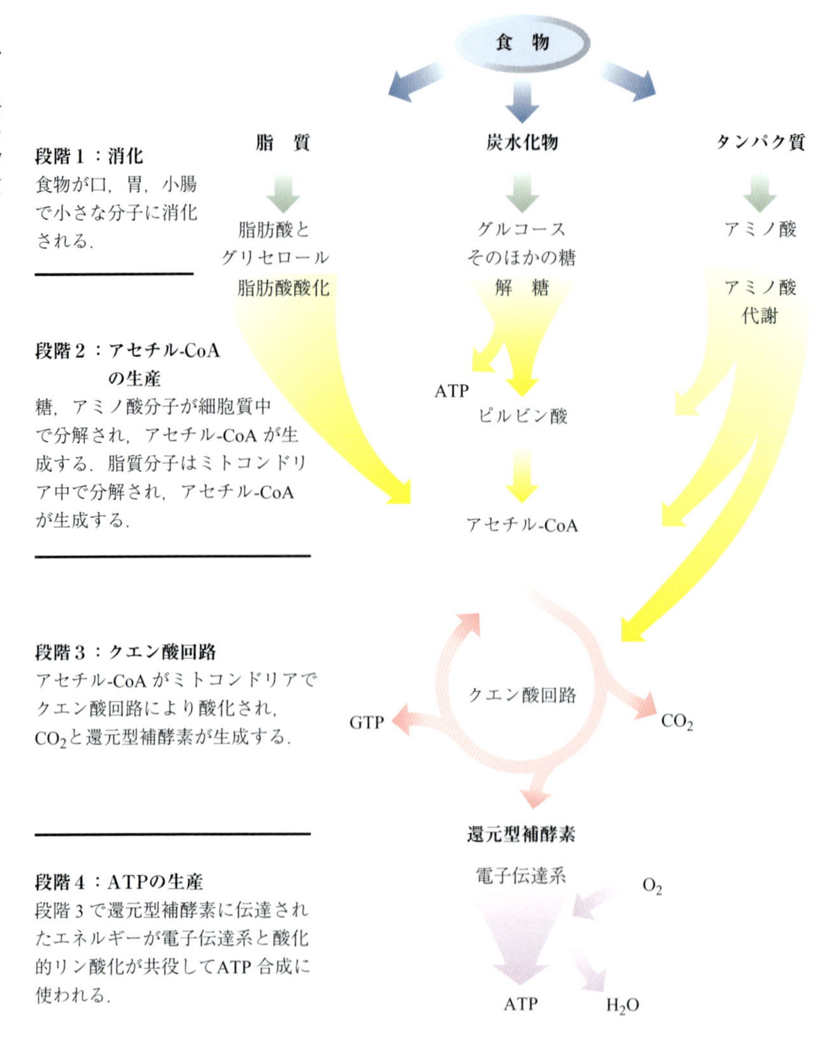

例題 4.2　基本物質をエネルギーに変換する代謝経路の同定

(a) 図 4.4 で脂質を最終的に ATP に異化代謝する段階を示せ．
(b) 図 4.4 で脂質の異化生成物が共通の代謝経路に入る場所を示せ．

解　説　図 4.4 を見て脂質の代謝経路をみつける．矢印をたどってエネルギーの流れを追ってみる．段階 3 で脂質，炭水化物，タンパク質の代謝がすべて中央の共通代謝経路であるクエン酸回路に入ることに注目する．脂質分子は段階 2 でアセチル-CoA を経由して段階 3 に入っている．段階 3 の代謝産物はすべて，段階 4 に入って ATP を生産することにも注目する．

解　答
脂質は段階 1（消化）で脂肪酸とグリセロールに分解される．段階 2（アセチル- CoA 生産）では脂肪酸は酸化されてアセチル-CoA になる．段階 3（クエン酸回路）では，アセチル-CoA はクエン酸回路に入り，ATP，還元型補酵素，CO_2 を生成する．段階 4（ATP 生産）では還元型補酵素にたくわえられたエネルギーは ATP エネルギーに変換される．

問題 4.3

(a) 図 4.4 の中で炭水化物のエネルギーを ATP 分子中のエネルギーに変換する過程を示せ.

(b) 図 4.4 の中でアミノ酸の代謝産物が主代謝経路に入る三つの箇所を示せ.

4.4　代謝の方法：ATP とエネルギー伝達

学習目標：

- エネルギー伝達における ATP の役割を説明できる.

ATP は体内のエネルギー輸送分子である. この分子は三つの$-PO_3^-$基を有している.

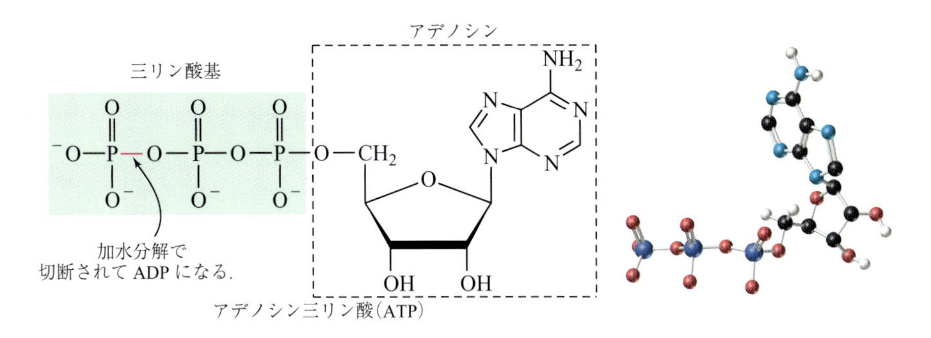

ATP の加水分解により末端の$-PO_3^{2-}$が脱離するとアデノシン二リン酸(ADP)が生成する. ATP ⟶ ADP の反応は発エルゴン反応で, $-PO_3^{2-}$基の結合がもっていた化学エネルギーが放出される.

反応式中, ATP などの高エネルギー分子は赤色で, ADP などの低エネルギー分子は青色で示した.

$$\text{ATP} + H_2O \longrightarrow \text{ADP} + HOPO_3^{2-} + H^+ \qquad \Delta G = -7.3\ \text{kcal/mol}\,(-30.5\ \text{kJ/mol})$$

ATP 加水分解の逆反応 — リン酸化反応 — は当然, 吸エルゴン反応である.

$$\text{ADP} + HOPO_3^{2-} + H^+ \longrightarrow \text{ATP} + H_2O \qquad \Delta G = +7.3\ \text{kcal/mol}\,(+30.5\ \text{kJ/mol})$$

発エルゴン反応から生化学エネルギーが集められ, そのエネルギーを使って ADP とリン酸イオンから ATP が生成する. 逆反応では ATP は発エルゴン的に加水分解されてエネルギーを放出し, エネルギーを必要とする仕事のために使われる. **生化学エネルギーの生産, 伝達, 消費はすべて, ATP ⇌ ADP の相互変換に依存している.**

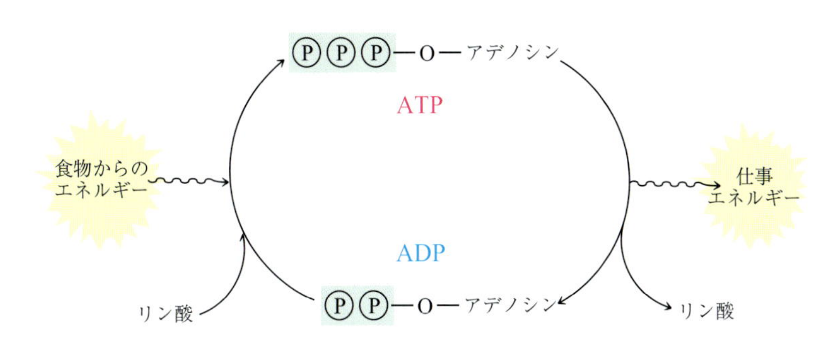

表 4.1　リン酸化合物の加水分解自由エネルギー

$$R-O-\overset{\overset{O}{\|}}{\underset{\underset{O^-}{|}}{P}}-O^- + H_2O \rightleftharpoons ROH + HO-\overset{\overset{O}{\|}}{\underset{\underset{O^-}{|}}{P}}-O^-$$

化合物名	機　能	ΔG(kcal/mol)	ΔG(kJ/mol)
ホスホエノールピルビン酸	グルコースからピルビン酸(解糖)への最終中間体(段階 2，図 4.4)	− 14.8	− 61.9
1,3-グリセロール二リン酸	解糖の別の中間体	− 11.8	− 49.4
クレアチンリン酸	筋細胞のエネルギー貯蔵	− 10.3	− 43.1
ATP(→ADP)	主なエネルギー輸送分子	− 7.3	− 30.5
グルコース 1-リン酸	デンプン，グリコーゲンとしてたくわえられた炭水化物の分解における最初の中間体	− 5.0	− 20.9
グルコース 6-リン酸	解糖の最初の中間体	− 3.3	− 13.8
フルクトース 6-リン酸	解糖の第 2 番目の中間体	− 3.3	− 13.8

ATP から ADP への加水分解およびその逆反応の ADP のリン酸化は，二つの大きな理由により，代謝における役割のうえから完璧な特徴をもった反応である．まず，ATP の加水分解は触媒なしでは遅く，たくわえられたエネルギーは適当な酵素の存在する場所でのみ放出されるという点にある．

つぎに ATP の加水分解から得られる自由エネルギーの値は中程度であるという点にある(表 4.1)．代謝における ATP の最大の役割はエネルギーを輸送することであり，“高エネルギー分子”とか“高エネルギーリン酸結合”と表現される．この言葉は ATP がほかの分子とはなにか違ったものであるという誤った印象を与えてしまうが，本当のところは ATP が反応性に富み，その加水分解によりリン酸が遊離するときに有用なエネルギーが放出されることを意味しているだけである．

実際に，もし ATP からリン酸基が遊離するときに**非常に**大きなエネルギーが放出されたとすると，逆に ADP を ATP に戻す反応に対して十分大きなエネルギーを供給できる反応を見つけることは難しいだろう．ATP の加水分解による自由エネルギーは高エネルギー分子の中では**中程度**(intermediate value)なので，ATP は代謝過程における便利なエネルギー伝達分子になる．このような理由から，ADP のリン酸化は，より大きな発エルゴン反応とこの反応が共役しておこる．

問題 4.4

つぎに示すアセチルリン酸は加水分解により比較的大きな自由エネルギーを放出する化合物である．構造式を用いてこの化合物の加水分解反応の式を書け．

$$CH_3-\overset{\overset{O}{\|}}{C}-O-\overset{\overset{O}{\|}}{\underset{\underset{O^-}{|}}{P}}-O^-$$

問題 4.5

一般的な代謝過程では，発エルゴン的に分解する化合物の反応性は低い，つまりゆっくり反応することである．たとえば ATP から ADP またはアデノシン一リン酸(AMP)への加水分解は発エルゴン的であるが，適切な酵素の存在がなければおきない．細胞はなぜそのような代謝過程をとるのか．

CHEMISTRY IN ACTION

有毒な酸素種と抗酸化ビタミン

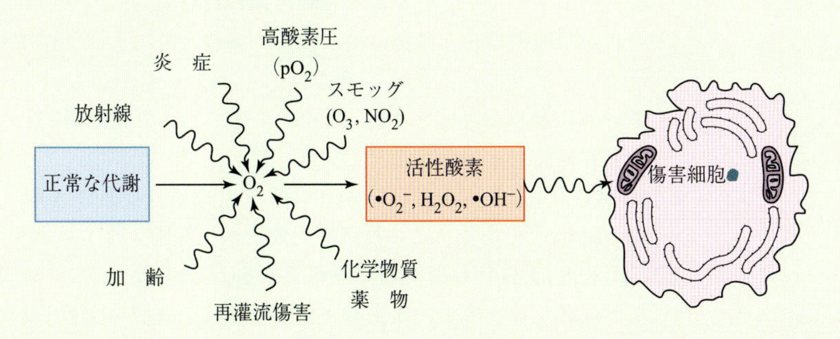

私たちが呼吸する酸素の90％以上は，電子伝達系でATP合成に使われる．これらの反応やそのほかの酸素消費反応における生成物は，水や含酸素フリーラジカル，すなわちスーパーオキシドイオン($\bullet O_2^-$)，ヒドロキシフリーラジカル($\bullet OH^-$)，過酸化水素(H_2O_2)など比較的強い酸化剤である．これらは細胞には危険で，スーパーオキシドは感染した微生物の分解に有効である．“呼吸性バースト”においてファゴサイトーシス(バクテリアを貪食する細胞)は，バクテリアを破壊するスーパーオキシドイオンを生産する．

$$2\,O_2 + \text{NADPH} \longrightarrow 2\bullet O_2^- + \text{NADP}^+ + H^+$$

活性酸素(ROS)は私たちの細胞に危険であり，とくにほとんどのROSがミトコンドリア内で生産されるため，エネルギー生産を混乱させる可能性がある．ROSは酵素やほかのタンパク質，DNA，細胞膜中の脂質の共有結合を切断し細胞傷害や細胞死をおこさせる．このような生体分子の破壊の結果，がん，肝障害，関節リウマチ，心臓病，免疫系傷害など通常の加齢とみなされる症状を引きおこす可能性がある．炎症や薬物摂取などの内的要因と放射能や受動喫煙を含む喫煙などの外的要因のすべてが体内でこれらのROSを発生させる．

私たちの体内でROSから防御するのはスーパーオキシドイオンを過酸化水素に変換するスーパーオキシドジスムターゼや過酸化水素を水に変換するカタラーゼである(2.1節参照)．細胞中の他の酵素や抗酸化物質として作用するビタミンE，C，Aまたはその前駆体のβ-カロテンもROSからの防御に有効である．これらのビタミンはフリーラジカルと結合して無害化する(2.9節参照)．ビタミンEは脂溶性で，細胞膜中の脂質(RH)が活性酸素と反応してフリーラジカルROO•に変換されることによるダメージから細胞膜を防御する．ビタミンCは水溶性で，血液中でフリーラジカルを捕捉する．そのほかにも果物や野菜には多くの天然抗酸化物質が含まれる．

CIA 問題 4.5　つぎのうちどれがROSか．
(a) H_2O　(b) H_2O_2　(c) ROO•　(d) $\bullet OH^-$

CIA 問題 4.6　CIA問題4.5のROSをどのように無毒化できるか．また，どの酵素やビタミンが関与するか．

4.5　代謝の方法：代謝経路と共役反応

学習目標：

- 反応が共役するのはなぜかを理解し，共役反応の例をあげることができる．

ここまでATPについて学んできたので，つぎに蓄積された化学エネルギーが徐々に放出されながら，吸エルゴン反応(上り坂反応)をどのように進めていくかを見ていくことにする．すでに述べたように，私たちの体内では食物を丸ごと一挙に消費するようなエネルギーを燃やすことはできない．基礎化学編図7.3に示したとおり，反応物と生成物(主に二酸化炭素と水)のあいだのエネルギー差は一定の値である．反応物と生成物のあいだでどのような過程を経ようとおなじ量のエネルギーが放出される．異化作用の過程ではこの事実を利用して一連の反応の中で少しずつエネルギーが放出されていく．それはまるで水が何段もの滝を落ちていくようなものである．

▲この滝は位置エネルギーが段階的に放出される様子をあらわしている．滝のいちばん上から下までどの経路をとおっても最終的に失われる位置エネルギーの量はおなじである．

一連の反応の全反応とその自由エネルギーの変化は，各段階の反応式と自由エネルギー変化を加算したものである．たとえば，グルコースは解糖系(段階

2の一部，図4.4および5.3節）の中の10の反応を経てピルビン酸に変換される．解糖系の通算の自由エネルギー変化は約－8 kcal/mol（－33.5 kJ/mol）で，発エルゴン的な下り坂の反応である．すべての代謝過程の反応は，**通算**すると負の自由エネルギー変化を伴う有利な過程になる．

しかし滝の場合とは違って，個々の過程はそのすべてが下り坂というわけではない．エネルギー的に不利な反応をうまく働かせる代謝の方法は，エネルギー的に有利な反応と**共役**(couple）させて二つの反応の和としてエネルギー変化を有利にもっていくことである．たとえば，グルコースとリン酸水素イオン（$HOPO_3^{2-}$）からグルコース 6-リン酸を生成する反応は$\Delta G = +3.3$ kcal/mol（+13.8 kJ/mol）である．この反応は生成物が出発物よりもエネルギー的に 3.3 kcal/mol（13.8 kJ/mol）も高いので不利である．しかし，このグルコースのリン酸化反応はグルコースを代謝するうえで不可欠な最初の段階である．この反応を達成するために，この反応は発エルゴン的な ATP から ADP への加水分解反応と共役して進行する．

	反応	ΔG
（不利）	グルコース + $HOPO_3^{2-}$ ⟶ グルコース6-リン酸 + H_2O	$\Delta G = +3.3$ kcal/mol（+13.8 kJ/mol）
（有利）	ATP + H_2O ⟶ ADP + $HOPO_3^{2-}$ + H^+	$\Delta G = -7.3$ kcal/mol（−30.5 kJ/mol）
（有利）	グルコース + ATP ⟶ グルコース6-リン酸 + ADP	$\Delta G = -4.0$ kcal/mol（−16.7 kJ/mol）

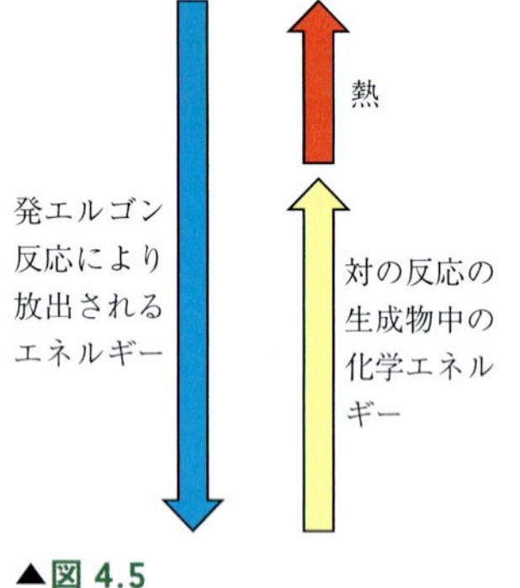

▲**図 4.5**
共役反応のエネルギー交換
発エルゴン反応から供給されたエネルギーは熱として放出されるか，あるいは共役している吸エルゴン反応の生成物の結合中に化学エネルギーとしてたくわえられる．

これら二つの反応のエネルギー変化の総和は有利となる．グルコース 1 モルがリン酸化されると 4.0 kcal/mol（16.7 kJ/mol）の自由エネルギーが放出される．このような共役によりはじめて，一つの化合物にたくわえられたエネルギーが別の化合物の反応に使われる．余分なエネルギーは熱として放出され，体温の維持に使われる（図 4.5）．

ここまで，反応エネルギーがどのように共役するかを調べるために二つの反応を別々に見てきたが，これらは実際には別々におきているわけではない．全反応式にあらわされるように，正味の変化は同時におきる．リン酸基は中間体の $HOPO_3^{2-}$ になることなく ATP からグルコースに転位する．

$\Delta G = +7.3$ kcal/mol（+30.5 kJ/mol）という値をもつ ADP から ATP の吸エルゴン的合成について同様に共役反応の原理が利用される．この吸エルゴン反応がおきるためには，7.3 kcal/mol（30.5 kJ/mol）以上のエネルギーを放出する反応と共役する必要がある．たとえば，解糖系のほかの過程では ATP の生成が ATP よりも高いエネルギーをもつホスホエノールピルビン酸の加水分解と共役している（表 4.1）．ここで，反応の総和としてはホスホエノールピルビン酸から ADP へリン酸基が転位する．

$$\underset{\text{ホスホエノールピルビン酸}}{H_2C{=}C(O{-}PO_3^{2-}){-}COO^-} + H_2O \longrightarrow \underset{\text{ピルビン酸}}{CH_3{-}C({=}O){-}COO^-} + HOPO_3^{2-} \qquad \Delta G = -14.8\ \text{kcal/mol}\ \ \Delta G = (-61.9\ \text{kJ/mol})$$

$$\text{ADP} + HOPO_3^{2-} + H^+ \longrightarrow \text{ATP} + H_2O \qquad \Delta G = +7.3\ \text{kcal/mol}\ \ \Delta G = (+30.5\ \text{kJ/mol})$$

$$H_2C{=}C(O{-}PO_3^{2-}){-}COO^- + \text{ADP} \longrightarrow CH_3C({=}O){-}COO^- + \text{ATP} \qquad \Delta G = -7.5\ \text{kcal/mol}\ \ \Delta G = (-31.4\ \text{kJ/mol})$$

共役反応をあらわす式を見ると，二つの反応のうちの一方の反応物と生成物が巻矢印によって結ばれている．たとえば，前に示したホスホエノールピルビン酸の反応式はつぎのように書ける．

$$H_2C{=}C(O{-}PO_3^{2-}){-}COO^- \xrightarrow{ADP \curvearrowright ATP} CH_3{-}C(=O){-}COO^-$$

問題 4.6
脂質代謝の過程の一つはグリセロール［1,2,3-プロパントリオール，$HOCH_2CH(OH)CH_2OH$］と ATP からグリセロール 1-リン酸を生成する反応である．この反応式を巻矢印を使って書け．

問題 4.7
ある分子の合成経路は，その分子の分解経路となぜ異なるのか．

CHEMISTRY IN ACTION

基礎代謝

呼吸，体温維持，血液循環など生きていくための体の機能を維持するのに単位時間あたり最低限必要なエネルギーの支出量を**基礎代謝速度**（basal metabolic rate）という．理想的には，ある人が目を覚ました状態で，適温の中，横たわって 12 時間食事をとらずに，運動もせず，薬も服用しないで測定する．基礎代謝速度は呼吸をモニターしながら，消費エネルギーに比例する酸素の消費速度を測定すればわかる．

平均の基礎代謝速度は 70 kcal/ 時間（293 kJ/ 時間），1700 kcal/日（7100 kJ/日）である．この値は性別，年齢，体重，体調など多くの要素で変化する．栄養学者が用いる 1 日に必要な基礎エネルギーを見積もる基準は男性の場合，体重 1 kg あたり 1 kcal / 時間（4.2 kJ/ 時間），女性の場合，体重 1 kg あたり 0.95 kcal / 時間である．たとえば，50 kg の女性の基礎代謝速度は（50 kg）×（0.95 kcal / kg・時間）= 48 kcal / 時間で 1 日の必要量は約 1200 kcal である．ジュールで計算すると（50 kg）×（4 kJ/kg 時間）= 200 kJ/ 時間で 1 日の必要量は 4800 kJ となる．

1 人の人間が毎日必要な全カロリーは，その基礎代謝量にそのほかの活動で消費されるエネルギーを加えたものである．それぞれの活動に伴うカロリー消費量が表にまとめてある．比較的活動量が少ない人では 1 日あたり基礎代謝量の 30％増し程度で，少し活動的な人では 50％増し，運動選手や肉体労働者など非常に活動的な人では 100％増しになる．日々消費するカロリーよりも多くの食物をとると，余分のカロリーは体内の脂質の化学結合中のエネルギーとしてたくわえられ，体重が増えることになる．日々，消費カロリーよりも少ない食物しかとらなかったとすると，たくわえていた化学エネルギーを取り崩して赤字になるので，脂肪が CO_2 と H_2O に代謝されて体重が減少する．

▲ コーラは 160 kcal(680 kJ)，ハンバーガーは 500 kcal(2100 kJ)である．このカロリーを消費するのにどのくらいの時間ジョギングをする必要があるだろうか？

いろいろな活動で消費されるカロリー

活　動	1 分間に消費されるカロリー（kcal または kJ）
睡　眠	1.2（5 kJ）
読　書	1.3（5.4 kJ）
講義を聞く	1.7（7.1 kJ）
庭の草とり	5.6（23 kJ）
毎時約 5 km で歩く	5.6（23 kJ）
土木作業	6.7（25 kJ）
テニス	7.0（29 kJ）
サッカー，バスケットボール	9.0（38 kJ）
階段を上る	10.0 ～ 18.0（42 ～ 75 kJ）
ランニング，1.6 km を 12 分で（毎時約 8 km）	10.0（42 kJ）
ランニング，1.6 km を 5 分で（毎時約 20 km）	25.0（105 kJ）

CIA 問題 4.7 基礎代謝速度とはどのように定義されるか．

CIA 問題 4.8 350 mL 缶入ソーダ水には平均 160 kcal が，ハンバーガーには 500 kcal が含まれている．これらのカロリーを消費するには時速 8 km でジョギングして何時間かかるか表を使って計算せよ．

CIA 問題 4.9 体重 80 kg の男性が 1 日に必要とする全カロリーを計算せよ．

CIA 問題 4.10 歩行などの活動は基礎代謝速度よりも速い代謝を体が必要とするのはなぜか．

HANDS-ON CHEMISTRY 4.1

あなたの今の体重を維持するのに **1 日いくらのカロリーが必要か**．つぎの式を使って計算してみよう．

基礎カロリー ＋ 活動カロリー ＝ 総カロリー

前ページの Chemistry in Action“基礎代謝”に従って，自分の基礎代謝カロリーを計算してみよう．

つぎに，1 日の活動に必要なカロリーを計算してみる．活動的でない，やや活動的，活動的かで適切なカロリー数を基礎カロリーに加える．この計算が正しいだろうか．

チェックするために毎日の活動を記録して，Web で活動と消費カロリーを調べてみよう．毎日の仕事や活動に使う時間を計算して，基礎カロリーに加えよう．最初に計算した値との差があれば，その差はどこからくるのか考えてみよう．

例題 4.3　共役した反応が有利かを判定する

スクシニル-CoA の加水分解は GTP（ATP に類似のグアノシン三リン酸）の生成反応と共役している．反応式はつぎのとおりである．二つの反応を正しく合算し，反応全体が有利かどうか判定せよ．

スクシニル-CoA ⟶ コハク酸 ＋ CoA　　$\Delta G = -9.4$ kcal/mol（-39.3 kJ/mol）

GDP + $HOPO_3^{2-}$ ＋ H^+ ⟶ GTP ＋ H_2O　　$\Delta G = +7.3$ kcal/mol（$+30.5$ kJ/mol）

解　説　二つの反応式を合算する．ΔG を足し算して，その符号に注目する．ΔG が正なら反応は不利でおきない．ΔG が負なら反応は有利でおきる．

解　答

スクシニル-CoA ＋ GDP + $HOPO_3^{2-}$ ＋ H^+ ⟶ コハク酸 ＋ GTP ＋ H_2O ＋ CoA

$\Delta G = -2.1$ kcal/mol（-8.8 kJ/mol）

ΔG は負なので合算した反応は，書かれたとおりにおこる．

問題 4.8

アセチルリン酸の加水分解により，酢酸とリン酸水素イオンが生成する反応は $\Delta G = -10.3$ kcal/mol（-43.1 kJ/mol）である．この反応を ADP から ATP へのリン酸化反応と共役させると有利になるかどうか，反応式と ΔG の値から判断せよ．

4.6　代謝の方法：酸化型，還元型補酵素

学習目標：

- 反応で酸化型から還元型へと構造を変える補酵素をあげて，その変化の目的について説明できる．

結論からいえば，異化作用とは食物分子を酸化してエネルギーを放出する反応のことである．代謝反応の多くは酸化・還元反応であり，つねに酸化剤と還元剤を必要とする．この必要性を満足するために，いくつかの補酵素が酸化型と還元型とが相互にリサイクルしている．ちょうど，アデノシン三リン酸（ATP）とアデノシン二リン酸（ADP）とが相互にリサイクルされるようなものである．

AH_2 → A　　補酵素（酸化型）→ 補酵素-H_2（還元型）　　B → BH_2

表 4.2 に主要な補酵素の酸化型と還元型を示す．酸化型は反応中で酸化剤として作用し，還元型は逆反応の還元剤として作用する．たとえば，乳酸は NAD^+（酸化剤）存在下に乳酸デヒドロゲナーゼにより酸化されてピルビン酸になる．逆反応では，ピルビン酸は NADH（還元剤）存在下に還元されて乳酸となる．

表 4.2　主要な補酵素の酸化型と還元型

補酵素	酸化型	還元型
ニコチンアミドアデニンジヌクレオチド	NAD^+	$NADH / H^+$
ニコチンアミドアデニンジヌクレオチドリン酸	$NADP^+$	$NADPH / H^+$
フラビンアデニンジヌクレオチド	FAD	$FADH_2$
フラビンモノヌクレオチド	FMN	$FMNH_2$

酸化還元反応を理解するために要点を簡単にまとめると，つぎのとおりである．

- **酸化**（oxidation）とは電子を失う，水素を失う，酸素と結合するのいずれかである．
- **還元**（reduction）とは電子を獲得する，水素を獲得する，酸素を失うのいずれかである．
- 酸化と還元はいつも同時におこる．

図 4.6 のように炭素–酸素の結合の数が増加する反応は酸化反応で，炭素–水素結合の数が増加する反応は還元反応である．

補酵素ニコチンアミドアデニンジヌクレオチド（NAD^+/NADH）とそのリン酸化合物（$NADP^+$/NADPH）は，それぞれ細胞内に広く分布する補酵素で，酸化還元反応において酵素の活性部位と結合する．酸化剤（NAD^+ または $NADP^+$）として基質から水素を引き抜き，還元剤（NADH または NADPH）としては基質に水素を付加する．脂肪酸合成に関与する酵素は，補因子として $NADP^+$/NADPH を必要とするのに対し，乳酸デヒドロゲナーゼなどのいくつかの酵素は補因子 NAD^+/ NADH を必要とする．NAD^+の全構造式はつぎに示すとおりで，変換されて NADH となる．NAD^+/NADH, $NADP^+$/NADPH の構造の違いは色で示してある部分のみで，$NADP^+$と NADPH では NAD^+/NADH の −OH 基が $-OPO_3^{2-}$基に置き換わっている．

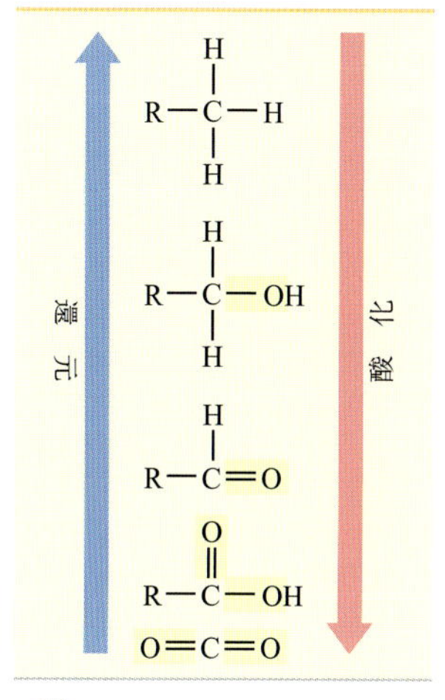

▲ **図 4.6**
酸素との結合数が増加する炭素の酸化

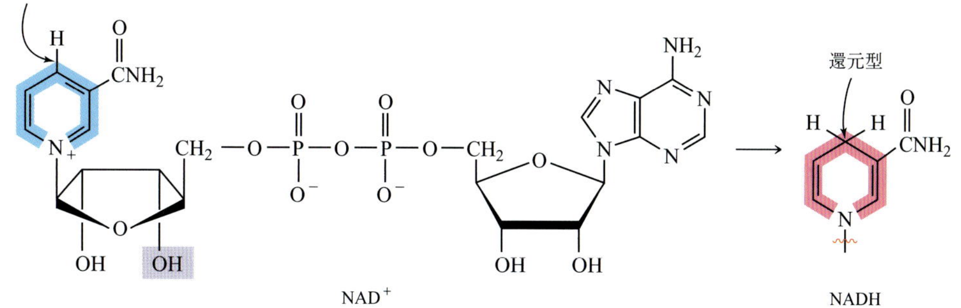

これらの点を念頭においてクエン酸回路(図4.8の段階8，および4.7節)の反応を酸化還元反応の面からみることにする．

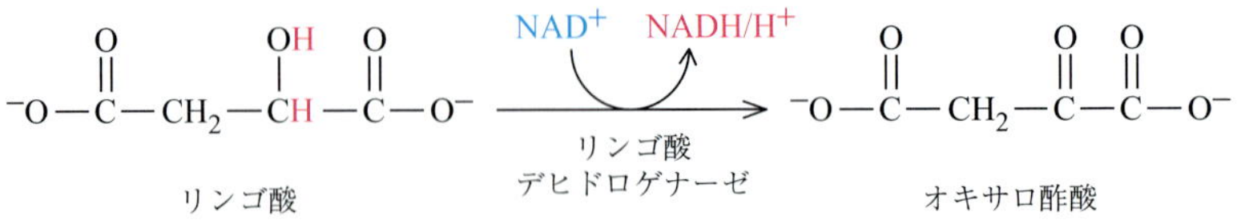

$$^{-}O-\overset{O}{\overset{\|}{C}}-CH_2-\overset{OH}{\overset{|}{C}H}-\overset{O}{\overset{\|}{C}}-O^{-} \xrightarrow[\text{リンゴ酸デヒドロゲナーゼ}]{NAD^{+} \rightarrow NADH/H^{+}} {}^{-}O-\overset{O}{\overset{\|}{C}}-CH_2-\overset{O}{\overset{\|}{C}}-\overset{O}{\overset{\|}{C}}-O^{-}$$

リンゴ酸　　　　　　　　　　オキサロ酢酸

ケトンは $R_2C=O$ であることを，有機化学編 4.1節で復習すること．

リンゴ酸からオキサロ酢酸への酸化では，二つの水素が引き抜かれて第二級アルコールがケトンになる．酸化剤(反応中に還元される)はこの場合，リンゴ酸デヒドロゲナーゼの**補酵素** NAD^+ である(NAD^+ の反応における役割を強調するために，反応物か生成物として書かれることがある．NAD^+ は酵素の活性部位を自由に出入りできるが，反応では適当な酵素の補酵素として機能する)．

酵素が触媒する酸化還元反応では，水素原子は水素**イオン** H^+ と電子 e^- の和に等しい．リンゴ酸の酸化では二つの水素原子が引き抜かれる．

$$2\,\text{H 原子} = 2\,H^+ + 2\,e^-$$

NAD^+ が還元されるときには，二つの電子が一つの H^+ と一緒になってヒドリドイオンを生成する．

$$H^+ + 2\,e^- = {:}H^-$$

ニコチンアミド環に H^- が付加して NAD^+ が還元される．そのとき H^- の2電子が共有結合を形成する．

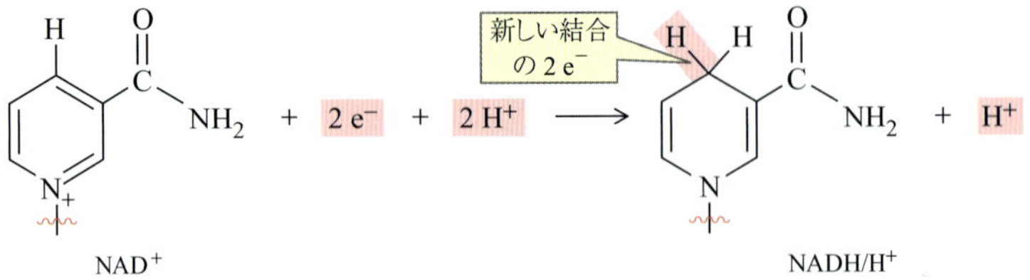

$$NAD^+ + 2\,e^- + 2\,H^+ \longrightarrow NADH/H^+ + H^+$$

新しい結合の $2\,e^-$

NAD$^+$　　　　　　NADH/H$^+$

酸化された基質に由来する2個目の水素は，水素イオン H^+ としてまわりの水溶液中に取り込まれる．NAD^+ の還元では基質に由来する水素2原子のうちの1原子が NAD^+ に結合し，残りの1原子が水素イオンとして水溶液中に放出されることを明示するために $NADH\,/\,H^+$ と書かれる($NADP^+$ は同様に還元されて $NADPH\,/\,H^+$ となる)．

フラビンアデニンジヌクレオチド(FAD)は，異化過程の反応によくみられるもう一つの酸化剤であり，二つの水素原子が付加して $FADH_2$ に還元される．FAD は，つぎの節で述べるクエン酸回路中の反応に登場する．

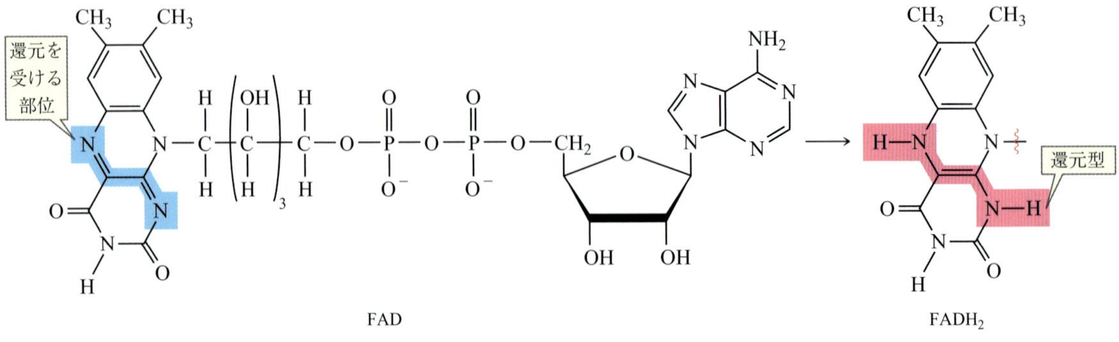

還元を受ける部位　　　還元型

FAD　　　　　　$FADH_2$

NADH と $FADH_2$ は(水素との結合形成に)2 電子を取り込み，後続の反応で放出するので，**電子キャリヤー**(electron carrier)と呼ばれる．また，これらは酸化型と還元型とのあいだでリサイクルするので反応から反応へとエネルギーを伝達する．4.8 節で述べるように，最終的にこのエネルギーは ATP に渡される．

問題 4.9
つぎの化学構造のうち補酵素 FAD 中にみられるのはどれか．
(a) 二つのヘテロ環　(b) ADP
(c) 置換ベンゼン環　(d) 無水リン酸結合

問題 4.10
図 4.8 のクエン酸回路を見て，(a) 段階 3，6，8 の反応物の構造式を描き，どの水素が引き抜かれるか示せ．(b) これらの反応を触媒するのはどの酵素か．

4.7 クエン酸回路

学習目標：
- **クエン酸回路の反応とエネルギー生産における役割について説明できる．**

クエン酸回路(citric acid cycle)　アセチル基を分解してエネルギーを運ぶ還元型補酵素と二酸化炭素を生成する一連の化学反応．

異化作用の最初の二つの段階で生成する炭素原子は，アセチル基として補酵素 A に結合して段階 3 に入る．ATP 分子のリン酸基とおなじように，アセチル-CoA 分子のアセチル基はエネルギーを放出する加水分解反応により直ちに遊離する．

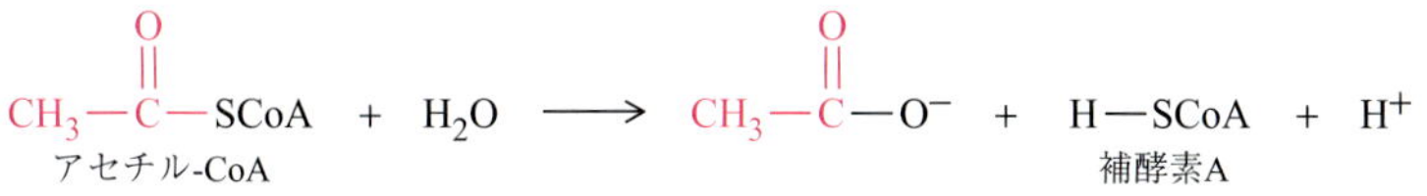

$$CH_3-\overset{\displaystyle O}{\overset{\|}{C}}-SCoA + H_2O \longrightarrow CH_3-\overset{\displaystyle O}{\overset{\|}{C}}-O^- + H-SCoA + H^+ \qquad \Delta G = -7.5\ \text{kcal/mol}\ (\Delta G = -31.4\ \text{kJ/mol})$$

アセチル-CoA　　補酵素A

トリカルボン酸回路(tricarboxylic acid cycle, TCA 回路)，または**クレブス回路**(Krebs cycle：1937 年，この複雑な問題を解き明かした Hans Krebs の名にちなむ)として知られる**クエン酸回路**では，炭素 2 原子を酸化して 2 分子の二酸化炭素を生成し，還元型補酵素にエネルギーを渡す．その名が示すとおり，クエン酸回路は最終段階の生成物である炭素 4 原子をもつオキサロ酢酸が，最初の段階の反応物となる閉じた一連の反応の輪である．回路中の重要な生成物の炭素原子の変化は図 4.7 に，その詳細は図 4.8 にまとめている．段階 1 ではアセチル基の炭素 2 原子がオキサロ酢酸の 4 個の炭素に結合する．段階 3，4 では，炭素 2 原子が二酸化炭素として遊離する．回路は，4 炭素中間体を経由しながらオキサロ酢酸と還元型補酵素を生成する．

図 4.8 にクエン酸回路の八つの段階と各反応の簡単な説明を加えている．各段階の酵素名は図の下の表にまとめてある．クエン酸回路はミトコンドリアの中でおきており，ミトコンドリアマトリックス中に七つの酵素が存在し，もう一つ(段階 6)はミトコンドリアの内膜中に存在している．クエン酸回路は生体中で可逆的で，試験管内でも逆反応をおこす酵素もある．

クエン酸回路は，アセチル-CoA からのアセチル基と，酸化型 NAD^+ と FAD が供給されさえすれば稼働する．これらの物質は貯蔵されないので還元型補酵素 NADH と $FADH_2$ は 4.8 節で述べる異化作用の段階 4 の電子伝達系で再酸化されなければならない．段階 4 は最終の電子受容体として酸素を必要とし，回路が稼働するには酸素の供給があることが不可欠である．クエン酸回路の各段

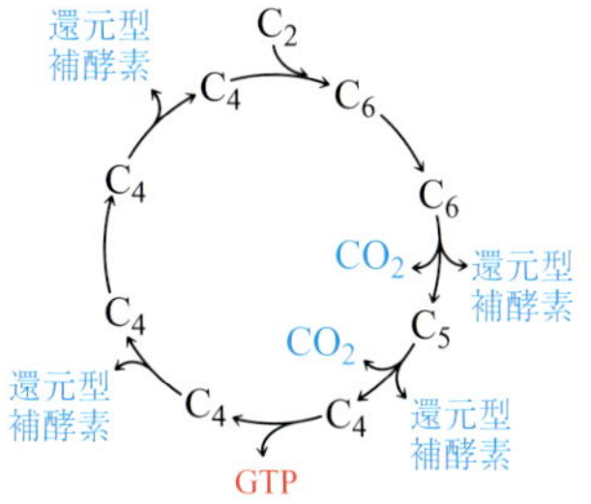

C_2
還元型補酵素
C_4 → C_6 → C_6 → C_5 (CO_2, 還元型補酵素) → C_4 (CO_2, 還元型補酵素) → C_4 (GTP) → C_4 (還元型補酵素) → C_4 (還元型補酵素) → C_4

▲図 4.7
クエン酸回路の主要生成物
すべてのアセチル-CoA について，クエン酸回路の八つの段階は 2 分子の二酸化炭素，4 分子の還元型補酵素，1 分子の高エネルギーリン酸(GTP)を生成する．最後の段階ではつぎのサイクルの段階 1 の反応物を再生成する(段階 1 では C_2 が回路に入り，C_4 に付加して C_6 を生成する)．

階を以下にまとめる．

段階1：クエン酸シンターゼによりアセチル-CoAからのアセチル基が4炭素のオキサロ酢酸に付加して回路の6炭素中間体のクエン酸を生成する．クエン酸は第三級アルコールなので酸化されない．

$\Delta G = -7.7$ kcal/mol（-32.2 kJ/mol）

$$\underset{\text{アセチル-CoA}}{CH_3-C(=O)-S-CoA} + \underset{\text{オキサロ酢酸}}{{}^{-}OOC-C(=O)-CH_2-COO^-} + H_2O \xrightarrow[\text{シンターゼ}]{\text{クエン酸}} \underset{\text{クエン酸}}{HO-C(CH_2COO^-)(COO^-)-CH_2-COO^-} + HS-CoA + H^+$$

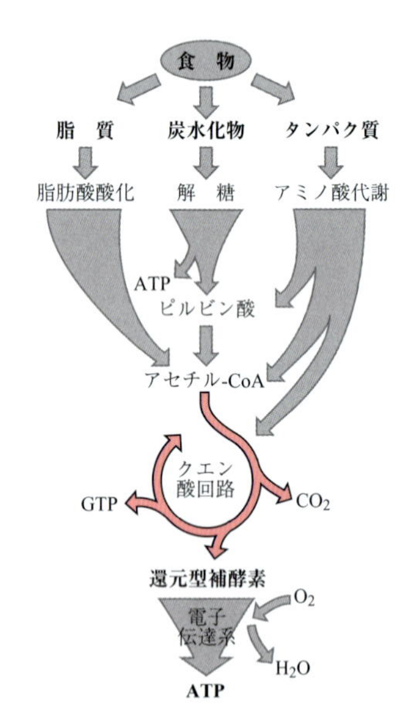

段階2：クエン酸は異性体であるイソクエン酸に変換される．酸化可能な第二級アルコールはアコニターゼという酵素によって触媒される二段階反応で行われる．まず水が脱離し，一時的に二重結合をつくり中間体に戻されもう一度水が付加する．そのとき，-OH基ははじめとは別の炭素に結合する．

$\Delta G = +3.2$ kcal/mol（$+13.3$ kJ/mol）．

$$\underset{\text{クエン酸}}{HO-C(CH_2COO^-)(COO^-)-CH_2-COO^-} \xrightarrow[\text{アコニターゼ}]{-H_2O} \underset{\text{アコニット酸}}{C(CH_2COO^-)(COO^-)=CH-COO^-} \xrightarrow[\text{アコニターゼ}]{+H_2O} \underset{\text{イソクエン酸}}{H-C(CH_2COO^-)(COO^-)-CH(OH)-COO^-}$$

段階3：イソクエン酸がイソクエン酸デヒドロゲナーゼにより酸化されてα-ケトグルタル酸になり，同時にNAD^+が還元されてNADHになる．このとき，CO_2が放出されてα-ケトグルタル酸は5炭素の分子である．

$\Delta G = -2.0$ kcal/mol（-8.4 kJ/mol）

$$\underset{\text{イソクエン酸}}{H-C(CH_2COO^-)(COO^-)-CH(OH)-COO^-} + NAD^+ \xrightarrow[\text{デヒドロゲナーゼ}]{\text{イソクエン酸}} \underset{\text{α-ケトグルタル酸}}{H-C(CH_2COO^-)(H)-C(=O)-COO^-} + CO_2 + NADH + H^+$$

段階4：α-ケトグルタル酸がα-ケトグルタル酸デヒドロゲナーゼによりコハク酸に酸化される．この反応にはCoAとNAD^+が必要で，生成物はスクシニル-CoA，$NADH/H^+$とCO_2である．スクシニル-CoAが炭素4原子をつぎの段階へと運ぶ．$\Delta G = -8.0$ kcal/mol（-33.5 kJ/mol）．

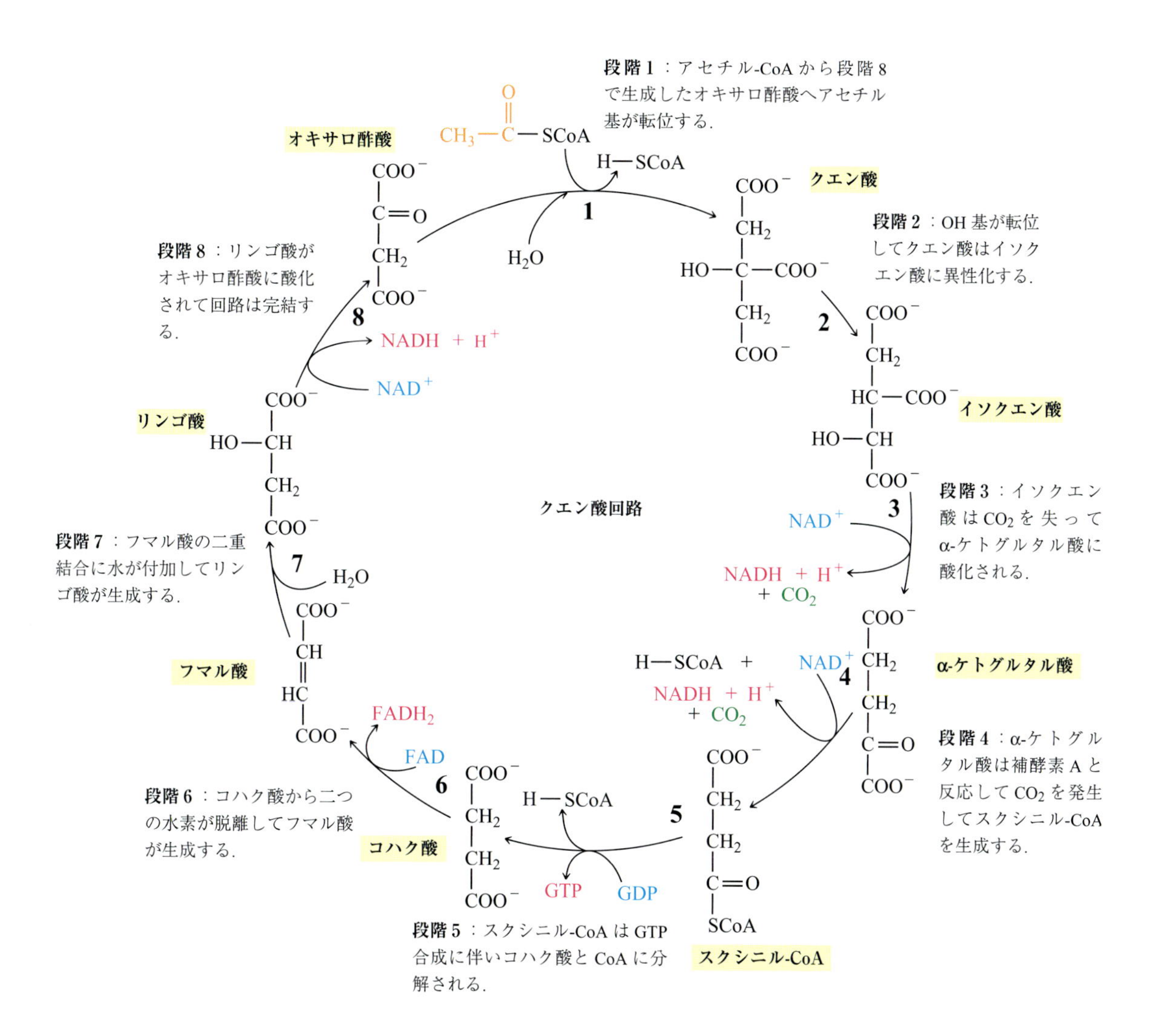

クエン酸回路の酵素

段 階	酵素名	酵素の分類 / 副分類	生成物
1	クエン酸シンターゼ	リアーゼ / シンターゼ	クエン酸
2	アコニターゼ	リアーゼ / デヒドラーゼ	イソクエン酸
3	イソクエン酸デヒドロゲナーゼ複合体	酸化還元酵素 / 酸化酵素	α-ケトグルタル酸
4	α-ケトグルタル酸デヒドロゲナーゼ複合体	酸化還元酵素 / 酸化酵素	スクシニル-CoA
5	スクシニル-CoA シンテターゼ	リガーゼ / シンテターゼ	コハク酸
6	コハク酸デヒドロゲナーゼ	酸化還元酵素 / 酸化酵素	フマル酸
7	フマラーゼ	リアーゼ / デヒドラーゼ	リンゴ酸
8	リンゴ酸デヒドロゲナーゼ	酸化還元酵素 / 酸化酵素	オキサロ酢酸

▲図 4.8
クエン酸回路
八つの段階からなる回路の反応の結果，アセチル基(アセチル-CoAに由来する)は二酸化炭素2分子に分解され，エネルギーが還元型補酵素に渡される．本章および以降の章では高エネルギー化合物(GTP，還元型補酵素)は赤色で，低エネルギー化合物(GDP，酸化型補酵素)は青色であらわしている．

COO^- — CH_2 — CH_2 — C=O — COO^- + NAD^+ + HS—CoA → COO^- — CH_2 — CH_2 — C=O — S—CoA + CO_2 + NADH + H^+

α-ケトグルタル酸デヒドロゲナーゼ

α-ケトグルタル酸　　スクシニル-CoA

グアノシン二リン酸(GDP)
［guanosine diphosphate(GDP)］
リン酸基が結合または脱離してエネルギーを運ぶ分子.

グアノシン三リン酸(GTP)
［guanosine triphoshpate(GTP)］
ATPに似た高エネルギー分子. リン酸基が脱離してGDPを生成する時に自由エネルギーを放出する.

段階5：オキサロ酢酸が再生されつぎの段階に備える. **グアノシン二リン酸**(GDP)から**グアノシン三リン酸**(GTP)へのリン酸化反応と共役してスクシニル-CoAがスクシニル-CoAシンテターゼによりコハク酸に変換される. 段階5は回路中で高エネルギー三リン酸化合物を生成する唯一の過程である. $\Delta G = -0.7$ kcal/mol(-2.9 kJ/mol)

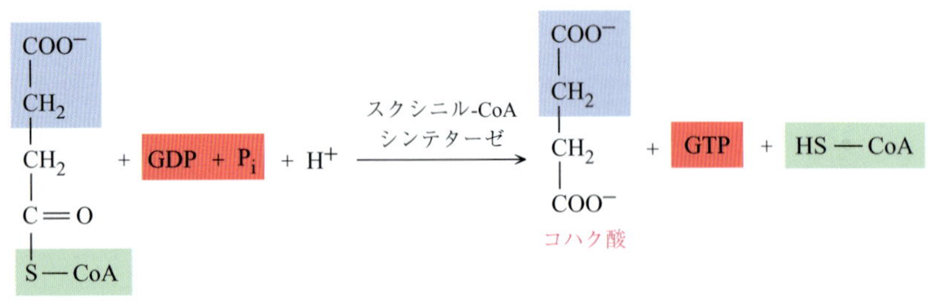

段階6：コハク酸がコハク酸デヒドロゲナーゼにより酸化され, 炭素–炭素二重結合を含む4炭素の分子, フマル酸を生成する. FADはコハク酸デヒドロゲナーゼにより共有結合でつながっており, ミトコンドリア内膜に存在する. この酵素とFADは異化作用の段階4にも関与し, 電子を直接電子伝達系に渡す. $\Delta G = 0$ kcal/mol(0 kJ/mol).

COO^- — CH_2 — CH_2 — COO^- + FAD → ^-OOC(H)C=C(H)COO^- + $FADH_2$

コハク酸デヒドロゲナーゼ

コハク酸　　フマル酸

段階7：フマラーゼによりフマル酸の二重結合に水が付加され, 第二級アルコールのリンゴ酸を生成する. $\Delta G = -0.9$ kcal/mol(-3.8 kJ/mol).

^-OOC(H)C=C(H)COO^- + H_2O → COO^- — HO—C—H — H—C—H — COO^-

フマラーゼ

フマル酸　　リンゴ酸

段階 8：リンゴ酸デヒドロゲナーゼによりリンゴ酸の第二級アルコール基がケトンに酸化してオキサロ酢酸が生成する．同時に NAD^+ が還元されて $NADH / H^+$ が生成する．オキサロ酢酸が再生してつぎの回路に入る．$\Delta G = +7.1$ kcal/mol（$+29.7$ kJ/mol）である．

$$HO-CH(COO^-)-CH_2-COO^- + NAD^+ \xrightarrow{\text{リンゴ酸デヒドロゲナーゼ}} O{=}C(COO^-)-CH_2-COO^- + H_2O + NADH + H^+$$

リンゴ酸　　オキサロ酢酸

クエン酸回路の結果

$$\text{アセチル-CoA} + 3\,NAD^+ + FAD + GDP + HOPO_3^{2-} + H_2O \longrightarrow$$
$$HSCoA + 3\,NADH + 3\,H^+ + FADH_2 + GTP + 2\,CO_2$$

- 還元型補酵素 4 分子が生成（3 NADH，1 $FADH_2$）
- アセチル基から CO_2 2 分子が生成
- 高エネルギー分子が生成（GTP，**即座に ATP に変換される**）

クエン酸回路の速度は ATP と還元型補酵素，およびそれに由来するエネルギーを体の細胞がどのくらい必要としているかにより制御されている．たとえば，エネルギーが速く消費されているときには ADP が蓄積し，段階 3 の酵素イソクエン酸デヒドロゲナーゼと段階 4 の酵素 α-ケトグルタル酸デヒドロゲナーゼに対するアロステリック活性化因子（正のレギュレーター，2.7 節参照）として作用する．体へのエネルギー供給が十分に足りているときには ATP と NADH は過剰に存在し，二つの酵素に対して阻害剤として作用する．必要な反応物の濃度変化に伴うフィードバック機構によって回路はエネルギーが必要なときに活性化され，供給が十分なときには阻害されるようになっている．

例題 4.4　クエン酸回路の反応物と生成物を同定する

どの物質がクエン酸回路における基質あるいは生成物か．

解　説　図 4.8 を見る．アセチル-CoA が回路に供給されるとどこにも出ていかないことに注目する．ほかのすべての基質は絶えず合成されたり分解されたりしながら回路に蓄積されるか，そのまま残っているのがわかるだろうか．補酵素 NAD^+ や FAD は還元されて回路のエネルギーを保有することにも注目する．CO_2 は回路中二つの段階で生成する．最終的に，回路の段階 5 で GDP は GTP に変換される．

解　答

アセチル-CoA は回路中で基質となる．酸化型補酵素 NAD^+，FAD は酸化型と還元型とを行き来するが，GDP や CoA とともに基質と考えられる．回路の生成物は，CO_2 と高エネルギー還元型補酵素，$NADH / H^+$，$FADH_2$ そして GTP である．

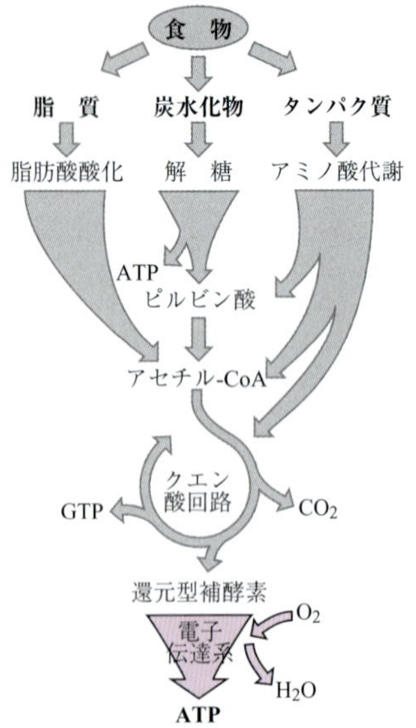

食　物
脂　質　炭水化物　タンパク質
脂肪酸酸化　解　糖　アミノ酸代謝
ATP
ピルビン酸
アセチル-CoA
クエン酸回路
GTP　CO_2
還元型補酵素
電子伝達系　O_2　H_2O
ATP

問題 4.11
クエン酸回路のどの物質がトリカルボン酸にあたるか(ヒント：そのため回路には別名がある).

問題 4.12
図 4.8 で還元型補酵素が生成するのはどの過程か.

問題 4.13
クエン酸回路の中でコハク酸デヒドロゲナーゼの補酵素はなぜ FAD であり NAD ではないのか.

問題 4.14
クエン酸回路の中に含まれる化合物でアルコール性ヒドロキシ基をもつのはどれか．また，そのヒドロキシ基は第一級，第二級，第三級のいずれか.

問題 4.15
クエン酸回路の中で二つの不斉炭素をもつものはどれか.

基礎問題 4.16
クエン酸回路は二つに分けることができる．一つ目では炭素原子が付加し，ついで脱離する．二つ目ではオキサロ酢酸が再生する．クエン酸回路のどの段階がこれらに相当するか.

4.8　電子伝達系と ATP 生産

学習目標：

- 電子伝達系，酸化的リン酸化を理解し，二つの過程がどのように共役しているか説明できる.

異化作用は，ある意味では燃料の燃焼のようなものである．どちらの場合も目的はエネルギーをつくり出すことで，反応生成物は水と二酸化炭素である.

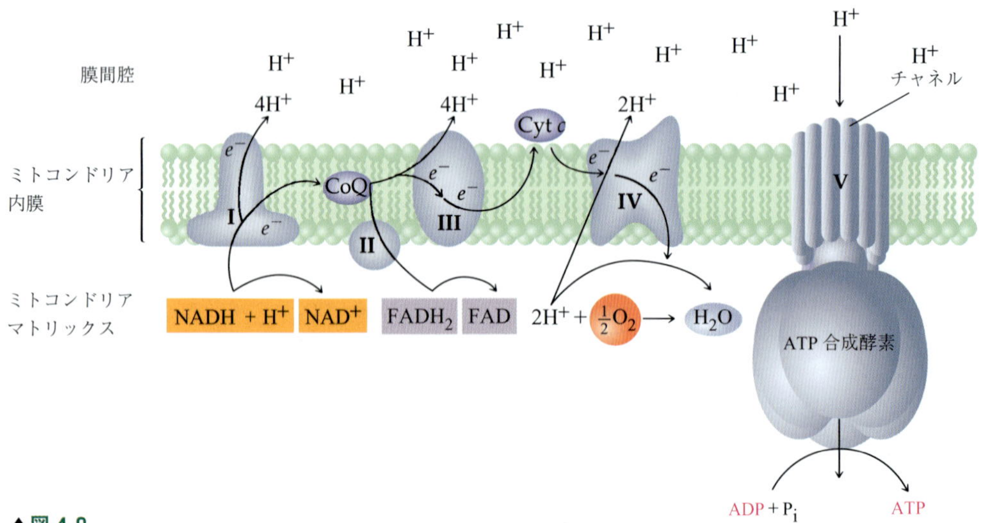

▲**図 4.9**
ミトコンドリア電子伝達系と ATP 合成
矢印は電子と水素イオンの流れを示す．複合体 I，Ⅲ，Ⅳで内膜を通過して水素イオンが移動すると，膜間のほうがマトリックス中よりイオン濃度が高くなる．水素イオンが ATP 合成酵素をとおしてマトリックスに戻っていくときに放出されるエネルギーが，ATP 合成に必要なエネルギーを供給する.

その違いは，異化作用では生成物が一度にすべて生成されるわけではなく，またエネルギーが全部熱として放出されるわけではない点にある．

クエン酸回路の中で生成した還元型補酵素は，そのエネルギーを ATP 合成のためのエネルギーとして供給できる．そのエネルギーは，キャリヤーからキャリヤーへつぎつぎと電子が移動していく(還元されるときに前のキャリヤーが電子を受け取り，酸化されるときにつぎのキャリヤーに渡す)一連の酸化還元反応の中で放出される．一連の各反応は発エルゴン的で有利に進行する．これらの反応は，滝を落ちる水のように考えることができる．一連の反応は**電子伝達系または電子系**(ETS，または呼吸鎖 respiratory chain)と呼ばれる．この系で ATP を合成する酵素や補酵素は，ミトコンドリア内膜に存在している(図 4.9)．

電子伝達系(electron-transport chain)　電子を還元型補酵素から酸素へと渡し，ATP 生成と共役している一連の生化学反応．呼吸鎖ともいう．

この系の最終段階では，電子が呼吸によって取り入れられた酸素および周囲の水素イオンと結合して水を生成する．

$$O_2 + 4\,e^- + 4\,H^+ \longrightarrow 2\,H_2O$$

この反応は本質的には水素ガスと酸素ガスの結合である．気体で反応が一気におきると爆発になる．電子伝達系ではエネルギーはどうなっているのだろうか．

電子が電子伝達系を伝わるにつれて放出されるエネルギーは，ミトコンドリアマトリックスから内膜を通って膜間腔へと水素イオン H^+ を移動させるのに使われる．内膜は H^+ をとおさないため，結果として，膜間腔の H^+ 濃度はミトコンドリアマトリックスよりも高くなる．イオンを濃度の低いところから高いところへ輸送することは，混合物中では分子は拡散により均一な濃度になろうとする自然の法則に逆らうので，エネルギーを必要とする．このエネルギーは ATP 合成に利用される．

電子伝達系

電子伝達は，ミトコンドリア内膜に固定された四つの酵素複合体と複合体間を行き来する二つの電子キャリヤーによって行われる．図 4.9 に示したとおり，酵素複合体と電子キャリヤーが電子受容能の順に従って統制されている．四つの酵素複合体はポリペプチドと電子受容体との非常に大きな会合体であ

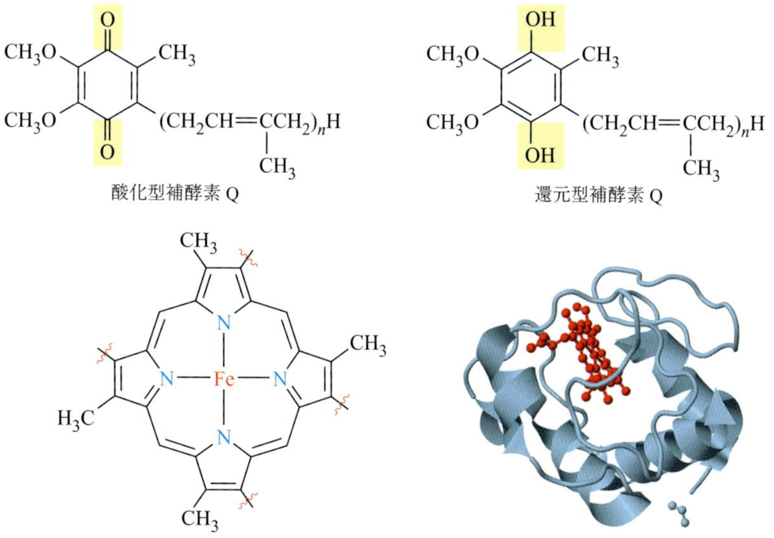

酸化型補酵素 Q

還元型補酵素 Q

(a) ヘ　ム

(b) シトクロム

◀**図 4.10**
ヘムとシトクロム
(a) ヘムは，側鎖にさまざまな構造をもち，電子伝達系のシトクロム中に存在する鉄を含む補酵素である．赤血球中のヘモグロビンにも含まれ，酸素の運搬を担う．(b) 図のシトクロム中，青色のリボンはペプチド鎖(タンパク質)，赤色はヘム．

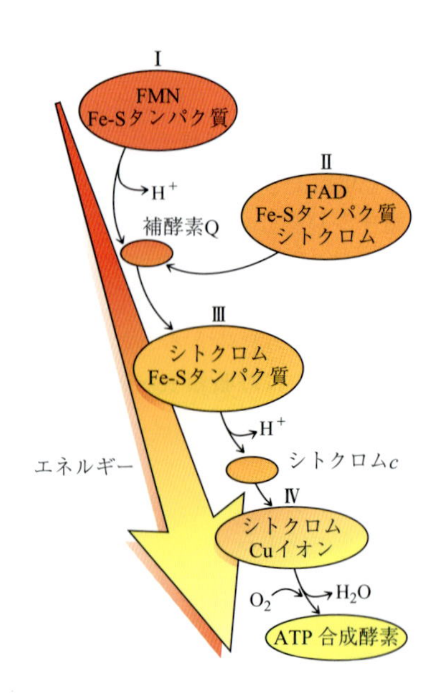

▶**図 4.11**
電子伝達系における電子の流れ
それぞれの酵素複合体Ⅰ～Ⅳは，いくつもの電子キャリヤーを含んでいる（複合体ⅠのFMNはFADに構造が似ている）．電子伝達系では，水素イオンと電子が各成分間を矢印の方向に動き，エネルギーも少しずつロスしながら各成分間を移動する．エネルギーレベルが高い状態から低い状態へと色の変化で示してある．

る．電子受容体には，三つの種類がある．(1) シトクロム類：タンパク質とヘム（図 4.10(a)）からなり，鉄が Fe^{2+} と Fe^{3+} 間でサイクルする．(2) Fe-S タンパク質：鉄–硫黄結合を有し，鉄が Fe^{2+} と Fe^{3+} 間でサイクルする．(3) 補酵素 Q (CoQ)：広く分布し二つのケト基をもつ**キノン**構造を有することから**ユビキノン**（ubiquinone）とも呼ばれる．

電子伝達系での電子移動反応の詳細はここでは重要ではないので，電子伝達系の必要不可欠な特徴に焦点を絞ることにする（図 4.11 および図 4.9 も参照）．

- NADH，$FADH_2$ からの水素イオンと電子は，それぞれ酵素複合体ⅠとⅡで電子伝達系に入る（ここでは複合体はそれぞれ独立に機能し，必ずしも番号順に働いているわけではない）．クエン酸回路の段階 6 で働く酵素は複合体Ⅱの一部を構成し，そこで $FADH_2$ が生成する．$FADH_2$ は複合体Ⅱにとどまり，即座に補酵素 Q との反応で酸化され QH_2 が生成する．可動分子還元型補酵素 QH_2 の生成に続いて，水素イオンは電子キャリヤーの還元反応に直接に関与することなく電子がキャリヤーからキャリヤーへとつぎつぎと直接に受け渡される．
- 電子は弱い酸化剤からより強い酸化剤へと渡され，そのたびごとにエネルギーが放出される．このエネルギーの多くはたくわえられるが，そのいくらかは水素イオンをミトコンドリア内膜から外へ汲み出すのに使われ，またいくらかは電子移動の過程で熱として失われる．
- 複合体Ⅰ，Ⅲ，Ⅳにおいて，水素イオンは内膜から膜間腔へと放出される．水素イオン濃度勾配が生じ，膜間腔は酸性に，マトリックスはアルカリ性になる．このイオンは還元型補酵素に由来するもの，マトリックスからくるものなどがあり，どのように水素が膜間腔に輸送されるかは正確には十分理解されていないが，エネルギー依存型ポンプが寄与していると思われる．
- H^+ の濃度差は，内膜の両側でエネルギー差を生じさせる（滝の上と下にある水に位置エネルギーの差があるように）．膜の内外での濃度勾配を維持することが重要で，これが ATP 合成のためのエネルギーを獲得する機構である．

動物細胞と同様に植物細胞もミトコンドリアをもっており，酸化的リン酸化を行っている．加えて植物細胞は光合成を行うオルガネラの葉緑体をもってお

CHEMISTRY IN ACTION

代謝毒

シアン化物とアミタールなどのバルビツール酸類は，推理小説作家がこれらの物質をしばしば殺人に用いていることから非常に危険で致死的であるとさえ思われてきた．なぜそんなに危険なのか．これらの化合物は，電子が移動する過程の一つで呼吸(酸化的リン酸化)を妨害し，その結果，電子伝達系での電子の流れを遮断し，ATP合成を阻害する．遮断薬はいくつかの方法で電子伝達を妨害する．バルビツール酸は可逆的阻害剤として作用し，シアン化物イオンや硫化水素はシトクロムのFe^{2+}やCu^{2+}に強く結合し，不可逆的に電子伝達を阻害する．一酸化炭素やシアン化物イオンはシトクロム中のヘムに結合してミトコンドリアでの電子伝達を阻害する．電子伝達が遮断されれば生物にとっては緊急事態である．ATPは貯蔵されないので生物が生存するには厳密に制御されたレベルでATPが絶え間なく生産されなければならないからだ．ATPは燃料の燃焼過程とエネルギーを必要とする過程をつなぐエネルギー分子である．絶え間なくATPが合成されなければ生物は死ぬ．

もう一つのタイプの化合物は電子伝達系の脱共役剤として作用する．これは電子伝達を可能にしながらATP合成酵素によってADPがATPに変換されるのを阻害する．もしこのようなことがおきれば，酸素の消費速度は，ミトコンドリアマトリックスと膜間腔のあいだの水素イオン濃度勾配が消失していくにつれて上がっていき，同時にATPは生成しないで水を生成する．

このように，ATP合成とエネルギー消費が分離された状態を，ATP合成が水素イオン濃度勾配のエネルギーと**脱共役**(uncouple)された，という．このような効果をもつ化合物が2,4-ジニトロフェノール(DNP)で，かつては抗肥満薬として使われた．

しかし1930年代には，DNPは一般市販薬として入手できた．実際，DNPを服用すると食事制限なしに即効で減量することができた．理想的な抗肥満薬かにみえたが，発熱したように体温が上がり，汗をかき，呼吸が短く，心臓の鼓動が速くなった．DNPの服用により，白内障，皮膚障害をおこすことがあり，動物試験によりDNPには発がん性があると報告された．また，DNPの有効量と致死量とが非常に近く，服用により死に至るケースもあった．

DNPはサプリメントとしては政府機関により規制されておらず，入手可能である．とくに，ボディービルダーやアスリートにはよく知られており，使用が増えて，誤用も多くなっている．本章の最初に出てきたJasmineの場合，競技会出場を目指してシェイプアップのためにトレーニングをしながらDNPを含む抗肥満薬を服用していた．彼女は結果を急ぐあまり服用量を増やして致死量を服用してしまったために命を落とす結果となった．

CIA 問題 4.11 DNPはなぜ抗肥満薬として推奨されなくなったのか．

CIA 問題 4.12 酸化的リン酸化(呼吸鎖)遮断薬はどのように作用するか．

CIA 問題 4.13 酸化的リン酸化(呼吸鎖)脱共役剤はどのように作用するか．

り，電子伝達系に並んだ一連の酵素間を電子と水素イオンが移動する．詳細はChemistry in Action“植物と光合成”参照．

ATP合成

電子伝達系の反応は，酸化反応とリン酸反応の両方によってADPをATPに変換する**酸化的リン酸化**と強く共役している．水素イオンは，**ATP合成酵素**複合体の一部を構成するチャネルを通過することによってのみ，マトリックス中に戻ることができる．このとき，電子伝達系の酵素複合体で濃度勾配に逆らって水素イオンが移動してたくわえられたエネルギーが放出される．その放出エネルギーによって，ADPがリン酸水素イオン($HOPO_3^{2-}$)との反応によりリン酸化される．

酸化的リン酸化(oxidative phosphorylation) 電子伝達系で放出されたエネルギーを使ってADPからATPを合成する反応．

ATP合成酵素(ATP synthase) 水素イオンが膜を通過し，ADPからATPが合成されるミトコンドリア内膜中にある酵素複合体．

$$ADP + HOPO_3^{2-} \longrightarrow ATP + H_2O$$

ATP合成酵素は，先端がノブ状になった柄のような形をしてマトリックスに突き出ており，電子顕微鏡ではっきりと確認できる．ADPや$HOPO_3^{2-}$はそのノブ部分に引きつけられる．水素イオンが複合体の中を流れていくとき

ATP が合成され，マトリックス中に放出される．この反応は，酵素複合体が水素イオンの流れに誘起されて形を変えることにより促進される．

酸化的リン酸化によって NADH または $FADH_2$ 1 分子からいくつの ATP が生産されるだろうか．NADH 分子からの電子は酵素複合体 I において電子伝達系に入り $FADH_2$ 分子からの電子は酵素複合体 II において電子伝達系に入る．この差により ATP 分子の収率の差となる．本書では数値を切り上げて従来のとおり NADH 1 分子あたり ATP 3 分子，$FADH_2$ 1 分子あたり ATP 2 分子とする．

問題 4.17

ミトコンドリア内で，膜間腔とマトリックスとではどちらの pH が高いか．また，それはなぜか．

問題 4.18

植物は光合成と酸化的リン酸化の両方を行っている（Chemistry in Action“植物と光合成”参照）．光合成は葉緑体で，酸化的リン酸化はミトコンドリアでおこる．光合成と酸化的リン酸化の類似点と相異点を示せ．

基礎問題 4.19

還元型補酵素 NADH，$FADH_2$ は電子伝達系で酸化される．電子伝達系における最終の電子受容体はなにか．ATP 合成における H^+ の役割はなにか．

要　約　章の学習目標の復習

- **私たちのエネルギー源はなにか，生化学エネルギーに必要な条件はなにかを理解する**

私たちは，植物が太陽光から得たエネルギーを含む食物分子の酸化によってエネルギーを引き出している．エネルギーは発エルゴン反応で徐々に放出され，仕事や吸エルゴン反応の進行，熱の供給などに利用され，また必要なときまで貯蔵される．真核細胞中でのエネルギー生産は**ミトコンドリア**（mitochondria）でおこる（問題 20，27，32，76）．

- **発エルゴン反応と吸エルゴン反応の重要性を理解する**

吸エルゴン（endergonic）反応は不利で，進行するには外部からの自由エネルギーを必要とする．**発エルゴン**（exergonic）反応は有利で，自発的に進行し自由エネルギーを放出する（問題 20，27 ～ 29）．

- **真核細胞を描き，その中の構造体の機能を理解する**

真核細胞は膜に囲まれており，内部に細胞質ゾルと呼ばれる多くの栄養物とタンパク質を含む液体中に分化したオルガネラを備えている．図 4.2 参照（問題 33 ～ 38）．

- **食物の異化の段階を記述し，各段階の役割を理解する**

食物分子はエネルギーを供給するために 4 段階で**異化作用**（分解）を受ける（図 4.4）．(1) 細胞内に吸収できるように消化して小さな分子にする，(2) 二つの炭素を含むアセチル基に分解して，補酵素 A と結合した**アセチル補酵素 A** の形にする．(3) アセチル基を**クエン酸回路**で反応させて，高エネルギーの還元型補酵素を生成し二酸化炭素を放出する．(4) クエン酸回路の還元型補酵素から，主なエネルギー伝達分子の **ATP** に**電子伝達**とエネルギー移動が行われる（問題 21，39 ～ 42）．

- **エネルギー伝達における ATP の役割を理解する**

発エルゴン反応のエネルギーを使って，ADP は**リン酸化**されて ATP になる．そのときエネルギーは消費され，逆に ATP からリン酸基が脱離して ADP に戻るときに放出される（問題 22，43，44）．

- **反応が共役するのはなぜか，共役反応の例をあげて説明できる**

代謝経路中の“上り坂”反応は総和として発エルゴン的で有利になるように，エネルギーを供給する“下り坂”の発エルゴン反応と共役して進行する（問題 45 ～ 48）．

- **反応中に酸化型から還元型へと構造を変える補酵素をあげ，その変化の目的を理解する**

多くの代謝経路中の酸化還元反応に利用される酸化還元剤は補酵素であり，それは酸化型と還元型のあいだでつねにリサイクルしている（問題 23，49，50，79，81）．

- **クエン酸回路の反応とエネルギー生産における役割について理解する．**

クエン酸回路（図 4.8）は，最終生成物が最初の反応基質となる八つの反応からなる閉じた経路である．クエン酸回路の反応では，（1）アセチル基の酸化を行うための準備をする（段階 1，2），（2）トリカルボン酸のイソクエン酸から二つのカルボキシ基が CO_2 分子として脱離する（酸化的脱炭酸）（段階 3，4），（3）炭素 4 原子のジカルボン酸であるコハク酸を酸化してオキサロ酢酸を再生し，回路を出発点に戻す（段階 5 ～ 8）．この経路の中でアセチル基 1 個が酸化されるにつき，4 分子の還元型補酵素と 1 分子の GTP（即座に ATP に変換される）が生成する．還元型補酵素は引き続き ATP を生産するためのエネルギーをたくわえる．回路はエネルギーの供給が不足すると活性化し，供給が十分であると阻害される（問題 24，25，51 ～ 58，77，78）．

- **電子伝達系，酸化的リン酸化を理解し，二つの過程がどのように共役しているか理解する**

ATP 生産はミトコンドリア内膜中の一連の酵素群によって行われる（図 4.9）．コハク酸（クエン酸回路より）と NADH および $FADH_2$ からの電子と水素イオンは，電子伝達系の最初の二つの複合体に取り込まれ，そこで**補酵素 Q** に渡される．その後，電子と水素イオンは独立に進み，電子は徐々にエネルギーを与えながら水素イオンにミトコンドリア内膜を通過させ，膜の内外での濃度勾配を維持する．水素イオンは **ATP 合成酵素**を通過してマトリックス内に戻り，そのとき放出されるエネルギーを使って ADP から ATP が合成される（問題 26，59 ～ 75，80）．

KEY WORDS

アセチル補酵素 A（アセチル-CoA），p.123
アデノシン三リン酸（ATP），p.121
異化作用，p.123
ATP 合成酵素，p.141
過程，p.119
グアノシン二リン酸（GDP），p.136
グアノシン三リン酸（GTP），p.136
クエン酸回路，p.133
細胞質，p.121
細胞質ゾル，p.121
酸化的リン酸化，p.141
代謝，p.122
電子伝達系，p.139
同化作用，p.123
ミトコンドリア，p.121
ミトコンドリアマトリックス，p.121

概念図：生化学エネルギーの発生

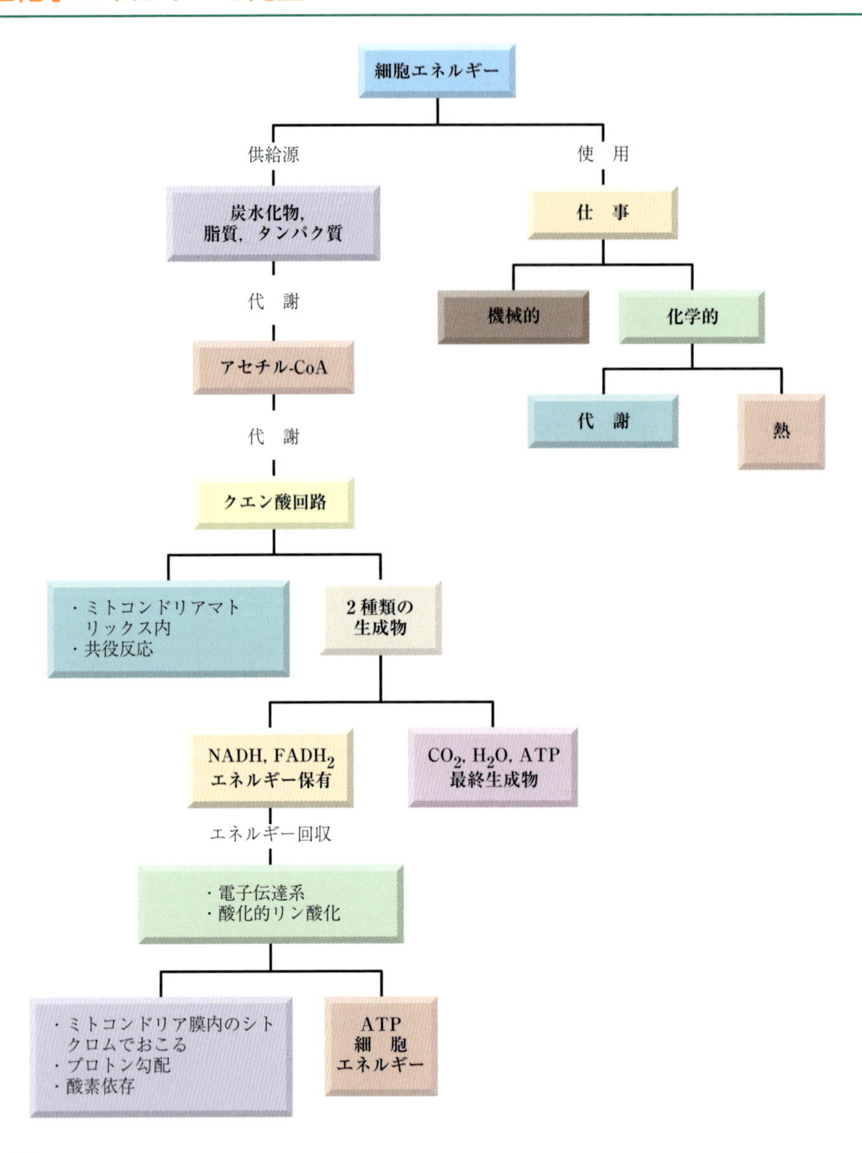

▲図 4.12　概念図

この概念図は，クエン酸回路でのアセチル-CoA の酸化による ATP の発生と，クエン酸回路で生成した NADH および $FADH_2$ にたくわえられたエネルギーの回収に焦点をあてて，細胞エネルギーの源泉と利用について示している．このエネルギーは酸化的リン酸化と共役した電子伝達系により回収され ATP を生産する．これらのすべての過程は，熱力学的法則に従っており，この概念図は，本章の概念と基礎化学編 図 7.7 との熱力学的な関連を示している．

基本概念を理解するために

4.20 つぎの共役反応は発エルゴン反応と吸エルゴン反応の組合せである.

$$\mathrm{^-OOC{-}CH_2{-}CH_2{-}C(=O){-}O{-}PO_3^{2-}} + \mathrm{ADP} \longrightarrow \mathrm{^-OOC{-}CH_2{-}CH_2{-}COO^-} + \mathrm{ATP}$$

スクシニルリン酸　　　　コハク酸

(a) 反応の発エルゴン部分を書け.
(b) 反応の吸エルゴン部分を書け.

4.21 下の各反応は図 4.4 に示した代謝の 4 段階のうちの一つである. それぞれの反応がおきる代謝の各段階を示せ.
(a) デンプンのグルコースへの加水分解
(b) ATP 合成と共役した NADH の酸化
(c) グルコースのアセチル-CoA への変換
(d) 一連の反応で NAD^+ が還元されて CO_2 を生成するアセチル-CoA の酸化

4.22 脂肪酸代謝の最初の段階で, ATP は脂肪酸を補酵素 A に結合させる反応に使われることを述べた. ATP の加水分解がなければ, 脂肪酸を補酵素 A に結合させる反応は発エルゴン的, 吸エルゴン的のどちらと予想するか. 脂肪酸 CoA 合成において, ATP の加水分解はどのような代謝の戦略にもとづいているか.

4.23 クエン酸回路に分子状酸素はないので, アセチル基が CO_2 に酸化される過程はヒドリドイオンと水素イオンの引き抜きを含んでいる. ヒドリドイオンの受容体はなにか. また, 水素イオンの受容体はなにか.

4.24 つぎの反応はイソクエン酸デヒドロゲナーゼにより触媒され, 2 段階でおきる. 第 1 段階(段階 A)は不安定な中間体([　]内)の生成である.

$$\mathrm{^-OOC{-}CH_2{-}CH(COO^-){-}CH(OH){-}COO^-} \xrightarrow{\mathbf{A}} \left[\mathrm{^-OOC{-}CH_2{-}CH(COO^-){-}C(=O){-}COO^-}\right] \xrightarrow{\mathbf{B}} \mathrm{^-OOC{-}CH_2{-}CH_2{-}C(=O){-}COO^-}$$

イソクエン酸　　　　α-ケトグルタル酸

(a) どの段階に補酵素が必要になるのか. また, その補酵素を示せ.
(b) どの段階で CO_2 が放出され, 水素イオンが付加されるか.
(c) β-ケト酸と呼ばれるのはどの構造か.
(d) この反応を触媒するイソクエン酸デヒドロゲナーゼはどの種類の酵素に属するか.

4.25 クエン酸回路の各反応の種類, 酵素の名前, その酵素が六つのうちどの種類に分類されるかを示せ(1 種類以上の活性をもつものもある).

4.26 電子伝達系では鉄, 銅, 亜鉛, マンガンなど数種の金属が利用されている. これら二つの過程ではなぜ金属がよく利用されているのか. 金属が有機分子よりもすぐれている点とはなにか.

補充問題

エネルギーと生化学反応(4.1 節)

4.27 ある反応が有利におこりやすくなるためにはエネルギー的になにが必要か.

4.28 吸エルゴン反応と発エルゴン反応の違いはなにか.

4.29 なぜ ΔG は生化学反応が有利かどうかを予測するのに便利な値なのか.

4.30 生化学反応の多くは酵素により触媒される. 酵素は ΔG の大きさや符号に影響を与えるか. またそれはなぜか.

4.31 つぎの各反応はアセチル-CoA の異化過程でおきる反応である. どの反応が発エルゴン反応で, どの反応が吸エルゴン反応か. どの反応によってリン酸基を転位させてエネルギーを放出するリン酸エステルが合成されるか.
(a) スクシニル-CoA + GDP + リン酸(Pi) ⟶ コハク酸 + CoA-SH + GTP + H_2O
　$\Delta G = -0.4$ kcal/mol (-1.67 kJ/mol)
(b) アセチル-CoA + オキサロ酢酸 ⟶ クエン酸 + CoA-SH
　$\Delta G = -8$ kcal/mol (-33.5 kJ/mol)
(c) L-リンゴ酸 + NAD^+ ⟶ オキサロ酢酸 + NADH + H^+
　$\Delta G = +17$ kcal/mol ($+129.3$ kJ/mol)

4.32 つぎの各反応はグルコースの異化過程でおきる反応である. どの反応が発エルゴン反応で, どの反応が吸エルゴン反応か. どの反応が平衡状態でより生成物に傾いた反応か．

(a) 1,3-ビスホスホグリセリン酸 + H_2O ⟶ 3-ホスホグリセリン酸 + リン酸 (P_i)
$\Delta G = -11.8$ kcal/mol (-49.4 kJ/mol)

(b) ホスホエノールピルビン酸 + H_2O ⟶ ピルビン酸 + P_i
$\Delta G = -14.8$ kcal/mol (-61.9 kJ/mol)

(c) グルコース + P_i ⟶ グルコース 6-リン酸 + H_2O
$\Delta G = +3.3$ kcal/mol ($+13.8$ kJ/mol)

細胞とその構造 (4.2 節)

4.33 つぎの生物を原核生物と真核生物に区別せよ．
(a) ヒト
(b) のどの痛みを引きおこすバクテリア (連鎖球菌)
(c) ニンジン
(d) ビール酵母

4.34 つぎの項目を原核生物の特徴と真核生物の特徴に区別せよ．
(a) DNA は膜に囲まれている．
(b) 細胞膜と細胞壁をもっている．
(c) 葉緑体をもっている．
(d) 特別な器官の中で生きている．
(e) 単細胞生物である．

4.35 細胞質と細胞質ゾルの違いはなにか．

4.36 オルガネラとはなにか．

4.37 ミトコンドリアの構造の一般的な特徴を述べよ．

4.38 ミトコンドリアのクリステの機能はなにか．

代謝とエネルギー生産の概要 (4.3 節)

4.39 異化作用と同化作用の違いはなにか．

4.40 消化と代謝の違いはなにか．

4.41 つぎの現象を，おきる順番に並べよ．
電子伝達，消化，酸化的リン酸化，クエン酸回路．

4.42 三大食物栄養素の炭水化物，脂質，タンパク質の異化過程で生成する鍵代謝中間体とはなにか．

代謝の方法 (4.4 〜 4.6 節)

4.43 なぜ ATP は高エネルギー分子と呼ばれるのか．

4.44 ATP の化学反応は一般的にどういう種類の反応か．

4.45 二つの反応が共役しているとはどういうことか．

4.46 1,3-ビスグリセロールリン酸の加水分解が ADP のリン酸化と共役すると，なぜエネルギー的に有利になるのかを示せ．共役反応の反応式を加算して ΔG を計算せよ．化学構造式ではなく略号で化合物名を示してよい．

4.47 1,3-ビスグリセロールリン酸の加水分解が ADP のリン酸化と共役している反応式を，巻矢印を使って書け．

4.48 フルクトース 6-リン酸の加水分解反応は，ADP のリン酸化と共役させるのに適しているか．またそれはなぜか (表 4.1 参照)．もし，適していないとすれば，どのようにすればこの反応が進行するだろうか．

4.49 FAD は脱水素化反応の補酵素である．
(a) ある分子が脱水素化反応を受けるとき FAD は酸化されるか還元されるか．
(b) FAD は酸化剤か還元剤か．
(c) FAD はどのような基質と反応して，脱水素化後にどのような生成物が得られるか．
(d) FAD は脱水素化反応後にどのような構造になるか．
(e) FAD を利用する反応の一般式を巻矢印を使って書け．

4.50 NAD^+ は脱水素化反応の補酵素である．
(a) ある分子が脱水素化反応を受けるとき NAD^+ は酸化されるか還元されるか．
(b) NAD^+ は酸化剤か還元剤か．
(c) NAD^+ はどのような基質と反応して，脱水素化後にどのような生成物が得られるか．
(d) NAD^+ は脱水素化反応後にどのような構造になるか．
(e) NAD^+ を利用する反応の一般式を巻矢印を使って書け．

クエン酸回路 (4.7 節)

4.51 クエン酸回路の目的は何か．

4.52 クエン酸回路は細胞のどこでおきているか．

4.53 クエン酸回路の出発点にあってアセチル-CoA と反応する化合物で，最終段階で再生する化合物はなにか．その構造式を書け．

4.54 クエン酸回路に入ったアセチル-CoA の炭素は最終的にどうなるか．

4.55 クエン酸回路の八つの段階についてつぎの質問に答えよ (図 4.8)．
(a) どの段階に酸化反応が含まれているか．
(b) どの段階に脱炭酸反応が含まれているか．
(c) どの段階に水分子の付加反応が含まれているか．

4.56 クエン酸回路によって何分子の NADH と $FADH_2$ が生成するか．

4.57 クエン酸回路のどの反応で $FADH_2$ としてエネルギーが移されるか．

4.58 クエン酸回路のどの反応で NADH としてエネルギーが移されるか．

電子伝達系と ATP 生産 (4.8 節)

4.59 電子伝達系の二つの主要な役割とはなにか．

4.60 クエン酸回路と電子伝達系は相互にどのように関連しているか．

4.61 電子伝達系の最初の段階に関与する二つの補酵素はなにか．

4.62 電子伝達系の最終生成物はなにか．

4.63 つぎの物質は細胞中のどこにあるか．
(a) FAD　(b) 補酵素 Q (CoQ)
(c) NADH / H^+　(d) シトクロム *c* (Cyt *c*)

4.64 つぎの略号はなにをあらわすか.
(a) FAD　(b) CoQ
(c) NADH / H^+　(d) Cyt *c*

4.65 電子伝達系において，シトクロム中のどの原子が酸化還元を受けるか．また，補酵素 Q ではどうか．

4.66 つぎの物質を電子伝達系で働く順番に並べよ．
シトクロム *c*，補酵素 Q，NADH

4.67 つぎの共役反応の欠けている物質を埋めよ．

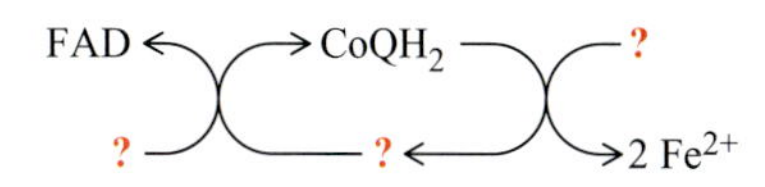

4.68 クエン酸回路で NADH や $FADH_2$ が再酸化されなかったとしたらどうなるか．

4.69 “酸化的リン酸化”とはどういう意味か．また，それは“基質レベルのリン酸化”とどう違うのか．

4.70 酸化的リン酸化において，なにが酸化され，なにがリン酸化されるか．

4.71 酸化的リン酸化は三つの生成物を伴う．
(a) エネルギー保有生成物名を示せ．
(b) そのほかの二つの生成物名を示せ．

4.72 酸化的リン酸化のエネルギーはどこから供給されるか．

4.73 抗菌薬ピエリシジン(piericidin)は，非極性分子で構造的にユビキノン(補酵素 Q)に似ており，ミトコンドリア膜を透過できる．ピエリシジンは酸化的リン酸化にどのような影響を及ぼすと考えられるか．

4.74 酸化的リン酸化が脱共役するとき酸素消費量は減少するか，増加するか，同じか，説明せよ．

4.75 アザラシと飼いネコのどちらが多くの褐色脂肪(脱共役 ATP 生産により熱を供給する)をもっていると考えられるか，説明せよ．

全般的な問題

4.76 生体内で分子を分解してエネルギーを得る反応は，なぜ 1 段階でおこるのではなく多段階でおこるのか．

4.77 クエン酸回路の最初の段階は，アセチル-CoA とオキサロ酢酸との反応を含んでいる．加水分解によりクエン酸を生成するこの反応の生成物を示せ．

4.78 クエン酸回路の段階 6 で生成するフマル酸はトランスの二重結合をもっている．なぜシス二重結合をもつ異性体では回路が続いていかないのか，理由を考えよ．

4.79 NAD^+ や FAD はどのような酵素と一緒に働くのか．

4.80 燃焼過程で食物を燃やして CO_2 と H_2O を生成すると述べた．O_2 はクエン酸回路に直接関与していないが，O_2 がその過程にどのようにかかわっているかを説明せよ．

4.81 脂質が代謝されるときの反応の一つを下に示す．この反応は NAD^+ か FAD を補酵素として必要とするか．この反応を触媒するのは一般的にどういう種類の酵素か．

$$R-CH_2-CH_2-C(=O)-SCoA \longrightarrow R-CH=CH-C(=O)-SCoA$$

4.82 もしグルコースを二酸化炭素と水に完全燃焼させたなら，全体的な反応はグルコースの代謝的酸化反応と同一である．それぞれにおいて放出されるエネルギーの結末の違いを説明せよ．

4.83 ミトコンドリアは H^+ をマトリックスから膜間腔へ汲み出す．このとき，マトリックスと膜間腔のどちらが酸性になるか．それはなぜか説明せよ．

4.84 クエン酸回路では，ATP が直接に生産されるか．説明せよ．

4.85 クエン酸回路には 4 種類の 4 炭素のジカルボン酸が含まれる．
(a) その化合物名を書け．
(b) それらを酸化状態の低い順に並べよ．

4.86 ATP は“エネルギー貯蔵分子”と呼ばれる．しかし，細胞はエネルギーを大量の ATP の形でたくわえるのではなく，グリコーゲンやトリアシルグリセロールの形でたくわえる．なぜだと思うか．

グループ問題

4.87 フルオロ酢酸ナトリウム($CH_2FCOO^-Na^+$)は毒性が強く，体内に入ると細胞中フルオロクエン酸が蓄積する．クエン酸回路中のどの酵素がこのフルオロクエン酸により阻害されると考えられるか．

4.88 ヒトはランニング後に止まって，酸素不足を補うためにしばらく大きな呼吸をする．なぜ大きく呼吸する必要があるのか(ヒント：酸素負債(oxygen debt)をインターネットで調べよ．酸素を消費する代謝過程を考えよ)．

4.89 つぎの組織を細胞あたりのミトコンドリア数の少ないほうから順に並べよ．
脂肪組織，脳，心筋，皮膚，骨格筋．

5

炭水化物の代　　謝

目　次

復習事項

A.　リン酸化
（有機化学編 6.6 節）

B.　ATP の機能
（4.4，4.8 節）

C.　酸化型，還元型補酵素
（4.6 節）

D.　炭水化物の構造
（3 章）

E.　酵　素
（2 章）

▲ この食物中の単純な炭水化物や複雑な炭水化物は，代謝のための燃料を供給する．

40 歳の Maria は，ここ数カ月のあいだ，病気になったように感じていたので，医者の診療を予約した．彼女は，十分に水分をとっていたにもかかわらず，喉が渇き，頻繁な排尿に悩まされていた．ある日，食料品店で買い物をしていたとき，視界がぼやけてパッケージの表示を読むことができないことがあった．医者は通常の検査をして，Maria が身長に比して体重過多（BMI = 30）であることと，血圧が高いことに注目した．彼女の家族には，心臓病と糖尿病の病歴があった．医者は，肝臓と腎臓の機能を反映する酵素類の検査とともに，グルコース，コレステロールおよびトリアシルグリセロールの値を測定する血液検査を命じた．また，グルコース付加試験と糖化ヘモグロビン量を測定する A1c 試験（数カ月間の血糖値を反映）を指示し，診療計画を立てた．検査結果待ちだけれども，彼女の年齢と症候から中年が発病する II 型糖尿病が疑われた．

糖尿病はグルコース代謝の調節が不完全な結果としておきる．炭水化物の代謝において，グルコースはクエン酸回路に入るためにアセチル-CoA に変換される．余剰のグルコースはグリコーゲンとして蓄積されて必要なときに取り出され，またグルコースの供給が少ないときには再合成される．グルコースは生命維持のために必須なので，体は血液中のグルコース濃度を維持するために，またそれに依存している細胞にグルコースを供給するために，いくつかの方法をもっている．本章では，これらの方法と全般的な炭水化物代謝について述べる．

5.1　炭水化物の消化

学習目標：

- 炭水化物を消化する体内の場所，含まれる酵素，およびその過程の主な生成物について述べることができる．

異化の第1段階は**消化**（食物の小さな分子への分解）である．食物をかみ砕き，軟らかくして，混ぜ合わせ，炭水化物，タンパク質，脂質を酵素によって加水分解する．この過程は口からはじまり，胃に続き，小腸でおわる．

消化の生成物は，大部分が小さな分子として腸管から吸収される．栄養分は小腸のひだの中の数百万もの微少の突起物（絨毛）をとおして吸収され，血液中に輸送される．血流は，その小さい分子を目的の細胞に輸送し，そこでさらに分解され，それらの炭素原子が二酸化炭素に変換されるときにエネルギーを生成する．ほかのものは排出され，またあるものは新しい生体分子類を合成するための部品として使われる．

炭水化物の消化を図5.1に示す．唾液のα-アミラーゼは，アミロースとアミロペクチン（植物デンプン）のαグリコシド結合の加水分解を触媒する．植物のデンプンと肉のグリコーゲンは，α-アミラーゼによってより小さな多糖類や二糖類のマルトースに加水分解される．グルコース分子がβグリコシド結合をしている植物セルロースはヒトでは消化されない．唾液のα-アミラーゼは，その酵素が胃酸によって不活性化されるまで，胃の中の多糖類に対して活動を続ける．それ以上の炭水化物の消化は胃の中ではおきない．

α-アミラーゼは膵臓でも分泌され，小腸に入り，そこで多糖類をマルトースへ加水分解する．小腸の内層粘液から分泌されたマルターゼ，スクラーゼおよびラクターゼは，マルトース，スクロースとラクトースを単糖類のグルコース，フルクトース，ガラクトースに加水分解する．そして，それらは腸壁を横切り血流により輸送される．本章の焦点はグルコース代謝である．フルクトースやガラクトースは，グルコースからの代謝経路中の中間体に変換されることができる．

消化（digestion）　食物が小さな分子に分解することをあらわす一般的な語．

◀◀◀ 復習事項　植物デンプンのアミロースとアミロペクチン，植物セルロース，およびグリコーゲン（動物デンプン）はすべてグルコースのポリマーであることを，3.7節から思い出そう．植物デンプンとグリコーゲンは消化できるが，セルロースは消化できない．

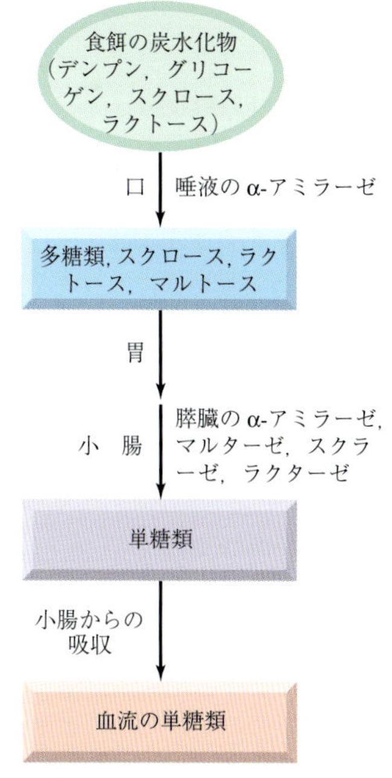

▲**図 5.1**
炭水化物の消化

5.2　グルコースの代謝：概要

学習目標：

- グルコースが最初に合成され，ついで分解される経路を知り，それらの相互関係について述べることができる．

グルコースは私たちの体の主要な燃料である．それは，脳細胞，働いている筋肉細胞，および赤血球細胞にとって望ましい燃料である．グルコースにたくわえられたエネルギーは一連の酸化的代謝をとおしてATPに変換され，細胞内のそのほかの反応の動力となる．グルコースはピルビン酸に変換され，ついで通常はすべての食物が異化される際の共通の中間体であるアセチル-CoAに変換される．アセチル-CoAは，酸化のためにクエン酸回路にアセチル基を提供し，電子伝達系を介してエネルギーが変換・捕獲され，最終的にはATPの生成に至る．クエン酸回路と電子伝達系については，4章で述べた．

▲ 小腸の"絨毛(villi)"を示す顕微鏡像．おのおのの絨毛は微細絨毛で覆われており，そこで消化された食物からの分子が血流に吸収される．

解糖系は，電子伝達の結果として ATP 合成にいたる二つの連続的な異化経路のうちの最初のものである．グルコースが血流から細胞に入ると，それは直ちにグルコース 6-リン酸に変換される．リン酸化された分子は輸送器官の助けがない細胞膜を通過できないので細胞内にとどまる．代謝経路の最初の段階のグルコース 6-リン酸の形成は高度に発エルゴン的であり，不可逆反応である．これによって，最初の基質がつぎの反応に入ることになる．

いくつかの経路がグルコース 6-リン酸に利用できる．

- エネルギーが必要なとき，グルコース 6-リン酸は図 5.2 に茶色で示した中心の異化経路を下りていく．そこでは**解糖**(glycolysis)反応を経てピルビン酸になり，それからアセチル-CoA になり，クエン酸回路に入る(4.7 節)．

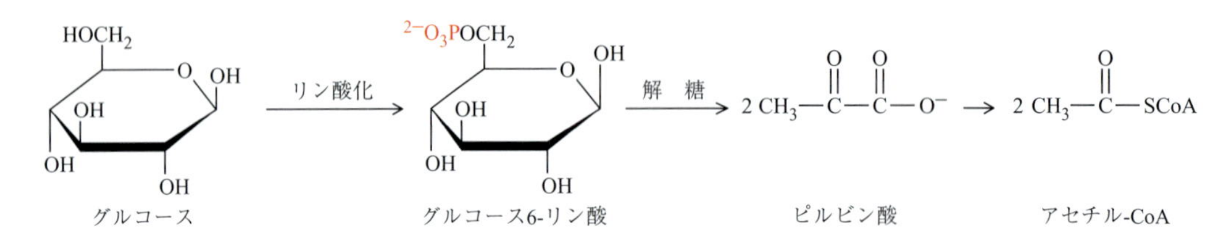

- 細胞に十分なグルコースが供給されているとき，過剰のグルコースは貯蔵のためにほかの形に変換される．**グリコーゲン合成**(glycogenesis)経路でグルコースを貯蔵体のグリコーゲンに，あるいはアセチル-CoA としてクエン酸回路よりも，むしろ脂質の代謝経路(7 章参照)に入ることによって脂肪酸に変換される．
- グルコース 6-リン酸は，**ペントースリン酸経路**に入ることもできる．この多段階経路は，代謝に重要な二つの物質を生成する．一つは多くの生化学反応に必須の還元剤である補酵素ニコチンアミドアデニンジヌクレオチドリン酸(NADPH)の供給である．もう一つはリボース 5-リン酸の生成である．これは核酸(デオキシリボ核酸[DNA]とリボ核酸[RNA])を生成するための前駆体である．細胞が NADPH やリボース 5-リン酸を ATP 合成に必要とする以上に必要とするとき，グルコース 6-リン酸はペントースリン酸経路に入る．

ペントースリン酸経路(pentose phosphate pathway)　グルコースからリボース(ペントース)，NADPH およびほかの糖リン酸化物を生産する生化学経路(解糖の別経路)．

問題 5.1

つぎの経路の名称を示せ．

(a) グリコーゲンを合成する経路

(b) グリコーゲンからグルコースを放出する経路

(c) 乳酸からグルコースを合成する経路

問題 5.2

最初の反応物がグルコース 6-リン酸となる代謝経路の名称を示せ．

5.3 解　糖

学習目標：

- 解糖経路とその生成物について述べることができる．

解糖(glycolysis)　グルコース分子を 2 分子のピルビン酸とエネルギーに分解する生化学経路．

解糖は 10 段階の酵素に触媒される一連の反応で，グルコース分子が 2 分子のピルビン酸に変換され，その過程で 2 分子の ATP と 2 分子の NADH を生成

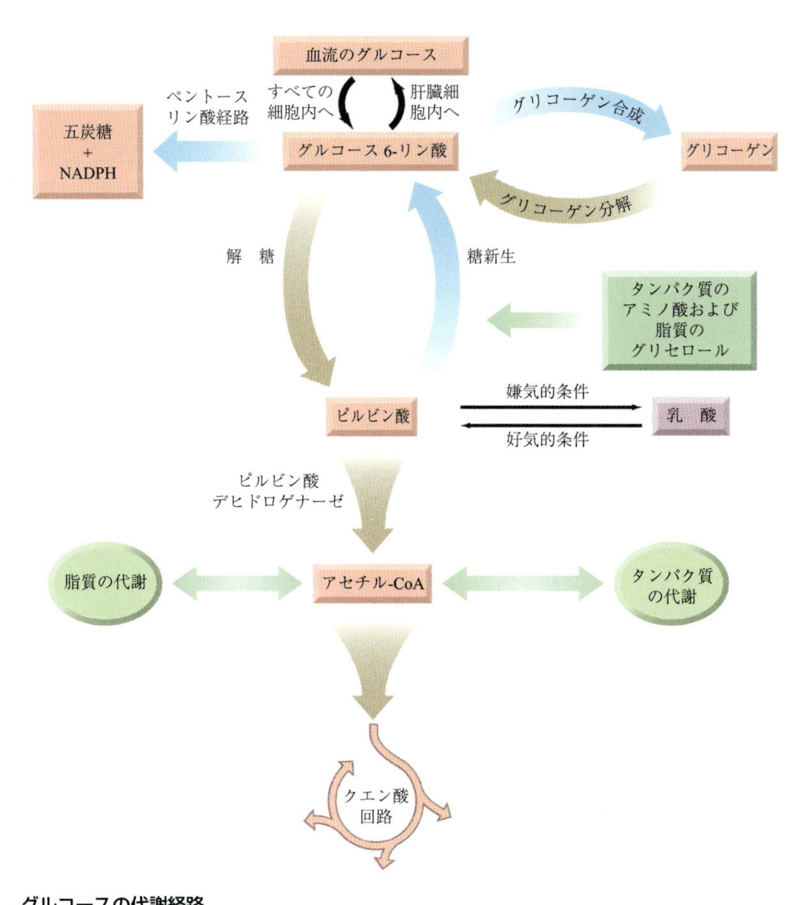

◀**図 5.2**
グルコースの代謝
合成系(同化)を青色，生体分子類を分解する経路(異化)を茶色で，脂質とタンパク質の代謝を緑色で示した.

グルコースの代謝経路

名　称	名称の由来	機　能
解　糖 (5.3 節)	glyco-；グルコース(ギリシャ語の“甘い”から -lysis；分解	グルコースをピルビン酸へ変換
糖新生 (5.9 節)	gluco-；グルコース -neo；新しい -genesis；生成	アミノ酸，ピルビン酸，そのほかの炭水化物以外の化合物からグルコースを合成
グリコーゲン合成 (5.8 節)	glyco(gen)-；グリコーゲン -genesis；生成	グルコースからグリコーゲンを合成
グリコーゲン分解 (5.8 節)	glycogen-；グリコーゲン -lysis；分解	グリコーゲンをグルコースへ分解
ペントースリン酸経路 (5.2 節)	pentose(ペントース)；五炭糖	グルコースを五炭糖リン酸へ変換

する．解糖の各段階を図 5.3 に示す．つぎの項を読むときに，その反応と中間体の構造に注目すること．ほとんどすべての生物は解糖を行い，ヒトの場合は解糖はすべての細胞の細胞液中でおきる．

段階 1 ～ 5 は解糖における**エネルギー出資**(energy investment)**部分**といえる．ここまでに，2 分子の ATP が使われ収入はないが，この段階はちょっとしたエネルギーの利益が設定されている．1 分子のグルコースが 2 分子のグリセルアルデヒド 3-リン酸を与え，それらが残りの経路を別々に通過していくために，解糖の段階 6 ～ 10 は段階 1 で入ったすべてのグルコース分子に対して 2 倍になる．**エネルギーの生成**(energy generation)；解糖の後半は，リン酸基を ATP に転移させることができる分子を生成することに費やされる.

◀◀◀ リン酸化とは一つの分子から他の分子にリン酸基($-PO_3^{2-}$)を転移することである(有機化学編 6.6 節参照).

◀◀◀ 2.7 節のアロステリック制御による酵素の調整を参照.

解糖におけるエネルギー出資段階

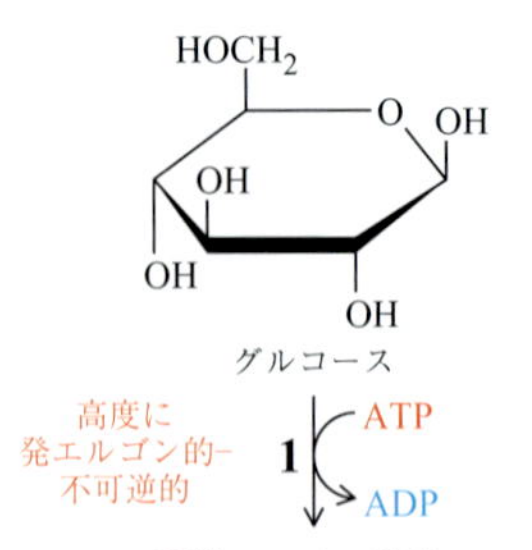

段階 1 ：リン酸化

段階 1：リン酸化

グルコースは血流で細胞に運ばれる．そこではグルコースは細胞膜を通過して細胞質ゾルに運ばれる．細胞内に入るとすぐに，グルコースは解糖の段階 1 によってリン酸化される．この段階では ATP からのエネルギーの供給が必要になる．この段階は，解糖における非常に発エルゴン的で不可逆的な最初の反応である．段階 1 の生成物のグルコース 6-リン酸は，この段階の酵素（**ヘキソキナーゼ** hexokinase）のアロステリック阻害剤である．これが解糖における最初の制御点である．

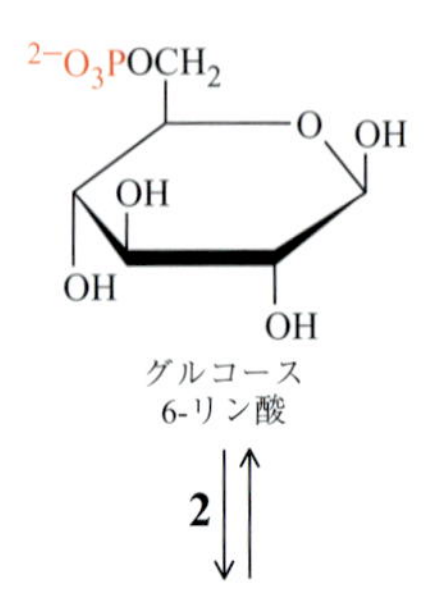

2

段階 2 ：異性化

段階 2：異性化

グルコース 6-リン酸のフルクトース 6-リン酸への異性化である．**グルコース 6-リン酸イソメラーゼ**（gulucose 6-phosphate isomerase）は，グルコース 6-リン酸（アルドヘキソース）をフルクトース 6-リン酸（ケトヘキソース）に変換する．六員環グルコースが $-CH_2OH$ 基をもつ五員環構造に変換されることは，つぎの段階で別のリン酸基が付加するための分子を供給することになる．

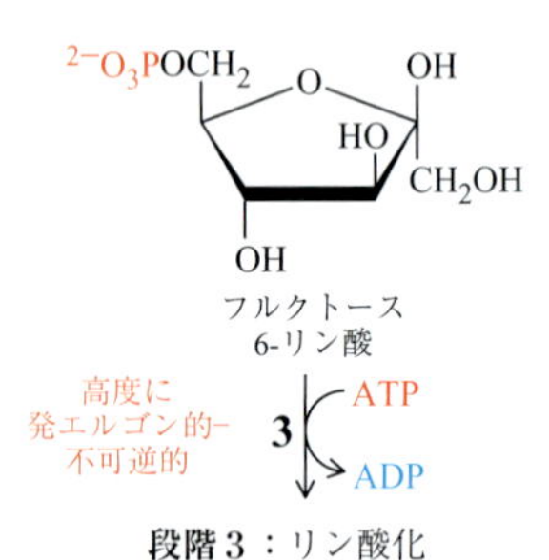

段階 3 ：リン酸化

段階 3：リン酸化

2 番目のエネルギー出資は，ATP を伴うエネルギー消費反応によって**ホスホフルクトキナーゼ**（phosphofructokinase）がフルクトース 6-リン酸をフルクトース 1,6-ビスリン酸に変換することによっておこる．この不可逆反応は，解糖におけるもう一つの主要な制御点である．細胞がエネルギー欠乏状態のとき，アデノシン二リン酸（ADP）とアデノシン一リン酸（AMP）の濃度が上昇し，段階 3 の酵素 ホスホフルクトキナーゼを活性化する．エネルギーが十分に供給されるときは，ATP とクエン酸が生成され，アロステリック的にこの酵素を阻害する．段階 1 ～ 3 の出資は，二つの 3 炭素中間体に分解して最終的には 2 分子のピルビン酸となるための分子を準備することである．

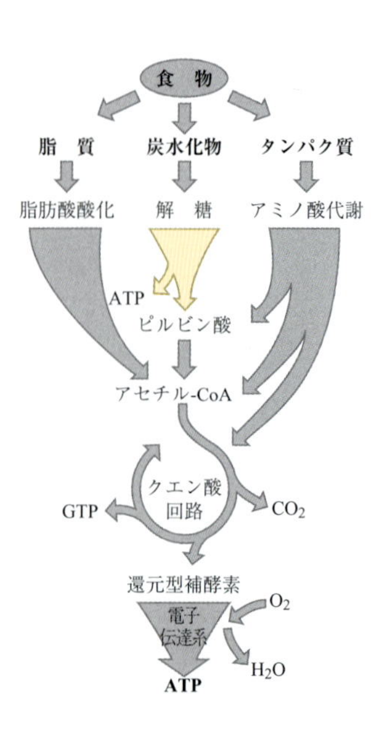

$^{2-}O_3POCH_2$　O　OH　HO　$CH_2OPO_3^{2-}$　OH

フルクトース
1,6-ビスリン酸

4

段階 4 ：開裂

段階 4：開　裂

アルドラーゼ（aldolase）は，フルクトース 1,6-ビスリン酸の 3 位と 4 位の炭素間結合の開裂を触媒する．この可逆反応の生成物はジヒドロキシアセトンリン酸とグリセルアルデヒド 3-リン酸である．グリセルアルデヒド 3-リン酸のみをエネルギー生成に用いることができるが，これらの二つの 3 炭素の糖リン酸はアルドース-ケトース平衡によって相互変換できる．

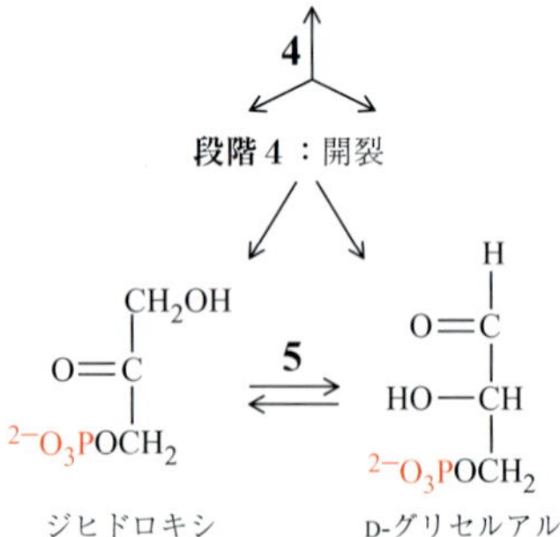

段階 5 ：異性化

段階 5：異性化

トリオースリン酸イソメラーゼ（triose phosphate isomerase）は，ジヒドロキシアセトンリン酸をグルセルアルデヒド 3-リン酸に変換する反応を触媒する．グリセルアルデヒド 3-リン酸は段階 6 で反応するので，段階 5 の平衡は右に傾く．このため段階 4 と 5 を総合した結果は，2 分子のグリセルアルデヒド 3-リン酸の生成である．

解糖におけるエネルギー生成段階

段階 6：酸 化

グリセルアルデヒド3-リン酸デヒドロゲナーゼ(glyceraldehyde-3-phosphate dehydrogenase)によってグリセルアルデヒド3-リン酸が1,3-ビスホスホグリセリン酸に酸化される．補酵素NAD^+がこの反応のための酸化剤である．発エルゴン的な酸化によるエネルギーのいくらかはNADHの中に捕捉され，またいくらかは1,3-ビスホスホグリセリン酸を生成するために費やされる．これは解糖系における最初のエネルギー生成段階になる．

段階 7：リン酸化

ホスホグリセリン酸キナーゼ(phosphoglycerate kinase)は，1,3-ビスホスホグリセリン酸のリン酸基をADPに転移する．この反応の生成物は3-ホスホグリセリン酸とATPである．このATPは解糖によって生成する最初のATPである．この段階は，おのおののグルコース分子について2回おこるので，解糖におけるATPのエネルギー収支は段階7の後は貸し借りがなくなる．2分子のATPが段階1～5において使われたが，それらは返済されたことになる．

段階 8：異性化

ホスホグリセリン酸ムターゼ(phosphoglycerate mutase)は，3-ホスホグリセリン酸の2-ホスホグリセリン酸への異性化を触媒する．

段階 9：脱 水

エノラーゼ(enolase)は，2-ホスホグリセリン酸のホスホエノールピルビン酸への脱水反応を触媒する．このホスホエノールピルビン酸は，解糖における第2のエネルギー供給源となるリン酸化合物である．水はこの反応のその他の生成物である．

段階 10：リン酸基転位

ピルビン酸キナーゼ(pyruvate kinase)は，高度に発エルゴン的な不可逆反応によってホスホエノールピルビン酸のリン酸基をADPに転移し，ピルビン酸とATPを生成させる．別の分子からADPにリン酸基を転移することによるATP生成は，**基質レベルのリン酸化**(substrate level phosphorylation)と呼ばれる．

段階10の反応によって生成する2分子のATP分子は純益である．そして解糖の全収支はつぎのようになる．

解糖の正味の結果

$$C_6H_{12}O_6 + 2\,NAD^+ + 2\,HOPO_3^{2-} + 2\,ADP \longrightarrow$$
グルコース

$$2\,CH_3{-}\overset{\displaystyle O}{\overset{\|}{C}}{-}\overset{\displaystyle O}{\overset{\|}{C}}{-}O^- + 2\,NADH + 2\,ATP + 2\,H_2O + 2\,H^+$$
ピルビン酸

- グルコースが2分子のピルビン酸に変換
- 正味で2分子のATPが生成
- NAD^+から2分子の還元型NADH補酵素が生成

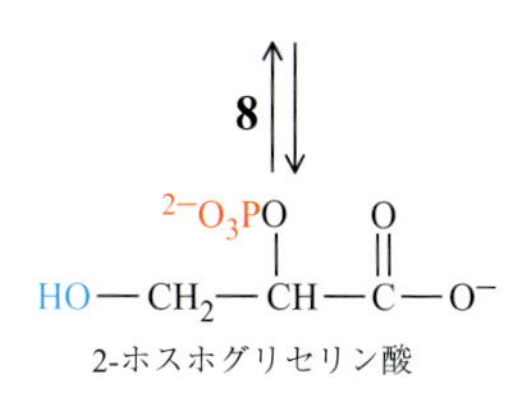

▲図 5.3
グルコースをピルビン酸に変換する解糖経路

例題 5.1　解糖の反応段階に関連する酵素名

解糖の最初の2段階に含まれる酵素の名前はその酵素反応とどのように関連するか.

解　説　酵素名と反応名を見てみよう. また, 2章(表2.4)の酵素の分類を思い出そう.

解　答

最初の反応において, リン酸基がグルコースに加えられる. 酵素名はヘキソキナーゼである. **キナーゼ**(kinase)は, キナーゼ類がリン酸基を転移するからであり, **ヘキソ**(hexo-)は基質がヘキソース(六炭糖)であるためである. 第2の反応では, リン酸化糖イソメラーゼによって, グルコース6-リン酸がフルクトース6-リン酸に異性化する. この酵素は, ある分子をその異性体に変換するためのイソメラーゼ群に属している. この名前の"リン酸化糖"部分は, リン酸化された糖分子が異性化されるであろうことを示しており, 実際に反応を見ると確かにそのとおりである.

問題 5.3

解糖系には, まずリン酸中間体が合成され, ついでエネルギーがATPとして収穫される反応がセットになった段階が二つある. これらの段階を示せ.

問題 5.4

解糖で異性化反応がおこる段階を示せ.

問題 5.5

解糖の段階2でおこる異性化を, グルコース6-リン酸とフルクトース6-リン酸の開環鎖状構造で描け.

基礎問題 5.6

図5.3の出発物質(グルコース)と最終生成物(ピルビン酸)を比較せよ.

(a) どちらがより酸化されているか.

(b) 解糖において, 酸化あるいは還元がおきる段階があるか. それらの段階に含まれる酸化剤あるいは還元剤を識別せよ.

5.4　ほかの糖の解糖系への導入

学習目標：

- 主な単糖類が解糖系に入るところを説明できる.

グルコースは私たちの体が代謝する唯一の単糖類である. 消化によって生成するほかの単糖類(フルクトース, ガラクトースおよびマンノース)も最終的には解糖経路に入る. グルコースと同様に, これらの糖も私たちの口腔内や消化器系に存在する細菌によって代謝される. 歯の健康におよぼす食餌での糖類の影響については, Chemistry in Action "虫歯"で説明する.

フルクトース(fructose)は果物や二糖類の加水分解で生成され, 二つの方法で解糖の中間体に変換される. 筋肉細胞ではヘキソースキナーゼによってフルクトース6-リン酸にリン酸化され, 肝臓細胞ではグリセルアルデヒド3-リン酸に変換される. フルクトース6-リン酸は解糖系における段階3の基質であり, グリセルアルデヒド3-リン酸は段階6の基質である.

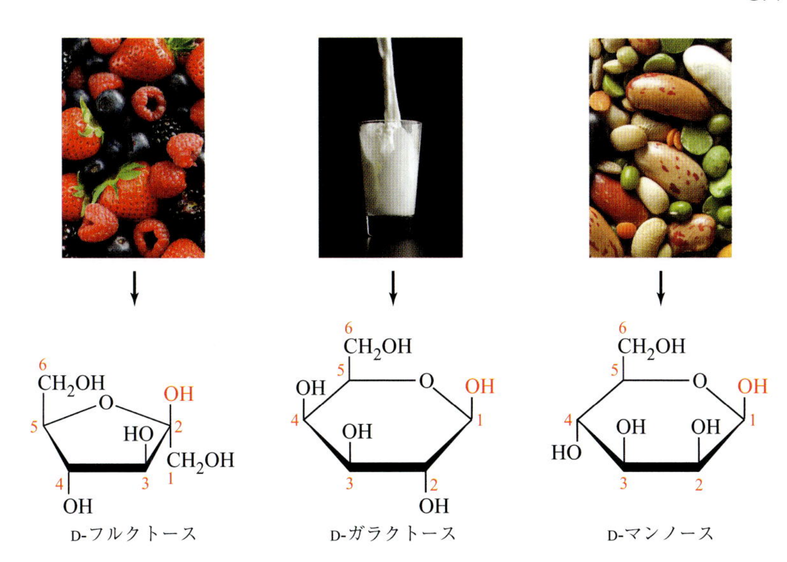

◀ グルコース以外の食餌中の主な単糖類

CHEMISTRY IN ACTION

虫　歯

虫歯は，食物と細菌と体とのあいだの複雑な相互作用の結果おこる．虫歯の医学用語は**う歯**(dental caries)である．歯医者は虫歯を歯の石灰構造の破壊をおこす伝染性の微生物病と考えている．

口は多種類の細菌の棲みかである．2 種類の細菌が口腔内を恒久の棲みかとしている．すなわち，*Streptococcus sanguis* と *Streptococcus mutans* が歯のかみ面をおなじ棲みかとするために競合している．

歯垢(dental plaque)，強い水流スプレーでは取り除くことのできない細菌による歯の上の堆積物は，取り除かれてもすぐに再び形成され始める．最初に唾液中の糖タンパク質の皮膜ができる．それから細菌はこの膜を急速に侵食し，**デキストラン**(dextran)として知られる粘性の不溶性多糖類を分泌する．細菌の塊，その粘性物質，そして糖タンパク質の膜が歯垢を構成する．このため歯垢は，食物残渣などではなく，微生物(**バイオフィルム**として知られている)の集団である．

歯垢の中の細菌はタンパク質と炭水化物を成分とする生成物を放出する．多糖類は細胞内小粒をつくり，栄養の入手ができない期間(食事のあいだ)のエネルギー貯蔵庫として働く．そのほかの生成物は歯ぐきに対して毒性があり，歯根膜の病気を増進させる．

歯科医や親たちの“キャンディーを食べると虫歯になる”は本当だ．スクロースを多く含む食物は，*S. sanguis* よりも *S. mutans* の生育に好都合である．両方の細菌が虫歯をおこすが，*S. mutans* はより激しく歯を攻撃する．この菌は，スクロースのグルコースをデキストランポリマーに転移させる酵素(グルコシルトランスフェラーゼ)をもっている．十分に発達した歯垢集団はスクロースのフルクトースを乳酸に変え，そしてこの酸が局所的にその歯の pH を劇的に低下させる．長い時間 pH が低下すると，歯の無機質が溶け虫歯がはじまる．

口内を衛生にし，スクロース含量の少ない食物をとることによって歯垢を少なくすることは，*S. mutans* を抑えるが，*S. sanguis* の増殖には好都合になる．虫歯を防ぐには，食物中のスクロースの量と食べる回数の両方を制限することが重要である．

CIA 問題 5.1　歯垢の形成において，デキストリンとして知られている不溶性の多糖類の機能はなにか．

CIA 問題 5.2　歯垢を構成する四つの成分をあげよ．

CIA 問題 5.3　歯垢はどのようにして歯周病を引きおこすか．

CIA 問題 5.4　歯垢が形成された後に虫歯となる過程を化学的に説明せよ．

CIA 問題 5.5　砂糖(スクロース)は歯の健康になぜ悪いのか．砂糖の代わりに蜂蜜を用いると歯の健康にとってより良い選択になるか．

ガラクトース(galactose)は二糖類のラクトースの加水分解で生成され，解糖系の段階 2 における基質であるグルコース 6-リン酸にガラクトキナーゼを伴ってはじまる 5 段階を経て変換される．この経路におけるいくつかの酵素類の遺伝的な欠落は，ガラクトース血症の原因となる(表 3.1 参照).

マンノース(mannose)はデンプン以外の植物性多糖類の加水分解産物で，ヘキソキナーゼによってマンノース 6-リン酸に変換される．そして，酵素によって触媒されるフルクトース 6-リン酸への多段階転位により，段階 3 の基質として解糖系に入る.

問題 5.7

フルクトースが ATP によってフルクトース 6-リン酸に変換される際の反応式を，巻矢印(図 5.3 のような)を使用して書け．どの段階でフルクトース 6-リン酸は解糖系に入るか.

問題 5.8

グルコースとガラクトース(表 3.1)を比較し，これらの構造がどのように異なるかを説明せよ.

5.5　ピルビン酸の行方

学習目標：

- ピルビン酸を含む経路とそれらの成果について述べることができる.

好気的(aerobic)　酸素が存在する状態.

嫌気的(anaerobic)　酸素が存在しない状態.

グルコースのピルビン酸への変換は，ほとんどの生物にとって中枢の代謝経路である．ピルビン酸のさらなる反応は代謝条件や有機体に依存している．酸素が豊富な通常の(**好気的**)条件下では，ピルビン酸は哺乳動物ではアセチル-CoA に変換される．この過程はある組織では，とくに酸素が十分に存在しない(**嫌気的**)条件下ではおきにくい．嫌気的な条件下では，ピルビン酸は乳酸に還元される．十分な酸素が再び供給されたとき，乳酸は筋肉細胞で逆にピルビン酸に再生されるか，あるいは肝細胞で Cori 回路を経てグルコースに再生される．ピルビン酸の関係する 3 番目の経路は，**糖新生**(gluconeogenesis)によってグルコースに再生される過程である．糖新生は肝細胞においてのみおこる(糖新生と Cori 回路については 5.9 節でふれる)．この経路は，体がグルコースの飢餓状態となったときに必須である．糖新生のために必要なピルビン酸は，解糖系からだけでなく，アミノ酸や脂質のグリセロールからも供給される．グルコース合成にタンパク質や脂質を用いることは，飢餓，ある種の病気，あるいは炭水化物を制限した食事をとったときのように，カロリーが必要とされる際におきる.

▶ ピルビン酸の生化学変換

嫌気的な酵母　　嫌気的な筋肉

$CH_3CH_2OH \leftarrow CH_3-\overset{O}{\overset{\|}{C}}-\overset{O}{\overset{\|}{C}}-O^- \rightarrow CH_3-\overset{OH}{\overset{|}{CH}}-\overset{O}{\overset{\|}{C}}-O^-$

エタノール ← ピルビン酸 → 乳酸

ピルビン酸 ↓ 好気的な細胞

アセチル-CoA

$CH_3-\overset{O}{\overset{\|}{C}}-SCoA$

酵母は異なったピルビン酸代謝経路をもつ有機体であり，嫌気的な条件下でピルビン酸をアルコールに変換する．私たちはこの酵母の特性をパンの発酵やビールの醸造に利用する．ヨーグルト，キムチ，ザワークラウトをつくるために，ピルビン酸を乳酸に変換することのできる細菌 *Lactobacillus* やそのほかの細菌を用いる．これらの細菌によってつくられる乳酸はよく知られているようにピリッとする酸味を与え，食物の保存を助ける．

ピルビン酸のアセチル-CoA への好気的酸化

好気的酸化が進行するためには，まずピルビン酸が生成した細胞質ゾルからミトコンドリア外膜を通過して拡散する．つぎに，ピルビン酸はほかの方法では通過できないミトコンドリア内膜を輸送タンパク質によって通過する．ミトコンドリアの細胞間質に入ると，ピルビン酸はクエン酸回路の基質であるアセチル-CoA への変換を触媒する大きな多酵素複合体である**ピルビン酸デヒドロゲナーゼ複合体**（pyruvate dehydrogenase complex）に取り込まれる．この反応のそのほかの生成物である CO_2 が発散される．

$$\underset{\text{ピルビン酸}}{CH_3-\overset{\overset{O}{\|}}{C}-\overset{\overset{O}{\|}}{C}-O^-} + HS-CoA \xrightarrow[\text{ピルビン酸デヒドロゲナーゼ複合体}]{NAD^+ \;\; NADH/H^+} \underset{\text{アセチル-CoA}}{CH_3\overset{\overset{O}{\|}}{C}-SCoA} + CO_2$$

乳酸への嫌気的還元

筋肉のような組織において，嫌気的な条件のもとでピルビン酸はアセチル-CoA に酸化される代わりに，乳酸に還元される．解糖系は嫌気的であるのに，なぜ酸素が必要なのであろうか．これは，解糖系の一部としてあらわれていない．解糖が進行するためには，段階 6（図 5.3）において NAD^+ が必要であることに注目しよう．好気的な条件のもとでは NADH は電子伝達系をとおして NAD^+ に絶えず再酸化されるが（4.8 節参照），嫌気的な条件のもとでは電子伝達系は減速して NAD^+ の生成も減少する．ピルビン酸の乳酸への酸化は，NADH の NAD^+ への還元をもたらすことになり，解糖が継続される．乳酸は，酸素が十分に与えられるときにはほかの経路によってピルビン酸に酸化される．

$$\underset{\text{ピルビン酸}}{CH_3-\overset{\overset{O}{\|}}{C}-\overset{\overset{O}{\|}}{C}-O^-} \underset{\xleftarrow[\text{好気的条件}]{}}{\xrightarrow[\text{嫌気的条件}]{NADH/H^+ \;\; NAD^+}} \underset{\text{乳　酸}}{CH_3-\overset{\overset{OH}{|}}{CH}-\overset{\overset{O}{\|}}{C}-O^-}$$

また酸素が供給不足の組織は，解糖による ATP の嫌気的な生産に依存している．赤血球細胞はミトコンドリアをもたないので，解糖の最終生成物としてつねに乳酸を生成する．ほかの例として，血液の循環がほとんどない眼の角膜や急激な活動をする筋肉をあげることができる．筋肉の活動時における乳酸の生産は，結果として疲労と不快感の原因になる（Chemistry in Action “ランニングの生化学” 参照）．

アルコール発酵

微生物は，酸素が欠乏した状態で生きなければならないことが多い．そこでエネルギー生産のために多くの嫌気的な方法（一般的には**発酵**として知られて

発酵（fermentation）　嫌気的な条件下におけるエネルギー生成．

いる）を進化させてきた．酵母が発酵すると，ピルビン酸をエタノールと二酸化炭素に変換する．**アルコール発酵**として知られるこの過程はビール，ワインなど，アルコール飲料や，パンをつくるときに使われる．この二酸化炭素はパンを膨れさせ，そしてアルコールは焼き上げるあいだに蒸発する．

アルコール発酵（alcohol fermentation）　酵母の酵素によってグルコースがエタノールと二酸化炭素に嫌気的に分解すること．

例題 5.2　異化過程の分類

グルコースの完全な酸化は6分子の二酸化炭素を生成する．それぞれの二酸化炭素が生成される異化過程を述べよ．

解　説　グルコースの二酸化炭素への完全酸化の個々の異化過程を見よう．何分子の二酸化炭素がどの段階で生成するか注意する．注目する経路は，解糖，ピルビン酸のアセチル-CoAへの変換，およびクエン酸回路の順である．グルコースは最後のクエン酸回路で完全に酸化されるので，酸化的リン酸化は考慮する必要はない．

解　答

解糖系では二酸化炭素分子は生成されない．1分子のピルビン酸のアセチル-CoAへの変換によって，1分子の二酸化炭素を生成する．クエン酸回路において，おのおののアセチル-CoAの酸化によって2分子の二酸化炭素が放出される．1分子はイソクエン酸がα-ケトグルタル酸に変換される第3段階で放出され，もう1分子は第4段階でα-ケトグルタル酸がスクシニル-CoAに変換されるときである．おのおののグルコース分子が2分子のピルビン酸を生成するので，総計では3分子の2倍，すなわち，6分子の二酸化炭素が生成する．

基礎問題 5.9

アルコール発酵において，1モルのピルビン酸が1モルの二酸化炭素と1モルのエタノールに変換される．この過程で，約50 kcal/mol（209 kJ/mol）のエネルギーが発生する．もっとも優位な条件では，このエネルギーの2分の1がATPとしてたくわえられる．

(a) アルコール発酵において，生成する残りのエネルギーはどうなるか．

(b) ピルビン酸がエタノールと二酸化炭素に変換される反応を逆にすることは，ほとんど不可能な理由を二つ述べよ．

問題 5.10

人間は微生物の特性を利用して炭水化物の発酵を行っている．なにに利用しているか三つ述べよ．

HANDS-ON CHEMISTRY 5.1

発酵の実験をしてみよう．料理本かWebで，基本的な発酵パンのつくり方を見てみよう．あるいは冷凍の焼いていないパンの塊を購入して，パンを焼いてみよう．パンがどのように膨れるかを観察しよう——なにがおこるだろうか？

酵母を水（冷水と温水）に溶かし，なにがおこるかを観察しよう．パンが膨れるとき，また焼くときに，どのような匂いがするか．長時間置いておくと，アルコールの匂いがするかもしれない．なにがおこったのだろうか．

もしオーブンが使えないなら，パン屋に行ってできたてのパンを見てみよう．あるいは牛乳と活性な菌を含む少量のヨーグルトから，ヨーグルトをつくってみよう．なお，この方法では非常に清潔にすることが必要であることを覚えておこう．この手順はWebで見つけることができる．

問題 5.11

ピルビン酸は三つの異なる経路で変換される．ピルビン酸が変換されて生成する三つの分子はなにか．

5.6 グルコースの完全異化におけるエネルギー生産

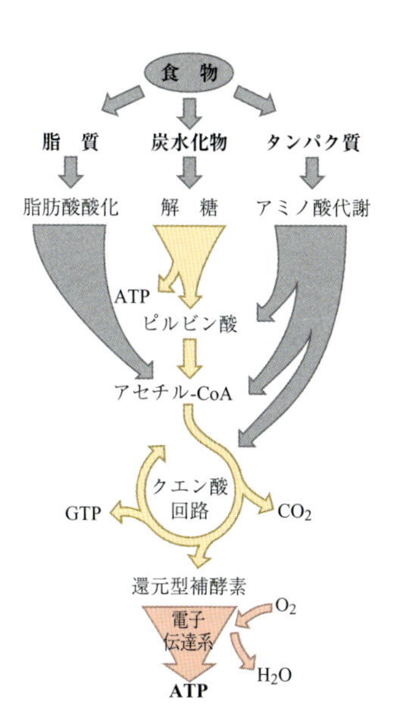

学習目標：

- グルコースの部分的あるいは全体的な酸化によって生成するエネルギーを算出することができる．

グルコースの酸化による全エネルギー生産は，(a) 解糖，(b) ピルビン酸がアセチル-CoA に変換，(c) クエン酸回路で 2 分子のアセチル単位が 4 分子の CO_2 に変換，(d) さらにこれらの系おのおのから，還元型補酵素が電子伝達系および酸化的リン酸化による ATP を生成した結果である．

グルコース 1 分子から生成する ATP 分子の総数を決定するために，酸化的リン酸化に先だって，まず最初にそれぞれの経路の正味の化学式を集計しよう．グルコースが 2 分子のピルビン酸と 2 分子のアセチル-CoA を生成するので，ピルビン酸の酸化とクエン酸回路の正味の化学式を 2 倍にしなければならない．

1 分子のグルコースの異化の正味の結果

解　糖(5.3 節)

グルコース + 2 NAD$^+$ + 2 $HOPO_3^{2-}$ + 2 ADP ⟶ 2 ピルビン酸 + 2 NADH + 2 ATP + 2 H_2O + 2 H^+

ピルビン酸酸化(5.5 節)

2 ピルビン酸 + 2 NAD$^+$ + 2 HSCoA ⟶ 2 アセチル-CoA + 2 CO_2 + 2 NADH + 2 H^+

クエン酸回路(3.8 節)

2 アセチル-CoA + 6 NAD$^+$ + 2 FAD + 2 ADP + 2 $HOPO_3^{2-}$ + 4 H_2O ⟶
2 HSCoA + 6 NADH + 6 H^+ + 2 $FADH_2$ + 2 ATP + 4 CO_2

グルコース + 10 NAD$^+$ + 2 FAD + 2 H_2O + 4 ADP + 4 $HOPO_3^{2-}$ ⟶
10 NADH + 10 H^+ + 2 $FADH_2$ + 4 ATP + 6 CO_2

集計は，リン酸化によってグルコース 1 分子あたりで計 4 分子の ATP が生成することを示している．残りの ATP は，電子伝達系と酸化的リン酸化を経て生産される．ここで，グルコース 1 分子あたりで生成する ATP 分子の総数は，グルコース異化からの 4 ATP に加えて電子伝達系に入るおのおのの還元型補酵素から生成する ATP である．

1 NADH 分子あたり 3 ATP 分子，1 $FADH_2$ 分子あたり 2 ATP 分子のエネルギー収量と仮定すると，グルコース 1 分子が完全に異化されるときの最大収量はここに算出したように 38 ATP 分子である．

$$10\ \text{NADH}\left(\frac{3\ \text{ATP}}{\text{NADH}}\right) + 2\ \text{FADH}_2\left(\frac{2\ \text{ATP}}{\text{FADH}_2}\right) + 4\ \text{ATP} = 38\ \text{ATP}$$

問題 5.12

1 分子のグルコースの解糖によって 8 分子の ATP が生成する．10 分子のグルコースの解糖から何分子の ATP が生成されるか．

問題 5.13

1分子のグルコースの完全な異化によって，38分子のATPが生成する．1モルのグルコースの完全な異化によって，何モルのATPが生成するか．

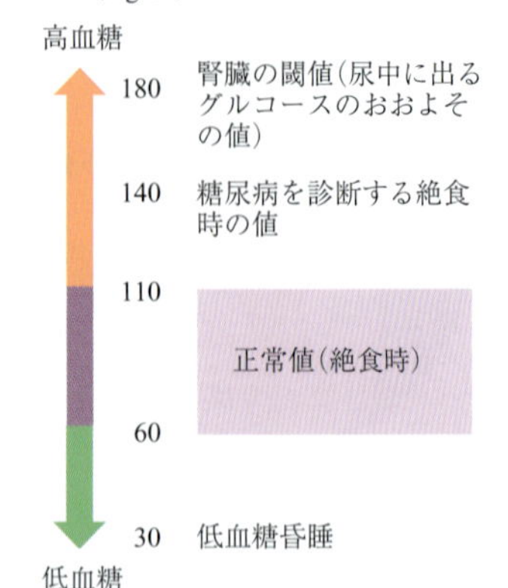

▲図 5.4
血液グルコース
低血糖値(緑色)，通常血糖値(紫色)，高血糖値(橙色)の範囲が示されている．

低血糖(hypoglycemia)　血液の糖濃度が通常よりも低い状態．

高血糖(hyperglycemia)　血液の糖濃度が通常よりも高い状態．

5.7 グルコース代謝とストレス下における代謝調節

学習目標：

- グルコース代謝に影響を与えるホルモン類を確認し，ストレス状態における代謝の変化について述べることができる．

血液中のグルコース濃度が安定していることは，体が適切に機能するためにきわめて重要である．グルコース値が広く変動することは，望ましくない影響を与える．体は必要に応じて，ホルモンであるインスリンとグルカゴンを用いてグルコースを貯蔵・放出する代謝を行い，血糖濃度を調節する．グルコースは，脳，活動中の筋肉や赤血球細胞のために最適の燃料である．

食後数時間の通常の血糖濃度は，65 ～ 100 mg/dL の範囲である．通常値から離れると特有な体の応答がおきはじめる(図 5.4)．**低血糖**は虚弱，発汗，急激な動悸をおこす．脳細胞の糖濃度が非常に低いときには精神錯乱，けいれん，昏睡，そして最後には死を招く．グルコースは脳のための唯一のエネルギー源であり，代替えの燃料は通常では得られない．30 mg/dL の血糖濃度で意識が損なわれるか，あるいは失われる．そして，低血糖が長いあいだ続くと恒久的な痴呆をおこす．**高血糖**は，心臓内液の通常の浸透圧バランスを妨げるので，尿の量が増加する．高血糖が続くと血圧低下，昏睡，そして死の原因となる．

膵臓の2種類のホルモンは，血液グルコースを調節する．まず，インスリンは血糖値が上昇したときに分泌される(図 5.5)．その役割は，グルコースをエネルギー生産に用いている細胞にグルコースを取り入れるための信号を送ることによって，またグリコーゲン，タンパク質および脂質の合成を刺激することによって，血液中の糖濃度を減少させることである．

2番目のホルモン，グルカゴンは血糖値が低下したときに分泌される．インスリンと逆の効果によって，グルカゴンは肝臓中のグリコーゲンの開裂とグルコースの放出を刺激する．タンパク質と脂質も開裂し，これによってタンパク質のアミノ酸と脂質のグリセロールが，糖新生経路(5.9 節参照)によって肝臓の中でグルコースに変換される．アドレナリン(エピネフリン，闘争・逃避ホ

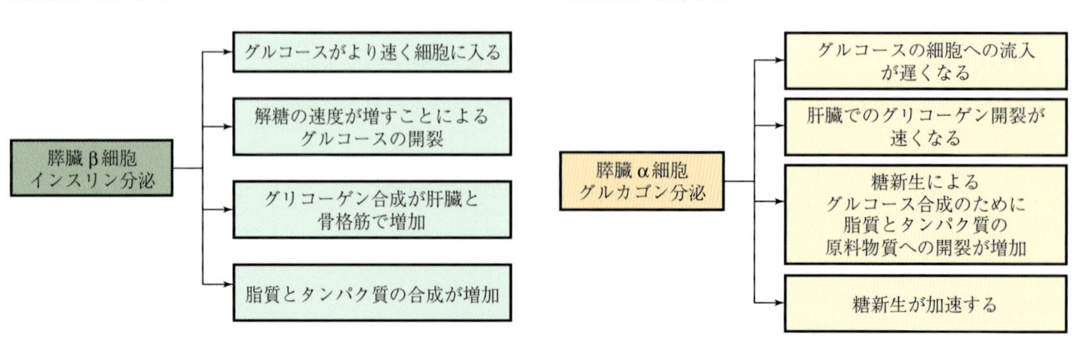

▲図 5.5
膵臓からのインスリンとグルカゴンによるグルコース濃度の調節

ルモン)もグリコーゲンの開裂を促進するが，主として筋肉組織で働く．そこでは，急激な運動により必要とされるエネルギーを生成するためにグルコースが用いられる(11.3 節で論ずる).

ストレス：ダイエット，絶食や飢餓

ダイエット，絶食および飢餓は，すべて炭水化物を十分に摂取しなかったときと同じ代謝応答をする．肝臓や筋肉細胞に貯蔵されているグリコーゲンは，絶食状態のときには 24 時間以内(ダイエットのときにはもう少し長い)に，グルコースを提供する．グリコーゲンの主要な貯蔵部位は肝臓の細胞(70 kg の人で約 90 g)と筋肉の細胞(70 kg の人で約 350 g)である．循環している遊離のグルコースと貯蔵されているグリコーゲンは私たちのエネルギー貯蔵量の 1%にすぎず，通常の活動で 15 ～ 20 時間で使い果たされる．グリコーゲンの貯蔵が使い果たされると，肝臓は糖新生を経てグルコースを合成する(5.9 節)．この新しいグルコースは優先的に脳に運ばれる．食物の欠乏による代謝変化は血糖濃度が徐々に減少することではじまり，グリコーゲンからのグルコースの放出を増加させる(図 5.6 とグリコーゲン分解，5.8 節).

脂肪類は私たちのもっとも大きなエネルギー貯蔵源である．しかし，エネルギーを脂肪類に依存するようにするには数日がかかる．なぜなら，それらをエネルギー生産に用いることができるものの，図 5.2 に示したように脂肪の脂肪酸からグルコースを生じる直接的な経路は存在しないからである．脂肪酸のアセチル-CoA への異化，クエン酸回路を経るアセチル-CoA の酸化，および電子伝達系からの ATP エネルギーの生成が脂肪からのエネルギー生成の経路である．また，タンパク質は，エネルギー生成に用いることができるアミノ酸に開裂する．アミノ酸は，酸化によるエネルギー生成のためのクエン酸回路に入ることができるし，あるいは肝臓細胞において糖新生経路を経てグルコース生成に用いることができる(5.9 節).

血液中のグルコース，肝臓のグリコーゲン，脂肪酸，ケトン体，インスリンおよびグルカゴンの存在量の相対変化を図 5.6 に示す.

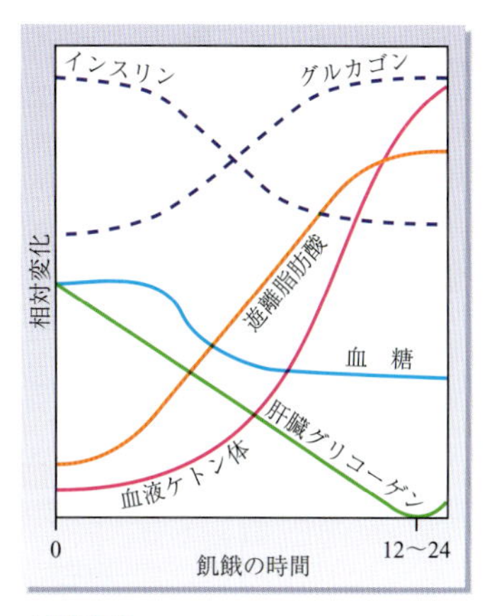

▲図 5.6
飢餓の早い段階における相対変化

グルコース源を奪われた体は，必要なエネルギーの大部分を脂質代謝から生成するように徐々に調整し，タンパク質を維持することをはじめる．脂質の異化の一部として，脂肪の分解によって誘導されたアセチル-CoA 分子が蓄積される．現実にはクエン酸回路が過負荷になり，アセチル-CoA は生成される程の速さでは分解できない．このためアセチル-CoA が細胞内にできると，**ケトン体**(ketone body)として知られる一群の化合物に変換する新しい一連の代謝反応によって取り除かれるようになる．これらのケトン体が血流に入り，脳とほかの組織はグルコースの代わりに，ケトン体の異化から ATP を 50%以上生成するように切り替えることができる．アセトンは非常に揮発性であり，その大部分は肺をとおして排出され，呼気に果実臭を与える．これは糖尿病におけるケトアシドーシスの指標とされる.

さらに先へ ▶▶▶ 脂肪組織でのトリアシルグリセロールの開裂は，ケトン体のみならずグリセロールも生成する．これは糖新生によってグルコースに変換できる化合物の一つである．トリアシルグリセロールからのグリセロールとケトン体の生成は，脂質の代謝の 7 章で述べる.

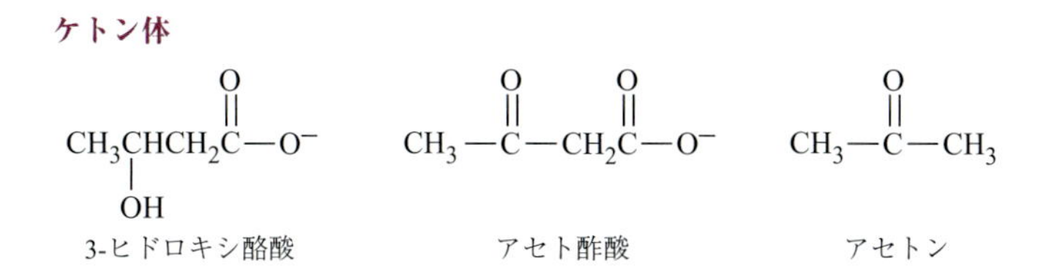

問題 5.14

図 5.6 を参照し，飢餓の間におきる肝臓グリコーゲンと血糖値の変化をまとめよ．

問題 5.15

糖尿病においてグルコースはソルビトールに変換される．このソルビトールは眼の中に蓄積し白内障をおこす．ソルビトールの開環鎖状構造を描け．それはアルデヒド基がアルコールに還元されていることを除けば D-グルコースと同一である．ソルビトールは五員環あるいは六員環のヘミアセタールを形成できるか．なぜできるか，あるいはできないかを説明せよ（ヒント：グルコースの開環鎖状構造は 3.3 節を参照）．

基礎問題 5.16

ケトアシドーシスは激しい呼吸によって楽になる．反応式で示すように，呼吸によって血液中の炭酸イオンと水素イオンが気体の二酸化炭素と水に変換される．

$$H^+ + HCO_3^- \longrightarrow H_2CO_3 \longrightarrow H_2O + CO_2 \text{（排出）}$$

CHEMISTRY IN ACTION

ランニングの生化学

スタートの合図を待ちながら，ランナーは緊張と期待の中にある．ランニングにはつねに迅速なエネルギー源が要求され，体は完全なエネルギー生産の計画をもつように強制される．長時間のトレーニングは心臓，肺，血液細胞が最大限の酸素を筋肉に運ぶように調整し，筋肉はできる限り効率的に使うように鍛えられている．スタートの瞬間，アドレナリンのレベルが上昇し，走るための体を準備する．いまや，あらゆることが生化学に依存している．筋肉細胞の化学反応は

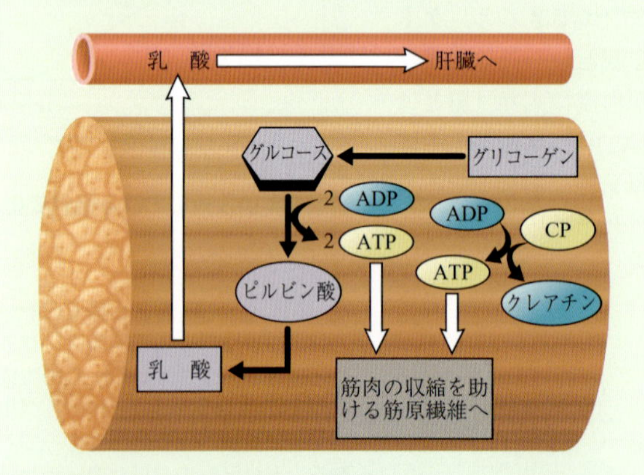

▲ 活動期における筋肉代謝．活動期において ATP 形成はクレアチンリン酸(CP)と筋肉グリコーゲンからのグルコースによっている．ピルビン酸は乳酸に変換され，肝臓に輸送されるために血液循環系に入る．肝臓で乳酸はピルビン酸に再生される．

▲ ランナーに必要なエネルギーは，貯蔵グリコーゲンによって供給されている．供給されたグルコースは解糖，クエン酸回路および電子伝達系によってエネルギーに変換される．

競走するためのエネルギーを供給するだろう．そのエネルギーはどのようにしてつくられるのだろうか？

最初は直ちに利用できる ATP の供給である．しかし，これは非常に急速に ― おそらく秒の単位で ― 使い果たす．それから筋肉内で ADP とクレアチンリン酸（アミノ酸リン酸の一種）が反応して追加の ATP を供給する．この反応はつぎの化学平衡によっている．

$$\text{ADP} + \text{クレアチンリン酸} \rightleftharpoons \text{ATP} + \text{クレアチン}$$

約 30 秒から 1 分もするとクレアチンリン酸のたくわえがなくなり，そしてグリコーゲン分解によるグルコースが主なエネルギー源になる．筋肉が最大の能力を発揮するあいだ，酸素はクエン酸回路と酸化的リン酸化にまにあう速さでは筋肉に供給されない．これら

(a) これらの反応は両方向に進むと考えられるが，アシドーシスの状態がどのようにして二酸化炭素の生成を増加させるか．
(b) 反応物や生成物が加えられたときに平衡に与える効果は，どのような原理によるか．

HANDS-ON CHEMISTRY 5.2

走りに行こう． もし，走るのが嫌なら，早足で歩こう．呼吸の記録をとろう．足の筋肉はどのように感じるか．もし，長時間にわたり激しい運動をしたなら，酸素不足となり，運動後の数分間は激しい呼吸をするかもしれない．また，肺筋が痛むようであれば，それは運動のあいだに乳酸が発生し蓄積したためである．休息をとると，乳酸はColi回路によってピルビン酸に変換されるので，肺筋はもはや痛まない．

の嫌気的条件のもとで，解糖からのピルビン酸はクエン酸回路に入るよりもむしろ乳酸に変換される．

100 m短距離走では，すべてのエネルギーは利用可能なATP，クレアチンリン酸(図ではCP)および筋肉グリコーゲンの嫌気的解糖に由来する．乳酸の生成は筋肉の疲労をおこすので，嫌気的解糖は1～2分の激しい運動を満足させるだけである．

これを越えるとほかの経路が活動しなければならない．呼吸と鼓動が速くなり，酸素を運搬する血液がより速く筋肉に流れるので，好気的経路が活性化され，酸化的リン酸化によってATPが再びつくられる．マラソンで筋肉の疲労を避けるコツは，“酸素が不足して嫌気的に乳酸が生成される速度”以下で走ることである．

さて疑問は，マラソンのあいだに代謝がどの燃料に依存しているかである．炭水化物であろうか，脂肪であろうか？ 脂肪の脂肪酸を燃焼することは，より効率的である．炭水化物の1 gを燃焼するよりも，脂肪の1 gを燃焼するほうが2倍以上のカロリーである．実際，私たちが安静にしているとき，筋肉細胞はほとんど脂肪を燃やしている．そして，貯蔵脂肪は数日間のマラソンを支えることができる．対照的に，好気的条件のもとではグリコーゲンのみが2～3時間のランニングに燃料を補給するためのグルコースを供給できる．

問題なのは，脂肪酸がランニングに必要なATPレベルを保つのに十分な速度で筋肉細胞に運ばれることができないことである．そこで代謝は妥協し，筋肉に貯蔵されたグリコーゲンがマラソンランナーのために使用される．グリコーゲンがなくなってしまうと，極端な疲労と精神の混乱——“壁にぶつかる(hitting the wall)”として知られる状態——に陥る．その後，走る速度は脂肪のみが支える速度に制限される．できる限りこの状態になるのを遅らせるために，ランナーは走る前や途中で高炭水化物食をとることによってグリコーゲン合成を促進する．しかし，スタート前の数時間は炭水化物の摂取を避ける．インスリンの分泌はこの時点では望ましくない．なぜなら，それはグルコースの使用をより早める結果になり，グリコーゲンの消耗を促進してしまうからである．

CIA 問題 5.6 人が何キロも全力疾走できないのはなぜか．

CIA 問題 5.7 筋肉が急激な仕事をするときに求められるつぎのエネルギー源を，最初に使われるものから最後に使われるものの順に並べよ．
(a) トリアシルグリセロールの脂肪酸
(b) ATP (c) グリコーゲン
(d) クレアチンリン酸 (e) グルコース

CIA 問題 5.8 ランナーにとって，グルコースやグリコーゲンよりもクレアチンリン酸のほうが，より迅速なエネルギー源となるのはなぜか．

5.8　グリコーゲン代謝：グリコーゲン合成とグリコーゲン分解

学習目標：

- グリコーゲン代謝の経路とそれらの役割について述べることができる.

グリコーゲン合成(glycogenesis)
グルコースの分枝ポリマーであるグリコーゲンを生成する生化学経路.

動物のグルコースの貯蔵体グリコーゲンは，グルコースの鎖状ポリマーである．**グリコーゲン合成**(グリコーゲンの合成)は，グルコース濃度が高いときにおきる．それはグルコース 6-リン酸にはじまり，図 5.7 の右側に示す 3 段階を経ておきる．

- 段階 1：**ホスホグルコムターゼ**(phosphoglucomutase)は，グルコース 6-リン酸をグルコース 1-リン酸に異性化させる．
- 段階 2：**ピロホスホリラーゼ**(pyrophosphorylase)は，ウリジン三リン酸(UTP)から無機リン酸を脱離することによって，ウリジン二リン酸(UDP)にグルコース 1-リン酸を結合させる．UTP は ATP と類似の高エネルギー化合物である．UDP はグルコースの運搬体として働く．
- 段階 3：**グリコーゲンシンターゼ**(glycogen synthase)は，グルコース-UDP からグルコース単位をグリコーゲン鎖に転移させ，鎖を伸長させる．この過程で UDP が解離する．

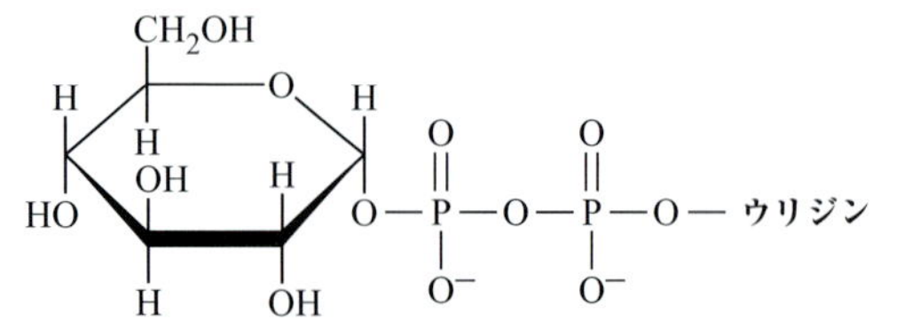

グルコース-UDP，グリコーゲン合成におけるグルコースの活性キャリヤー

グリコーゲン分解(glycogenolysis)
グリコーゲンが遊離グルコースに開裂するための生化学経路.

グリコーゲン分解(グルコースの解離)は図 5.7 の左側の 2 段階でおきる．筋肉細胞では，グリコーゲン分解は急激にエネルギーを必要とするときにおきる．一方，肝臓細胞では，血糖値が低くなったときにおきる．

- 段階 1：**グリコーゲンホスホリラーゼ**(glycogen phosphorylase)は，グリコーゲンの α-1,4-グリコシド結合の加水分解と生成したグルコースのリン酸化を同時に行う．生成物はグルコース 1-リン酸である．
- 段階 2a：**ホスホグルコムターゼ**(phosphoglucomutase)は，グルコース 1-リン酸をグルコース 6-リン酸に異性化する．筋肉細胞では，グルコース 6-リン酸は段階 2 で直ちに解糖系に入る．これはグリコーゲン合成における反応の逆である．
- 段階 2b：肝臓細胞において，**グルコース 6-ホスファターゼ**(glucose 6-phosphatase)は，グルコース 6-リン酸をグルコースに加水分解する．そして，このグルコースは肝臓から血流に移動し，血糖値を上げる．

問題 5.17
グリコーゲン合成とグリコーゲン分解の違いはなにか.

問題 5.18
グリコーゲン合成はなぜ必要か．また，グリコーゲン分解はなぜ必要か.

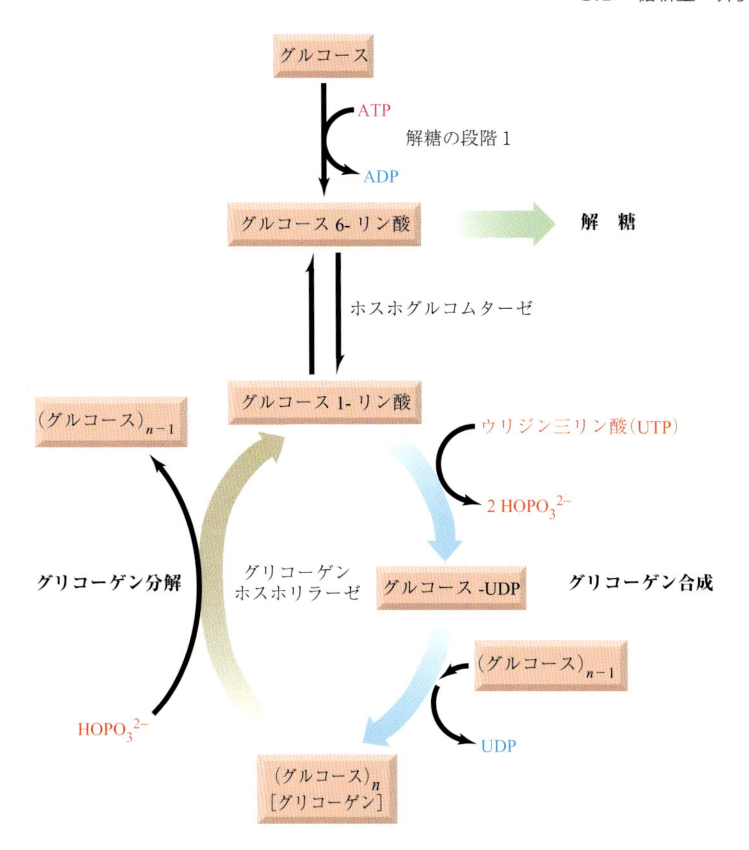

◀図 5.7
グリコーゲン分解とグリコーゲン合成
上から下に向かって，グルコースからグリコーゲンを合成する経路を示している(グリコーゲン合成)．下から上に向かっては，グリコーゲンからグルコースを放出する経路を示している(グリコーゲン分解)．

5.9　糖新生：非炭水化物からのグルコース合成

学習目的：

- 非炭水化物分子からのグルコース合成の経路を述べることができる．

グルコースはエネルギー生成に非常に重要である．非炭水化物分子からグルコース合成にいたるには二つの経路がある．Cori 回路は，乳酸を糖新生のための基質であるピルビン酸に変換する．この**糖新生**は，非炭水化物分子(乳酸，アミノ酸およびグリセロール)からグルコースをつくるための経路である．この経路は，グルコースが利用できない環境のときに必須となる．

糖新生(gluconeogenesis)　酪酸，アミノ酸，あるいはグリセロールのような非炭水化物からグルコースを合成するための生化学経路．

代謝経路が進行するためには，それが発エルゴン的でなければならないことはすでに述べた．結果として，ほとんどが可逆的ではない．なぜならば，逆の吸熱的な経路に要求されるエネルギー量は，細胞代謝によって供給されるにはあまりにも大きい．解糖と糖新生は，この関係と経路の一つのよい例となる．

Cori 回路

乳酸は，赤血球細胞や激しい運動をしている筋肉細胞における解糖の通常の生成物である．血流は乳酸を，筋肉細胞から肝臓細胞に移動させる．乳酸は，乳酸デヒドロゲナーゼによってピルビン酸に酸化される．ピルビン酸は糖新生経路における 10 段階の反応のための基質である．最終生成物はグルコースであり，これはグルコースを必要とするが糖新生経路をもたない組織に移送される．Cori 回路は本質的にはリサイクル経路である(図 5.8)．

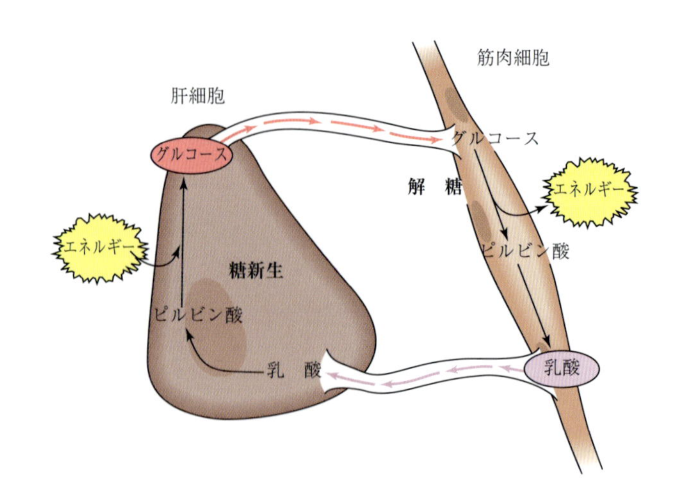

▶**図 5.8**
運動中のグルコース生産（Cori 回路）
運動中に嫌気的条件で筋肉に生成した乳酸は肝臓に送られ，グルコースに再生される．グルコースは，グリコーゲンとしてたくわえられるか，あるいはエネルギー生産に使用されるために，血流を経て筋肉に戻される．糖新生はエネルギーを要求する．そこでこの経路は，より多くのエネルギーを生産する負担を筋肉から解放し，肝臓へ移す．

糖新生

非炭水化物からグルコースを合成する経路である糖新生は，食餌や貯蔵グリコーゲンから得られるグルコースが使い果たされたときに働く．グルコースは脳や血球細胞にとって唯一のエネルギー源であり，必ず供給されなければならない．糖新生段階のいくつかは解糖の段階の逆であり，糖新生においてエネルギーを要求される段階では，解糖系とは異なる酵素反応が用いられる．図 5.3 の段階 1，3 および 10 の反応がこれにあたる．解糖系におけるこれらの反応は，直接的に可逆となるためにはあまりにも発エルゴン的である．図 5.9 に糖新生の段階を，以下にその概略を示す．

- **段階 1**：エネルギーを必要とする最初の段階であり，**ピルビン酸カルボキシラーゼ**(pyruvate carboxylase)は，ピルビン酸に CO_2 を結合させ，オキサロ酢酸を生成する．ATP はこの段階で ADP に変換される．
- **段階 2**：エネルギーを必要とする 2 番目の段階において，**ホスホエノールピルビン酸カルボキシラーゼ**(phosphoenolpyruvate carboxylase)は，オキサロ酢酸から CO_2 を脱離し，さらにグアノシン三リン酸(GTP，ATP と類似)を用いてリン酸基が置換されたホスホエノールピルビン酸とグアノシン二リン酸(GDP)を生成する．
- **段階 3 ～ 7**：可逆的に，**解糖系の段階 4 ～ 9 でみられるものとおなじ一連の酵素**を用いて，解糖系と同様の中間体を経てホスホエノールピルビン酸をフルクトース 1,6-ビスリン酸に変換する．
- **段階 8**：不可逆的に，**フルクトース 1,6-ビスホスファターゼ**(fructose 1,6-bisphosphotase)はフルクトース 1,6-ビスリン酸をフルクトース 6-リン酸に加水分解する．
- **段階 9**：不可逆的に，**ホスホヘキソースイソメラーゼ**(phosphohexose isomerase)はフルクトース 6-リン酸をグルコース 6-リン酸に異性化する．
- **段階 10**：不可逆的に，**グルコース 6-ホスファターゼ**(glucose 6-phosphatase)はグルコース 6-リン酸をグルコースに加水分解する．

トリアシルグリセロールの異化(7.3 節)により生成したグリセロールはジヒドロキシアセトンリン酸に変換され，図 5.9 の段階 7(または図 5.3 の解糖の段階 5)で糖新生経路に入る．特定のアミノ酸(グルコースを生成できるアミノ酸，10.5 節)の炭素原子はピルビン酸やオキサロ酢酸として糖新生に入る．

解糖と糖新生はどちらも細胞の脂肪質の中でおきる．クエン酸回路と電子伝達系がミトコンドリアの中でみられることを思い出そう．グリコーゲン合成とグリコーゲン分解は細胞質中のグリコーゲンを貯蔵する果粒の表面でおきる．

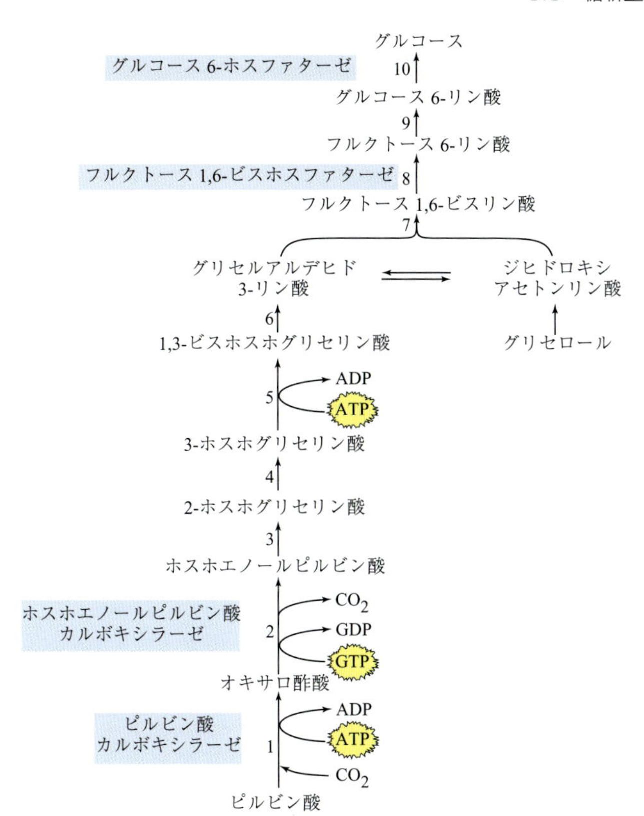

◀図 5.9
糖新生
この経路は，図の底部から上に向かって移動する．この経路のおのおのの過程には番号がつけられている．青色で影をつけた酵素は，逆反応の解糖で用いられる酵素とは異なっている．そのほかの過程では，解糖で用いられたものとおなじ酵素が用いられる．

問題 5.19
グリセロールをジヒドロキシアセトンリン酸に変換する二つの反応はなにか．

$$\begin{array}{c} CH_2OH \\ | \\ HO-C-H \\ | \\ CH_2OH \end{array} \xrightarrow{?} \begin{array}{c} CHOPO_3^{2-} \\ | \\ C{=}O \\ | \\ CH_2OH \end{array}$$

グリセロール　　ジヒドロキシアセトンリン酸

問題 5.20
Cori 回路の目的はなにか．

問題 5.21
糖新生はなぜ必要か．

CHEMISTRY IN ACTION

糖尿病の診断とモニター

糖尿病はもっともよく知られた代謝の病気の一つである．糖尿病はしばしばグルコース代謝の病気としてのみ思われるが，飢餓のときの代謝応答と同様にタンパク質や脂質の代謝に影響を与える．自己免疫疾患の一つであるⅠ型糖尿病は，膵臓β細胞がインスリンをつくることができないことによって引きおこされる．Ⅱ型糖尿病は，糖を必要とする細胞が“インスリン抵抗性”であることによって引きおこされる．インスリンは十分に供給されるが，グルコースが膜を通過して細胞内に輸送されるのを促進できないことによっておこる．両方の場合において，糖尿病は糖を代謝できないからではなく，代謝する細胞に十分な量のグルコースを供給できないからである．メタボリックシンドロームと呼ばれる前糖尿病の状態は，一連の体の症候と血液検査によって特徴づけられる．メタボリックシンドロームの人と同様に，糖尿病の人はそうでない人よりも心臓病になりやすい．つぎの表は，二つの型の糖尿病の特徴的な症候，医者の所見および処置について示している．

グルコースの測定は，糖尿病の診断と糖尿病患者の管理のために，病院や患者自身の日々の検査として必須である．

グルコース負荷試験は，糖尿病の診断を確かなものにするために普通に行われる臨床試験の一つである．患者は10～16時間ほど絶食し，絶食時の血液を採血した後に，規定量の糖が入った飲料を飲み，一定間隔でさらに採血する．その結果，糖を飲んだ直後に，急激に血糖値が上昇し，しだいに血糖値は減少していくことがわかる．違いは2時間後に現れる．正常な人の糖濃度は絶食時のレベルに下がるが，糖尿病の人は高いままである．メタボリックシンドロームの患者は中間の応答をする．絶食時のグルコース濃度は100 mg/dLより大きく，負荷応答は糖尿病の人と正常な人との中間である．

絶食時の血液のグルコース濃度が140 mg/dLかそれ以上，また（あるいは），グルコース負荷試験で1時間を超えても200 mg/dL以上なら，糖尿病と診断される．診断を確定するために，グルコース負荷試験は何回か行われる．

この試験は，Ⅰ型とⅡ型の糖尿病とで異ならない．医者はそのほかの情報をもとにどちらであるかを決定しなければならない．

付加的な試験であるA1c試験は，糖で修飾されたヘモグロビン（グルコースがヘモグロビンに共有結合して糖タンパク質となる）の割合を決定する．この値は数カ月間の血糖値レベルをあらわしており，診断と治療が適切であったかどうかの評価に用いられる．6.5％より高い値は糖尿病であることを示している．高い数値はこの病気の制圧ができていないことを示す．

糖尿病患者は，毎日，しかも1日に何回も自分の血糖値を測定しなければならない．尿や血液中のグルコース濃度を調べるほとんどの検査はグルコースの酸化による色の変化を調べることによっている．グルコースとその酸化物のグルコン酸は無色なので，酸化は化学的に適切な指示薬の色変化に関連させなければならない．

グルコース検出の最新の方法は，グルコースに特異的な酵素作用による．もっともよく用いられる酵素はグルコースオキシダーゼであり，酸化生成物はグルコン酸と過酸化水素（H_2O_2）である．ここで2番目に用いる酵素はペルオキシダーゼであり，この酵素は過酸化水素と色が変化する色素との反応を触媒する．

糖尿病の比較

	全般的な症候	Ⅰ型糖尿病	Ⅱ型糖尿病
医者の初見	過剰な喉の渇き 頻尿 過剰な空腹感 傷の治りが遅い 持続的な疲れ 口腔乾燥症と皮膚のかゆみ 倦怠感	痩せている（細い） 体重減少 通常は20歳以下が発症 急激かつ激しく発症	太っている ゆっくりとした体重増加 通常は40歳以上が発症 ゆっくりと穏やかに発症
処　置		運動と食事管理 インスリン注射（1日に数回）	運動と食事管理 経口による薬物治療，あるいは必要に応じてインスリン

$$\text{グルコース} + O_2 \xrightarrow[\text{オキシダーゼ}]{\text{グルコース}} \text{グルコン酸} + H_2O_2$$

$$\underset{(\text{無色})}{H_2O_2 + \text{還元された色素}} \xrightarrow{\text{ペルオキシダーゼ}} \underset{(\text{呈色})}{H_2O + \text{酸化された色素}}$$

この反応に必要な酵素類は試験紙片に塗布されており，微滴の血液しか必要とされない．この試験はグルコースに特異的であり，迅速に検知できるので推奨されている．それは血糖値をしっかりと制御するために用いられており，糖尿病患者のより長く，より健康的な生活を補助している．

本章のはじめにあげたMariaのことを覚えているだろうか．彼女の医者の調査において，グルコース負荷試験による血液検査は糖尿病の典型的な応答を示した．これらは彼女が高い確率でⅡ型糖尿病である可能性を示していた．彼女は，適度の運動をすることと細胞へのグルコースの取り込みを改善するための薬を飲むことを命じられ，さらにダイエットを促進する助けとして栄養士を伴った診療が予定された．Mariaは，血液中の脂質が上昇していることで，Ⅱ型糖尿病の合併症である心臓病のリスクが増加していた．

CIA 問題 5.9　血糖値の測定に使用されるグルコース検出器に用いられている酵素過程を簡単に述べよ．

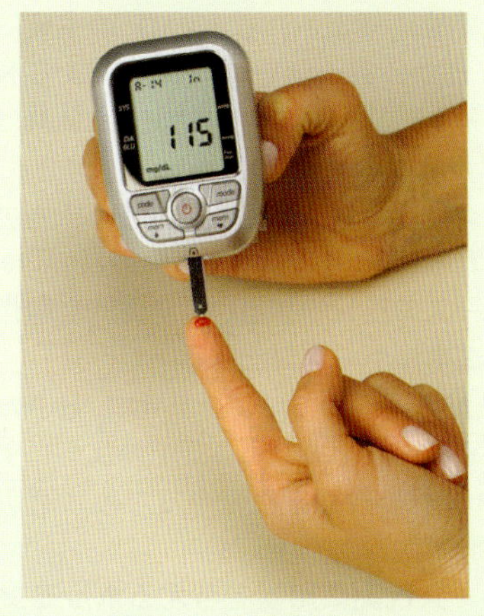

▲ **血糖値試験．** 1滴の血液を検査紙片につけ，血糖値の測定器に入れる．試験の結果は，最近の測定器では10秒以内にLCDスクリーンに表示される．

CIA 問題 5.10　糖尿病の人が飢餓状態のときの血糖値は，正常な人の血糖値と比較してどれくらいか．

CIA 問題 5.11　グルコース溶液を摂取した後の糖尿病の人の応答と正常な人の応答の違いを述べよ．

CIA 問題 5.12　もしあなたの主治医が，あなたを糖尿病ではないかと疑ったとき，それを確認するためにどのような試験をするだろうか．

要　約　章の学習目標の復習

- **炭水化物を消化する体内の場所，含まれる酵素，およびその過程の主要な生成物について述べる**

炭水化物**消化**（二糖類と多糖類の加水分解）は，口の中ではじまり，胃と小腸に続く．小腸から血流に入る生成物は単糖類（主にグルコース，フルクトースおよびガラクトース）である（問題31～40）．

- **グルコースが最初に合成され，ついで分解される経路を知り，それらの相互関係について述べる**

グルコースの主要な異化経路は解糖系である．解糖系の最終生成物であるピルビン酸はアセチル-CoAを経てクエン酸回路に入る．グルコース異化の別経路は**グリコーゲン合成**であり，グリコーゲンは肝臓と筋肉にたくわえられる．もう一つの別経路は**ペントースリン酸経路**で，これはNADPHと核酸の合成に必要な五炭糖を供給する（問題23～25，39，40）．

- **解糖の経路とその生成物について述べる**

解糖系（図5.3）は10段階の経路であり，これはグルコース1分子の代謝につき，2分子のピルビン酸，2分子の還元型補酵素（NADH）と2分子のATPを生成する．解糖はリン酸化（段階1～3）ではじまり，フルクトース1,6-ビスリン酸を形成する．つづいて開裂と異性化反応によって，2分子のグリセルアルデヒド3-リン酸を生成する（段階4～5）．グリセルアルデヒド3-リン酸はそれからエネルギー生成段階（段階6～10）へと進行し，リン酸誘導体が交互に生成し，ADPにリン酸基を与えATPを生成する（問題22，26，30，41～46，48，70～72，76）．

- **主な単糖類が解糖系に入るところを説明できる**

グルコース以外の食物性の単糖類はいろいろなところ — フルクトースはフルクトース6-リン酸あるいはグリセルアルデヒド3-リン酸として，ガラクトースはグルコース6-リン酸として，またマンノースはフルクトース6-リン酸として — 解糖系に入る（問題51，52，73，83，85）．

- **ピルビン酸を含む経路とそれらの成果について述べる**

好気的条件において，ピルビン酸はミトコンドリアに運搬され，クエン酸回路と酸化的リン酸化を経るエネルギー生成のためにアセチル-CoAに変換される．酸素が不十分なとき，ピルビン酸はNAD^+の生成をともなって乳酸に還元される．NAD^+の生成は，嫌気的条件のもとでの電子伝達系の減速によるNAD^+貯蔵の減少を補う．筋肉において生成した乳酸は肝臓に運ばれ，ピルビン酸に再酸化される．酵母においては，ピルビン酸は**嫌気的発酵**によってエチルアルコールに変換される（問題36，49，50，69，77，84）．

- **グルコースの部分的あるいは全体的な酸化によって生成するエネルギーを算出する**

生成するATP，NADHおよび$FADH_2$分子の総数を決定するために反応をまとめよ．その反応によって相当するATP分子の総数を決定するために適切な倍数を用いよ（問題47，73，74，85）．

- **グルコース代謝に影響を与えるホルモンを確認し，ストレス状態における代謝の変化について述べる**

インスリンは血液中のグルコース濃度が上昇したときに生成し，血流からグルコースを取り除くために解糖とグリコーゲン合成を促進させる．**グルカゴン**は血液中のグルコース濃度が下がったときに生成し，肝臓で**糖新生**経路を経て貯蔵したグリコーゲンや他の前駆体からグルコースの生成を促進させる．飢餓やランニングのようなストレス状態に遭遇すると，グルカゴンを伴ってグリコーゲン貯蔵からグルコースを移動することをはじめ，タンパク質や脂肪からもエネルギー生成を進行させる（問題27，53～56，75，78～81）．

- **グリコーゲン代謝の経路とそれらの役割について述べる**

グリコーゲン合成（図5.8）は過剰なグルコースを主に筋肉と肝臓に貯蔵する．**グリコーゲン分解**はグルコースをグリコーゲンから放出する．グリコーゲン分解は，エネルギーを急に必要とするときに筋肉でおき，細胞内での解糖に必要なグルコース6-リン酸を生成する．血中グルコースの濃度が低いとき，肝臓細胞はグルコース6-リン酸をグルコースに変換し，それを血流に放出する（問題38，57～60）．

- **非炭水化物分子からのグルコース合成の経路を述べる**

糖新生（図5.9）は，乳酸，タンパク質から誘導されたアミノ酸および脂肪組織で誘導されたグリセロールから新しいグルコースを合成することによってグルコース濃度を保つ．肝臓細胞でみられるこの経路は，通常の代謝の一部であり，絶食や飢餓のときにおきる．糖新生経路は，解糖系の三つの発エルゴン的な反応段階の逆反応を行うために別の酵素を利用する．また，そのほかの段階の反応では，おなじ酵素を用いて解糖反応を逆方向に働かせる（問題28，29，37，61～68，76，82）．

KEY WORDS

アルコール発酵，p.158
解　糖，p.150
グリコーゲン合成，p.164
グリコーゲン分解，p.164
嫌気的，p.156
好気的，p.156
高血糖，p.160
消　化，p.149
低血糖，p.160
糖新生，p.165
発　酵，p.157
ペントースリン酸経路，p.150

概念図：グルコースの代謝

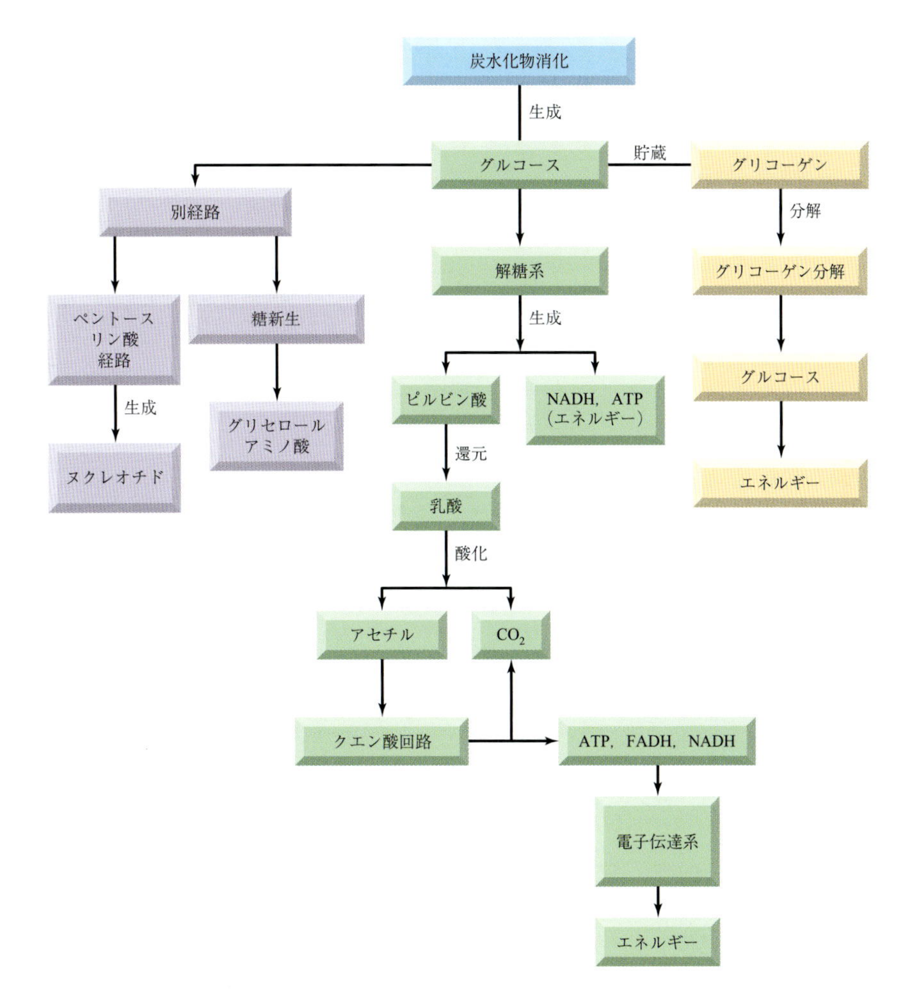

▲ **図 5.10　概念図**

グルコースは，4 章で学んだように，解糖の生成物であるピルビン酸がアセチル-CoA に変換され，ついでクエン酸回路と酸化的リン酸化を経て完全酸化されるときのエネルギー生成のための唯一の燃料である．また本章ではグルコースの同化と異化の相互関係を探求した．これらの関係をこの概念図に示す．

基本概念を理解するために

5.22　炭水化物を消化する主な反応を触媒するのは，どのような分類の酵素か．

5.23　グルコース 6-リン酸は代謝において中心的な位置にある．状況に応じて，グルコース 6-リン酸はいくつかの経路の一つに入る．つぎのそれぞれはどのような状態でおこるか．
(a) 解　糖
(b) 遊離のグルコースへの加水分解
(c) ペントースリン酸経路
(d) グリコーゲン合成

5.24　解糖がはじまるためにどのような化学的な投資がなされるか．そしてそれはなぜか．解糖経路の中頃で 2 分子の三炭素化合物が生成するためになにがおこるか．これらの三炭素化合物の反応の成果はなにか．

5.25　ピルビン酸がつぎの経路に進むときの状況を述べよ．また，これらの経路はどのような組織や器官に存在するか．
(a) クエン酸回路への導入
(b) エタノールと CO_2 への変換
(c) 乳酸への変換
(d) グルコースの合成(糖新生)

5.26　解糖系のそれぞれの酵素を六つの酵素群に分類せよ．どの群の酵素が解糖系においてもっとも代表的か．なぜこれが解糖の目的と合致するか．なぜリガーゼ類が解糖系を代表しないか．

5.27 食後に血液のグルコース濃度が上昇するとき，つぎの事項がおこる．これらの事項を適切な順に並べよ．

(a) グルカゴンが分泌される．
(b) 解糖が ATP 供給を補充する．
(c) グルコースが細胞に吸収される．
(d) 肝臓が血流にグルコースを放出する．
(e) グリコーゲン合成が過剰のグルコースでおきる．
(f) 血糖値が通常以上に下がる(低血糖)．
(g) インスリン値が上昇する．

5.28 糖新生に用いられる分子の名前をあげよ．それらの分子の出所はどこか．糖新生はどのような条件でおこるか．

5.29 貯蔵されたトリアシルグリセロール類(脂肪)の脂肪酸は糖新生には使用されない．私たちが脂肪酸を直接的にグルコースに変換する酵素類をもたない理由を推察せよ．植物(とくに種子)は脂肪酸を炭水化物に変換するための酵素をもっているが，それはなぜか．

5.30 グルコースをアセチル-CoA に変換する経路は，しばしば“好気的酸化経路”といわれる．(a) 解糖過程に分子状酸素が含まれるか．(b) 4 章を振り返って考えたとき，分子状酸素はどの経路で入るか．

補充問題

消化と代謝[5.1, 5.2 節]

5.31 消化は体のどこでおき，どのような種類の化学反応を含んでいるか．

5.32 つぎの式を完成せよ．

ラクトース　+　H_2O　→　?　+　?

消化のどこでこの反応がおこるか．

5.33 炭水化物の消化によって生成する主な単糖類はなにか．

5.34 タンパク質，トリアシルグリセロール，マルトース，スクロース，ラクトース，デンプンの消化による生成物はなにか．

5.35 好気的(aerobic)と嫌気的(anaerobic)の意味はなにか．

5.36 好気的，嫌気的，および発酵条件でピルビン酸から形成される三つの生成物はなにか．

5.37 (a) 解糖と(b) 糖新生の基質と生成物を示せ．

5.38 (a) グリコーゲン合成と(b) グリコーゲン分解の基質と生成物を示せ．

5.39 ペントースリン酸経路の主な目的はなにか．また，どのような補助因子(補酵素)が用いられるか．

5.40 ペントースリン酸経路において，グルコースは必要に応じてどのような化合物に変換されるか．

解　糖[5.3, 5.4, 5.5 節]

5.41 つぎの経路は肝臓細胞のどこでおこるか．

(a) 解糖　(b) 糖新生
(c) グリコーゲン合成
(d) グリコーゲン分解

5.42 つぎの経路を用いるのは肝臓，筋肉，脳の細胞のどれか．

(a) 解糖　(b) 糖新生
(c) グリコーゲン合成
(d) グリコーゲン分解

5.43 グルコースの異化はエネルギーを生成するが，最初の段階はエネルギーを必要とする．その理由を説明せよ．

5.44 解糖は嫌気的，好気的の両方の条件下でおこる．解糖をなぜ嫌気的経路と呼ぶか．

5.45 解糖のどの反応がつぎの酵素によって触媒されるか．

(a) ヘキソキナーゼ
(b) ホスホグリセリン酸ムターゼ
(c) グリセルアルデヒドデヒドロゲナーゼ
(d) ピルビン酸キナーゼ
(e) アルドラーゼ

5.46 解糖の 10 段階(図 5.3)を見て，つぎの問題に答えよ．

(a) どの段階がリン酸化を含むか．
(b) どの段階が酸化か．
(c) どの段階が脱水か．

5.47 つぎの基質レベルのリン酸化によって何モルの ATP が生成するか．

(a) 1 モルのグルコースの解糖
(b) 1 モルのピルビン酸の 1 モルのアセチル-CoA への好気的変換
(c) 1 モルのアセチル-CoA のクエン酸回路における異化

5.48 問題 5.47 のそれぞれの反応において，生成する ATP は酸化的リン酸化か，基質レベルのリン酸化のいずれで生成するかを述べよ．ATP 生成のその二つの型の違いはなにか．

5.49 嫌気的条件において，ピルビン酸が乳酸に変換されるのはなぜか．

5.50 乳酸は乳酸デヒドロゲナーゼと補酵素 NAD^+ によってピルビン酸に変換される．この反応を生化学反応式(NAD^+ の導入を示す巻矢印を用いて)で書け．

5.51 グルコースの 1 モルを完全に異化することによって何モルの CO_2 が生成されるか．

5.52 スクロースの 1 モルを完全に異化することによって何モルのアセチル-CoA が生成されるか．

グルコース代謝とストレス下における代謝調節［5.7 節］

5.53 インスリンとグルカゴンの血糖値に与える影響を区別せよ.

5.54 高血糖症と低血糖症における血糖値と症状を述べよ.

5.55 飢餓や断食のときにグルコースを生成するために用いられる分子はなにか.

5.56 飢餓が続いたときにアセチル-CoA は，細胞内にアセチル-CoA が蓄積するのを妨げるために［　］に変換される（［　］を埋めよ）.

グリコーゲン代謝［5.8 節］

5.57 グリコーゲンの大部分は，体のどこにたくわえられるか.

5.58 血流にグルコースを放出することができないグリコーゲン蓄積の主な部位はなにか.

5.59 グルコースからグリコーゲンが形成されるとき，ウリジン三リン酸（UTP）はどのように使われるか.

5.60 グリコーゲン分解は，その逆過程のグリコーゲン合成よりも少ない段階であるのはなぜか．また，エネルギーをより少なく使用するのはどちらの過程か.

糖新生：非炭水化物からのグルコース合成［5.9 節］

5.61 グルコースを合成するための同化経路の名前はなにか.

5.62 グルコース合成に出発物質として貢献する二つの分子はなにか.

5.63 グルコースの同化において，ピルビン酸は最初に［　］に変換される（［　］を埋めよ）.

5.64 ピルビン酸が解糖系の全く逆の経路によってグルコースに変換されないのはなぜか.

5.65 解糖系のエネルギーを放出する段階を糖新生においてはどのように逆行するのかを説明せよ.

5.66 糖新生において，解糖系の段階をそのまま逆行できないのが何段階あるか．各段階で，生成物に至るためにどのような基質変換が含まれているか.

5.67 Cori 回路とはなにか.

5.68 なぜ Cori 回路が必要か，また細胞はこの回路をいつ用いるのかを説明せよ.

全搬的な問題

5.69 なぜピルビン酸がミトコンドリア膜を通過でき，解糖系における段階 1 以降のほかの分子は通過できないのか.

5.70 解糖経路（図 5.3）を見よ．どの過程がキナーゼ酵素と関連しているか.

5.71 解糖が細胞によって厳密に制御されていることはなぜ重要か.

5.72 グルコースを血液から直接用いるよりもグリコーゲンから得るほうが，なぜ ATP を 1 分子多く生成するか説明せよ.

5.73 (a) 肝細胞，(b) 筋肉細胞において，フルクトースの異化（解糖）によって何モルの ATP が生成するか.

5.74 つぎの変換のうちエネルギーを消費するのはどちらか．またおのおのの反応に含まれる補酵素の最終的な酸化状態を基盤にすると，エネルギーを生産するのはどちらか.

(a) ピルビン酸 ⟶ 乳酸

(b) ピルビン酸 ⟶ アセチル CoA + CO_2

5.75 筋肉細胞では，激しい運動のあいだに乳酸を血流中に放出することがなぜ重要なのか.

5.76 つぎの経路は，体がどのような状態のときに支配的となるか.

(a) 解糖

(b) 糖新生

5.77 ピルビン酸が乳酸に変換されるとき，解糖で生成した NADH が NAD^+ に再変換されることが細胞にとってなぜ重要なのか.

5.78 I 型糖尿病の特徴はなにか.

5.79 II 型糖尿病の特徴はなにか.

5.80 メタボリックシンドロームと糖尿病の関係を説明せよ.

5.81 多くの糖尿病患者は白内障のために盲目になるか，あるいは手足の切断を被っている．なぜこのような状況がこの病気と関係しているのか.

グループ問題

5.82 肝細胞の主要な機能は，糖新生によって新しいグルコースを合成することである．一方，働いている筋肉細胞は，解糖によってグルコースを消費する．なぜ，これが生理学的に良い方法なのか.

5.83 肝細胞において，ガラクトースは 4 段階を経てグルコース 6-リン酸に変換され，ついで解糖系に入る．遺伝的な病気のガラクトース血症の患者は，ガラクトースをグルコース 6-リン酸に変換するために必要な 1～数個の酵素を欠損している．その結果，ガラクトースはいろいろな器官に障害をもたらす分子に変換される．この病気は，注意深い食事によって抑制することができる．どのような食物がガラクトースを主に含むか.

5.84 ワインをつくるとき，空気を避けることが重要である．そこで，ワイン醸造初心者が，新鮮なブドウジュースに酵母を加え，密封した瓶にそれを入れた．数日後，その瓶の蓋が吹き飛んだ．この原因を生化学的に説明せよ.

5.85 フルクトースの完全酸化による ATP の生成は，グルコースの酸化の場合とおなじか．なぜそうなのか，あるいはなぜそうでないのか.

6

脂　　質

目　次

復習事項

A. 分子間力
(基礎化学編 8.2 節)
B. シス-トランス異性
(有機化学編 2.3 節)
C. エステルとアミド
(有機化学編 6.4 節)
D. リン酸誘導体
(有機化学編 6.6 節)
E. カルボン酸
(有機化学編 6.1, 6.2 節)

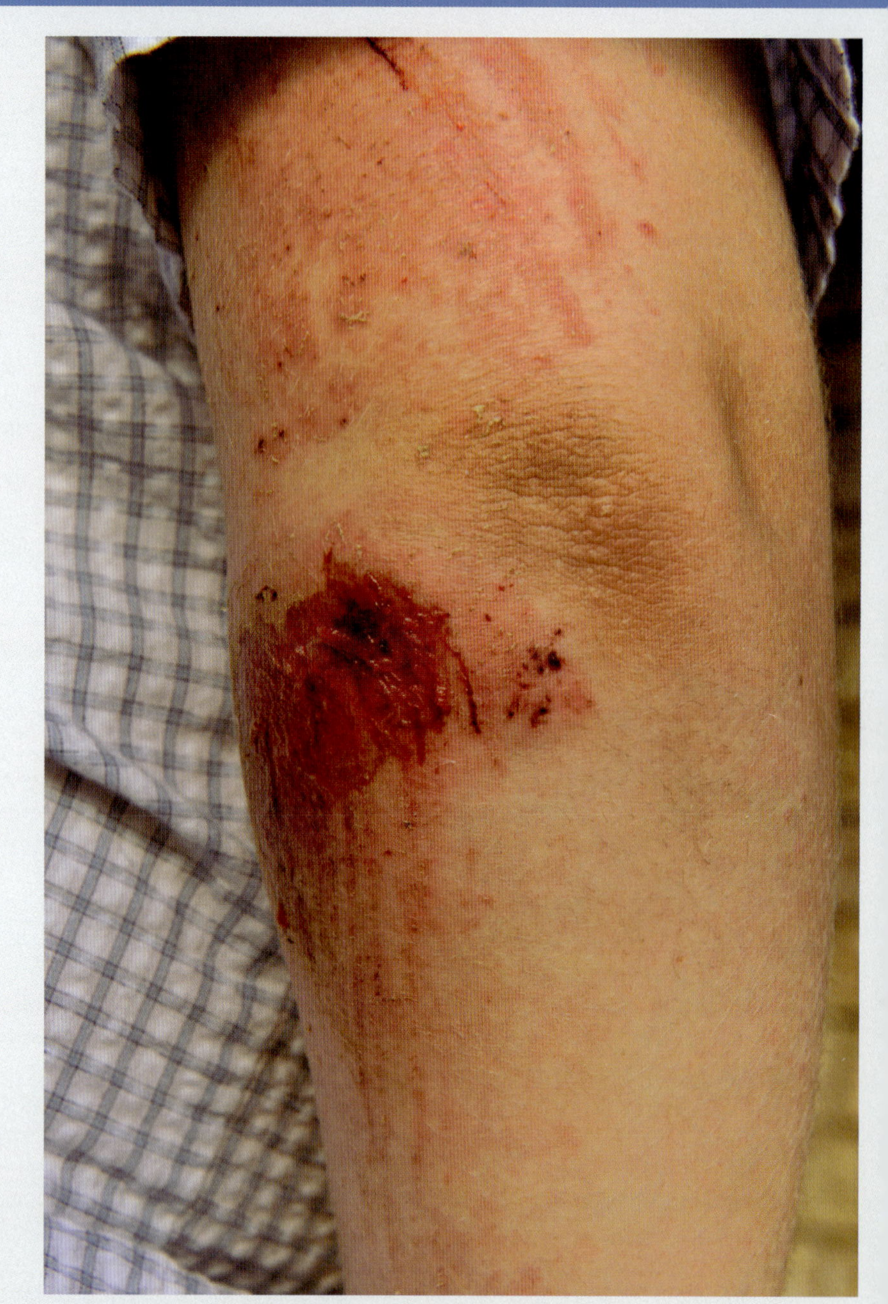

▲ このすり傷のまわりの皮膚隆起は，イコサノイドの一種であるプロスタグランジンと呼ばれる脂質の一種によって引きおこされる局所反応である．

脂質は，炭水化物やタンパク質ほどよく知られていないが，私たちの日々の食事や生活には欠かすことができない．ヒトの生化学において，脂質は三つの主要な働きをする．(1) 脂質は食料の代謝過程での余剰なエネルギーを**脂肪細胞**(adipocyte)中にたくわえる．(2) 細胞膜の一部として，細胞の内側と外側といった化学的に異なる環境を分離する役割を果たす．(3) 内分泌系などでは化学メッセンジャーとして働く．ステロイドとイコサノイドがその例である．ステロイドは体中を循環する化学メッセンジャーであり，一方イコサノイドは，すり傷や擦過傷，充血ややけど，バラの茂みにもつれ込んだ際のはれ，などによる局所的な痛みの原因である．このような局所的な痛みに対しては，アスピリンを服用することが多い．アスピリンは鎮痛作用，解熱(antipyretic)作用，抗炎症(anti-inflammatory)作用をもつためである．アスピリンはもっとも古くから用いられる鎮痛剤であるが，ほかの非ステロイド系抗炎症剤(NSAID)が効かないような症状，痛み，充血ややけど，すり傷や切り傷のはれなどに，なぜアスピリンだけが効くのだろうか．本章の最後の Chemistry in Action "イコサノイド：プロスタグランジンとイコサノイド"に答えがある．

6.1 脂質の構造と分類

学習目標：

- 脂肪酸，ろう，油脂，ステロールの化学構造と一般的な性質について説明できる．

脂質は天然に存在する非極性の有機分子で，非極性な有機溶媒に可溶で水に不溶な化合物と定義される．たとえば，動植物組織の試料を台所用のミキサーにかけ細かく粉砕後エーテル抽出すると，エーテルに可溶性の物質はすべて脂質であり，一方エーテルに不溶性のもの(炭水化物，タンパク質，無機塩を含む)はすべて脂質ではない．

脂質は，化学構造よりもむしろ非極性溶媒への溶解度(物理的性質)によって定義されるため，きわめて多種にわたり，体の中でさまざまな役割を果たしていることは驚くに値しない．つぎに脂質の構造の例をいくつか示した．これらの分子は，大きな炭化水素部分と少数の極性官能基をもち，これが脂質の溶解性の原因になることに注目しよう．多くの脂質は，炭化水素あるいはその類縁体の構造をもち，性状や挙動もよく似ている．この炭化水素類との類似性によって，きわめて多岐にわたる分子種を一つの分類にまとめることができる．

脂質(lipid)　植物や動物由来の非極性有機溶媒に溶ける天然分子．

図 6.1 は，本章で説明する脂質の分類を化学構造に従ってまとめたものである．多くの脂質は，**脂肪酸**と呼ばれる長鎖の直鎖炭化水素鎖をもつカルボン酸のエステルあるいはアミドである．直鎖状の炭化水素鎖をもつ脂肪酸は，おおまかに直鎖脂肪酸と呼ばれている．

脂肪酸(fatty acid)　長鎖カルボン酸．動物脂肪と植物油に含まれ，12〜22 個の炭素原子をもつことが多い．

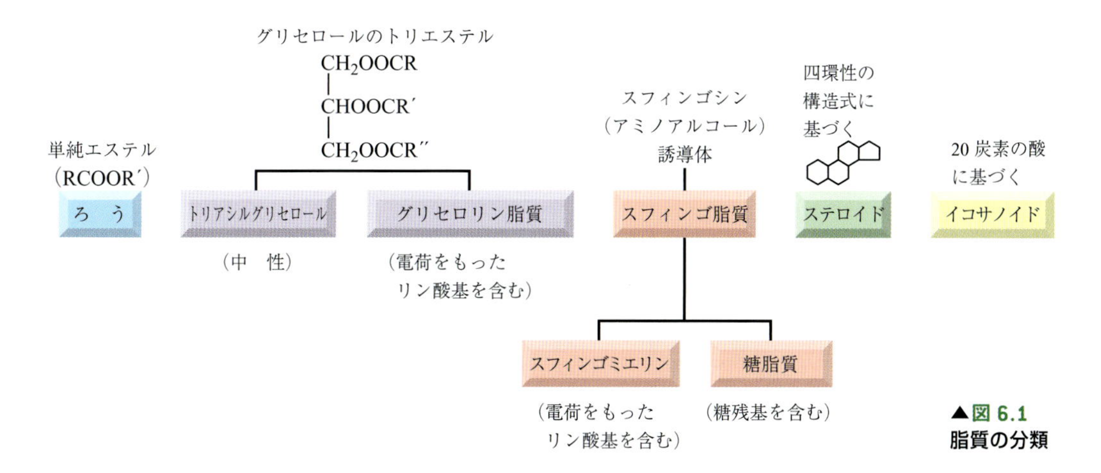

▲**図 6.1**
脂質の分類

カルボン酸のエステルあるいはアミド型構造をもつ脂質

- **ろう**(wax)：両方の R 基に長い直鎖状の炭化水素鎖をもつカルボン酸エステル(RCOOR′)である．これらは動物の皮膚にある皮脂腺から分泌され，主として外側を保護する機能を果たす(6.2 節)．
- **トリアシルグリセロール**(triacylglycerol，6.2，6.3 節)：炭素 3 原子からなるトリアルコールのグリセロールとカルボン酸との中性トリエステルである．トリアシルグリセロールは体内に貯蔵される脂肪や食餌中の脂肪分，油の成分である．これらは生化学的なエネルギー源であり，これについては7章で述べる．

$$CH_3(CH_2)_{28}CH_2-O-\overset{\overset{\displaystyle O}{\|}}{C}-(CH_2)_{14}CH_3$$

ろ う

$$\begin{array}{l} CH_2-O-\overset{\overset{\displaystyle O}{\|}}{C}-(CH_2)_{14}CH_3 \\ | \\ CH-O-\overset{\overset{\displaystyle O}{\|}}{C}-(CH_2)_7CH{=}CH(CH_2)_7CH_3 \\ | \\ CH_2-O-\overset{\overset{\displaystyle O}{\|}}{C}-(CH_2)_{16}CH_3 \end{array}$$

トリアシルグリセロール

- **グリセロリン脂質**(glycerophospholipid)：荷電したリン酸ジエステル基を含むグリセロールのトリエステルであり，細胞膜に多く含まれる(6.5節)．
- **スフィンゴミエリン**(sphingomyelin)：アミノアルコール(**スフィンゴシン** sphingosine)由来のアミドであり，荷電したリン酸ジエステル基を含んでいる．これらは細胞膜の構造に不可欠であり(6.5節)，とくに神経細胞の細胞膜に多く含まれている．
- **糖脂質**(glycolipid)：**スフィンゴシン**から得られる別種のアミドであり，分子内に極性の炭水化物を含んでいる．糖脂質の糖部分は，細胞表面において細胞間メッセンジャーの認識および結合部位になり，互いに連結される(6.5節)．

その他の脂質

エステルでもアミドでもない脂質はつぎの二つである．

- **ステロール**(sterol)：四環性のステロイド骨格をもつ分子の総称である．重要なステロール類として，細胞膜中に存在するコレステロール，食物の消化で脂肪を乳化するために必要な胆汁酸塩，そして性ホルモンなどがある(6.6節)．

イコサノイド(eicosanoid)　20炭素からなる不飽和カルボン酸から合成される脂質．

- **イコサノイド**(icosanoid，6.9節)：カルボン酸の一種であり，特殊なタイプの細胞内化学メッセンジャーである(Chemistry in Action "イコサノイド：プロスタグランジンとイコサノイド"参照)．

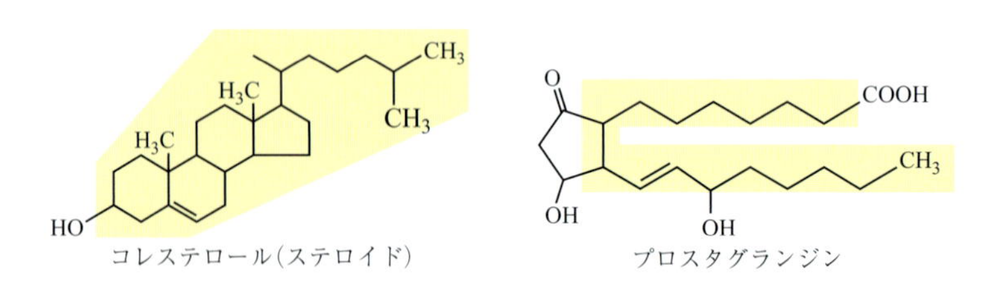

コレステロール(ステロイド)　　プロスタグランジン

例題 6.1　脂質の種類を述べよ

図6.1を用いて，以下の分子が，どのタイプの脂質に分類されるか述べよ．

(a) HO, CH_3, O, $H—C(=O)$, CH_2OH, $C=O$

(b)

$H—\overset{\displaystyle H}{C}—O—\overset{O}{\overset{\|}{C}}—(CH_2)_{14}CH_3$ 1

$H—C—O—\overset{O}{\overset{\|}{C}}—(CH_2)_7CH=CH(CH_2)_7CH_3$ 2

$H—\underset{\displaystyle H}{C}—O—\overset{O}{\overset{\|}{C}}—(CH_2)_{16}CH_3$ 3

解　説　分子をよく見て，特徴的な点に着目する．分子(a)は，四つの環が縮環した分子構造をもっている．このような構造をもつのはステロールのみである．分子(b)は，三つの脂肪酸がおなじ骨格分子，グリセロールにエステル結合した構造をもっている．したがって，(b)はトリアシルグリセロールに属すると決定できる．

解　答

(a) ステロール　(b) トリアシルグリセロール

問題 6.1

図 6.1 を用いて，以下の分子が，どのタイプの脂質に分類されるか述べよ．

(a) HO, COOH, O, OH

(b)

$CH_2O\overset{O}{\overset{\|}{C}}—CH_2(CH_2)_{15}CH_3$

$CHO\overset{O}{\overset{\|}{C}}—CH_2(CH_2)_{13}CH_3$

$CH_2O—\overset{O}{\overset{\|}{P}}—O^-$ (O^-)

(c) $CH_3(CH_2)_{16}\overset{O}{\overset{\|}{C}}—O—CH_2(CH_2)_6CH=CH(CH_2)_6CH_3$

6.2 脂肪酸とそのエステル

学習目標：

- 脂肪酸と脂肪酸エステルの特徴を説明できる．

天然に存在する油脂は，グリセロールと脂肪酸からなるトリエステルである．脂肪酸は，分子の片方の端にカルボキシ基をもつ長い直鎖炭化水素である．その大部分は偶数の炭素原子をもつ．脂肪酸には，炭素–炭素間の二重結合が存在することもある．二重結合をもたないものは**飽和脂肪酸**，一方，二重結合をもつものは**不飽和脂肪酸**として知られている．天然の脂質や油に二重結合が存在する場合は，通常**トランス**(*trans*)**配置**ではなく**シス**(*cis*)**配置**である．

$$CH_3CH_2CH_2CH_2CH_2CH_2CH_2CH_2CH_2CH_2CH_2CH_2CH_2CH_2CH_2\overset{O}{\overset{\|}{C}}—OH$$

飽和脂肪酸
(パルミチン酸)

◀◀◀ **復習事項**　エステル RCOOR′ は，カルボン酸とアルコールから生成することを復習すること(有機化学編 6.3 節)．

◀◀◀ シス配置では，二重結合の炭素に結合する基はおなじ側にある(有機化学編 2.3節)．

飽和脂肪酸(saturated fatty acid)　炭素–炭素間単結合のみを含む長鎖カルボン酸．

不飽和脂肪酸(unsaturated fatty acid)　1 個以上の炭素–炭素間二重結合を有する長鎖カルボン酸．

$$CH_3CH_2CH{=}CHCH_2CH{=}CHCH_2CH{=}CHCH_2CH_2CH_2CH_2CH_2CH_2CH_2\overset{\overset{\displaystyle O}{\|}}{C}{-}OH$$

シス型不飽和脂肪酸
(α-リノレン酸)

多不飽和脂肪酸(polyunsaturated fatty acid)　2 個以上の炭素-炭素間二重結合を有する長鎖カルボン酸.

不飽和度(degree of unsaturation)　分子中の二重結合の数*.

*(訳注):一般には不飽和度は“不飽和結合の数＋環の数”である. この場合は, 直鎖の脂肪酸について考えているので環の数は考慮していない.

一般的な脂肪酸の一部を表 6.1 に示す. 化学者は, 脂肪酸の慣用名の使用を避けるために略式命名法を用いる. この方法では, 炭素をあらわす C につづいて脂肪酸中の炭素原子数, 続いてコロン, ついで炭素-炭素不飽和結合の数を書く. たとえばラウリン酸は, 12 個の炭素原子をもち, 炭素-炭素不飽和結合をもたないので, C12：0 となる. オレイン酸は**一不飽和脂肪酸**(monounsaturated fatty acid), つまり一つの炭素-炭素間二重結合をもつ. 一方, **多不飽和脂肪酸**は 2 個以上の炭素-炭素間二重結合をもつ. 脂肪酸中の二重結合の数は**不飽和度**と呼ばれる.

二つの多不飽和脂肪酸, リノール酸とリノレン酸はヒトの食餌には欠かせない. なぜなら, これらはほかの脂質の合成のために必要であるにもかかわらず, 体内で合成できないからである. 幼児がこれらの脂肪酸を含まない食餌をとり続けると, 成長が遅れ皮膚障害をおこす. 成人の場合は体脂肪内に十分なたくわえをもっているのでこのような問題はおきない. しかしながら成人でも, 必須脂肪酸を十分に含まない点滴による栄養補給を長期間受けた後や, 量の限られた不十分な食餌で生き延びた人々などには, 欠乏症が見られることがある.

ろう(wax)　長鎖カルボン酸と長鎖アルコールのエステル混合物.

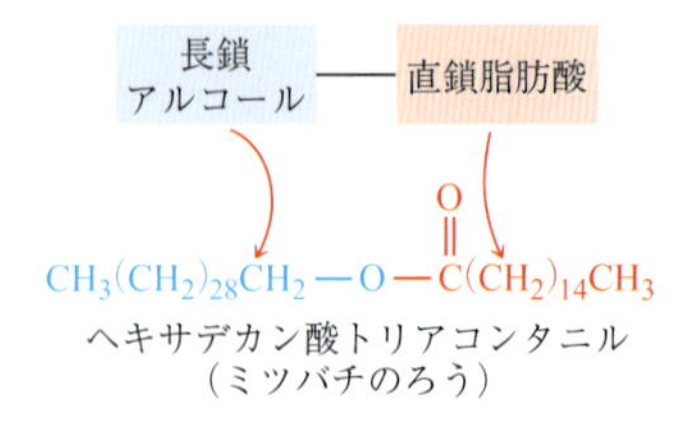

ヘキサデカン酸トリアコンタニル
(ミツバチのろう)

ろう

自然界に存在するもっとも単純な脂肪酸エステルはろうである. **ろう**は長鎖カルボン酸(脂肪酸)と長鎖アルコールとのエステルの混合物である. 脂肪酸部

表 6.1　一般的な脂肪酸の構造

名　称	典型的な供給源	炭素数	二重結合の数	構造式	短縮表記	融点(℃)
飽　和						
ラウリン酸	やし油	12	0	$CH_3(CH_2)_{10}COOH$	C12:0	44
ミリスチン酸	バターの脂肪	14	0	$CH_3(CH_2)_{12}COOH$	C14:0	58
パルミチン酸	ほとんどの油脂類	16	0	$CH_3(CH_2)_{14}COOH$	C16:0	63
ステアリン酸	ほとんどの油脂類	18	0	$CH_3(CH_2)_{16}COOH$	C18:0	70
不飽和						
オレイン酸	オリーブ油	18	1	$CH_3(CH_2)_7CH{=}CH(CH_2)_7COOH$(*cis*)	C18:1	4
リノール酸	植物油	18	2	$CH_3(CH_2)_3(CH_2CH{=}CH)_2(CH_2)_7COOH$(すべて *cis*)	C18:2	−5
α-リノレン酸	大豆油とカノーラ油	18	3	$CH_3(CH_2CH{=}CH)_3(CH_2)_7COOH$(すべて *cis*)	C18:3	−11
アラキドン酸	動物油	20	4	$CH_3(CH_2)_3(CH_2CH{=}CH)_4(CH_2)_3COOH$(すべて *cis*)	C18:4	−50

分は，通常炭素数 16 ～ 36 の偶数の炭素原子を含み，アルコール部分は 24 ～ 36 個の偶数の炭素原子を含む．たとえば，みつろうの主成分の一つは炭素 30 原子のアルコール(トリアコンタノール)と炭素 16 原子の酸(パルミチン酸)とのエステルである．ほとんどの果実，液果，葉，動物の毛皮のろう状の防御被覆もおなじような構造をしている．たとえば，水鳥の羽には水をはじくろう状の被覆がある．このため流出油につかまると，このろう状の被覆が油に溶けてしまい鳥は浮力を失う．

▲ 写真のカイツブリは，フランス北西部ブルターニュ沖で沈没したタンカーから流れ出た油にまみれている．羽根についた油を取り除かなければ，この鳥は死んでしまうだろう．

トリアシルグリセロール

動物性脂肪や植物油はもっとも広く存在する脂質である．これらは見かけ上は違っていても構造的には非常に関係が深い．バターやラードのような動物性脂肪は固体なのに，とうもろこし油，オリーブ油，大豆油，落花生油のような植物油は液体である．すべての油脂は，グリセロール(1,2,3-プロパントリオールまたはグリセリン)と三つの脂肪酸とのトリエステルである．これは，化学的には**トリアシルグリセロール**または**トリグリセリド**と呼ばれる．

トリアシルグリセロール(トリグリセリド)［triacylglycerol (triglyceride)］　グリセロールと 3 分子の脂肪酸のトリエステル．

トリアシルグリセロール

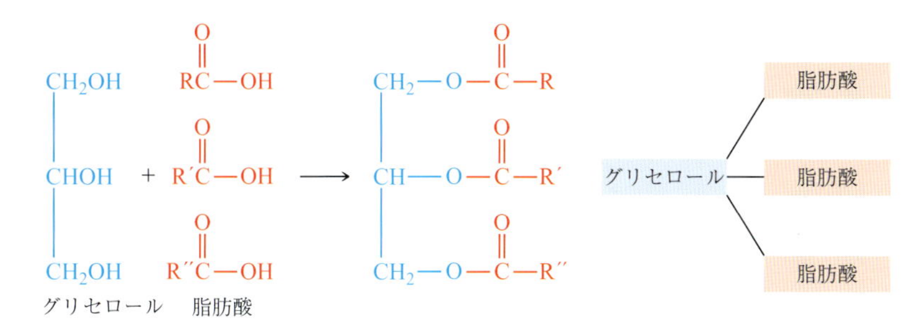

トリアシルグリセロール 1 分子中の三つの脂肪酸は，つぎの例に示すように，必ずしもおなじ必要はない．

トリアシルグリセロールの例

$$CH_2{-}O{-}C(=O){-}CH_2CH_2CH_2CH_2CH_2CH_2CH_2CH_2CH_2CH_2CH_2CH_2CH_2CH_2CH_3$$
パルミチン酸（飽和）

$$CH{-}O{-}C(=O){-}CH_2CH_2CH_2CH_2CH_2CH_2CH_2CH{=}CHCH_2CH_2CH_2CH_2CH_2CH_2CH_2CH_3$$
オレイン酸（不飽和）

$$CH_2{-}O{-}C(=O){-}CH_2CH_2CH_2CH_2CH_2CH_2CH_2CH{=}CHCH_2CH{=}CHCH_2CH_2CH_2CH_2CH_3$$
リノール酸（不飽和）

そのうえ，天然の原料から得られる油脂はさまざまなトリアシルグリセロールの複雑な混合物である．表 6.2 に，いくつかの異なる原料から得られる油脂の平均的な組成を示す．植物油はほぼ純粋な不飽和脂肪酸からなるのに対して，動物性脂肪は飽和脂肪酸の割合がはるかに大きいことに注目してほしい．つぎの節で説明するように，この組成の差が脂肪と油の融点の差のもっとも大きな原因になる．

表 6.2　一般的な油脂の近似組成*

供給源	飽和脂肪酸(%) C12：0 ラウリン酸	C14：0 ミリスチン酸	C16：0 パルミチン酸	C18：0 ステアリン酸	不飽和脂肪酸(%) C18：1 オレイン酸	C18：2 リノール酸
動物性脂肪						
ラード	−	1	25	15	50	6
バター	2	10	25	10	25	5
ヒトの脂肪	1	3	25	8	46	10
クジラの脂肪	−	8	12	3	35	10
植物油						
とうもろこし油	−	1	8	4	46	42
オリーブ油	−	1	5	5	83	7
落花生油	−	−	7	5	60	20
大豆油	−	−	7	4	34	53

* 総量が100%にならないのは，ほかにも少量の酸がいくつか含まれているためである．また動物性脂肪の場合にはコレステロールも含まれている．

問題 6.2

床や家具を磨くときに使うカルナウバろうの成分の一つは，C32 直鎖アルコールと C20：0 直鎖カルボン酸のエステルである．このエステルの構造式を描け(連続する CH_2 基の数を示すには，下付き数字を用いる)．

問題 6.3

グリセロールと 3 分子のオレイン酸からなる，トリアシルグリセロールの構造式を描け．

基礎問題 6.4

(a) 動物性脂肪の中で，飽和脂肪酸をもっとも多く含むものはどれか．
(b) 植物油の中で，複数の二重結合をもつ不飽和脂肪酸をもっとも多く含むものはどれか．
(c) 必須脂肪酸のリノール酸をもっとも多く含む油脂はどれか．

6.3 油脂の性質

学習目標：

- 油と脂肪の物理的性質をあげ，なぜこれら二つの異なる性質をもつのか説明できる．

表 6.1 は，二重結合を多くもつ脂肪酸ほど，融点が低くなることを示している．たとえば，飽和の C_{18} 脂肪酸(ステアリン酸)の融点が 70 なのに対して，不飽和度 1 の C_{18} 脂肪酸(オレイン酸)の融点は −5 である．おなじ傾向はトリアシルグリセロールにも当てはまる．トリアシルグリセロール中のアシル基の不飽和度が高いほど融点は低くなる．脂肪と油の融点の違いは，このような差の結果である．植物の**油**は一般に，動物性の**脂肪**にくらべて不飽和脂肪酸の割合が高く，このため低い融点を示す．

では，二重結合はどのようにしてこのように大きな融点の差を生み出すのだろうか．右に示す飽和ならびに不飽和脂肪酸の構造を比較してほしい．

飽和脂肪酸の炭化水素鎖は，各炭素原子の角度が全くおなじで均一な形をし

油(oil)　トリアシルグリセロールの混合物．不飽和脂肪酸を多く含むために液体となるもの．

脂肪(fat)　トリアシルグリセロールの混合物．飽和脂肪酸を多く含むために固体となるもの．

ており，その鎖は動きやすいため結晶中で互いに寄り添うことができる．これとは対照的に，不飽和脂肪酸の炭素鎖はシス二重結合をもつ部分に堅いこぶをもつ．このこぶが，固体の形成に必要な規則的な配列を難しくしている．したがって，二重結合を多く含むほどトリアシルグリセロールが凝固しにくくなる．図 6.2 の分子モデルの形を見れば，この概念をよく理解できる．

飽和脂肪酸は C–C 結合のみをもち，直線状である

ステアリン酸，炭素数 18 の飽和脂肪酸

不飽和脂肪酸はシス二重結合によって折れ曲がっている

リノール酸，炭素数 18 の不飽和脂肪酸

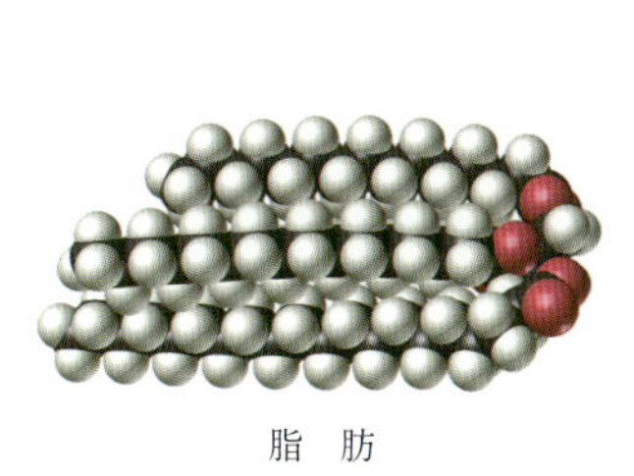

脂　肪

油

▲図 6.2
油脂由来のトリアシルグリセロール

トリアシルグリセロールは電荷をもたない非極性の疎水性分子である．脂肪組織に入ってこれらが蓄積されると，脂肪細胞（アディポサイト）の内側は一つの大きな脂肪粒によって占められ，核は片側へ押しやられる．トリアシルグリセロールの主な機能は，生体のためにエネルギーを長期保存することである．さらに，脂肪組織は断熱，防御のための詰めものとしての働きも担っている．大部分の脂肪組織は皮下や腹腔に局在し，臓器を保護している．

調理油の特徴的な黄色や香りは私たちにとってなじみ深いが，これらは植物から油を調製する際に混入した天然素材によるものであり，純粋な油は無色無臭である．過熱したり，空気や酸化剤などにさらされたりすることで，いわゆる油の**腐敗**（rancid oil）がみられる．油が酸化されるのを防ぐために，調理済み食品にはフェノール性化合物などの酸化防止剤が加えられる．

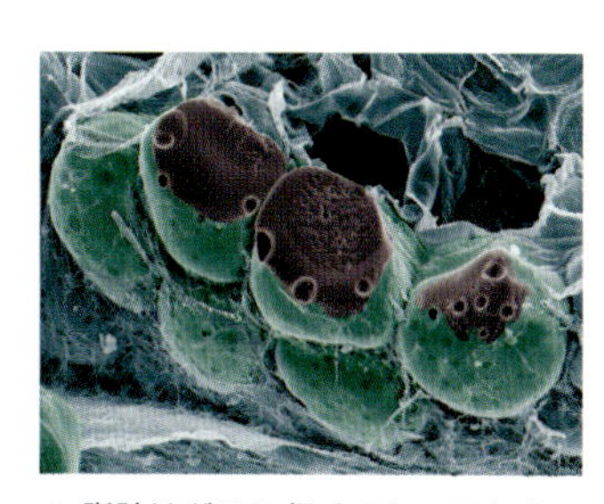

▲ 脂肪はどこに行くのか．これらの脂肪組織細胞は，脂肪粒を含んでいる（500 倍以上の拡大図）．

さらに先へ ▶▶▶ 動植物由来のトリアシルグリセロールは，私たちの食餌の主な成分の一つである．私たちの体内では，それはエネルギー貯蔵のための倉庫である．したがって脂質の代謝を考えるとき，もっとも興味深いのはトリアシルグリセロールの代謝である．この話題については，7 章で述べる．

天然油脂中のトリアシルグリセロールの性質

- 非極性で疎水性
- 電荷をもたない
- 固体トリアシルグリセロール（脂肪）：飽和脂肪酸の割合が高い
- 液状トリアシルグリセロール（油）：不飽和脂肪酸の割合が高い

例題 6.2 融点の比較

下の二つの脂肪酸のうち融点が高いのはどちらか．

(a) $CH_3(CH_2)_4CH{=}CHCH_2CH{=}CHCH_2(CH_2)_6\overset{\displaystyle O}{\overset{\|}{C}}{-}OH$

(b) $CH_3(CH_2)_5CH{=}CHCH_2(CH_2)_6\overset{\displaystyle O}{\overset{\|}{C}}{-}OH$

解　説　最初に鎖の長さ（炭素原子の数）と不飽和結合の数を決定する．一般的に，炭素原子の数が多いほど，融点は高くなる．一方，不飽和結合の数が多いほど，融点は低くなる．炭素原子数がおなじか近い場合には，**不飽和度**（二重結合の数）のほうが炭素原子数よりも融点に大きく影響する．

CHEMISTRY IN ACTION

食餌中の脂質

油脂類の供給源として私たちの日常の食事で主に目にするのは，バターやマーガリン，植物油，肉類の脂身や，鶏の皮といったところである．加えて，肉，鶏肉，魚，乳製品，卵には，少量のコレステロールとともに主として飽和脂肪酸からなる脂肪が含まれている．ナッツや種，全粒シリアルに含まれる植物油は不飽和脂肪酸の含有量が高く，コレステロールは含まない．

油脂類は食餌の成分としてポピュラーである．油脂類は味がよく，おいしい舌ざわりを与え，さらにはゆっくりと消化されるので食後に満腹感を与える．平均的な米国の食卓での油脂類からのカロリー摂取量は全体の 40 ～ 45%から 35%に低下しており，推奨値である 30%に近づいている．食餌から過剰に摂取した油脂類は，主に脂肪として体内にたくわえられている．

飽和脂肪酸やコレステロールの量とさまざまな病気 ― 心臓病とがんがもっとも著名(7 章，Chemistry in Action“脂肪の貯蔵，脂質，アテローム症”参照) ― の関係が関心を集め，食用として推奨できる油脂の再評価がおこった．バター，卵，牛肉，全乳(飽和脂肪酸とコレステロールの含有量が比較的高いものすべて)の消費量は新しい栄養ガイドラインに従って顕著に減少した．しかし，このような脂肪摂取量の減少は，あくまで相対的なものであり，同じ期間に，総カロリー摂取量は増大している．この増大分は炭水化物摂取量の増大によるものである．したがって，残念ながら，脂肪摂取量の変化にもかかわらず，肥満は減少していない．肥満とは，身長，性別，活動度などから求められた理想体重に対して，20%以上の体重超過がみられること，あるいはボディーマスインデックス(BMI)値が 30 以上となることである．実際，米国の人口に占める肥満の割合は増加しており，心臓病との関連もあって，この事実は近年，加速度的に注目を集めている．

米国食品医薬品局(FDA)を含むいくつかの機関では，カロリー摂取量に占める油脂類の割合が 30%以下になるような食餌を推奨している．10 代の女性，運動量の多い女性，座って仕事をする男性は，1 日約 2200 kcal の摂取が望ましいとされるが，油脂類に由来する分はこのうち 30%であり，これは約 73 g，テーブルスプーン 6 杯のバターに相当する量である．10 代の少年や男性，日常生活で非常に運動量の多い女性は，より多くのカロリー摂取を必要とするため，これに比例して日常の食餌でもっと多くの脂肪分を摂取してもよい．

▲ おいしそうではあるが，脂肪を多く含む食品の例

栄養成分表(2 章，Chemistry in Action“ビタミン，ミネラル，食品ラベル”に図示した)は，市販の食品について 1 人前当たりに含まれる脂肪分由来のカロリー，脂肪分の重量(すべてのトリアシルグリセロールを含む)，飽和脂肪の重量を表示している．

FDA はさらに，日常の食餌における総摂取カロリー中，飽和脂肪が占める割合を 10%以下に，またコレステロール摂取量を 300 mg 以下にすることを推奨している．1 日あたり 2200 kcal を目標とすると，飽和脂肪 24 g が上限となる(たとえば，ホットドッグは 1 本あたり 5 g の飽和脂肪を含んでいる)．飽和脂肪摂取量を減らすには，低脂肪のものが手に入る食品については，できるだけそちらを選ぶこと，または飽和脂肪以外の脂肪分を含む食品を選ぶことである．コレステロールをもっとも多く含む食品は，高脂肪の乳製品やレバー，卵の黄身などである．

CIA 問題 6.1　油脂類はトリアシルグリセロールの主要な供給源である．脂質含有量の高い食品をほかにあげよ．

CIA 問題 6.2　FDA によれば，油脂類は 1 日のカロリー総量の最大何%までとすべきか．

CIA 問題 6.3　あなたはどちらをおやつに選ぶ？ キオスク A で買ったコーン付きの小さなアイスクリーム 1 個，またはキオスク B で買ったオートミールクッキー2 個．下に，2 種類のおやつの栄養成分表を示す．おやつを決めるにあたって，日常的に食餌から摂取する総脂肪量と飽和脂肪酸量に関する栄養ガイドラインの範囲内に収まるようにするには，どちらのおやつが適しているか．

おやつ	総カロリー	総脂肪量 (g)	飽和脂肪酸 (g)	脂肪由来カロリー (%)	炭水化物 (g)	炭水化物由来カロリー (%)
コーン付きアイスクリーム	340	17	9	45	42	49
クッキー2 個	300	12	2	36	46	61

HANDS-ON CHEMISTRY 6.1

ある食品が脂肪を含むか調べるには？ 簡単な試験法がある．少量の試料(クッキー，クラッカー，シリアル，キャンディー，ニンジンなど)を紙(ノート，新聞紙，ナプキン)の上に置く．1時間のあいだ15分おきに紙を観察すると，なにがおこっただろうか．またなにがおこると考えたか．脂肪を多く含む食品は，大きな“油染み”を残すが，脂肪をあまり含まない食品は油染みを残さないか，小さな染みしか残さない．

解　答

分子(a)は，18個の炭素原子と2個の二重結合をもっている．分子(b)は，16個の炭素原子と1個の二重結合をもっている．分子(a)は，分子(b)よりわずかに大きいため，融点が高いと予想されるが，分子(b)は二重結合を一つしかもっていない．このように分子の大きさがほぼ等しいときには，不飽和度のほうが融点に大きく影響する．したがって，分子(b)のほうが融点が高い．

問題 6.5

四つの二重結合のシス立体配置がわかるように，アラキドン酸(表6.1)の構造を省略せずに描け．

問題 6.6

トリアシルグリセロールには不斉炭素原子は存在するか．存在する場合にはどれか(一つとは限らない)．また，なぜキラルになるのか．

基礎問題 6.7

脂質分子の会合はどのような非共有結合性相互作用(基礎化学編 8.2節)によるものか．一般的に，これらの相互作用は強いものかあるいは弱いものか．なぜ脂質は水と簡単に混ざらないか．

6.4 トリアシルグリセロールの化学反応

学習目標：

- トリアシルグリセロールの水素化や加水分解反応について説明でき，ある反応物質についてその生成物を予測できる．

水素化

アルケンが水素と反応してアルカンを与えるのとおなじように(有機化学編 2.6参照)，トリアシルグリセロール中の不飽和脂肪酸に含まれる炭素–炭素二重結合を水素化することで飽和炭化水素が得られる．マーガリンやショートニングのような固形の調理用脂肪は，植物油を水素添加し動物性脂肪と化学的に類似した生成物をつくることで製造されている．

水素化の度合いは，もとの不飽和脂肪酸に含まれる二重結合の数によって変わる．一般に，二重結合の数は三つから二つ，そして一つと段階的に減少していく．水素化の程度を厳密に制御し，生産物の組成をモニターすることで，最終生成物の軟らかさを調整することができる．たとえば，マーガリンは原料の植物油中の二重結合のうち約3分の2を水素化することで製造される．残りの二重結合は水素化されないまま残っているので，マーガリンは冷蔵庫中でも固まらず，温かいトーストにのせると溶けるちょうどよい軟らかさをもってい

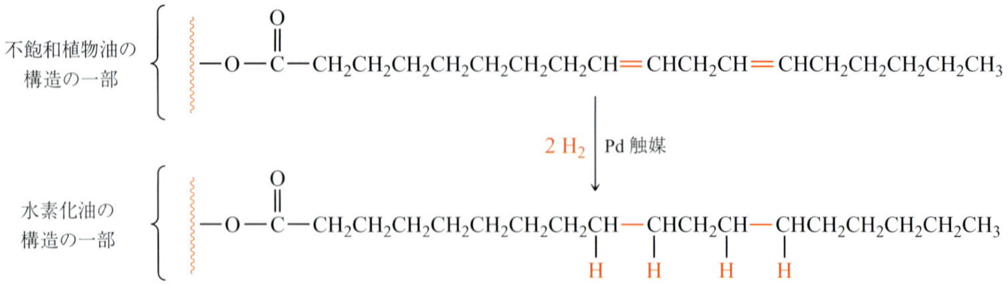

不飽和植物油の構造の一部

$$-O-\overset{\overset{\displaystyle O}{\|}}{C}-CH_2CH_2CH_2CH_2CH_2CH_2CH_2CH=CHCH_2CH=CHCH_2CH_2CH_2CH_2CH_3$$

$\downarrow$ 2 H_2 Pd 触媒

水素化油の構造の一部

$$-O-\overset{\overset{\displaystyle O}{\|}}{C}-CH_2CH_2CH_2CH_2CH_2CH_2CH_2\underset{\underset{\displaystyle H}{|}}{CH}-\underset{\underset{\displaystyle H}{|}}{CH}CH_2\underset{\underset{\displaystyle H}{|}}{CH}-\underset{\underset{\displaystyle H}{|}}{CH}CH_2CH_2CH_2CH_2CH_3$$

る．しかし，マーガリン製造のための部分的な水素化は，部分的に水素化された脂肪酸中においてシス二重結合をトランスへ異性化させる．天然に存在しないトランス脂肪を摂取すると，健康にリスクをもたらすとする研究報告がある．

問題 6.8

トリオレインはアシル基として 3 分子のオレイン酸をもつトリアシルグリセロールであり，その構造は問題 6.3 の問になっている．このトリオレインを完全に水素化する際の反応式を書け．また反応後に生じるアシル基に対応する脂肪酸の名前を答えよ．

問題 6.9

バターやこれと同じくらい硬いマーガリンは，どちらも飽和脂肪酸を大量に含んでいる．バターに含まれ，マーガリンには含まれない健康に害をなすと指摘された脂質はなにか．これとは逆に，マーガリンに大量に含まれ，バターには少量しか含まれない健康に害をなす可能性がある天然脂質とはなにか．

トリアシルグリセロールの加水分解

すべてのエステルとおなじように，トリアシルグリセロールも加水分解 ― つまり水と反応することによって対応するカルボン酸とアルコールになる．生体内では，このような加水分解は酵素(ヒドロラーゼ)によって触媒され，食品中の脂肪や油脂の消化の際の最初の反応である．

商業的には，油脂の加水分解は通常強塩基(NaOH や KOH)水溶液を用いて行われ，これは**けん化**(saponification，ラテン語でサポン *sapon* という意味．セッケン)と呼ばれる(有機化学編 6.4 節参照)．脂肪や油の分子を加水分解すると，最初に 1 分子のグリセロールと 3 分子のカルボン酸である脂肪酸塩が得られる．

け　ん　化

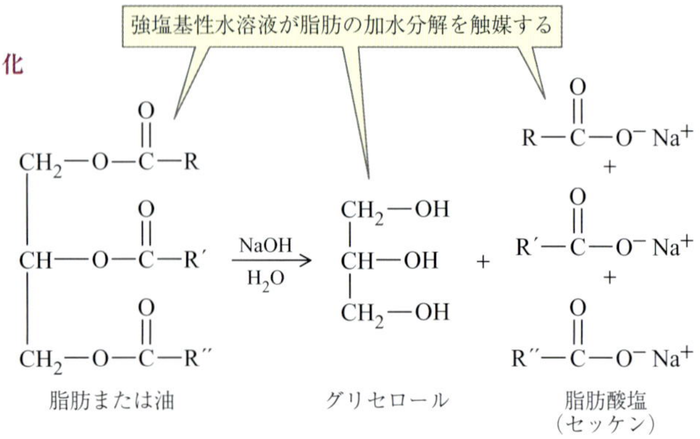

強塩基性水溶液が脂肪の加水分解を触媒する

$$\begin{array}{l} CH_2-O-\overset{\overset{O}{\|}}{C}-R \\ | \\ CH-O-\overset{\overset{O}{\|}}{C}-R' \\ | \\ CH_2-O-\overset{\overset{O}{\|}}{C}-R'' \end{array} \xrightarrow[H_2O]{NaOH} \begin{array}{l} CH_2-OH \\ | \\ CH-OH \\ | \\ CH_2-OH \end{array} + \begin{array}{c} R-\overset{\overset{O}{\|}}{C}-O^-\,Na^+ \\ + \\ R'-\overset{\overset{O}{\|}}{C}-O^-\,Na^+ \\ + \\ R''-\overset{\overset{O}{\|}}{C}-O^-\,Na^+ \end{array}$$

脂肪または油　　グリセロール　　脂肪酸塩(セッケン)

トリアシルグリセロールの塩基による加水分解で得られるカルボン酸塩は，**セッケン**と呼ばれる．セッケンはどのように働くか．セッケンは，分子の両端が全く異なる性質をもつため洗浄剤として働くことができる．ナトリウム塩型の一端はイオン性であり，このため親水性(水を好む)である．したがって水に溶けやすい．一方，分子の長鎖炭化水素部分は非極性であり，このため疎水性(水を避ける)である．セッケンを水に拡散させると，巨大な有機陰イオンはその長い疎水性の炭化水素の尾が触れ合うように互いに集合する．こうなることで，セッケン分子は水の強い水素結合を壊すことを避け，その代わりに非極性の微小環境をつくり出す．同時に，分子の親水性かつイオン性の頭部はクラスターの表面にあり，水のほうへ突き出る．その結果生じる球状のクラスターを**ミセル**と呼ぶ(図 6.3)．油や汚れは，セッケン分子の非極性の尾部に覆われて，ミセルが生じるとともに，その中心に捕らえられ，水中に分散される．いったんミセル中に捕らえられた油や汚れは水で洗い流すことができる．セッケンが油汚れを隔離するのと全くおなじ仕組みで，極性脂質は血流中でミセルを形成し，中性脂質をミセルの内側に取り込んで体中に輸送する．

セッケン(soap)　動物脂肪のけん化によって生じる脂肪酸塩混合物．

ミセル(micelle)　セッケンや洗剤の分子が，疎水性末端を分子の中央に，親水性末端を表面に配置するように寄り集まって球状のクラスターを形成したもの．

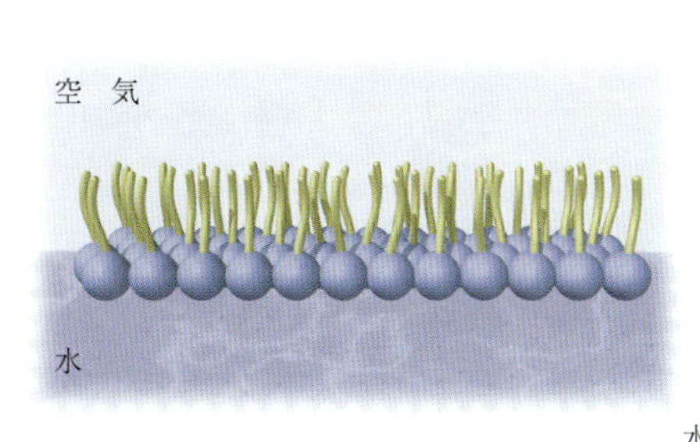

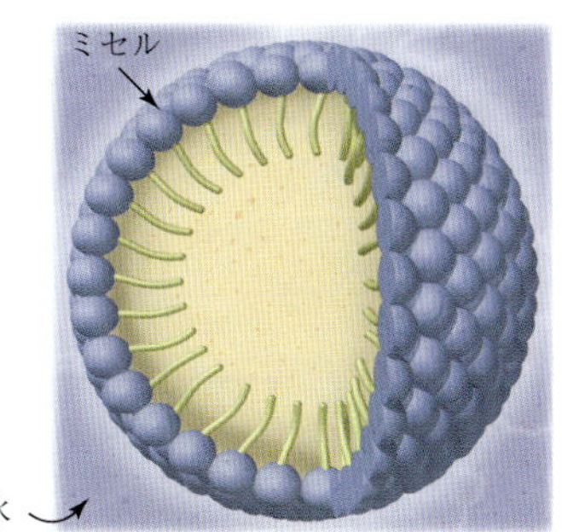

▶**図 6.3**
水中のセッケン，洗剤分子
電荷をもった親水性末端(青玉)は水中にとどまっている．水表面では，炭化水素鎖(黄色の尾)が表面に並んだ状態でフィルムが形成される．溶液内では，炭化水素鎖はミセルの中央に寄り集まる．油汚れは，油性の中央部分に溶け込んで，運び去られる．7.2 節で述べるように，血流中では脂質は同様のミセルに包まれて輸送される．

問題 6.10
ミセルを形成できる飽和脂肪酸塩の構造式を描き，親水性の頭部と疎水性の尾部を示せ．どちらの端がミセルの内側で，どちらの端がミセルの外側か．

問題 6.11
脂肪酸として 2 分子のステアリン酸と 1 分子のオレイン酸(表 6.1)をもつトリアシルグリセロールの加水分解反応の完全な反応式を書け．

6.5　リン脂質と糖脂質

学習目標：
- リン脂質と糖脂質を理解し，それらの機能を説明できる．

細胞膜は，細胞内の水溶液と細胞の周囲の水溶液とを分け隔てている．このため，細胞膜は二つの水溶液からなる環境のあいだの疎水的な障壁になる．脂質はこのような機能を果たすためには理想的である．動物の細胞膜脂質には，**リン脂質**(phospholipid)，**糖脂質**(glycolipid)，**コレステロール**(cholesterol)の三種がある．

リン脂質(phospholipid)　リン酸基とアルコール(グリセロールまたはスフィンゴシン)とのあいだにエステル結合をもつ脂質.

リン脂質

リン脂質はリン酸とアルコールのあいだにリン酸エステル結合をもつ．リン脂質はグリセロール[これは**グリセロリン脂質**(glycerophospholipid)を与える]，またはスフィンゴシン[これは**スフィンゴミエリン**(sphingomyelin)を与える]を含んでいる．これらの脂質の一般的な構造と分類との関係を図 6.4(上)に示す．リン脂質は分子の一端にイオン化したリン酸基をもち，イオン化した親水性の頭部と疎水性の尾部をもつセッケンや洗剤の分子に類似している(図 6.3)．しかしながら，これらの尾部が一つではなく二つである点が異なる．

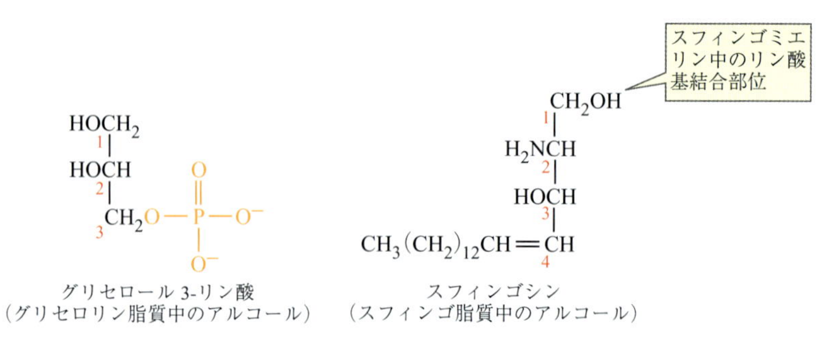

グリセロリン脂質(ホスホグリセリド)[glycerophospholipid (phosphoglyceride)]　グリセロールがエステル結合で 2 個の脂肪酸，1 個のリン酸基と結合した脂質．リン酸基はもう一つのエステル結合でアミノアルコール(またはほかのアルコール)と結合する．

グリセロリン脂質(別名**ホスホグリセリド**)はグリセロール 3-リン酸のトリエステルであり，もっとも存在量の多い膜脂質である．エステル結合のうち二

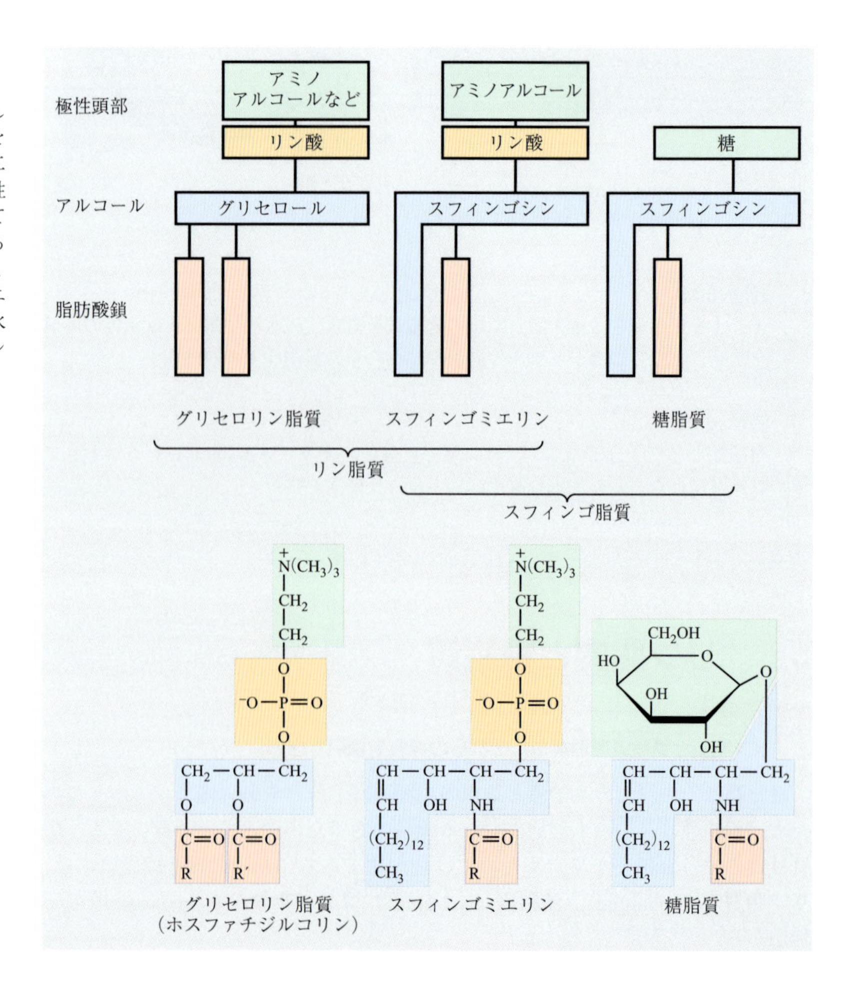

▶図 6.4
膜脂質
(上) 各膜脂質間の類似性を示している．(下) 各脂質の構造例を示している．すべての脂質が，二つの炭化水素尾部と極性の親水性基をもつことに注意せよ．すべての分子が 2 本の炭化水素からなる尾部と極性の親水性頭部をもつ．スフィンゴ脂質(スフィンゴミエリンと糖脂質)では，2 本の炭化水素尾部のうち片方がスフィンゴシン(青色)の一部．

つは脂肪酸とのあいだで形成され，これらは 2 本の疎水性尾部になる(図 6.4 のグリセロリン脂質の一般構造式中のピンク色)．この脂肪酸は油脂中に存在する脂肪酸である．グリセロールの C1 位に結合する脂肪酸のアシル基(R−C=O)は飽和脂肪酸であり，一方 C2 位には通常不飽和脂肪酸のアシル基が結合する．グリセロリン脂質の 3 番目の結合位置には，リン酸エステル基(図 6.4 中の橙色)が結合する．このリン酸基は，エタノールアミン，コリン，セリンなど，数種類の −OH 基をもつ化合物とのあいだに第 2 のエステル結合を形成する(図 6.4 中の緑色．表 6.3 中の構造も参照)．

グリセロリン脂質はホスファチジン酸の誘導体として命名される．以下に示す分子の例では，リン酸エステル部位のリン原子の右側に結合しているのは，アミノアルコールの一種，コリン，$HOCH_2CH_2N^+(CH_3)_3$ である．この種の脂質は，**ホスファチジルコリン**(phosphatidylcholine)，または**レシチン**(lecithin)として知られる(レシチン，ホスファチジルセリンなどリン脂質と呼ばれる物質は，通常異なる R 基および R′ 基からなる尾部をもつ分子の混合物である)．いくつかのグリセロリン脂質の例を表 6.3 に示す．

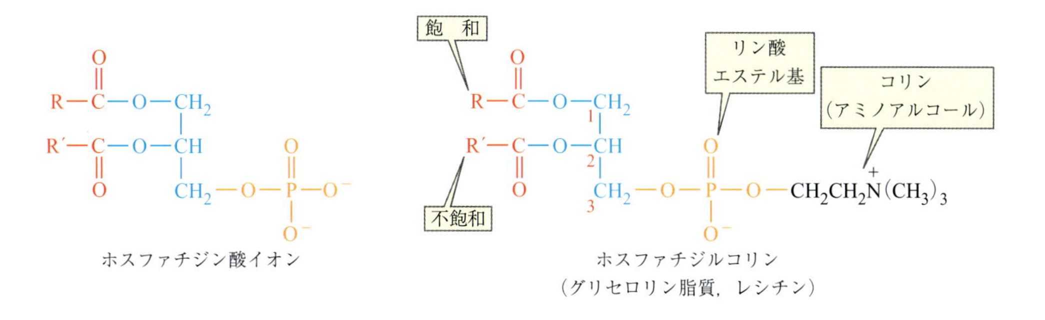

表 6.3 グリセロリン脂質

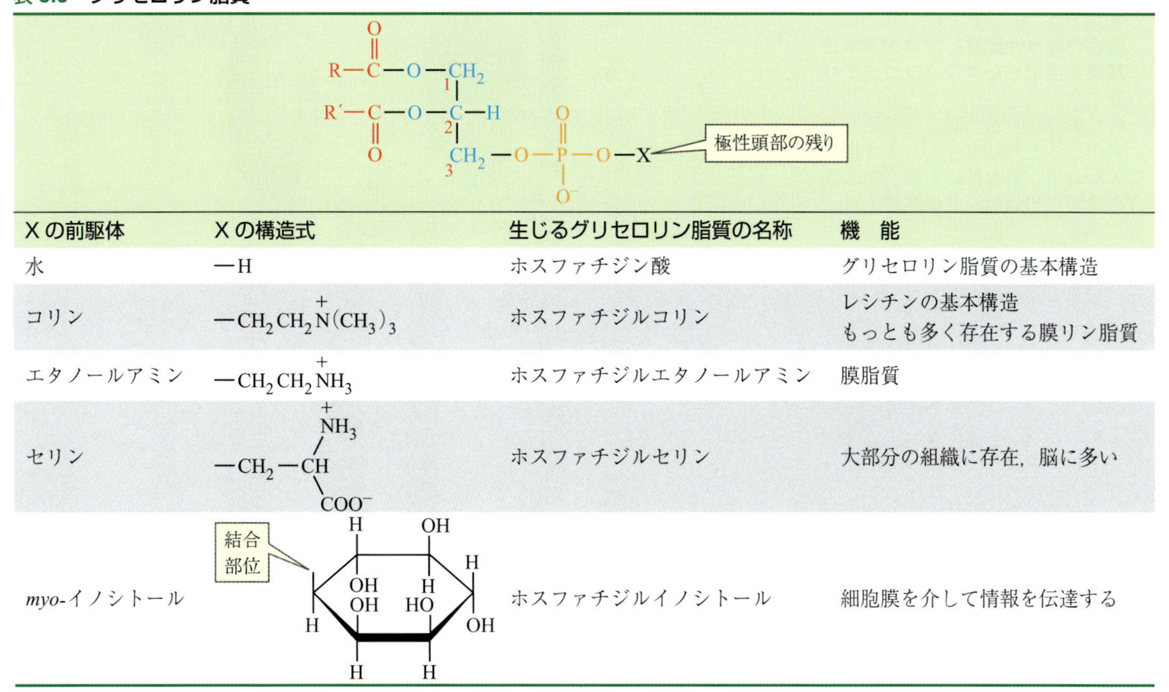

X の前駆体	X の構造式	生じるグリセロリン脂質の名称	機 能
水	—H	ホスファチジン酸	グリセロリン脂質の基本構造
コリン	$—CH_2CH_2\overset{+}{N}(CH_3)_3$	ホスファチジルコリン	レシチンの基本構造 もっとも多く存在する膜リン脂質
エタノールアミン	$—CH_2CH_2\overset{+}{N}H_3$	ホスファチジルエタノールアミン	膜脂質
セリン	$—CH_2—CH(\overset{+}{N}H_3)COO^-$	ホスファチジルセリン	大部分の組織に存在，脳に多い
myo-イノシトール	(構造式)	ホスファチジルイノシトール	細胞膜を介して情報を伝達する

▲ レシチン(ホスファチジルコリン)は，ほとんどのチョコレートに乳化剤として含まれている．

疎水性の尾部と親水性の頭部を同一分子内にもつため，グリセロリン脂質は**乳化剤**(emulsifying agent)としての性質を示し，非極性液体の小滴を包み込んで水中に懸濁させる(図 6.3 に示したミセルの図を見ること)．大豆油から得られるレシチンは，脂肪分の分離を防ぐためにチョコレートなどの食べ物の原料として用いられている．またマヨネーズの油を懸濁させているのは，卵黄のレシチンである．

スフィンゴ脂質では，2 本の疎水性炭化水素のうちの 1 本はアミノアルコールのスフィンゴシンに由来する(つぎの図の青色の部分，また図 6.4 を参照)．2 番目の疎水性の炭化水素鎖は，スフィンゴシンのアミノ基とアミド結合する脂肪酸のアシル基に由来する(つぎの図の赤色の部分，また図 6.4 のピンク色の部分)．

スフィンゴ脂質(sphingolipid)　アミノアルコールであるスフィンゴシンの脂質誘導体．

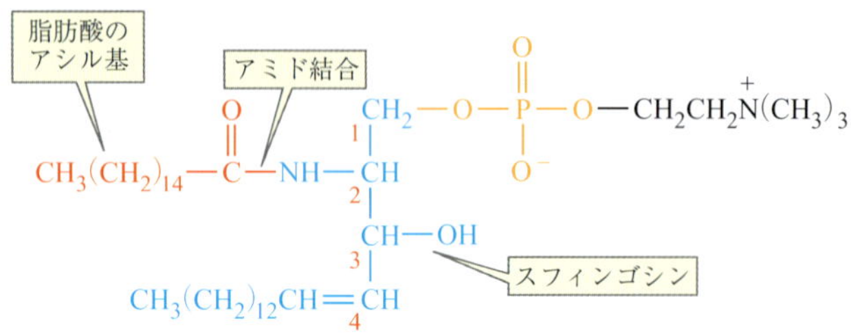

スフィンゴミエリン(スフィンゴ脂質)

スフィンゴミエリンは，スフィンゴシンの C1 位にリン酸エステルをもつスフィンゴシン誘導体である．スフィンゴミエリンは神経繊維皮膜(**ミエリン鞘** myelin sheath)の主成分であり，脳組織にも大量に含まれている．延髄のスフィンゴミエリンおよびリン脂質の量の減少は，多発性硬化症と関係がある．しかしながら，この変化が，多発性硬化症の原因であるのか，結果であるのかは，はっきりしない．図 6.5 に，スフィンゴミエリンの疎水性および親水性部分の配置を示す．同時に，細胞膜を書く際に一般的に用いられる細胞膜脂質の表記も併記した．

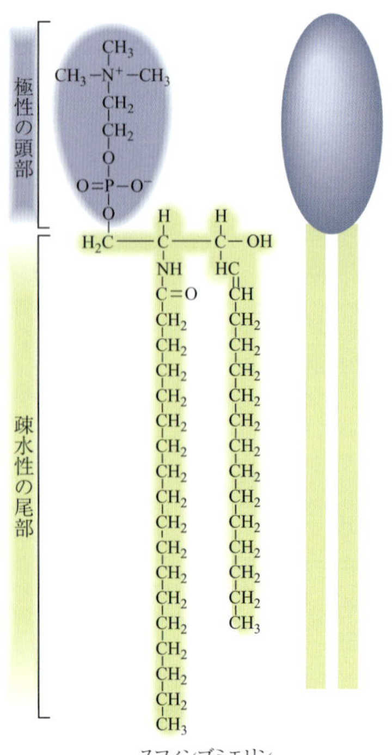

スフィンゴミエリン

▶図 6.5
極性の親水性頭部と 2 本の疎水性尾部を明示したスフィンゴミエリン
右は細胞膜を書く際，リン脂質を表現するためにもっともよく用いられる図．親水性の頭部と疎水性の尾部の相対的な位置関係を示している．

問題 6.12
レシチンは，乳化剤としてしばしば食品に添加される．レシチンはなぜ乳化剤として作用するか．

問題 6.13
(a) ホスファチジルコリン（前ページ），(b) スフィンゴミエリン（図 6.5）のすべてのエステル結合を完全に加水分解した際に予想される生成物を示せ．

糖脂質

糖脂質はスフィンゴミエリンと同様にアミノ基をもつジオール化合物スフィンゴシンから得られる．これらは，C1 位にアミノアルコールが結合したリン酸基，あるいは糖（図 6.4 の糖脂質の緑色）が結合している点が異なる．

糖脂質（glycolipid） スフィンゴシンの C_2-NH_2 基に脂肪酸が，C1−OH 基に糖が結合した脂質．

糖タンパク質（3.7 節参照）とおなじように，細胞膜中の糖脂質残基は糖部分を細胞のまわりの外液中に突き出して存在している．これによって，11 章で見るように，情報伝達やほかの細胞，病原体，薬剤などを認識するために必要な受容体として働く．これらの脂質の構造と相互の関係を図 6.4 の上部に示した．膜脂質の分類が重複していることに注意せよ．糖脂質とスフィンゴミエリンは，どちらもスフィンゴシンを含んでいるため，スフィンゴ脂質に分類されるが，グリセロリン脂質とスフィンゴミエリンはどちらもリン酸エステル基を含んでいるためリン脂質に分類される．

糖脂質分子は**セレブロシド**（cerebroside）に分類される．一つの単糖をもつセレブロシドはとくに脳の神経細胞の膜に多く存在し，この場合の単糖は D-ガラクトースである．セレブロシドはほかの細胞膜にも存在するが，この場合の単糖は D-グルコースである．

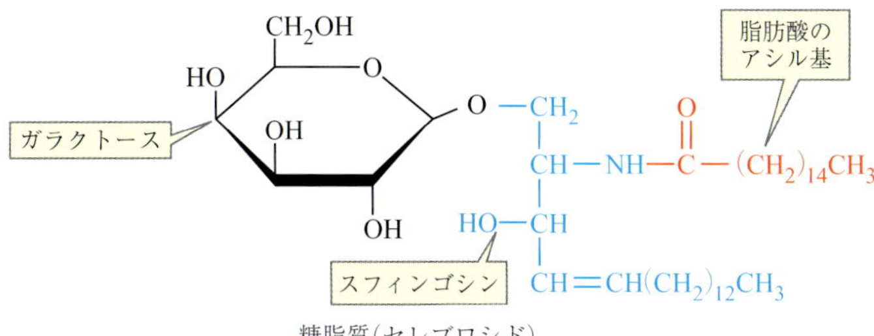

糖脂質（セレブロシド）

糖脂質

ガングリオシド（ganglioside）は，単糖の代わりに小さな多糖鎖（オリゴ糖鎖）をもつ糖脂質である．これまでに 60 種以上のさまざまなガングリオシドが知られている．血液型を決定するオリゴ糖鎖はガングリオシド分子の一部分である（3 章，Chemistry in Action“細胞表面の糖鎖と血液型”参照）．

遺伝病の一種テイ・サックス病は主に東欧系ユダヤ人，ケージャン人，フランス系カナダ人にみられ，酵素 β-ヘキソサミニダーゼ A が欠損することで，脳内で特定のガングリオシド分子の濃度が非常に高くなるためにおきる．このような欠陥をもって生まれてきた幼児は，精神遅滞と肝臓肥大を患って通常 3 歳までに死亡する．テイ・サックス病は数あるスフィンゴ脂質の蓄積による疾患のうちの一つである．同様の致死的な病気として，ニーマン・ピック病もよく知られている．これは，酵素スフィンゴミエリナーゼの欠損によってスフィンゴミエリンが蓄積することでおきる．このような代謝病はスフィンゴ脂質を分解する酵素の供給不足によって生じる．

現在のところ，テイ・サックス病，ニーマン・ピック病ともに，有効な治療法はない．過剰のスフィンゴ脂質が**蓄積**（storage）されることで有害な結果を招く．もっともよくみられる脂質蓄積病であるゴーシェ病の患者は，さらに絶望的な結果を迎える．ゴーシェ病の患者は，酵素グルコセレブロシダーゼの欠損によって，体中の多くの組織(肝臓，肺，脳)に脂肪が蓄積する．患者の多くは，非常に高額の費用を負担して頻繁に酵素補充療法を受けることができれば，ゴーシェ病の非神経症状を防ぐことができる．

例題 6.3　複雑な脂質の成分を同定する

プラスマローゲン(plasmalogen)と呼ばれる膜脂質は，一般に下の構造で示される．この脂質の構成成分を同定して，それにあてはまる用語を選べ．リン脂質，グリセロリン脂質，スフィンゴ脂質，糖脂質．またこれは，ホスファチジルエタノールアミン，ホスファチジルコリン，セレブロシド，ガングリオシドのうちいずれにもっとも近いか．

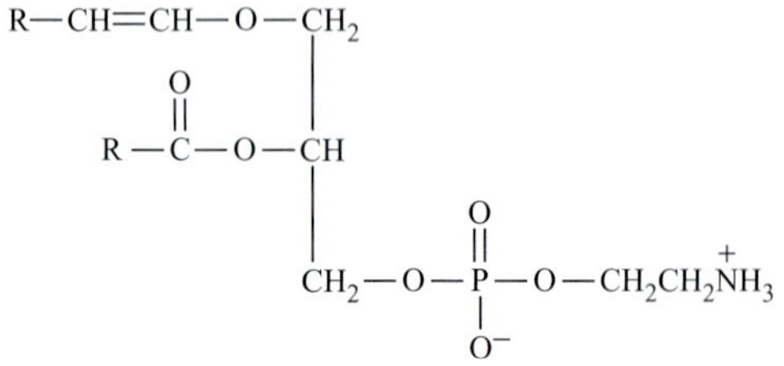

```
R—CH═CH—O—CH2
              |
      O       |
      ‖       |
   R—C—O—CH
              |
              |           O
              |           ‖               +
             CH2—O—P—O—CH2CH2NH3
                          |
                          O−
```

解　説　分子の各部分を複雑な脂質中にみられる基本成分と見くらべることで，各部分が，脂質構成成分のなにともっともよく似ているかを判断する．この分子は，リン酸基をもつためリン脂質である．また酸素 3 原子に結合した炭素 3 原子からなるグリセロール骨格をもつことからグリセロリン脂質であるが，このうちの一つはエステル結合の代わりにエーテル結合($-CH_2-O-CH=CHR$)になっている．またリン酸基はエタノールアミン($HOCH_2CH_2NH_2$)に結合している．この化合物はスフィンゴシンの誘導体ではないのでスフィンゴ脂質や糖脂質ではなく，また同様の理由によりセレブロシドやガングリオシドでもない．エステル結合の代わりにエーテル結合をもつこと以外には，この化合物の構造はホスファチジルエタノールアミンとおなじである．

解　答

このプラスマローゲンに当てはまる用語は，リン脂質あるいはグリセロリン脂質である．この脂質はホスファチジルエタノールアミンにかなり類似した構造をもっており，ホスファチジルエタノールアミンにもっとも近い．

問題 6.14
アシル基としてミリスチン酸をもつスフィンゴミエリンの構造式を描け．また，この分子の親水性の頭部と疎水性の尾部を同定せよ．

問題 6.15
アシル基としてステアリン酸，オレイン酸をもち，エタノールアミンと結合したリン酸基を有するグリセロリン脂質の構造式を描け．

問題 6.16
つぎに示す化合物は(a)～(g)のうちどれに該当するか(ヒント：最初に，この化合物がもつ官能基と結合を一つ一つ分析して，本章で学習した脂質と比較してみよ)．

$CH_3(CH_2)_{12}-CH{=}CH-CH-OH$

$R-C(=O)-N(H)-CH-CH_2-O-P(=O)(O^-)-O-OCH_2-C(NH_3^+)(H)-CO_2^-$

(a) リン脂質　(b) ステロイド　(c) スフィンゴ脂質
(d) グリセロリン脂質　(e) 脂質　(f) リン酸エステル
(g) ケトン

6.6 ステロール

学習目標：

- ステロールとその誘導体を同定し，その構造と機能を説明できる.

すべての**ステロール**は，右に示すような四つの環構造が連結した共通骨格をもつ．ステロールは，疎水性溶媒に溶けるが，水には溶けないため，脂質に分類される．

ステロールは，植物界ならびに動物界のいずれにおいても多くの役割を果たしている．ヒトの生化学で主要なステロールはコレステロールであり，これは細胞膜の重要な成分である．コレステロール以外にも，食物中の油脂の消化に必須の胆汁酸(7.1 節参照)やホルモンなども生体内で働く重要なステロールである．

ステロール(sterol)　つぎのような四環状炭素骨格をもった脂質.

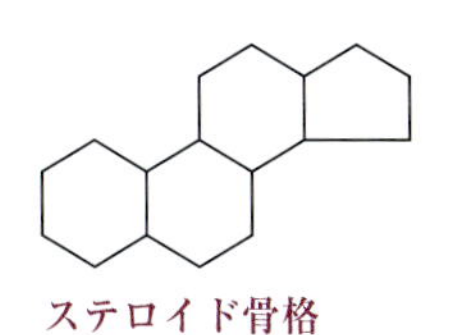

ステロイド骨格

コレステロール

コレステロールは右に示すような分子構造と形をもつ．

コレステロールはもっとも多く存在する動物性ステロイドでもある．体重 60 kg のヒトの体内には約 75 g のコレステロールが含まれ，これらは主として二つの重要な機能をもっている．一つは細胞膜の成分としての機能であり，そしてもう一つの機能は，ほかのすべてのステロイドの生合成原料になることである．“コレステロール”という言葉は，これが心臓病に関係の深い動脈斑に存在することから，家庭でもすっかりおなじみである．コレステロールの一部は食事から摂取するが，私たちの体内に存在するコレステロールの大部分は肝臓で合成される．厳密にコレステロールを取り除いた食餌をとっても，成人の体内では 1 日に約 800 mg のコレステロールが合成されることに注意すべきだろう．

コレステロールの分子モデルは，この分子がほぼ平面上であることを表している．コレステロールは，-OH 基以外，疎水性である．細胞膜中で，コレステロールはリン脂質の疎水性尾部中に存在している．コレステロールは，リン脂質の疎水性尾部に比べて硬いため，膜の硬さを維持するために役立っている．生細胞の膜脂質のうち，およそ 25%がコレステロールである．

▶▶ ステロールのホルモンとしての機能については 11 章で紹介する．また，その心臓疾患との関わりについては 7 章，Chemistry in action “脂肪の貯蔵，脂質，アテローム症”で紹介する.

▲ コレステロールの構造式(上)とスペースフィリング(空間充塡)モデル(下).

胆汁酸

胆汁酸(bile acid)は，食物を消化する際に，食物中の油脂を乳化するために必須である．胆汁酸は，分子中に極性末端と非極性末端をもち，肝細胞でコレステロールから合成された後，食事による刺激で小腸に分泌されるまで胆嚢に蓄積される．胆汁酸の溶解度は，システイン誘導体であるタウリンやグリシンとの結合（包合胆汁酸）によって増大する．この構造変化は，胆汁酸の溶解度を向上させるとともに，消化系において，極性部分を小腸中の水媒体に，非極性部分と脂肪をミセルの内側へ向けることで，胆汁酸と脂肪の間のミセル形成を促進する．7 章に示すように，ミセル形成は，食餌中の脂肪を消化するために必須である．

二つのもっとも一般的な胆汁酸のコール酸（cholic acid）とケノデオキシコール酸（chenodeoxycholic acid）のいずれにおいても，コレステロールに酸性官能基が加わっていることに注目してほしい．腸管中でこれらの酸はアニオンにイオン化し，**胆汁酸塩**（bile salt）と呼ばれる化合物になる．

コール酸

ケノデオキシコール酸

ステロイドホルモン

テストステロン
（男性ホルモン）

エストラジオール
（女性ホルモン）

ステロイドホルモンは，その機能によって三つに分類される．**アルドステロン**（aldosterone）のような**鉱質コルチコイド**（mineralocorticoid）は，細胞質中の Na^+ と K^+ の微妙なバランスを調節する（そのため，鉱質と名づけられた）．二つめは，コルチゾール（cortisol）［または**ヒドロコルチゾン**（hydrocortisone）］やその類縁体コルチゾン（cortisone）などの**糖質コルチコイド**（glucocorticoid）である．これらは，グルコース代謝や炎症を調節する．ウルシによるかぶれや皮膚の炎症などを抑えるためにヒドロコルチゾンを含む抗炎症軟膏を使ったことがあるかもしれない．三つめは，**性ホルモン**（sex hormone）である．**テストステロン**（teststerone）と**アンドロステロン**（androsterone）は，二つのもっとも重要な**男性ホルモン**（アンドロゲン androgen）である．これらは，思春期における男性の二次性徴の発現，組織や筋肉の成長を促進する．**エストロゲン**（estrogen）として知られる女性ホルモン，**エストロン**（estrone）と**エストラジオール**（estradiol）は主に卵巣で合成され，副腎皮質でもわずかに合成される．エストロゲンは女性の第二次性徴の発現を支配し，生理周期の調節に関与する．性ホルモンのシグナル伝達に関しては，11 章でさらに詳しく学ぶ．テストステロンとエストロンの構造を左に示す．ステロイド骨格構造が，これらの分子に共通して含まれることに注目せよ．

植物や動物から得られた数百種類もの既知ステロイドに加えて，実験室レベルでは，さらに非常に多くのステロイドが新薬探索を目的に合成されている．ステロイドの細胞シグナルとしての働きについては，11 章でさらに詳しく述べる．

6.7　細胞膜：構造と輸送

学習目標：
- 膜脂質を同定し，その構造と機能を説明できる．
- 細胞膜の一般的な構造とその化学的な組成を説明できる．
- 受動輸送と能動輸送を区別し，単純拡散と促進拡散を説明できる．

私たちの体に含まれる細胞は，すべて膜に包まれている．細胞膜は，細胞の中身を外界から分離し，特定のイオンや分子が細胞内に入ったり，細胞から出ることを可能にしている．細胞膜の主成分は脂質であるがタンパク質も含まれ，また脂質やタンパク質に結合するかたちで炭水化物も含まれている．

膜の構造

リン脂質は細胞膜の基本構造を提供する．リン脂質は膜中で非常に近くに寄り集まり，シート状の構造 ― **脂質二重層**(図 6.6) ― を形成する．二重層は，二つの平行な脂質の層が，イオン性の頭部を水溶液部にむき出しにして，二重層の両側の面で配向することで形成される．これらの非極性の尾部は二重層の中央部で互いに寄り集まるように相互作用して，水を避ける．二重層の上，下層は，**リーフレット**(leaflet)と呼ばれる．

脂質二重層(lipid bilayer)　細胞膜の基本構造単位．尾部どうしを接するように配向した膜脂質分子が二つの平行シート状に並ぶことで構成される．

二重層はリン脂質にとって好ましい配向である．これは高度に整理された安定な構造でありながら，なおかつ柔軟な構造である．リン脂質を水と一緒に激しく振り混ぜると，自発的に**リポソーム**が形成される．リポソームとは，図 6.6 に示したような中央に水を取り込んだ脂質二重層でできた小さな球状の小胞である．水溶性の化合物はリポソームの中央に取り込まれ，脂溶性の化合物は二重層部分に取り込まれる．リポソームは細胞膜と融合してその中身を細胞内に移すことができるため，ドラッグデリバリーのキャリヤーとして使用できる可能性がある．リポソームの医療への適用は，全身性真菌感染症をターゲットとして承認されている．後天性免疫不全症候群(AIDS)によって，免疫不全を発症した患者には，このような感染症がとくによくみられる．リポソームは真菌の細胞膜を攻撃する抗菌薬，アンフォテリシン B を運搬する．真菌細胞へアンフォテリシンを直接運ぶことで，リポソーム薬は，腎臓や，ほかの健康な器官への深刻な副作用を低減させる．現在，医療研究の現場では，リポソームを用いて，ほかの薬を運搬する研究が進められている．

リポソーム(liposome)　脂質二重層が水滴を取り囲んで形成される球状の構造．

細胞膜の全体構造は，**流動モザイクモデル**(fluid-mosaic model)であらわされる．このモデルでは，膜は**流体**として表現される．これは膜が硬いものではなく，分子は膜内を動き回ることができるためである．またおなじように膜は**モ**

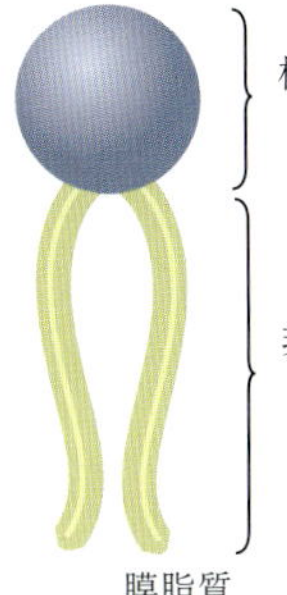

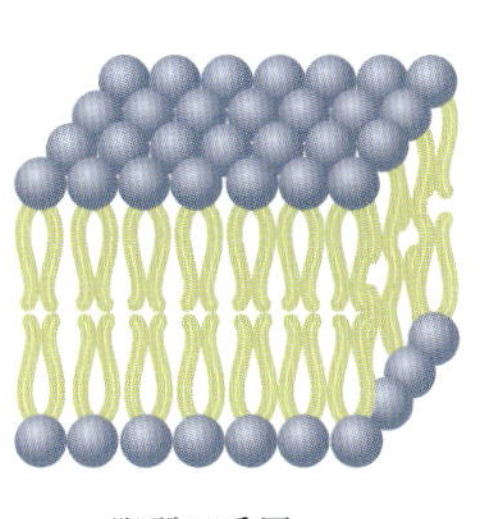

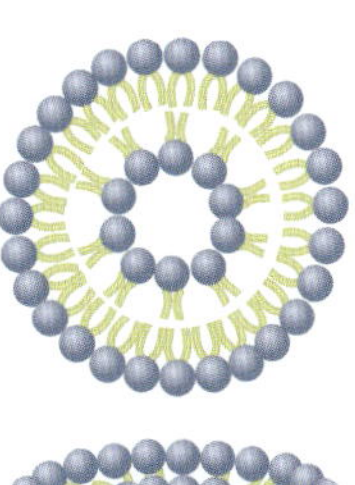

◀**図 6.6**
膜脂質の凝集
脂質二重層は細胞膜の基本構造である．

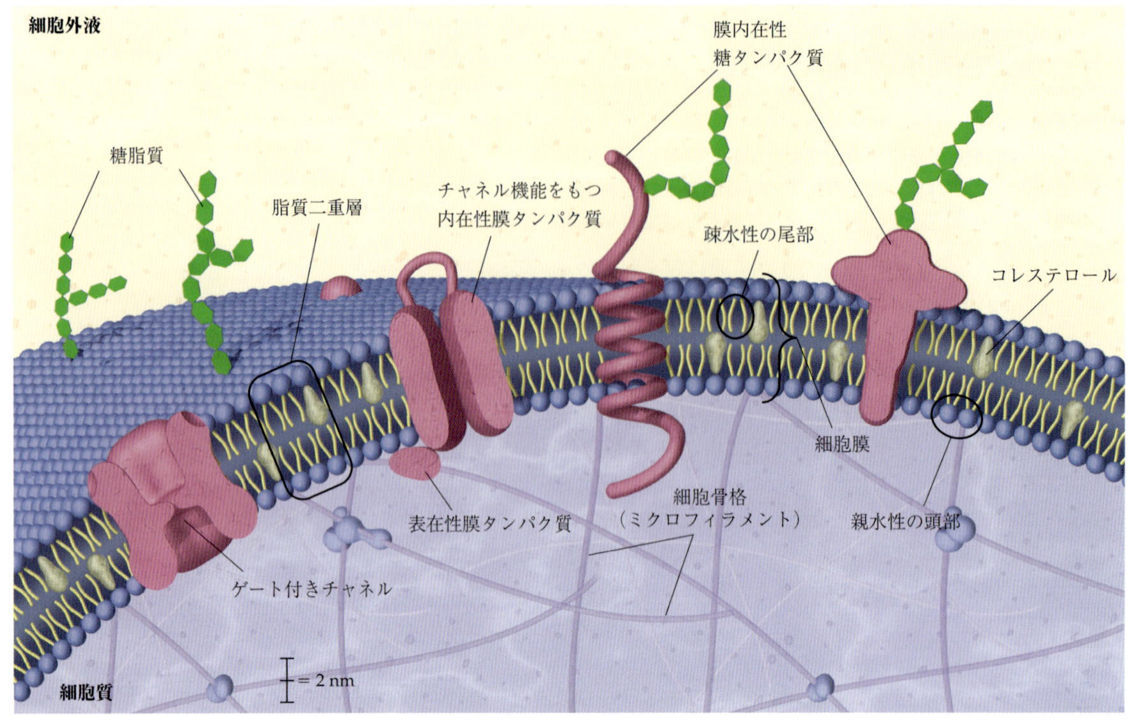

▲図 6.7
細胞膜
コレステロールは膜の一部であり，タンパク質は脂質二重層の表面に埋め込まれている．また糖タンパク質の糖鎖は細胞外の空間へと伸びており，これは受容体として機能する．内在性膜タンパク質は細胞の外側でチャネルを形成し，大きな分子を細胞膜を通じて輸送するために役立っている．

ザイク(mosaic)として表現される．これは膜が多種の分子を含んでいるためである．図6.7に細胞膜の構成成分を示す．

糖脂質とコレステロールも細胞膜に存在し，タンパク質は膜重量の20％以上を占めるが，その多くは糖タンパク質である(p.107)．**表在性膜タンパク質**(peripheral membrane protein)は，二重層の片方の面(片方のリーフレット)のみに結合しており，疎水性の脂質尾部や親水性の脂質頭部との非共有結合性相互作用によって，膜に埋め込まれている．**内在性膜タンパク質**(integral membrane protein)は膜を完全に貫通しており，二重層の外側から内側に広がる疎水性部分によって固定される．疎水性のアミノ酸鎖が折れ曲がりつつ何回も膜を貫通して，最後に膜の外側に親水性の糖残基が配置されて末端となる構造をとることもある．糖タンパク質と糖脂質の糖部分は，細胞と外来性の薬物との相互作用を仲介する．内在性膜タンパク質の中には，特定の分子やイオンを細胞の内外へ移送するチャネルを形成するものもある．

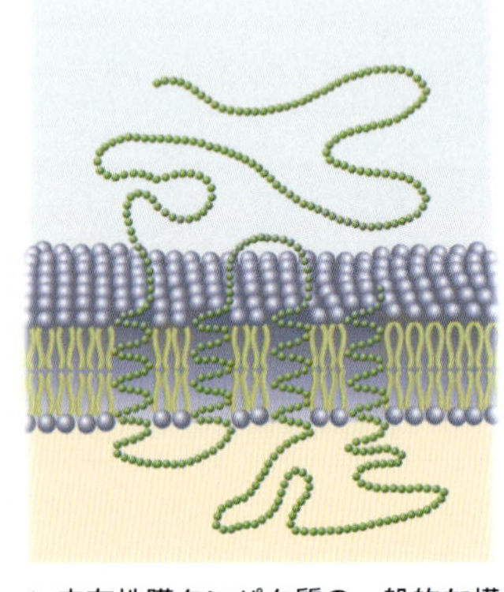

▲ **内在性膜タンパク質の一般的な構造**　緑色の丸はアミノ酸を表現している．多くの膜タンパク質は，膜を何度も出たり入ったりしている．

二重層膜はかっちりしたものではなく流動性をもつので，これを破るのは容易ではない．二重層の脂質はたんにまわりから流れ込んでくるだけで，どんな穴や破れも修復してしまう．これは，料理をするときに，ポットの中の水の表面に油や溶けたバターの薄い膜を張ったときに観察される現象とよく似ている．この薄膜に穴を開けたり破ったりすることはできるが，放っておくと独りでにもとに戻ってしまう．

膜が流動性をもつため，膜タンパク質は膜内を自由に動くことができる．たとえば細胞外液中のリポタンパク質と相互作用する糖タンパク質の低密度リポタンパク質受容体(7.2節参照)は，膜内を横に移動して細胞表面でこれらがクラスターを形成した領域をつくる．糖タンパク質は，池の上に浮いているかのように，膜上を横方向にどんどん移動していくことができる．これはエネルギー的に問題のない運動である．しかし，リン脂質やほかの膜成分は，内側の層から外側の層へ，またはその逆方向へ，ひっくり返ることはできない．これには，膜成分の極性部と非極部の相互作用が必要であるため，エネルギー的に不利な運動である．

さらに，二重層の流動性のため小さな**非極性分子**(nonpolar molecule)は容易に細胞膜を通過して細胞内に入ることができ，また各脂質やタンパク質分子は膜内ですばやく自由に拡散することができる．

膜の流動性は，グリセロリン脂質の飽和および不飽和脂肪酸の相対的な量によって変化する．生物は，まわりの環境に適応するためにこのような変化を利用している．たとえばトナカイの蹄(ひづめ)近くの細胞膜はほかの細胞よりも多くの不飽和脂肪酸を含んでおり，これらの鎖状部は密に寄り集まることができない．この結果トナカイが雪の上に立っても，その細胞膜は流動性を保っている．

基礎問題 6.17

内在性膜タンパク質は水に不溶である．これはなぜか．これらのタンパク質は，球状タンパク質とどのように異なるか．

細胞膜を横断する輸送

細胞膜は，分子やイオンの細胞の内外への通過を可能にするために，正反対の要求に適応する必要がある．たとえば，生細胞を取り巻く細胞膜は非透過性であってはならない．これは栄養分を取り入れ老廃物を細胞外へ排出するためである．一方，細胞膜は完全に透過性であってはいけない．そうでないと化合物は膜の両側での濃度が等しくなるまで出入りを繰り返すだろう．これは**ホメオスタシス**(homeostasis) — 体の中で，内部環境を一定の状態に維持する仕組

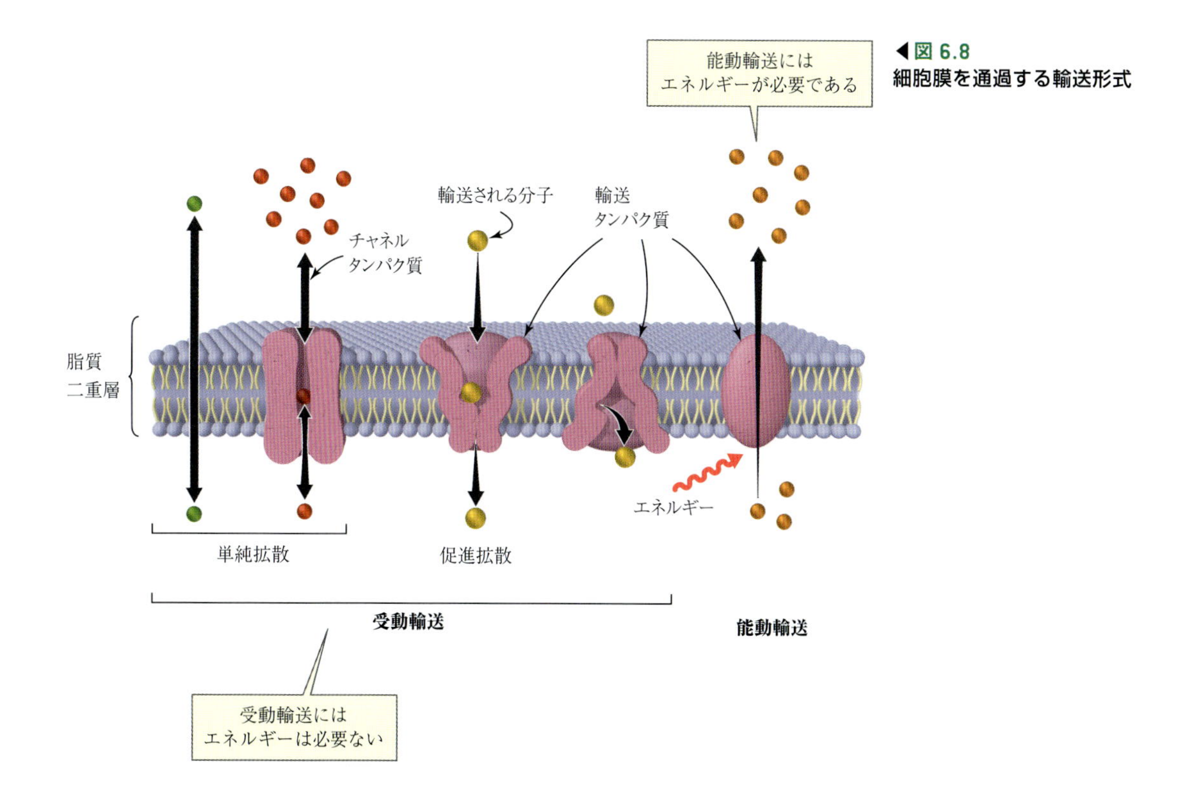

◀**図 6.8**
細胞膜を通過する輸送形式

み — にはきわめて不都合である(11 章, Chemistry in Action “ホメオスタシス”参照).

この問題は, 細胞膜の通過に 2 種類の方法を使うことで解決される(図 6.8). **受動輸送**は化合物を濃度の高い側から低い側へと自由に拡散する. 一方, **能動輸送**は化合物をエネルギーの供給があったときのみ膜をとおして輸送する. これは逆方向への輸送 — 濃度の低いほうから高いほうへ — をすることができる.

受動輸送(passive transport)　細胞膜を介するエネルギーを必要としない物質の輸送. 高濃度の領域から低濃度の領域への輸送.

能動輸送(active transport)　エネルギーを必要とする低濃度側から高濃度側への物質の移動.

単純拡散(simple diffusion)　細胞膜を通じてのランダムな動きの拡散による受動輸送.

単純拡散による受動輸送

溶質の中には**単純拡散**によって細胞へ出入りするものもある. この場合, 溶質は通常の分子運動によって漂うにすぎず, その結果濃度の低い領域に入っていく. CO_2 や O_2 のような非極性小分子や, ステロイドホルモンを含む脂溶性物質は, このように疎水性の脂質二重層を通過する. 親水性の物質は, おなじように内在性膜タンパク質でできたチャネル内の水溶液を通過する. タンパク質のチャネルを通過できるものは, 入り口の大きさと分子の大きさとのあいだの関係によって制限される. 脂質二重層は, 非極性の炭化水素部分に不溶性の各種イオンや極性の巨大分子に対してはほぼ非透過性である.

促進拡散(facilitated diffusion)　タンパク質の形の変化による補助を受けて細胞膜を通過する受動輸送.

促進拡散による受動輸送

単純拡散とおなじように, **促進拡散**は受動的な輸送でありエネルギーを必要としない. 両者の違いは, 促進拡散では溶質が膜を通過するときにタンパク質が補助するという点にある. このときの相互作用は基質と酵素との関係に似ている. 輸送される分子が膜タンパク質に結合すると, そのタンパク質は形を変えて, 膜の反対側へと分子を輸送して解放する. グルコースは多くの細胞でこのようにして輸送される.

濃度勾配(concentration gradient)　おなじ系内での濃度の差.

能動輸送

細胞の内外で, ある溶質の濃度が異なることは生命の基本である. このような差異は, 濃度が等しくなるまで溶質が移動し続けるという自然の摂理と矛盾するものである. したがって**濃度勾配**(おなじ系内での濃度の違い)を維持するためには, エネルギーの消費が必要である. 能動輸送の重要な例として, ナトリウムイオン(Na^+)とカリウムイオン(K^+)が細胞膜をとおして絶えず移動する現象をあげることができる. このような方法によってのみホメオスタシスの維持が可能になる. そのためには, Na^+濃度を細胞内では低く, 細胞外液では高く保つ必要があり, これと同時に K^+に対しては逆の濃度比を保つ必要がある. アデノシン三リン酸(ATP)をアデノシン二リン酸(ADP)に変換することで内在性膜タンパク質(これは, ナトリウム / カリウムポンプと呼ばれる ATP アーゼである)の変形に必要なエネルギーを供給し, 同時に細胞内に 2 個の K^+を運ぶとともに, 細胞外に 3 個のナトリウムイオンを運び出す(図 6.9).

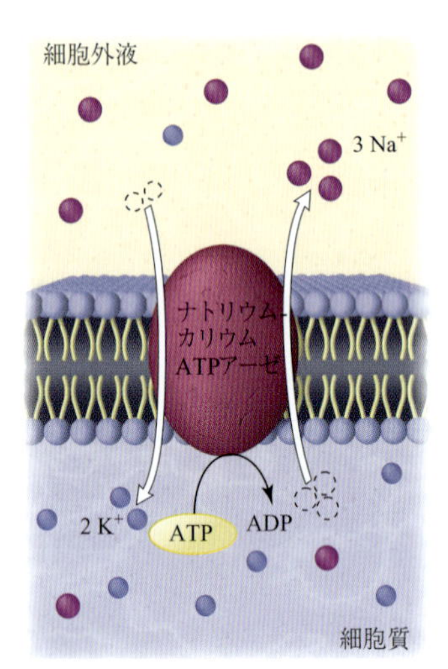

▲図 6.9
能動輸送の例
ナトリウム / カリウム ATP アーゼとして知られるタンパク質は, ATP からのエネルギーを用いることで, Na^+と K^+を濃度勾配に逆らって膜の反対側へと通過させる.

細胞膜の性質

- 細胞膜は液状のリン脂質二重層によって構成される.
- 二重層は, コレステロール, タンパク質(糖タンパク質を含む), 糖脂質を組み入れている.
- 非極性の小分子は, 単純拡散によって脂質二重層を通過する.
- 小さなイオンや極性の分子は, タンパク質でできた穴の中を通じて, 膜を通過する(**単純拡散** simple diffusion).
- グルコースやほかの特定の分子(アミノ酸を含む)は, タンパク質の助けによってエネルギーの供給なしに膜を通過する（**促進拡散** facilitated diffusion）.

- Na^+，K^+やそのほかの細胞内外の濃度勾配を維持している物質は，外部からエネルギーが供給され，さらにタンパク質による助けを受けることで膜を通過する（**能動輸送** active transport）.

問題 6.18
NO 分子は単純拡散によって脂質二重層を通過するか説明せよ.

問題 6.19
前述のように（5.3 節），細胞内での解糖の第 1 段階はグルコースのグルコース 6-リン酸へのリン酸化である．この段階がグルコースの細胞外への受動拡散を防いでいるのはなぜか.

CHEMISTRY IN ACTION

イコサノイド：プロスタグランジンとロイコトリエン

イコサノイドとは炭素数 20 からなる不飽和脂肪酸アラキドン酸（arachidonic acid）由来の一群の化合物であり，体中で合成される．これらは合成された部位の近傍で短寿命の化学メッセンジャーとして働く（“局所ホルモン（オータコイドともいう）”）.

プロスタグランジン（prostaglandin，前立腺の細胞から発見されたことにちなんで命名された）と**ロイコトリエン**（leukotriene，白血球から発見されたことにちなんで命名された）の 2 種類はイコサノイドであり，いくぶんか構造が異なっている．すべてのプロスタグランジンは五員環構造を有しているが，ロイコトリエンにはこれがない.

プロスタグランジンとロイコトリエンは，生体内で炭素数 20 の不飽和脂肪酸のアラキドン酸から生合成される．そのアラキドン酸はリノレン酸から生合成される.

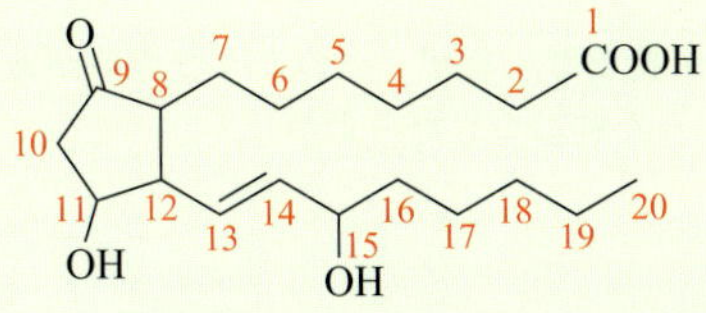

PGE_1（プロスタグランジン）

数十種にも及ぶ既知のプロスタグランジンは，驚異的に幅広い生物活性を示す．これは血圧を降下させ，凝血時の血小板の凝集に影響し，子宮の収縮をおこし，胃酸の分泌を抑えるなどさまざまな作用を示す．これに加えて，プロスタグランジンは炎症に伴う痛みと腫れをおこす.

アスピリンの**抗炎症**（anti-inflammatory）作用と**解熱**（antipyretic）作用の一因はプロスタグランジンの不可逆的な生合成阻害である．アスピリンのアセチル基は，アラキドン酸をプロスタグランジンに変換する第 1 段階めを触媒する酵素のシクロオキシゲナーゼ（COX）のセリン側鎖に転位し，酵素を不可逆的に阻害する．この阻害はまた，アスピリンが心臓発作を抑える効果をも説明するものと考えられている．細胞内にシクロオキシゲナーゼは 2 種類あり，これらは COX-1 および COX-2 と呼ばれている．薬剤は，これらのうちのいずれかを阻害するよう設計されている．とくに重要なものは，COX-2 を阻害する薬剤である．これは，COX-2 が関節炎などの炎症や痛みを引きおこすプロスタグランジンの生合成に関与するためである．新規の COX-2 阻害剤を求めて基礎研究は続いているが，現在の医療現場では，既存の薬剤を慎重に処方したり，痛みや熱を抑えるために古くから用いられており，性状のよくわかっている鎮痛薬，アスピリンやアセトアミノフェンなどに依存している.

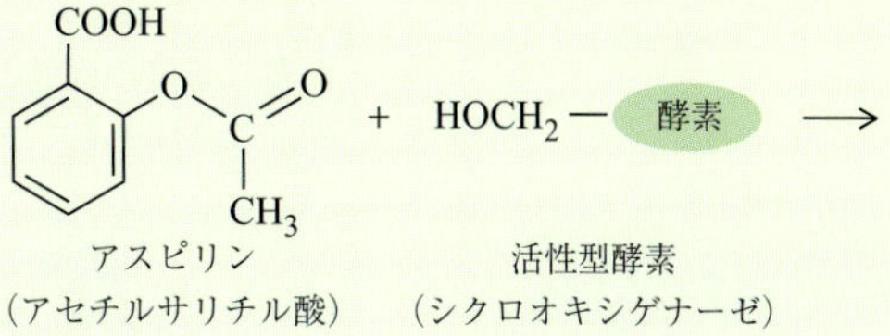

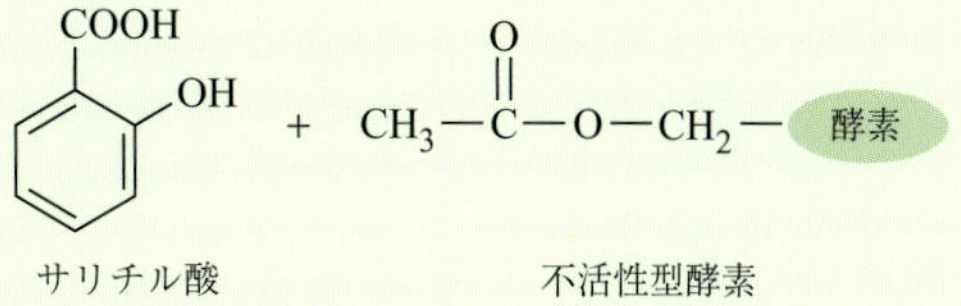

アスピリン（アセチルサリチル酸） + $HOCH_2$—酵素 活性型酵素（シクロオキシゲナーゼ） ⟶ サリチル酸 + $CH_3-C(=O)-O-CH_2$—酵素 不活性型酵素

つづく

ロイコトリエンもまた，非常に興味深い化合物である．ロイコトリエンの放出は，喘息やアレルギー反応，炎症をおこすことが発見されてきた．ロイコトリエンの生合成を阻害することで，喘息を治療する薬が研究されているが，現在のところ標準的なステロイド処理ほど効果的なものは得られていない．

このように，局所的な痛みや熱，炎症の原因はプロスタグランジンであり，これらの不快な症状はアスピリンで抑えることができるが，ほかの非ステロイド系抗炎症剤(NSAID)は効果がない．アスピリンは，ほかのNSAIDと異なり，アラキドン酸をプロスタグランジンに変換する最初の反応を触媒する酵素，COXを非可逆的に阻害する．

CIA 問題 6.4　下に示すイコサノイドのすべての官能基を記せ．水素結合を形成できる基，もっとも酸性の強い基はどれか．また，この分子は主として非極性，極性，あるいはその中間のいずれか．

CIA 問題 6.5　上の**トロンボキサン** A_2(thromboxane A_2)は凝血過程に関与する脂質である．トロンボキサン A_2 は，脂質の中のどのような分類に属するか．また，トロンボキサン A_2 の生合成前駆体はどのような脂肪酸と考えられるか．

CIA 問題 6.6　アスピリンは，どのようにしてアラキドン酸からプロスタグランジンの生成を阻害するのか．

CIA 問題 6.7　イコサノイドがしばしば"局所ホルモン"と呼ばれるのはなぜか．

CIA 問題 6.8　プロスタグランジン類の生体内での機能をいくつかあげよ．

CIA 問題 6.9　以下のうち，プロスタグランジンの関与する応答を二つあげよ．

(a) 蚊に刺されたときに痒みを伴うはれ
(b) 日中をビーチで過ごした後の日焼け
(c) 兄弟からうつされた急性のど炎
(d) バラ園で働いた後のくしゃみ，鼻詰まり，目の痒み

HANDS-ON CHEMISTRY 6.2

1人で，または誰かと，細胞膜の模型をつくってみよう．芸術性と手持ちの道具を集めて，創造的になろう．おすすめの道具は，色紙，厚紙，パイプクリーナー(膜貫通タンパク質にピッタリ)，ビーズ，まち針(リン脂質)，糸，風船，はさみ，テープ，接着剤．あるいは乾物屋でいろいろな乾燥パスタを手に入れて，さまざまな膜構造に使ってみよう．解説を書いて，この授業を取っていない人にこのモデルを説明してみよう．あなたの説明は理解されたか．説明をわかりやすくするにはどうすればよいか(ヒント：行き詰まったらインターネットでモデルのアイデアを探す)．

基礎問題 6.20

脂質二重層の内側と外側では組成が異なる．なぜ，このような違いがあるのか．また，これは生きている細胞にどのような利益をもたらすか．

要　約　章の学習目標の復習

- **脂肪酸，ろう，ステロール，脂肪と油の化学構造と一般的性質を説明する**

脂肪酸は直鎖（分枝のない）の長鎖炭化水素をもつカルボン酸である．**ろう**は分岐のない脂肪酸とアルコールとのエステルである．ステロールは，四つの縮環系骨格をもつ．**脂肪**と**油**は**トリアシルグリセロール**（脂肪酸とグリセロールとのトリエステル）である．脂肪中の脂肪酸は大部分が飽和脂肪酸であるが，一方，油はさまざまな比率で不飽和脂肪酸を含んでいる（問題26，27，77，88）．

- **脂肪酸と脂肪酸エステルの性質を説明する**

脂肪酸は，カルボキシ基をもつ長鎖アルカンまたはアルケンである．極性の“頭部”と秘曲生の“尾部”をもっており，水中でミセルとなって凝集する．脂肪酸エステルは，アルコールが脂肪酸のカルボキシ基によってエステル化された化合物である．エステルは電気的に中性である（問題28～35，76）．

- **脂肪と油の物理的性質をあげ，これらがなぜ異なるのか説明する**

飽和脂肪酸鎖は互いに緊密に詰まることができるため，脂肪は固体である．一方，油は**シス**二重結合の部分がこぶになってこのように詰まることができず液体になる（問題36～45，79，80）．

- **トリアシルグリセロールの水素化と加水分解反応について説明する**

トリアシルグリセロールの主な反応は，触媒的な**水素化**と**加水分解**である．水素が油分子中の二重結合に付加することで油の密度が上がり，融点が上昇する．油脂類をNaOHなどの強塩基で処理するとトリアシルグリセロールは加水分解されて，グリセロールと脂肪酸の塩になる．このような**けん化**反応によって脂肪酸塩の混合物のセッケンができる（問題22，46～53，76，86）．

- **リン脂質と糖脂質を指摘し，それらの機能を説明する**

リン脂質は，**グリセロリン脂質**（グリセロールをもつ）あるいは**スフィンゴミエリン**（アミノアルコールであるスフィンゴシンをもつ）に分類される．これらは，電荷をもつリン酸ジエステル基を親水性の頭部にもつ．糖脂質は炭水化物を頭部にもっている．これらの脂質は，細胞膜に存在する（問題25，44，45）．

- **ステロールとその誘導体を指摘し，それらの構造と役割を説明する**

ステロールに共通する特徴は，四つの縮環系骨格である．コレステロールはステロールの一種であり，膜の重要な構成成分である．食物の消化の際に，脂肪を乳化するために必須な胆汁酸とその塩は，コレステロールから合成される．三つの重要なステロール類として性ホルモンを含むステロイドホルモンがある．これらはシグナル分子として働く（問題64～67，81～85，87）．

- **膜脂質を指摘し，それらの構造と役割を説明する**

膜脂質には**リン脂質**，**糖脂質**（これらは，親水性の極性頭部と二つの疎水性側鎖をもつ），コレステロール（ステロイド）が含まれる．構造に関しては前の学習目標を参照せよ（問題23，77，83～85）．

- **細胞膜の一般的な構造を説明する**

細胞膜の基本構造は**脂質の二重層**である．細胞の外側と内側の水溶性の環境で，親水性の頭部は外側を向き，疎水性の尾部は寄り集まって二重層の中心部分を向く．**コレステロール**分子は，疎水性の尾部のあいだに入り込んで膜構造と堅さの維持に役立っている．細胞膜には，このほかに**タンパク質**，**糖タンパク質**，**糖脂質**（細胞膜表面に突き出た糖残基は，受容体として働く）が含まれる．タンパク質の中には，膜を貫通しているもの（**内在性膜タンパク質**）と膜に一部分埋まっているもの（**表在性膜タンパク質**）がある（問題24，17～20，68～70）．

- **受動輸送と能動輸送，単純拡散と促進拡散の違いを説明する**

非極性小分子や脂質に可溶の物質は，単純拡散によって脂質二重層を通過することができる．各種イオンや親水性の物質は，膜タンパク質の中の水溶液で満たされたチャネルをとおることで膜を通過する．ある種の物質は内在性膜タンパク質と結合し，細胞内で再度放出されることで膜を通過する．これらの通過はすべてエネルギーを必要としない**受動輸送**である．このとき，物質は濃度の高いほうから低いほうへと移動する．これに対して，エネルギーを必要とし特定の内在性膜タンパク質によっておきる**能動輸送**は，物質を**濃度勾配**に逆らって輸送する（問題71～75）．

概念図：脂　質

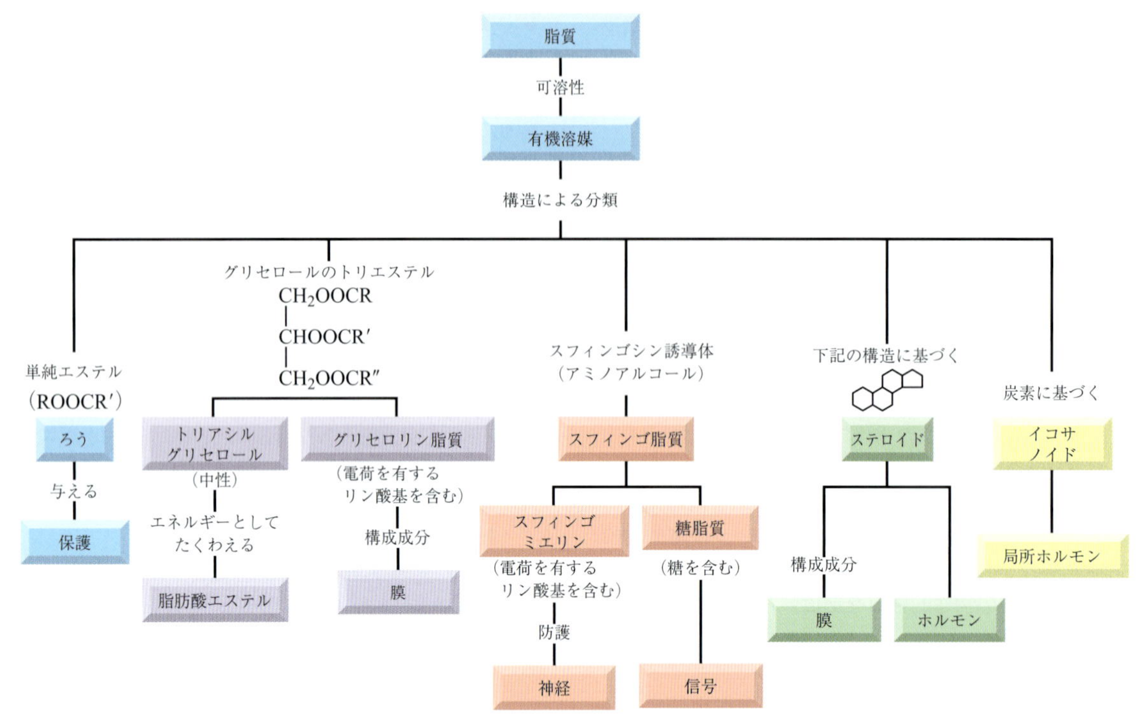

▲図 6.10　概念図

この脂質の概念図は異なる分類に属する脂質間の関係を示しており，脂質の重要な機能と，膜構造における脂質の重要性を示している．

KEY WORDS

油，p.180
イコサノイド，p.176
グリセロリン脂質
　(ホスホグリセリド)，p.186
脂　質，p.175
脂質二重層，p.193
脂　肪，p.180
脂肪酸，p.175
受動輸送，p.196
ステロール，p.191
スフィンゴ脂質，p.188
セッケン，p.185
促進拡散，p.196
多不飽和脂肪酸，p.178
単純拡散，p.196
糖脂質，p.189
トリアシルグリセロール
　(トリグリセリド)，p.179
能動輸送，p.196
濃度勾配，p.196
不飽和脂肪酸，p.177
不飽和度，p.178
飽和脂肪酸，p.177
ミセル，p.185
リポソーム，p.193
リン脂質，p.186
ろ　う，p.178

基本概念を理解するために

6.21 三つのトリアシルグリセロール(A, B, C)の構成脂肪酸の組成を下に示す．これらのうちもっとも融点が高いものを予測せよ．また，室温において液体(油)であると予想されるものはどれか．理由とともに述べよ．

	パルミチン酸	ステアリン酸	オレイン酸	リノレン酸
A	21.4%	27.8%	35.6%	11.9%
B	12.2%	16.7%	48.2%	22.6%
C	11.2%	8.3%	28.2%	48.6%

6.22 問題6.21のトリアシルグリセロールCを完全に水素化すると，どのような脂肪酸組成をもつトリアシルグリセロールが得られるか．トリアシルグリセロールCの水素化生成物はトリアシルグリセロールAもしくはBの水素化生成物のどちらにより近いか，理由とともに述べよ．

6.23 膜脂質を精製し，完全に加水分解したところ，以下のような生成物が確認された．エタノールアミン，リン酸，グリセロール，パルミチン酸，オレイン酸．この膜脂質の構造式を描き，その分類(表6.3)を示せ．

6.24 流動モザイクモデル(図6.7)によれば，細胞膜は主として疎水性相互作用によって寄り集まっている．外部からかかる力を考えれば，ヒトが動いたときに細胞膜が破れたり，物体を押し返したりしないのはなぜか．

6.25 ジパルミトイルホスファチジルコリン(DPPC)は，肺胞表面の界面活性剤である．この分子中の脂肪酸残基はなにか．また，この分子は肺の表面に，どのような配置で存在していると考えられるか．

補充問題

脂質の構造と分類(6.1節)

6.26 脂質にはどのような性質が必要か．

6.27 体内に存在する脂質を2種類あげよ．

脂肪酸とそのエステル(6.2節)

6.28 18炭素の飽和脂肪酸を書け．また，これは“直鎖状”分子か，あるいは“曲がった”分子か．

6.29 二つの炭素–炭素二重結合を6番目と9番目の炭素(カルボン酸から数えて)にもつ18炭素の不飽和脂肪酸を書け．これは“直鎖状”分子か，あるいは“曲がった”分子か．

6.30 飽和，一不飽和，多不飽和脂肪酸の違いを述べよ．

6.31 天然に存在する脂肪酸中の炭素–炭素二重結合は主としてシス，トランスのどちらか．

6.32 必須脂肪酸とはなにか．

6.33 必須脂肪酸を二つあげよ．これらのよい供給源となるのはなにか．

6.34 つぎの脂肪酸のうち，より低い融点をもつのはどちらか．また，その理由を述べよ．
(a) リノレン酸　(b) ステアリン酸

6.35 つぎの脂肪酸のうち，より高い融点をもつのはどちらか．また，その理由を述べよ．
(a) リノレン酸　(b) ステアリン酸

油脂の性質(6.3節)

6.36 脂肪と油は，化学的性質および物理的性質がどのように異なるか．

6.37 油脂の典型的な供給源となる食料をあげよ．また，油と脂肪で供給源に違いはあるか．

6.38 グリセロールと3分子のラウリン酸からなるラウリン酸トリグリセリドの構造式を描け．

6.39 グリセロール，1分子のパルミチン酸，2分子のステアリン酸からなるトリアシルグリセロール分子には二つの異性体が存在する．両者の構造式を描き，その違いを説明せよ．

6.40 ろうは植物や動物中でどのように働くか．

6.41 脂肪は動物中でどのように働くか．

6.42 鯨ろう(spermaceti)はマッコウクジラから単離された芳香性の成分である．これは，1976年にクジラを絶滅から守るために禁止されるまで，化粧品として広く用いられていた．化学的には，鯨ろうはパルミチン酸セチル ― セチルアルコール(直鎖C_{16}アルコール)とパルミチン酸のエステル ― である．鯨ろうの構造式を示せ．

6.43 鯨ろうは脂質のうち，脂肪，ろう，ステロールのいずれに分類されるか．

6.44 ピーナッツバターキャンディーの主な原材料は，大豆レシチンである．レシチンの構造式を描け．

6.45 レシチンとはどのような種類の脂質か．

トリアシルグリセロールの化学反応(6.4節)

6.46 不飽和脂肪酸を飽和脂肪酸に変える反応をなんというか．

6.47 植物油からソフトマーガリンをつくる際に，天然にはみられない化合物が副生する．これはなにか．

6.48 下に示す反応は，エステル化，水素化，加水分解，けん化，置換のいずれか．

$$\begin{array}{l} H-\overset{H}{\underset{|}{C}}-O-\overset{O}{\overset{\|}{C}}(CH_2)_{14}CH_3 \\ H-\underset{|}{C}-O-\overset{O}{\overset{\|}{C}}(CH_2)_{14}CH_3 + 3\,KOH \xrightarrow[\Delta]{} \\ H-C-O-\overset{O}{\overset{\|}{C}}(CH_2)_{14}CH_3 \end{array}$$

$$3\,CH_3(CH_2)_{14}\overset{O}{\overset{\|}{C}}O^-K^+ + \begin{array}{l} \quad\ \ H \\ H-C-OH \\ H-C-OH \\ H-C-OH \\ \quad\ \ H \end{array}$$

6.49 下の脂質を水酸化カリウム水溶液でけん化したときに得られるすべての生成物を描け．また生成物の名前を答えよ．

$$\begin{array}{l} CH_2O\overset{O}{\overset{\|}{C}}(CH_2)_{16}CH_3 \\ CHO\overset{O}{\overset{\|}{C}}(CH_2)_7\overset{H}{C}=\overset{H}{C}(CH_2)_7CH_3 \\ CH_2O\overset{O}{\overset{\|}{C}}(CH_2)_7\overset{H}{C}=\overset{H}{C}CH_2\overset{H}{C}=\overset{H}{C}CH_2\overset{H}{C}=\overset{H}{C}CH_2CH_3 \end{array}$$

6.50 問題 6.49 のトリアシルグリセロールを，完全に水素化したときに得られる生成物の構造を示し，その名前を答えよ．また，その融点はもとのトリアシルグリセロールと比較して高くなるか，低くなるか．

6.51 問題 6.49 において，トリアシルグリセロールの水素化として以下の処理を行った場合，いくつの異なる生成物が得られるか．

(a) 二重結合 1 個と単結合に変換した場合
(b) 二重結合 2 個を単結合に変換した場合
(c) 二重結合 3 個を単結合に変換した場合
(d) 四つの二重結合 4 個をすべて単結合に変換した場合

6.52 食事指針によると，コレステロールの多いバターの摂取を制限し，油やマーガリンを代用することが望ましいとされる．つぎの表に，一般的なマーガリンとバターの脂肪酸分量を示す（表中の数字は百分率である）．以下の問題に答えよ．

試 料	ミリスチン酸 (C14：0)	パルミチン酸 (C16：0)	ステアリン酸 (C18：0)	オレイン酸 (C18：1)	リノレン酸 (C18：2)
マーガリン	0.7	14.1	7.0	60.7	17.0
バター	12	31	11	24	3

(a) 一不飽和脂肪酸をより多く含むのはどちらか．
(b) 多不飽和脂肪酸をより多く含むのはどちらか．
(c) トランス脂肪酸含量が低いと思われるのはどちらか．

6.53 近年，オレイン酸のような一不飽和脂肪酸を多く含む油のほうが，多不飽和脂肪酸や飽和脂肪酸を含む油よりも健康に良いとされている．一不飽和脂肪酸からなる油の優れた供給源はなにか（ヒント：表 6.2 を見よ）．

リン脂質と糖脂質（6.5 節）

6.54 トリアシルグリセロールとリン脂質の違いはなにか．

6.55 細胞膜中にトリアシルグリセロールよりもグリセロリン脂質が多くみられるのはなぜか．

6.56 スフィンゴミエリンとセレブロシドは構造的にどのように異なるのか．

6.57 スフィンゴシンを含む 2 種類の脂質の名称を答えよ．

6.58 グリセロリン脂質がトリアシルグリセロールよりも水に溶けやすいのはなぜか．

6.59 ヒトの体内でのグリセロリン脂質の役割はなにか．また，トリアシルグリセロールについてはどうか．

6.60 D-ガラクトース，スフィンゴシン，ミリスチン酸からなるセレブロシドの構造を示せ．

6.61 ステアリン酸単位を含むスフィンゴミエリンの構造式を描け．

6.62 パルミチン酸，オレイン酸，プロパノールアミンと結合したリン酸基を含むグリセロリン脂質の構造式を描け．

6.63 心筋から発見されたカルジオリピン（cardiolipin）は，つぎのような構造をもつ分子である．水酸化ナトリウム水溶液での処理によってすべてのエステル結合をけん化するとどのような生成物が得られるか．

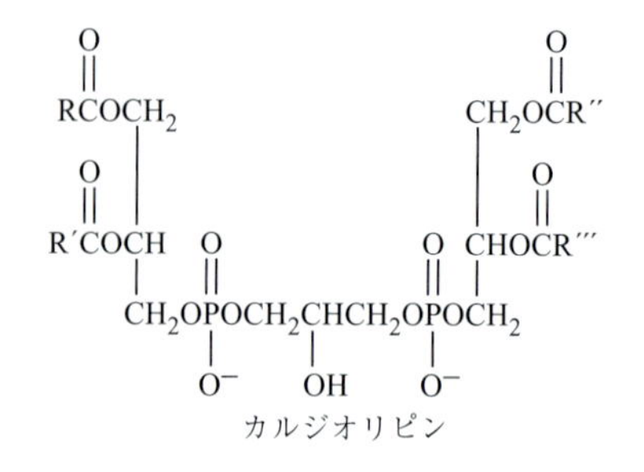

カルジオリピン

ステロール（6.6 節）

6.64 体内でのコレステロールの主な機能はなにか．

6.65 胆汁酸の機能はなにか．

6.66 男性ホルモンと女性ホルモンを一つずつあげよ．

6.67 問題 6.66 であげた性ホルモンの構造を比較せよ．構造が同じ部分と異なる部分はそれぞれどこか．

細胞膜（6.7 節）

6.68 ミセルは，脂質二重層とどのように異なるか．

6.69 リポソームとミセルの類似点，相違点を述べよ．

6.70 細胞膜にはリン脂質のほかに，どのような構成成分があるか．

6.71 もし細胞膜があらゆる分子を自由に通過させるとす

ると，どのようなことがおこるだろうか．

6.72 能動輸送と受動輸送では，どちらの過程がエネルギーを必要とするか．細胞膜を通過して溶質を輸送する際にエネルギーを必要とすることがあるのはなぜか．

6.73 単純拡散と促進拡散はどのように異なるか．

6.74 6.7 節より，つぎの代謝物の細胞膜の通過方法を示せ．
(a) NO (b) フルクトース
(c) Ca^{2+}

6.75 6.7 節より，つぎの共通代謝物は細胞膜を通過できるか．
(a) グルコース (b) CO
(c) Mg^{2+}

全般的な問題

6.76 以下のうち，けん化できる脂質はどれか(エステル結合は塩基性条件で加水分解できることを思い出そう)．
(a) プロゲステロン
(b) オレイン酸トリグリセリド
(c) スフィンゴミエリン
(d) プロスタグランジン E1
(e) セレブロシド
(f) レシチン

6.77 問題 6.76 にあげた，けん化が可能な脂質のおのおのについて構成成分を同定せよ．

6.78 2 分子のミリスチン酸と 1 分子のリノレン酸からなるトリアシルグリセロールの構造式を描け．

6.79 問題 6.78 のトリアシルグリセロールの融点は，リノレン酸，ミリスチン酸，ステアリン酸各 1 分子からなるトリアシルグリセロールとくらべて高いか低いか．

6.80 トリアシルグリセロールの一般名はその原料に由来する．つぎにあげるものは，植物油(大豆，カノーラ，とうもろこし，ひまわりなど)，牛脂，豚脂のいずれが原料か．
(a) タロ(獣脂) (b) 調理油
(c) ラード

6.81 コレステロールをけん化することはできない．これはなぜか．

6.82 酢酸コレステロールの構造式を描け．この分子はけん化できるか．

6.83 脳組織中に主として含まれる脂質を 3 種類あげよ．

6.84 スフィンゴミエリンはどこに存在するか．

6.85 スフィンゴミエリンの減少が認められるのは，どのような病気か．

6.86 大豆油の平均分子量を 1500 g/mol とすると，5.0 g の油をけん化するのに NaOH は何グラム必要か．

グループ問題

6.87 正常な成人では，血清中のコレステロール濃度は 200 mg/dL である．5.75 L の血液をもつ人の総血中コレステロール量は何グラムか(必要ならば基礎化学編 1 章を復習せよ)．

6.88 キャンドルや化粧品に用いられるホホバろうの一部は，ステアリン酸と C22 直鎖状アルコールのエステルである．この成分の構造式を描き，問題 6.42 の鯨ろうと比較せよ．また，ホホバろうは鯨ろうの代わりに化粧品に用いることができるか．

7

脂質の代謝

目　次

復習事項

A. 脂質の種類（6.1 節）
B. 細胞膜（6.7 節）
C. 代謝とエネルギー生産（4.3 節）

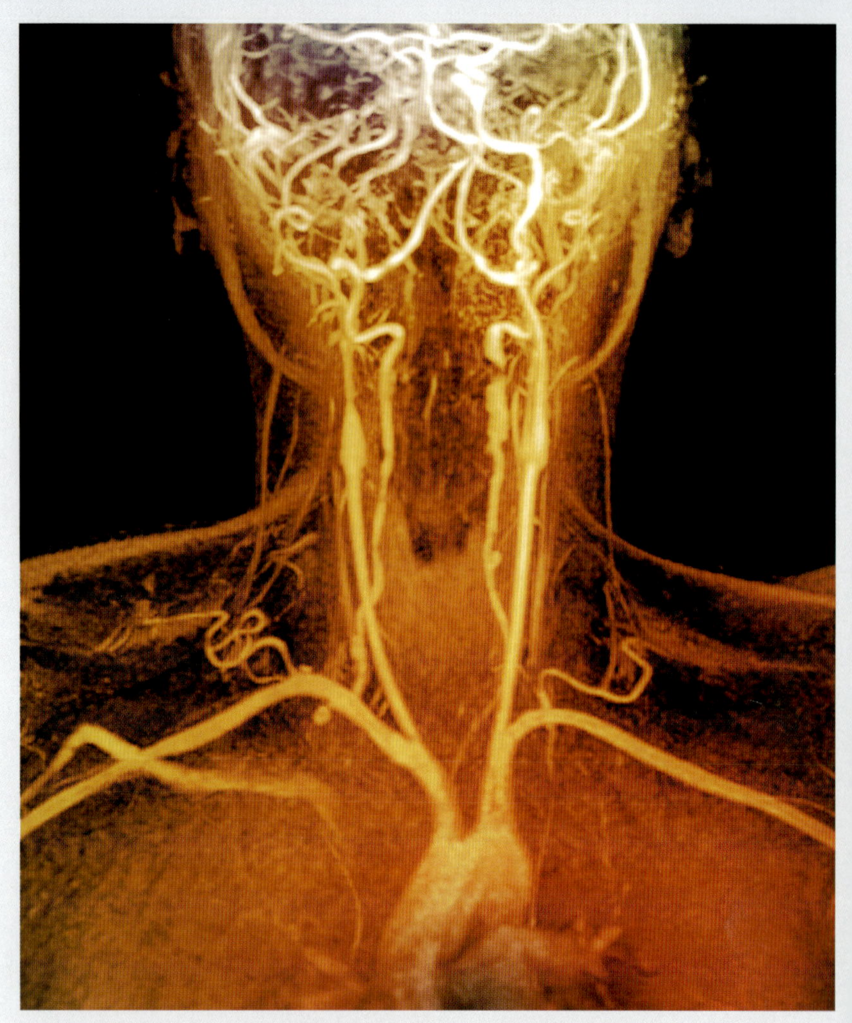

▲ 成人の頭と首を流れる血液の画像に，血管の狭くなった部分が示されている．これは通常，脂肪の蓄積が原因でおこる．

炭水化物の代謝が，私たちの二つの主なエネルギー源の一つであることは 5 章で学んだ．本章の主題となる脂質代謝は，もう一つのエネルギー源である．

私たちの食餌に含まれる脂質の大部分はトリアシルグリセロールである．余分な炭水化物のエネルギーもトリアシルグリセロールとして保存される．本章では，脂肪組織に貯蔵され私たちの主なエネルギー源になっているトリアシルグリセロールの代謝を取り上げる．過剰な脂肪の蓄積は，多くの健康上の問題をおこす．

Malcolm という中年男性を例に考えてみよう．彼はデスクで仕事をしているときに，突然激しい胸の痛みに襲われ，救急治療室(ER)に運び込まれた．ER の内科医は心電図とトロポニンを含む酵素や脂質の血液検査を指示し，彼を安静にさせた．心臓病専門医が到着すると，Malcolm が体重過多である点に注目し，痛みについてや，運動，食事，喫煙，使っている薬，飲酒などの生活習慣，既往歴について彼に質問した．初回の検査で脂質と酵素の上昇が認められたので，コンピュータ断層撮影(CT)の心臓スキャンを指示し，心臓の画像診断後，つぎの治療法を決定した．このような心臓の緊急事態が炭水化物と脂肪の代謝過程によってどのようにしてもたらされたのか，本章と章末の Chemistry in Action “脂肪の貯蔵，脂質，アテローム症”で学ぶ．

7.1　トリアシルグリセロールの消化

学習目標：

- 食餌中のトリアシルグリセロールの消化と血流への輸送過程の段階をあげることができる.

食物中のトリアシルグリセロール(triacylglycerol, TAG)が口に入ると，口では変化しないで胃に入る(図7.1). 胃の熱とかくはんで，トリアシルグリセロールは小さな粒状になるが，胃でのほかの食物の分解や消化にくらべ，この過程は長い時間がかかる. 分解に要する時間を確保するため，トリアシルグリセロールがあると部分的に消化された食物の混合物が胃からなくなる速度が遅くなる(脂質を含む食物が食餌の楽しい部分となる一つの理由は，脂の多い食事の後は胃が長く満腹感を感じることにある). トリアシルグリセロールの異化作用はまだおこらず，この段階では脂肪をごく小さい粒状にするだけである.

食餌中のトリアシルグリセロールは口から入り，最後は体内の生化学的な分解に入るが，この過程は炭水化物の場合と異なり直接的には進まない. トリアシルグリセロールは水に溶けないが，まわりが水ばかりの環境に入らなければならないので，話は複雑になる. 血液とリンパ液によって脂質が体内を移動するためには，水溶性の膜に包まれることが必要で，トリアシルグリセロールが代謝経路に沿って移動するためには，この過程が最低1回おこらなければならない. その移動のあいだ，トリアシルグリセロールはいろいろな種類の**リポタンパク質**に包まれている. リポタンパク質は，親水性の部位を外に向けたリン脂質やタンパク質，そのほかの分子に囲まれた疎水性の脂質でできている(図7.2). リポタンパク質は，特別な形のミセルである.

部分的に消化された食物が胃を離れ，小腸上部の**十二指腸**(duodenum)に入ると，脂質加水分解酵素の**膵リパーゼ**(pancreatic lipase)が分泌されるようになる. 同時に，肝臓でつくられ胆嚢に貯蔵されている混合物，**胆汁**が分泌される. なかでも胆汁は，ステロール(sterol)であるコレステロール(cholestrol)と，コレステロールからつくられた**胆汁酸**およびリン脂質を含む.

トリアシルグリセロールは小腸に入るときまで，油性の不溶な小滴として分散しており，そのため小腸内の酵素は分解することができない. 胆汁酸とリン脂質の仕事は，トリアシルグリセロールをセッケンのようにミセルを形成することによって乳化することにある(図6.3参照). 主要な胆汁酸はコール酸(cholic acid)で，そのアニオンの構造を見ると，セッケンとおなじように，親水性(hydrophilic)部と疎水性(hydrophobic)部の両方があるため，乳化剤として働くことができる.

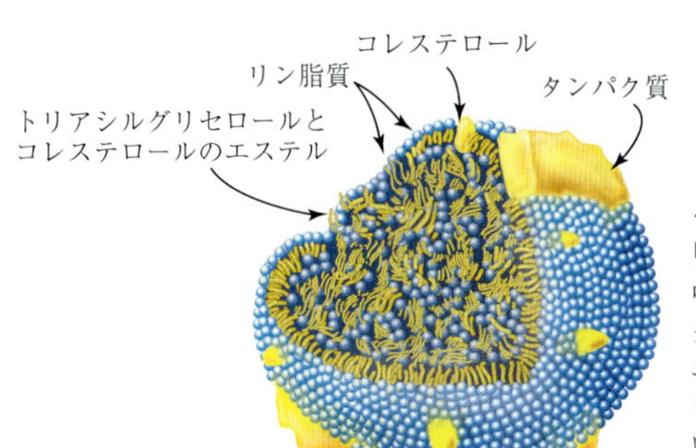

◀**図 7.2**
リポタンパク質
中性脂肪をコアとし，トリアシルグリセロールとコレステロールのエステルを含む. コアのまわりはリン脂質の層で囲まれ，そこにはいろいろな割合のタンパク質とコレステロールが埋め込まれている.

◀◀ **復習事項**　エステルのR−C=Oの部分がアシル基ということを思い出すこと. 脂肪酸のアシル基は比較的長い鎖のRをもつ(有機化学編6.1節).

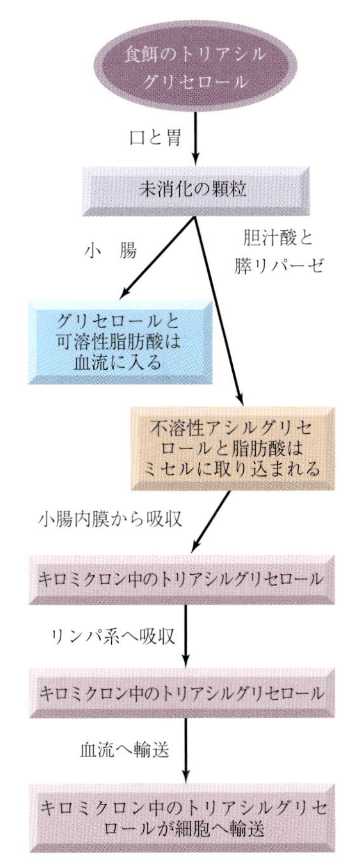

▲**図 7.1**
トリアシルグリセロールの消化

リポタンパク質(lipoprotein)　脂質を輸送する脂質とタンパク質の複合体.

胆汁(bile)　肝臓で分泌され，消化のあいだに胆嚢から小腸に放出される液体で，胆汁酸やコレステロール，リン脂質，重炭酸イオン類，その他の電解質を含む.

胆汁酸(bile acid)　コレステロールから誘導されるステロールの酸. 胆汁に分泌される.

◀◀ 極性のリン脂質は，細胞膜の主な成分である. 6.5節を思い出すこと.

疎水性側

CH_3　CH_3　CH_3

HO　CH_3　COO^-

CH_3

HO　OH

OH　OH　COO^-

OH

親水性側

コール酸

膵リパーゼは，乳化したトリアシルグリセロールを部分的に加水分解し，モノアシルグリセロールとジアシルグリセロール，そして“遊離の”脂肪酸と少量のグリセロールをつくる．

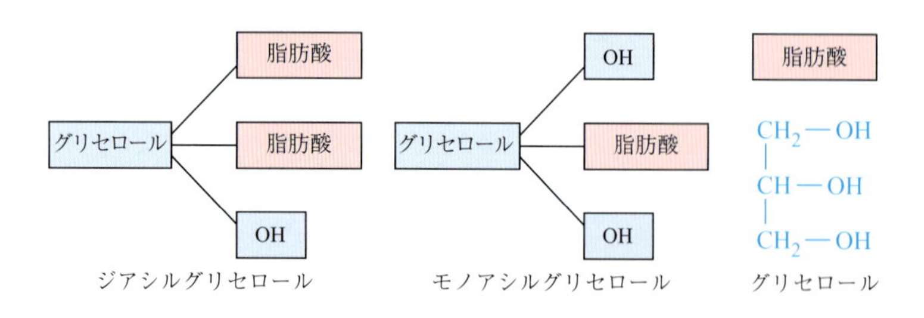

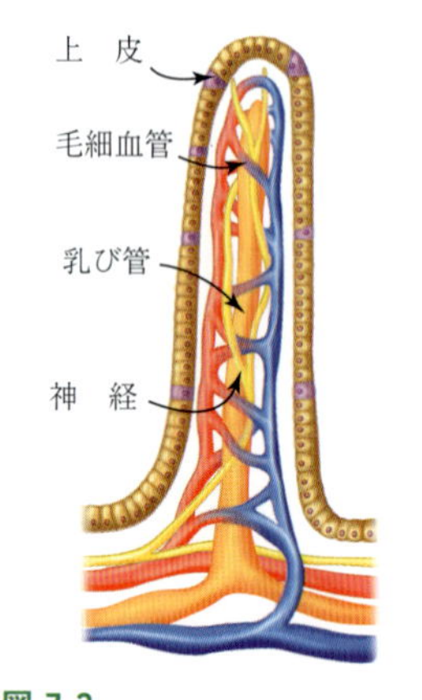

▲図 7.3
絨毛，小腸内膜の吸収組織
膨大な数の絨毛には，脂質やほかの栄養を吸収する表面がある．小さい分子は毛細血管に入り，大きい分子は毛細リンパ管の乳び管に入る．

小さい脂肪酸とグリセロールは水溶性で，小腸を覆う**絨毛**(villus)の表面から単純拡散によって直接吸収される．絨毛の内側に入ると(図 7.3)，これらの分子は毛細血管に拡散し，血液により(肝臓の門脈を経由して)肝臓に運ばれる．アミノ酸や単純な糖も単純拡散により絨毛から毛細血管へと入り，血流によって肝臓へと輸送される．

水に不溶性のアシルグリセロールや大きい脂肪酸は，もう一度小腸内で乳化される．小腸内膜でミセルから離れ，小腸内膜の細胞によって吸収される．これらの脂質やコレステロール，部分的に加水分解したリン脂質が輸送のため血流に入らなければならないので，再び水溶性の粒状 — ここでは，**キロミクロン**(chylomicron)として知られるリポタンパク質 — になる．トリアシルグリセロール類が細胞膜を横切り，かつ水を介して移動するには，加水分解，吸収，再合成，分泌輸送という手の込んだ過程が必要となる．トリアシルグリセロールやコレステロールを体内で利用するためには，小腸系内の食物の粒から，肝細胞やほかの細胞の細胞質やミトコンドリアへ移動しなければならないということを覚えておこう．

キロミクロンは毛細血管の壁をとおって血流に入るには大きすぎる．その代わり絨毛内部の毛細血管に似た毛細リンパ管の乳び管からリンパ系に吸収される(図 7.3)．つぎに，キロミクロンは胸管(ちょうど鎖骨の真下にある)に運ばれ，リンパ系は血流に入る．キロミクロンの中の脂質がエネルギーの発生あるいは貯蔵に使われる準備が，これで整ったことになる．いったん胸管を離れたキロミクロンは直接肝臓に運ばれ，そこで肝細胞自体あるいはほかの細胞の必要性に応じて肝細胞が脂質を使う．脂質が絨毛をとおり，血流とリンパ系の輸送システムに入る経路を図 7.4 に示す．

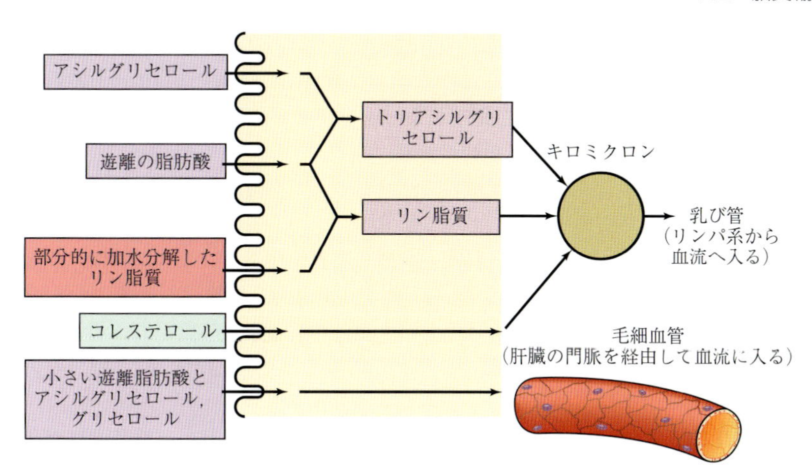

◀**図 7.4**
絨毛をとおる脂質の経路

基礎問題 7.1

コレステロール（右）とコール酸（胆汁酸のアニオン，前ページ）はステロールであり，似た構造をしている．しかし体内での役割はずいぶん異なっている．コール酸は乳化剤であり，一方コレステロールは，膜構造を維持するという重要な役割を担っている．体内におけるそれぞれの役割に適している構造上の違いをあげよ．また，似た構造なので，おのおのの役割は交換できるか．

H_3C　CH_3　H_3C　CH_3　H_3C　HO

コレステロール

7.2　脂質輸送のためのリポタンパク質

学習目標：

- 主要なリポタンパク質の名前をあげ，それぞれが輸送する脂質の性質と機能，最終的な行き先を説明できる．

体内の代謝経路で使われる脂質は，つぎの三つが供給源となる．(1) 食物が分解される消化系，(2) 過剰の脂質が貯蔵されている脂肪組織，(3) 脂質が合成される肝臓．供給源が何であれ，図 7.5 に示すように，これらの脂質は結局のところ水溶液である血流によって輸送される必要がある．

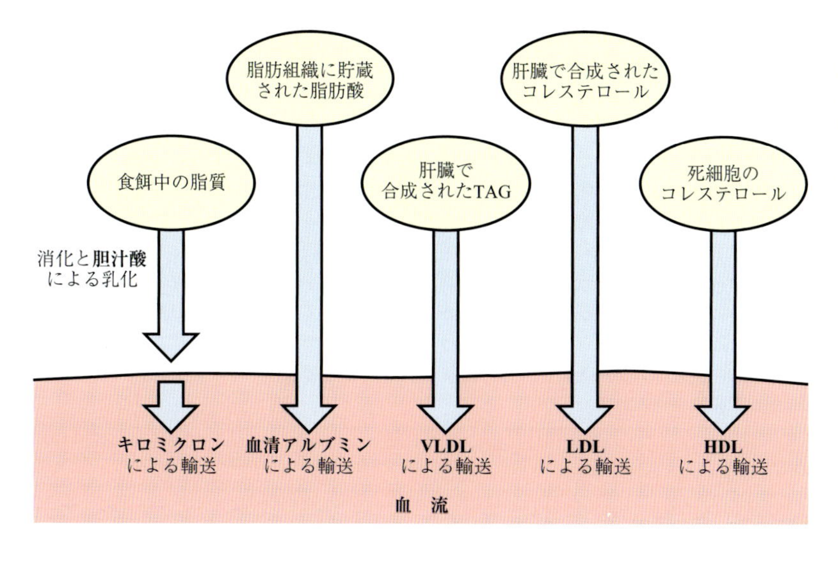

◀**図 7.5**
脂質の輸送
貯蔵組織から放出された脂肪酸は，大きいタンパク質のアルブミンで運ばれる．それ以外のすべての脂質は，さまざまなリポタンパク質に組み込まれて運ばれる．

脂肪組織から放出された脂肪酸は，血漿中のタンパク質であるアルブミンと結合することで水溶性になる．このタンパク質は1分子あたり10分子の脂肪酸と結合することができる(心臓病におけるリポタンパク質の大きな役割については，Chemistry in Action“脂肪の貯蔵，脂質，アテローム症”参照)．

脂質はタンパク質より低密度なので，リポタンパク質の密度はタンパク質に対する脂質の比で決まる．したがって，リポタンパク質は組成と密度によって便宜的に五つのタイプに分けられる．食餌の脂質を運ぶキロミクロンは，リンパ系をとおって血液にトリアシルグリセロール(TAG)を輸送し，そこから肝臓に入って処理される．これらはタンパク質に対する脂質の比がもっとも高いため，もっとも密度の低いリポタンパク質になる(0.95 g/cm^3 未満)．四つの密度の異なるリポタンパク質は，つぎのような役割をもつ．

- **VLDL**(very-low-density lipoprotein，0.96 ～ 1.006 g/cm^3)：**超低密度リポタンパク質**は，肝臓で合成されるトリアシルグリセロールを末梢組織に運び，貯蔵やエネルギー生産に使用される．
- **IDL**(intermediate-density lipoprotein，1.007 ～ 1.019 g/cm^3)：**中間密度リポタンパク質**は，VLDLの残物を末梢組織から肝臓に運び，合成に使う．
- **LDL**(low-density lipoprotein，1.020 ～ 1.062 g/cm^3)：**低密度リポタンパク質**は，コレステロールを肝臓から末梢組織に輸送し，そこで細胞膜やステロイド合成に使用される(そして動脈プラーク形成の原因になる)．
- **HDL**(high-density lipoprotein，1.063 ～ 1.210 g/cm^3)：**高密度リポタンパク質**は，死亡した(しそうな)細胞から肝臓にコレステロールを運び，そこで胆汁酸に変換される．その胆汁酸は消化に使われ，過剰なときには消化管を経て排出される．

例題 7.1　脂肪の消化と輸送

アイスクリームの脂肪は，どのようにして肝細胞に届くか．

解　説　食餌中の動物性脂肪(アイスクリームでは牛乳)は主にトリアシルグリセロールだが，少量のコレステロールも入っている．コレステロールは，消化系では分解されない．脂肪を消化する酵素は膵臓で分泌され，胆汁酸によって膵管をとおって小腸まで運ばれる．前述したように，遊離脂肪酸とモノおよびジアシルグリセロールのみが，小腸内壁を横切って血流に入ることができる．いくつかの遊離脂肪酸とグリセロールのような小さい分子は，細胞膜を横切って血流に入って拡散する．大きな分子はリポタンパク質に包み込まれて輸送される．

解　答

食べたアイスクリームは口から胃に入り，かき混ぜられる．このかくはんによりトリアシルグリセロールは小さい粒状になる．胃では，酵素による脂質の分解はおこらない．胃の内容物が小腸に達すると，そこで分泌される胆汁酸と膵リパーゼとの混合物になる．胆汁酸は，粒状の脂肪を乳化してミセルを形成しやすくする．ミセルが形成されると，リパーゼはトリアシルグリセロールをモノ- およびジアシルグリセロールに加水分解する．加水分解により脂肪酸もできる．これら三つの生成物は小腸内壁の細胞に入り，トリアシルグリセロールに再合成され，キロミクロンの形で血流に分泌される．キロミクロンは肝臓まで運ばれ，そこで細胞に入り処理される．アイスクリームの少量のコレステロールは，直接吸収されるとともに，キロミクロンに包み込まれて肝臓に送られる．

7.3 トリアシルグリセロールの代謝：概要

学習目標：

- トリアシルグリセロールと脂肪酸の合成と分解の主要な経路の名前をあげ，ほかの代謝経路とのつながりを説明できる.

トリアシルグリセロールの代謝経路を図 7.6 に示す. トリアシルグリセロールは長期間のエネルギー保存を可能にし，私たちの体の中で断熱材や内蔵のクッションとして働くため，健康の維持に必須である. この必須な分子は食餌中の脂肪からだけでなく，ここで述べる代謝経路によって余分なグルコースやタンパク質からもつくられる.

食餌のトリアシルグリセロール

キロミクロンが代謝のために肝臓に移動するとき，血流中のキロミクロンが毛細血管の壁に固定されたリポタンパク質リパーゼに触れると，食餌由来のトリアシルグリセロールの加水分解がおこる. そうしてできた脂肪酸は，さらに

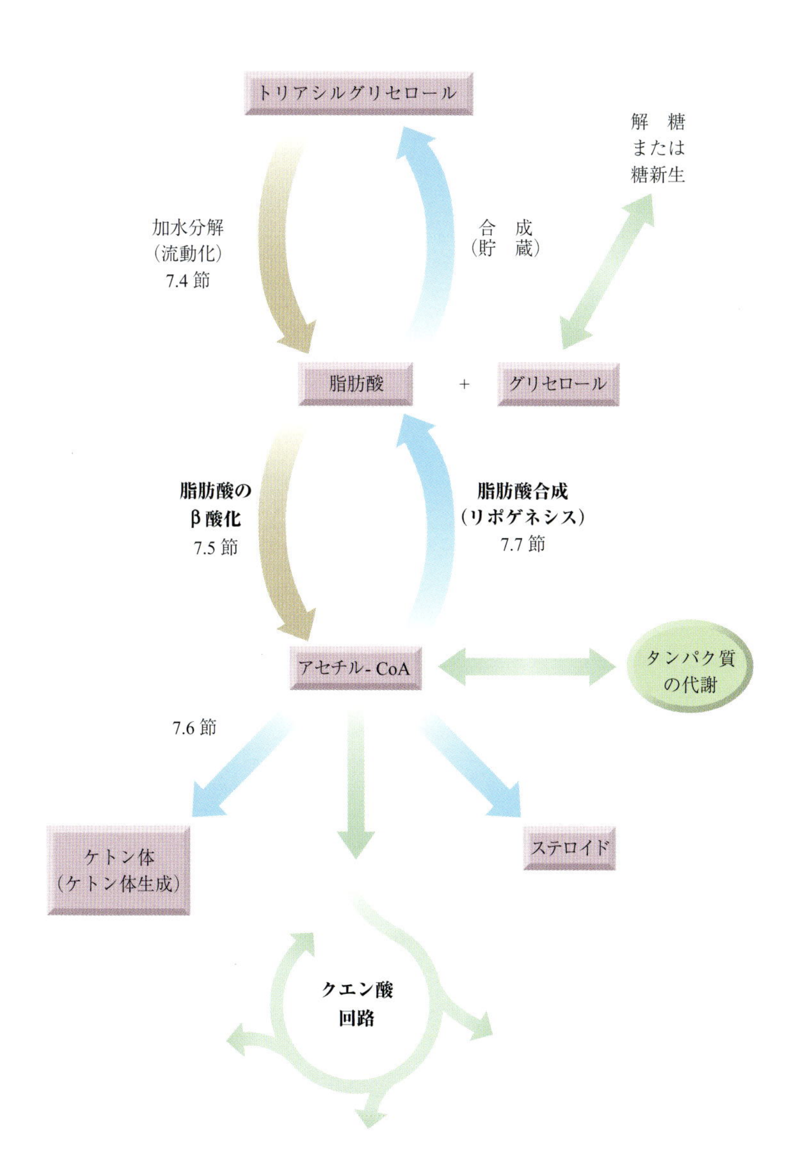

◀**図 7.6**
トリアシルグリセロールの代謝
分子の分解経路（異化）を茶色で，合成経路（同化）を青色で示している. ほかの経路とのつながりや代謝の中間体を緑色で示した.

つぎの二つの経路で代謝される．(1) 良好にエネルギーが供給されていれば，脂肪酸はトリアシルグリセロールに再変換され脂肪組織に貯蔵される．(2) 細胞がエネルギーを必要としていれば，脂肪酸の炭素原子は，脂肪酸のアシル-CoA に変換して活性化され，それから脂肪酸のアシル-CoA 分子は酸化のつど 2 炭素原子ずつ短くなり，アセチル-CoA まで酸化される．

アセチル-CoA の主な代謝経路は，クエン酸回路と酸化的リン酸化を経由するエネルギーの生産である(図 4.4 参照)．アセチル-CoA は，脂質代謝でもいくつかの重要な役割を果たしている．アセチル-CoA は，肝臓内での**脂肪酸の生合成**(リポゲネシス lipogenesis)の出発物質になる(7.7 節)．それに加え，グルコースの供給が不足している場合にエネルギー源となるケトン体を生成する**ケトン体生成**(ketogenesis)の経路に入る(7.6 節)．アセチル-CoA はコレステロール合成の出発物質にもなり，コレステロールからはほかのすべてのステロイドがつくられる．

脂肪細胞からのトリアシルグリセロール

貯蔵されているトリアシルグリセロールがエネルギー源として必要になると，脂肪細胞のリパーゼがホルモン濃度の変化(低インスリンと高グルカゴン，5.7 節参照)によって活性化される．貯蔵トリアシルグリセロールは加水分解して脂肪酸とグリセロールになり，血流に放出される．これらの脂肪酸は**アルブミン**(albumin，血漿タンパク質)とともに細胞(主に筋肉と肝臓の細胞)に入り，そこでアセチル-CoA に変換され，エネルギー生産に使用される．

トリアシルグリセロールからのグリセロール

トリアシルグリセロールの加水分解で生成するグリセロールは，血流中で肝臓あるいは腎臓に運ばれ，そこでグリセロール 3-リン酸(glycerol 3-phosphate)とジヒドロキシアセトンリン酸(dihydroxyacetone phosphate, DHAP)に変換される．

$$\underset{\text{グリセロール}}{HO{-}CH(CH_2OH)_2} \xrightarrow{ATP \;\to\; ADP} \underset{\text{グリセロール 3-リン酸}}{HOCH_2{-}CH(OH){-}CH_2{-}O{-}PO_3^{2-}} \xrightarrow{NAD^+ \;\to\; NADH/H^+} \underset{\text{ジヒドロキシアセトンリン酸 (DHAP)}}{HOCH_2{-}C(=O){-}CH_2{-}O{-}PO_3^{2-}}$$

DHAP は，解糖 / 糖新生経路(図 5.3 の段階 5，図 5.9 の段階 7 参照)に入ることができ，糖代謝と脂質代謝の間を連動(リンク)している．

食餌のトリアシルグリセロール由来の脂肪酸，グリセロール，アセチル-CoA 代謝のさまざまな行き先をつぎにまとめる．

まとめ：食餌のトリアシルグリセロールの行き先

- **トリアシルグリセロール**は，加水分解して脂肪酸とグリセロールになる．
- **脂肪酸**(fatty acid)はつぎの反応に進む．
  - 貯蔵のためのトリアシルグリセロールの再合成
  - アセチル-CoA への変換
- **グリセロール**はグリセロール 3-リン酸と DHAP になり，つぎの反応に関与する．
  - **解糖**(glycolysis)：エネルギーの発生(5.3 節)
  - **糖新生**(gluconeogenesis)：グルコースの合成(5.9 節)

- **トリアシルグリセロールの合成**(triacylglycerol synthesis)：エネルギーの貯蔵(7.4 節)

- **アセチル-CoA**(acetyl-CoA)はつぎの反応に関与する.
  - **脂肪酸の生合成**(リポゲネシス，7.7 節)
  - ケトン体の合成(ケトン体生成，7.6 節)
  - ステロールやほかの脂質の合成
  - **クエン酸回路**(citric acid cycle，4.7 節)と**酸化的リン酸化**(oxidative phosphorylation)

問題 7.2

図 5.3(p.156)を見て，DHAP がどのようにして解糖系に入り，ピルビン酸になるか説明せよ.

問題 7.3

トリアシルグリセロールから加水分解した長鎖脂肪酸は，血流を介してどのように運ばれるか.

7.4　トリアシルグリセロールの貯蔵と流動化

学習目標：

- トリアシルグリセロールの貯蔵と流動化の反応と，これらの反応がどのように制御されているかを説明できる.

脂肪組織はトリアシルグリセロールの貯蔵庫であるが，トリアシルグリセロールはエネルギー生産で必要になるときまでただたんに貯蔵されているわけではない．貯蔵されている脂肪酸が脂肪組織を出入りすることは，ホメオスタシスを維持するうえで必要なプロセスである(11 章，Chemistry in Action“ホメオスタシス”参照).

トリアシルグリセロールの合成

私たちの体は，血中のグルコース濃度を制御するホルモン，インスリンとグルカゴンによって，トリアシルグリセロールの貯蔵と**流動化**を制御している．食事の後，血中のグルコースの濃度が高くなると，グルカゴンの濃度が低下する．グルコースは細胞に入り，解糖速度が増す．このような状態では，インスリンはトリアシルグリセロール合成を活性化し，貯蔵に備える.

流動化(トリアシルグリセロールの)(mobilization)　脂肪組織におけるトリアシルグリセロールの加水分解と，血流中への脂肪酸の放出.

◀◀◀ インスリンとグルカゴンのホルモン作用については，図 5.6 に示した.

トリアシルグリセロール合成の反応物は，グリセロール 3-リン酸と補酵素 A で運搬される脂肪酸のアシル基である．トリアシルグリセロール合成は，最初に一つの脂肪酸のアシル基が補酵素 A からグリセロール 3-リン酸に転移することにはじまり，さらにもう一つの脂肪酸が転移する．反応はアシルトランスフェラーゼによって触媒され，生成物はホスファチジン酸となる.

脂肪酸のアシル基

CH_2OH / $CHOH$ / $CH_2OPO_3^{2-}$ (グリセロール3-リン酸) + $RC(=O)SCoA$ → (アシルトランスフェラーゼ，$HS—CoA$ 放出) → $CH_2O—C(=O)—R$ / $CHOH$ / $CH_2OPO_3^{2-}$ + $R'C(=O)SCoA$ → (アシルトランスフェラーゼ，$HS—CoA$ 放出) → $CH_2O—C(=O)—R$ / $CHO—C(=O)—R'$ / $CH_2OPO_3^{2-}$ (ホスファチジン酸)

つぎに，ホスファチジン酸ホスファターゼによってホスファチジン酸からリン酸基が除去されて1,2-ジアシルグリセロールを生成する．アシルトランスフェラーゼの存在下，3番目の脂肪酸が付加してトリアシルグリセロールをつくる．

$$\begin{array}{l}CH_2O-\overset{O}{\overset{\|}{C}}-R\\ |\\ CHO-\overset{O}{\overset{\|}{C}}-R'\\ |\\ CH_2OPO_3^{2-}\end{array}\xrightarrow[\text{ホスファチジン酸ホスファターゼ}]{HOPO_3^{2-}}\begin{array}{l}CH_2O-\overset{O}{\overset{\|}{C}}-R\\ |\\ CHO-\overset{O}{\overset{\|}{C}}-R'\\ |\\ CH_2OH\end{array}\xrightarrow[\text{アシルトランスフェラーゼ}]{R''\overset{O}{\overset{\|}{C}}S-CoA\quad HS-CoA}\begin{array}{l}CH_2O-\overset{O}{\overset{\|}{C}}-R\\ |\\ CHO-\overset{O}{\overset{\|}{C}}-R'\\ |\\ CH_2O-\overset{O}{\overset{\|}{C}}-R''\end{array}$$

ホスファチジン酸　　1,2-ジアシルグリセロール　　トリアシルグリセロール

p.210の反応に示したように，グリセロールはグリセロール3-リン酸の一部になる．脂肪細胞は，グリセロールをグリセロール3-リン酸に変換するキナーゼを合成しないので，グリセロールからグリセロール3-リン酸を合成することはできない．しかしながら，グリセロール3-リン酸は糖新生で生じたグリセルアルデヒド3-リン酸から産生されるDHAPからも合成できる(図5.9参照)．したがって脂肪細胞はDHAPが使えるあいだ，トリアシルグリセロールを合成することができる．脂肪細胞では，この経路は**グリセロール新生**(glyceroneogenesis)と呼ばれ，グリセロール3-リン酸に変換するのに必要なDHAPが供給される．グリセロール新生は，DHAPをグリセロール3-リン酸へ変換し，トリアシルグリセロール合成をする糖新生の別経路である(図5.9)．

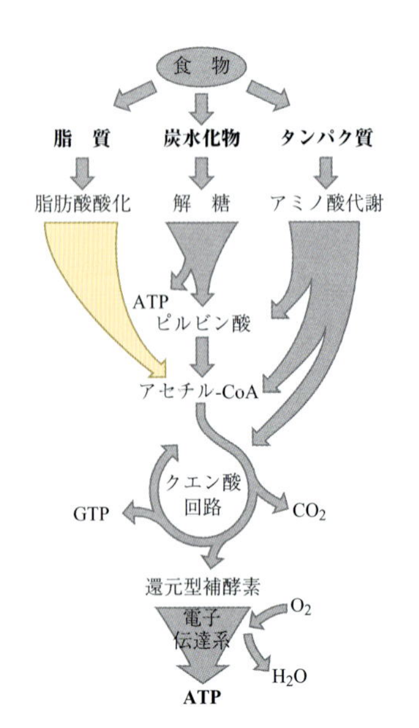

トリアシルグリセロールの流動化

食物の消化が終わると血中グルコースの濃度が正常に戻り，それによってインスリンの濃度は低下し，グルカゴン濃度は上昇する．低濃度のインスリンと高濃度のグルカゴンがともに，**トリアシルグリセロールリパーゼ**(triacylglycerol lipase)を活性化する．脂肪細胞にあるこの酵素は，貯蔵トリアシルグリセロールの加水分解を制御している．グリセロール3-リン酸の供給が少ないと，解糖系は必要なだけのエネルギーをつくっていないことになるので，貯蔵トリアシルグリセロールの加水分解によって生成した脂肪酸とグリセロールは血流中に放出され，エネルギーを生産する細胞に輸送される．それ以外の脂肪酸とグリセロールは，新しいトリアシルグリセロールに再利用され貯蔵される．糖分が特別に少ない食事でダイエットしようとすると，“脂肪を燃やす”ためにこの状態の代謝を維持しようとする．このようなダイエット法の深刻な副作用は，ケトーシスとケトン体の生成である(7.6節)．

7.5　脂肪酸の酸化

学習目標：

- 脂肪酸の酸化を説明できる．
- 脂肪酸酸化のエネルギー収量を計算できる．

脂肪酸がエネルギーを必要とする細胞の細胞質ゾル(cytosol)に入ると，つぎの三つの過程が連続しておこる．

1. **活性化**(activation)：脂肪酸は，脂肪酸のアシル-CoAに変換されて活性化される．この活性化は細胞質ゾルでおこり，解糖系によるグルコースの酸化の最初の数段階に相当する．最初に，脂肪酸をより分解されやすい

型のアシル-CoA に変換するため，アデノシン三リン酸(ATP)のエネルギーが消費されなければならない．この反応では一つのリン酸エステル結合だけが分解されるので，活性化に用いられるエネルギーは ATP 1 分子だけである．

$$\underset{\text{脂肪酸}}{R-\overset{\overset{\displaystyle O}{\|}}{C}-O^-} + HS-CoA + ATP \longrightarrow \underset{\text{脂肪酸のアシル-CoA}}{R-\overset{\overset{\displaystyle O}{\|}}{C}-S-CoA} + AMP + P_2O_7^{4-}$$

2. **輸送**(transport)：脂肪酸のアシル-CoA は拡散によってミトコンドリア膜を通過することができないため，カルニチンによって細胞質ゾルからエネルギー生産がおこるミトコンドリアマトリックスに運ばれる．アミノ-オキシ酸のカルニチンは，脂肪酸のアシル-CoA とエステル転移反応によって脂肪酸のカルニチンエステルとなり，拡散の力により膜を横切ってミトコンドリアに移動する．そこでまたエステル転移反応がおこり，脂肪酸のアシル-CoA とカルニチンが再生される．

$\overset{+}{N}(CH_3)_3-CH_2-CH(OH)-CH_2-COO^-$

カルニチン

$$\text{脂肪酸のアシル-CoA} + \text{カルニチン} \xrightarrow{\text{カルニチンアシルトランスフェラーゼ}} \text{脂肪酸のアシル-カルニチン} + HS-CoA$$

3. **酸化**(oxidation)：脂肪酸のアシル-CoA は，ミトコンドリアマトリックスで酵素によって酸化され，アセチル-CoA，ニコチンアミドアデニンジヌクレオチド(NADH)，フラビンアデニンジヌクレオチド($FADH_2$)が生産される．酸化は一連の 4 反応が繰り返されることによっておこり，これを **β 酸化経路**という．これらの反応が繰り返されると，脂肪酸のアシル基側から炭素 2 原子のアセチル基が切れ，1 個のアセチル-CoA が生成する．この経路は**スパイラル**(spiral)のようなもので，すべての炭素原子が除去されるまで，短くなった長鎖脂肪酸のアシル基はこの経路に戻って酸化がつづく．

β 酸化経路(β-oxidation pathway) 一度に炭素 2 原子を除去して脂肪酸をアセチル-CoA に分解する，一連の生化学反応．

β 酸化経路

β 酸化とは，経路の二つの段階(段階 1 と 3)でチオエステルの β 位の炭素原子が酸化されることに由来する．

$$R-CH_2CH_2-\underset{\text{β 炭素原子}}{CH(H)}-CH(H)-\overset{O}{\overset{\|}{C}}-SCoA$$

脂肪酸のアシル-CoA

段階 1：最初の β 酸化

アシル-CoA デヒドロゲナーゼ(acyl-CoA dehydrogenase)とその補酵素 FAD が，脂肪酸のアシル-CoA のカルボニル基の α 炭素と β 炭素から水素原子を除去して，炭素–炭素の二重結合を形成する．これらの水素原子と電子は直接 $FADH_2$ から補酵素 Q に渡され，電子伝達系に入ることができる(4.8 節参照)．

$$\underset{\text{脂肪酸のアシル-CoA}}{CH_3-(CH_2)_n-\underset{\beta}{C}H_2-\underset{\alpha}{C}H_2-\overset{\overset{\displaystyle O}{\|}}{C}-S-CoA} + FAD \xrightarrow{\text{アシル-CoA デヒドロゲナーゼ}} \underset{trans\text{-エノイル-CoA}}{CH_3-(CH_2)_n-\underset{\beta}{\overset{}{C}}(H)=\underset{\alpha}{C}(H)-\overset{\overset{\displaystyle O}{\|}}{C}-S-CoA} + FADH_2$$

段階 2：水和

エノイル-CoA ヒドラターゼ(enoyl-CoA hydratase)が，新しくつくられた二重結合に水分子を付加し，β炭素上に −OH 基をもつアルコールにする．

$$\underset{trans\text{-エノイル-CoA}}{CH_3-(CH_2)_n-\overset{\beta}{\underset{H}{C}}H=\overset{H}{\underset{\alpha}{C}}-\overset{O}{\overset{\|}{C}}-S-CoA} + H_2O \xrightarrow[\text{ヒドラターゼ}]{\text{エノイル-CoA}} \underset{\text{3-ヒドロキシアシル-CoA}}{CH_3-(CH_2)_n-\overset{OH}{\underset{H}{C}}_{\beta}-\overset{H}{\underset{H}{C}}_{\alpha}-\overset{O}{\overset{\|}{C}}-S-CoA}$$

段階 3：2 回目の β 酸化

補酵素 NAD⁺が **3-ヒドロキシアシル-CoA デヒドロゲナーゼ**(3-hydroxyacyl-CoA dehydrogenase)によって，β-OH 基を酸化してカルボニル基に変換する．

$$\underset{\text{3-ヒドロキシアシル-CoA}}{CH_3-(CH_2)_n-\overset{OH}{\underset{H}{C}}_{\beta}-\overset{H}{\underset{H}{C}}_{\alpha}-\overset{O}{\overset{\|}{C}}-S-CoA} + NAD^+ \xrightarrow{\text{3-ヒドロキシアシル-CoA デヒドロゲナーゼ}}$$

$$\underset{\beta\text{-ケトアシル-CoA}}{CH_3-(CH_2)_n-\overset{O}{\overset{\|}{C}}_{\beta}-\overset{H}{\underset{H}{C}}_{\alpha}-\overset{O}{\overset{\|}{C}}-S-CoA} + NADH + H^+$$

段階 4：アセチル基を除去する開裂

アセチル基が**チオラーゼ**(thiolase，**アセチル-CoA アシルトランスフェラーゼ**，acetyl-CoA acyltransferase)によって切断されて新しい CoA 分子と結合し，後には炭素 2 原子分短いアシル-CoA が残る．

$$\underset{\beta\text{-ケトアシル-CoA}}{CH_3-(CH_2)_n-\overset{O}{\overset{\|}{C}}_{\beta}-\overset{H}{\underset{H}{C}}_{\alpha}-\overset{O}{\overset{\|}{C}}-S-CoA} + HS-CoA \xrightarrow[\text{チオラーゼ}]{\beta\text{-ケトアシル-CoA}}$$

$$\underset{\text{脂肪酸のアシル-CoA（2 炭素原子分短い）}}{CH_3-(CH_2)_n-\overset{O}{\overset{\|}{C}}-S-CoA} + \underset{\text{アセチル-CoA}}{CH_3-\overset{O}{\overset{\|}{C}}-S-CoA}$$

偶数の炭素原子をもつ脂肪酸では，すべての炭素が適切な回数の β 酸化でアセチル-CoA 分子に変換される．奇数の炭素原子や二重結合をもつ脂肪酸を酸化するためには，ほかにも反応が必要になる．最終的には，すべての脂肪酸の炭素は切断され，クエン酸回路でさらに酸化される．

脂肪酸の異化(catabolism)で発生するエネルギーの総量は，グルコースの異化とおなじように，生成した ATP 分子の総数で測定される．脂肪酸の場合，アセチル-CoA のクエン酸回路での酸化で生じる ATP 数に，生じた還元型補酵素 NADH と $FADH_2$ から酸化的リン酸化でつくられる ATP 数を加え，さらに脂肪酸の酸化でできる還元型補酵素(NADH と $FADH_2$)によってつくられる

ATP 分子数を加えた総数になる．つぎの例題 7.3 に ATP でエネルギー収量を計算する方法を示す．

例題 7.2 β酸化の繰り返し

ステアリン酸［$CH_3(CH_2)_{16}COOH$］がβ酸化経路でアセチル-CoA を生成するには，何サイクルを必要とするか．

解　説　1 サイクルのβ酸化で 1 分子のアセチル-CoA が生成する．アセチル基は脂肪酸から生成する炭素 2 原子を含むので，サイクル数を決めるには脂肪酸の炭素数，この場合は 18 を 2 で割ればよい．最後のサイクルはアセチル-CoA 2 分子を生産するので，1 回分を引くこと．

解　答

ステアリン酸は炭素 18 原子を含む．アセチル基は炭素 2 原子を含む．したがって，8 サイクルのβ酸化がおこり 9 分子のアセチル-CoA が生産される．

▲ **水源としての脂肪**　ラクダのこぶはほぼ完全な脂肪であり，エネルギー源および水源になっている．脂肪酸の酸化による還元型補酵素が電子伝達系をとおって ATP を生成するので，大量の水がつくられる（脂肪酸の炭素 1 原子あたり水 1 分子）．水が飲めないときは，この水がラクダを長い期間支えている．

基礎問題 7.4

β酸化で，(a) 酸化段階をみつけ，そこでおこる変化を述べよ．(b) 酸化剤をみつけよ．(c) 付加反応をみつけよ．(d) 置換反応をみつけよ．

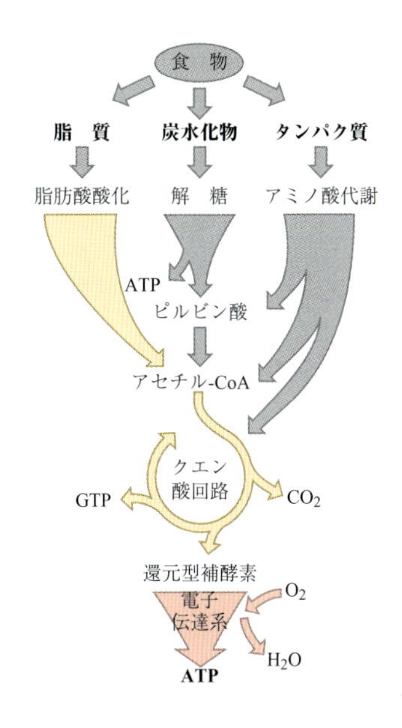

問題 7.5

つぎの脂肪酸の異化で生産されるアセチル-CoA は何分子か．何回のβ酸化が必要か．

(a) パルミチン酸 $CH_3(CH_2)_{14}COOH$

(b) リグノセリン酸 $CH_3(CH_2)_{22}COOH$

問題 7.6

クエン酸回路（図 4.8）の反応を見直し，この回路の中で脂肪酸のβ酸化の最初の 3 反応に類似する 3 反応をみつけよ．

例題 7.3 β酸化のエネルギー収量の計算

ラウリン酸（$CH_3(CH_2)_{10}COOH$）の完全な酸化で生じるエネルギーは何 ATP か．

解　説　完全な酸化は，NADH や $FADH_2$ の電子伝達系を介した ATP への変換のような，酸化の経路で生じるあらゆるエネルギー変換を含む．ラウリン酸から生じる ATP 数を計算するためには，

- アセチル基の数とβ酸化の必要なサイクル数を決定する．
- β酸化 1 サイクルで生じる ATP，NADH，$FADH_2$ 数を決定する．
- クエン酸回路におけるアセチル-CoA の酸化で生じる ATP，NADH，$FADH_2$ 数を決定する（4.7 節，p.134 参照）．
- NADH，$FADH_2$ 量を酸化的リン酸化で生じる ATP 数に換算する（4.8 節，p.140 参照）．
- β酸化で生じる ATP 数をサイクル数から計算する．
- クエン酸回路で生じる ATP 数をアセチル-CoA 分子の数から計算する．
- ATP 数を合計し，β酸化を開始するのに用いられる 2 ATP 分子を引く．

解　答

クエン酸回路から：

$$\frac{12\text{ 炭素原子}}{2} = 6\text{ アセチル-CoA 分子}$$

$$\frac{12\text{ ATP 分子}}{\text{アセチル-CoA 分子}} \times 6\text{ アセチル-CoA } = 72\text{ ATP 分子}$$

脂肪酸の活性化： ＝－ 2 ATP 分子

5 サイクルの β 酸化：

$$\frac{5\text{ ATP 分子}}{\beta\text{ 酸化}} \times 5\,\beta\text{ 酸化} = 25\text{ ATP 分子}$$

消費した ATP と生成した ATP の総計：

総数＝(72 － 2 ＋ 25)ATP 分子＝ 95 ATP 分子

脂肪酸の異化で生産される ATP の量とグルコースの異化で生産される量を比較すると，なぜ私たちの体が長期的なエネルギー貯蔵のために，炭水化物よりもトリアシルグリセロールを利用しているのかが明らかになる．グルコースと分子量が近いラウリン酸を例にして考えよう．1 モルのグルコース(180 g)から 38 モルの ATP ができるのに対して，1 モルのラウリン酸(200 g)からは 95 モルの ATP ができる．このように 1 g 当たりでは，脂肪酸は炭水化物の約 3 倍のエネルギーを生成する．栄養学のカロリーという用語で表現すると，炭水化物は 4 kcal/g(16.7 kJ/g)になり，脂肪や油は 9 kcal/g(37.7 kJ/g)になる．

これに加えて，貯蔵脂肪の“エネルギーの密度”は貯蔵炭水化物よりも大きい．その理由は，グリコーゲン(貯蔵炭水化物)は親水性で，1 g のグリコーゲンあたり 2 g の水を含んでいることにある．疎水性の脂肪は，このように水を含むことはない．

問題 7.7

ステアリン酸 ($CH_3(CH_2)_{16}COOH$)の完全な酸化で生じるエネルギーは何 ATP か．

7.6 ケトン体とケトアシドーシス

学習目標：

- ケトン体とはなにか，それらの性質と合成，代謝における役割を説明できる．

もし脂肪の異化作用が，クエン酸回路が処理するよりも多くのアセチル-CoA を生産すると，なにがおこるだろうか．これは，トリアシルグリセロールからの脂肪酸の β 酸化が，クエン酸回路が処理できるよりも速くアセチル-CoA をつくるときにおこる．β 酸化が一つの脂肪酸分子から数分子のアセチル-CoA をつくるだけでなく，β 酸化経路の酵素はクエン酸回路の酵素よりも速く反応を触媒する．その結果，肝臓のミトコンドリア中で過剰のアセチル-CoA が 3-ヒドロキシ酪酸とアセト酢酸に変換されて，エネルギーが保たれる．β-ケト酸は不安定なので，アセト酢酸は自発的な非酵素的分解によりアセトンになる．

ケトン体

$CH_3CH(OH)CH_2-C(=O)-O^-$　　$CH_3-C(=O)-CH_2-C(=O)-O^-$　$\xrightarrow{H^+ \quad CO_2}$　$CH_3-C(=O)-CH_3$

3-ヒドロキシ酪酸　　アセト酢酸　　アセトン

3- ヒドロキシ酪酸はケトン基を含んでいないが，これらの化合物は伝統的に**ケトン体**とされる．ケトン体は水溶性なので，血流中を移動するためにキャリヤータンパク質を必要としない．形成したケトン体は，体内のすべての組織に行き渡る．

これら三つのケトン体の形成では，4 段階の酵素触媒反応とアセト酢酸の自発的な分解がおこる．この過程を**ケトン体生成**という．

ケトン体(ketone body)　肝臓でつくられる化合物で，筋肉と脳組織で燃料として使用することができる．例として 3-ヒドロキシ酪酸，アセト酢酸，アセトンがある．

ケトン体生成(ketogenesis)　アセチル-CoA からケトン体が合成されること．

ケトン体生成

ケトン体生成の段階 1 と 2：6 炭素中間体の形成

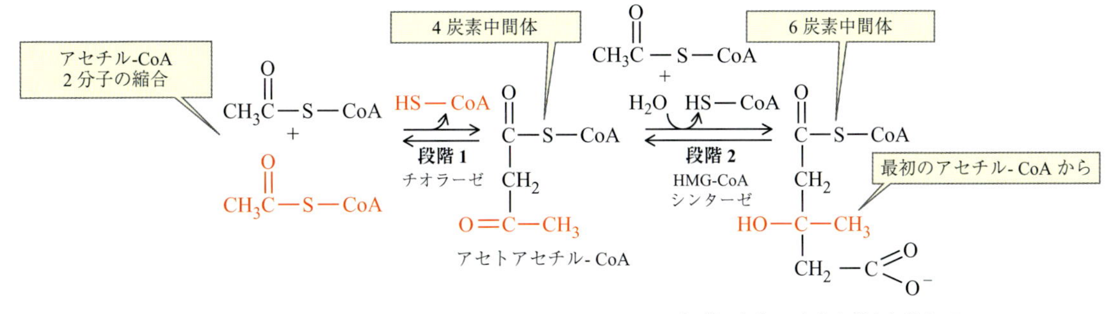

段階 1 では，β 酸化の最後の段階(p.214 の段階 4)とは逆に，**チオラーゼ**(thiolase)による触媒反応で，2 分子のアセチル-CoA が縮合しアセトアセチル-CoA を生産する．**段階 2** では，3 分子目のアセチル-CoA と水がアセトアセチル-CoA と反応して，3-ヒドロキシ-3-メチルグルタリル-CoA(HMG-CoA)を与える．この段階の酵素 HMG-CoA**シンターゼ**(HMG-CoA synthase)はミトコンドリアでのみみられ，D 体の基質に特異性をもつ．β 酸化経路の酵素もミトコンドリアでみられ，おなじ名前をもつが，3-ヒドロキシ-3-メチルグルタリル-CoA の L 体に特異性をもつ．これらの経路は，それぞれの基質に対する酵素の特異性によって分けられる．

ケトン体生成の段階 3 と 4：ケトン体の合成

段階 3 では，段階 2 の生成物(3-ヒドロキシ-3-メチルグルタリル-CoA)から HMG-CoA**リアーゼ**(HMG-CoA lyase)によってアセチル-CoA が除去され，最初のケトン体**アセト酢酸**(acetoacetate)を生産する．アセト酢酸は，ケトン体生成で生産されるほかの二つのケトン体，3-ヒドロキシ酪酸とアセトンの前駆体となる．**段階 4** では，アセト酢酸が，**3-ヒドロキシ酪酸デヒドロゲナーゼ**(3-hydroxybutyrate dehydrogenase)によって 3-ヒドロキシ酪酸に還元される(段階 4 の反応式で，3-ヒドロキシ酪酸とアセト酢酸が逆反応で結びついていることに注意する．エネルギーが必要な組織では，アセト酢酸はケトン体生成とは異なる酵素で生産される．つぎにアセト酢酸からアセチル-CoA が生産される)．アセト酢酸と 3-ヒドロキシ酪酸は肝臓のミトコンドリアのケトン体生成で合成され，そこから血流に放出される．血流中でアセト酢酸が分解してアセ

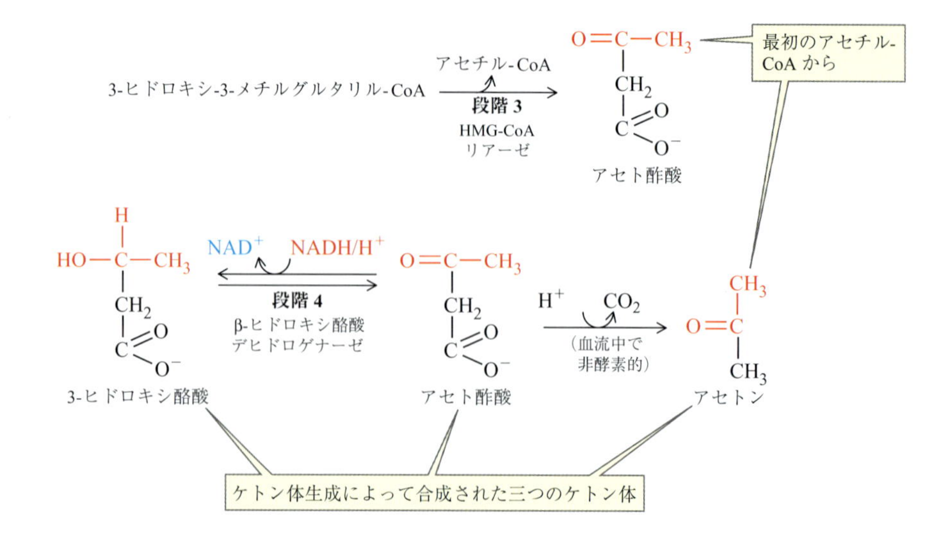

CHEMISTRY IN ACTION

肝臓，代謝系のクリアリングハウス

肝臓は体の中でもっとも大きい血液の貯蔵庫であり，体重の2.5％を占める最大の組織である．(グルコース，ほかの糖類，アミノ酸などの)消化の最終生成物を運ぶ血液は，肝門脈をとおって肝臓に入り，それから循環系に進む．したがって，栄養やほかの物質の血中濃度を制御する理想的な場所である．肝臓は薬物が循環系に入るための玄関として重要であり，毒物を不活性化するために必要な酵素も含んでいる．

肝臓はグルコースからグリコーゲンを，炭水化物以外の前駆体からグルコースを，モノおよびジアシルグリセロールからトリアシルグリセロールを，そしてアセチル-CoA から脂肪酸を合成する．またコレステロール，胆汁酸，血漿タンパク質，血液凝固因子を合成する場所でもある．加えて，肝臓の細胞はグルコースと脂肪酸とアミノ酸を異化して二酸化炭素をつくり，エネルギーを ATP にたくわえる．窒素を尿素に変換して排出する**尿素回路**(urea cycle)もまた，肝臓にある(8.4 節参照)．

肝臓はグリコーゲン，ある種の脂肪酸とアミノ酸，鉄，脂溶性ビタミンを貯蔵し，ホメオスタシスを維持するために必要に応じてこれらを放出する．さらに，肝臓の細胞だけが解糖と糖新生からのグルコース 6-リン酸をグルコースに変換する酵素をもっている．

肝臓は代謝の中心的な役割を与えられているため，さまざまな代謝物の過剰な蓄積にもとづく多くの病気のリスクにさらされている．その一つの例は**肝硬変**(cirrhosis)で，トリアシルグリセロールの過剰な生成によって繊維性の組織が発達しておこる深刻な疾患である．肝硬変はアルコール中毒や適切な処置をしていない糖尿病，そしてトリアシルグリセロールからリポタンパク質の合成が阻害されるような代謝異常でおこる．

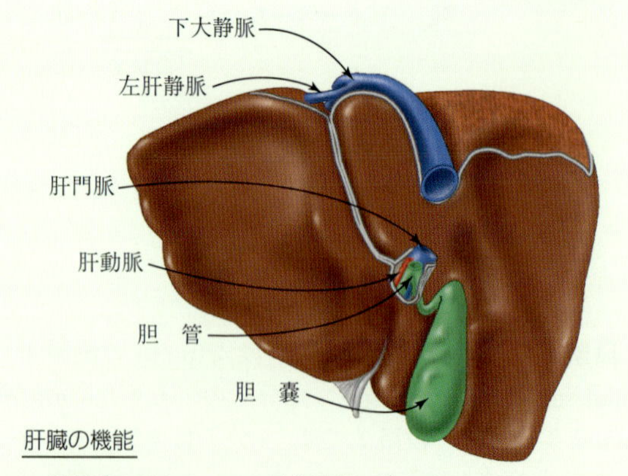

肝臓の機能

- 循環系のグルコースの量を平衡に保つ．
- 循環系のトリアシルグリセロール，脂肪酸，コレステロールの量を平衡に保つ．
- 循環系から過剰のアミノ酸を除く．窒素を尿素に換え排出する．
- 脂溶性ビタミンと鉄を貯蔵する．
- 循環系から薬剤を除き，分解する．

▲ **肝臓の解剖図**　血液は消化系から代謝物を運び，肝門脈をとおって肝臓に入る．胆のうは胆汁を貯蔵する．

CIA 問題 7.1　肝臓が適正な代謝機能にきわめて重要である理由をいくつかあげよ．

CIA 問題 7.2　肝硬変とはなにか．なにが原因か．

CIA 問題 7.3　肝臓が体内の代謝におけるクリアリングハウスとされるのはなぜか．

トンが形成され，尿や蒸気として排出される．

正常な状態では，骨格の筋肉が日常必要とする少量のエネルギーをアセト酢酸からつくり，心臓の筋肉は脂肪酸の供給が不足するときグルコースに優先してアセト酢酸を使う．しかし，グルコースからのエネルギー生産が飢餓状態のため不十分になる，あるいは糖尿病のためグルコースが正常に代謝されない状況を想定してみよう(5.7 節参照)．体はほかのエネルギー源を見つけるように反応し，不安定なバランス状態をとるようになる．このような状態では，アセト酢酸と 3-ヒドロキシ酪酸がクエン酸回路で酸化されるアセチル-CoA に変換されるため，ケトン体生成が促進される．

飢餓の最初の段階では，心臓と筋肉組織は大量のアセト酢酸を消費することで脳内のグルコース消費を抑える．さらに飢餓が続くと，脳は必要なエネルギーの 75％までケトン体を利用するようになる．

糖尿病になると，ケトン体の消費よりも生産が上回って過剰になる(**ケトーシス** ketosis)．患者の呼吸はアセトン(揮発性の高いケトン)の特徴的な臭いがするようになり，尿中(**ケトン尿症** ketonuria)と血中(**ケトン血症** ketonemia)にもケトン体が混在するようになる．

ケトン体のうち二つはカルボン酸なので，糖尿病を放置しておこるようなケトーシスが続くと，**ケトアシドーシス**といわれる深刻な状態になる．血液の緩衝作用が効かなくなり血液の pH が下がる．患者は尿の排出が増加して脱水症状になり，酸性の血液は酸素の運搬能力が低いので呼吸が苦しくなり，そしてうつ状態になる．放置すると最後は昏睡や死に至る．

ケトアシドーシス(ketoacidosis) ケトン体の蓄積が原因で血中の pH が下がる酸血症．

問題 7.8

アセト酢酸から 3-ヒドロキシ酪酸になる反応は，つぎのどれにあたるか．

(a) 縮合　(b) 加水分解　(c) 酸化　(d) 還元

問題 7.9

ケトン体生成の反応を説明せよ．

(a) アセチル-CoA の役割はなにか．

(b) ケトン体生成には，何分子のアセチル-CoA が使われるか．

(c) 飢餓が続いたときのケトン体の重要な役割はなにか．

7.7 脂肪酸の生合成

学習目標：

- 脂肪酸合成と酸化の両経路を比較し，合成経路の反応を説明できる．

アセチル-CoA から脂肪酸に至る生合成は，**リポゲネシス**と呼ばれる過程で炭水化物と脂質およびタンパク質の代謝と相互に関係している．アセチル-CoA は炭水化物とアミノ酸の異化作用の最終生成物なので，アセチル-CoA を使用して脂肪酸をつくることは，体が過剰の炭水化物とアミノ酸のエネルギーを転用してトリアシルグリセロールとして貯蔵することを可能にする．

リポゲネシス(lipogenesis) アセチル-CoA から脂肪酸を合成する生化学的な経路．

脂肪酸の合成と異化(酸化)は，一度に炭素 2 原子を処理する点と，両方とも繰返しの回路という点で似ている．しかしよくあることだが，ある方向(合成)の生化学的経路ともう一方の方向(代謝)は，正確な逆反応にはならない．なぜならエネルギー的に有利な経路の逆は，エネルギー的に不利な経路になるからである．この原則は，脂肪酸の β 酸化とその逆反応リポゲネシスにあてはまる．さらに，脂肪酸の異化はミトコンドリアでおこり，同化は細胞質ゾルでお

表 7.1　脂肪酸の酸化と合成の比較

酸　化	合　成
ミトコンドリアでおこる	細胞質ゾルでおこる
合成とは異なる酵素	酸化とは異なる酵素
中間体は補酵素 CoA で運ばれる	中間体は ACP で運ばれる
補酵素：FAD と NAD^+	補酵素：NADPH
炭素 2 原子ずつ一度に除去する	炭素 2 原子ずつ一度に付加する

こる．二つの経路の比較を表 7.1 に示す．

リポゲネシスの準備段階はつぎのような別々の 2 反応になる．(1) アセチル-CoA から脂肪酸合成酵素複合体(S-酵素 1)の運搬酵素へのアセチル基の転移と，(2) ATP のエネルギー消費を要求するアセチル-CoA のマロニル-CoA への変換と，それにつづくマロニル基のアシルキャリヤータンパク質(acyl carrier protein，ACP)への転移*.

*(訳注)：(1)の反応では，アセチル-CoA → アセチル-ACP → アセチル-S-酵素 1 へとアセチル基が転移する．(2)の反応で，マロニル基は(1)のアセチル基が転移して空いた ACP に結合し，ここで炭素鎖の伸長反応が続く．したがって，脂肪酸合成酵素は(この時点で)2ヵ所の活性部位をもつ．

$$(1)\quad CH_3-\overset{O}{\overset{\|}{C}}-S-CoA + H-S\text{-酵素 1} \longrightarrow \underset{\text{アセチル-ACP}}{CH_3-\overset{O}{\overset{\|}{C}}-S\text{-酵素 1}} + H-S-CoA$$

$$(2)\quad CH_3-\overset{O}{\overset{\|}{C}}-S-CoA + HCO_3^- \xrightarrow[\text{(ビオチン)}]{\text{ATP}\ \ \text{ADP}} \underset{\text{マロニル-CoA}}{{}^-O-\overset{O}{\overset{\|}{C}}-CH_2-\overset{O}{\overset{\|}{C}}-S-CoA} \xrightarrow{H-SACP}$$

$$\underset{\text{マロニル-ACP}}{{}^-O-\overset{O}{\overset{\|}{C}}-CH_2-\overset{O}{\overset{\|}{C}}-SACP} + HS-CoA$$

脂肪酸合成酵素(fatty acid synthase)は，リポゲネシスに必要な 6 種類のすべての酵素と，複合体の中央に位置する ACP と呼ばれるタンパク質を含む多種の酵素による複合体である．酵素 1 は複合体の一部になる．反応(2)のマロニル基は，脂肪酸に一度に取り込まれる炭素 2 原子を運ぶ．

マロニル-ACP と S-酵素 1 のアセチル基が準備されると，つぎの 4 反応が繰り返され，図 7.7 で説明するように 1 回につき炭素 2 原子ずつ脂肪酸鎖が延長する．

脂肪酸鎖の延長

脂肪酸合成の最初のサイクルの結果，アセチル基に炭素 2 原子が付加して 4 炭素のアシル基になり，これは脂肪酸合成酵素のキャリヤータンパク質に結合したままになっている．つぎのサイクルで，下に示すように炭素鎖伸長の 4 段階を繰り返して炭素 2 原子が付加し炭素 6 原子のアシル基になる．

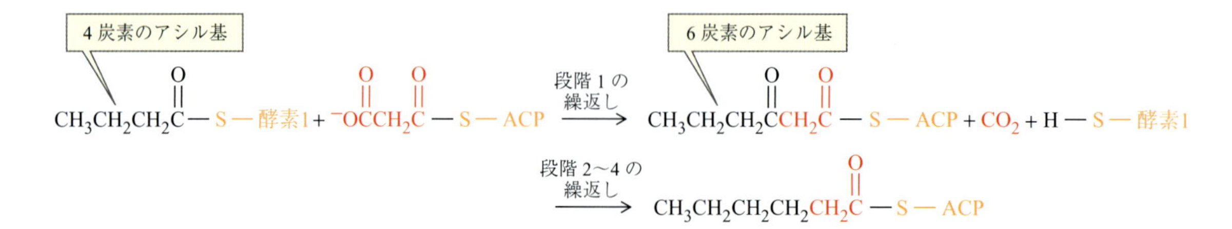

炭素鎖伸長の 4 段階が 7 回繰り返されると，炭素数 16 のパルミトイル基になり，脂肪酸合成酵素から離れる．これよりも大きな脂肪酸は，小胞体の特異

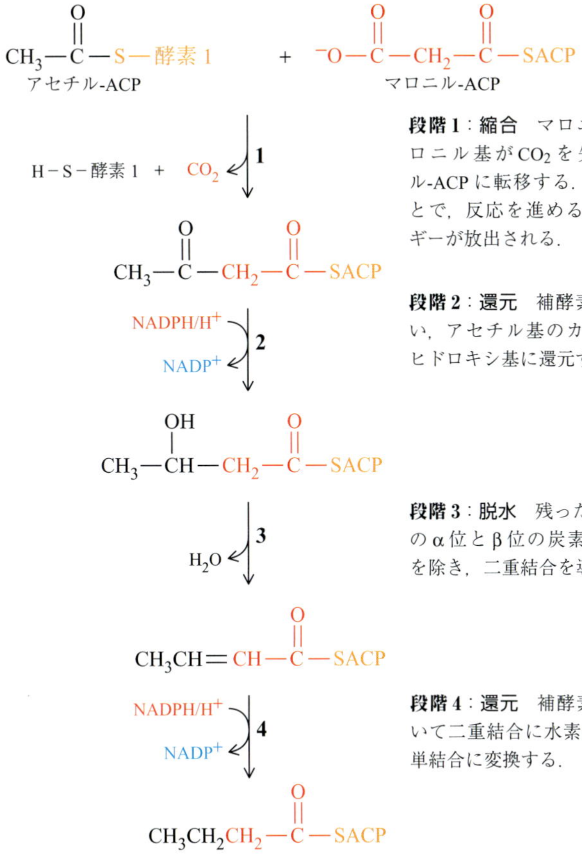

$$\mathrm{CH_3-\overset{O}{\overset{\|}{C}}-S-酵素1 \quad + \quad {}^{-}O-\overset{O}{\overset{\|}{C}}-CH_2-\overset{O}{\overset{\|}{C}}-SACP}$$

アセチル-ACP　　マロニル-ACP

$$\xrightarrow[\text{H-S-酵素1} + CO_2]{1}$$

段階 1：縮合　マロニル-ACP のマロニル基が CO_2 を失ってアセチル-ACP に転移する．CO_2 を失うことで，反応を進めるためのエネルギーが放出される．

$$\mathrm{CH_3-\overset{O}{\overset{\|}{C}}-CH_2-\overset{O}{\overset{\|}{C}}-SACP}$$

$$\xrightarrow[\text{NADPH/H}^+ \rightarrow \text{NADP}^+]{2}$$

段階 2：還元　補酵素 NADPH を用い，アセチル基のカルボニル基をヒドロキシ基に還元する．

$$\mathrm{CH_3-\overset{OH}{\overset{|}{C}H}-CH_2-\overset{O}{\overset{\|}{C}}-SACP}$$

$$\xrightarrow[H_2O]{3}$$

段階 3：脱水　残ったカルボニル基の α 位と β 位の炭素原子から H_2O を除き，二重結合を導入する．

$$\mathrm{CH_3CH=CH-\overset{O}{\overset{\|}{C}}-SACP}$$

$$\xrightarrow[\text{NADPH/H}^+ \rightarrow \text{NADP}^+]{4}$$

段階 4：還元　補酵素 NADPH を用いて二重結合に水素原子を付加し，単結合に変換する．

$$\mathrm{CH_3CH_2CH_2-\overset{O}{\overset{\|}{C}}-SACP}$$

◀**図 7.7**
脂肪酸の生合成における炭素鎖の延長
パルミチン酸合成における最初の反応物であるアセチルアシルキャリヤータンパク質（アセチル-ACP）ではじまる各段階．おのおのの新しい 1 組の炭素原子は，新しいマロニル-ACP によってつぎの回に運ばれる．延長する炭素鎖は，アセチル基が最初に結合したキャリヤータンパク質に結合したままになる．

的な酵素の助けを得て，パルミトイル-CoA から合成される．

問題 7.10
アセチル-S-酵素 1 とマロニル-CoA を出発物質として，18 炭素の脂肪酸（C18：0）の合成に必要なアセチル-CoA は何分子か．この過程で何分子の CO_2 が放出されるか．

CHEMISTRY IN ACTION

脂肪の貯蔵，脂質，アテローム症

哺乳動物は過剰な摂取カロリーを脂肪細胞（脂肪組織で見られる細胞）中にトリアシルグリセロールとして貯蔵する．熊やウッドチャック*などの哺乳類は冬眠中に必要なエネルギーをたくわえるために食べる．ヒトなどは，機会があればたんに必要以上のカロリーを摂取していると思われる．余分なカロリーに対して，体は複数の反応をする．体を動かして燃料を燃やす，体温の熱に変える，あるいは将来のためにたくわえる．私たちの体は，余分なカロリーを将来のために貯蔵できるよう非常に効率的にできている．

一方，過剰なトリアシルグリセロールの貯蔵は，Ⅱ型糖尿病，結腸がん，心臓病，脂肪肝などの危険性を増す．たとえば BMI（body mass index）が 30 以上の（肥満とされる）人は，Ⅱ型糖尿病になる比率が正常値の人よりも高い．この問題は，肥満の子どもではよりいっそう深刻である．このような子どもたちは若年の頃から重篤な健康上の問題を抱えるリスクが高いだけでなく，大人よりも多くの脂肪細胞をもっていて新たな脂肪細胞をつくり出すことができるため，よりいっそう多くのトリアシルグリセロールをたくわえることができる．

*（訳注）：げっ歯目，リス科，マーモット属の *Marmota monax*.

つづく

▲ この皇帝ペンギンは，貯蔵した脂質の異化によって供給されるエネルギーのおかげで数カ月のあいだ生き延びることができる．

心臓病は多くの国々で主な死亡原因である．多数の長期調査で，飽和脂肪とコレステロールの多い食餌と心臓病の因果関係には一貫した証拠が得られている．調査では，高脂肪食がある種のがんのリスク要因になるという強い確証も得られ，以下の点が明らかになっている．

- 動物性の飽和脂肪が多く入っている食餌は，血清コレステロールを増加させる．
- 飽和脂肪が少なく不飽和脂肪が多い食餌は，血清コレステロールを低下させる．
- 高レベルの血清コレステロールは，**アテローム症**(atherosclerosis，コレステロールとその他の脂質を含む黄色い沈着物である動脈プラークが動脈内にできる状態)と関係している．アテローム症になると，心筋への血流が止まっておこる冠動脈疾患や心臓発作のリスクや，脳への血流が止まっておこる脳卒中のリスクが高まる．

心臓病の危険性を総合的に評価する際に考慮されるリスク要因は，高レベルの血中コレステロールと低レベルのHDL，喫煙，高血圧，糖尿病，肥満，身体活動の低下，若年の心臓病の家系などがある．

本文中(7.2節)にあるように，リポタンパク質は脂質を全身に輸送する脂質とタンパク質の複雑な集合体である．もしLDLが末梢組織に必要以上にコレステロールを運び，それを取り除くHDLが不足すると，過剰のコレステロールは細胞と動脈に沈着する．HDLレベルが高くなると，沈着物が減り心臓病のリスクが下がる．さらに，LDLは炎症をおこす有害な性質をもち，動脈壁にプラークを蓄積する．これを“低いLDL(low LDL)は良い，高いHDL(high HDL)は良い”と覚えておくとよいだろう．

多くの専門家が推奨する数値目標：

総コレステロール	200 mg/dL 以下
LDL 値	100 mg/dL 以下
HDL 値	60 mg/dL 以上

心臓病のリスクに対する最初の防衛線は，食餌の飽和脂肪とコレステロールを減らすこと，運動すること，禁煙することである．リスクの高い人や最初の防衛線が不十分であった人には，冠動脈疾患を防ぎ進行を遅らせるために，血清コレステロール値を下げる薬が用いられる．このような薬には消化できない陰イオン交換樹脂(レジン；コレスチラミン，コレスチポール)があり，胆汁酸と結合して排出を促進し，肝臓が胆汁酸合成のためにコレステロールをより多く使うようになる．ほかの薬としてはスタチン類(たとえば，ロバスタチン)があり，これはコレステロール合成酵素を阻害する．

本章の最初のMalcolmを覚えているだろうか．彼の血液検査では，コレステロール値とトリアシルグリセロール値が顕著に上昇しており，HDLとLDLも異常値であった．ほかの検査で，彼は心臓につながる動脈に大きなプラークが沈着していたため心臓発作をおこしており，バイパス手術が必要であることがわかった．心臓手術に加えて，Malcolmは運動量と体重を改善するために食事やエクササイズについてのアドバイスを受け，禁煙をすすめられた．彼は退院後，スタチンといくつかの薬を処方され，1週間の経過観察の予約をした．

CIA 問題 7.4　肥満の人はどのような病気になるリスクが高いか．

CIA 問題 7.5　トリアシルグリセロールとして過剰なエネルギーが蓄積される要因はなにか．

CIA 問題 7.6　総コレステロール，HDL，LDLの空腹時の理想的な値を示せ．LDLとHDLの役割の違いはなにか．

CIA 問題 7.7　アテローム症とはなにか．

CIA 問題 7.8　動脈プラークとはなにか．高いHDLと比較的低いLDLが望ましいのはなぜか．

HANDS-ON CHEMISTRY 7.1

米国における**主な死亡原因**は心臓病である．以下の課題に Web を使って答えよ．
- 心臓発作とはなにか
- 男性における心臓発作の症状とはなにか．女性ではどうか．
- なぜ心臓発作は危険なのか．
- 心臓の障害に対する一つの治療法として"バイパス手術"がある．これはなにか．なぜ行われるのか．

要　約　章の学習目標の復習

• 食餌中のトリアシルグリセロールの消化と血流への輸送過程の段階をあげる

食餌の**トリアシルグリセロール**は胃で小さな粒状になって小腸に入り，そこで**胆汁酸**によって乳化されミセルを形成する．膵リパーゼがミセル中のトリアシルグリセロールを部分的に加水分解する．トリアシルグリセロールの加水分解から生成する小さい脂肪酸とグリセロールは，直接小腸の表面から血流に吸収される．不溶性の加水分解物は，ミセルに取り込まれて内膜まで輸送されて吸収され，再びトリアシルグリセロールになる．これらのトリアシルグリセロールは**リポタンパク質**の**キロミクロン**に取り込まれ，リンパ系に吸収されて血流中に輸送される（問題 19 ～ 24）．

• 主要なリポタンパク質の名前をあげ，それぞれが輸送する脂質の性質と機能，最終的な行き先を説明する

血流中に食餌のトリアシルグリセロールを輸送するキロミクロンに加えて，肝臓で合成されたトリアシルグリセロールをエネルギーの生成や貯蔵のために末梢組織に運ぶ VLDL（**超低密度リポタンパク質**）と，細胞膜やステロイド合成のために肝臓から末梢組織にコレステロールを輸送する LDL（**低密度リポタンパク質**），末梢組織から肝臓にコレステロールを戻して消化や排出に使われる胆汁酸に変換する HDL（**高密度リポタンパク質**）などがある（問題 12，25 ～ 28，68，70，71）．

• トリアシルグリセロールと脂肪酸の合成と分解の主要な経路の名前をあげ，ほかの代謝経路とのつながりを説明する．

食餌のトリアシルグリセロールはキロミクロンによって血流中に輸送され，毛細血管内面の酵素により脂肪酸とグリセロールに加水分解される．貯蔵中のトリアシルグリセロールは脂肪細胞内でおなじように加水分解される．いずれの脂肪酸もアセチル-CoA に **β 酸化**されるか，あるいはトリアシルグリセロールに再合成されて貯蔵される．アセチル-CoA は**脂肪酸の生合成**（**リポゲネシス**）や**ケトン体生成**やステロイド合成，あるいはクエン酸回路と酸化的リン酸化を経由するエネルギーの生成にかかわる．グリセロールは，解糖，糖新生あるいはトリアシルグリセロール合成にかかわる（問題 29，64，65，72）．

• トリアシルグリセロールの貯蔵と流動化の反応と，これらの反応がどのように制御されているかを説明する．

貯蔵のためのトリアシルグリセロールの合成は，グルコース濃度が高いときにインスリンで活性化される．合成はグリセロール 3-リン酸に変換するために（解糖あるいはグリセロールから）DHAP を必要とする．グリセロール 3-リン酸に一度に一つの脂肪酸のアシル基が結合し，トリアシルグリセロールができる．脂肪細胞に貯蔵されたトリアシルグリセロールの加水分解は，グルコースの濃度が下がったときにグルカゴンによって活性化される（問題 13，31 ～ 34）．

• 脂肪酸の酸化を説明する

脂肪酸は，脂肪酸のアシル-CoA に変換されて（細胞質ゾル内で）活性化される．この反応には 2 当量の ATP がアデノシン一リン酸（AMP）に変換される反応が必要になる．脂肪酸のアシル-CoA 分子はミトコンドリアマトリックスに輸送され，そこで β 酸化が繰り返されて，炭素 2 原子が一度に酸化されてアセチル-CoA になる（問題 11，14 ～ 16，35 ～ 42，66）．

• 脂肪酸酸化のエネルギー収量を計算する

エネルギー収量は，アセチル-CoA が生じる β 酸化，クエン酸回路におけるアセチル-CoA の酸化，すべての NADH と $FADH_2$ を ATP に変換する酸化的リン酸化，これらで生じる ATP 分子の数を合計することで算出する．脂肪酸異化をはじめるのに使われる 2 ATP 分子を引く（問題 17，43 ～ 50，69）．

• ケトン体がなにか，それらの性質と合成，代謝における役割を説明する

ケトン体とは 3-ヒドロキシ酪酸とアセト酢酸およびアセトンをいう．これらは 2 分子のアセチル-CoA からつくられる．クエン酸回路によるエネルギー生産が，利用できるアセチル-CoA の量とペースを合わせられなくなると，ケトン体の生産が増加する．これは，飢餓の初期段階や糖尿病を治療しないとおこる．ケトン体は水溶性なので補助なしで血流から組織へ輸送され，そこでアセト酢酸と 3-ヒドロキシ酪酸からアセチル-CoA が生産される．グルコースが不足する

とこのような経路でアセチル-CoA がつくられ，エネルギー生産が可能になる（問題 51 ～ 55）．

- **脂肪酸合成と酸化の両経路を比較し，合成経路の反応を説明する**

脂肪酸の合成（リポゲネシス）は，β 酸化のように一度に炭素 2 原子ずつ移る 4 段階の経路からなる．両経路は別々の酵素と補酵素を用いる．合成では，はじめの 4 炭素はアセチル-CoA からマロニル-ACP に転移してつくられる．追加の炭素はキャリヤータンパク質に結合した伸長鎖に 1 組ずつ付加する．このとき合成 4 段階のうち，後の 3 段階は β 酸化のはじめの 3 段階の逆反応になる（問題 18，56 ～ 63）．

概念図：脂質の代謝

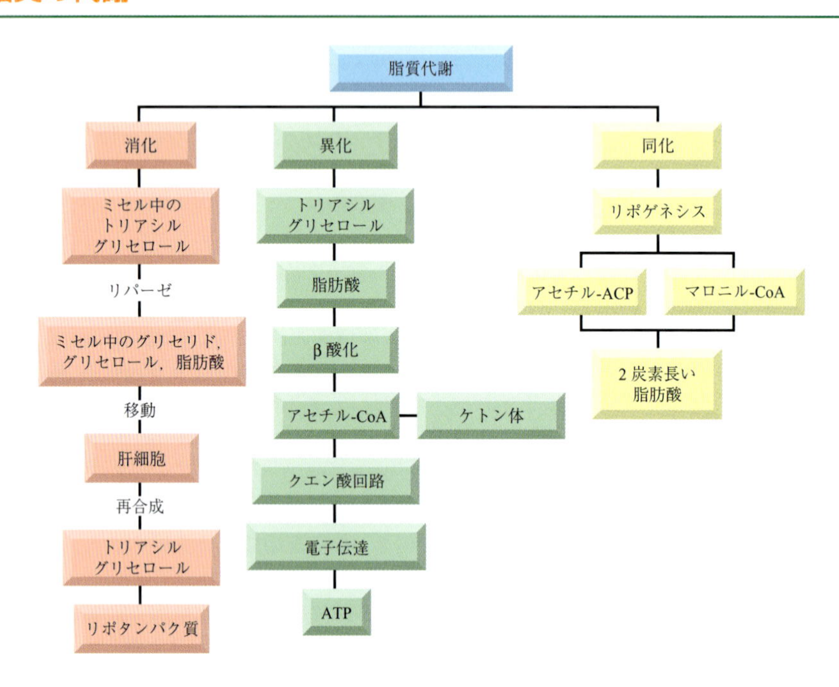

▲図 7.8　概念図

この概念図は脂質（とくに，トリアシルグリセロール）の消化と輸送，トリアシルグリセロールの異化作用の生成物とエネルギー生産，他分子からの脂肪酸生成のつながりを示している．

KEY WORDS

基本概念を理解するために

7.11 酸素は，脂肪酸のβ酸化における反応物ではない．β酸化は嫌気条件下でおこるか，説明せよ．

7.12 リポタンパク質について記述した以下の内容は，キロミクロン，HDL，LDL，VLDLのどれに該当するか．
(a) もっとも密度の低いリポタンパク質はどれか，またその理由はなにか．
(b) 食餌からトリアシルグリセロールを輸送するリポタンパク質はどれか．
(c) 循環系からコレステロールを除去するリポタンパク質はどれか．
(d) 血管の病気のリスクという観点からみて，悪玉コレステロールを含むリポタンパク質はどれか．
(e) 脂質に対するタンパク質の比がもっとも高いリポタンパク質はどれか．
(f) 肝臓から末梢組織へトリアシルグリセロールを輸送するリポタンパク質はどれか．トリアシルグリセロールはどのように使われるか．
(g) 肝臓から末梢組織へコレステロールを輸送するリポタンパク質はどれか．

7.13 脂質代謝，とくにトリアシルグリセロールの同化作用と異化作用は，炭水化物（グルコース）の代謝と関連している．インスリンとグルカゴンの血中濃度は，血中のグルコース濃度に依存している．つぎのA，B，Cで関連する項目を線でつなげよ．

A	B	C
高血中グルコース	高グルカゴン/低インスリン	脂肪酸とトリアシルグリセロール合成
低血中グルコース	高インスリン/低グルカゴン	トリアシルグリセロール加水分解・脂肪酸酸化

7.14 多くの異なる生化学経路で使われる一つの方法は，経路のはじめでエネルギーを消費し，終わりでエネルギーを大量に得ることである．脂肪酸の異化作用では，この方法はどのように活用されているか．

7.15 オキサロ酢酸が肝臓で糖新生に使われると，クエン酸回路にどのような影響を与えるか説明せよ．

7.16 エネルギーを貯蔵するために，トリアシルグリセロールがグリコーゲンよりも効率的な理由はなにか．

7.17 飢餓ではケトン体が生成する合理性を説明せよ．

7.18 β酸化と脂肪酸合成（リポゲネシス）の違いを比較せよ．これらの経路は，互いの逆反応か．

補充問題

トリアシルグリセロールの消化（7.1節）

7.19 トリアシルグリセロールが食後の満足感を長いあいだ持続させるのはなぜか．

7.20 トリアシルグリセロールの消化はどこで行われるか．

7.21 トリアシルグリセロールの消化における胆汁酸の役割はなにか．

7.22 胆汁酸はどこで合成され，その出発物質はなにか．

7.23 ステアリン酸，オレイン酸，リノール酸からなるトリアシルグリセロールを膵リパーゼで加水分解したときの反応式を書け．

7.24 加水分解を触媒するリパーゼはトリアシルグリセロールを分解する．この加水分解の生成物はなにか．

脂質の輸送（7.2節）

7.25 キロミクロンとはなにか，そして脂質代謝にどのようにかかわるか．

7.26 VLDLで輸送されるトリアシルグリセロールの起源はなにか．

7.27 脂肪酸は脂肪組織からどのようにして輸送されるか．

7.28 コレステロールは，どのように体中に輸送されるのか．また，いつ肝臓を離れ，その行く先と用途はなにか．

トリアシルグリセロールの代謝の概要と貯蔵（7.3，7.4節）

7.29 トリアシルグリセロールの加水分解で生成するグリセロールは，グリセルアルデヒド3-リン酸に変換され，さらに解糖系の段階6に入る．グリセルアルデヒド3-リン酸は，どのようにしてピルビン酸まで変換されるか．

7.30 もしグリセロールのグリセルアルデヒド3-リン酸への変換が1分子のATPを放出すると，グリセロールがピルビン酸に変換するあいだに放出されるATPは何分子か．

7.31 グリセロールのアセチル-CoAへの異化作用全体で放出されるATPは何分子か．グリセロールがCO_2とH_2Oに完全に異化される過程で放出されるATPは何分子か（ヒント：グリセロールからDHAPへの経路と，DHAPからピルビン酸，ピルビン酸からアセチル-CoAへの解糖の経路を合わせる．生産されるNADHと$FADH_2$も考慮することを忘れないこと）．

7.32 グリセロールのラウリン酸トリエステル1分子の異

化作用で生成するアセチル-CoAは何分子か(ヒント：例題7.3を見る．グリセロールを忘れないこと)．

7.33 脂肪細胞とはなにか．

7.34 脂肪組織の主な機能はなにか，それは体のどこにあるか．

脂肪酸の酸化(7.5節)

7.35 主なエネルギー源として脂肪酸酸化を行うのはどの組織か．

7.36 β酸化がおこるのは，細胞のどの場所か．

7.37 脂肪酸が異化作用のために活性化される最初の化学的な変換はなにか．

7.38 活性化された脂肪酸がβ酸化される前におこるべきことはなにか．

7.39 脂肪酸の段階的な酸化がβ酸化と呼ばれるのはなぜか．

7.40 脂肪酸を異化する一連の反応が，回路というよりもスパイラル(spiral)と説明されるのはなぜか．

7.41 β酸化に必要な補酵素はなにか．

7.42 β酸化に必要な補酵素は脂肪酸合成と同じ補酵素か．

7.43 1回のβ酸化で生成するATPは何分子か．

7.44 1モルのミリスチン酸の完全な酸化で生産されるATPは何モルか．

7.45 つぎの4分子を，1モルあたりの生物学的なエネルギー量が少ないものから順に並べよ．

(a) スクロース

(b) ミスチリン酸 $CH_3(CH_2)_{12}COOH$

(c) グルコース

(d) カプリン酸 $CH_3(CH_2)_8COOH$

7.46 つぎの4分子を，1モルあたりの生物学的なエネルギー量が少ないものから順に並べよ．

(a) ステアリン酸 $CH_3(CH_2)_{16}COOH$

(b) フルクトース

(c) パルミチン酸 $CH_3(CH_2)_{14}COOH$

7.47 ヘキサン酸の脂肪酸酸化の各段階の生成物を示せ．

(a) $CH_3(CH_2)_4C(=O)SCoA$ —(FAD → $FADH_2$；アシル-CoA デヒドロゲナーゼ)→ ?

(b) (a)の生成物 ＋ H_2O —(エノイル-CoA ヒドラターゼ)→ ?

(c) (b)の生成物 —(NAD^+ → $NADH/H^+$；3-ヒドロキシアシル-CoA デヒドロゲナーゼ)→ ?

(d) (c)の生成物 ＋ HS－CoA —(β-ケトアシル-CoA チオラーゼ)→ ?

7.48 偶数の炭素数をもつ，ある脂肪酸の異化作用の最後の段階の反応式を書け．

7.49 つぎの化合物の完全な異化作用で生成するアセチル-CoAは何分子か．

(a) ミリスチン酸 $CH_3(CH_2)_{12}COOH$

(b) カプリル酸 $CH_3(CH_2)_6COOH$

7.50 カプリル酸とミリスチン酸の完全な異化には，何回のβ酸化が必要か．

ケトン体とケトアシドーシス(7.6節)

7.51 ケトン体の3化合物はなにか．なぜケトン体と呼ばれるのか．それらを形成する体内の過程はなにか．それらはなぜできるか．

7.52 ケトーシスとはなにか．ケトーシスが長引くと，どのような状態になり，なぜ危険か．

7.53 未処置の糖尿病の患者の呼気にアセトンが存在するのは，なにが原因か．

7.54 ケトアシドーシスを発症している人の尿は酸性である．ケトン類はどのようにpHに影響するか．ケトン体が存在すると，なぜpHが低下するか．

7.55 炭水化物を極端に制限するダイエットは，ケトーシスを発症することが多い．それはなぜか．

脂肪酸の生合成(7.7節)

7.56 脂肪酸を合成する同化作用の経路の名前はなにか．

7.57 β酸化がトリアシルグリセロールを生産する方向に戻ることができないのはなぜか，説明せよ．

7.58 脂肪酸合成の出発物質の名前はなにか．

7.59 脂肪酸が，一般的に偶数の炭素原子をもつのはなぜか．

7.60 ステアリン酸($C_{17}H_{35}COOH$)の合成に必要なリポゲネシスのサイクル数はいくつか．

7.61 ステアリン酸($C_{17}H_{35}COOH$)の合成には何分子のNADPHが必要か．

7.62 脂肪酸の合成と分解の過程を，細胞はどのように分けているか．

7.63 脂肪酸合成の反応と脂肪酸分解の反応における違いを二つ述べよ．

全般的な問題

7.64 大量の炭水化物を消費することは，脂肪組織に脂肪を貯蔵することになる．これはどのようにおこるか．

7.65 炭水化物の余剰カロリーがグリコーゲンではなく脂肪として貯蔵される理由はなにか．

7.66 β酸化経路の中間体はキラルか，説明せよ．

7.67 脂肪と炭水化物1モルから放出されるエネルギー量を比較し，得られるエネルギーの違いを説明せよ．

7.68 食餌から得られる脂質を輸送するリポタンパク質は，外因性とされる．代謝経路で生産された脂質を輸送するリポタンパク質は，内因性とされる．つぎのリポタンパク質のうち，外因性の脂質を輸送するのはどちらで，内因性の脂質を輸送するのはどちらか．

(a) LDL　(b) キロミクロン

7.69 ベヘン酸(C22：0)はピーナッツバターに入っている．

(a) ベヘン酸のβ酸化によって，何分子のアセチル-CoA が生じるか.

(b) 何分子の ATP が(a)で生じるか.

(c) (a)で生じたアセチル-CoA が完全に酸化されると何分子の CO_2 が生じるか.

(d) 何分子の ATP が(c)で生じるか.

(e) ベヘン酸が完全酸化によって CO_2 になるとき，全部で何分子の ATP が生じるか.

グループ問題

7.70 高濃度の血中コレステロールは，アテローム症と心臓発作，脳卒中に関係しており，危険である．コレステロールを含まない食餌をとることによって，血中からすべてのコレステロールを除くことは可能か．また，コレステロールをまったくもたない体は望ましいだろうか，説明せよ.

7.71 コレステロール合成で，アセチル-CoA は 2-メチル-1,3-ブタジエンに変換される．つぎに 2-メチル-1,3-ブタジエン分子が結合し，コレステロールの炭素骨格ができる．2-メチル-1,3-ブタジエンの短縮構造式を描け．コレステロールの炭素数はいくつか．コレステロール 1 分子ができるには，何分子の 2-メチル-1,3-ブタジエンが必要か.

7.72 パスタ，パン，ビール，炭酸飲料，これら低脂肪の食餌は簡単に体重の増加に結びつく．その増加分は，トリアシルグリセロールとして脂肪細胞に貯蔵される．体重の増加について説明し，過剰な炭水化物が脂肪として貯蔵される理由について述べよ.

8

タンパク質とアミノ酸代謝

目　次

復習事項

A. アミノ酸（1.3，1.4 節）
B. タンパク質の一次構造（1.6 節）
C. 代謝の概要（4.3 節）

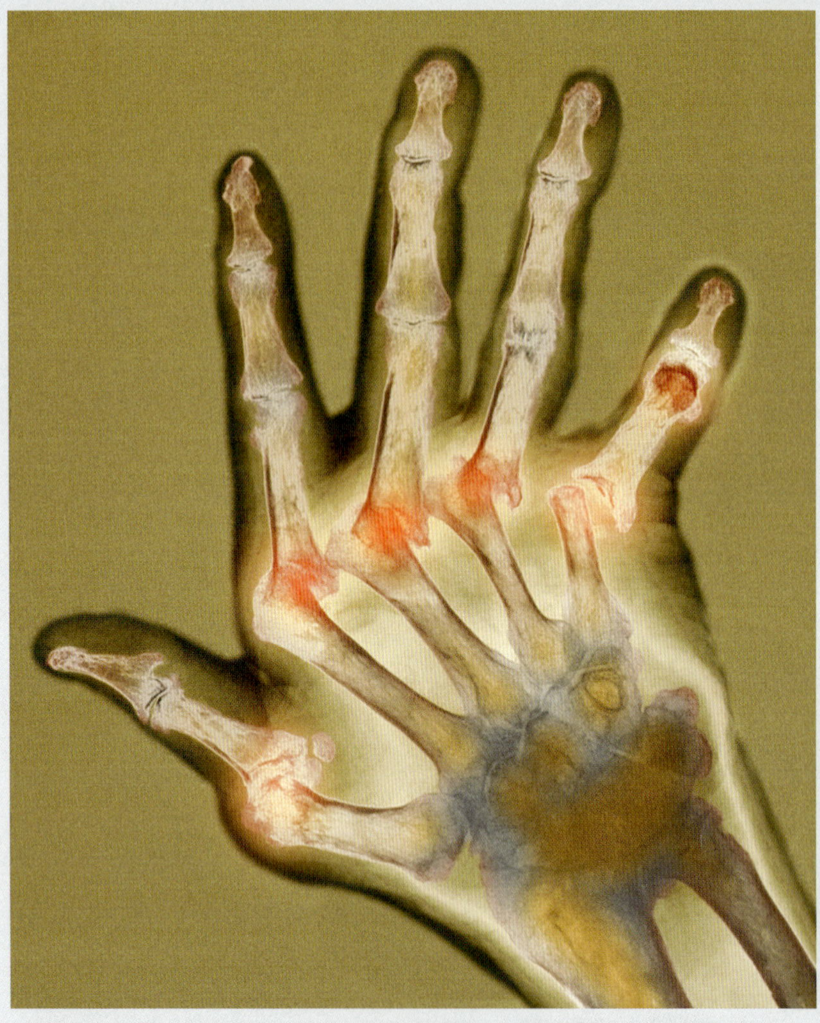

▲ 慢性関節リウマチ(rheumatoid arthritis, RA)に罹患した患者の変形した手の着色したX線写真．関節の損傷(赤色の部分)により指が異常に曲がっている．必須アミノ酸であるヒスチジンの血清レベルの低下は，この疾患でみられる特徴的な代謝マーカーになっている．

私たちの体で合成することができる非常に複雑な生体分子の数は驚異的なものであるが，私たちがつくることができない，生体にとって必要な分子も数多くある．必須栄養素とよばれるこれらの分子は，私たちが食べる食品から毎日得なければならない．これらの中でももっとも重要なのが九つの必須アミノ酸で，外部から得られたタンパク質を消化して得なければならない．あなたの食生活において，一つもしくはそれ以上の必須アミノ酸が欠けていたらどうなるであろうか？ その場合，貧血や腎臓疾患から精神病における統合失調性行動に至るまで，アミノ酸欠乏症に起因する疾患が生じる可能性がある．たとえば，多くの議論の余地はあるけれど，必須アミノ酸の一つであるヒスチジン欠乏症は，慢性関節リウマチ(RA)において重要な役割を果たしている可能性がある．実際に，血清中のヒスチジンレベルの低下は，RA の特異的な代謝マーカーとして使用されている．必須アミノ酸の欠乏におけるたび重なる相加的な障害は，本章の最後にある Chemistry in Action“必須アミノ酸の重要性と欠乏による影響”で化学的に解説する．

本章では，タンパク質が代謝される結果，そして最終的につくり出されたアミノ酸について学んでいく．私たちは生きていくうえで必要とするアミノ酸のほとんどをつくるのに必要な生化学的機構をもっているが，食物タンパク質の加水分解によって得られるアミノ酸はいまだに主要な源となっている．タンパク質とアミノ酸の代謝についての解説に入る前に，アミノ酸とそれらが形成するタンパク質の構造（1 章）ならびに酵素としてのタンパク質の本質的な機能(2 章)を見直すことは有用である．9 章でタンパク質の実際の生合成を調べ，病気診断のための体液の検査については 12 章で解説する．

8.1　タンパク質の消化

学習目標：

- タンパク質消化のステップを列記することができる．

1 章で学習したように，タンパク質は一つのアミノ酸にある $-NH_2$ 基を別のアミノ酸の $-COOH$ 基に結合させ，ペプチド結合($-CONH-$)を形成することによって互いに結合した個々のアミノ酸のポリマーであり，アミド結合以外のものであることを思い出してほしい．タンパク質消化の最終段階の反応は単純で，すべてのペプチド結合を加水分解しアミノ酸を回収することである．

◀◀◀ 復習事項 アミド結合の加水分解については有機化学編 6.4 節を参照．

ペプチド結合の加水分解

ペプチド結合の開裂

$$\sim\text{NH}-\underset{\text{R}}{\text{CH}}-\overset{\text{O}}{\overset{\|}{\text{C}}}-\text{NH}-\underset{\text{R}}{\text{CH}}-\overset{\text{O}}{\overset{\|}{\text{C}}}\sim \xrightarrow[\text{プロテアーゼ}]{\text{加水分解}} \text{H}_3\overset{+}{\text{N}}-\underset{\text{R}}{\text{CH}}-\overset{\text{O}}{\overset{\|}{\text{C}}}-\text{O}^-$$

食物タンパク質　　　アミノ酸

$$\text{H}_3\overset{+}{\text{N}}-\underset{\text{CH}_3}{\text{CH}}-\overset{\text{O}}{\overset{\|}{\text{C}}}-\overset{\text{H}}{\text{N}}-\underset{\text{CH}_2\text{OH}}{\text{CH}}-\overset{\text{O}}{\overset{\|}{\text{C}}}-\overset{\text{H}}{\text{N}}-\underset{\text{CH}_2\text{C}_6\text{H}_5}{\text{CH}}-\overset{\text{O}}{\overset{\|}{\text{C}}}-\text{O}^-$$

$$\text{H}_3\overset{+}{\text{N}}-\underset{\text{CH}_3}{\text{CH}}-\overset{\text{O}}{\overset{\|}{\text{C}}}-\text{O}^- \qquad \text{H}_3\overset{+}{\text{N}}-\underset{\text{CH}_2\text{OH}}{\text{CH}}-\overset{\text{O}}{\overset{\|}{\text{C}}}-\text{O}^- \qquad \text{H}_3\overset{+}{\text{N}}-\underset{\text{CH}_2\text{C}_6\text{H}_5}{\text{CH}}-\overset{\text{O}}{\overset{\|}{\text{C}}}-\text{O}^-$$

アラニン　　　セリン　　　フェニルアラニン

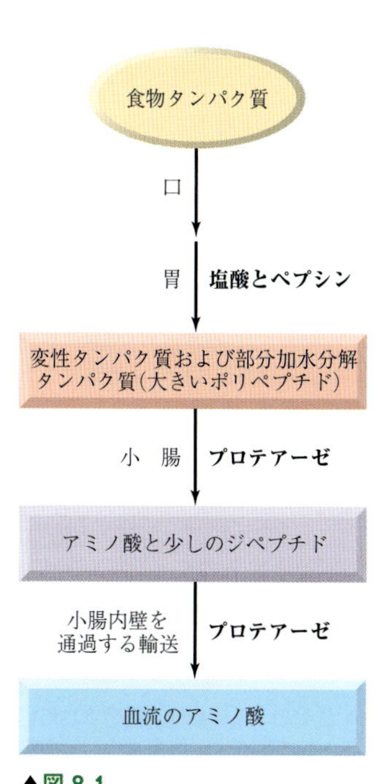

▲**図 8.1**
タンパク質の消化

図 8.1 は，食物タンパク質が消化されてアミノ酸に変換される過程を要約したものである．タンパク質の分解はまず口中で行われ，食べ物の大きな塊は(咀嚼によって)より小さな消化されやすい塊になる．タンパク質は非化学的な消化法ではじまるが，この段階は食べ物の表面積を広くし，消化されやすくするために必要になる．食物タンパク質の化学的な消化は，胃の強酸性の環境(pH 1 ～ 2)におけるタンパク質の変性にはじまり，そこでは消費されたタンパク質の三次構造，二次構造が壊れはじめる．塩酸に加え，胃の分泌液は酵素前駆体のチモーゲンのペプシノーゲンを含み，それは酸で活性化されて消化酵素のペプシンに変わる．多くのタンパク質と異なり，ペプシンは pH 1 ～ 2 の条

HANDS-ON CHEMISTRY 8.1

栄養学の専門家は，ビタミンから砂糖に至るまで毎日の摂取目安量(RDA)または食事摂取基準値(DRI)を確立している．これらの指針では，毎日の摂取すべきタンパク質の量を計算し，いくつかの献立からその摂取量がわかる．この指針を完全に実行するには少なくとも3日間と，インターネット接続が必要となる．

a. 1日に食べる量を計算しよう．あなた自身のために正確な体重を知ることからはじめよう．典型的な活動的な成人における(19～24歳)タンパク質のDRIは，体重1 kgにつきタンパク質が0.8 gである．この数値に基づいて，1日にどれくらいの量のタンパク質を消費すべきか計算しよう．

b. タンパク質のDRIは，ヒトの日常活動レベルが増加するにつれて増加する．たとえば，ランナーの場合，体重1 kg当たりタンパク質のDRIは1.4 g，激しいトレーニングをする場合には体重1 kg当たり1.8 gのタンパク質が必要になる．ここで，あなたは日常的に歩いたり，走ったり，運動やスポーツをするなど，十分に活動的であると仮定しよう．あなたのDRIが体重1 kgにつき1.1 gのタンパク質であると仮定すると，このような運動をした場合に消費すべきタンパク質の量を計算しよう．

c. 日誌を使用して，朝食，昼食，夕食，そして食事のあいだにとった軽食を3日間，正確に記録する．可能であれば，あなたが食べたおのおのの食物がどれくらいの量になるか試してほしい．食事を摂らなかった場合も記録する．インターネットを使って，あなたが食べた食物中のタンパク質の量(グラム)をみつけられるか確かめてみよう．毎日の合計した数値と記録した3日間の平均をとろう．上記a.やb.項目の数値において，あまりにも少なすぎたり，あまりに多かったり，それともちょうど十分な量のタンパク質を食べていただろうか．

d. タンパク質の摂取量は量だけではなく品質も重要である．最終的な項目として，タンパク質に関して“品質”がなにを意味するかを調べてみよう．“高品質タンパク質”を提供する食品のリストを検索し，より質の高いタンパク質を取り入れるにはどのように食事を変えるとよいだろうか．

◀◀◀ 2.8節で学んだように，チモーゲン(プロ酵素)は化学変化を受けた後に活性酵素になる物質であったことを思い出そう．

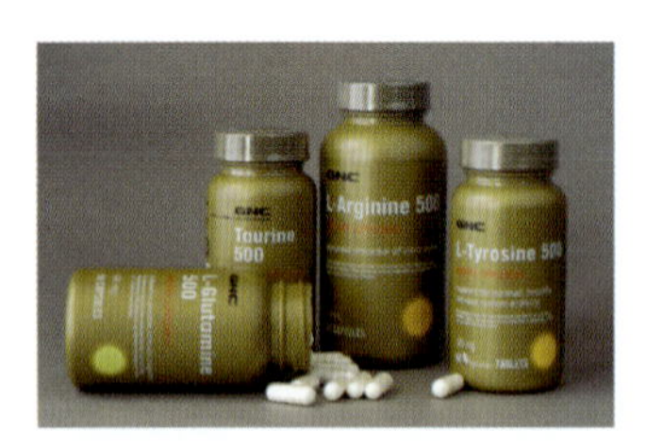

▲個々のアミノ酸は，証明されていないがさまざまな健康上の利益を生む．アミノ酸は食物に分類されているので，食品医薬品局(FDA)承認に要求される純度，安全性，効能のための厳密な試験を行う必要がない．

件下で安定な活性を示す．タンパク質の加水分解は，ペプシンが変性タンパク質中のペプチド結合を切断してはじまり，ポリペプチドを生成する．

ペプシン消化で生成したポリペプチドは，それからpHが約7～8の小腸に入る．ペプシンは弱酸性の環境下では不活性化され，膵臓から消化酵素群が分泌される．活性化された酵素(トリプシン，キモトリプシンやカルボキシペプチダーゼのようなプロテアーゼ)は，そこで，さらに部分的に消化されたタンパク質のペプチド結合を加水分解する．

小腸における膵臓からのプロテアーゼと腸内層の細胞におけるほかのプロテアーゼとの複合作用により，食物タンパク質の遊離アミノ酸への変換が完了する．アミノ酸は小腸の内壁の細胞膜を横切って能動輸送された後，血流に直接吸収される．細胞内へのアミノ酸の能動輸送には，アミノ酸の異なるグループに特化したいくつかの輸送システムによって行われている．その理由は，食物中の一つの過剰アミノ酸が輸送を占有し，ほかのアミノ酸の不足をもたらすからである．この状況は，健康食品店でよく売られている単一種のアミノ酸補助食品を多量に摂取する人の場合にのみおこる．

8.2　アミノ酸の代謝：概要

学習目標：

- アミノ酸プールとその代謝の役割を定義することができる．
- どのようにアミノ酸が異化されるのかを説明できる．

アミノ酸プール(amino acid pool)
体内における遊離アミノ酸の集積．

体内の遊離アミノ酸全体の集積，すなわち**アミノ酸プール**は，タンパク質とアミノ酸の代謝における中心的な位置を占めている(章末の図 8.5 参照)．体内のすべての組織や生体分子は，**ターンオーバー**として知られるプロセス，すなわち絶えず分解，修復され，生まれかわっている．健康な成人では毎日約 300 g のタンパク質を分解し，それによってアミノ酸は消化ばかりでなく古いタンパク質の分解からもつねにアミノ酸プールに入り，新しい含窒素生体分子の合成のために連続的に回収される．

ターンオーバー(turnover)　生体分子の継続的な代謝回転．タンパク質の場合，それはタンパク質合成と分解とのバランスによる．

20 種類のアミノ酸はそれぞれ，独自の経路により分解される．覚えておくべき大事な点は，それらのプロセスはそれぞれおなじだということである．

◀◀◀ 4.3 節で学んだように，異化は分解であり，同化は生体分子の合成であることを思い出そう．

アミノ酸の異化作用の一般的な過程

- アミノ基の除去(8.3 節)
- 新しい窒素化合物の合成に除去された $-NH_2$ を利用(8.3 節)
- 尿素回路への窒素の輸送(8.4 節)
- クエン酸回路に入る化合物への炭素原子の取込み(8.5 節)

私たちの体は，代謝過程で不要となった，アンモニアのような有害な窒素化合物を貯蔵することはない．したがって，食物タンパク質からのアミノ窒素はたった二つの経路をたどる．それは尿素へ取り込まれて排泄されるか，新しい含窒素化合物の合成に使用されるかであり，それらは以下のような物質である．

- 一酸化窒素(NO，化学メッセンジャー)
- ホルモン
- 神経伝達物質
- ニコチンアミド(補酵素 NAD ＋と NADP ＋分子)
- ヘム(赤血球中のヘモグロビンの一部)
- プリンとピリミジン塩基(核酸)

さらに先へ ▶▶▶ ホルモンと神経伝達物質は 11 章で解説するように化学的メッセンジャーである．図 2.10 にはニコチンアミドアデニンジヌクレオチド(NAD^+)が，図 4.10 にはヘムの化学構造が，表 9.1 にはプリン塩基とピリミジン塩基が掲載されている．

NO はとくに興味深い分子である．化学的には電子数が奇数(**フリーラジカル**[free radical]，有機化学編 1.8，2.7 節参照)なので反応性がとても高い．生物学的には，血圧を下げ，侵入した微生物を殺し，そして記憶を増強させる．NO は血管の周辺部で酸素とアミノ酸のアルギニンから生成される．血管では，NO は平滑筋に働きかけて拡張し，結果的に血圧を下げる．NO を放出するニトログリセリンのような薬は，血管が部分的に閉塞し，運動中に痛みをおぼえるような症状をもつ狭心症の処置には有益である．

◀◀◀ NO については基礎化学編 4 章の Chemistry in Action "CO と NO：汚染物質かそれとも奇跡の分子か？"も参照．

アミノ酸の炭素部分はさまざまな経路をたどる．アミノ酸の炭素原子はクエン酸回路に入る化合物に変換される．それらの化合物はクエン酸回路(体の主なエネルギー生産経路，4.7 節参照)に入り，CO_2 とアデノシン三リン酸(ATP)中に貯蔵されたエネルギーを与える．ヒトの体のエネルギーの約 10 ～ 20％が，通常この方法でアミノ酸からつくられる．エネルギーを直ちに必要としない場合は，アミノ酸からつくられる炭素を運ぶ中間体はトリアシルグリセロール(脂肪合成)あるいはグリコーゲン(糖新生やグリコーゲン合成)として貯蔵される．また一部はケトン体にも変換される．

◀◀◀ 脂質合成とケトン体合成は 7 章で，糖新生とグリコーゲン合成は 5 章で解説した．

問題 8.1

つぎの記述はそれぞれ正しいか，間違っているか答えよ．間違いなら理由を説明せよ．

(a) アミノ酸プールは主に肝臓で認められる．
(b) 含窒素化合物は脂肪組織に貯蔵される．
(c) いくつかのホルモンや神経伝達物質はアミノ酸から合成される．

基礎問題 8.2

セロトニンはモノアミンの神経伝達物質である．それは体内でアミノ酸のトリプトファンからつくられる（図 11.6 参照）．トリプトファンをセロトニンに変換する 2 段階の反応には，それぞれどの種類の酵素が触媒するか．

8.3 アミノ酸の異化作用：アミノ基

学習目標：

- **アミノ酸の窒素の運命について考える．**

アミノ基転移反応（transamination）
アミノ酸のアミノ基と α-ケト酸のケト基の相互置換．アミノ交換反応ともいう．

アミノ酸の異化作用の第 1 段階は，アミノ基の除去になり，主に肝細胞の細胞の中でおこる．この過程は**アミノ基転移反応**として知られ，アミノ酸のアミノ基と α-ケト酸のケト基を相互に置換する．

$$\underset{\text{アミノ酸 1}}{R'-\underset{\underset{{}^{+}NH_3}{|}}{CH}-COO^-} + \underset{\text{α-ケト酸 1}}{R''-\overset{\overset{O}{\|}}{C}-COO^-} \xrightleftharpoons[\text{フェラーゼ}]{\text{α-アミノトランス}} \underset{\text{α-ケト酸 2}}{R'-\overset{\overset{O}{\|}}{C}-COO^-} + \underset{\text{アミノ酸 2}}{R''-\underset{\underset{{}^{+}NH_3}{|}}{CH}-COO^-}$$

多数のアミノトランスフェラーゼ酵素は，一つの分子からほかの分子へアミノ基を転移する働きをもつ（そのため接頭語にトランスがつく）．多くはアミノ基受容体としての α-ケトグルタル酸に特異的であり，いくつかの異なるアミノ酸から $-NH_2$ 基を除去することができる．α-ケトグルタル酸はグルタミン酸に，アミノ酸は α-ケト酸に変換される．たとえば，アラニンはアミノ基転移反応によりピルビン酸に変換される．

$$\underset{\substack{\text{アラニン}\\\text{（アミノ酸 1）}}}{CH_3\underset{\underset{{}^{+}NH_3}{|}}{CH}-COO^-} + \underset{\substack{\text{α-ケトグルタル酸}\\\text{（アミノ酸受容体）}}}{{}^{-}OOC-CH_2CH_2-\overset{\overset{O}{\|}}{C}-COO^-} \xrightleftharpoons[\text{フェラーゼ}]{\text{アラニンアミノトランス}}$$

$$\underset{\text{ピルビン酸}}{CH_3-\overset{\overset{O}{\|}}{C}-COO^-} + \underset{\substack{\text{グルタミン酸}\\\text{（アミノ酸 2）}}}{{}^{-}OOC-CH_2CH_2\underset{\underset{{}^{+}NH_3}{|}}{CH}-COO^-}$$

この変換を行う酵素アラニンアミノトランスフェラーゼ（ALT）はとくに肝臓に豊富に存在し，血中の ALT 濃度が通常以上になるということは，肝機能障害によって ALT が血流へもれ出すことを示している．

アミノ基転移反応は多くの生化学経路において鍵となる反応であり，必要に応じてアミノ酸のアミノ基とカルボニル基を変換する．この反応は可逆的であり，反応物の濃度によってどちらか一方へ容易に進む．このようにして，合成と分解のバランスを保つことによりアミノ酸濃度を制御している．たとえばピルビン酸とグルタミン酸の反応（前述の逆反応）は，アラニンの主要な合成経路である．

アミノ基転移反応からのグルタミン酸はアミノ基輸送体として働き，新しいアミノ酸合成のためにアミノ基を供給することに使われる．このようにしてつくられたグルタミン酸のほとんどはα-ケトグルタル酸を再合成するために回収される．ミトコンドリアでおこるこの過程は，**酸化的脱アミノ化**として知られる．アンモニウムイオンとしてグルタミン酸のアミノ基は酸化的に除去され，α-ケトグルタル酸に戻す．

酸化的脱アミノ化（oxidative deamination） NH_4^+ の除去を伴うアミノ酸の $-NH_2$ 基のα-ケト基への変換反応．

$$^{-}OOC-CH_2CH_2CH(^{+}NH_3)-COO^{-} + H_2O \xrightarrow[\text{グルタミン酸デヒドロゲナーゼ}]{NAD^+ (NADP^+) \rightarrow NADH (NADPH)} {}^{+}NH_4 + {}^{-}OOC-CH_2CH_2C(=O)-COO^{-}$$

グルタミン酸　　　α-ケトグルタル酸

この反応で生成するアンモニウムイオンは尿素回路に移行し，尿素として尿の中に排出される．アミノ酸から尿素への窒素の反応経路を図 8.2 に示す．

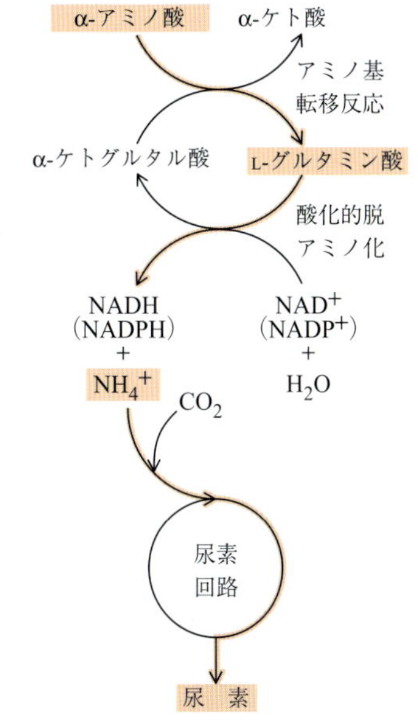

▲**図 8.2**
アミノ酸から尿素への窒素の経路
窒素をもつ化合物とそれらの経路を赤茶色で強調した．

例題 8.1　アミノ基転移反応生成物を予測する

心筋トランスアミナーゼ，アスパラギン酸アミノトランスフェラーゼ(AST)の血清中の濃度は心臓病の診断に使用される．なぜなら損傷した心臓細胞からその酵素が血清にもれ出すからである．AST は，α-ケトグルタル酸によるアスパラギン酸のアミノ基転移反応を触媒する．この反応の生成物はなにか？

解　説　この反応は，アスパラギン酸のアミノ基をα-ケトグルタル酸のケト基で変換する．α-ケトグルタル酸がアミノ基転移反応でつねにグルタミン酸を与え，生成物の一つがグルタミン酸であることを私たちは知っている．アミノ酸からの生成物は，アミノ基の代わりにケト基をもつ．生成物の候補を識別するためには，さまざまなアミノ酸の構造を考える必要がある．表 1.3 に掲載した(20 種類のアミノ酸の構造一覧を参考にすると)アスパラギン酸(aspartic acid)の構造は以下のとおりである．

$$^{-}OOC-CH_2\underset{\alpha}{CH}(^{+}NH_3)-COO^{-}$$

アスパラギン酸

α 炭素に結合する $-NH_3^+$ 基と $-H$ 基を除き，それらを $C=O$ 基で置換すると，目的のα-ケト酸が得られ，オキサロ酢酸になる．

$$^{-}OOC-CH_2-C(=O)-COO^{-}$$

オキサロ酢酸

解　答
したがって全反応は，以下となる．
アスパラギン酸 ＋ α-ケトグルタル酸 ⟶ オキサロ酢酸 ＋ グルタミン酸

問題 8.3
アミノ酸フェルニアラニンのアミノ基転移反応により生成するα-ケト酸の構造はなにか(表 1.3 の Phe の構造を参照)．

問題 8.4

以下の反応における α-ケト酸の構造はなにか.

$$\mathrm{CH_3{-}S{-}CH_2CH_2\underset{\underset{{}^{+}NH_3}{|}}{C}H{-}COO^-} \xrightarrow[]{\alpha\text{-ケトグルタル酸}\ \ \text{グルタミン酸}} ?$$

問題 8.5

アラニンのピルビン酸への変換は，どのようにして酸化反応と識別されるか説明せよ.

問題 8.6

たいていのアミノ酸とは異なり，分枝の側鎖をもつアミノ酸は肝臓よりも組織で破壊される. 表 1.3 を参照し，R 基に分枝の側鎖をもつアミノ酸三つを確認せよ. その中のどれか一つのアミノ酸について，アミノ基転移反応の反応式を書け.

8.4 尿素回路

学習目標：

- 尿素サイクルの主な反応物および生成物を特定することができる.

尿素回路(urea cycle)　排出のための尿素を生産する生化学的な循環経路.

▲ 周囲の水にアンモニアは即座に希釈されるため，魚類は排泄のためにアンモニアを尿素に変換する必要がない. これが，魚類の水槽のアンモニア量が毒性を示す濃度に達しないかどうか継続的に調べる理由である.

アンモニア(アンモニウムイオン NH_4^+ も同様に)は生物にとって非常に有毒で，無害な形で排出されなければならない. 魚類はえらからアンモニアを直接水中に排泄し，そこでアンモニアは直ちに希釈され，毒性は効果的に中和される. 哺乳類はすぐに希釈できる環境で生存していないため，アンモニアの除去にはほかの方法を見つけなければならない. 哺乳類は尿中にアンモニアを含んだ状態で直接排泄することに適していない. なぜなら安全にこの方法を行うには，大量の水が必要なので脱水状態になってしまう. 哺乳類は，溶液中のアンモニウムイオンとして存在するアンモニアを，まず**尿素回路**経由で無毒な尿素に変換しなければならない.

アンモニウムイオンは肝臓で尿素に変換される. そこから尿素は腎臓へ輸送され，排泄のため尿になる. ほかの多くの生化学経路のように，尿素の生成はエネルギー消費ではじまる. アンモニウムイオン(アミノ酸の酸化的脱アミノ反応)，重炭酸イオン(クエン酸回路で生じる二酸化炭素)，および ATP が結合して，カルバモイルリン酸を形成する. クエン酸回路のように，この反応はミトコンドリアのマトリックス内で行われる. 2 分子の ATP が消費され，1 分子のリン酸が転移してカルバモイルリン酸(ATP のような高エネルギーリン酸エステル)を形成する.

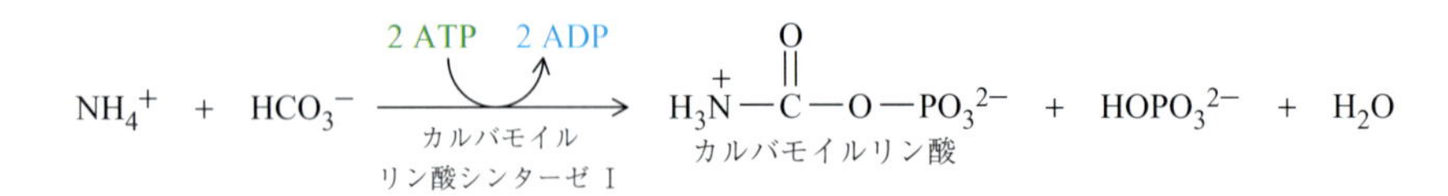

つぎに，カルバモイルリン酸は図 8.3 に示す 4 段階の尿素回路のうち，段階 1 で反応する.

尿素回路の段階 1，2：反応中間体の形成

尿素回路の段階 1 は，カルバモイル基 $H_2NC{=}O$ をカルバモイルリン酸からタンパク質にはないアミノ酸のオルニチンへ転移し，やはりタンパク質に

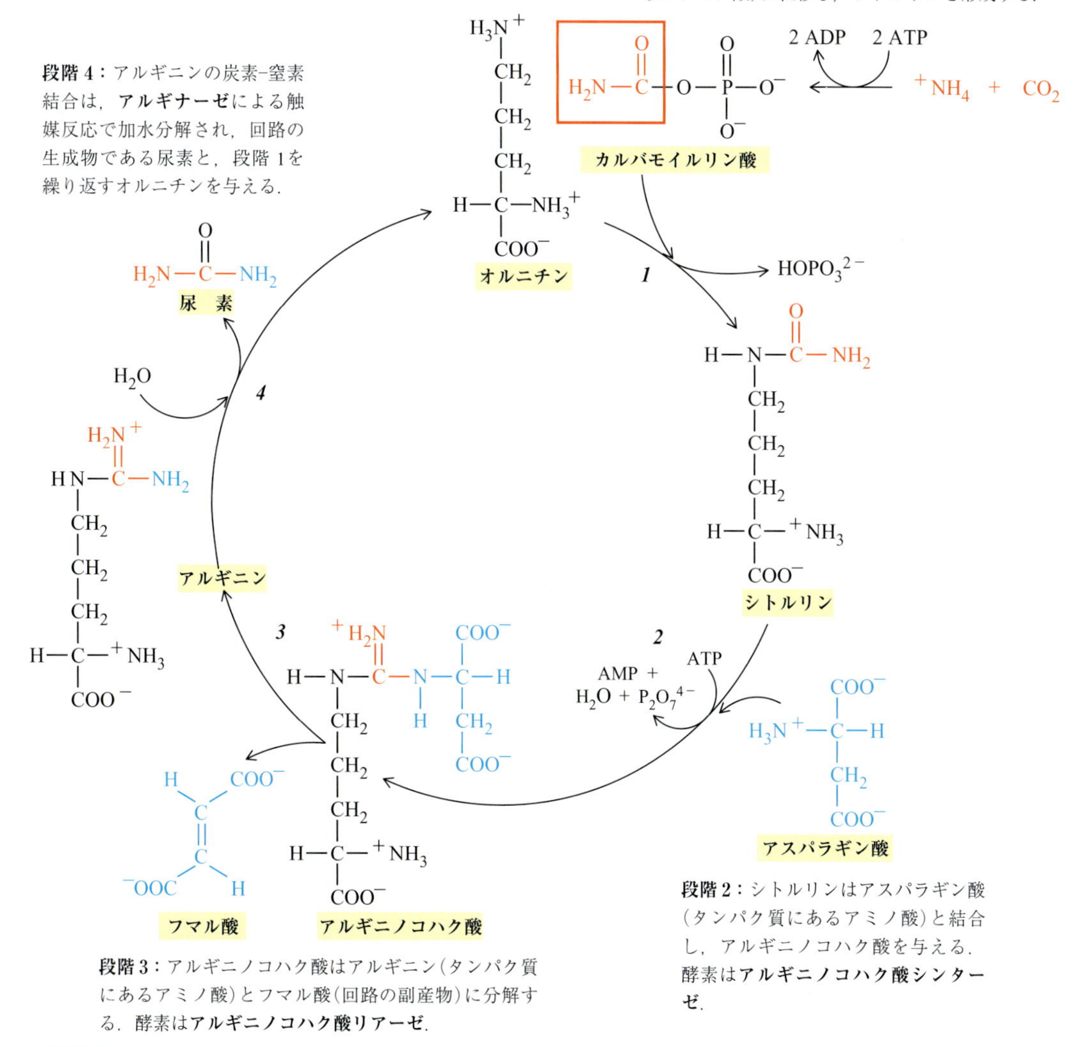

▲**図 8.3**
尿素回路
段階1でカルバモイルリン酸の形成とシトルリンの形成はミトコンドリアマトリックスで行われる．段階2～4は細胞質ゾルで行われる．カルバモイル基は，図の上方で，赤い枠で囲んだ．

はないアミノ酸のシトルリンを与える．この発エルゴン反応は，尿素回路に最初の尿素態窒素を取り込む．

段階2では，アデノシンモノリン酸（AMP）への ATP の変換によって進められる反応でシトルリンおよびピロリン酸（$P_2O_7^{4-}$）と結合し，さらにピロリン酸の発エルゴンの加水分解が続く．尿素として排出される両方の窒素原子は，これでアルギニノコハク酸のおなじ炭素原子に結合したことになる（図 8.3 の赤色の炭素原子）．

尿素回路の段階 3，4：段階 2 の生成物の開裂と加水分解

段階3では，アルギニノコハク酸を二つの化合物，アミノ酸のアルギニンとフマル酸に分解する．これらがクエン酸回路（図 4.8）の中間体であること

を覚えていると思う．最後の段階 4 では，アルギニンは加水分解して尿素を与え，再び回路の段階 1 中の反応物オルニチンを再生する．

尿素回路の全体の結果

$$HCO_3^- + NH_4^+ + 3\,ATP + {}^-OOC{-}CH_2{-}CH(NH_3^+){-}COO^- + 2\,H_2O \longrightarrow$$

アスパラギン酸

$$H_2N{-}C(=O){-}NH_2 + 2\,ADP + AMP + 4\,HOPO_3^{2-} + {}^-OOC{-}CH{=}CH{-}COO^-$$

尿素　　　　フマル酸

尿素回路の結果を要約するとつぎのようになる．

- CO_2 の炭素，NH_4^+ の窒素，アスパラギン酸の窒素から尿素をつくり，ついで尿を経る生物学的な排出
- エネルギーを供給するために四つの高エネルギーリン酸結合を切断
- クエン酸回路の反応中間体，フマル酸の生成

尿素回路における各段階の酵素の欠損に関連する遺伝病が明らかにされている．血中の異常な高濃度のアンモニア（**高アンモニア血症** hyperammonemia）は，幼児期の嘔吐，嗜眠，**運動失調**（ataxia）や知的障害をもたらす．応急処置としては輸血，**血液透析**（hemodialysis），アンモニア除去剤の使用がある．長期的治療としては，タンパク質の過剰摂取を避けるための低タンパク質食と少量のこまめな食事が求められる．

問題 8.7

図 8.3 に示したように，アルギニン（a）は尿素回路の最後の段階でオルニチン（b）に変換される．クエン酸回路の最終的段階に入るために，グルタミン酸（d）の酸化と α-ケトグルタル酸（e）への転換に続いて，アルデヒド（c）になるために末端のアミノグループ部位でオルニチンはアミノ基転移反応を受ける．アルギニンからはじまり，α-ケトグルタル酸に終わる経路における五つの分子（a）～（e）の構造を描け．また，おのおのの構造が変化したところを丸で囲め．

基礎問題 8.8

尿素回路の段階 3 のフマル酸は回収され，回路の段階 2 のアスパラギン酸に利用される．この回路の反応の順序はつぎのようになる．

（a）$${}^-O{-}C(=O){-}CH{=}CH{-}C(=O){-}O^- \xrightarrow{H_2O} {}^-O{-}C(=O){-}CH(OH){-}CH_2{-}C(=O){-}O^-$$

フマル酸　　　　リンゴ酸

（b）$${}^-O{-}C(=O){-}CH(OH){-}CH_2{-}C(=O){-}O^- \xrightarrow{NAD^+ \;\to\; NADH/H^+} {}^-O{-}C(=O){-}C(=O){-}CH_2{-}C(=O){-}O^-$$

オキサロ酢酸

（c）$${}^-O{-}C(=O){-}C(=O){-}CH_2{-}C(=O){-}O^- \xrightarrow{Glu \;\to\; \alpha\text{-ケトグルタル酸}} {}^-O{-}C(=O){-}CH(NH_3^+)CH_2{-}C(=O){-}O^-$$

アスパラギン酸

上記の各反応は，つぎのうちどれに分類されるか．

（1）酸化　（2）還元　（3）アミノ基転移　（4）排出　（5）付加

CHEMISTRY IN ACTION

痛風：生化学反応がうまくいかない症例

少量の不要な窒素は，尿素よりも尿酸塩として尿や糞便中に排泄される．尿酸塩は難溶性のため，過剰な尿酸の陰イオンは尿酸ナトリウムの沈殿の原因となる．それらは痛風として知られるたいへんな痛みを伴う状態になる．痛風は近年一般的になってきた．この増加は平均寿命の延長や食事の変化など，人口増加に伴うリスクとして増えたものによると考えられている．痛風の痛みは，組織内でこの結晶に対する炎症の連鎖反応による．尿酸塩の結晶によっておこる痛風の症状は古くから知られているが，結晶が形成する可能性のある多くの原因を理解することは，現代の薬とその高度な技術すべてをもってしても完結とはほど遠い．痛風になる数少ない経路をみると，私たちの生化学の精密なバランスが崩れる多くの面のいくつかを明示している．

尿酸はプリンヌクレオチドの分解による最終生成物で，その酸性のH(赤色)が外れたものが尿酸イオンである．アデノシンを例にすると，数多くの酵素反応を経てキサンチンをつくり，最終的に尿酸になる．

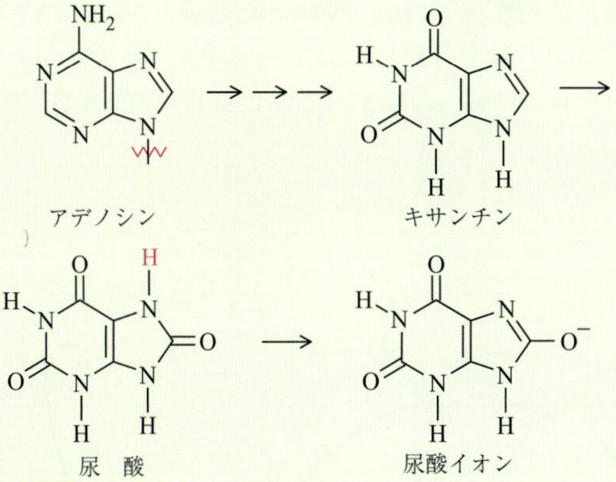

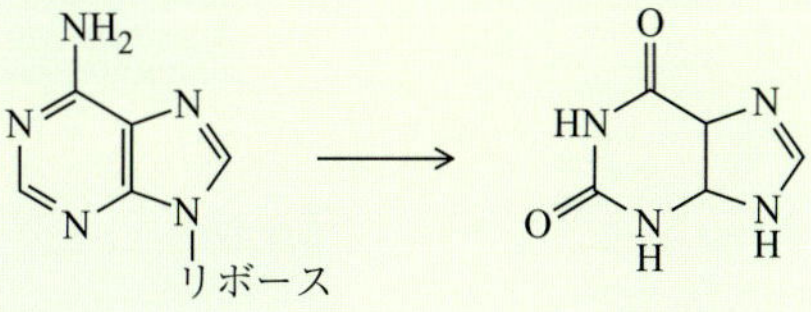

アデノシン →→→ キサンチン →

尿　酸 → 尿酸イオン

尿酸の生成を促進する，あるいは尿への排泄を阻害するような状態は痛風の原因になる．いくつかの遺伝性の酵素が欠損する例ではプリン体の量を増加させ，その結果尿酸の生成を促進する．痛風の症状は，時にはけがや厳しい筋肉の運動の後に現れる．複雑な点は，関節内の結晶が必ずしも炎症や苦痛を伴うわけではないという事実にある．

尿酸の生産が増加する大きな原因の一つは，ATP，ADPの分解，あるいはAMPの生産が促進されることである．たとえばアルコールの乱用はアセトアルデヒドを生じ，ATPを消費して過剰のAMPを生み出す経路により，腎臓で代謝されなければならない．遺伝性の果糖(フルクトース)不耐症，糖原病，貧酸素血液の循環も，この経路による尿酸の生成を加速する．低酸素状態では，ミトコンドリアのADPが効率的にATPに再生せず，処分されるADPを放出する．

尿酸の排出を減少する健康状態は，腎疾患，脱水症，高血圧症，鉛中毒やケトアシドーシスによって生産される陰イオンの排泄の競争などを含む．

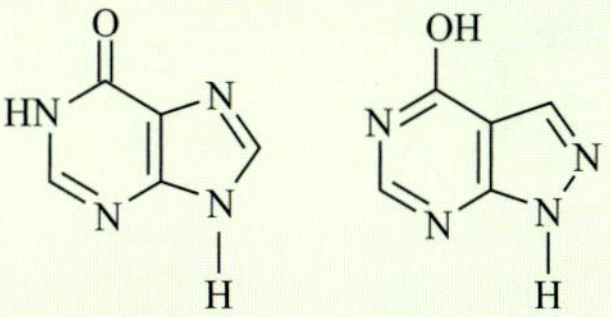

ヒポキサンチン　アロプリノール

痛風の一つの治療法は，尿酸塩が形成するときのキサンチンの前駆体であるヒポキサンチンの構造類似体，すなわちアロプリノールを用いることである．アロプリノールは，ヒポキサンチンとキサンチンを尿酸塩へ転換する酵素を阻害する．ヒポキサンチンとキサンチンは尿酸ナトリウムより可溶性なので，排泄されやすい．

CIA 問題 8.1　アデノシンは尿酸への直接の前駆物質であるキサンチンに変換されることが知られている．アデノシンを出発物質として，キサンチンへの変換時におこったすべての化学変化を示せ．

アデノシン（リボース） ⟶ キサンチン

CIA 問題 8.2　あなたの祖父は腫れと炎症をおこした足の親指の痛みを訴えていて，医師はこの症状が通風によるものと指摘した．

(a) 通風とその生化学的原因についてどのように説明するか．

(b) 通風を防ぐためにどのような提案をするか．

CIA 問題 8.3　アロプリノールの構造をヒポキサンチンおよびキサンチンの構造と比較せよ．アロプリノールは，構造上ヒポキサンチンとどこが違うか．

8.5　アミノ酸の異化作用：炭素原子

学習目標：

- アミノ酸中の炭素原子の代謝上の運命を記述することができる.

表 8.1　糖原性アミノ酸とケト原性アミノ酸

糖原性アミノ酸	
アラニン	グリシン
アルギニン	ヒスチジン
アスパラギン酸	メチオニン
アスパラギン	プロリン
システイン	セリン
グルタミン酸	トレオニン
グルタミン	バリン
糖原性アミノ酸とケト原性アミノ酸	
イソロイシン	
リシン	
フェニルアラニン	
トリプトファン	
チロシン	
ケト原性アミノ酸	
ロイシン	

タンパク質の各アミノ酸の炭素原子は，異なる回路を経てピルビン酸，アセチル-CoA，あるいは図 8.4 の青字で示すクエン酸回路の中間体になる．結局，アミノ酸炭素骨格のすべてがエネルギーを発生するために使われており，それらはクエン酸回路を通過して糖新生経路に入ってグルコースを生成するか，あるいはケトン体形成の経路に入ってケトン体を生成する.

それらのアミノ酸はアセトアセチル-CoA あるいはアセチル-CoA に変換され，ケトン体生成経路に入る．そのため，それらは**ケト原性アミノ酸**(ketogenic amino acid)と呼ばれる.

オキサロ酢酸から糖新生回路(図 5.9)を経るそれらのアミノ酸は，**糖原性アミノ酸**(glucogenic amino acid)として知られている(表 8.1)．ケト原性アミノ酸と糖原性アミノ酸は，いずれもアセチル-CoA を経て脂肪酸生合成に入る(図 7.7).

8.6　非必須アミノ酸の生合成

学習目標：

- 必須および非必須アミノ酸を定義し，アミノ酸合成の一般的スキームを説明することができる.

非必須アミノ酸(nonessential amino acid)　生体内で合成される 11 種類のアミノ酸で，食物から摂取する必要がない.

必須アミノ酸(essential amino acid)　生体内で合成することができないため，食物から摂取する必要があるアミノ酸.

ヒトはタンパク質の 20 種類のアミノ酸の約半分を合成できる．これらのアミノ酸は食餌から供給する必要はないので，**非必須アミノ酸**とされる．残りのアミノ酸，すなわち**必須アミノ酸**(表 8.2)は，植物や微生物でのみ合成される．ヒトは食べ物から必須アミノ酸を得なければならない(1 章，Chemistry in Action “食物中のタンパク質”参照)．肉はすべての必須アミノ酸を含んでい

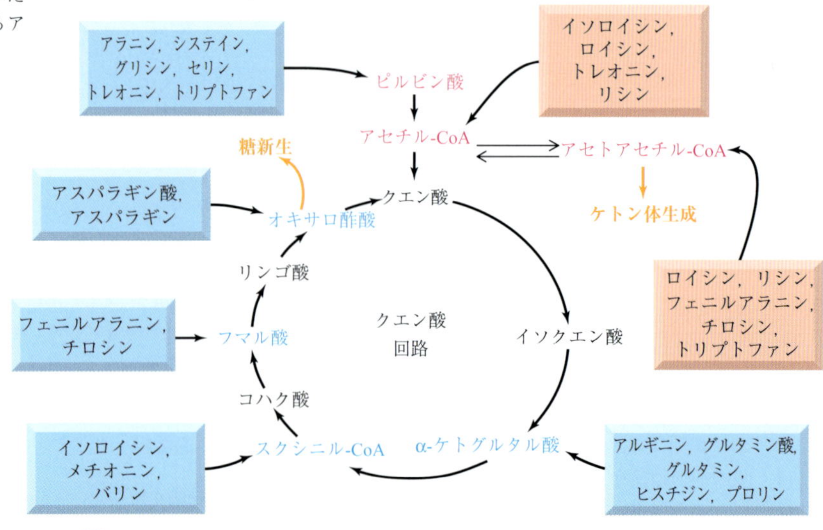

▲**図 8.4**
アミノ酸の炭素原子の運命
アミノ酸の炭素原子は赤字と青字で書かれた七つの化合物に変換される．それらはクエン酸回路の中間体またはクエン酸塩の前駆体である．青いボックス内のアミノ酸は糖新生に使われるもので，すなわち，それらはオキサロ酢酸から糖新生経路に入りグルコースとなっていく．赤いボックス内のアミノ酸はケトン体生成のものである.

表 8.2 必須アミノ酸

成人に必須なアミノ酸		
ヒスチジン	リシン	トレオニン
イソロイシン	メチオニン	トリプトファン
ロイシン	フェニルアラニン	バリン
アミノ酸含有が不十分な食物の例		
穀物，ナッツ，種：高メチオニン，低リシン		
マメ科植物：高リシン，低メチオニン		
トウモロコシ：高メチオニン，低リシン，低トリプトファン		
タンパク質源を補う例		
パンにピーナッツバターを塗る	ナッツと大豆	
米と豆類	黒色西洋ナシとコーンブレッド	
豆類とトウモロコシ		

る．必須アミノ酸のすべてをもたない食物は，**不十分なアミノ酸**(incomplete amino acid)をもつといわれ，そして必須アミノ酸が不足する食物は健康上の多くの問題をまねく可能性がある(後述の Chemistry in Action "必須アミノ酸の重要性と欠乏による影響"参照)．すべてのアミノ酸を含む食物の組合せは，**補足的な**(complementary)タンパク質源である．私たち人間は，段階 1 ～ 3 のみを含む経路で非必須アミノ酸を合成し，その一方でほかの生物による必須アミノ酸の合成はより複雑であり，より多くの段階と相当なエネルギー消費を要求する．

すべての非必須アミノ酸のアミノ基はグルタミン酸から誘導される．すでに述べたように，グルタミン酸はアミノ酸の異化作用でアンモニアを取り込み，尿素回路に運ぶ分子である．グルタミン酸は NH_4^+ と α-ケトグルタル酸から，酸化的脱アミノ化(8.3 節)の逆となる**還元的アミノ化**によりつくられる．グルタミン酸デヒドロゲナーゼ酵素はつぎの反応をする．

還元的アミノ化(reductive amination) α-ケト酸の NH_4^+ との反応によるアミノ酸への変換反応．

$$NH_4^+ + {}^-OOC-CH_2CH_2\overset{\overset{\displaystyle O}{\|}}{C}-COO^- \xrightarrow[\text{グルタミン酸デヒドロゲナーゼ}]{NADH(NADPH)\ \to\ NAD^+(NADP^+)} {}^-OOC-CH_2CH_2\underset{\underset{\displaystyle NH_3^+}{|}}{CH}-COO^- + H_2O$$

α-ケトグルタル酸　　　　グルタミン酸

グルタミン酸は，DNA の一部分となるプリンやピリミジンを含むほかの含窒素化合物の合成のための窒素も供給する．

◀◀◀ NADH，NADPH，NAD^+，$NADP^+$の構造と役割は 4 章で学んだことを思い出すこと．

多くの役割が知られている以下の四つの一般的な代謝中間物質は，非必須アミノ酸合成の前駆体である．

非必須アミノ酸合成の前駆体

$$CH_3\overset{\overset{\displaystyle O}{\|}}{C}-COO^- \qquad {}^-OOC-\overset{\overset{\displaystyle O}{\|}}{C}CH_2-COO^- \qquad {}^-OOC-CH_2CH_2\overset{\overset{\displaystyle O}{\|}}{C}-COO^- \qquad {}^{2-}O_3POCH_2\underset{\underset{\displaystyle OH}{|}}{CH}-COO^-$$

ピルビン酸　　オキサロ酢酸　　α-ケトグルタル酸　　3-ホスホグリセリン酸

グルタミンはグルタミン酸からつくられ，アスパラギンはグルタミンとアスパラギン酸との反応によってつくられる．

$$^{-}OOC-CH_2CH_2-\underset{\substack{|\\ ^{+}NH_3}}{CH}-COO^{-} + NH_3 \xrightarrow{ATP \quad ADP} H_2N-\overset{\substack{O\\ \|}}{C}-CH_2CH_2-\underset{\substack{|\\ ^{+}NH_3}}{CH}-COO^{-}$$

グルタミン酸　　　　　　　　　　　グルタミン

$$^{-}OOC-CH_2-\underset{\substack{|\\ ^{+}NH_3}}{CH}-COO^{-} \xrightarrow[ATP \quad AMP]{\text{グルタミン} \quad \text{グルタミン酸}} H_2N-\overset{\substack{O\\ \|}}{C}-CH_2-\underset{\substack{|\\ ^{+}NH_3}}{CH}-COO^{-}$$

アスパラギン酸　　　　　　　　　　　アスパラギン

アミノ酸のチロシンは，必須アミノ酸のフェニルアラニンから合成できるので非必須アミノ酸に分類される．

$$C_6H_5-CH_2\underset{\substack{|\\ ^{+}NH_3}}{CH}-COO^{-} \longrightarrow HO-C_6H_4-CH_2\underset{\substack{|\\ ^{+}NH_3}}{CH}-COO^{-}$$

フェニルアラニン　　　　　　　　　　チロシン

分類が何であろうと，私たちはフェニルアラニンを栄養として摂取することが求められており，いくつかの代謝病はフェニルアラニンからチロシンやほかの代謝産物へ変換するために必要な酵素の欠除に関連している．これらの病気の中でもっともよく知られるものにフェニルケトン尿症(phenylketonuria, PKU)があり，生化学的な原因による先天的な代謝異常が認められている．PKU は，フェニルアラニンからチロシンへの変換の不全によることが 1947 年に発見された．

PKU は，体がフェニルアラニンをほかの経路で代謝するように変えるとき，血清および尿中のフェニルアラニン，フェニルピルビン酸やそのほかの代謝産物の濃度が上昇する．PKU は生後直ちに病気を発見し治療しないと，生後 2 カ月までに知能障害をおこす．1960 年代以前は，知能障害のために入院した精神病院患者の 1%が，PKU の犠牲者であったと推定されている．新生児検診を広く実施することが，生後まもなく犠牲になっている PKU と類似の知能障害を防ぐ唯一の道である．1960 年代に PKU の検査が導入され，いまでは米国のほとんどすべての病院で PKU の検査が日常的に実施されている．低フェニルアラニン食を与える治療は，幼児では特別の処方をしたものを，高齢者には肉類を含まないものや低タンパク質の穀物加工品を用いた食事で継続される．PKU 患者は，とくにフェニルアラニンの誘導体であるアスパルテーム(たとえば，NutraSweet)を甘味料にする食品には注意しなければならない．

問題 8.9

必須アミノ酸のそれぞれを，糖原性アミノ酸，ケト原性アミノ酸，または両者に入るものを分類せよ．

基礎問題 8.10

つぎに示すセリンの合成経路で，各段階の反応を求めよ．

(a) アミノ基転移反応　(b) 加水分解　(c) 酸化

$$^{-}OOCCH(OH)CH_2OPO_3^{2-} \longrightarrow {}^{-}OOCC(=O)CH_2OPO_3^{2-} \longrightarrow$$

3-ホスホグリセリン酸　3-ホスホヒドロキシピルビン酸

$$^{-}OOCCH(^{+}NH_3)CH_2OPO_3^{2-} \longrightarrow {}^{-}OOCCH(^{+}NH_3)CH_2OH$$

3-ホスホセリン　セリン

CHEMISTRY IN ACTION

必須アミノ酸の重要性と欠乏による影響

私たちの体は驚異的な数の生体分子を合成することができるが，私たちが必要としているけれどもつくることのできない栄養素がある．“必須”栄養素と呼ばれるこれらの分子は，私たちが食べている食物から日々とらなくてはならない．必須炭水化物というものは知られていないが，必須脂肪酸や必須アミノ酸は存在する．2 種類の必須脂肪酸，リノール酸とリノレン酸は，6.2 節で学んだ．ここではアミノ酸に注目しよう．

アミノ酸は栄養学的に，非必須(Ala，Asn，Asp，Glu)，条件付き(Arg，Cys，Gln，Tyr，Gly，Pro，Ser)および必須(または不可欠)アミノ酸の三つのグループに分類される．私たちの体は，食物から非必須アミノ酸と条件付きアミノ酸を得ることができなくても，それらの両方をつくることができる．条件付きアミノ酸は，健康な状態では通常十分な量が生産されるので，このように名づけられている．しかし，病気や生理的ストレス(成長や組織の治癒など)のときには，十分なレベルに達成するために食餌からの摂取が必要である．一方，必須アミノ酸は，体内の生化学的な機構では生成できず，食餌によって得なければならない．表 8.2 にこれらの必須アミノ酸の食物源を示した．

9 種類の必須アミノ酸(ヒスチジン，イソロイシン，ロイシン，バリン，リシン，メチオニン，フェニルアラニン，トレオニン，トリプトファン)の役割と欠乏による影響を表に示す．この表に載っているアミノ酸については，科学者のあいだでの異論はない．しかし必須アミノ酸であるヒスチジンを条件付きアミノ酸にするべきだという生化学者の意見もある．ヒスチジンは成長期の子どもには必須だが，大人にとっては必須

アミノ酸	役割と欠乏による影響
ヒスチジン	• 子どもの成長と組織の修復に不可欠である． • 成人の食生活において，老年期および変性疾患に罹患している者には，条件的に必須である． • 欠乏は骨関節に痛みを引きおこし，動物の白内障形成をもたらすことが示されている． • 欠乏症もまた，関節リウマチにつながる可能性がある．
イソロイシン，ロイシン，バリン	• 体のタンパク質の生産と維持に不可欠である． • これら三つのアミノ酸のうち，いずれかが欠損した場合の真の影響を評価することは困難である． • ロイシンはタンパク質の正味合成量を制御するのにとくに重要である． • ロイシン欠乏症は，タンパク質の再生を著しく制限し，手術後の治癒に影響を及ぼす可能性がある． • ロイシンとバリンは精神的敏しょう性を高めると報告されている． • バリンの欠乏は触覚と音に対する感受性を高めると報告されている．
リシン	• 一般的に，必須アミノ酸の中で，もっとも重要なものと考えられている． • カルシウムの吸収．骨，軟骨および結合組織のためのコラーゲンの形成．抗体，ホルモン，および酵素の生産に役割を果たす． • 欠乏が食欲不振，体重減少，貧血，集中力低下の原因となる． • 欠乏症は肺炎，腎疾患(腎炎)，アシドーシス，栄養失調に伴う小児のくる病(カルシウム吸収の減少による)と関連している．

つづく

メチオニン	● 代謝的に硫黄の主要な供給源. ● システインの摂取量に制限がある場合にのみ必要になる. ● コレステロールの低下，肝臓脂肪を減少させ，腎臓の保護，毛髪成長を促進する役割を果たす. ● 欠乏は最終的に小児における慢性リウマチ熱，肝硬変(硬変)，腎炎につながる可能性がある.
フェニルアラニン	● すべての生体分子，とくに神経伝達物質(11.4 節)のために必要な芳香族環の主要な供給源. ● 欠乏は，精神病的および統合失調症的な行動(おそらくチロシン，ドーパミン，およびエピネフリンの合成に必要とされるため)のような行動変化を導く可能性がある.
トレオニン	● コラーゲン，エラスチン，および歯のエナメルの形成の鍵となる. ● 精神病の予防と治療に不可欠であることが示唆されている. ● 欠乏は小児の易刺激性を引きおこす可能性がある.
トリプトファン	● 天然の弛緩薬であると考えられ，不眠症を和らげるのに役立つ. ● 片頭痛や軽度のうつ病の治療によく推奨される(セロトニンの代謝開始物質であるため). 時には“天然の抗うつ剤”と呼ばれる. ● 欠乏は，うつ病，月経前症候群(PMS)，不安，アルコール中毒，不眠症，暴力，攻撃性，自殺などの多様な感情的行動的問題を引きおこすセロトニン欠乏症候群につながる可能性がある.

アミノ酸ではないと考えられる．その理由は，健康な大人は相当なストレスや病気により生理的に必要とされる場合を除いて，生化学的な要求に見合う十分な量のヒスチジンを合成する能力があるからだ．また，合成が哺乳動物の生化学的な経路によるものではないという理由ではなく，発育する動物の成長に必要な量を満たしていないときに細胞で合成されるためである．

栄養生化学者が，必須アミノ酸の一つが欠乏した食餌をとった場合ヒトの体がどうなるかを調べたものがある．この挑戦的な研究には，研究に使ったモデル動物に与える食物への厳しい管理が要求された．バリンが欠乏したときの影響をマウスで調べるとき，たとえば研究者たちはマウスに与える食餌にバリンが(もしあるとしても)ほんのわずかしかなく，しかもほかの栄養素が欠けていないことを確実にしなければならない．こうした研究は，ヒトも含めて各必須アミノ酸の機能と欠乏による影響について多くの結果を生み出してきた．たとえば本章の冒頭で学習したように，血中の低ヒスチジン濃度は慢性関節リウマチ患者に共通してみられる．直接の因果関係は確立されていないが，この衰弱性疾患の予防と治療の可能性を求め，新しい方向性の研究が模索されている．

CIA 問題 8.4　条件付きアミノ酸はなにを意味するか.

CIA 問題 8.5　食事が低メチオニン状態の場合に考えられる医学的な問題はなにか.

CIA 問題 8.6　“天然の抗うつ剤”と呼ばれる必須アミノ酸はなにか．また不足するとおこる症状とはどのようなものか.

要　約　章の学習目標の復習

● **タンパク質の消化における各段階を記載する**

タンパク質の消化は胃の中ではじまり小腸に続く．その結果，ほぼ完全に加水分解して遊離アミノ酸を得る．腸管を覆う細胞のアミノ酸能動輸送は，いくつかのアミノ酸のグループに充てられたそれぞれの輸送システムによって行われる．アミノ酸は能動輸送された後，血流に入り，アミノ酸プールに届けられる(問題11，12，17，18，47，48，50)．

● **アミノ酸プールと代謝的な役割を規定する**

アミノ酸プールとは体全体の遊離アミノ酸全集合体をいう．アミノ酸は食物タンパク質または体由来の分解されたタンパク質からつねにアミノ酸プールに入る．体は窒素化合物を貯蔵はせずに，このプールを窒素含有生体分子の生合成に使用する(問題17～20，48，50)．

● **どのようにアミノ酸が異化されているのかを説明する**

各アミノ酸は特有の経路によって異化されるが，一般的な流れとして，(i) アミノ基の除去，(ii) 新しい窒素化合物またはアンモニウムイオンの合成における除去されたアミノ基($-NH_2$)の使用，(iii) 尿素サイクル内への窒素の働き，(iv) クエン酸回路に関与する化合物内への炭素原子の取り込み(問題21～30，50)．

● **アミノ酸中の窒素の運命について考える**

ほとんどのアミノ酸のアミノ基は**アミノ基転移反応**

(アミノ酸からケト酸へのアミノ基の転移)により取り除かれ，通常グルタミン酸を形成する．グルタミン酸のアミノ基は，**酸化的脱アミノ化**によってアンモニウムイオンとして除去される．アンモニウムイオンは**尿素回路**に取り込まれる．アミノ基転移反応プロセスは適切なケト酸から新しいアミノ酸を合成するためにも用いられる(問題 31，33，34，36，43)．

- **尿素回路における主要な反応と反応物を同定する**

アンモニウムイオン(アミノ酸の異化作用に由来する)と重炭酸イオン(二酸化炭素に由来する)は，反応して尿素回路に入るカルバモイルリン酸を生産する．尿素回路のはじめの 2 段階は，最終生成物となる尿素の二つの窒素が同じ炭素原子に結合し，反応性の中間体を生産する．その後アルギニンが形成され，加水分解により開裂して尿素になり，排泄される．尿素回路の最終結果は，アスパラギン酸とアンモニウムイオンが反応して尿素とフマル酸を与える(問題 31 ～ 34，42，46)

- **アミノ酸中の炭素原子の代謝の運命を記述する**

アミノ酸からの炭素原子は**クエン酸回路**に入っている化合物に組み込まれる．アミノ酸はクエン酸回路に入っていく方法に依存して，糖原性アミノ酸またはケト原性アミノ酸のいずれかに分類される．ケト原性アミノ酸は，アセトアセチル-CoA またはアセチル-CoA に変換されるものである．糖原性アミノ酸は最終的にオキサロ酢酸に変換されるアミノ酸である．それらの炭素化合物はケトン体の貯蔵，脂肪酸の合成，グリコーゲンへの変換に利用可能である(問題 14，16，29，30，44，45，49)

- **必須および非必須アミノ酸を定義し，アミノ酸生合成の一般的なスキームを説明する**

必須アミノ酸は，私たちの体では合成することができないので食餌から摂取しなければならない．これらは植物と微生物でのみつくられ，それらの合成経路は複雑である．私たちの体は**非必須アミノ酸**と呼ばれるアミノ酸を合成する．これらの合成経路はとても単純で，一般的にピルビン酸，オキサロ酢酸，α-ケトグルタル酸，あるいは 3-ホスホグリセリンではじまる．窒素は一般的にグルタミン酸から供給される(問題 35～41，47，51，53)．

概念図：タンパク質とアミノ酸の代謝

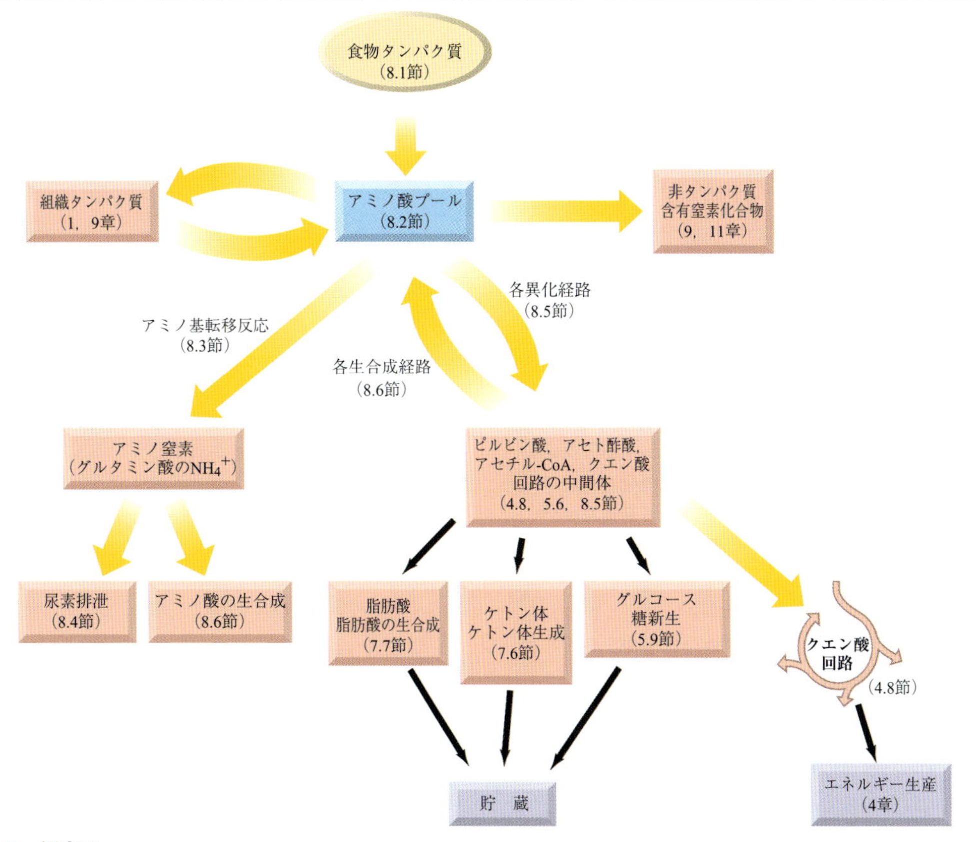

▲**図 8.5　概念図**

この図はアミノ酸がどのようにアミノ酸プールの中と外を行き来しているか，それらの異化産物はなにかを示している．

KEY WORDS

アミノ基転移反応, p.232
アミノ酸プール, p.230
還元的アミノ化, p.239
酸化的脱アミノ化, p.233
ターンオーバー, p.231
尿素回路, p.234
必須アミノ酸, p.238
非必須アミノ酸, p.238

基本概念を理解するために

8.11 以下の図に，アミノ酸プールの出発物質を書け．

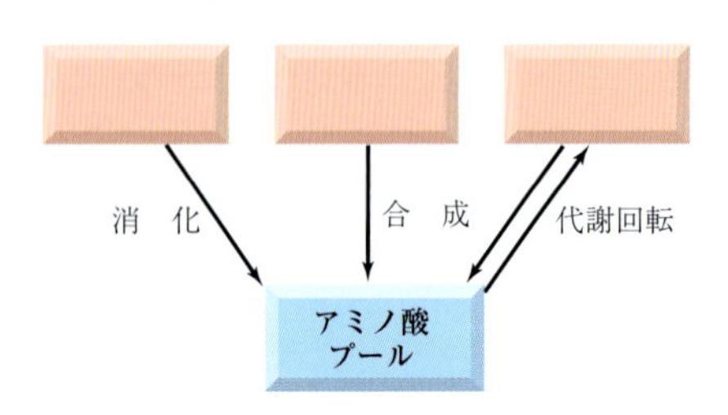

8.12 異化されたアミノ酸の炭素と窒素原子の経路はなにか．

8.13 高アンモニア血症(血中の過剰 NH_4^+)に対する治療法は，ピルビン酸を投与することである．ピルビン酸の存在下でアンモニウムイオンを無毒化するために必要な二つの酵素はなにか．また生成物はなにか．

8.14 アミノ酸の炭素の骨格が分解することで生産される三つの代謝産物は，ケトン体，アセチル-CoA，そしてグルコースである．各代謝産物がアミノ酸異化作用からどのようにつくられるか，簡単に説明せよ．

8.15 “必須”栄養素とはなにかを定義し，“非必須”栄養素との違いを説明せよ．

8.16 肝臓ではオルニチンカルバモイルトランスフェラーゼの相対活性が高く，アルギニノコハク酸シンターゼの活性は低く，アルギナーゼの活性は高い．なぜオルニチンカルバモイルトランスフェラーゼ活性が肝臓内で高いことが重要なのか．もしアルギナーゼ活性が低いか欠損すると，その結果はなにか．

補 充 問 題

タンパク質の消化とアミノ酸の代謝(8.1, 8.2 節)

8.17 体のアミノ酸プールはどこにあるか．

8.18 タンパク質の消化をはじめるのはどこの消化管か．

8.19 アミノ酸前駆体である解糖系の中間体とはなにか．

8.20 アミノ酸前駆体であるクエン酸回路の中間体とはなにか．

アミノ酸の異化作用(8.3, 8.5 節)

8.21 アミノ基転移反応とはどのような意味か．

8.22 ピルビン酸とオキサロ酢酸は，アミノ基転移反応のアミノ基受容体になる．これら二つの化合物のアミノ基転移反応からつくられる生成物の構造を描け．

8.23 つぎの各アミノ酸のアミノ基転移反応からつくられる α-ケト酸の構造はなにか．
(a) グルタミン酸　(b) アラニン

8.24 つぎの各アミノ酸のアミノ基転移反応からつくられる α-ケト酸の構造はなにか(表 1.3 参照)．
(a) イソロイシン　(b) バリン

8.25 一般的に，酸化的脱アミノ化とアミノ基転移反応はどのように異なるのか．

8.26 酸化的脱アミノ化と関連する補酵素とはなにか．

8.27 つぎのアミノ酸の酸化的脱アミノ化によって生成される α-ケト酸の構造を描け(表 1.3 参照)．
(a) ロイシン　(b) トリプトファン

8.28 α-ケト酸のほかに，酸化的脱アミノ化で形成される生成物はなにか．

8.29 糖原性アミノ酸とはなにか．例を三つあげよ．

8.30 ケト原性アミノ酸とはなにか．例を三つあげよ．

尿素回路(8.4 節)

8.31 体が排泄のために NH_4^+ を尿素に変換するのはなぜか．

8.32 尿素の形成における炭素源となるものとはなにか．

8.33 尿素の形成における窒素源となる二つのアミノ酸とはなにか(ヒント：図 8.3 参照)．

8.34 アスパラギン酸は尿素回路のどこから入ってくるか．何の化合物から最終的には離れていき，その化合物はどの代謝回路に入るか．

非必須アミノ酸の生合成(8.6 節)

8.35 “必須”と“非必須”アミノ酸の両方を合成する生物では，合成のために必要な段階数において，互いにどのような違いがあるか．

8.36 どのアミノ酸が，ほかのアミノ酸の合成のための窒素源となるか．

8.37 リシン欠乏気味と診断された場合，その問題を軽減するためにはどのような食物を摂取するとよいか．

8.38 チロシンは体の中でどのように生合成されるか．チロシンの生合成を阻害する病気はなにか．

8.39 PKU は何の症状の略か．PKU の症状はなにか．日常生活を送るためにどのように治療されるか．

8.40 アスパルテームを甘味料とするダイエットソフトドリンクは，フェニルケトン尿症に対して警告のラベルをつけている．それはなぜか．

8.41 つぎのうち窒素を含む生物分子はどれか．
(a) グリコーゲン(5 章)
(b) 一酸化窒素(基礎化学編 4 章)
(c) コラーゲン(1 章)　(d) エピネフリン(11 章)
(e) ステアリン酸(6 章)　(f) フルクトース(3 章)

全般的な問題

8.42 尿素の形成に使われるエネルギー源はなにか．

8.43 フェニルアラニンとピルビン酸のあいだでおこるアミノ基転移の反応式を書け．

8.44 (a) 糖原性アミノ酸の炭素骨格が入るクエン酸回路内の四つの化合物の名前を記せ．
(b) それらの四つ化合物のうち，芳香族アミノ酸から生じるものは．

8.45 アミノ酸は糖原性とケト原性の両方になり得るか．その理由を説明せよ．

8.46 アンモニウムイオンを尿素に転換するところは体内のどこか．尿素は最終的にどこへ輸送されるか．

8.47 これまで学んだすべての代謝の過程を考えよ．体内の生化学が動的というのはなぜか．

8.48 体のアミノ酸プールと脂肪および炭水化物プールのあいだの二つの主な違いは，貯蔵とエネルギーに集中している．これらの主な違いを考察せよ．

8.49 グルタミン酸のいくつかの炭素がグリコーゲンに変換される場合，その経路の化合物の順番を示せ．
(a) グルコース　(b) グルタミン
(c) グリコーゲン　(d) オキサロ酢酸
(e) α-ケトグルタル酸
(f) ホスホエノールピルビン酸

8.50 膵液内のプロテアーゼはチモーゲンとして合成，貯蔵される．それらは膵液が小腸に入った後で活性化される．非活性化状態で合成，貯蔵される必要があるのはなぜか．

8.51 アミノ酸が代謝される一般的な図式はなにか．

8.52 尿素回路の正味の反応は，3 ATP が加水分解されるが，総エネルギーの“消費”は 4 ATP になる．なぜこのことが正しいのかを説明せよ．

8.53 栄養補助食品における単一アミノ酸の多量摂取は，なぜ悪い考えなのか．

グループ問題

8.54 昨日の昼食と夕食に食べたものを書き出して，食べた食品に含まれる必須アミノ酸を調べよ．忘れているものはないか．

8.55 すべての必須アミノ酸が不足しているとする．1 日(朝～夕食)のダイエットプランを作成して，その日の献立に必要なすべてのアミノ酸が確実に得られるようにせよ．

8.56 ロイシン，ヒスチジン，バリンおよびリシンからなるテトラペプチドを消費した場合，いくつの ATP を生成するか計算しなさい．グループの各メンバーが四つのアミノ酸のうち一つをとり，それらのアミノ酸がつくる ATP の数を確認し，それらを合計せよ．

9

核酸とタンパク質の合成

目　次

復習事項

A.　水素結合（基礎化学編 8.2 節）
B.　リン酸誘導体（有機化学編 6.6 節）
C.　タンパク質の構造（1.6 ～ 1.8 節）
D.　炭水化物の構造（3.3 節）

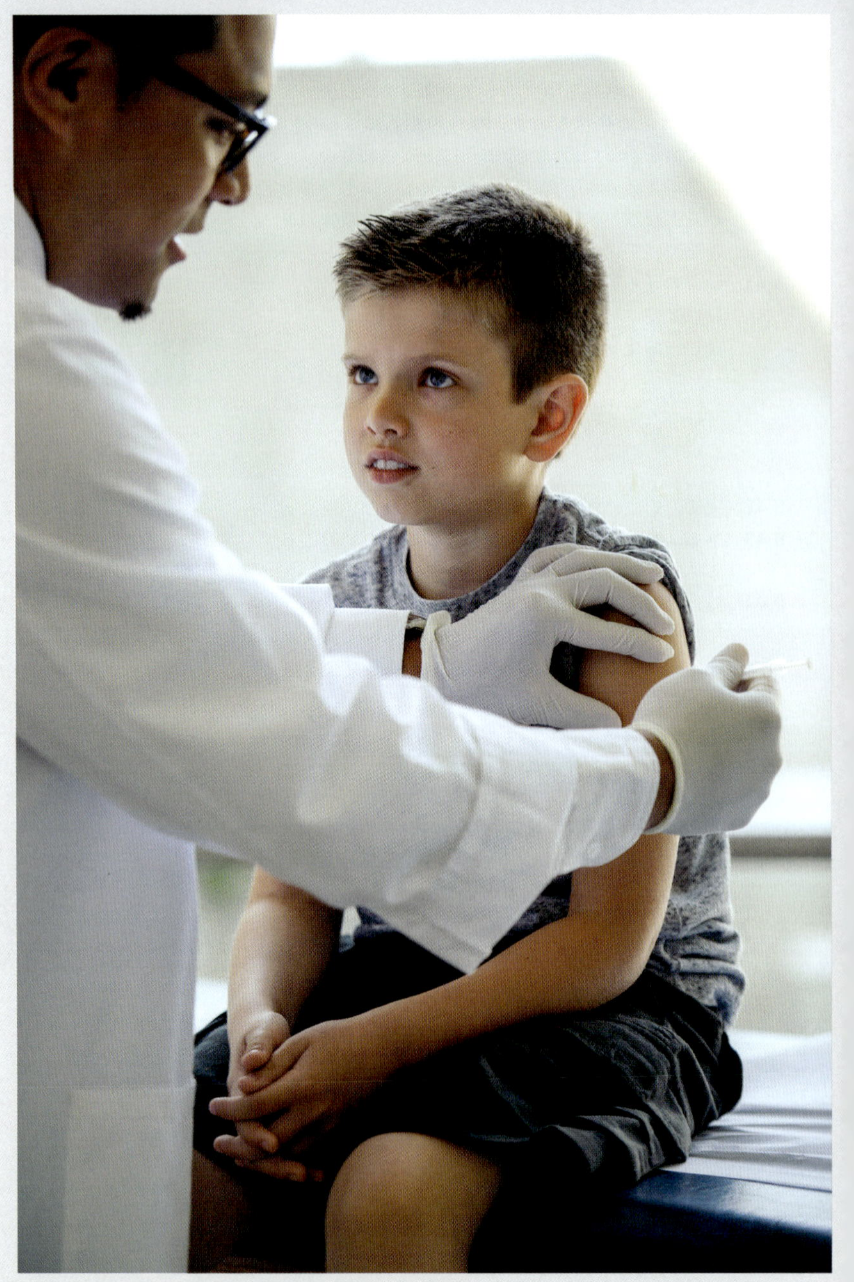

▲ ワクチン接種は，インフルエンザ，麻疹などの病気を引きおこすウイルスを直ちに退治するように免疫システムを教育し，重度の病気を予防する．

インフルエンザはインフルエンザウイルスによって発症し，ウイルスには A，B，C の三つの主要な型（すべてヒトに感受性がある）があり，各タイプの中にもさらなる多くの亜型がある．本章の後半にある Chemistry in Action “インフルエンザ：多様性の課題”で学ぶように，インフルエンザ A 型および B 型は感染性がある．多くの人が感染すると流行がおこる．インフルエンザのようなウイルス感染症の症状には，発熱，咳，咽頭痛，鼻水，頭痛，倦怠感，筋肉や骨の痛み，さらに重度の場合は嘔吐，下痢がある．しかし，ヒトは A 型および B 型インフルエンザウイルスから発症を予防するために，予防接種が受けられる．

ヒトと同じようにウイルスにも，デオキシリボ核酸（DNA）またはリボ核酸（RNA）があり，複製には宿主細胞（私たちの体）を使っている．インフルエンザワクチンは，インフルエンザウイルスの不活化株を体内に導入することにより，ウイルスが私たちの体内で複製するのを防ぐことができる．インフルエンザウイルスのDNAとRNAを構成する核酸が急速に変異するため，ワクチンはインフルエンザA型やB型に対する免疫を獲得するように設計されているが，1年に1回の接種が推奨されている．

核酸はDNAおよびRNAに存在する基本的な分子であり，最終的に私たちの遺伝情報のための青写真を構成している．本章では，核酸とタンパク質合成を通じて，遺伝情報がどのように複製され，伝達され，発現するかについて学ぶ．タンパク質合成は肺の吸気と呼気，食物消化，およびエネルギー産生など，私たちの正常な身体機能のすべてを維持するための支えになっている．

9.1　DNA，染色体および遺伝子

学習目標：

- 染色体，遺伝子，DNAの役割を説明し，ヒトの体の基本的機能を解説できる．

細胞があまり活発に分裂していないとき，細胞の核は**クロマチン**(chromatin)によって占められており，それは遺伝子情報を運ぶ**デオキシリボ核酸(DNA)**がタンパク質(**ヒストン** histone として知られる)に小さく規則正しく巻きついている．細胞が分裂状態に入ると，まずはさまざまな遺伝情報を含むクロマチンが複製され，1組のコピーがつくられる．そして有糸分裂準備期になると，それらのクロマチンが凝集し，**染色体**と呼ばれる構造になる．そして，完全にコピーされた2組の染色体(クロマチン)は新生された細胞に分配される．

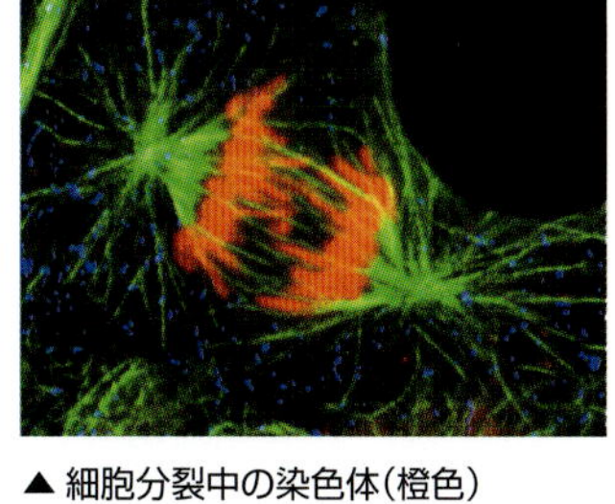

▲ 細胞分裂中の染色体(橙色)

デオキシリボ核酸(DNA)(deoxyribonucleic acid)　遺伝情報を担う核酸．デオキシリボヌクレオチドのポリマー．

染色体(chlomosome)　タンパク質とDNAの複合体．細胞分裂時にみられる．

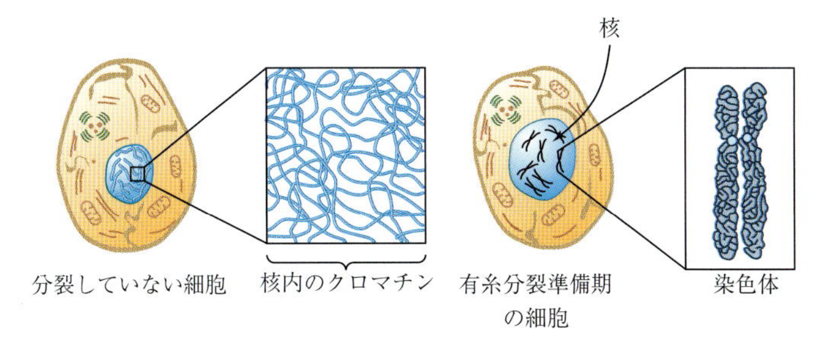

一方，それぞれのゲノム中には多くの**遺伝子**(タンパク質を構成するアミノ酸の配列を決定するDNA配列)が含まれている．興味深いことには，ゲノムDNA中にある遺伝子のすべてがタンパク質としてコードされていないことである．後述するが，機能的RNA分子をコードする遺伝子もある．

遺伝子(gene)　一本鎖ポリペプチドの合成を指定するDNA断片．

さらに興味深いことに，生物は，染色体の数に大きな違いがみられる．たとえば，ウマの染色体数は64(32対)，ネコは38(19対)，蚊は6(3対)，そしてトウモロコシは20(10対)である．ヒトは46個(23対)の染色体をもっている．

さらに先へ ▶▶▶ 細胞分裂の進行に沿った遺伝情報の完全な地図はヒトを含む多くの生物に利用可能となった．ヒトゲノムの驚異的な進展は，10章でさらに学ぶことになる．

9.2　核酸の構成成分

学習目標：

- ヌクレオシドとヌクレオチドの成分を記述し，確認し，描くことができる．

タンパク質や炭水化物のように，核酸もポリマーである．タンパク質はポリペプチド，炭水化物は多糖，そして**核酸**は**ポリヌクレオチド**(polynucleotide)となる．各**ヌクレオチド**は五員環の単糖，複素環**含窒素塩基**(nitrogenous base)と

核酸(nucleic acid)　ヌクレオチドのポリマー．

ヌクレオチド(nucleotide)　五炭糖が複素環含窒素塩基とリン酸基に結合したもの．核酸のモノマー．

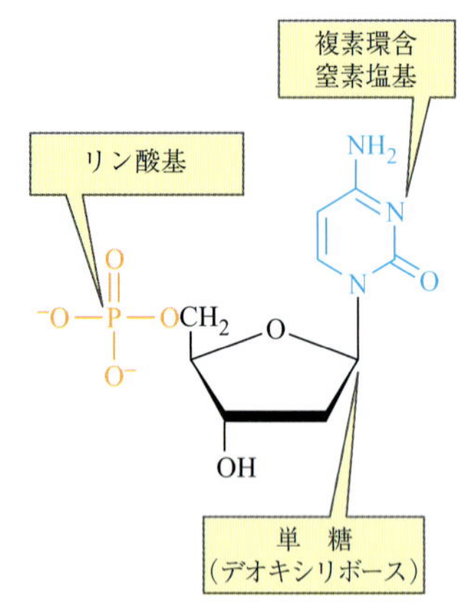

リボ核酸(RNA)(ribonucleic acid)　タンパク質合成に使われ，遺伝情報を伝える役目をもつ核酸．リボヌクレオチドのポリマー．メッセンジャーRNA(mRNA)，転移RNA(tRNA)，そしてリボソームRNA(rRNA)がある．

して知られる窒素を含んだ環状化合物，リン酸基($-OPO_3^{2-}$)の三つの部分からできている．

核酸にはDNAと**リボ核酸(RNA)**の2種類があり，RNAにはいくつかの種類がある．ある種のRNAの機能は，DNAに蓄積された情報を利用することにある．別の種類のRNAは，タンパク質を運ぶために特化されたRNAの情報を，変換するのを手伝う．核酸がどのように機能するかを説明する前に，それらを構成する各部分がどのように組み立てられているのか，そしてDNAとRNAが互いにどのように異なっているのかを理解する必要がある．

糖

DNAとRNAの違いは，分子内の糖の部分にある．RNAでは**リボ核酸**(ribonucleic acid)の名前にあらわされるように，糖部分はD-リボースである．DNAでは**デオキシリボ核酸**(deoxyribonucleic acid)の名前であらわされるように，糖部分は2-デオキシリボース(2-deoxyribose)である．接頭語の"**2-デオキシ-**"は，リボースのC2位から酸素がなくなっていることを示す．

D-リボース
(RNA)

2-デオキシ-D-リボース
(DNA)

酸素の欠失

塩　基

DNAとRNAには5種類の含窒素塩基がある．それらは二つの親化合物(母核)，プリンとピリミジンからなり，それぞれに固有の1文字表記がある(A, G, C, T, U)．その五つの含窒素塩基を表9.1に，二つの親化合物も一緒に示す(それぞれの官能基に注目する)．プリン誘導体のアデニンとグアニンの含窒素塩基は，窒素を含む二つの環が縮合した構造を有している．ピリミジン誘導体のシトシン，チミン，ウラシルの塩基は，窒素を含む環を一つだけ含む．アデニン，グアニン，シトシンはDNAとRNAに存在し，チミンはDNA，ウラシルはRNAに存在することに注目すること．

糖＋塩基＝ヌクレオシド

ヌクレオシド(nucleoside)　五炭糖が環状アミン塩基に結合したもの．ヌクレオチドに似ているが，リン酸を含まない．

リボースあるいはデオキシリボースのいずれかと，5種類の含窒素塩基の一つからなる，DNAと(または)RNAにみられる分子は**ヌクレオシド**と呼ばれる．たとえば，リボースとアデニンの組合せは，アデノシン三リン酸(ATP,

表9.1　DNAとRNAの塩基

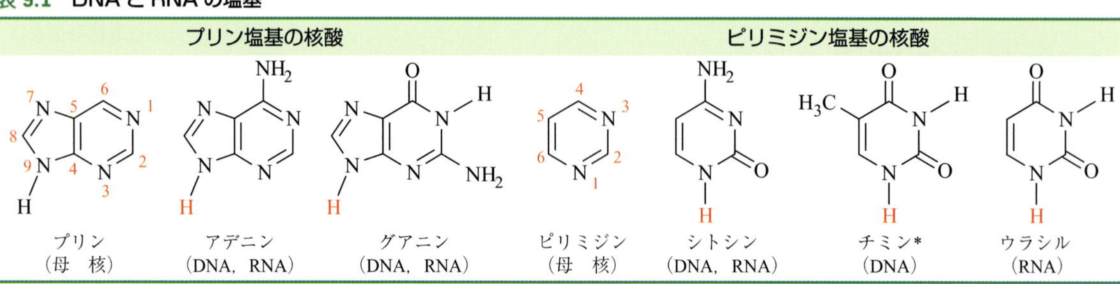

プリン塩基の核酸			ピリミジン塩基の核酸			
プリン (母　核)	アデニン (DNA，RNA)	グアニン (DNA，RNA)	ピリミジン (母　核)	シトシン (DNA，RNA)	チミン* (DNA)	ウラシル (RNA)

* チミンがRNA中にみつかることは稀である．

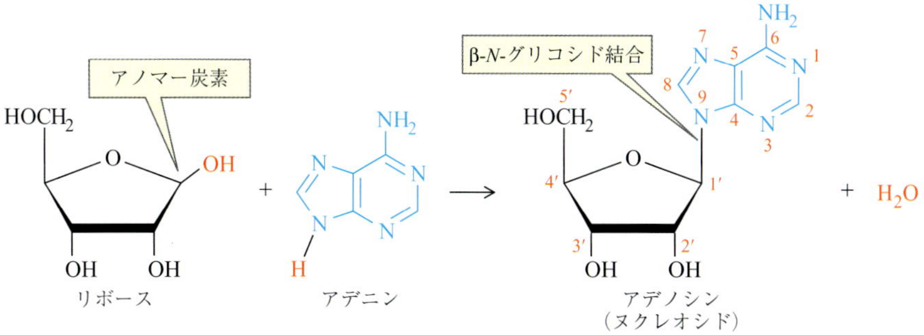

4.4節参照)の親分子として知られるアデノシンというヌクレオシドである.

糖と塩基は，塩基の窒素原子の一つと糖のアノマー炭素原子(アノマー炭素は二つの酸素原子と結合している)が単結合している．糖と塩基との結合は，β-*N*-グリコシド結合である．この結合(糖の1′位とアデノシンの9位の窒素原子)はアセタール(有機化学編 4.7節参照)と似ている.

復習事項 3章によれば，グリコシド結合は糖のアノマー炭素と −OR 基もしくは −NR 基との結合である．β結合は糖の環に対して上側に，α結合は下側を向いている.

表9.1では，それぞれの核酸の塩基がヌクレオシドを形成するときに失う水素原子を赤色で示した.

ヌクレオシドは，プリン塩基(アデノシンの塩基)の末尾を **−オシン**(-osine)に，ピリミジン塩基の末尾を **−イジン**(-idine)に変えた含窒素塩基名で呼ばれる．リボースを含むヌクレオシドに用いられる接頭語はないが，デオキシリボースを含むものには**デオキシ−**(deoxy-)をつける．したがってRNAにみられる四つの**リボヌクレオシド**(ribonucleoside)は，アデノシン，グアノシン，シチジン，ウリジンであり，DNAでみられる四つは，デオキシアデノシン，デオキシグアノシン，デオキシシチジン，デオキシチミジンである.

ヌクレオシドの糖部分の原子と塩基(あるいは環)の原子を区別するため，上に示したアデノシンのように，プライム(′)がついていない数字を塩基(あるいは環)の原子に使い，プライムがついた数字は糖部分の原子に使われる.

例題 9.1 構造から核酸成分を命名する

つぎの化合物は，ヌクレオチドかヌクレオシドか．また，この化合物の糖と塩基の部分を明らかにし，化合物を命名せよ.

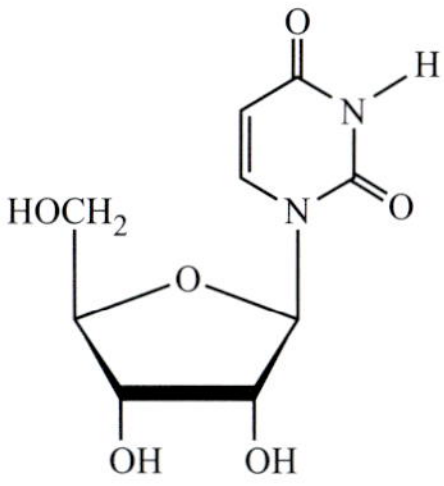

解 説 この化合物は糖を含み，環にある酸素原子と −OH 基によって識別できる．また含窒素塩基を含み，窒素を含む環によって識別できる．糖の2′位に −OH 基があるためリボースである(もし，2位の −OH 基が失われていたら，デオキシリボースとなる)．表9.1の塩基構造を見て確認すると，この塩基はピリミジン塩基のウラシルで，名前の語尾には -idine が必要である.

解 答

この化合物はヌクレオシドで，名前はウリジンである.

基礎問題 9.1

左に示すヌクレオシドを命名せよ．構造式を写し，炭素と窒素原子に番号をつけよ（表 9.1）．

問題 9.2

糖の D-リボースと 2-デオキシ-D-リボースの分子式を書け．両者の組成の正確な違いはなにか．両者の構造のわずかの違いによる化学的性質について考えよ．

ヌクレオシド＋リン酸＝ヌクレオチド

ヌクレオチドは核酸の基本骨格である．それらは DNA ポリマーと RNA ポリマーの最小単位のモノマーである．各ヌクレオチドは，ヌクレオシドの 5′-一リン酸エステルである．

5′-一リン酸エステル結合　塩　基

デオキシリボヌクレオシド　　デオキシリボヌクレオチド

ヌクレオチドは，ヌクレオシドの名前の後に 5′-**一リン酸**（5′-monophosphate）を加えて名前がつけられる．たとえばアデノシンとデオキシシチジンに相当するヌクレオチドは，それぞれアデノシン 5′-一リン酸（AMP），デオキシシチジン 5′-一リン酸（dCMP）である．D-リボースを含むヌクレオチドは**リボヌクレオチド**に，2-デオキシ-D-リボースを含むヌクレオチドは**デオキシリボヌクレオチド**に分類される（略号の前に小文字の“d”であらわされる）．

リボヌクレオチド（ribonucleotide）　D-リボースを含むヌクレオチド．一リン酸は AMP で，以下ウリジル酸（UMP），シチジル酸（CMP），グアニル酸（GMP）となる．

デオキシリボヌクレオチド（deoxyribonucleotide）　2-デオキシ-D-リボースを含むヌクレオチド（一リン酸の例として dAMP，dTMP，dCMP，dGMP がある）．

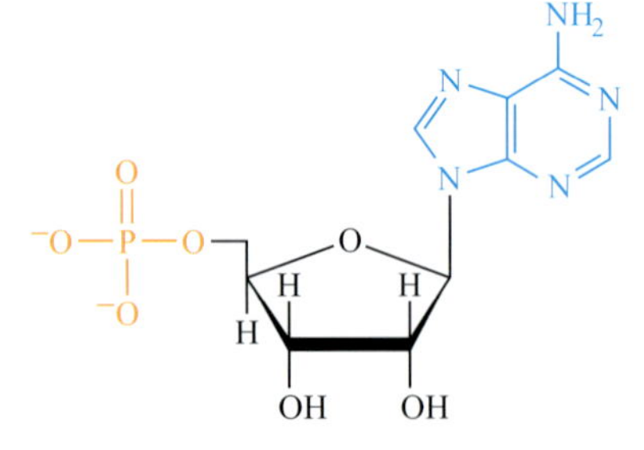

アデノシン5′-一リン酸（AMP）
（リボヌクレオチド）

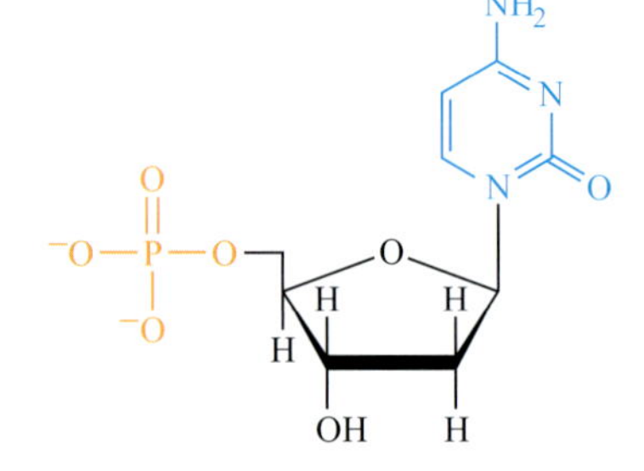

デオキシシチジン5′-一リン酸（dCMP）
（デオキシリボヌクレオチド）

リン酸基はどのヌクレオチドにも付加され，二リン酸あるいは三リン酸エステルになる．ATP は図示したように，そのエステルはヌクレオシドの名前に**二リン酸**（diphosphate）または**三リン酸**（triphosphate）が加えられる．4 章で説明したように，ATP からアデノシン二リン酸（ADP）への生化学的エネルギー変換は，他の反応と共役することがある．

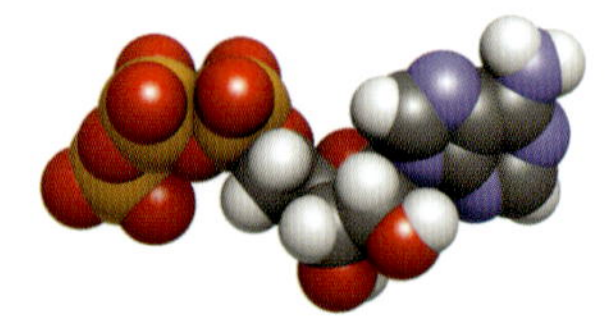

▲ATP は，アデノシンヌクレオチドの三リン酸である．茶色はリン，赤色は酸素，そして青色は窒素をあらわす．

ヌクレオシド一リン酸　　ヌクレオシド二リン酸

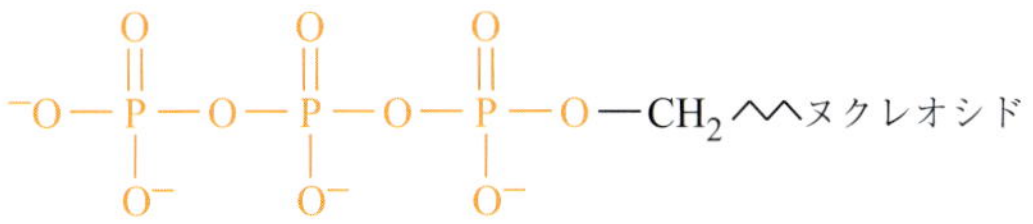

$$^{-}O-\overset{O}{\overset{\|}{\underset{O^-}{\underset{|}{P}}}}-O-\overset{O}{\overset{\|}{\underset{O^-}{\underset{|}{P}}}}-O-\overset{O}{\overset{\|}{\underset{O^-}{\underset{|}{P}}}}-O-CH_2\sim\text{ヌクレオシド}$$

ヌクレオシド三リン酸

まとめ：ヌクレオシド，ヌクレオチドと核酸の構成成分

ヌクレオシド

- 糖と塩基

ヌクレオチド

- 糖，塩基とリン酸基($-OPO_3^{2-}$)

DNA

- デオキシヌクレオチドのポリマー
- 糖は 2-デオキシ-D-リボース
- 塩基は，A，G，C，T

RNA(リボ核酸)

- リボヌクレオチドのポリマー
- 糖は D-リボース
- 塩基は，A，G，C，U

例題 9.2　名前から核酸の構成成分を描く

dTMP であらわされるヌクレオチドの構造を描け．

解　説　表 9.1 に示したように，dTMP 中の“T”はチミンであり，“M”はモノ−，“P”はリン酸である．接頭の“d”は，リボース糖の 2 位の炭素でのデオキシ−を意味する．このヌクレオチドの窒素塩基はチミンであり，その構造は表 9.1 に示される．この塩基は，(表 9.1 に赤色で示した H に代わって)デオキシリボースの 1′ 位と結合していなければならず，デオキシリボースの 5′ 位はリン酸基でなければならない．

解　答

構造式はつぎのとおり．

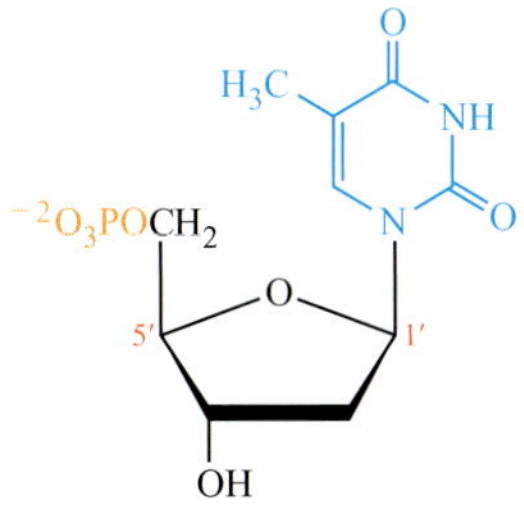

H3C, O, NH, N, O, $^{-2}O_3POCH_2$, O, 5′, 1′, OH

基礎問題 9.3

dAMP の構造式を描き，“′(プライム)”のつく番号とつかない番号を使って，環内の原子にすべて番号をつけよ．

問題 9.4

ある種の反応式でエネルギーを供給する ATP のような三リン酸，グアノシン三リン酸の構造式を描け（4.7 節中のクエン酸回路の反応 5 も参照）.

問題 9.5

dUMP，UMP，CDP，AMP，ATP の正式な名称を書け.

9.3　核酸鎖の構造

学習目標：

- DNA と RNA 中の核酸鎖を記述し，識別できる.

核酸はヌクレオチドのポリマーであることを覚えること．DNA および RNA のヌクレオチドは，ヌクレオチドの糖の C3′−OH 基と，つぎのヌクレオチドの C5′ のリン酸基とのあいだで，リン酸ジエステル結合で互いに結ばれている.

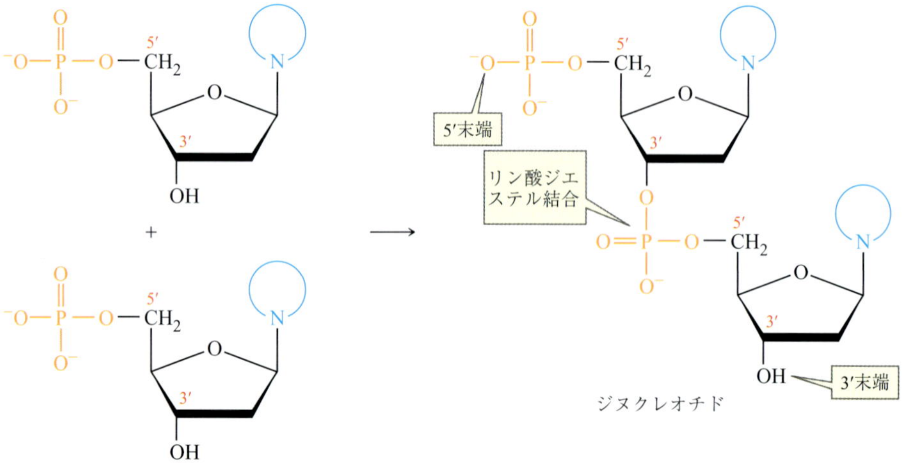

ジヌクレオチド

ヌクレオチド鎖は，つぎの図のジヌクレオチドや図 9.1 に示すトリヌクレオチドのように，一方の末端にある C5′ 位［5′ **末端**（5′ end）として知られる］に遊離のリン酸基を，もう一方の末端にある C3′ 位［3′ **末端**（3′ end）］に遊離の −OH 基を一般的にもつ．付加するヌクレオチドは，これらの基のあいだにリン酸ジエステル結合をつくって結合し，DNA 分子のポリヌクレオチド鎖がつくられる.

タンパク質の構造と機能が各アミノ酸が結合している配列によって決まるのとおなじように（1.6 節参照），核酸の構造と機能は各ヌクレオチドが結合している配列によって決まる．しかしながら核酸では，考慮すべき二つの要因がある．構造と機能のいずれもが，遺伝子産物をつくる際の酵素によって読まれる核酸鎖 1 の**方向**に依存している．タンパク質のように，核酸は組成によって変わることのない構造上の主鎖をもつ．異なるタンパク質間の違いは，タンパク質の主鎖に結合するアミノ酸側鎖の種類と**順序**にあり，異なる核酸鎖間の違いは，主鎖に結合する核酸の塩基の種類と順序にある.

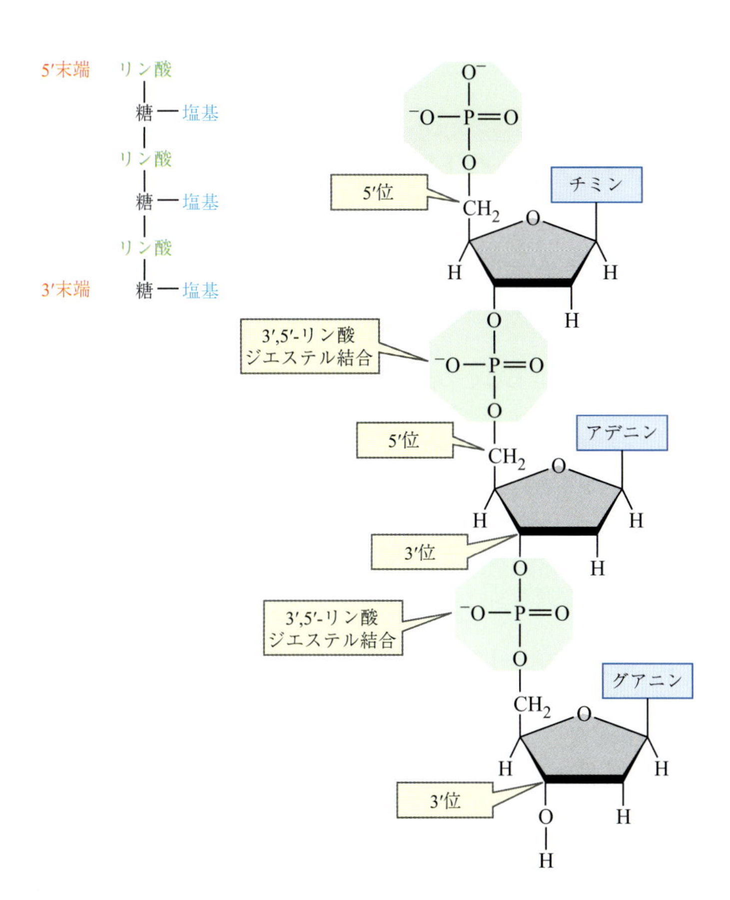

◀**図 9.1**
デオキシトリヌクレオチド
すべてのポリヌクレオチドにおいて，ここに示したように 5′ 末端にリン酸基があり，3′ 末端に糖由来の −OH 基があり，そしてヌクレオチドは 3′,5′-ジエステル結合によって連なっている．

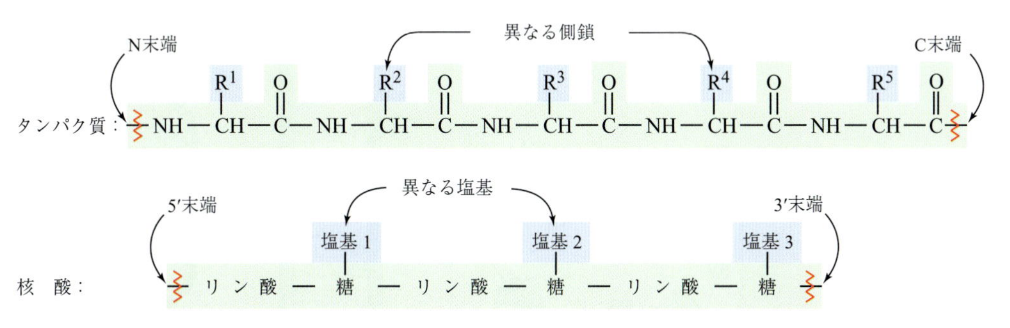

核酸の鎖中のヌクレオチドの配列は 5′ 末端から順次書いていく．その際に，各ヌクレオチドあるいは各塩基の正式名を書くよりは，塩基の一文字表記(アデニンは A，グアニンは G，シトシンは C，チミンは T，RNA のウラシルは U)で書くほうが一般的であり，糖–リン酸基の主鎖に付与する塩基配列の表記に用いられる．図 9.1 のトリヌクレオチドは，たとえば T-A-G または TAG となる．

問題 9.6
G-A-U-C-A という配列のペンタヌクレオチド内の塩基をあげ，この配列は RNA と DNA のどちらに由来するものか，説明せよ．

問題 9.7
DNA のジヌクレオチド G-T の完全な構造式を描け．このジヌクレオチドの 5′ 末端と 3′ 末端を識別せよ．

9.4 DNA の塩基対：ワトソン–クリックモデル

学習目標：

- DNA の構造を理解し，相補的な配列を書くことができる．

多くの異なる種に由来する DNA 試料中の含窒素塩基の解析では，アデニンとチミン，ならびにシトシンとグアニンの量はつねに等しいことがわかった（A＝T と G＝C）．A/T と G/C の比率は種間で異なることも明らかとなった．たとえばヒトの DNA は，アデニンとチミンをそれぞれ 30%，グアニンとシトシンをそれぞれ 20%ずつ含んでいる．一方，細菌の大腸菌（*Escherichia coli*）はアデニンとチミンをそれぞれ 24%，グアニンとシトシンを 26%含む．しかし，いずれの例も A と T，G と C が等量で存在する．この **Chargaff の法則**（シャルガフの法則 Chargaff's rule）*として知られているこの現象は，特定の塩基どうしが対になって存在していることを示唆している．なぜこのようになっているのだろうか？

＊ Erwin Chargaff が，1950 年に塩基の比率について発見した．

1953 年，James Watson と Francis Crick は塩基対の説明だけではなく，遺伝情報の保存と伝達も説明できる DNA の構造を提案した．Watson–Crick モデルによると，DNA 分子はらせん状の梯子のような構造で，一定の間隔をもって平行にある．**2 本**のポリヌクレオチド鎖が互いにらせん状に巻いている．この右回りの**二重らせん**の**外側**（outside）に糖–リン酸の主鎖があり，**内側**（inside）に複素環塩基があり，塩基を面にしてそれぞれ鎖が向きあっている．二重らせんはねじれた梯子に例えられる．糖–リン酸の主鎖は梯子の側面に，対合した塩基は梯子の段に対応する．

二重らせん（double helix）　2 本の鎖がねじ状に互いのまわりに巻きついている．ほとんどの生物で，DNA の 2 本のポリヌクレオチド鎖が二重らせんをつくりあげている．

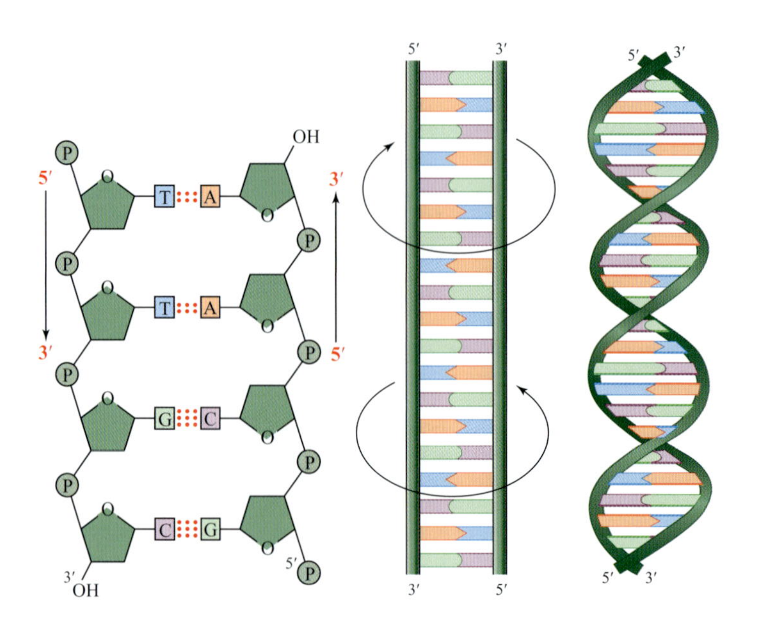

DNA の二重らせんを構成している 2 本の鎖は逆方向を向いている．一つは 5′ → 3′ 方向であり，もう一つは 3′ → 5′ 方向である［この鎖は互いに**アンチパラレル**（antiparallel）であるといわれる］．分子内部の疎水性塩基の重なり合いと，分子表面における親水性の糖とリン酸基の配位が構造の安定性に寄与している．水素結合もまた，DNA の安定性に寄与している．二重らせんの中心に

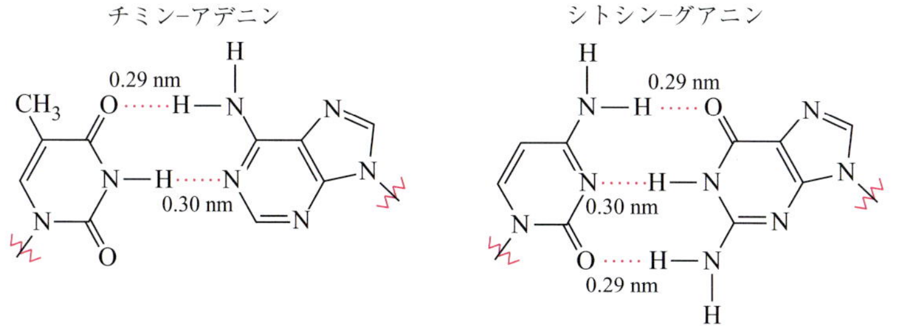

チミン–アデニン　　シトシン–グアニン

◀図 9.2
DNA の塩基対
チミンとアデニン，シトシンとグアニンの塩基対の水素結合(赤の点)は，ほぼ同じ距離である．

あるそれぞれの塩基対は，水素結合によって結ばれている．図 9.2 に示すように，アデニンとチミン(A-T)は互いに二つの水素結合をつくり，シトシンとグアニン(C-G)は互いに三つの水素結合をつくる．それぞれの水素結合は特別に強いものではないが，1 本の DNA 鎖に沿って集まっている数千を超えるものが，二重らせんの安定性に寄与している．

DNA の二重らせんの 2 本のポリヌクレオチド鎖に沿って並んでいる塩基対は，**相補的**(complementary)な関係になっている．一方の鎖にチミンがある場合は，他方の鎖ではアデニンが向かい合う．一方の鎖にシトシンがある場合は，他方の鎖ではグアニンが向かい合う．なぜ A と T，C と G が DNA の二重らせんに同量で存在するのか，この**塩基対**の規則で説明がつく．

塩基対(base pairing)　DNA の二重らせんで見られる水素結合(G-C と A-T)によって結合する塩基対．

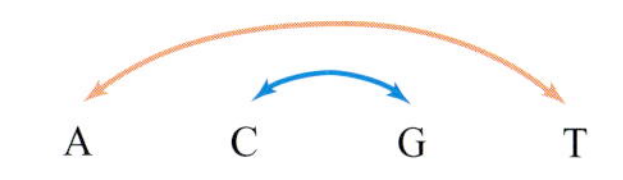

DNA 二重らせんを図 9.3 に示す．長さと形いずれも，塩基の組合せと水素結合に依存する．見てわかるように，塩基対は DNA の機能を理解するための鍵となる．

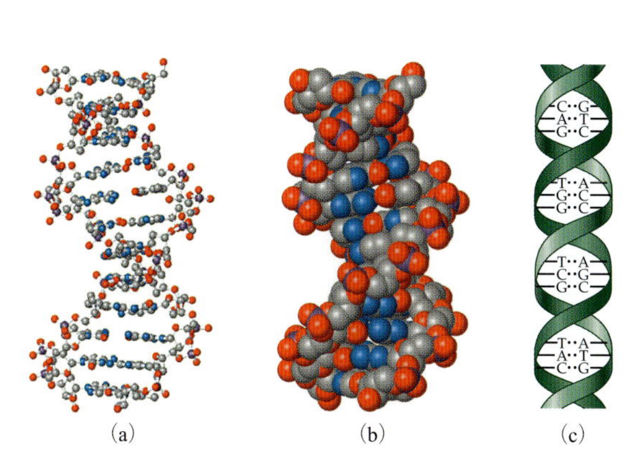

◀図 9.3
DNA の断片
(a) このモデルで，塩基対は糖–リン酸の主鎖からほぼ垂直であることに注意．(b) コンピュータによって描かれたスペースフィリングモデル．(c) DNA 二重らせんと塩基対の概念図．

例題 9.3 核酸の相補的配列の書き方

5′ T-A-T-G-C-A-G 3′ 配列に相補的なもう一方の DNA 鎖(3′ から 5′ 方向に読む)の塩基配列はなにか．

解　説　A はつねに T と，C はつねに G と結合するということを念頭に，5′ → 3′ 方向のもとの配列を，それぞれ A を T に，T を A に，C を G に，G を C に置き換えればよい．この方法で 5′ → 3′ 鎖が相補鎖に合う場合，その相補鎖は左から右に読むように 3′ → 5′ の方向に書くことを覚えておく(塩基配列の方向をとくに指定していない場合は，慣例的に左から右に読むように 5′ → 3′ 方向と考える)．

解　答

元の配列　5′ T-A-T-G-C-A-G 3′
相補的な配列　3′ A-T-A-C-G-T-C 5′

問題 9.8

下記に示すおのおののDNA鎖の相補的な配列を書け.

(a) 5′T-A-T-A-C-T-G 3′　(b) 5′G-A-T-C-G-C-T-C-T 3′

問題 9.9

アデニンとウラシル(DNAではチミンに置き換わる)の構造式を描け. またそれらの塩基対で生じる水素結合も示せ.

問題 9.10

DNA分子の電荷は中性, 負あるいは正のどれか説明せよ.

基礎問題 9.11

(a) タンパク質のように, DNAとRNAは開いたりほどけた鎖をつくって変性する. 融解温度まで加熱するとDNAは変性する(二重らせんの二本鎖が離れた状態になる). なぜ長い鎖のDNAは短い鎖よりも高い融解熱温度をもつのか.

(b) DNAの融解温度は塩基の構成によっても変化する. G：C含量の高いDNAは, A：T含量の高いDNAの融解温度より高いか, 低いか. なぜその結論になるのか説明せよ.

9.5 核酸と遺伝

学習目標：

- **遺伝情報がどのように複製され, 転送され, 発現されるかを記述できる.**

あなたの遺伝形質は, あなたが成長する出発点である受精卵の中のDNAにより決定される. 父親のDNAを運ぶ精細胞と母親のDNAを運ぶ卵細胞が融合し, それらのDNAの組合せは, あなたが一生涯もち運ぶ染色体と遺伝子のすべてである. 23対のそれぞれの染色体は, 父親のものを複製した1組の相同染色体と, 母親の相同染色体である. 体内のほとんどの細胞は, これらを起源とする複製した染色体をもつ(核とDNAをもたない赤血球細胞と, 減数分裂による単相(23個)の染色体をもつ卵細胞と精細胞は例外である).

細胞分裂は絶えず行われており, 生体と等しい寿命をもつ細胞は一つとして存在しない. したがって細胞分裂をするたびに, DNAは複製されなければならない. DNAの二重らせんと相補的な塩基の組合せが, この複製を可能にしている. 塩基が対になるので, 二重らせんのおのおのの鎖は, もう一方の鎖のための設計図になっている. しかし, 二つの質問が残されている. 核酸はどのようにして遺伝的特徴を決定づける情報を運ぶのか. そして, たくわえられた情報はどのように解読され, 表現系に移されるのか.

遺伝情報は, DNAの膨大な数と種類の塩基の中で伝えられるのではなく, DNA鎖に沿う**塩基配列**(sequence)の中で伝えられる. 所定のDNA配列の複製あるいは解読におけるどのような誤りもDNAコード内の変化(変異と呼ぶ)を導き, 娘細胞に不幸な結果をもたらすかもしれない. 細胞が分裂するたびにその情報は娘細胞に伝わり, 結局この遺伝情報は娘細胞に伝わる. 細胞内では, DNA中にコードされた遺伝情報が, 遺伝子の**発現**(expression)として知られる過程, すなわちタンパク質の合成となって表現される.

複製, **転写**と**翻訳**として知られている三つの基本的な過程の結果, 遺伝情報を複製し, 伝達し, 発現する.

- **複製**(9.6 節)は，細胞が分裂する際にDNAの模写あるいは同一のコピーがつくられる過程であり，その結果，二つの娘細胞はそれぞれ同一のDNAをもつ(図9.4)．
- **転写**(9.8 節)は，DNA中に含まれる遺伝情報が読まれ複製される過程である．転写の産物は特別なRNAであり，それはDNA中に蓄積された情報を核外のタンパク質合成の部位に運ぶ．
- **翻訳**(9.10 節)は，RNAによって伝えられた遺伝情報が解読され，タンパク質の合成に用いられる過程である．

複製(replication)　細胞が分裂する時にDNAのコピーがつくられる過程．

転写(transcription)　DNAにある情報が，RNAを合成するために読まれ使われる過程．

翻訳(translation)　RNAがタンパク質合成を指定する過程．

次節では，これらの重要な機能を紹介する．複製，転写，翻訳はきわめて正確に行われなければならず，そして遺伝情報の完全性(正確性)を確実にするため，多くの補助的な分子を必要とする．互いに協調して働く多くの酵素は，エネルギー源となるヌクレオシド三リン酸(NTP)と協調して，基本的な役割を果たす．本章のつぎの目標は，それらの過程の完全な解明はまだ進行中なので，遺伝情報がどのように複製され働くかという概要を紹介することにある．

9.6 DNAの複製

学習目標：

- DNAの複製の過程を説明できる．

DNAの複製は二重らせんが一部巻き戻されるところからはじまる．この過程は**ヘリカーゼ**(helicase)という酵素による．DNAの巻き戻しは，多くの**複製開始点**(origins of replication)で同時におこる．2本のDNA鎖が分離し，塩基が露出する．“空間(バブル bubble)”が形成され，そこで複製が開始される(図9.4)．二本鎖DNAと一本鎖DNAが出合うところの空間の両端部は**複製**

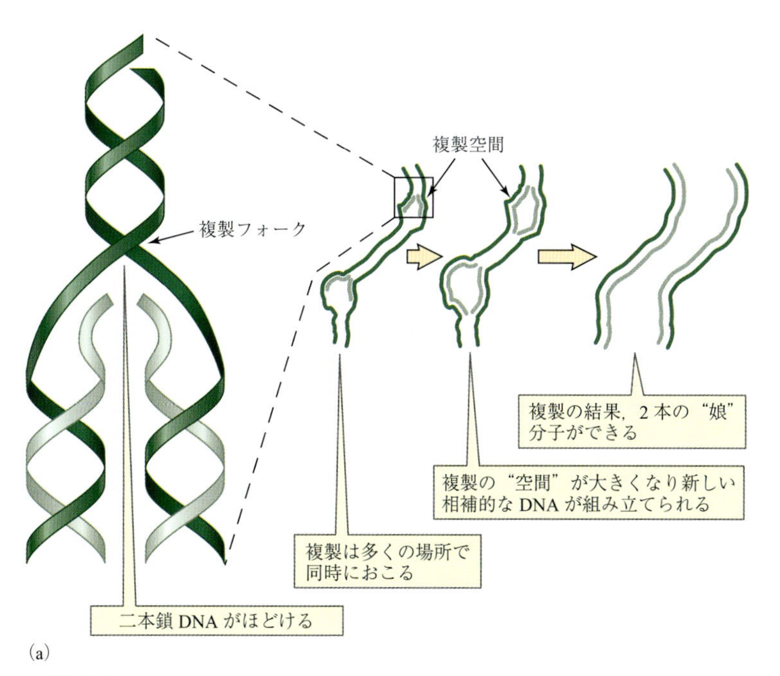

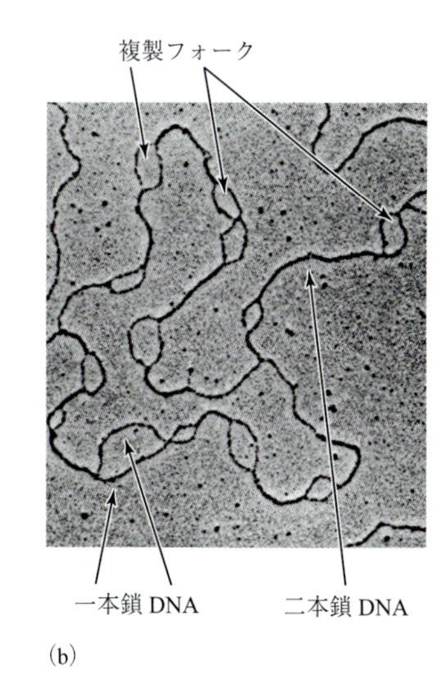

▲ **図 9.4**
DNA複製部位
(a) 複製は，一本鎖がむき出しになるようにDNAが巻き戻されたところからはじまる．これは多くの部位で同時におこる(簡潔にするため，複製フォークは一つだけ示した)．(b) DNAの電子顕微鏡像．DNAが複数のところで巻き戻されているにつれて，一本鎖DNAがむき出しになり，複製フォークが一本と二本鎖DNAとのあいだで形成される．

フォーク(replication fork)として知られる分岐点である．**DNA ポリメラーゼ**(DNA polymerase)と呼ばれる多量体の酵素は，鎖が分離した場所に移動し，むき出しになった一本鎖 DNA を鋳型として新たな DNA を生成する機能をもつ．4 種類の塩基をそれぞれにもつ NTP は，その合成の場で用いられている．鋳型 DNA 鎖の塩基と水素結合ができる塩基をもった一つのヌクレオチド三リン酸が選ばれて結合していく．すなわち，A は T のみと水素結合を形成し，G は C のみと水素結合を形成する．DNA ポリメラーゼは，NTP の 5′-リン酸基と伸長するポリヌクレオチド鎖の 3′−OH 基の共有結合を触媒し，余分な二つのリン酸基は除かれる．

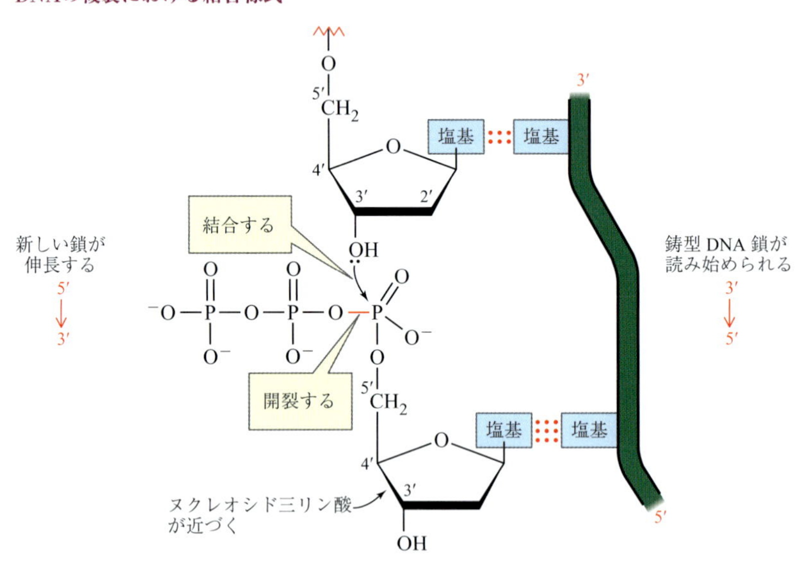

DNA ポリメラーゼは，ヌクレオチドの 5′-リン酸基と伸長する DNA 鎖の遊離の 3′-OH 基とのあいだの反応を触媒する．したがって鋳型鎖は 3′ → 5′ 方向にのみ読まれ，新しい DNA 鎖は 5′ → 3′ 方向にだけ伸長する．

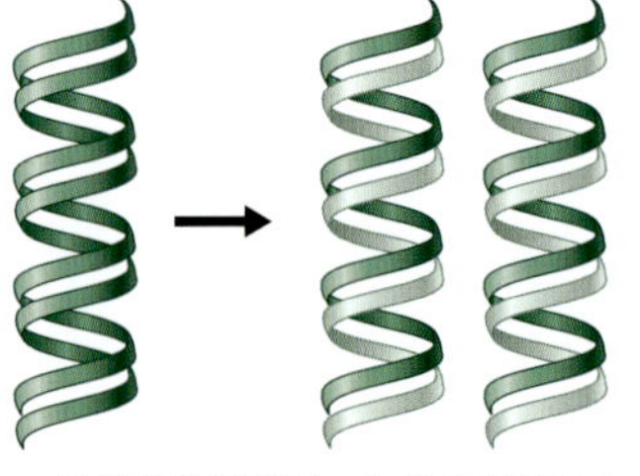

▲ 半保存的複製は，1 組の DNA 二重らせんをつくる．片方の鎖(深緑で示した)はもともとの DNA 鎖であり，もう片方(薄緑色で示した)は，DNA 鎖から複製された新しい DNA 鎖である．

それぞれの新しい鎖はその鋳型鎖に相補的なので，複製のあいだに二つのおなじ DNA 二重らせんがつくられる．いずれの新しい二重らせんも，1 本は鋳型鎖であり，ほかの 1 本は新しく合成された鎖である．これを**半保存的**複製(二本の親 DNA 鎖のうち一本の親 DNA 鎖が新しい二本鎖のうちの 1 本として保存される)という．

図 9.5 では，NTP が新しい鎖の 3′ 末端に付加されることに注意すること．言い換えると，3′ → 5′ 方向にある鋳型鎖に沿っていくポリメラーゼによって，新しい DNA が 5′ → 3′ 方向に合成される．もとの DNA 鎖が逆向きなので，**リーディング鎖**(leading strand)として知られる 1 本の新しい鎖のみが，複製点(**複製フォーク**)が移動するにつれて，連続的に伸長する．3′ → 5′ 方向のリーディング鎖の鋳型に沿っていく DNA ポリメラーゼは，複製フォークと**同じ方向**に動いていく．もう一方の鎖では，3′ → 5′ 方向の鋳型鎖に沿っていく DNA ポリメラーゼが複製フォークから戻っていく**逆の方向**に動いていることになる．結果として，**ラギング鎖**(lagging strand)と呼ばれるそのもう一方の鎖は，**岡崎フラグメント**(Okazaki fragment，岡崎という日本人に発見された)と呼ばれる小さな断片ずつ複製される．その伸長の方向は，図 9.5 にみられるようにリーディング鎖は新しい DNA 鎖を連続的に伸長し，ラギング鎖は短い岡崎フラグメントで構成される新しい DNA 鎖を伸長する．岡崎フラグメントからラ

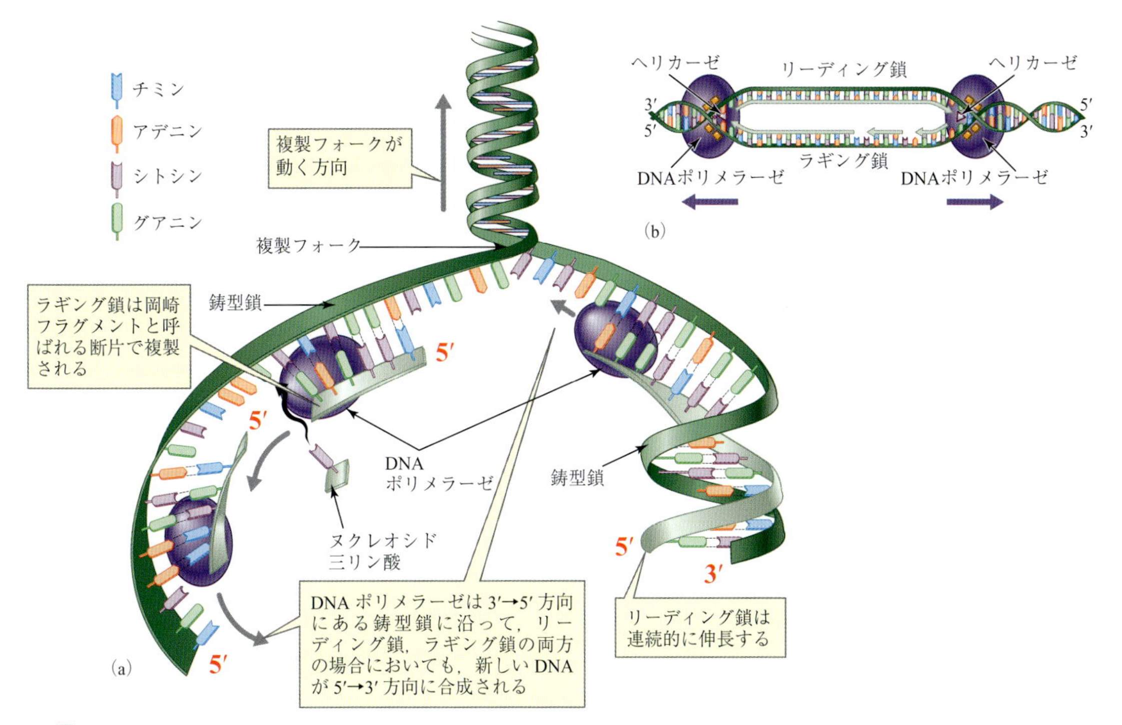

▲ **図 9.5**
DNA の複製
(a) 新しいポリヌクレオチド鎖は 5′ → 3′ 方向に伸長しなければならないので，リーディング鎖（薄緑色で描かれた右側）は複製フォークの方向に連続的に伸長し，一方ラギング鎖（薄緑色で描かれた左側）は複製フォークを移動しながら断片を伸長する．その断片は，DNA リガーゼ酵素によって後で結合される．(b) おのおのの複製フォークのところで DNA ポリメラーゼは，巻き戻された DNA に沿ってどんどん進んでいく．DNA ポリメラーゼは一本鎖 DNA をコピーしていくことから，5′ → 3′ 方向へと新しい配列が伸びていく．リーディング鎖と呼ばれる片方の一本鎖が連続的に複製され，ラギング鎖と呼ばれるもう一方の鎖は断片的に複製される．

ギング鎖をつくるため，**DNA リガーゼ**（DNA ligase）として知られる酵素の働きにより，それらの短い DNA 断片が互いに結合される．

ヒトの細胞の全塩基対数 — ヒト**ゲノム**（genome） — は 30 億である．ヒト細胞における完全な複製の過程には，数時間を要する．ヒト DNA のような巨大分子をこの速度で複製するためには，最終的には結合してもとの DNA の正確な複写をつくる DNA 鎖の多数の破片をつくる，多数の複製フォークを必要とする．

ゲノム（genome）　生物の染色体内の遺伝物質のすべて．その大きさは塩基対（base pair）の数で与えられる．

問題 9.12
岡崎フラグメントとはなにか．DNA の新生過程にどのような役割を勤めているか．

問題 9.13
DNA ポリメラーゼと DNA リガーゼの違いはなにか．

9.7　RNAの構造と機能

学習目標：

- RNAの種類，それらの細胞内の局在と機能を記述できる．

RNAは構造的にDNAに類似している．いずれも糖–リン酸のポリマーで，いずれも窒素原子を含む塩基をもつ．しかし，それらには大きな違いがある(表9.2)．RNAとDNAの構成分子の違いはすでに見てきた(9.2節)．RNAでは糖がデオキシリボースではなくリボースで，アデニンと結合するのはチミンではなくウラシルである．RNAとDNAはまた，大きさと構造も異なっている．RNA鎖はDNA分子と同じ長さではない(だからRNAの全分子量は小さい)．RNAはほぼつねに一本鎖の分子である(ほぼつねに二本鎖のDNAと異なる)．RNA分子はしばしば複雑な折りたたみをしており，時には折りたたみ直して，二重らせんをつくる場所もある．

表9.2　DNAとRNAの比較

	糖	塩　基	形状と大きさ	機　能
DNA	デオキシリボース	アデニン グアニン シトシン チミン	二重らせんの対になった鎖．1本当たり5000万かそれ以上のヌクレオチド	遺伝情報を蓄積する
RNA	リボース	アデニン グアニン シトシン ウラシル	折りたたみ領域をもつ一本鎖．RNA当たり100～約50000のヌクレオチド	mRNA：遺伝情報の複写をコードする(タンパク質合成の“青写真”) tRNA：タンパク質に編入すアミノ酸を運ぶ rRNA：リボソームの構成成分(タンパク質合成の場)

種類の異なるRNAもあり，それぞれが遺伝的情報の流れの中で特定の役割を果たしている．一方DNAはたった一つの機能 — 遺伝的情報の蓄積 — しかもたない．三つのタイプのRNAはともに働き，DNAで運ばれる情報をタンパク質の合成に使用している．

- **リボソームRNA(rRNA)**：細胞の核の外で細胞質の中にある**リボソーム**は小さい粒子のオルガネラであり，そこでタンパク質合成が行われる(細胞での位置は図4.2参照)．それぞれのリボソームは約60%のrRNAと約40%のタンパク質の複合体からなっており，合計の分子量は約5000000 amu(原子質量単位)である．
- **メッセンジャーRNA(mRNA)**：DNAから転写された情報を運ぶ．mRNAは細胞核内で形成され，核外のタンパク質が合成される場所であるリボソームに輸送される．mRNAはポリヌクレオチドであり，DNAと同じタンパク質合成のための遺伝情報をもつ．
- **転移RNA(tRNA)**：リボソームで伸長するタンパク質鎖にアミノ酸を一つずつ運ぶ小さなRNAである．それぞれのtRNAは一つのアミノ酸を運ぶ．

リボソーム(ribosome)　タンパク質合成がおこる細胞内の顆粒；タンパク質とrRNAを含む．

rRNA(ribosomal RNA)　リボソーム内でタンパク質と複合体を形成するRNA．

mRNA(messenger RNA)　DNAから翻訳された暗号を運ぶRNAで，タンパク質合成を指示する．

tRNA(transfer RNA)　アミノ酸をタンパク質合成の場へ運ぶRNA．

9.8　転写：RNA 合成

学習目標：

- 転写の過程，相補鎖を mRNA に写すことを説明できる．

RNA は，細胞の核の中で合成される．核を離れる前に，すべての種類の RNA 分子はさまざまな方法で修飾され，それぞれに異なった機能を実行することができるようになる．mRNA 合成(**転写**)は DNA 中にコードされた遺伝子情報をタンパク質合成に移す最初の段階なので，mRNA(真核生物の場合)に焦点をあてよう．

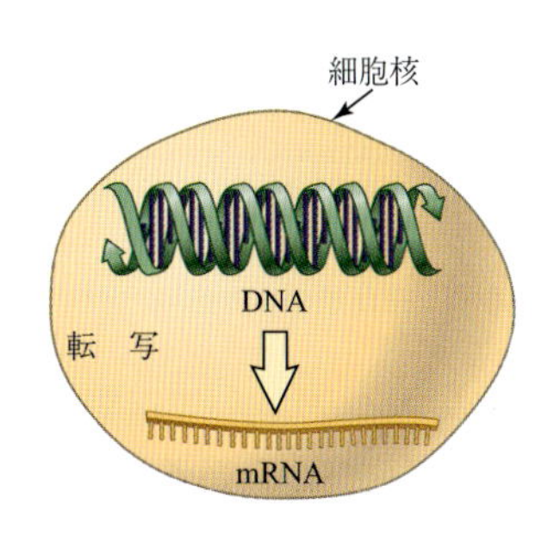

複製とおなじように転写では，DNA の二重らせんの一部分がほどけ，二本鎖の塩基がむき出しになり，相補的なヌクレオチドが一つずつ結合する．rRNA，tRNA および mRNA は，基本的にすべてが同じ方法で合成される．転写される DNA 鎖は**アンチセンス鎖**で，それに相補的なもとのらせんは**センス鎖**である．mRNA 分子はアンチセンス鎖と相補的であり，DNA 鎖の T が U に変わっただけの DNA のセンス鎖の正確な RNA 複製をつくる．その関係をつぎに短い DNA と mRNA 断片で図示する．

DNA **センス鎖**	5′ ATG CCA GTA GGC CAC TTG TCA 3′
DNA **アンチセンス鎖**	3′ TAC GGT CAT CCG GTG AAC AGT 5′
mRNA	5′ AUG CCA GUA GGC CAC UUG UCA 3′

転写の過程は，図 9.6 に示すように RNA ポリメラーゼ，RNA を合成する酵素が転写されるヌクレオチドの前にある DNA 中の制御領域を認識したときに開始する*．9.9 節で説明する**遺伝暗号**(genetic code)は，**コドン**(codon)として知られる連続する三つの塩基(トリプレット)からなる．mRNA によって運ば

＊(訳注)：RNA ポリメラーゼはアンチセンス鎖を鋳型としてセンス配列 RNA をつくるので，RNA ポリメラーゼはアンチセンス鎖を鋳型鎖としている．

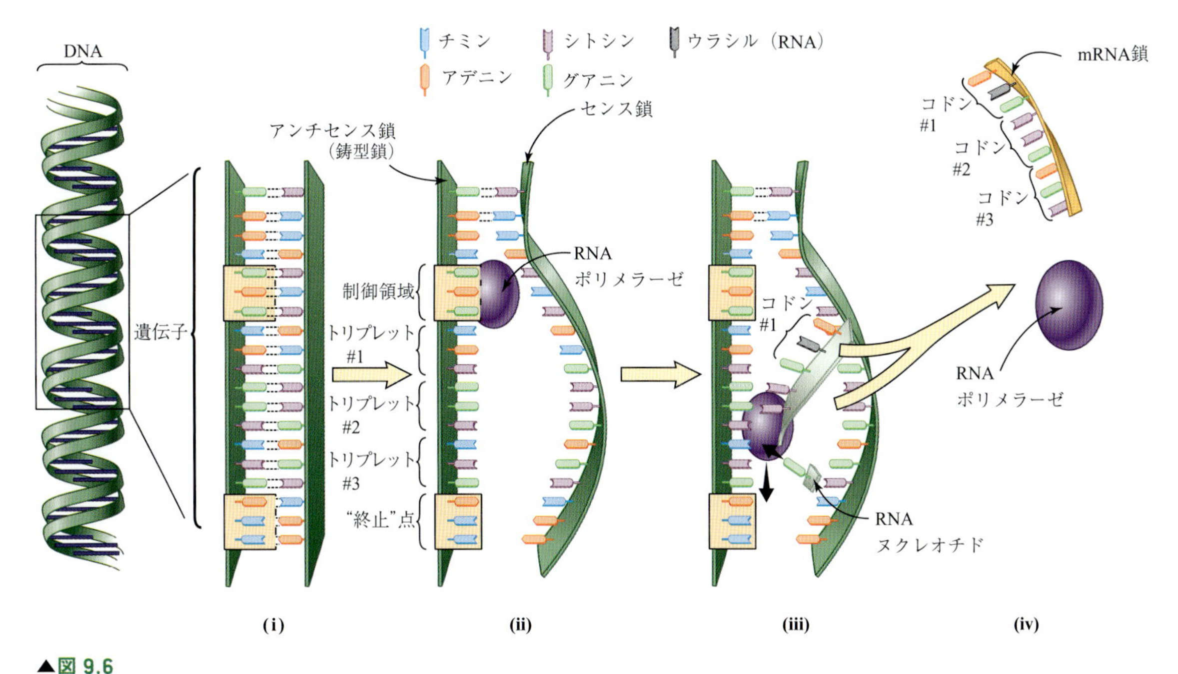

▲図 9.6
mRNA をつくる DNA の転写
ここに示した転写は，仮想の 3 コドンの mRNA をつくる．左から右へ，(i) DNA がほどける，(ii) RNA ポリメラーゼがアンチセンス鎖の制御点あるいは開始点に結合する，(iii) ポリメラーゼがアンチセンス鎖に沿って動くに従い，mRNA が組み立てられ，(iv) ポリメラーゼが終止点に到達して転写が終わり，新しい mRNA 鎖と RNA ポリメラーゼが放出される．

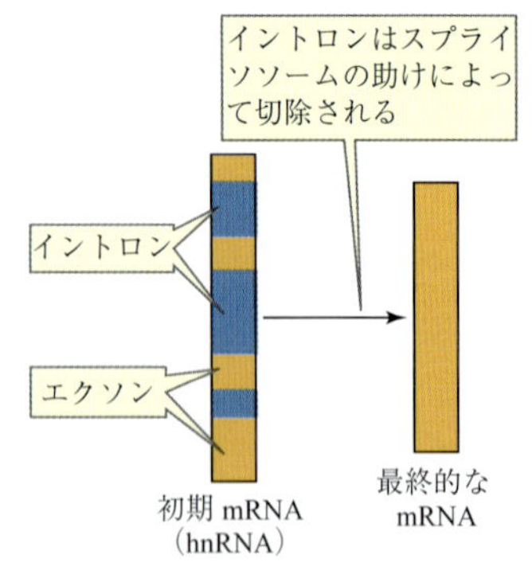

エクソン(exon)　タンパク質部分を暗号する遺伝子の塩基配列.

イントロン(intron)　タンパク質部分をコードしていない mRNA 内の塩基配列. mRNA がタンパク質合成を続ける前に除かれる.

ヘテロ核 RNA(hnRNA) (heterogeneous nuclear RNA)　最初に合成されるイントロンとエクソンを含む mRNA 鎖.

れるヌクレオチドのトリプレットは，タンパク質に組み入れられるアミノ酸をコードしている(9.10 節)．完全なタンパク質に対応する核酸の遺伝暗号の塩基配列は，**遺伝子**(gene)として知られる．RNA ポリメラーゼは転写すべき DNA 断片のところに移動し，相補的なヌクレオチドを伸長している RNA 鎖に一つずつ付加し続けていく．RNA ポリメラーゼが，複製される配列の末端を示す終末配列に達したときに転写は終わる．

転写が終結した時点で，その mRNA 分子は転写開始部位から転写終了部位まで，DNA 情報鎖の全塩基配列に対応する塩基配列を含んでいる．遺伝子は，**エクソン**(アミノ酸をコードしている配列)と呼ばれる複数の DNA の小さな塩基配列区画で構成されている．特定の遺伝子にコードされるタンパク質が細胞でつくられることを，**発現**(expression)という．この過程は DNA の転写，mRNA のスプライシング，タンパク質への翻訳を含む．遺伝子の塩基配列には，いくつかの**イントロン**(エクソンとのあいだにある塩基配列の区画)と呼ばれる塩基配列の圧画が挿入されている．イントロンは DNA の一部で，タンパク質を合成するための塩基配列を含んでいない．一次 mRNA 鎖(一次転写産物 “primery transcript”)にはエクソンとイントロンが含まれ，**ヘテロ核 RNA** (**hnRNA**)と呼ばれる．hnRNA 中のイントロンが**スプライソソーム**(spliceosome)というタンパク質の複合体によって切除され，残りのエクソン部分どうしがつなぎあわされ，最終的な mRNA が作成され，核からリボソームに移動する．

例題 9.4　DNA センス鎖から，相補的な DNA 鎖と RNA 鎖を書く

下に DNA センス鎖の断片のヌクレオチド配列がある．これに相補的な DNA アンチセンス鎖のヌクレオチド配列はなにか．このアンチセンス鎖から mRNA へ転写される配列はなにか．

5′ AAC GTT CCA ACT GTC 3′

解　説　復習：

1. DNA センス鎖と DNA アンチセンス鎖の塩基対は A-T と C-G.
2. センス鎖の塩基の組み合わせは 3′ → 5′ 方向へアンチセンス鎖に書き込まれる．
3. mRNA 鎖は，DNA センス鎖の T がすべて U に置き換わっていることを除いて DNA センス鎖とおなじ．
4. アンチセンス鎖に合う塩基対は，5′ → 3′ 方向に書き込まれた mRNA としてつくられる．

解　答

上記の原則を当てはめると，下のようになる．

DNA センス鎖	5′ AAC GTT CAA ACT GTC 3′
DNA アンチセンス鎖	3′ TTG CAA GTT TGA CTG 5′
mRNA	5′ AAC GUU CAA ACU GUC 3′

問題 9.14

hnRNA に対するスプライソソームの働きはなにか．

問題 9.15

つぎの DNA の鋳型配列に相補的な mRNA の塩基配列はなにか．相補的配列の 5′ と 3′ 末端も記すこと．

(a) 5′ CAT GCT CTA CAG 3′　　(b) 3′ TAT TAG CGA CCG 5′

9.9 遺伝暗号

学習目標：

- 遺伝子コードから mRNA コドンに写され，タンパク質の(アミノ酸)一次配列に翻訳することができる．

mRNA 鎖中のリボヌクレオチド配列は，アミノ酸残基がタンパク質をつくるために結合する順序をつづる暗号文のようなものである．おのおのの“単語”は mRNA の文中で特定のアミノ酸に関連づけられるリボヌクレオチドのトリプレット，あるいは**コドン**からなる．つまり一連のコドンは，アミノ酸配列をつづることになる．たとえば，ある mRNA 上のウラシル–ウラシル–グアニン(UUG)の組合せは，伸長中のポリペプチド鎖にアミノ酸ロイシンを組み込むように指定をするコドンである．おなじようにグアニン–アデニン–ウラシル(GAU)の組合せはアスパラギン酸をコードしている．

コドン(codon)　特定のアミノ酸をコードする mRNA 鎖中の三つのリボヌクレオチドの配列．三つのヌクレオチド配列には終止コドンと呼ばれるものがある．

64 通りのトリプレットコドンのうち 61 の組合せが特定のアミノ酸をコードし，残りの 3 組は鎖の伸長を止める暗号(**終止コドン** stop codon)となっている．おのおののコドンの意味，すなわちほとんどの生物に共通する**遺伝暗号**を表 9.3 に示す．ほとんどのアミノ酸は複数のコドンで特定されることと，コドンはつねに 5′ → 3′ 方向に書かれることに注意する．

遺伝暗号(genetic code)　タンパク質合成のアミノ酸配列を決定する，mRNA のトリプレット(コドン)にコードされているヌクレオチドの配列．

表 9.3　mRNA のコドン表

第 1 塩基(5′ 末端)	第 2 塩基	第 3 塩基(3′ 末端)			
		U	C	A	G
U	U	Phe	Phe	Leu	Leu
	C	Ser	Ser	Ser	Ser
	A	Tyr	Tyr	*Stop*	*Stop*
	G	Cys	Cys	*Stop*	Trp
C	U	Leu	Leu	Leu	Leu
	C	Pro	Pro	Pro	Pro
	A	His	His	Gln	Gln
	G	Arg	Arg	Arg	Arg
A	U	Ile	Ile	Ile	Met
	C	Thr	Thr	Thr	Thr
	A	Asn	Asn	Lys	Lys
	G	Ser	Ser	Arg	Arg
G	U	Val	Val	Val	Val
	C	Ala	Ala	Ala	Ala
	A	Asp	Asp	Glu	Glu
	G	Gly	Gly	Gly	Gly

前に示した DNA センス鎖と DNA アンチセンス鎖の関係と，それらがコードするタンパク質の断片を再び下に示す．

DNA **センス鎖**	5′ ATG	CCA	GTA	GGC	CAC	TTG	TCA 3′
DNA **アンチセンス鎖**	3′ TAC	GGT	CAT	CCG	GTG	AAC	AGT 5′
mRNA	5′ AUG	CCA	GUA	GGC	CAC	UUG	UCA 3′
タンパク質	Met	Pro	Val	Gly	His	Leu	Ser

mRNA 鎖の 5′ 末端は N 末端のアミノ酸をコードし，mRNA 鎖の 3′ 末端は C 末端のアミノ酸をコードしていることに注目する(タンパク質は N 末端から C 末端に左から右に読むことを忘れずに)．

HANDS-ON CHEMISTRY 9.1

この課題では，一本鎖にほどかれたDNAの一部を鋳型として相補的なmRNAの一部をつくる(図9.6). そして，表9.3のコドン表を使ってアミノ酸を決定する.

ここでは，核酸をあらわすために色のついたストローを使う．もし可能であれば，5色がひとまとめになったものを選んでほしい．4色しかなかったら，その中の一つにサインペンで印をつければよい.

1. それぞれのストローを四つに切る．図9.6に指定した色，すなわちTが青色，Aが赤色，Cが紫色，Gが緑色，そしてUが灰色などに対応するようなストローがあれば用意する(4色しか用意できないときは，T，A，C，Gはそれぞれ異なる色にして，UはTと同じ色で，サインペンで印をつければよい).
2. 図9.6を見てほしい．図(i)ではアンチセンス鎖は左側，センス鎖は右側にある．図(ii)では制御領域と終止点が色付けしてある．制御領域から終止点までのDNAをつくる．アンチセンス鎖はGAGTACGGCTCGATTからはじまる．mRNAの相補的な塩基配列はセンス鎖とおなじであるが，DNAにあるTの代わりにmRNAではUとなることを忘れないでほしい．切ったストローの断片をヌクレオチドに見立て，図9.6(i)のアンチセンス鎖の順番に並べよう.
3. つぎに，センス鎖をつくるために，アンチセンス鎖に対して相補的になるようにヌクレオチドに見立てたストローを並べる．ストローの一片を絞って折りたたみ，それを相補的な塩基につなげる．これはDNA鋳型の塩基とセンス鎖とのあいだの水素結合をあらわす.
4. つぎに，mRNA配列を順番に並べよう．mRNAはタンパク質に必要なコドンをもっているので，アンチセンス鎖からmRNAの塩基配列に必要なストローを決める．そして，表9.3から必要なアミノ酸をmRNAのコドンから書き出す．mRNAのストローの色は，図9.6(iv)のmRNAと一致するか？ また，DNAにコードされているタンパク質にはいくつのアミノ酸が必要か？mRNAでは，制御領域と終止点はあらわされていないことに注意する.
5. 問題9.15を参照してほしい．問題9.15の各問いについて，アンチセンス鎖とセンス鎖を組み立てよ．どの色のストローがmRNAに必要であるか，どのアミノ酸がタンパク質に合成されるか，決定せよ.

例題 9.5　RNAをタンパク質に翻訳する

例題9.4では，下のようなヌクレオチドのmRNA配列を得た．このmRNA配列によりコードされるアミノ酸配列はなにか.

5′ AAC GUU CAA ACU GUC 3′

解　説　コドン表9.3を参考にする.

5′ AAC GUU CAA ACU GUC 3′
Asn　Val　Gln　Thr　Val

解　答

すべてを書き出すと，タンパク質の配列は以下のとおりである.

アスパラギン—バリン—グルタミン—トレオニン—バリン

CHEMISTRY IN ACTION

インフルエンザ：多様性の課題

インフルエンザは，インフルエンザウイルスによって引きおこされ，A型とB型のインフルエンザウイルスは，ほぼ毎年冬にヒトインフルエンザを流行させる．米国では，それらの季節的な流行により人口の10～20％が病気にかかり，1年につき平均36000人の死者と114000人の入院患者が出る．

ウイルスは，生きている細胞内でのみ複製することができる超顕微鏡的な感染物質である．数千種類のウイルスが知られており，それぞれが特定の植物または動物細胞に感染する．ウイルス粒子はいくつかの生体分子，すなわち核酸(二本鎖もしくは一本鎖で構成されるDNAまたはRNA)とタンパク質からなるタンパク質コーティング(キャプシド)からなる．また，いくつかのクラスのウイルスはキャプシド上に脂質のコーティングを有する．それほど小さく，少ない物質の何がインフルエンザを引きおこすのだろうか？

ウイルス粒子は，自分自身を複製するのに必要な細胞内の機関を提供する宿主細胞なしでは複製することができない．ウイルスが生きた細胞に入ると，その宿主細胞がウイルスを複製し，その後ウイルス粒子は宿主を離れて，ほかの細胞に感染を広げてインフルエンザが発症する．私たちはインフルエンザA型とB型を予防するために予防接種を受けることができる．しかしC型と呼ばれるほかのインフルエンザ感染症は，軽度の呼吸器疾患を引きおこすが流行をおこすことはないと考えられている．インフルエンザ予防接種は，C型を予防できない．残念ながら1回だけの予防接種では，生涯にわたってインフルエンザを阻止することはできない．インフルエンザウイルスは頻繁に突然変異するため，とくにウイルスの外殻タンパク質の変異がおきるので，1年に1回の予防接種をしなければならない．インフルエンザウイルスは広く存在するので，インフルエンザは流行性でしかも大流行(パンデミック)を引きおこす．感染が速く深刻に大勢の人に影響を及ぼし，その後急速に鎮静化していく疾患を流行性という．パンデミックとはすべての大陸または全世界的に影響を与えるかもしれないほどの広範な流行をいう．インフルエンザではその両者はすでに発生している．

動物は“インフルエンザ”に感染するだろうか？ その答えはイエスである．A型インフルエンザウイルスの亜型はアヒル，ニワトリ，ブタ，クジラ，ウマ，アザラシなどさまざまな生物で発見されている．鳥類はこれまで知られているすべてのA型インフルエンザウイルスの亜型に感受性があり，ウイルスの蓄積者(リザーバー)となっている．

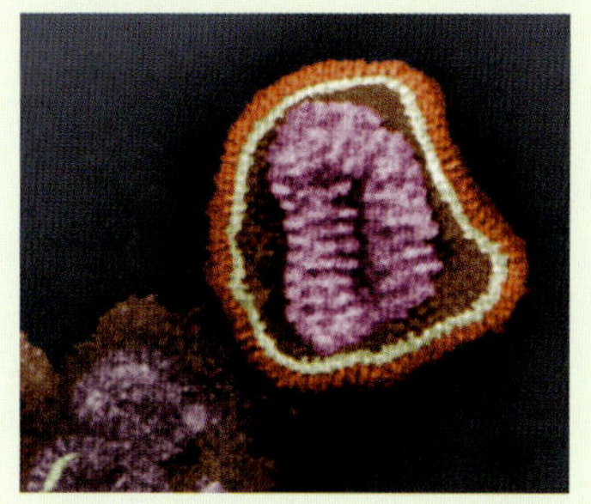

▲ネガティブ染色されたインフルエンザAウイルス粒子の透過電子顕微鏡写真

鳥に感染するインフルエンザウイルスは**鳥インフルエンザウイルス**(avian influenza virus)と呼ばれ，100年以上前にイタリアではじめて確認されたこれらのウイルスは，世界中の鳥のあいだで自然に広まった．野生の鳥，とくに野生のアヒルのような移動性の水鳥は，腸内でウイルスを運ぶ．鳥インフルエンザは鳥のあいだでは非常に伝染性が強い．とくに家禽類のニワトリ，アヒル，七面鳥などは感受性が高く，感染する非常に重篤な症状もしくは死に至る．

ヒトもまたA型のインフルエンザに感染しやすいが，異なる亜型のため鳥インフルエンザはヒトには感染しない．しかし，1997年から鳥インフルエンザによるヒトへの感染がおこっている．鳥インフルエンザは鳥からヒトへ直接的に，または鳥のウイルスに汚染した環境から，またはブタなどの中間宿主を介してヒトに伝染した可能性がある．ブタは鳥とヒトのウイルス両方に感染しやすいので，ヒトと鳥ウイルスの遺伝物質を体内で混ぜる“混合容器”として機能し，その結果，新奇なウイルスの亜種の発生をもたらしている．たとえば，ブタがヒトインフルエンザウイルスと鳥インフルエンザウイルスに同時に感染すると，ウイルスはほとんどのヒトインフルエンザウイルスの遺伝子をもつが，鳥インフルエンザウイルスの外殻タンパク質をもたない新しいウイルスがつくられることになる．この過程は**抗原シフト**(抗原不連続変異 antigenic shift)として知られる．これは，ヒトがウイルスに対してほとんど，または全く免疫をもたない新しいウイルスがどのように生まれ，そして結果としてウイルスがヒトからヒトへ感染を続け，最終的にインフルエンザが流行することを示すものである．ヒトへの抗原シフトの出現に好都合な条件は，ヒトが家禽類やブタときわめて近い場所で生活している環境であると長いあいだ考えられてきた．しかし最近では，ヒト自身が“混合容器”となっているのではないかと示唆されている．このシナリオは最悪の事態を想定したもので，危機感を抱いた米国疾病予防管理センター(Center for Disease Control and Prevention, CDC)は，鳥インフルエンザの蔓延を防ぐことを最優先事項にすることを検討

つづく

している．幸運にも2006年の鳥インフルエンザの大流行は限られた範囲であったが，深刻なものだった．危機的ではあったが，2009年のブタインフルエンザのパンデミックでは当初考えられたような病原性種ではなかった．その特別なA型インフルエンザウイルスは，ヒト，トリ，ブタウイルスからの遺伝子が混在したヒトが免疫をもたない新しいウイルスだった．2009年のウイルス種は警戒レベルの高い致死性をもっていた旧型のインフルエンザウイルスと遺伝子的に似たものであった．

科学者はウイルス亜種へのシフトの監視を続けており，製薬会社はつぎのシーズンに流行することが予測される優勢ウイルスに対してもワクチンを開発している．そしてその課題は年に1回インフルエンザに対して予防接種を行うようなものではなく，麻疹のようなほかの一般的なウイルス性疾患に使われるユニバーサルワクチンの開発が進められている．

CIA 問題 9.1　ウイルスは生物とどのように異なるか．

CIA 問題 9.2　インフルエンザA，B，Cに感染したときに，どんな症状が現れるか．

CIA 問題 9.3　さまざまな情報源を使用して，インフルエンザの種類と系統がどのようなものであるかの調査はインフルエンザ予防接種にいかされているか．

CIA 問題 9.4　ユニバーサルインフルエンザワクチンを開発することがなぜ難しいのか．

問題 9.16
つぎのアミノ酸に対応する可能なコドンの配列を書け．
(a) Val　(b) Phe　(c) Ash　(d) Gly　(e) Met

問題 9.17
コドンGAGであらわされるアミノ酸を示し，そのアミノ酸をコードするほかのコドンを示しなさい．

問題 9.18
つぎの配列がコードしているアミノ酸はなにか．
(a) AUC　(b) GCU　(c) CGA　(d) AAG

問題 9.19
細胞によって仮想のトリペプチドLeu-Leu-Leuが合成される場合，このトリペプチドをコードするために組み合わせられるべきmRNA中の三つのトリプレットはなにか．

▲ タンパク質合成の全体像．最終的なmRNAのコドンはリボソームで翻訳され，そこでtRNAがアミノ酸を運びタンパク質(ポリペプチド)に組み込む．

9.10　翻訳：tRNAとタンパク質の合成

学習目標：
- タンパク質合成における翻訳過程内の開始，伸長，終結，段階を説明できる．

mRNAで運ばれた遺伝情報はどのように翻訳され，そして翻訳の過程はどのようにしてタンパク質合成になるのか．タンパク質合成は，細胞の細胞質中の核の外にあるリボソームでおこる．最初，mRNAはリボソームに結合し，つぎに，細胞質ゾル中で利用できるアミノ酸が，tRNA分子によって一つずつ運ばれ，リボソームの“機構”によって特異的なタンパク質の中に結合される．翻訳に必要なRNA分子のすべてが，核の中の転写によってDNAから合成され，翻訳のために細胞質ゾルに移動する．

どの細胞も20以上の異なるtRNAをもっており，その全体的な構造はすべてが似ているが，それぞれが特定のアミノ酸を運ぶように設計されている．

tRNA 分子は，クローバーの葉に似た部分的ならせん構造の中に，塩基対の領域によって保持される一本鎖ヌクレオチドである（図 9.7(a)）．tRNA の三次構造は図 9.7(b) に示すような L 字型になっている．

アミノ酸は L 字型をした tRNA 鎖の 3′ 末端（L 字型構造の片方の末端）にあるリボースの −OH 基とアミノ酸の −COOH 基とのエステル結合により，特定の tRNA に結合される．個々の合成酵素は，各アミノ酸とそれに対応した tRNA をエネルギーを必要とする反応で結合する．この反応は，tRNA を“充電する”といわれる．充電されると，tRNA は新たなタンパク質の合成に使われる用意ができる．

“L”字の tRNA のもう一方の末端には，**アンチコドン**と呼ばれる三つのヌクレオチド配列が存在する（図 9.7）．各 tRNA のアンチコドンは，mRNA のコドンと相補的である．**つねにコドンは tRNA が運ぶ特定のアミノ酸を指定している**．たとえば mRNA の中で 5′ CUG 3′ によってコードされているロイシンを運ぶ tRNA は，tRNA 上にアンチコドンとしてそれに相補的な配列 3′ GAC 5′ という配列をもつ．これはヌクレオチドのトリプレット，コドンの遺伝情報が，タンパク質の中のアミノ酸配列にどのように翻訳されるかということを示している．tRNA のアンチコドンが相補的な mRNA コドンとの対を解消するとき，ロイシンは伸長しているタンパク質鎖の適切な部位に運ばれる．タンパク質合成には，**開始**（initiation），**伸長**（elongation），**終結**（termination）の 3 段階がある．翻訳におけるこれらの段階を図 9.8 に示し，以下に詳述する．

アンチコドン（anticodon） mRNA 上の相補的な配列（コドン）を認識する tRNA 上の三つのリボヌクレオチドの配列．

翻訳開始

細胞内のおのおののリボソームは，**小サブユニット**（small subunit）と**大サブユニット**（large subunit）と呼ばれるきわめて大きさの違う二つのサブユニットからできている．それぞれのサブユニットは，タンパク質の酵素と rRNA を含

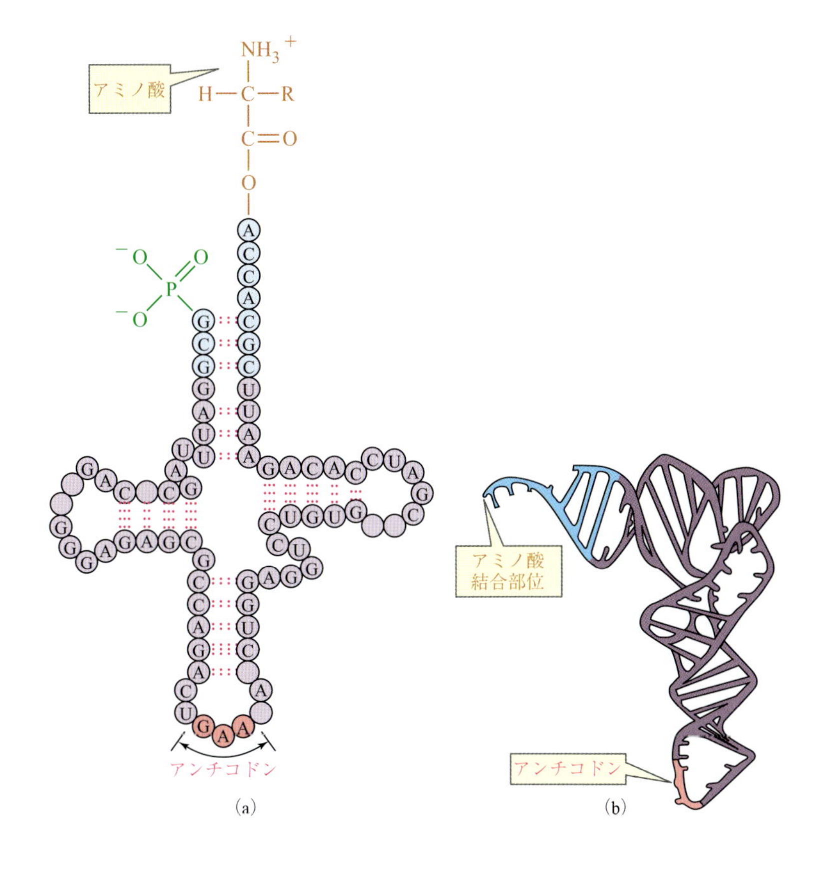

◀**図 9.7**
tRNA の構造
(a) tRNA 分子の概略的な平面図．クローバーの葉の形をした tRNA は，一つの“葉”にトリプレットのアンチコドンを含み，3′ 末端にはアミノ酸が共有結合している．示した例は，フェニルアラニンをコードする酵母の tRNA．すべての tRNA は類似の構造をしている．明示しないヌクレオチド（空欄の丸）は，四つの標準的なリボヌクレオチドがわずかに改変された類似体．(b) tRNA 分子の三次元の形（三次構造）．一方にはアンチコドンが，もう一方にはアミノ酸がどのように存在するのか注意する．

む．タンパク質合成は，1本のmRNAと，最初のtRNAと結合するリボソームの小ユニットの結合からはじまる．mRNAの5′末端の最初のコドンAUGは翻訳装置に対する“開始”の合図であり，メチオニンを運ぶtRNAに対する暗号となる．翻訳の開始は，リボソームの大サブユニットが，小サブユニットと結合する．そしてその融合したリボソーム内にメチオニンを運ぶtRNAが二つのtRNA結合部位の一つ目に結合することからはじまる(すべてのタンパク質がN末端にメチオニンをもつとは限らない．開始のメチオニンが不要な場合は，新しいタンパク質が働き出す前に，**翻訳後修飾**(posttranslational modification)により取り除かれる)．

翻訳伸長

リボザイム(ribozyme)　酵素として働くRNA．

リボソーム上の第1結合部位の隣では，mRNAのつぎのコドンが露出し，そこはつぎのアミノ酸を運ぶtRNAが結合しようとする第2結合部位になる．そこにはすべてのtRNA分子が近づき，結合しようとするが，相補的なアンチコドン配列を備えた一つだけが結合できる．2番目のアミノ酸を備えたtRNAが到着すると，大サブユニット中の**リボザイム**が新しいペプチド結合の形成を触媒し，1番目のアミノ酸とそのtRNAの結合を切る．エネルギーを要求するこれらの段階は，グアノシン三リン酸(GTP)からグアノシン二リン酸(GDP)への加水分解によって供給される．最初のtRNAはそれからリボソームを離れ，リボソーム全体がmRNA鎖に沿って一つのコドン(3塩基分)ずれる．その結果，第2結合部位が空き，つぎのアミノ酸を運ぶtRNAを受け取ることができる．

伸長の3段階を以下に示す．

- つぎの適切なtRNAがリボソームに結合する．
- ペプチド結合の形成は，伸長している鎖に新しく到着するアミノ酸を結合させ，運んできたtRNAは離れる．
- リボソームの位置が移動し，つぎのtRNAのために第2結合部位を空ける．

これが繰り返されることで，一本鎖mRNAは，多くのリボソームによって同時に“解読”される．リボソームがmRNA鎖を移動するにつれ，伸長するポリペプチド鎖は長さを増す．

翻訳終結

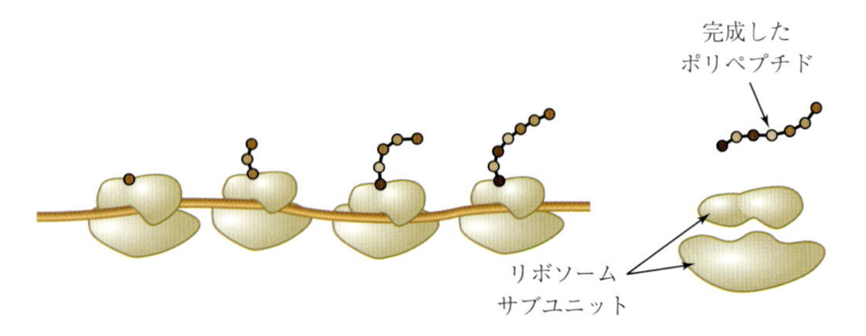

タンパク質合成が完了するとき，“終止”コドンが翻訳の終了を合図する．**終結因子**(releasing factor)と呼ばれる酵素は，最後のtRNAからのポリペプチド鎖の開裂を触媒し，tRNAおよびmRNA分子はリボソームから離れ，そして二つのリボソームサブユニットが分かれる．この段階もまたGTPからのエネルギーを必要としている．全体的に，ポリペプチド鎖を伸長するために，一つのアミノ酸を付加するには，tRNAにチャージするのに必要となるエネルギーを含めると，GTPが4分子必要である．

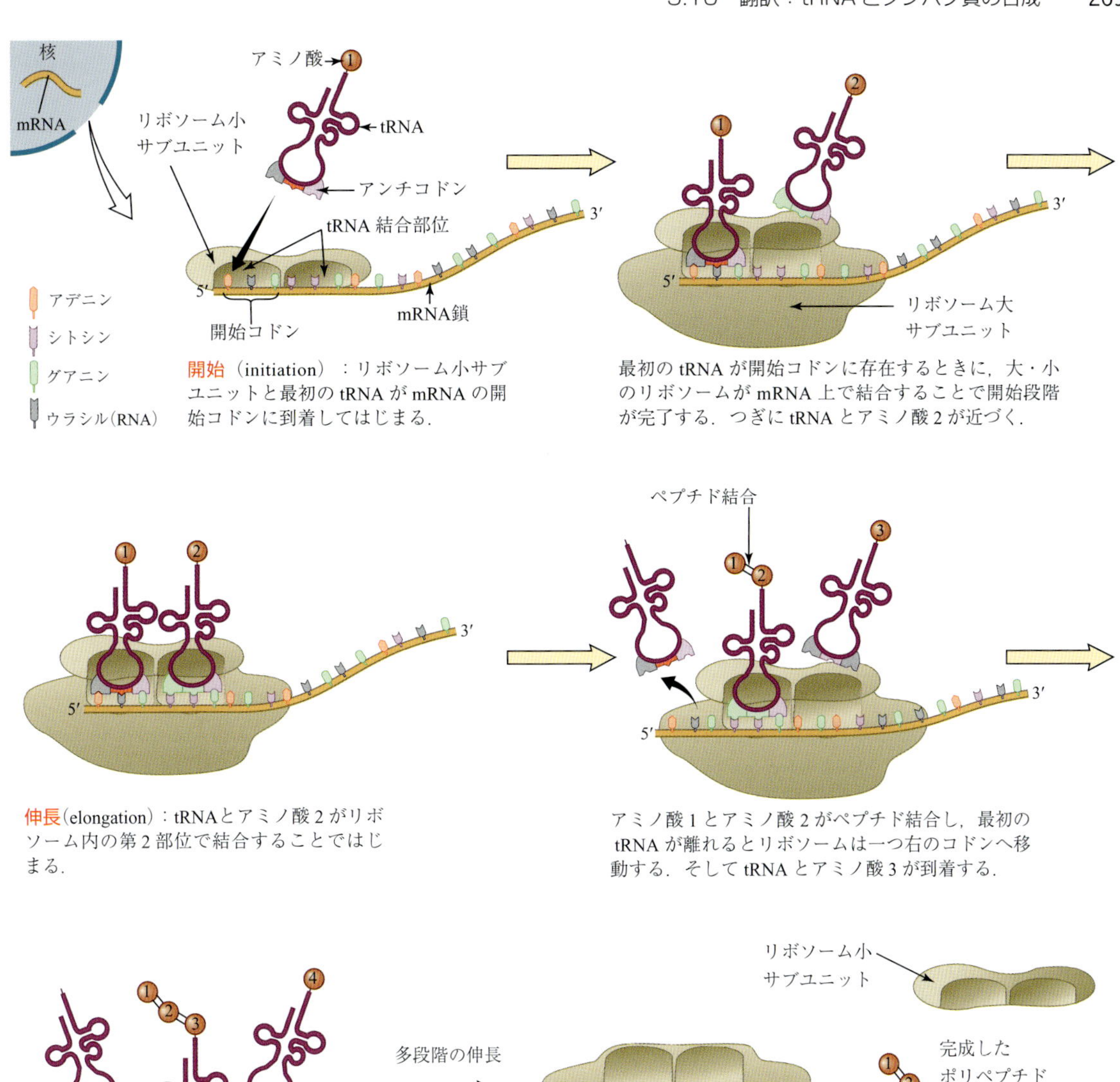

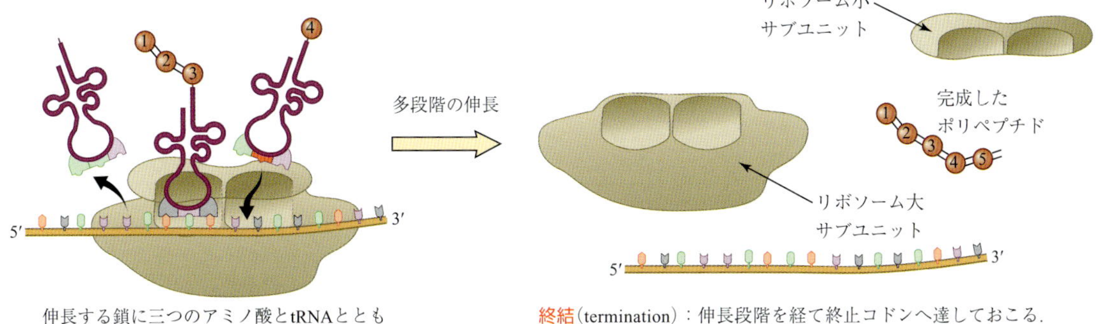

▲図 9.8
翻訳：タンパク質合成の開始，伸長と終結の段階

問題 9.20

つぎの mRNA の塩基配列がコードするアミノ酸配列はなにか．

CUC-AUU-CCA-UGC-GAC-GUA

問題 9.21

問題 9.20 の mRNA のコドンに適合する tRNA のアンチコドンの配列はなにか．

要　約　章の学習目標の復習

- **染色体，遺伝子，DNA の役割を説明し，人体におけるそれらの基本的機能を説明する**

染色体は，生物が複製するために必要なすべての情報を含む分子のパッケージである．染色体内には，特定のタンパク質の一次構造または他の機能性分子の合成をコードする遺伝子がある．遺伝子は DNA の構成分子であり，これは遺伝情報を含んでいる非常に大きな分子群である（問題 28 ～ 31）．

- **ヌクレオシドとヌクレオチドの構成成分を記述，確認および描写する**

核酸は**ヌクレオチド**のポリマーである．それぞれのヌクレオチドは，糖，塩基およびリン酸基を含む．糖は**リボ核酸**（RNA）ではD-リボース，**デオキシリボ核酸**（DNA）では 2-デオキシ-D-リボースである．糖の C5-OH はリン酸基と結合しており，アノマー炭素原子は 5 種類ある複素環塩基のうちの一つと *N*-グリコシド結合している（表 9.1）．**ヌクレオシド**は糖と塩基を含むがリン酸基を含まない（問題 32 ～ 35）．

- **DNA と RNA における核酸鎖の記述と確認をする**

DNA と RNA では，ヌクレオチドは一つ目のヌクレオチドの 3′-OH 基とつぎのヌクレオチドの 5′-リン酸基とがリン酸ジエステルで結合している．DNA と RNA どちらもアデニン，グアニンおよびシトシンを含み，さらに DNA のチミンは RNA ではウラシルになる（問題 36 ～ 41）．

- **DNA の構造を理解し，相補鎖を記述する**

それぞれの**染色体**中の DNA では，2 本のポリヌクレオチド鎖が**二重らせん**を構成している．糖—リン酸基の主鎖は外側にあり，塩基はらせんの中心にある．2 本の鎖上の塩基は相補的である—すべてのチミンの向かい側はアデニン，すべてのグアニンの向かい側はシトシンである．塩基対は水素結合で結ばれている（A と T では二つ，G と C では三つ）．**塩基対**になるため DNA 鎖は**逆平行**である．DNA の一つの鎖は 5′ → 3′ 方向に，その相補鎖は 3′ → 5′ 方向に伸びる（問題 42 ～ 46）．

- **遺伝情報がどのように複製され，転送され，表現されるかを記述する**

ヒトの遺伝とは，染色体と遺伝子の完全な相補性の組み合わせである．これら 23 組の染色体は，受精卵からコピーされた DNA 分子である．細胞が分裂していく過程で，遺伝情報は娘細胞に伝えられていく．この遺伝情報は，DNA 中の塩基数および種類だけでなく，DNA の塩基配列にも引き継がれていく．複製，転写，翻訳と呼ばれるプロセスを通じて，コードされた DNA を介して遺伝子発現がおこる（問題 47，50）．

- **DNA の複製の過程を説明する**

複製（図 9.5）には DNA ポリメラーゼとデオキシリボヌクレオシド三リン酸が必要である．DNA のらせんが部分的にほどけ，DNA ポリメラーゼは，ほどかれた DNA 鎖に沿って複製される，ほどかれた DNA 鎖と相補的な塩基で，新しい鎖を合成しながら移動する．DNA ポリメラーゼは鋳型鎖の 3′ → 5′ 方向でのみ複製するために（そのため DNA 鎖は 5′ → 3′ 方向にのみ伸長する），鋳型鎖は連続的に複製され，情報鎖は複製フォークが移動するに従って断片的に複製される．できあがったそれぞれの二重らせんのうち，一方の鎖はもともとの鋳型鎖で，他方は新しい複写になる（問題 48，49）．

- **さまざまな RNA のタイプと細胞内局在とそれらの機能を記述する**

mRNA は，核から細胞質ゾルのタンパク質合成の場であるリボソームに遺伝情報を運ぶ．**tRNA** は細胞質ゾルを循環し，そこでアミノ酸と結合しタンパク質合成のためにリボソームに移動する．**rRNA** はリボソームの中に組み込まれている（問題 50，51）．

- **転写の過程と mRNA を介した相補鎖を記述する**

転写（図 9.6）では，1 本の DNA 鎖が鋳型として使われ，他方の情報鎖は複製されない．制御領域から終末配列までのあいだの鋳型鎖の塩基に相補的な塩基を運ぶヌクレオチドが，一つずつ結合して mRNA ができる．一次転写産物の mRNA（または hnRNA）は，対になる情報鎖の断片と一致するが，チミンはウラシルに置き換えられる．**イントロン**はタンパク質中のアミノ酸をコードしない配列であり，最終の転写 mRNA が核を去る前に除去される（問題 52 ～ 55）．

- **遺伝子コードから mRNA コドンを理解し，タンパク質への一次配列を記述する**

遺伝情報はコドンの配列として読み取られる—DNA 中の三つの塩基（トリプレット）はタンパク質のアミノ酸配列を与える．64 通りの可能なコドン（表 9.3）のうち 61 個はアミノ酸を指定し，三つは終止コドンである（問題 56 ～ 67）．

- **タンパク質生成の翻訳過程における開始，伸長，終結を確認する**

それぞれの tRNA は，自らが運ぶアミノ酸を指定する mRNA のコドンの塩基と相補的な 3 塩基からなる**アンチコドン**を，アミノ酸が結合する側と逆の末端にもっている．**翻訳**（図 9.8）の開始では，リボソームの大・小のサブユニットと mRNA が集合し，最初のアミノ酸を運んでいる tRNA がリボソームの二つの結合場所のうちの第 1 部位と結合する．第 2 結合部位につぎの tRNA がくると**伸長**が進み，2 番目のアミノ酸と最初のアミノ酸が結合すると最初の tRNA が離れ，そしてリボソームが動いて再び第2結合部位が空になる．この過程は終止コドンに達するまで繰り返す．終結段階では，リボソームの二つのサブユニットとmRNA，そしてタンパク質が離れる（問題68，69）．

概念図：核酸とタンパク質の合成

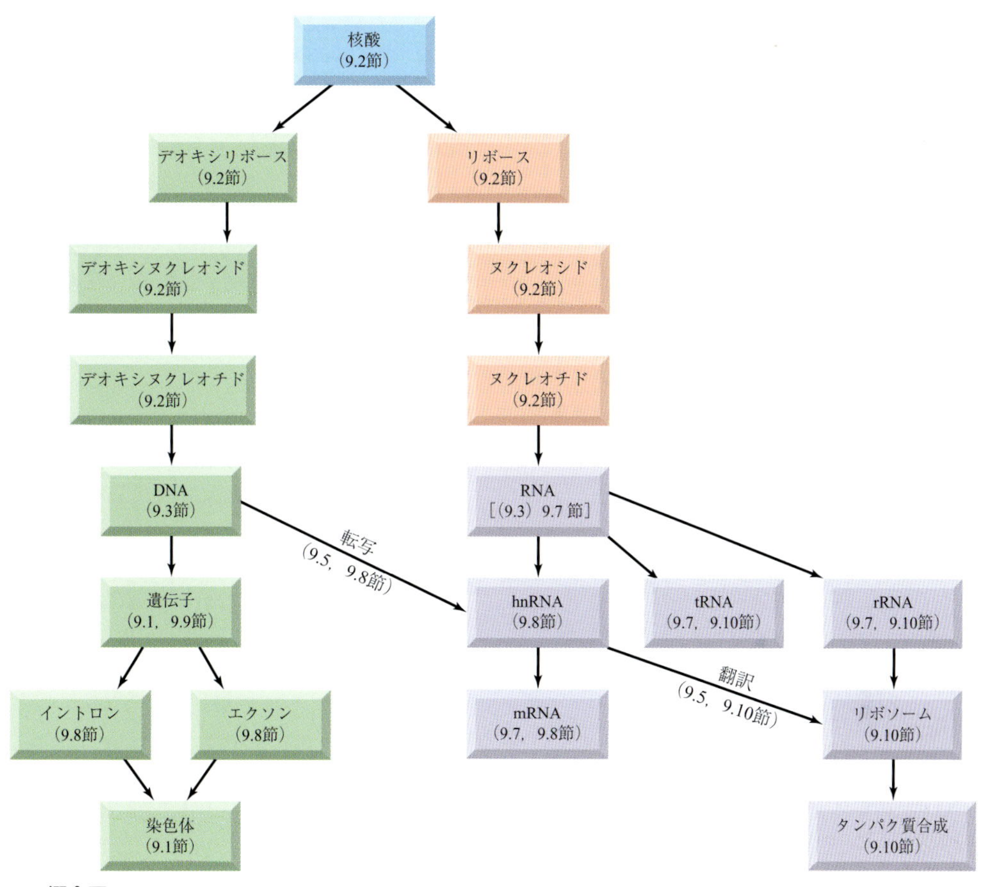

▲**図 9.9　概念図**

図はDNAとRNAの分子構造とタンパク質合成の過程を示している．

KEY WORDS

RNA（リボ核酸），p.248
アンチコドン，p.267
遺伝暗号，p.263
遺伝子，p.247
イントロン，p.262
エクソン，p.262
塩基対，p.255
核　酸，p.247
ゲノム，p.259
コドン，p.263
染色体，p.247
DNA（デオキシリボ核酸），p.247
デオキシリボヌクレオチド，p.250
tRNA（転移RNA），p.260
転　写，p.257
二重らせん，p.254
ヌクレオシド，p.248
ヌクレオチド，p.248
複　製，p.257
hnRNA（ヘテロ核RNA），p.262
翻　訳，p.257
mRNA（メッセンジャーRNA），p.260
リボザイム，p.268
リボソーム，p.260
rRNA（リボソームRNA），p.260
リボヌクレオチド，p.250

基本概念を理解するために

9.22 下記の構造を結合し，リボヌクレオチドをつくれ．*N*-グリコシル結合をつくるために除いた水の場所とリン酸エステルをつくるために除いた水分子の場所を示せ．得られるリボヌクレオチド構造を描き，その名称を記せ．

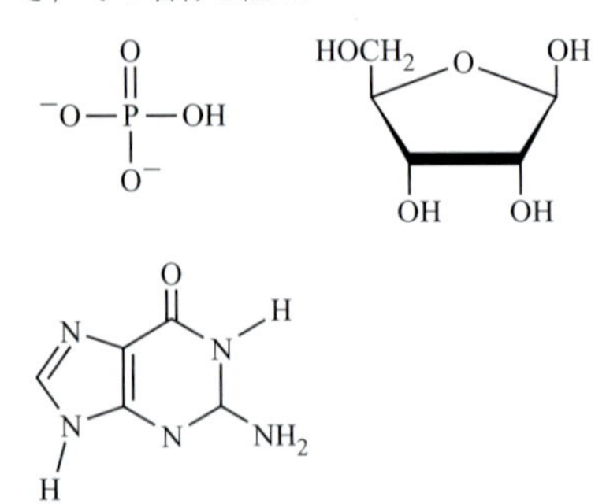

9.23 つぎの図を写し，相補的な DNA 鎖間のどこに水素結合が形成されるかを点線を使って示せ．図示したそれぞれの DNA 鎖の塩基配列はなにか（配列は 5′ → 3′ の方向に書くことを思い出すこと）．

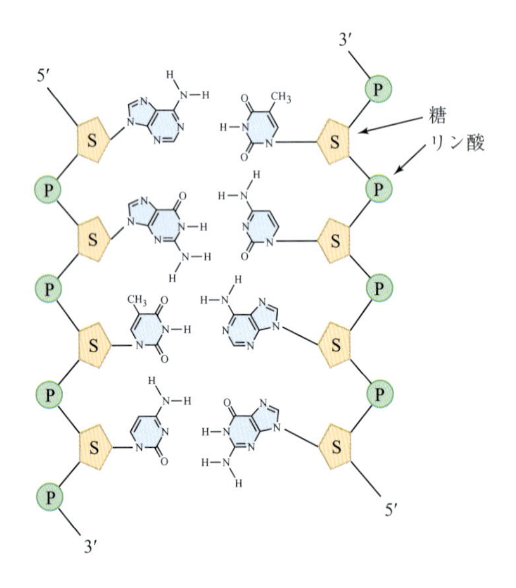

9.24 DNA の複製フォークを単純化したこの図を写し，以下の(a)～(c)に答えよ．

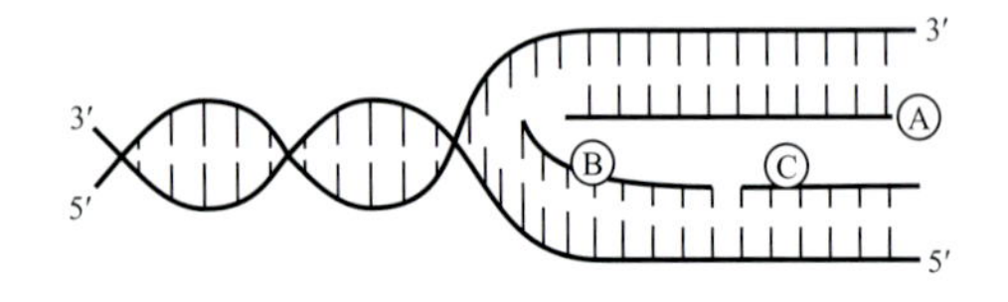

(a) 図に A と書いてある新しい鎖の合成の方向と DNA ポリメラーゼの位置を示せ．

(b) 図に B と書いてある新しい鎖の合成の方向と DNA ポリメラーゼの位置を示せ．

(c) 鎖 B と鎖 C はどのようにして結合されるか．

9.25 DNA の二重らせんの外側にはどのようなグループがあるか．DNA 鎖はヒストンと呼ばれるタンパク質に巻かれている．このヒストンは中性，陽性もしくは陰性のどれだと思うか．また，どのアミノ酸がヒストンに豊富に含まれているか．

9.26 RNA ポリメラーゼに加え，mRNA 合成のための DNA の転写は，(a) DNA の制御点（開始配列と呼ばれる），(b) DNA の情報鎖，(c) DNA の鋳型鎖，(d) 配列の終結（終止配列）を必要とする．つぎの図の RNA 鎖に RNA 合成の進行方向を記せ．(a)～(d)の位置も描け．

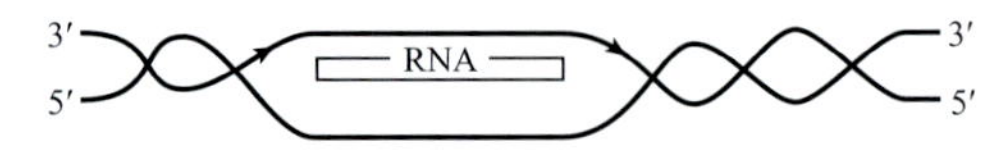

9.27 Gln-His-Pro-Gly はサイロトロピン前駆体放出ホルモン（pro-TRH）として知られている分子である．もし私たちが pro-TRH の遺伝子を探しているなら，探さなければならない DNA の塩基配列を知る必要がある．下のボックスを用いて(a)～(d)に答えよ．

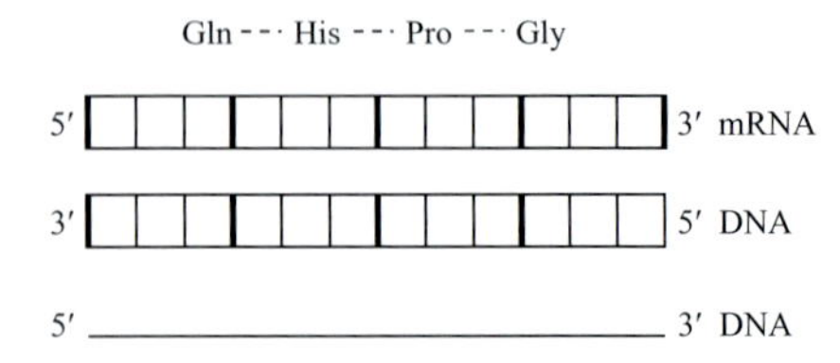

(a) これら四つのアミノ酸をコードできる RNA の配列はなにか．

(b) これらのアミノ酸をコードできる二本鎖 DNA の配列はなにか．

(c) どちらの DNA 鎖が鋳型鎖でどちらの鎖が情報鎖か．

(b) 可能な DNA の配列はいくつあるか．

補充問題

DNA，染色体，遺伝子（9.1 節）

9.28 染色体と遺伝子はなにが違うか．

9.29 クロマチンの二つの主な構成成分はなにか．

9.30 単一の遺伝子は，何の遺伝情報を含むか．

9.31 ヒト細胞にはどれだけの染色体が存在するか．

核酸の構成成分と構造（9.2，9.3 節）

9.32 つぎのような分子がある．

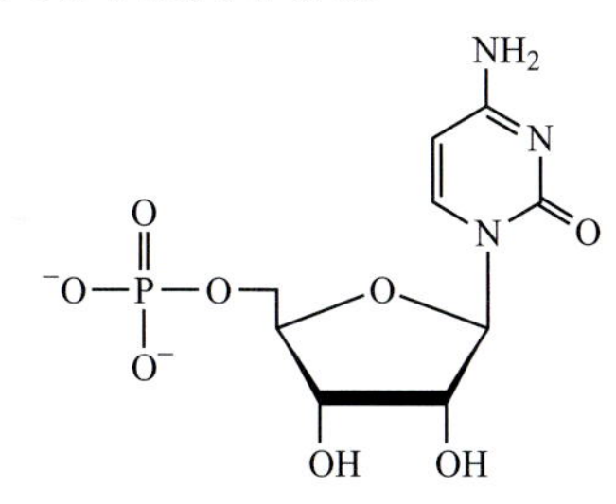

(a) 分子中の核酸を構成する三つの成分の名前を記せ．
(b) 分子中のヌクレオシドの部分を四角で囲め．
(c) 分子中のヌクレオチドの部分を丸で囲め．

9.33 DNA と RNA の糖はなにか．またそれらはどのように異なるか．

9.34 (a) DNA の四つの主要な複素環塩基はなにか．
(b) RNA の四つの主要な複素環塩基はなにか．
(c) 構造的に，RNA と DNA の複素環塩基はどのように異なるか（表 9.1 を見よ）．

9.35 DNA と RNA の中の塩基の二つの構造上のタイプはなにか．またどの塩基がどちらのタイプに対応しているか．

9.36 核酸の構成成分である糖とリン酸はどのように結合しているか構造式で描け．糖とリン酸基のあいだには，どのような種類の結合が形成されているか．

9.37 核酸の構成成分である糖と複素環塩基はどのように結合しているか，構造式で描け．つくられる小分子はなにか．

9.38 ポリヌクレオチドの 3′ 末端と 5′ 末端の違いはなにか．

9.39 ポリヌクレオチドの書く方向は，3′ → 5′ か，それとも 5′ → 3′ か．

9.40 四つの主要なリボヌクレオチドの一つである，ウリジン 5′-一リン酸の完全な構造式を描け．

9.41 DNA ジヌクレオチド U−C の完全な構造式を描け．ジヌクレオチドの 5′ 末端および 3′ 末端を識別せよ．

塩基対（9.4 節）

9.42 (a) 塩基対という言葉はなにを意味しているか．
(b) どの塩基とどの塩基が対になっているか．
(c) それぞれの塩基対にはいくつの水素結合があるか．

9.43 DNA の二重らせん構造を保つ分子間力とはなにか．

9.44 塩基を“相補的”と呼ぶ理由はなにか．

9.45 ウニ由来の DNA には A が約 32％，G が約 18％含まれていた．ウニ由来の DNA に含まれる T と C の割合は，それぞれ何％であると予想されるか説明せよ．

9.46 二重らせんの DNA 分子中の G の含量が 22％のとき，A，T および C の割合はそれぞれ何％であると予想されるか．説明せよ．

核酸，DNA 複製，RNA の構造と機能（9.5 ～ 9.7 節）

9.47 複製，転写，翻訳はなにが似ていて，なにが異なっているか説明せよ．

9.48 ヒトの DNA が複製されるときに，複数の複製フォークが必要なのはなぜか．

9.49 DNA の複製が半保存的であるというのはなぜか．

9.50 三つの主要な RNA はなにか．そしてそれらの機能はなにか．

9.51 つぎの核酸を大きさに従って並べよ．
tRNA, DNA, mRNA

転写：RNA 合成（9.8 節）

9.52 遺伝子を取り囲む DNA 断片は，一般的にイントロンとエクソンを含む．それぞれの用語を定義せよ．

9.53 イントロンが果たすことが可能な役割はなにか．また，エクソンが果たすことが可能な役割はなにか．

9.54 転写された RNA は DNA のどの鎖と相補的か？

9.55 コドンとはなにか，また，それにはどのような種類の核酸がみられるか．

遺伝暗号と翻訳（9.9，9.10 節）

9.56 アンチコドンとはなにか，またそれにはどのような種類の核酸がみられるか．

9.57 アミノ酸の中でもっとも多くのコドンをもつものはなにか．また少ないコドンをもつのはなにか．あるアミノ酸に対しては複数のコドンがコードし，しかしほかのアミノ酸はきわめて少数のコドンでコードされている．

9.58 表 9.3 を見て，つぎのアミノ酸に対応するコドンを見つけよ．
(a) Val　(b) Arg　(c) Ser

9.59 つぎのコドンで特定されるアミノ酸はなにか．
(a) C-C-C　(b) G-C-G　(c) U-U-A

9.60 問題 9.59 にあげたコドンと相補的なアンチコドンの配列はなにか（アンチコドンはコドンの方向と逆になっていることを思い出し，解答には 3′ と 5′ 末端を記すこと）．

9.61 問題 9.58 に記してあるアミノ酸を与えるコドンと相補的なアンチコドンはなにか（アンチコドンはコドンの方向と逆になっていることを思い出し，解答に 3′ と 5′ 末端を記すこと）．

9.62 DNA の情報鎖が T-A-C-C-C-T の配列の場合，鋳型鎖はどのような配列になるか．解答に 3′ と 5′ 末端も記せ．

9.63 問題 9.62 を参照せよ．DNA 配列 T-A-C-C-C-T から転写される mRNA 分子はどのような配列になるか．解答に 3′ と 5′ 末端も記せ．

9.64 問題 9.62 および 9.63 を参照せよ．DNA の情報鎖の配列が T-A-C-C-C-T のとき，どのようなジペプチドが生産されるか．

9.65 DNA の情報鎖の配列が G-T-C-A-G-T-A-C-G-T-T-A のとき，どのようなテトラペプチドが合成されるか．

9.66 Met-エンケファリンは，モルヒネ様の性質をもつ動物の脳内に存在する小さなペプチドである．Met-エンケファリン：Tyr-Gly-Gly-Phe-Met を合成する暗号になり得る mRNA の配列を述べよ．解答には 3′ と 5′ 末端も記せ．

9.67 問題 9.66 を参照せよ．Met−エンケファリンをコードし得る二本鎖 DNA の配列を述べよ．解答には 3′ と 5′ 末端も記せ．

9.68 tRNA 分子の一般的な形状と構造はなにか．

9.69 それぞれのアミノ酸に対して別々の tRNA が存在する．tRNA がそれぞれのアミノ酸を識別する主な方法はなにか．

全般的な問題

9.70 正常のヘモグロビン(タンパク質)は，6 番目のアミノ酸はグルタミン酸であり，鎌状赤血球のヘモグロビンではこのグルタミンはバリンに置き換わっている．それぞれのヘモグロビンにあり得るすべての可能な mRNA のコドンを記せ．1 塩基置換によりヘモグロビンの Glu から Val になる変換は可能か．

9.71 インスリンは 81 個のアミノ酸からなるプレインスリンから合成される．プレインスリンをコードする DNA 情報鎖には，いくつの複素環塩基が存在しなければならないか(イントロンは存在しないとする)．

9.72 ヒトとウマのインスリンはどちらも 2 本のポリペプチド鎖からなり，第 1 鎖は 21 個のアミノ酸を，第 2 鎖は 30 個のアミノ酸を含む．ヒトとウマのインスリンでは 2 個のアミノ酸が異なっている．第 1 鎖の 9 番目(ヒトはセリンでウマはグリシン)，第 2 鎖の 30 番目(ヒトはトレオニンでウマはアラニン)である．これを説明するには，DNA はどこが異なっていなければならないか．DNA 配列に相補的な四つのトリヌクレオチドの 5′ および 3′ 末端を記せ．

9.73 もしタンパク質の開始コドンが AUG なら，最初のアミノ酸としてメチオニンを含まないタンパク質の例をどのように説明できるか．

9.74 DNA 分子中のヌクレオチドの 22%がデオキシアデノシンであり，また複製のあいだに使用できるデオキシヌクレオシド三リン酸の相対的な量が，それぞれ dATP 22%，dCTP 22%，dGTP 28%，dTTP 28% と仮定する．どのデオキシヌレオシド三リン酸が複製を限定するか示せ．

グループ問題

9.75 HIV/AIDS の新しい治療を調べている研究チームの一員であると想像してほしい．HIV の感染について議論をし，薬剤の設計やその治療で，問題になる段階を見極めよ．

9.76 どのようにして鳥インフルエンザがヒトへと感染するかを書け(Chemistry in Action“インフルエンザ：多様性の課題”参照)．

9.77 インフルエンザ A 型の 10 個の亜種をみつけて，分割する．それぞれの亜種について，もっとも感染しやすい動物種を決める．加えて，感染によって，ほかの動物種に移行する亜種をみつける．

9.78 インフルエンザウイルス H1N1 は，ヒトとほかの動物の両方に感染する．インターネットを使って情報を集め，H1N1 ウイルスと鳥インフルエンザウイルスとの間の似ている点と異なる点を書け(Chemistry in Action “インフルエンザ：多様性の課題”参照)．

10

ゲノム科学（ゲノミクス）

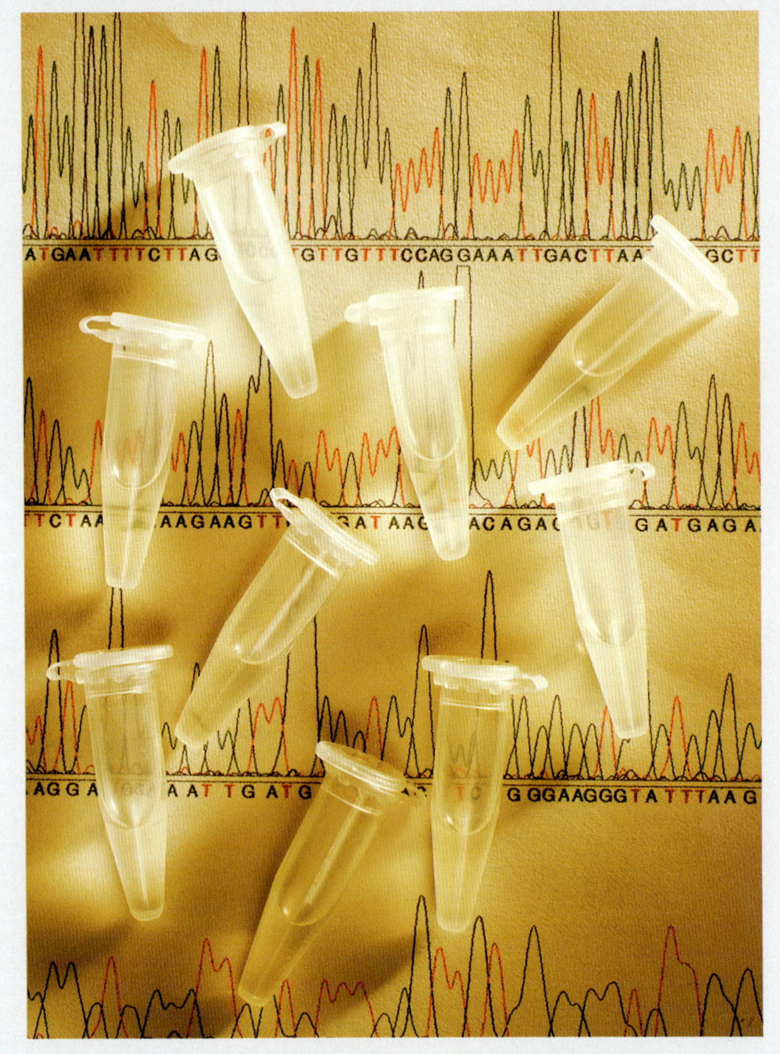

▲ DNA シークエンスは，医学から犯罪捜査まですべての進歩をもたらした．

目　次

復習事項

A. DNA の構造，機能
(9.2，9.3 節)

B. 塩基対と遺伝
(9.4，9.5 節)

C. DNA の複製
(9.6 節)

D. 転写，遺伝暗号，翻訳
(9.8～9.10 節)

想像してみよう．“完全”犯罪で，捜査員がみつけられるのは，犯人の血，あるいは吸い殻，または何かほかの痕跡程度の証拠がすべてとする．それでも，そのわずかな証拠からデオキシリボ核酸（DNA）を得ることができれば，犯人を特定し，罪に問うことができる．この“DNA 鑑定”は，DNA 研究がもたらした科学の革命から生まれたものである．それでは，DNA 鑑定は実際にはどのように行われ，犯罪の法医学において，なぜそれほどまでに重要なのだろうか？ これについては，章末の Chemistry in Action “DNA フィンガープリント法”で学ぶことができる．

科学的には，DNA 研究のこのうえない成功は，ヒトゲノムのほぼ完全で正確な解読である．ヒトゲノムの解読は，核エネルギーや宇宙飛行ほどの画期的な事業と並び称されている．人それぞれにとって重要なことは，このようなことはいままでに一度もなかったということだ．本章では，ヒトゲノムマップがどのようにして作成されたか，DNA を扱う技術と個々の染色体における DNA の内容の多様性について調べることにする．最後に，ゲノム情報がどのように使われようとしているのかについて，簡単に触れる．

＊（訳注）：ヒトゲノムの塩基配列の解読を目的とするヒトゲノムプロジェクトは，1990 年からはじまり，2000 年にドラフト配列の解読を終了，2003 年に完全版が公開された．ヒトゲノムは 24 種の線状 DNA に分かれて染色体を形成し，31 億塩基対が存在する核ゲノムと，体細胞と生殖細胞に約 8000 個ずつあるミトコンドリアの中に存在する 16 569 塩基対の環状 DNA からなる．2004 年に，ヒトの遺伝子数は 22 287 個と推定されている．

10.1　ヒトゲノムマップ

学習目標：

- ゲノムマップがどのように作成されたか記述できる．

ゲノム科学（**ゲノミクス**）は単純かつ明快な定義をもつ．それは遺伝子とそれらの機能の全セットの研究である．たとえば，細菌のゲノム研究は，細菌がどのように病気をおこすかを理解する良い緒を提供するばかりではなく，新たな治療法につながる．植物ゲノムの解析は，価値と有用性を高めた農作物の生産を可能にし，家畜のゲノム研究は動物の健康の改善につながっている．人間は，これらの研究から最終的には利益を得，そして学んだ技術を適用することは，結局，私たち自身の健康や生活の改善につながる．ゲノム科学のすべての研究は，研究対象の生物の遺伝子マップを開発することからはじまる．

ゲノム科学（genomics）　ゲノミクスともいう．全遺伝子とその機能の研究．

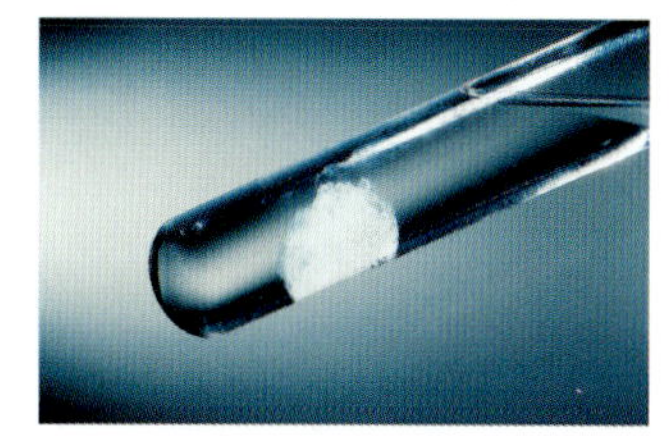

▲ 分析のための DNA 試料

ヒトゲノムマップの作成

遺伝子“マップ”とは正確にはなにか，それはどのようにして確立されたか，人が GPS（汎地球測位システム）から得られるような“方向指示”のセットのように遺伝子マップを考えるのが簡単だとしても，実際には，遺伝子マップは遊園地でもらう園内マップのようだ．マップの端にあるお化け屋敷をのぞいてから，反対側の恐怖のジェットコースターに乗り，さらに子ども用乗り場へ移動するなど，パスポートがあればそれらを見ることができる．このような典型的なマップは，ランドマーク（**目印**）と互いに位置する場所からできている．遺伝子マップも，どれだけのランドマークがあるか，私たちは正確には知らないが，たいした違いはない．たとえば，一遺伝子のランドマーク（あるいはマーカー）は，目の色の遺伝子をあらわすかもしれないし，あるいは単純にヌクレオチドの特異的な繰返し配列かもしれない．そこで実際には，遺伝子マップはゲノム内のすべてのマーカーと互いに関する場所の物理的な表現である．

真核生物の染色体上の遺伝子マップの作成は，容易なことではない．タンパク質をコードするヌクレオチド（**エクソン**　exon）が非翻訳ヌクレオチド（**イントロン**　intron，9.8 節）によって中断されることを考慮すると，たった数ダースの遺伝子を含むゲノムをもつ生物のマップをつくることは，とてつもない挑戦となることは明白である．これらの挑戦は，20 000 ～ 25 000 遺伝子を含むヒトゲノムに対する非常に大きなものとなった．考慮しなければならないもう一つの挑戦は，遺伝暗号には，“単語”どうしのあいだには隙間も句読点もないことである．英語を例にして，つぎのアルファベットの配列から意味のある文を探してみよう．

sfdggmaddrydkdkdkrrrsjflihadxccctmctmaqqqoumlittgklejagkjghjoailambrsslj

正解は「メリーさんの羊（mary had a little lamb）」：

sfdggmaddrydkdkdkrrrsjflihadxccctmctmaqqqoumlittgklejagkjghjoailambrss lj

ここで，もし目の前の文章がなじみのない言語で書かれていたなら，その意味を見つけることがどんなに難しいか考えてみよう．これは，ヒトゲノムを構成する一連の四つの核酸 C，G，T，A が，*New York Times* のような新聞 75 490 ページ分を埋めているようなものだ．

ヒトゲノムマップの作成には二つの団体がかかわった．ヒトゲノムプロジェクト（Human Genome Project，20ほどの非営利団体と大学の組織）とCelera Genomics社（民間のバイオ企業）．この二つの団体は，DNAの分離，塩基配列の解析，情報の再構築などに異なる方法を採用した．ヒトゲノムプロジェクト（以下HGP）は，より緻密でより詳細なマップを作成した（Google Earthのような地図ソフトを考えよう．宇宙衛星から写した国の写真へ，地方の写真へ，住む町の写真へ，最後には住んでいる家の写真へ進むことができる）．Celera社はランダムと思える方法を採用し，DNAを細分化してから機器で分析し，コンピュータでつなぎ合わせて配列を完成させた（1個のガラスのコップを割って，数千の欠片にしてから元に戻すことを考えてみよう）．両者の方法で得られたデータは，ヒトゲノム解析の膨大な仕事を速めると考えられた．

2004年10月，HGPから遺伝子を含むゲノム配列の99％の解析が終了し，99.999％の精度であると公表した．加えて，それまでに知られていたほとんどすべての遺伝子（正確には99.74％）の配列が，正確に決定された．実際のところ，この"ゴールドスタンダード"と呼ばれる配列データにより，研究者は，正確な配列情報を駆使して新たな生物医学研究に没頭できるようになった．

完全なゲノムマップを作成するためにHGPが使った方法を，図10.1に示す．いちばん上のイラストは，染色体の模式図に使われる方法（イデオグラムideogram）で描いたヒトの21番染色体を示している．青の明暗の縞模様は9.6節で述べたように電子顕微鏡で観察できるバンドの場所を示している．21番染色体は3700万塩基対（略して37 Mb）をもち，もっとも小さいヒト染色体なので2番目に解析された（1番目は22番染色体）．

最初の段階で，**遺伝子マップ**（genetic map）が作成された．遺伝子マップは，**マーカー**（marker）の物理的な位置を示す．このマーカーは遺伝することが知られている，同定可能なDNA配列（遺伝子や非翻訳DNAの一部）である．マーカーは，平均して100万塩基ほど離れている．これが遺伝子マップといわれるもので，マーカーの順序と位置は，親類関係における個々人の遺伝の遺伝子研究によって確立された．

つぎの段階の**物理マップ**（physical map）は，約100 000塩基対ごとにマーカー間の距離を精密化する．この物理マップはさまざまな実験法，とくに**制限酵素**（restriction enzyme）の使用によって決定されたマーカーを含んでいる（10.4節）．

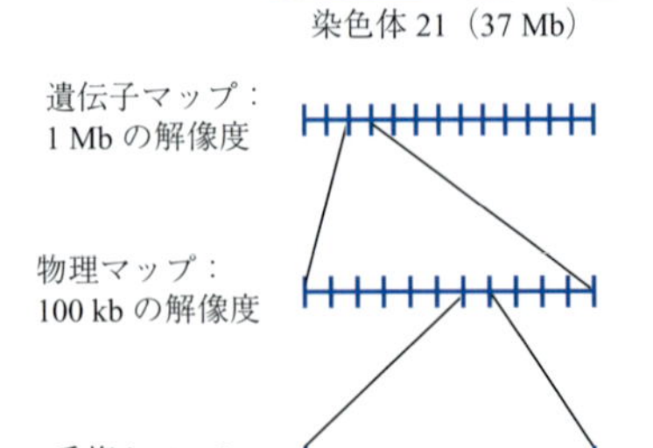

▶**図10.1**
ヒトゲノムプロジェクトの戦略

遺伝子マップをより詳細な精度にするには，染色体を大きな断片に切り，その断片の多コピーをつくる．その断片のコピーは**クローン**と呼ばれ，学術的には生物，細胞，あるいはこの場合，DNA 断片の同一コピーを意味する．つぎの最終段階のマップを作成するために染色体の完全長を網羅する重複クローンが準備される(図 10.1)．

クローン(clone)　生物，細胞，あるいは DNA 断片の全くおなじコピー．

おのおののクローンは 500 塩基まで断片化され，各断片の塩基配列が決定される．最後に，すべての 500 塩基対の配列は，染色体の完全なヌクレオチドのマップに組み込まれる．

Celera 社がとったアプローチは，もっと大胆だった．“ショットガン法”として知られるこの方法は，どこの断片かを決めることなくヒトゲノムを断片化する．その断片を何度も複製し，ゲノムの各領域のクローンを大量に生成する．最終的に，各クローンは 500 塩基対に切断し，蛍光ラベルの塩基で修飾することによって，高速 DNA シークエンサーで配列が解析された．得られた配列は，重複する末端を決めながら塩基配列を再構成した．Celera 社では，世界最大の非政府機関のスーパーコンピュータセンターで，この記念碑的な再構成の業績を達成した．

◀◀◀ **復習事項**　タンパク質を，荷電あるいは大きさで分離する技術として，電気泳動がどのように使われるかについては 1 章で解説した(Chemistry in Action “電気泳動によるタンパク質の分析”)．また電気泳動は，DNA 分子を大きさによって分離するために，DNA にも日常的に使われる．

問題 10.1

つぎの文字列を解読し，3 文字語による英文を見つけよ(ヒント：最初に 1 語を見つけ，それから前後の単語を探す)．

uouothedtttrrfatnaedigopredsldjflsjfxxratponxbvateugfaqqthenqeutbadpagfratmeabrrx

10.2 DNA 染色体

学習目標：

- **テロメア，セントロメア，エクソン，そしてイントロン，さらに非翻訳領域の DNA の遺伝における役割を決定できる．**

ここでは，各染色体に折り込まれている DNA 中の主領域と構造的な変化を調べよう．DNA がどのように構造化されているかを理解することは，HGP によってもたらされたバイオテクノロジー革命について，知見を与えるだろう．

テロメアとセントロメア

すべての線状染色体の両端には，**テロメア**と呼ばれる DNA の特殊な領域がある．ヒト DNA におけるおのおののテロメアは，ヌクレオチド$(TTAGGG)_n$ の長い非翻訳の反復配列である．テロメアは，突発的な損傷から，染色体の末端部を保護する“エンドキャップ”あるいは“ふた”の役割を果たす．また，DNA 末端を保護し，DNA がほかの染色体や DNA 断片と結合しないように防いでいる．

テロメア(telomere)　真核生物の染色体の末端部にある構造．ヒトのテロメアは，ヌクレオチドの長い繰返し配列をもつ．

タンパク質をコードしない多くの反復配列を含む，もう一つの染色体の領域は**セントロメア**である．各染色体の DNA は，細胞分裂に備えて複製されているので，この二つのコピーは染色体の中央の収縮点で結合したままになる．これがセントロメアである．セントロメアで結合して複製された染色体は，**姉妹染色分体**(sister chromatids)として知られる．

セントロメア(centromere)　染色体の中央部分．

反復配列の特性から，ゲノムプロジェクトではテロメアもセントロメアも配列解析はされなかった(10.1 節)．

新しいおのおのの細胞は，それぞれの染色体の末端にある 1000 あるいはそ

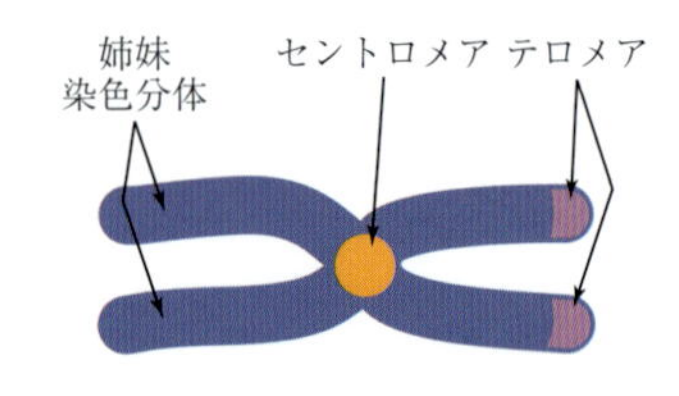

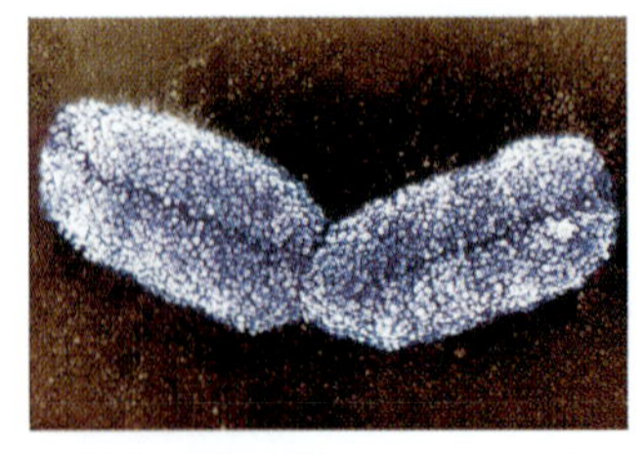

▲(上)：テロメアとセントロメアの場所を示す，細胞分裂の直前に複製される染色体.
(下)：細胞周期M期のセントロメアの構造を示す，電子顕微鏡による撮像図.

れ以上の反復配列の長いテロメアDNAで生命をスタートさせる．ヒトやほかの哺乳動物では，この配列は一般的にTTAGGGである．細胞分裂をするたびに，この反復配列の一部が失われ，細胞の年齢に応じて徐々に短くなっていく．非常に短いテロメアは，細胞が分裂を停止する段階(つまり，**老化** senescence)と関連している．この段階を超えてさらに短くなると，DNAが不安定になり細胞死に関係するようになる．

テロメラーゼ(telomerase)は，テロメアにDNAを付加する酵素として機能する．胚発生の段階では，テロメラーゼは活性化している．生体では，生殖細胞でのみ活性化しており，全く別な卵子と精子になる．正常，つまり健康な状態では，そのほかの生体の**体細胞**(somatic cell)では，活性化していない．テロメアが短くなることはヒトの自然な加齢に機能していると，広く信じられている．テロメラーゼ活性が壊されたマウス(遺伝子研究の世界では，“ノックアウト”という)の実験結果が，この考えを支持している．これらのノックアウトマウスは未成熟であり，もし妊娠するようなことがあっても，その胎児が生き残ることはない．

もし年齢に応じてテロメラーゼ活性が減少することなく，細胞での活性が維持すると仮定するといったいなにがおこるだろうか．テロメアの長さがテロメラーゼによって絶えず補充されると細胞は加齢せず，代わりに分裂を繰り返すことになる．このように無限に繰り返される細胞分裂とは，がん細胞の特徴の一つであり，事実，大多数のがん細胞がテロメラーゼ活性を維持することはよく知られており，そのことががん細胞に不死を与えていると考えられている．テロメラーゼ遺伝子の過剰発現にしろ変異にしろ，いずれもがんでは見つかっていないため，この活性が，がんをおこす遺伝子の存在や環境的な要因とどのように関連しているかは，まだわかっていない(通常細胞では活性がないとき，がん細胞のテロメラーゼは単純に活性化している)．その結果，がん発生におけるテロメラーゼの病理的な役割は，いまだ不明のままとなっている．現在の研究によれば，がん細胞ではテロメラーゼ発現制御の遺伝子が変異していることが示唆されている．誰もが思いつくように，がん細胞のテロメラーゼを不活性化する研究が進められている．さらに科学者たちは，少なくとも細胞レベルではテロメラーゼがヒトの“不死化”に関係する役割を研究している．

非翻訳 DNA

染色体の翻訳されないテロメア，セントロメア，イントロンに加え，どの遺伝子のスイッチを入れるかを決める，DNAの制御部位である非翻訳プロモーター配列が存在する．(血液を除く)すべての細胞がすべての遺伝子を含んでいるが，それぞれの細胞によって必要とされる遺伝子のみが，その細胞の中で活性化される．2014年時点で，ヒトゲノム中のタンパク質に翻訳する遺伝子約19000の存在が確認されている(もともとは100000遺伝子が存在すると予測されていた)．この数字は，より多くの研究が完了するに伴って縮小している．現在のこのデータは，ヒトゲノムの中の全DNAの中でタンパク質に翻訳されるのはたった1.5%しかないことを示唆している．ヒトゲノムが，ゲノム解析が終了したほかの動物よりも，はるかに多くの非翻訳DNA(かつては“ジャンク”DNAとされた)をもつことは注意すべきことである．このことから，私たちのゲノムに存在する膨大な量の，非翻訳DNAが果たす役割に対して疑問がおこる．その疑問は，多くの植物がヒトよりも大きいゲノムをもつなど，ゲノムの大きさは生物の複雑さとは関係しない事実からおこる．一部の科学者は，非翻訳DNAの断片は，核内DNAのフォールディング(折りたたみ)を調節するために必要と考え，これらの断片は進化に役割を果たしたのかもしれないと考える．一方，ほかの科学者はこれらの断片は機能しているが，その機能は未知であるという議論をいまだにしている．非翻訳 DNA の機能は見つからないままで，一方その機能に関係する議論は今日まで続いている．

遺伝子

転写（9.8 節）のところで，単一遺伝子のヌクレオチドは，伸ばした DNA に沿って連続するものではなく，非翻訳領域**イントロン**と交互になる翻訳領域**エクソン**をもつことを学んだ．かなり単純な生物（トウモロコシ）で発見された，酵素のトリオースリン酸イソメラーゼをコードする“小さい”2900 ヌクレオチドの配列を例に考えてみよう．

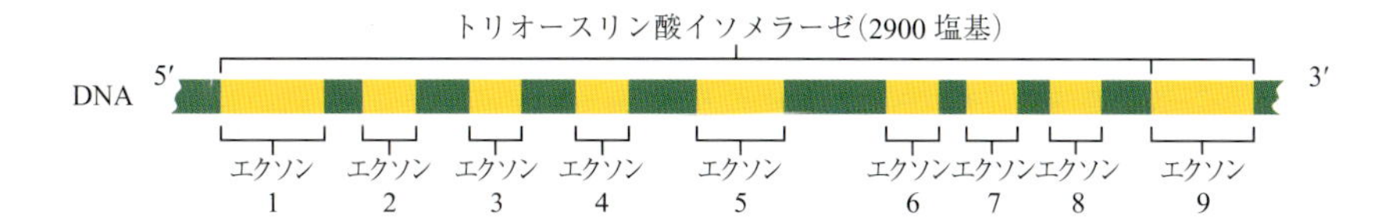

この遺伝子は，2900 ヌクレオチドのうち 759（26％）が 9 個のエクソン（黄色）からなり，残りの塩基が 8 個のイントロン（緑色）を構成している．ここで，もっと複雑なヒトゲノムを考えると，たった 1 ～ 2％が翻訳領域にあたる．例として 22 番目の染色体を取り上げよう．これは小さいヒト染色体の一つで，非反復 DNA のすべてが解析され，また地図化された最初の染色体である．この 22 番染色体は医学的にも注目されており，免疫系に関連する遺伝子のほか，先天性心臓病，統合失調症，白血病，さまざまながんなど，遺伝がかかわる多くの異常に関連する遺伝子をもつ．染色体地図は，およそ 693 遺伝子を含む 4900 万塩基が帰属されており，平均して 7 個のエクソンと 6 個のイントロンが各遺伝子に存在している．ゲノムマップは，これまでに知られていなかった数百という遺伝子の存在をも明らかにしている．ヒトゲノムにおけるノイズ（イントロン）に対するシグナル（エクソン）はきわめて小さく（つまり，雑音が大きくてシグナルが隠れる），すべての翻訳配列を完全に決定することは，挑戦的なテーマになるだろう．

10.3　突然変異と多型

学習目標：

- 突然変異とそれによっておこることについて記述できる．
- 多型と SNP を定義し，SNP の位置の重要性を説明できる．

DNA の複製とリボ核酸（RNA）の転写にみられる塩基が対になるメカニズムは，遺伝情報を保存し使用する方法としては，きわめて効率的かつ正確ではあるが，完全なものではない．たまに誤り（エラー）がおこると，どこかに不正確な塩基を取り込む結果になる．

多数の mRNA 分子が連続的につくられているので，mRNA 分子の転写中にたまたまおこる誤りは，とくに問題がない場合もある．おそらく 100 万分の 1 程度でおこるようなエラーが，多数の正確な mRNA が存在する中で認識されることはないだろう．しかしながら，もし DNA 分子の複製中におこるのであれば，その結果ははるかに大きいダメージになる．細胞中のおのおのの染色体はただ 1 種類の DNA 分子を含んでおり，もしそれが複製中に間違ってコピーされるようなことがあると，そのエラーは細胞分裂のときに伝えられる（すなわち遺伝する）．

▲300 万～ 400 万のロブスターに 1 匹の確率でおきる塩基組成のエラーが，この甲殻類の美しい色の原因になる．

突然変異(mutation)　稀なDNAの変異．DNA複製に沿って運ばれる塩基配列のエラーで，子孫に渡る．

突然変異誘発物質(mutagen)　突然変異をもたらす物質．

DNA複製に引き継がれる塩基配列のエラーは，**突然変異**と呼ばれる．一般的には突然変異とは，ある一種の非常に数少ない個体にみられるDNA配列の変異と考えられている．いくつかの突然変異は，連続的かつ無作為な出来事による．ほかには，**突然変異誘発物質**(突然変異を誘発することのできる外因性の物質)にさらされておこる変異がある．ウイルス，化学物質，そして電離放射線は，すべて突然変異誘発性(変異原性)と呼ばれる．

不正確なアミノ酸をタンパク質の配列に取り込むことによる生物学的な影響は，変化の性質と場所によって無視できるものから破滅的なものまで広い範囲におよぶ．これまでに知られているヒト遺伝病は数千にもなる．表10.1に一般的な遺伝病を示す．突然変異は複数の変異を伴うこともあり，ある人には何ら問題ないが，ある人にとっては確実に病気になるような弱さをもつくる．

表10.1　一般的な遺伝病，それらの原因および発症率

病　名	疾患の性質と原因	発症率
フェニルケトン尿症(PKU)	酵素フェニルアラニンヒドロキシラーゼの欠陥によっておきる幼児の脳障害	40000人に1人
白色症	酵素チロシナーゼの欠陥によって引きおこされる皮膚色素の欠如	20000人に1人
テイ・サックス病	酵素ヘキソサミニダーゼAの生産の欠陥によっておきる精神遅滞	6000人に1人(アシュケナージ系ユダヤ人) 100000人に1人(一般人)
嚢胞性線維症	濃くなった粘液による気管支と肺，肝臓，膵臓の障害．遺伝子とタンパク質の欠陥が同定されている	3000人に1人
鎌状赤血球貧血	ヘモグロビンの欠陥によっておこる血流の妨害と貧血	185人に1人(アフリカ系米国人)

HANDS-ON CHEMISTRY 10.1

表10.1に代表的な遺伝病を示したが，実際には多くの遺伝病が存在する．この課題では，つぎの病気から一つを選び，その病気についていろいろな面を研究しよう．おのおのの病気を各グループに割り当て，調査結果について5～10分間のプレゼンテーションを行えばクラスの研究課題ともなる．なお，この課題をするにあたっては，インターネット環境が必要となる．

a. つぎのうち調査する遺伝的な障害を一つ選べ．
   - アンジェルマン症候群(Angelman syndrome)
   - カナバン病(Canavan disease)
   - シャルコー–マリー–トゥス病(Charcot–Marie–Tooth disease)
   - 猫鳴き症候群(Cri du chat syndrome)
   - クラインフェルター症候群(Klinefelter syndrome)
   - プラダー–ウィリ症候群(Prader–Willi syndrome)
   - ベッカー型筋ジストロフィー(Becker muscular dystrophy)
   - ヘモクロマトーシス(Hemochromatosis)

b. 選択した課題の障害について，以下の項目を決定しよう．
   1. 歴史的な背景(ほかの名前などを含めて)
   2. あなたの国および全世界の人口における有病率
   3. 遺伝子変異および変異が見られる場所
   4. 病状と治療法
   5. 予後
   6. 遺伝子治療を含めた現在の研究

c. 最後に，あなたは医者，看護婦または遺伝子のカウンセラーと仮定し，障害があると診断した子どもの両親に，何をどのように伝えるか，その方法を短い文章で記述しよう．あなたが話すことになる人は，この授業を“一度も”受けていないことを心にとどめておくこと．

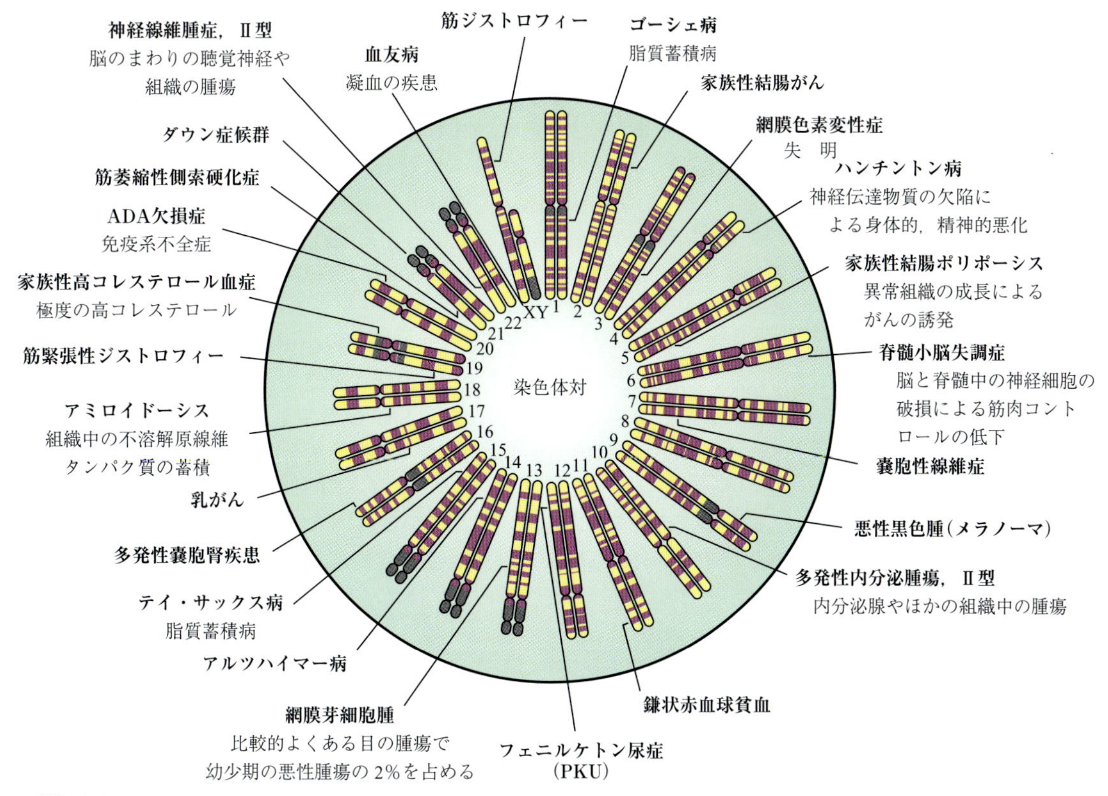

▲図 10.2
ヒトの染色体マップ
遺伝病をもたらすことが特定された各染色体の部位を示した．

多型は突然変異とおなじくDNAのヌクレオチド配列の変異である．ほとんどの多型は，人種や地理的な違いによる個々人のあいだでのDNA配列の単純な違いであり，地球上の生命によって表現された生物の多様性の一部である．記録された多型のほとんどは，有利なものでも有害なものでもないが，そのうちのいくつかは種々の病気をおこすことがわかっている．いくつかのヒトの遺伝病に関与する多型の位置を図10.2に示す．

多型（polymorphism） 個体群における DNA 配列の変異．

一塩基多型と病気

DNA配列の中の一つのヌクレオチドの塩基が，ほかの塩基に置換することは，**一塩基多型**（single nucleotide polymorphism，SNP）として知られる*．言い方を変えれば，2本の特定のDNA配列のおなじ場所に，二つの異なるヌクレオチドがSNPである．SNPは，特定の個体群の少なくとも1％以上でおこるとされ，したがってその個体群の遺伝的な形質に関連づけられる．

SNPの生物学的な影響は，目や毛髪の色のような一般的に気にならない変化から，深刻な遺伝病などの広い範囲に及ぶ．**SNPは，個人個人におけるもっとも一般的な変異の原因である**．ほとんどの遺伝子には一つ以上のSNPが存在し，他人どうしでもおなじ位置でSNPがおこる．

情報鎖DNAの配列A-T-Gが，A-C-G（SNP）に置き換わると考えてみると，つくられるmRNAのコドン配列はA-C-Gになり，予定された配列A-U-Gにはならない．A-C-Gはトレオニンをコードし，それに対してA-U-Gはメチオニンをコードするので，翻訳されるタンパク質にはトレオニンが組み入れられる．さらに，タンパク質のすべてのコピーはおなじ変異をもつことになる．そ

一塩基多型（single nucleotide polymorphism，SNP：スニップ） 一般的なDNAにおける一塩基対の変異．
*（訳注）：一塩基の置換（点突然変異）によって生じた多型で，アミノ酸配列や転写調節領域の塩基配列の改変により遺伝子の機能に影響する可能性も高いので，疾患関連遺伝子の研究でとくに注目される．

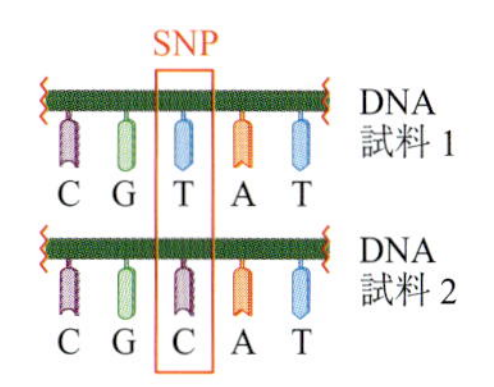

のことは，タンパク質の機能やアミノ酸が変異して構造と活性に影響するような，重大な結果をもたらす．

アミノ酸の同一性に変異をつくることに加え，SNPはおなじアミノ酸を特定する場合もあり（たとえば，GUUがGUCに変異しても，おなじバリンをコードする），あるいは終止コドンになって，タンパク質合成を止めることもある（たとえば，CGAがUGAに変異した場合など）．

企業や学際的な研究者は，SNPデータを集めている．二つの染色体間にみられるSNPの出現頻度は，1200～1500塩基につき1個の割合であり，その多くは翻訳領域に存在する．SNPの場所を知ることは，将来，病気になるリスクを予測する手がかりになると考えられている．

◀◀◀ 鎌状赤血球貧血に結びつく変異については，1.7節で述べた．

1アミノ酸の変異がもたらす鎌状赤血球貧血について述べた．長年にわたる研究により，この病気の原因となるSNPが特定されている．SNPのデータベースが手に入れば，いまや数時間でおなじ結論を得ることができる．アルツハイマー病を進行させるリスクに結びつくSNPの存在も知られているが，すべてのSNPが病気になりやすくしているわけではない．たとえば，ヒト免疫不全ウイルス（HIV）や後天性免疫不全症候群（AIDS）に対する抵抗性もまたSNPがもたらすものの一つである．ほとんどのSNPは，良くも悪くも影響しない．

SNPカタログはまだまだ不完全なものだが，その価値は高まっている．最初の頃は，灰色と赤色の区別がしにくい色覚異常，てんかん，乳がん発症の感受性など，30の異常に関与するSNPの場所を決めるために使われた．たとえば，前立腺がんの患者のDNAの調査により，これらの患者ではSNPが四つの組合せで発症していることを明らかにした．つぎの段階は，四つの遺伝子変異と病気との因果関係を探し当てることである．このような情報は，病気の新しい治療法に役立つと期待されている．2015年6月時点，SNPカタログは米国立ヒトゲノム研究所（National Human Genome Research Institute）によって整備されている．そこでは1億4700万のSNPが網羅されており，これまでにないペースで病気との関連付けがなされている（14 000の病気がSNPに関連すると見積もられている）．

SNPカタログの整備は，ゲノム医療の時代の到来を告げた．究極的に，SNPカタログは個人個人の遺伝病が何歳のときに現れ，どの程度深刻なのか，また医者がさまざまな処方に対しどのように反応するかなど判断できるようになるかもしれない．個人のゲノムの特徴に合わせた医療法が工夫されることになるだろう．

例題 10.1　DNAの変化がタンパク質に与える影響を決める

あるタンパク質中の単一アミノ酸が変化するようなDNA配列での突然変異の結果は，置換されるアミノ酸の種類と新しいアミノ酸の性質に依存する．(a) 変異したアミノ酸を含むタンパク質に与える影響が少ないのは，どのような変化か．(b) 変異したアミノ酸を含むタンパク質に大きな影響を与えるのは，どのような改変か．おのおのの突然変異の例をあげよ．

解　説　1個のアミノ酸が別のアミノ酸と交換した結果は，アミノ酸の側鎖の性質が変わることに依存する．そのような変化による結果を予想するためには，表1.3に示した側鎖の構造について，再び考える必要がある．考慮すべき問題は，つくられるタンパク質の構造と機能を変えるような異なる性質の側鎖のアミノ酸を，導入するような突然変異かどうか，ということである．

CHEMISTRY IN ACTION

ポリメラーゼ連鎖反応

1980年代以前のDNAの研究は，DNAがとても少量なので大量に得ることができないという現実に苦しんでいた．誰もが何百万ものコピーをつくることができるDNAの複製方法を待ち望んでいた．そこで科学者はその希望を実現させることに注力した．その結果は，**ポリメラーゼ連鎖反応**(polymerase chain reaction, PCR)の発見であり，現在ではどの分子生物学研究室でも自動化装置として用いている．今日，PCRほど普及し，大学の授業で日常的に教わったり学生実験で使うほど簡単な技術はない．

PCRの目的は，特定のDNA断片を大量につくることにある．その増幅したDNA断片は，ゲノム研究の一部かもしれないし，犯罪現場や化石あるいはカルテとして保存されていた標本から採取したものかもしれない．この反応に必要な原料は，増幅するためのヌクレオチド配列を含むDNA**プライマー**(primer，目的の塩基配列の側面に並んだ相補鎖をもつ短い人工合成オリゴヌクレオチド)，四つのDNA塩基を運ぶデオキシリボヌクレオチド三リン酸，およびプライマーから鎖を伸ばしDNAを複製するDNAポリメラーゼである．

PCR反応はつぎの3段階で行われる．

段階1：ヘリックスを一本鎖に解くためにDNA試料を加熱する．

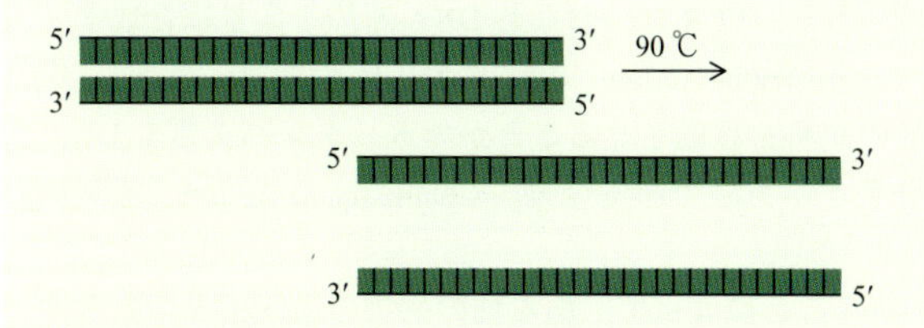

段階2：増幅される一本鎖DNA配列の側に並んだDNAに相補的なプライマーの付加．

DNAポリメラーゼは，ヌクレオチドを付加する3′末端が結合していない必要があるため，複製開始点でプライマーと二本鎖を形成する必要がある．

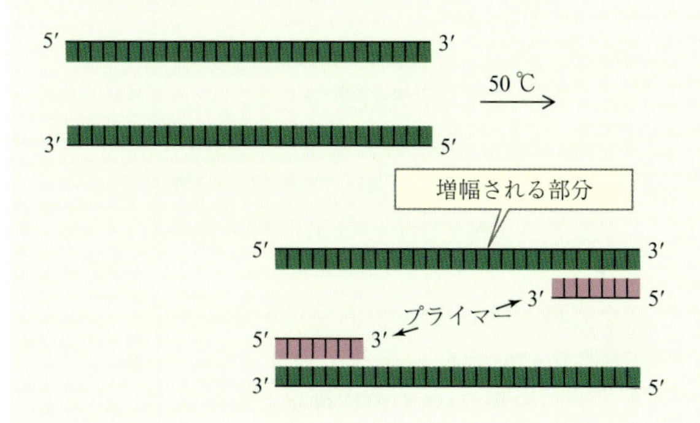

段階3：もとのDNAと一致する二本鎖DNAをつくるためのDNAポリメラーゼによるプライマーの伸長．

DNAポリメラーゼは，プライマーの末端にヌクレオチドを付加するため，新しいDNA断片はプライマーを含んでいる．

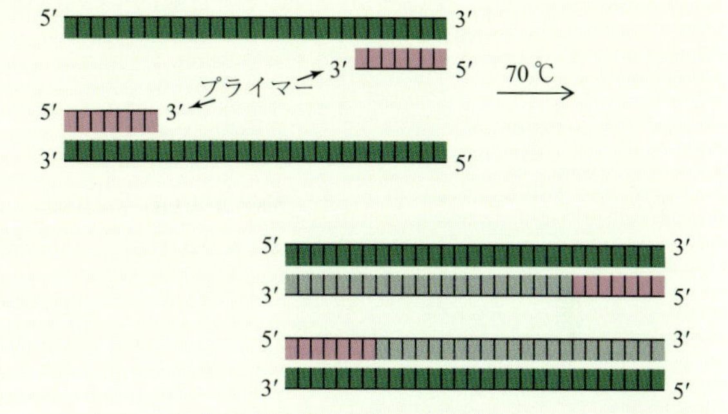

その反応物は密閉した容器の中で混合され，反応温度は段階1では約90℃，段階2では約50℃，段階3では約70℃で繰り返される．その温度サイクルはたった数分間で，おなじ試料を何度も繰り返して続けることができる．最初のサイクルでは2分子のDNAをつくり，2サイクル目では4分子をつくり，1サイクルごとに倍増していく．25サイクルの増幅では，もとのDNA断片の3000万以上の複製をつくることができる．

PCRの自動化は，温泉に生育する細菌から分離した耐熱性ポリメラーゼ(**Taqポリメラーゼ** Taq polymerase)の発見によって可能になった．この酵素はDNAの二本鎖が一本鎖に解離する温度に耐えるので，3段階のサイクルごとに新しい酵素を加える必要がない．

CIA 問題10.1 PCRの目的はなにか．

CIA 問題10.2 PCRはどのように働くか，簡単に説明せよ．

CIA 問題10.3 自動化されたPCRでは，ヒトのDNAポリメラーゼではなく，Tagポリメラーゼが用いられるのはなぜか．

解　答

(a) 小さい非極性の側鎖のアミノ酸を，おなじタイプの側鎖のアミノ酸の交換(たとえば，グリシンをアラニンに)，あるいは非常に似ている側鎖のアミノ酸(セリンをトレオニンに)の交換は，ほとんど影響しない．

(b) 非極性側鎖のアミノ酸を，極性，酸性，あるいは塩基性側鎖のアミノ酸に変えることは，タンパク質のフォールディングが変化(図 1.4)するような側鎖の相互作用に影響を及ぼす可能性があるので，大きな影響がある．このタイプの例として，トレオニンやグルタミンあるいはリシンをイソロイシンに改変することがあげられる．ヘモグロビンでは，グルタミン酸 1 個(親水性，酸性アミノ酸)がバリン(疎水性，中性アミノ酸)に置換すると，鎌状赤血球貧血になる．

基礎問題 10.2

SNP が UGU を UGG に変えて mRNA のコドン塩基配列を変化させることを考えてみる(表 9.3 参照)．この変化によってなにがおこるか推定せよ．

10.4　組換え DNA

学習目標：

- 組換え DNA とその利用について記述できる．

組換え DNA(recombinant DNA)
自然界では共に存在しない二つ以上の DNA 断片を含む DNA．

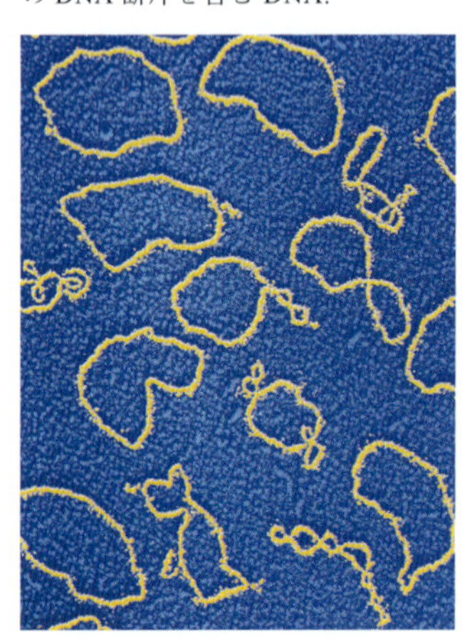

▲ 組換え DNA の宿主，細菌 *Escherichia coli* のプラスミド．

本節では，DNA 断片を操作し改変して，再生産を可能にする技術について述べる．その技術には，**組換え DNA**(自然界ではともに存在しない二つ以上の DNA 断片を結びつけた DNA)を作成することが求められる．ゲノム科学のあらゆる面における進展は，組換え DNA を利用して得られた情報に基づいている．DNA 研究で主要な役割を果たしているそのほかの技術として，PCR と電気泳動の二つがあげられる．PCR は，おなじ DNA 断片を大量に合成する方法である(前ページの Chemistry in Action “ポリメラーゼ連鎖反応”参照)．電気泳動は，連続的に多数の試料を移動させることができ，タンパク質や DNA 断片を大きさによって分離する方法である(1 章，Chemistry in Action “電気泳動によるタンパク質の分析”参照)．

組換え DNA 技術を使うことによって，ある種の生物の遺伝子を切断し，それとは別の種の生物の DNA に挿入する(**組み換える**)ことが可能になる．細菌(バクテリア)は，組換え DNA の優れた宿主(ホスト)になる．高等生物と異なり，細菌の細胞は少数の遺伝子しかもたない**プラスミド**(plasmid)と呼ばれる小さな環状の断片の中に自らの DNA をもつ．プラスミドはきわめて容易に分離することができ，1 個の細胞中にはおなじプラスミドが数個ずつ存在し，通常の塩基対の複製とおなじ方法でつくられる．プラスミドの分離や取扱いが簡単なのに加え，細菌の増殖は速いので，ねらいどおりの組換え DNA とタンパク質を細菌で生産することができる理想的な条件をつくる．

外来遺伝子を挿入できるプラスミドを調製するため，**制限酵素**(restriction endonuclease あるいは restriction enzyme)として知られる細菌の酵素でプラスミドを切断して環を開く．この酵素は DNA 分子の特定の配列を認識し，その配列の場所で，おなじ二つのヌクレオチド間を切断する．たとえば，制限酸素 *Eco*RI は G-A-A-T-T-C 配列を認識して G と A のあいだを切断する．この制限酵素は，二本鎖 DNA の両方の鎖の配列をおなじ 5′ → 3′ の方向へ読んだときに，おなじ場所で切断する．その結果，DNA の切片にずれが生じ，両方の末端には対にならない数個の塩基が残る．これら対にならない塩基は，互いに補完的な塩基配列として，つなぎ合わせることができるので，**接着末端**(sticky end)と呼ばれる．

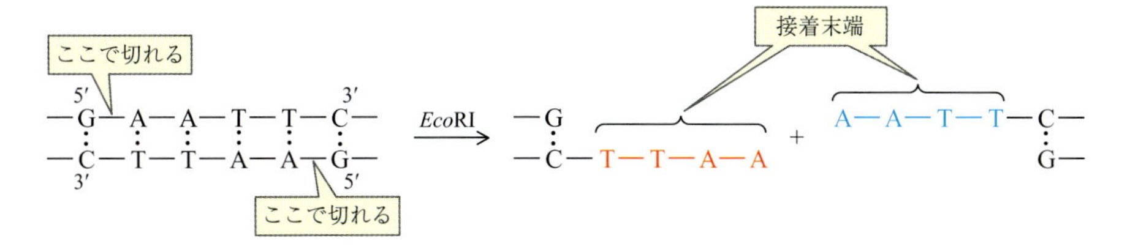

組換え DNA は，おなじエンドヌクレアーゼで結合される二つの DNA 断片に切断してつくられる．その結果，互いに補完的な接着末端をもつ DNA 断片になる．

ヒト DNA を切り出した遺伝子の断片を，プラスミドに挿入することを考えてみる．この遺伝子とプラスミドはおなじ制限酵素で切断しているので，双方に接着末端をつくる．遺伝子断片の接着末端は，開環したプラスミドの接着末端に相補的になる．この二つが，リン酸ジエステル結合をつくり直してつなぎ合わせる酵素，DNA リガーゼの存在下で混合すると，新しい改変したプラスミドを再構成する．

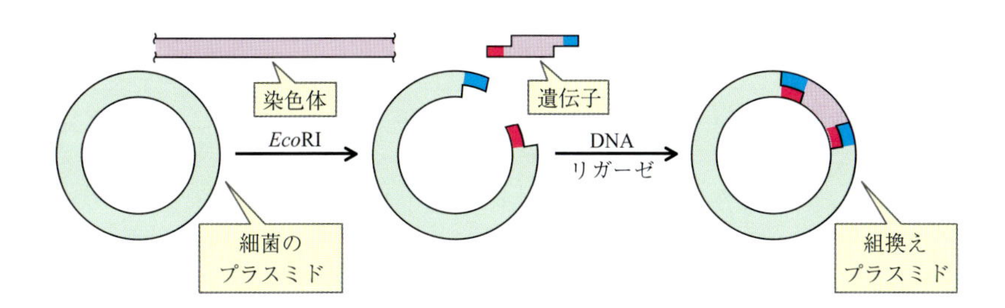

改変したプラスミドがいったんつくられ，細菌の細胞に戻される．そこで挿入された遺伝子によってコード化されたタンパク質が，転写や翻訳の正常な過程によって合成される．細菌は急速に複製してすぐに膨大な数に増え，そのすべてが組換え DNA を含み，組換え DNA で翻訳されたタンパク質をつくる．膨大な数の細菌は，タンパク質を製造する工場として働くことができる．

この戦略は理想的なものに聞こえるが，この方法で工業生産したタンパク質が商業化して使われるまでには，克服すべき多くの技術的な障害が存在する．その一つは，組換えプラスミドを細菌に戻すことである．もう一つは，つくろうとするタンパク質を翻訳後修飾しない宿主生物を探すことである．たとえば，酵母細胞はタンパク質中の種々のアミノ酸に糖を付加しタンパク質を不活性化する．なかでももっとも深刻な障害は，不要な内毒素から必要とするタンパク質を単離することである．**内毒素**(endotoxin)は，宿主生物の中で見つかる毒性の可能性が高い天然物である(通常，細菌が溶菌したときに放出される構造成分)．内毒素は少量存在するだけでも深刻な炎症反応を導くので，タンパク質を人に使う前に厳密な精製とスクリーニングのプロトコルが必要となる．

このような困難にもかかわらず，この方法で製造されたタンパク質はすでに市販されており，さらに多くのものが開発中である．ヒトインスリンはこの方法で製造され，市販されている最初の製品である．いまでは，ほかに成長異常の子どもに使われるヒト成長ホルモンや，血友病患者のための血液凝固因子がある．このテクノロジーの大きな利点は，必要なタンパク質を大量に生産できるので，実際の臨床に使うことができることである．

問題 10.3

制限酵素 Bg/II は，下の印のところで DNA 配列を切断する．

5′-A-//-G-A-T-C-T-3′

相補配列の 3′ → 5′ 鎖を描き，おなじ酵素で切断される場所を示せ．

問題 10.4

制限酵素 *Eco*RI は下の印のところで DNA 配列を切断する．

5′-G-//-A-A-T-T-C-3′

相補配列の 3′ → 5′ 鎖を描き，おなじ酵素で切断される場所を示せ．

問題 10.5

つぎの配列は接着末端(相補的)か否か．すべての配列は 5′ → 3′ 方向へ書いてある．

(a) A-C-G-G-A と T-G-C-C-T　(b) G-T-G-A-C と -C-A-T-G-G

(c) G-T-A-T-A と -A-C-G-C-G

10.5　ゲノム科学：その利用

学習目標：

- ゲノムマップの考えられる利用法を明らかにできる．

ゲノム科学がどこに向かっているのか，実際に使われている応用例を表 10.2 に示す．この解説は，正確な定義ではない．これらの分野における多くの研究はきわめて新しいので，その研究範囲は人によって異なる．私たちは革命のはじまりにいる．この研究から発展した 3 分野を，もう少し深く調べよう．

1．遺伝子組換え植物と動物

▲“黄金米”は，ビタミン A をたっぷり含むように遺伝子を改変したコメ．

数世紀にわたって進められてきた植物や動物の新種の開発は，既存の変種を交配して自然におこる偶然の結果や偶発的な成功を利用したものだ．植物や動物のゲノムマップ化と研究は，望ましい性質を付加し，不都合な性質を除いた作物や家畜を作出する私たちの能力を大きく加速することができる．

遺伝子組換え作物は，米国ではすでに大量に栽培されている．毎年数百万トンのトウモロコシが，毛虫(アワノメイガ European corn borer)による食害を受けている．この害虫は，農薬が届かないトウモロコシ葉柄内部に侵食する．この問題を解決するために，ある細菌(*Bacillus thuringiensis*, Bt)の遺伝子がトウモロコシに導入された．この遺伝子をもつ Bt トウモロコシは，毛虫を殺す毒をつくるようになる．2000 年には，全米のトウモロコシの 4 分の 1 が Bt トウモロコシになった．遺伝子を改変したカフェインのないコーヒー豆，フライにしたときに油を吸わないジャガイモ，ビタミン A 欠乏のために死や盲目に至る貧しい人々に絶対必要な，ビタミン A をたっぷり含んだコメ“黄金米”などの試験はまだ終わっていない．

遺伝子組換え植物や動物が自然の品種と交雑すると，害を与えるだろうか．遺伝子組換え成分を含む食品には，そのように明示すべきなのか．未確認の有害物質が食品に混入しているだろうか．これらは熱く議論されている問題で，非 GMO プロジェクトの設立に至っている．ここで GMO とは遺伝子改変生物(genetically modified organism)を意味する．このプロジェクトの目的は，遺伝子工学や組換え DNA 技術を使わないオーガニックで天然の生産物を，非 GMO として消費者に選択する機会を提供することにある．店頭の多くの食料品には，“非 GMO”のラベルがある．

表 10.2 ゲノム科学に関連する研究分野

バイオテクノロジー（生物工学，biotechnology）
生物学や生物化学などの研究を，ヒトの健康や動植物を改良するものづくりに応用するための技術の総称.
バイオインフォマティクス（生物情報学，bioinformatics）
ゲノム情報を管理，解析し，生物のシステムを予測するためのコンピュータの利用. 個々の遺伝子の研究，遺伝子の機能，分子設計，医薬開発などがバイオインフォマティクスの応用例となっている.
機能ゲノム科学（functional genomics）
ゲノム配列を利用して生物学の諸問題を解決する科学.
比較ゲノム科学（comparative genomics）
類似の機能や進化的に同系の祖先をもつ領域をみつけるため，異種生物のゲノム配列を比較する科学.
プロテオミクス（proteomics）
ゲノムにコードされた全タンパク質，あるいは特定の細胞の中で合成された全タンパク質の研究. 健康と病気の状態におよぼす個々のタンパク質の役割を明らかにすることなど，この結果は医薬設計に応用できる可能性をもっており，複数の製薬企業によって進められている.
薬理ゲノム科学（pharmacogenomics）
医薬品に対する感受性の遺伝的な基盤. 目標は，より効果的な医薬の設計と，有効な患者と無効な患者が存在する理由を明らかにすること.
薬理遺伝学（pharmacogenetics）
効果のない，または毒になる薬の処方を避け，その人にもっとも効果のある薬に集中するために，個人のゲノムの内容に基づいて，医薬品を個人個人に合わせること.
毒物ゲノム科学（toxicogenomics）
毒物が遺伝子に与える影響と危険性のある物質を見つけ研究するための，ゲノム科学とバイオインフォマティクスを融合した新しく開発中の方法.
遺伝子工学（genetic engineering）
細胞あるいは生物の遺伝物質の改変. 目標は，その生物が新しい物質を生産する，あるいは新しい機能をもつこと. 望ましいタンパク質を細菌につくらせ，あるいは害虫を駆除する農薬に対する抵抗性を付加するのがその例である.
遺伝子治療（gene therapy）
病気の治療や予防のために行う，個々人の遺伝子マップの改変.
生命倫理学（bioethics）
ヒトゲノムの知見がどのように使われるべきかという倫理学.

遺伝子の改変は，これまでに見たことのない美を創造するためにも使うことができる. 青いバラを例に考えてみよう. サントリーフラワーズ株式会社とFlorigene 社（オーストラリアのベンチャー企業）は，青の色素を合成するペチュニアの遺伝子をバラに導入することに成功した. 世界初の青いバラは，2009 年に日本で試験的に発売され，いまでは多くの花屋で入手することができる. さらにエキサイティングなことに，青いバラの成功によって，一般の消費者が手にすることができるよう，さまざまな色のバラの研究が爆発的に進むことが予想される.

2. 遺伝子治療

遺伝子治療は，ただ単純に病気の治療に DNA を使うことである. 個人の細胞の中にある，病気のもとになる遺伝子を，正常に機能をする健康な遺伝子を細胞に挿入して修正あるいは交換するという前提に基づいている. 遺伝子治療に対するもっとも明確な期待は，**単一遺伝子**（monogenic）による病気，つまり単一遺伝子における障害 DNA が原因となる病気を扱うことにある.

治療効果のある DNA 量を細胞の核まで運ぶ**ベクター**（vector）として，無害なウイルスを使うことに焦点をあてよう. この方法は遺伝病を生涯取り除く結果になると期待されている．残念なことに，これまでのところ期待はずれな結果に終わっている．心臓に十分な血液を供給できない患者に，血管の成長を促進させた初期の成功例をよりどころに“なまのDNA”を注射する研究がはじまった．2014年時点，2000件以上の治験が認可または申請段階にあるものの，米国食品医薬品局(FDA)はすべてのヒト遺伝子治療の薬品の販売を認可していない．現在の遺伝子治療はいまだに実験段階とはいえ，この分野における研究が続いており新しい方法が試され続けている．

3. 個人ゲノムの調査

ゲノムマップ作成プロジェクトの一つの成果は，遺伝子マップの作成と検査費用が劇的に減少し，2007年の数十万円から2014年にはおよそ数万円へと，平均的な消費者が利用できるようになったことである．健康に問題があって検査と治療を受けるとき，検査の前に患者の全ゲノムが調査できると仮定しよう．患者にもっとも効果のある医薬品の選択が可能になる．すべての人が，ある投薬におなじ反応をするわけでないことは秘密でもなんでもない．おそらくは，医薬品を代謝する酵素が欠落しているか，または単一遺伝子の欠損 —— 病気に直結する一つの遺伝子の傷 —— をもっている．そのような患者は未来のいつの日にか，遺伝子治療の対象になるかもしれない．

がん治療では，正常細胞と腫瘍細胞とのあいだの遺伝子の違いを理解することに利点があると思われる．そのような知見は化学療法に役立つが，その目標は腫瘍細胞を殺し，正常細胞には可能なかぎり害にならない薬を使用することである．

ヒトゲノム情報のもう一つの利用法は，幼児の遺伝子検査にある．遺伝子治療を迅速に利用すれば，単一遺伝子による病気を除く可能性がある．あるいは，おそらくは遺伝的なものと環境的な要因の組合せの結果おこる心臓病や，糖尿病などの病気になりやすいと予想される一つ以上のSNPをもつ個々人が健康になるために，生活習慣を整えることができるようになる．加えて，個人の遺伝子マップが生涯使えるようになる．おそらくは，私たちがキャッシュカードをもち運ぶのとおなじように，自分のゲノム情報を記憶させたカードをもち運ぶ日がいつかくるだろう．しかしながら，この知識によってゲノム科学の使い方を熱い議論の話題にするという，倫理的ジレンマもおこる．

生命倫理

最後に，ゲノム科学における革命によって浮かび上がった大きな問題の一つは，この草分け的な研究によって顕在化した，倫理的かつ社会的な問題である．国立ヒトゲノム研究所(National Human Genome Institute)のELSIプログラムは，このような問題を調査し評価するものとして創設された．ELSIはヒトゲノム研究の倫理(ethical)，法(legal)，社会(social)的な合意(implication)を扱う．ELSIの領域は広範かつ示唆に富むもので，つぎのような多くの問題を扱っている．

- 誰がどんな目的で個人の遺伝情報にアクセスするのか．
- 誰が遺伝情報を所持し，管理するか．
- 治療法がない場合でも遺伝子診断をすべきか．
- 障害は病気か？ 彼らに治療や予防が必要か．
- 遺伝子治療の予備試験は，きわめて高額である．このような治療を誰が望むのか．誰が治療費を支払うのか．
- 子どもたちに受け継いだ遺伝子を，私たちは再び改変すべきか．

ELSIプログラムはwebページに詳しい(http://www.genome.gov/)．

問題 10.6

表 10.2 にあげた研究分野に沿って，つぎの活動を分類せよ．

(a) マウスとヒトでおなじ機能をもつ遺伝子を同定する．
(b) 小麦の雑草を殺す除草剤で，害を受けない小麦の変種を作出する．
(c) 特定の個人に最適な鎮痛剤を選択するための個人ゲノムを検査する．
(d) 病気の原因をおこす多型がどこに存在するかを見つけるため，特定の病気をもつグループともたないグループからの塩基配列の情報をコンピュータで解析する．

CHEMISTRY IN ACTION

DNA フィンガープリント法

犯罪の現場にいつも指紋が残されているとは限らない．その代わり，血液や精液あるいは数本の毛髪が手に入るかもしれない．このような試料の DNA 分析には，本章の最初に学んだ新しい方法"DNA フィンガープリント法"が，被疑者の特定や無実の証明といったことに使われる．

DNA フィンガープリント法は，二つ以上の DNA 試料間の違いを見つける方法である．たとえば，犯罪現場で採集した DNA が被疑者のものか，あるいは被害者のものかを決めるために使うことができる．DNA の塩基配列に自然におこる変異は指紋と似ている．その変異は，ある個人のすべての細胞でおなじであり，身元を確認するために使えるほど他人のものとは異なっている．

ヒトゲノムにはヌクレオチドの反復配列を含む非翻訳 DNA が存在する．DNA フィンガープリント法で使われる繰返しのパターンは，**直列反復に関する変数**(variable number tandem repeat，VNTR)として知られる．その名が示すとおり，VNTR は末端から末端へ何度も繰り返す短い DNA 配列である．フィンガープリント法において VNTR が有益になるための重要な要因は，**どの VNTR においても反復配列のコピー数が個々人のあいだで異なる**ことである．ある人は 15 回の反復配列をもち，一方でほかの人は 40 回の配列をもつ．統計処理のため，ラボテクニシャン(実験室の技術職員)は複数の染色体を横切るいくつかのすでに知られている VNTR を検査し，DNA フィンガープリントを作成する．DNA の持ち主と他人の DNA フィンガープリントが一致する確率は，おおよそ 15 億分の 1 になる．

今日，DNA フィンガープリント法には二つの一般的な技術が使われている．制限断片長多型(RFLP)法とポリメラーゼ連鎖反応(PCR)法がそれである．

RFLP 法は，ある VNTR のどちらか一方の側を認識して切断する制限酵素(DNA を切るための酵素，エンドヌクレアーゼの一種)の使用を前提にしている．一般的な方法はつぎのようになる．

- 試料 DNA を制限酵素で消化する．
- 得られた DNA 断片を大きさ(分子量)に応じてゲル電気泳動で分離する．
- ナイロン膜に各断片を移す(ブロッティング技術)．
- VNTR の反復配列に相補的な放射性 DNA プローブでバンドを処理すると，そのプローブは VNTR 反復配列の断片と結合する．
- バンドに対して X 線フィルムを感光させ，放射活性な断片の場所を決める(その結果得られるフィルムを**オートラジオグラム**という)．

オートラジオグラムはバーコードに似ていて，DNA 断片の分子量が増えるに従って暗色のバンドが整列する．異なる人の DNA を比較するため，DNA 試料はおなじ電気泳動のゲル上で，横一列に並べて展開される．この方法では，比較は同一条件下で行われて評価される．この方法はきわめて正確だが，大量の DNA を必要とし，かつ実施には 2 ～ 4 週間かかる．この方法は遺伝子検査の初期に用いられた．

最新の DNA フィンガープリント法は，PCR 法を使う(Chemistry in Action“ポリメラーゼ連鎖反応”参照)．この方法では，変異を含むことが知られている DNA 領域に対するプライマーを使い，PCR で複製する．この増幅過程は約 30 回繰り返され(1 サイクル当たり約 4 分)，その結果 2 時間で 10 億の DNA が複製される．これらの断片は，ゲル電気泳動で大きさによって分離され，DNA を青色の染料で染色してほかの試料と比較する．RFLP 法と異なり，PCR 法は増幅から解析まで約 24 時間以内に完了する．この方法は微量の DNA や分解しはじめた DNA でも行うことができ，ほとんどすべての試料で成功する．犯罪現場の科学捜査に用いられる最初の方法となっている．

DNA フィンガープリント法はどのように役立てられるか？ 図は，6 人家族の理論的な DNA フィンガープリントパターンを示している．子どものうち 3 人がおなじ母と父であり，4 人目が養子である．図を見ると，おなじ家族でも個人個人は全く違う DNA フィンガープリントをもつことがわかる．一卵性双生児だけがおなじ DNA フィンガープリントをもつ．子どもと

つづく

両親のDNAパターンにはつねに類似性がみられ，したがってこのようなDNAフィンガープリントにより，親子関係を肯定あるいは否定することが可能である．

CIA 問題 10.4　2017年，世界の人口は約75億人と予想されている．理論上，世界中でどれだけの人が同じDNAフィンガープリントをもつか．

CIA 問題 10.5　RFLP法を使うDNAフィンガープリント法の基本的な5段階を述べよ．犯罪現場でPCR法が使われる理由はなにか．

CIA 問題 10.6　VNTRとはなにか．DNAフィンガープリント法に重要なのはなにか．

要　約　章の学習目標の復習

- **ゲノムはどのように地図化されたか記述する**

HGP(非営利団体の国際的なコンソーシアム)によるヒトゲノムプロジェクトと，営利企業のCelera Genomics社は，いずれもヒトゲノムのゲノムマップの完成を公表した．反復DNAの大きな領域を除き，全染色体のDNAの塩基配列が解析された．HGPは，場所が明らかなDNA断片のデータをつくるため，連続的な地図を活用した．Celera社は，はじめに地図の枠組みの中に置くことなしに，DNAをすべて断片化することからはじめた．両グループとも，断片をクローン化し，ラベル化し，整列化し，個別の配列がコンピュータで組み立てられた．一般的には，両プロジェクトの結果は互いに一致している．ヒトゲノムには約30億の塩基対と約19000の遺伝子が存在する．ゲノムの大半が非翻訳の反復配列となっている．約200のヒトの遺伝子は細菌とおなじ配列である(問題7，8，14～20)．

- **テロメア，セントロメア，エクソンとイントロン，非翻訳DNAの遺伝的役割を同定する**

テロメアは染色体の末端に存在し，反復配列の非翻訳領域であり，突発的な変化から末端を保護している．細胞分裂のたびにテロメアは短くなり，その長さは老化と細胞死に関連している．テロメラーゼはテロメアを伸長する酵素で，成人の細胞では不活性化されているのが典型であるが，がん細胞では再活性化されている．セントロメアは細胞分裂期に形成する染色体の圧縮された領域であり，非翻訳DNAを運ぶ．エクソンはDNAのタンパク質の翻訳領域であり，イントロンは遺伝子をつくるエクソンを分離する非翻訳領域である．エクソンはつなぎ合わされタンパク質を合成する遺伝子をつくる．反復領域の非翻訳DNAは機能していないか，あるいは知られていない機能をもつ，のいずれかである(問題9，21～25)．

- **突然変異と，突然変異の結果なにがおこるか記述する**

突然変異はDNAの塩基配列におけるエラーで，複製によって受け継がれる．突然変異は複製のあいだの無作為なエラーで生じるばかりでなく，電離照射，ウイルスあるいは化学物質(**突然変異誘発物質**)によって引きおこされる．突然変異は遺伝病をおこす可能性があり，罹病しやすい傾向を増す(問題10，26，27，32～35，47～52)．

- **多型とSNPを定義し，SNPの場所が重要な理由を説明する**

多型は集団の中で見つかるDNA中の変異である．SNPはヌクレオチド1個の塩基がほかの塩基に置換することである．その結果，タンパク質中の1個のアミノ酸がほかのアミノ酸に置換される，新しいコドンがおなじアミノ酸を指定するか，あるいは“終止コドン”の導入により変化しない．多くの遺伝病がSNPによっておこることが知られており，同時に有益な場合あるいは無害な場合もある．SNPの場所と影響を理解することは，新しい治療法の開発に結びつくと期待される(問題28～32，50，52)．

- **組換えDNAとその利用を記述する**

組換えDNAは，通常では一緒になることのない

DNA 断片を結合してつくられる．ある生物のある遺伝子がほかの生物の DNA に挿入される．組換え DNA 技術は，あるタンパク質を大量につくるために使われる．目的の遺伝子は，小さな細胞外・染色体である細菌のプラスミド(環状 DNA)に挿入される．これらのプラスミドを運ぶ細菌は，コードされたタンパク質を大量に製造する工場として使われる(問題 11, 36 ～ 41)．

- **ゲノムマップの可能な利用法を同定する**
  ヒトゲノムの地図化は健康や医療への適用に大きな期待をもたらす．医薬は患者自身の DNA に合わせて正確に選択され，そうすることでその患者にとって効果のない薬や毒になる薬の使用を避けることができる．おそらくいつの日か，遺伝病は遺伝子治療によって予防され治療されるようになるだろう．栽培植物や家畜の遺伝子を改変することによって，それらの生産物の生産力，市場競争力，健康増進の改善につながる．この分野におけるそれぞれの進歩は，議論と生命倫理のジレンマとも無縁ではいられない(問題 12, 42 ～ 46)．

KEY WORDS

一塩基多型(SNP)，p.283
組換え DNA，p.286
クローン，p.279
ゲノム科学，p.277
セントロメア，p.279
多型，p.283
テロメア，p.279
突然変異，p.282
突然変異誘発物質，p.282

基本概念を理解するために

10.7 HGP で示された，ヒトゲノムマップを作成するにあたって必要な段階とはなにか．

10.8 明らかに，全人類は DNA 配列における変異をもつ．もしすべての個人のゲノムが特異的とすると，ヒトゲノムの配列解析は可能か．ヒトゲノムの多様性はどのように扱われているか．

10.9 非翻訳 DNA の四つのタイプをあげよ(10.2 節参照)．知られている個々の機能を述べよ．

10.10 一般に遺伝子の突然変異と多型の違いはなにか．

10.11 組換え DNA とはなにか．ヒトタンパク質を細菌で生産するためにどのように使われるか．

10.12 ゲノム科学を応用する主な利点と欠点をあげよ．

補充問題

ヒトゲノムマップ(10.1 節)

10.13 ゲノム科学とはなにか．

10.14 Celera Genomics 社は，ヒトゲノム配列を解析するにあたりどのような方法をとったか．その方法の利点はなにか．

10.15 ヒトゲノムマップ作成で展開された競争で，HGP にどのような利益をもたらしたか．

10.16 ヒトゲノムのどの場所が反復配列を含むか，簡単に述べよ．

10.17 ヒトゲノムマップで決定された塩基対の数は，おおよそどれくらいか．

10.18 ヒトゲノムマップの結果から，(a) 細菌遺伝子と同一のヒト遺伝子は，発見されているか．(b) ある遺伝子によりつくられるタンパク質の数について，なにを学んだか．

10.19 ヒトゲノム研究でこれまでに発見された中で，もっとも驚くべき結果はなにか．

10.20 実験室で作成した胚から育った，クローン羊のドリーについて聞いたことがあると思うが，DNA マップの作成におけるクローンとはなにか．それらが果たす重要な役割とはなにか．

染色体，突然変異，多型(10.2, 10.3 節)

10.21 テロメアの基本的な役割はどのように考えられているか．

10.22 どのようにしてテロメア配列から細胞の年齢を予想するのか．

10.23 酵素テロメラーゼの役割はなにか．通常，どのような細胞でもっとも活性で，どのような細胞でもっとも不活性か．

10.24 セントロメアとはなにか．

10.25 突然変異誘発物質とはなにか．

10.26 DNA 配列における塩基の突然変異が，転写後の mRNA 配列の変異よりも重大なのはなぜか．

10.27 突然変異がおこる DNA 配列で，一般的かつ共通な二つの方法とはなにか．

10.28 SNP とはなにか．

10.29 SNP は個人の特定にどのように関連しているか．

10.30 SNP の生物学的な影響をいくつかあげよ．

10.31 SNP カタログを手にすることは，医学的にどのような利点があるか．

10.32 二本鎖 DNA の中で，1 個の塩基対が置換すると，その遺伝子によってコードされるタンパク質はつねに新しいアミノ酸になるか．なる理由とならない理由を述べよ．

10.33 タンパク質中のアミノ酸の同一性を考えると，変化を決定する重要な要因はなにか．

10.34 mRNA コドン表 9.3 におけるつぎのような変化をつくる DNA 変異の重要性を比較せよ．
(a) UCA から UCG
(b) UAA から UAU

10.35 mRNA コドンにおけるつぎのような変化をつくる DNA 変異の重要性を比較せよ．
(a) GCU から GCC
(b) ACU から AUU

組換え DNA(10.4 節)

10.36 細菌が組換え DNA 実験における優れた宿主になるのはなぜか．

10.37 インスリン，ヒト成長ホルモン，あるいは血液凝固因子などのようなタンパク質をつくるときに，組換え DNA を使う利点はなにか．

10.38 DNA 断片を大きさで分離するには，どのようにすれば可能か．

10.39 組換え DNA をつくるとき，制限酵素で細菌のプラスミドを切断し，接着末端をつくる．プラスミドに組み込まれる DNA 断片は，おなじ制限酵素で切断される．接着末端とはなにか，そして標的 DNA と組み込まれるプラスミドが相補的な接着末端をもつことがなぜ重要なのか説明せよ．

10.40 つぎの接着末端の塩基配列に相補的な配列をあげよ．
(a) GGTAC
(b) ACCCA
(c) GTGTC

10.41 つぎの配列は，接着末端か否か．いずれも 5′ → 3′ 方向に書かれている．
(a) TTAGC と GCTAA
(b) CGTACG と CCTTCG

ゲノム科学(10.5 節)

10.42 薬理ゲノム科学とはなにか，患者の治療にどのような利点があるか．

10.43 遺伝子工学と遺伝子治療は，ゲノム科学とおなじ分野といえる．両者に共通するものと互いに異なるものはなにか．

10.44 植物病害を防除する目的で遺伝子組換え作物の例を二つあげよ．

10.45 どの新生児にも，遺伝子の精密診断ができる時代の親になったと仮定しよう．この情報を手にすることの利益と不利益はなにか．

10.46 ゲノム科学において，生命倫理の分野が重要なのはどのような理由からか．

全般的な問題

10.47 単一遺伝子による病気とはなにか．

10.48 遺伝子治療で使われるベクターの役割はなにか．

10.49 T-A-T-G-A-C-T 配列の接着末端を書け．

10.50 DNA の情報鎖の配列 A-T-T-G-G-C-C-T-A が，もし A-C-T-G-G-C-C-T-A に変異したと仮定すると，その変異はつくられたタンパク質の配列にどのような影響を及ぼすだろうか．

10.51 制限酵素とはなにか．

10.52 未来の世代に受け継がれるような遺伝子の変化がおこるためには，細胞の DNA にどのような変異がおこらなければならないか．

グループ問題

10.53 個人的な遺伝子マップをもつことの利点と欠点を議論せよ(グループディスカッションする場合，半分を賛成派，半分を反対派に分けること)．

10.54 ゲノム科学で，もっとも活発に追求された分野は遺伝子治療である．グループメンバーで選択した病気について，遺伝子治療の研究開発の現状を議論せよ．課題例は，パーキンソン病，ハンチントン病，前立腺がん，膵臓がん，筋ジストロフィーとする．

10.55 “unlocking life's code”をネット検索する．もしヒトゲノムに関する年表を見つけたら読んでみよう．グループの各メンバーに任意の 10 年を選んでもらい，その間に成された重要な進歩を議論せよ．

11

化学メッセンジャー：ホルモン，神経伝達物質，薬物

目 次

復習事項

A. アミノ酸（1.3 節）
B. タンパク質の三次，四次構造（1.8，1.9 節）
C. 酵素の作用機構（2.4 節）
D. ステロイド構造（6.6 節）
E. アミン（有機化学編 5 章）

▲ サーフィン中にサメに遭遇して恐怖が引きおこされるのは，ホルモンのアドレナリンによる．

ハイキングに出かけて，景色を楽しんでいるときに突如子どもを連れた母熊に遭遇したり，サーフィンをしていて，大きな波に向けてパドリングしているときにサメが接近してきたことを想像してみよう．あるいは，いつものように授業に向かう途中で大事な試験があることを思い出したときを想像してみよう．最初，あなたの体の中の生化学的な状態はリラックスしたときの代謝レベルにあり，それをホメオスタシスと呼ぶ．しかし，ひとたび恐怖，ストレス，怒りなどに襲われると不安を感じ，体内ではアドレナリンがあふれる．

アドレナリンは危険や強いストレスに応答するホルモンの一種である．同様の応答は日常のさまざまな状況でおこっている．このような瞬時の全身での応答がどのようにしておこるのか．さらには，このような応答をしながらも，どのようにして生化学的に一定の体内環境を維持できるのか．

外部環境の変化に応答しながらも，体内の生化学的なバランスを維持するために，いく多の酵素が体の中で働いている．体温を一定に保ち，エネルギーを生産し，老廃物を分解し，栄養分を細胞に輸送し，酸素濃度を安定させるために多くの代謝反応が懸命に働いている．

内分泌系(endocrine system)と**神経系**(nervous system)という二つの系が生体内の化学を統制する主な役割を担っている．内分泌系は血液中を循環する化学メッセンジャーの**ホルモン**(hormone)に依存している．一方，神経系は主として神経細胞中の電気信号という非常に速いコミュニケーション手段に依存しており，化学メッセンジャーの**神経伝達物質**(neurotransmitter)によっておこされる．特有の神経伝達物質は，神経細胞から神経細胞へと，そして神経細胞から標的細胞(すなわち，最終的なメッセージの受け手)へとシグナルを伝える．

もし，正常な体内環境が恐怖や重病によって損なわれたとしたら，多くの薬物が化学メッセンジャーの作用をまねたり，変化させたり，妨害したりすることにより，体内の生化学的な状態を正常に保つように作用する．

11.1　メッセンジャー分子

学習目標：

- ホルモンの起源，経路，作用について説明できる．

化学メッセンジャーによってほとんどすべての生命機能は調節および制御される．血流にのって移動するホルモンも，神経細胞によって放出される神経伝達物質もメッセンジャーであり，最終的に**標的**(target)と結合する．情報は，化学メッセンジャーと標的にある**受容体**との相互作用によって伝達される．そこで受容体は照明のスイッチのような働きをし，たとえば筋肉の収縮やほかの生体分子の分泌などの生化学的応答をおこす．

受容体(receptor)　ホルモン，神経伝達物質，そのほかの生理活性分子が相互作用し，標的細胞中での応答を開始させる分子または分子の一部．

基質が酵素の活性部位に引き寄せられるように，非共有結合的にメッセンジャーと受容体は互いに引き合う(1.8，2.4 節参照)．この引力により，メッセンジャーと受容体は情報を伝達するのに十分な時間結びついている．しかし，メッセンジャーにも受容体にも恒久的な化学的変化はおきない．相互作用の結果，標的細胞では化学変化が生じる．

◀◀◀ 復習事項 図 1.3 はタンパク質分子の構造を決めるさまざまなタイプの非共有結合を示している．2.4 節で述べるように同様の相互作用により基質と酵素が結合する．

内分泌系における化学メッセンジャーは**ホルモン**である．ホルモンは，しばしば最終的な作用部位から遠く離れた体内のさまざまなところにある内分泌腺や，内分泌組織で生産される．したがってホルモンは標的まで血流にのって移動しなければならないので，それが引きおこす応答は比較的遅く，一般的に数秒から数時間かかる．しかしながら，その効果は長く続き広範囲におよぶ．しばしば一つのホルモンが異なる組織や器官に影響を与える—適切な受容体をもつどんな細胞も標的になる．たとえば，インスリンは血糖値の上昇に応答して膵臓から分泌されるホルモンである．体中の標的細胞では，インスリンがグルコースの取り込みと消費を促進する．筋肉中ではグルコースのポリマーのグリコーゲンが生成し，筋肉で即効性のエネルギーが必要なときに代謝される．脂肪組織ではトリアシルグリセロールの蓄積が促される．

ホルモン(hormone)　内分泌系細胞から分泌され，血流を通じて適正な受容体をもつ標的細胞まで運ばれ，そこで特定の応答を誘導する化学メッセンジャー．

神経系における化学メッセンジャーは**神経伝達物質**である．神経系の電気信号は神経線維を伝わり，何分の 1 秒のあいだに特定の目的地点に到達する．しかし，多くの神経細胞は刺激を伝える細胞に対して，じかに接触するわけではない．神経伝達物質は，神経細胞とその標的とのわずかな隙間を越えて情報を伝える．神経伝達物質はほんの短時間にはじけるように放出され，すばやく分解されるか神経細胞により再吸収されるため，その効果は短い．神経系は，ほとんどすべてのスイッチ機能，統制機能，情報処理機能が神経伝達物質に依存

神経伝達物質(neurotransmitter)　神経細胞と隣接神経細胞またはほかの標的細胞間を移動し，神経刺激を伝達する化学メッセンジャー．

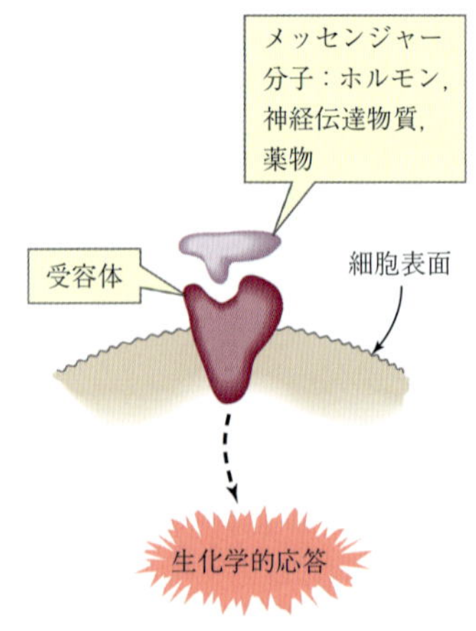

▲ メッセンジャー分子と細胞受容体間の一般的な相互作用．

内分泌系(endocrine system)　ホルモンを分泌することにより神経系とともに体内の恒常性の維持や環境変化への応答を司る分化した細胞，組織，内分泌腺．

するように組織化されている．一般的に，神経伝達物質は作用部位のごく近くで合成され，放出される．

問題 11.1
メッセンジャー分子と受容体分子の相互作用について考えるとき，非共有結合も含めて可能な三つの分子間相互作用をあげよ．

11.2　ホルモンと内分泌系

学習目標：
- ホルモンによる制御方法を説明できる．
- ホルモンを化学的に分類できる．

内分泌系はホルモンを血流中に分泌するすべての細胞を含んでいる．これらの細胞のあるものは非内分泌器官(たとえば，消化酵素を生産する膵臓)にも見出される．また，あるものはホルモン調節だけを専門にしている腺(たとえば，甲状腺)に見出される．ホルモンが化学反応をおこすことはない．ホルモンは酵素の活性を阻害するシグナルを伝達したり，特定のタンパク質の合成を開始させたり，速度を変化させたり，あるいはそのほかの方法で細胞での生化学を変えるたんなるメッセンジャーである．

主要な内分泌腺は甲状腺，副腎，卵巣，精巣，脳にある脳下垂体である．脳下垂体のちょうど上にある視床下部が内分泌系を支配している．視床下部はほかの組織とつぎの三つの方法で連絡している．

- **神経の直接制御**：副腎によるホルモン放出は視床下部からの神経伝達によって開始される．

視床下部 —神経伝達→ 副　腎 ——→ アドレナリン

たとえば，アドレナリンは多くの細胞に送られ，心拍数，血圧，有効グルコース濃度を上昇させる．

- **ホルモンの直接放出**：ホルモンは視床下部から脳下垂体後葉へ移動し，そこで必要なときまで保存される．

視床下部 ——→ 抗利尿ホルモン

たとえば，脳下垂体後葉にたくわえられた抗利尿ホルモンは，腎臓に送られ，水分を保持し，血圧を上昇させる．

- **調節ホルモンの放出による間接制御**：もっとも一般的な制御機構では，視床下部からの**調節ホルモン**(regulatory hormone)が脳下垂体後葉によるホルモンの放出を刺激し，あるいは抑制している．これら脳下垂体ホルモンの多くは，つぎにその標的となる組織からの別のホルモンの放出を刺激する．

視床下部 —放出因子→ 脳下垂体 ——→
甲状腺刺激ホルモン(調節ホルモン) ——→
甲状腺 ——→ 甲状腺ホルモン

たとえば，甲状腺ホルモンは体中の細胞に送られ，有効酸素濃度，血圧，そのほかの内分泌組織に影響を与える．

化学的にホルモンは主に三つのタイプに分けられる．(1) アドレナリンのようなアミノ酸誘導体，(2) ポリペプチド，わずか数個から数百個のアミノ酸を含むものまで，(3) ステロイド，連結した四つの環構造からなる特徴的な分子構造をもつ脂質(6.6 節参照)．表 11.1 に各種ホルモンの標的と作用を示す．

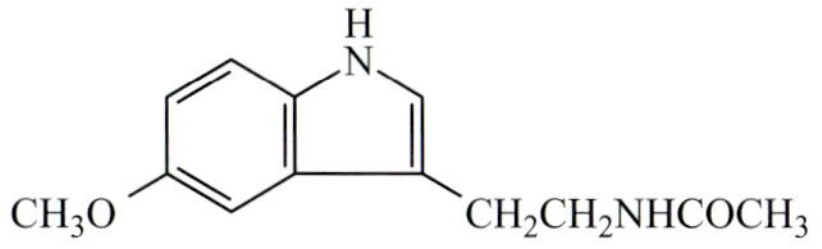

メラトニン，アミノ酸誘導体
(昼夜のサイクルをコントロールする)

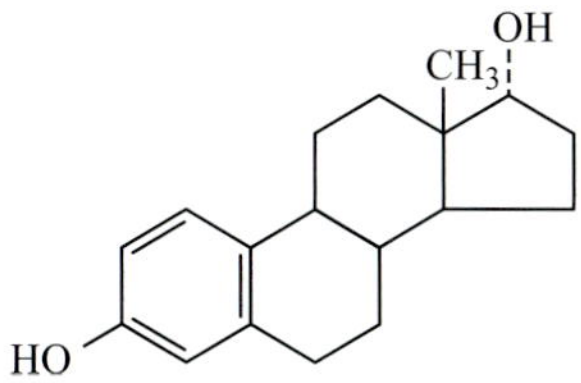

エストラジオール，ステロイド
(排卵に作用するエストロゲン)

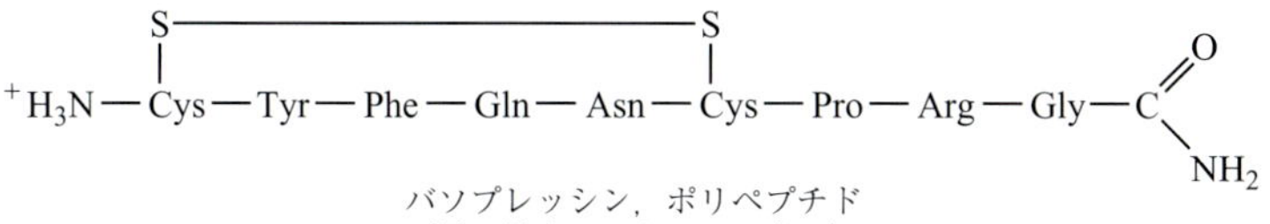

バソプレッシン，ポリペプチド
(尿の量をコントロールする)

ホルモンは標的細胞に到達すると，シグナルを伝達して細胞内に化学的な応答をおこさなければならない．シグナルは，ホルモンの化学構造により決まる方法で細胞内に伝達される(図 11.1)．細胞は疎水分子からなる膜によって包まれているので，非極性の疎水性分子のみが膜を自動的に通過できる．ステロイドホルモンは非極性であり，細胞内に直接入ることができる．これが，ホルモンがメッセージを伝達する方法の一つである．いったん細胞質内に入ると，ステロイドホルモンは受容体と結合し，標的細胞の核中の DNA まで運ばれる．その結果，特定の遺伝子にコードされるタンパク質の生産に影響を与える．

表 11.1 化学的に分類したホルモン

化学的種類	ホルモン	生産組織	標　的	主な作用
アミノ酸誘導体	アドレナリン，ノルアドレナリン	副腎髄質	全細胞	グルコースの放出．心拍数，血圧の上昇
	チロキシン	甲状腺	全細胞	エネルギー消費，酸素消費，成長，発達に影響
ポリペプチド(調節ホルモン)	副腎皮質刺激ホルモン(ACTH)	脳下垂体前葉	副腎皮質	グルコース代謝を調節する糖質コルチコイド(ステロイド)の放出を刺激
	成長ホルモン(GH)	脳下垂体前葉	末梢組織	筋肉や骨格の成長を刺激
	卵胞刺激ホルモン(FSH)，黄体形成ホルモン(LH)	脳下垂体前葉	卵巣，精巣	ステロイドホルモンの放出を刺激
	抗利尿ホルモン(ADH，バソプレッシン)	脳下垂体後葉	腎　臓	水分の保持，血液量，血圧の上昇
	甲状腺刺激ホルモン(TSH)	脳下垂体前葉	甲状腺	甲状腺ホルモンの放出を刺激
ステロイド	コルチゾン，コルチゾール(糖質コルチコイド)	副腎皮質	全細胞	消炎．グルコース貯蔵のための代謝調節
	テストステロン，エストロゲン，プロゲステロン	卵巣，精巣	全細胞	第二次性徴の発達，精子，卵子の成熟

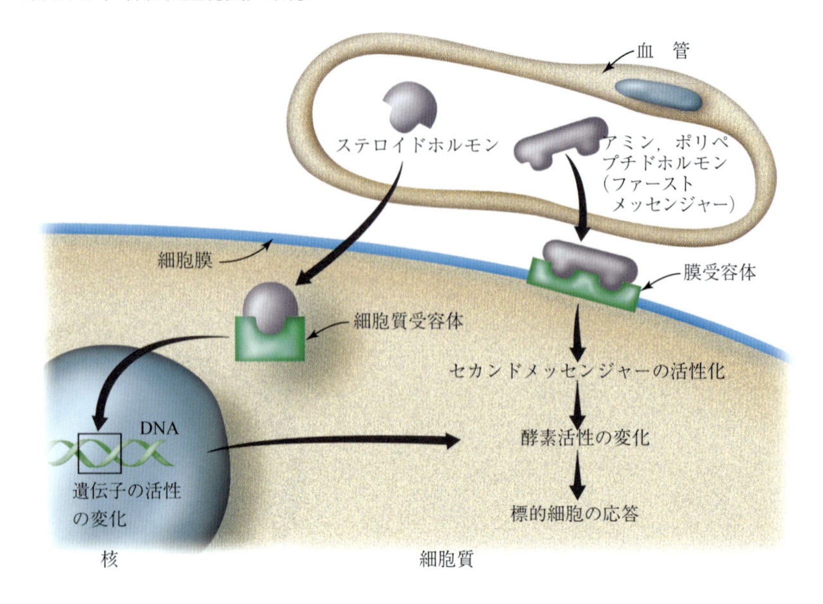

▶**図 11.1**
ホルモンと細胞の受容体との相互作用
ステロイドホルモンは疎水性で細胞膜を通過し，中の受容体と結合する．アミン，ポリペプチドホルモンは親水性で細胞膜を通過できないので，セカンドメッセンジャーを介して作用する．

セカンドメッセンジャー（second messenger）　第二メッセンジャーともいう．親水性のホルモンまたは神経伝達物質が細胞表面の受容体に結合するときに，細胞内で放出される化学メッセンジャー．

対照的に，ポリペプチドやアミンホルモンは水に可溶な分子なので，疎水的な細胞膜を通過できない．それらは細胞に入らずに，非共有結合的に細胞表面の受容体に結合してメッセージを伝える．その結果，細胞内に**セカンドメッセンジャー**が放出される．数種類のセカンドメッセンジャーがあり，その作用も異なる．一般に，セカンドメッセンジャーの放出には三つの膜結合タンパク質がかかわっている．（1）受容体，（2）G タンパク質（グアニンヌクレオチド結合タンパク質ファミリーの一つ），（3）酵素である．最初にホルモンが受容体に結合すると受容体に変化がおきる（酵素に作用するアロステリック調節因子の効果のように．2.7 節参照）．つぎに G タンパク質が酵素を活性化し，セカンドメッセンジャーが放出される．

例題 11.1　ホルモンの構造による分類

つぎのホルモンをアミノ酸誘導体，ポリペプチド，ステロイドに分類せよ．

(a)

(b)

(c) H_3N^+ —His—Ser—Glu— ··· Thr—COO^-

解　説　アミノ酸誘導体のホルモンはアミノ基を有することで識別できる．ポリペプチドはアミノ酸からなっている．ステロイドは特有の四環構造で識別される．

解　答
(a) ステロイド　(b) アミノ酸誘導体　(c) ポリペプチド

問題 11.2

11.3 節のアドレナリンの構造を見よ．ステロイドか，アミノ酸誘導体か，ポリペプチドかを答えよ．

問題 11.3

11.4 節のチロキシンの構造を見よ．チロキシンはどのアミノ酸から合成されたか答えよ(1 章のアミノ酸の構造を参照)．

問題 11.4

11.4 節の甲状腺刺激ホルモン放出ホルモン(TRH)の構造を見よ．この化学メッセンジャーのキラル炭素はどのアミノ酸の α 炭素に由来するか考えよ．

11.3 ホルモンの作用：アドレナリンと闘争・逃避

学習目標：

- アドレナリンの作用機構を説明できる．

副腎(adrenal gland)から分泌されるため**アドレナリン**(adrenaline)は，しばしば**闘争・逃避ホルモン**(fight-or-flight hormone)と呼ばれる．それは，危険に直面して即座に対応する必要があるときに放出されるからだ．

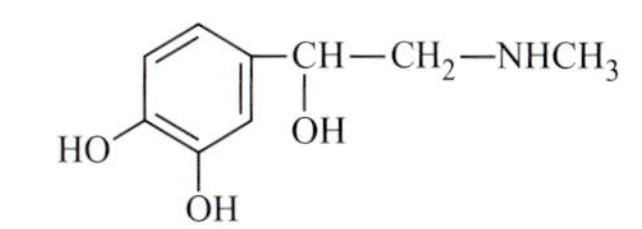

アドレナリン（エピネフリン）*

*(訳注)：米名はエピネフリンであるが，世界的には最初の発見者である高峰譲吉と上中啓三により名づけられた"アドレナリン"が使用されているので，本書でも"アドレナリン"を使用する．

誰でもニアミス事故や突然大きな物音がしたとき，アドレナリンがどっと放出されるのを感じたことがあるはずだ．"はっと"した瞬間のアドレナリンの主な機能は，どのようなストレスが突然に襲ってこようが，それに対処するためのエネルギー源としてグルコースを劇的に増加させることである．最初の刺激から血流中にグルコースが放出されるまでの時間は，わずか数秒である．

アドレナリンは，重要なセカンドメッセンジャーの**環状アデノシン一リン酸**(**cAMP**)［cyclic adenosine monophosphate(cyclic AMP)］を介して作用する．作用の順序は図 11.2 のとおりであり，外部または体内環境の変化に対する生化学的応答の一つの型を示している．

- 血流によって運ばれたアドレナリンが細胞表面の受容体に結合する．
- ホルモン-受容体の複合体が細胞膜の内側表面にある近くの G タンパク質を活性化する．
- G タンパク質と結合した GDP(グアノシン二リン酸)が細胞質中の GTP(グアノシン三リン酸)に交換される．
- G タンパク質-GTP の複合体は細胞膜の内側表面にある酵素**アデニル酸シクラーゼ**(adenylate cyclase)を活性化する．
- 図 11.3 に示すように，アデニル酸シクラーゼは細胞中で ATP からセカンドメッセンジャーの cAMP が生産されるのを触媒する．
- cAMP がグリコーゲンホスホリラーゼを活性化し，その酵素は貯蔵されていたグルコースの放出を促す(ほかのホルモンが受容体に結合した場合，cAMP によって別の反応が開始される)．
- 危険が過ぎ去った後，cAMP は ATP まで再び変換される．

グルコースを利用できる形にすると同時に，アドレナリンはほかの受容体と結合して血圧，心拍数，呼吸数を上昇させ，消化器系への血流を減少させて(緊急時の消化は重要でない)，呼吸器系の発作を抑える．このようにすばやい複合的な効果があるため，アドレナリンは**アナフィラキシーショック**(anaphylactic shock)と呼ばれる深刻な緊急治療に不可欠な薬となっている．アナフィ

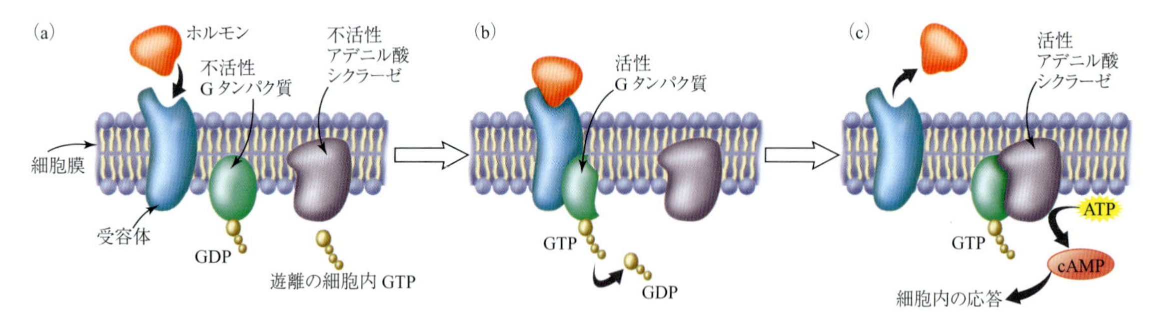

▲ 図 11.2
セカンドメッセンジャーとしての cAMP の活性化
(a) ホルモン受容体と不活性 G タンパク質，不活性アデニル酸シクラーゼが細胞膜中に存在する．(b) ホルモン–受容体の複合体が形成されると G タンパク質中のグアノシン二リン酸(GDP)が細胞質中の遊離グアノシン三リン酸(GTP)に交換される．(c) 活性 G タンパク質–GTP の複合体はアデニル酸シクラーゼを活性化し，その結果，細胞中に cAMP が生産される．そして，ホルモンによって命令された作用が開始される．

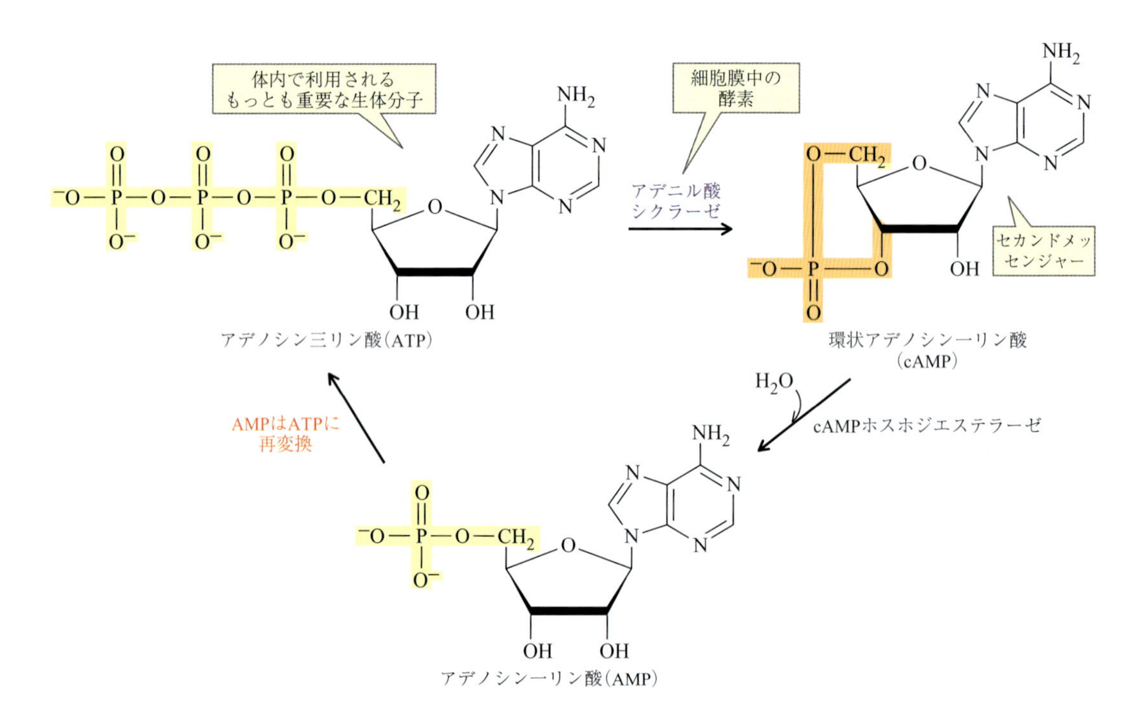

▲ 図 11.3
セカンドメッセンジャーとしての cAMP の生産
この反応はアドレナリンやほかの化学メッセンジャーが細胞表面の受容体と相互作用した後，標的細胞内でおきる．生化学反応にエネルギーを提供するときの ATP の主な役割は 4.4 節で述べた．

ラキシーショックは，ハチに刺されたとき，薬物，時にはピーナッツのようなものに対するひどいアレルギー反応の結果としておこり，これは医学的に深刻な緊急事態である．主な症状は，血管拡張による大きな血圧降下と気管支狭窄による呼吸困難である．アドレナリンはこれらの症状に直接対応する．このような生命をおびやかすほどのアレルギー反応をおこす可能性のある人は，アドレナリンをつねに携帯している(“EpiPen”として知られる注射器)．

問題 11.5

図 11.3 に示したように，リン酸アニオンは ATP が cAMP に変換されるときに脱離する．そのアニオンは PP_i と略される．つぎのうち，PP_i をあらわすのはどのアニオンか．

(a) $P_3O_{10}^{5-}$　(b) $P_2O_7^{4-}$　(c) PO_4^{3-}　(d) $H_2PO_4^{-}$

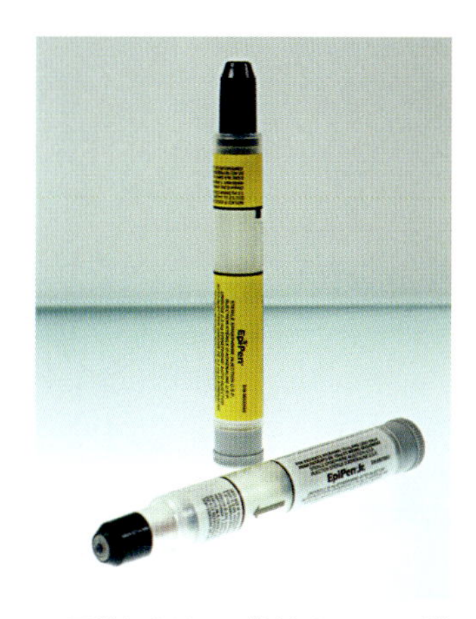

▲ アドレナリンの注射ペン．この道具はアレルゲンに過敏反応する危険のある人に携帯される．

基礎問題 11.6

カフェインやテオブロミン(チョコレートに含まれる)は，神経興奮薬として作用する．これらは cAMP シグナルを変化させることにより作用する．図 11.3 を参照しながら，これらの分子が cAMP 経路中で酵素とどのように相互作用し，cAMP の効果を増すか考えよ．

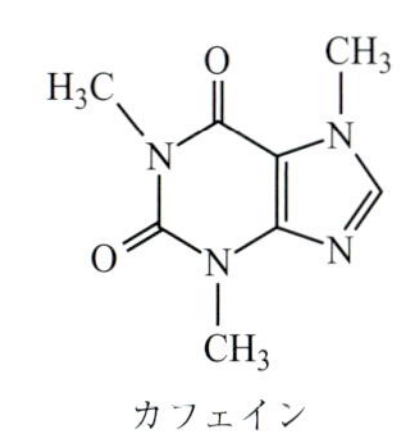

カフェイン

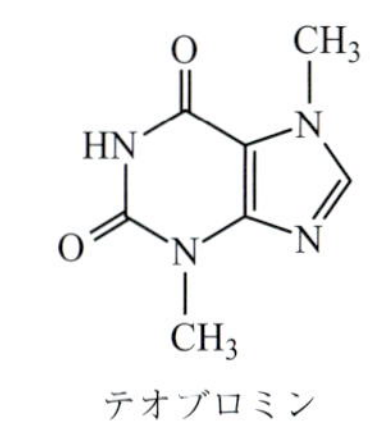

テオブロミン

11.4　アミノ酸誘導体，ポリペプチド，ステロイドホルモン

学習目標：

- 主な 3 種類のホルモン，アミノ酸誘導体，ポリペプチド，ステロイドの機能を説明できる．

アミノ酸誘導体

脳の生化学は活発に研究されている分野である．脳の中の化学メッセンジャーに対する理解が深まるにつれ，ホルモンと神経伝達物質に対する従来の区別がなくなりはじめている．内分泌系で働き，ホルモンとして分類される多くのアミノ酸誘導体はニューロンでも合成され，脳で神経伝達物質として働いている**血液脳関門**(blood-brain barrier)によって血流中の化学物質が脳に入ることは制限されているので，脳はほかの場所で合成された化学メッセンジャーの供給に頼ることができない(12 章，Chemistry in Action “血液脳関門(BBB)”参照)．アドレナリン(闘争・逃避ホルモン)はアミノ酸誘導体の一つでホルモンであり，かつ神経伝達物質である．アドレナリンの合成経路を図 11.4 に示す．この経路の中でいくつかのほかの化学メッセンジャーが合成されていることがわかる．

別のアミノ酸誘導体チロキシンもホルモンである．甲状腺で生産される 2 種類の含ヨウ素ホルモンの一つであり，私たちが栄養素としてヨウ素を必要とするのはこれらのホルモンを合成するためである．アミノ酸誘導体のほかのホルモンとは違って，チロキシンは細胞膜を通過して細胞内に入ることができる非極性物質であり，さまざまな酵素の生産を活性化する機能をもつ．食事中のヨウ素が不足すると，チロキシンをより多く生産するために甲状腺が肥大する．甲状腺肥大(**甲状腺腫** goiter)はヨウ素欠乏の症状である．ヨウ素が食塩に添加されている先進国では甲状腺肥大はめずらしくなっている．しかし世界のある地域ではヨウ素欠乏はよくみられ，深刻な問題である．そしてそれは甲状腺肥

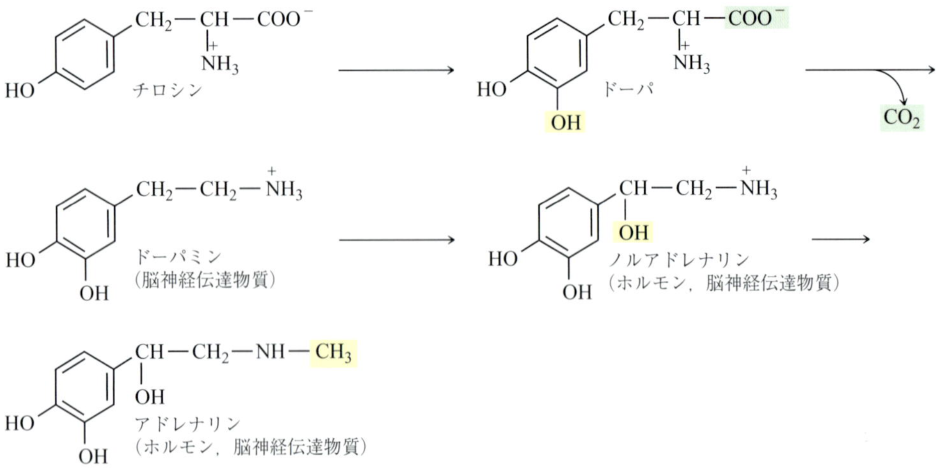

チロシン → ドーパ → (CO_2) ドーパミン（脳神経伝達物質） → ノルアドレナリン（ホルモン，脳神経伝達物質） → アドレナリン（ホルモン，脳神経伝達物質）

▲ **図 11.4**
チロシンからの化学メッセンジャーの合成
各段階での変化を付加は黄色で，脱離は緑色で強調してある．

大の原因となるばかりではなく，幼児の重度の精神遅滞（**クレチン症**，cretinism）をおこす．

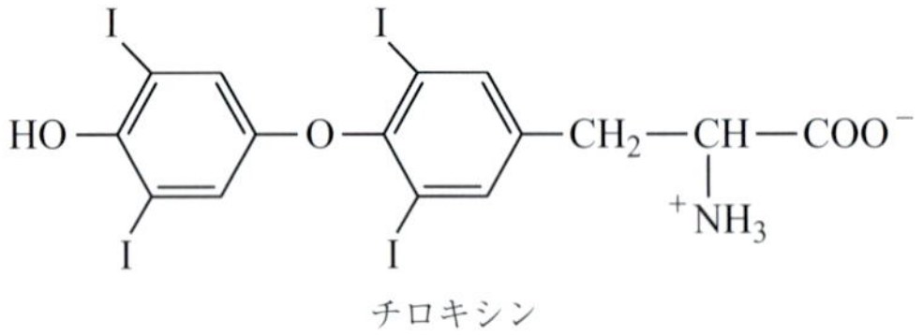

チロキシン

ポリペプチド

ポリペプチドはもっとも種類の多いホルモンである．ポリペプチドホルモンは分子の大きさも複雑さも多岐にわたっている．甲状腺をコントロールする二つのホルモン — **甲状腺刺激ホルモン放出ホルモン**（thyrotropin-releasing hormone, TRH）と**甲状腺刺激ホルモン**（thyroid-stimulating hormone, TSH） — を例に示す．TRH は化学的な修飾を受けたトリペプチドであり，視床下部から放出される調節ホルモンである．TRH は，脳下垂体で 2 本の鎖からなる 208 個のアミノ酸を含むタンパク質 TSH の放出を活性化し，TSH は甲状腺からのアミノ酸誘導体のホルモンの放出を誘発する．

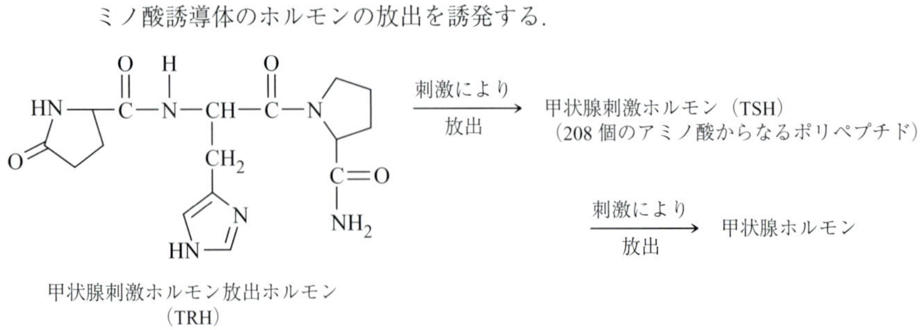

甲状腺刺激ホルモン放出ホルモン（TRH） —刺激により 放出→ 甲状腺刺激ホルモン（TSH）（208 個のアミノ酸からなるポリペプチド） —刺激により 放出→ 甲状腺ホルモン

◀◀◀ インスリンのホルモンとしての機能はグルコース代謝や糖尿病において重要であり，5章“炭水化物の代謝”の中で述べた．

インスリン（insulin，アミノ酸 51 残基からなるタンパク質）は，血液中の高濃度のグルコースに応答して膵臓から放出される．インスリンは細胞を刺激してグルコースを取り込み，その中でエネルギーを発生するか，たくわえるために使う．

問題 11.7

TRH の構造式を見て，そこに含まれる三つのアミノ酸を答えよ（N 末端アミノ酸は環を形成し，C 末端のカルボキシ基はアミドに変換されている）．

基礎問題 11.8

チロキシンの構造を見て，アミノ酸誘導体のチロキシンは疎水性か親水性か，その理由を説明せよ．

ステロイドホルモン

ステロイド類は，図に示すとおり四つの環からなる基本構造をもっている（6 章参照）．ステロイド類は水に溶けず，疎水性溶媒に溶けるので脂質に分類される．ステロイドホルモンはその機能によって電解質（鉱質）コルチコイド，糖質コルチコイド（6.6 節参照），そして男性および女性ホルモンによる生理的な特徴をつくる性ホルモンの三つに分けられる．

二つのもっとも重要な男性ホルモン（アンドロゲン）は，テストステロンとアンドロステロンである．これらのステロイドは，男性の思春期における第二次性徴の発達と器官や筋肉の成長に関与する．

男性ホルモン（アンドロゲン）

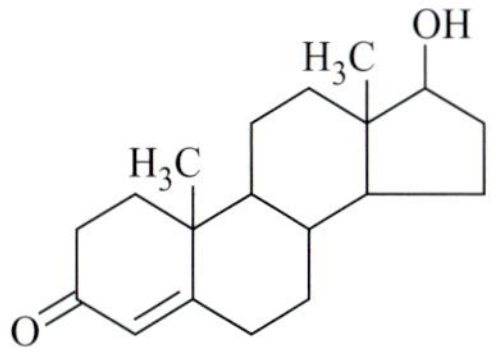

テストステロン 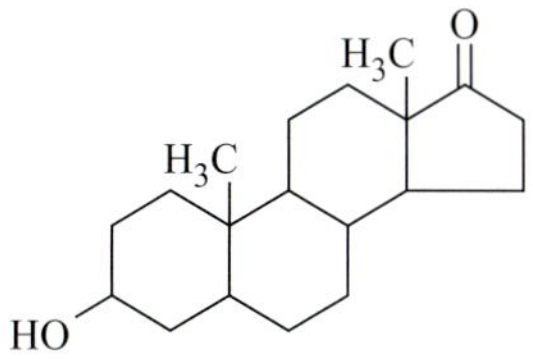　　アンドロステロン

エストロゲン（estrogen）として知られる女性ホルモン，**エストロン**（estrone）と**エストラジオール**（estradiol）は主に卵巣で，少量は副腎皮質でテストステロンから合成される．エストロゲン（女性ホルモン）は女性の第二次性徴の発育を支配し，生理周期の調節に関与する．**黄体ホルモン類**（progestin），主に**プロゲステロン**（progesterone）は生理周期の後半に卵巣から放出され，妊娠するように子宮に受精卵が着床する準備をさせる．

女性ホルモン

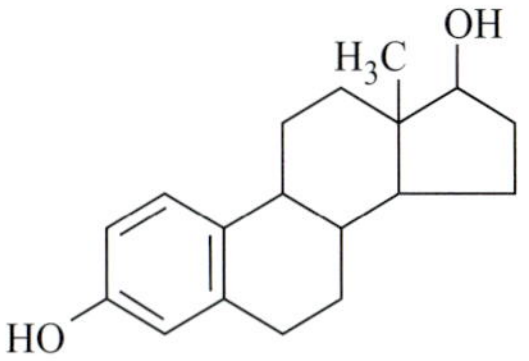

エストラジオール（エストロゲン）　　エストロン（エストロゲン）　　プロゲステロン（黄体ホルモン）

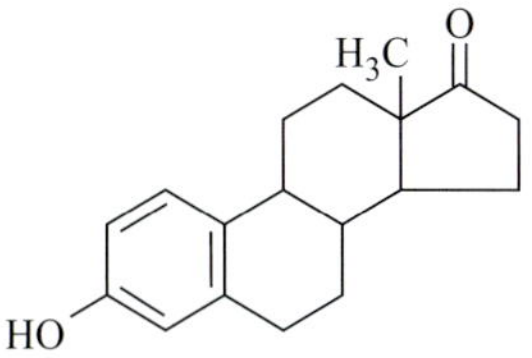

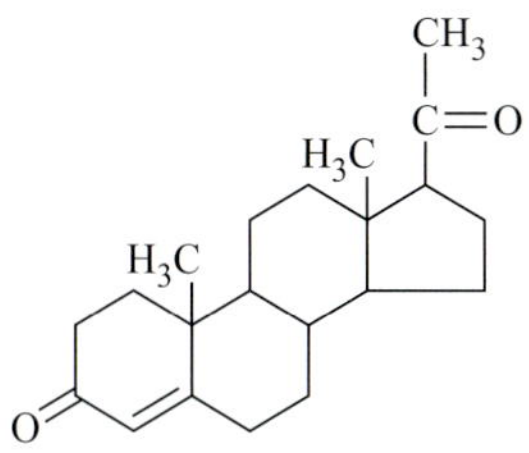

動植物から単離された何百もの既知のステロイドに加えて，新薬の開発研究の過程でさらに多くのステロイドが研究室で合成されている．多くの避妊薬は合成エストロゲン，**エチニルエストラジオール**（ethynyl estradiol）と合成黄体ホ

ルモン，**ノルエチンドロン**(norethindrone)の混合物である．これらのステロイドは体を擬似妊娠状態にする作用があり，一時的に不妊状態にする．RU-486または**ミフェプリストン**(mifepristone)として知られる化合物は“翌朝”に使用する経口避妊薬として効果がある．RU-486はプロゲステロン受容体に強く結合して受精卵が子宮内に着床するのを遮断して妊娠を妨げる．

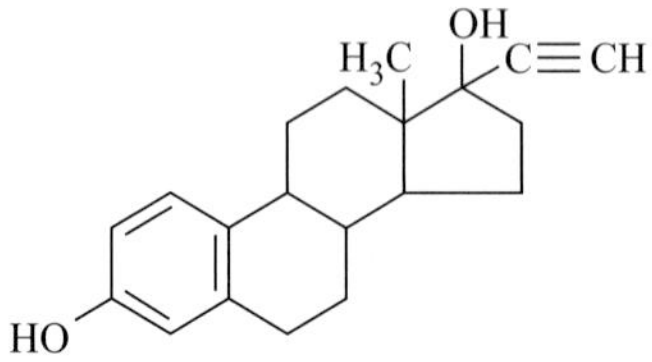

エチニルエストラジオール
（合成エストロゲン）

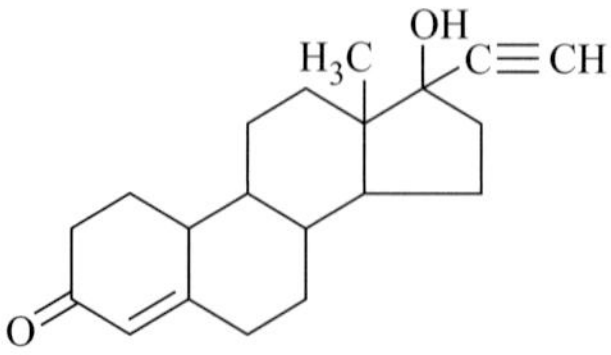

ノルエチンドロン
（合成黄体ホルモン）

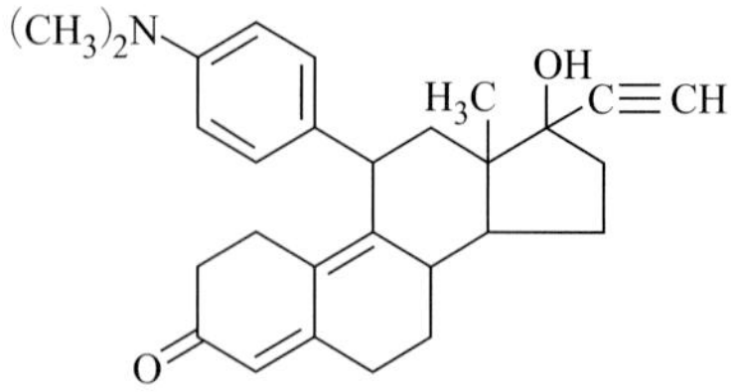

RU-486
（ミフェプリストン）

筋肉量を増やし強化する作用をもつ**アナボリックステロイド**(anabolic steroid)は，テストステロンなどの男性ホルモンに似た薬物である．これらのステロイドは，何十年も前から，ボディービルダーには体形をより筋肉質で大きくするために，またプロ，セミプロのスポーツ選手(男性，女性とも)には体重，筋力，パワー，スピード，持久力，闘争心を強化するために使われてきた．残念ながら，アナボリックステロイドを誤用すると深刻な副作用がおこる．青年期の骨の成長阻害，肝臓がん，前立腺がん，腎臓がん，高血圧，攻撃的な行動，肝機能障害，不整脈，鼻血(血液凝固異状による)などは短期，長期の副作用のほんの一部にすぎない．今日，ほとんどのアマチュア，プロスポーツ組織はこれらの薬物や“パフォーマンス増強剤(エネルギー増強剤)”の使用を禁止している．

使用禁止にもかかわらず，アナボリックステロイドはアスリートの間で依然使用されている．野球，陸上，レスリング，自転車の全選手は薬物検査を受け，何人かの有名選手が名誉を剥奪されている．競走馬の治療にステロイドを使用することは合法的であるが，レースの1カ月前には使用を止めなければならない．トレーナーはこのルールを悪用している．アナボリックステロイドの使用禁止を強化するために，アスリートたちは無作為に薬物検査を受けている．しかし，薬物の同定は化合物の構造に基づいて行われるので，選手の中にはテトラヒドロゲストリノン(THG)，トレンボロン(ウシを大きくするために畜産農家で使われる)やゲストリノン(子宮内膜症の治療に使われる)のように，現在の検査方法では検出できない**デザイナーステロイド**(desiner steroid)と呼ばれるものを使って検査をくぐり抜けようとする者もいる．しかし，合成ステロイドの構造決定は容易である．

デザイナー(アナボリック)ステロイド

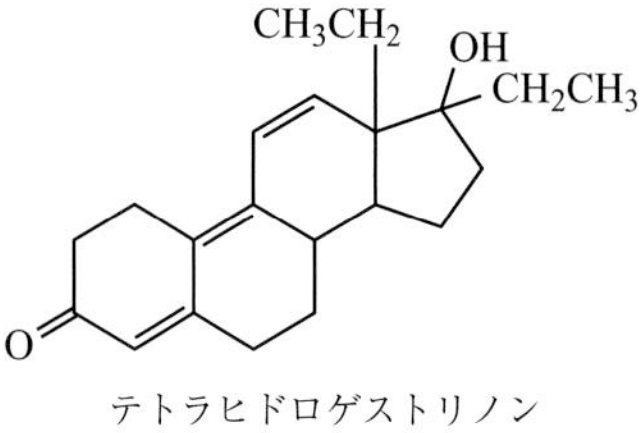

テトラヒドロゲストリノン
（THG）

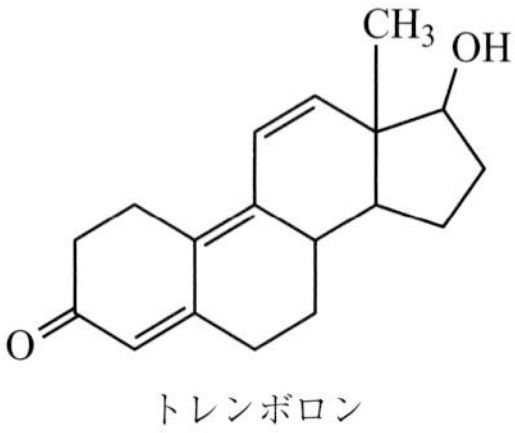

トレンボロン

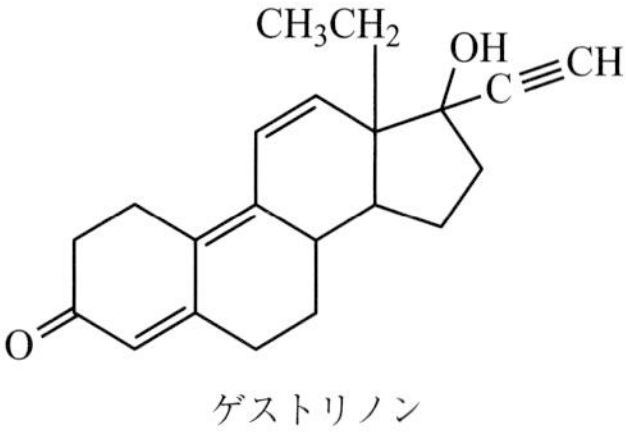

ゲストリノン

CHEMISTRY IN ACTION

ホメオスタシス

ホメオスタシス(homeostasis) — 体内環境の恒常性維持 — は化学を学ぶうえで原子構造が大切であるように，生物を学ぶうえで大切である．“体内環境”という言葉は細胞，器官，体系の中のすべての条件を記述する一般的なものである．体温，エネルギーを供給する化学物質の有効濃度，老廃物の排出などは，生物が適正に機能するために特定の範囲内に維持されなければならない．私たちの体中でセンサーが体内環境を探知して，周囲の環境が変わったときには適正なバランスが保たれるようにシグナルを送っている．たとえば，もし酸素の供給が不足すればもっと激しく呼吸するようにシグナルが送られる．寒いときには表面の血管が収縮して必要以上の熱の放出を防ぐ．

化学的なレベルでは，ホメオスタシスはイオンやさまざまな有機物質の濃度を正常値付近に維持している．このような物質の濃度が予想できることが**臨床化学**(clinical chemistry)，すなわち組織や体液の化学分析の基礎となっている．臨床検査室ではさまざまな試験により患者からの血液，尿，便，骨髄液，そのほかに含まれる主なイオンや化合物の濃度が測定されている．分析結果を基準値(健常な人の平均濃度範囲)と比較すれば，その体のシステムがホメオスタシス維持に懸命になっているか，維持しきれていないかなどがわかる．一つ例をあげれば，尿酸イオンは体から窒素を排出する働きをする陰イオンである．血液中の尿酸値が正常値(2.5 ～ 7.7 mg/dL)より高くなると，痛風の兆候か腎機能不全のシグナルとみることができる．

通常の健康診断報告書の血液分析結果を表に示す(幸い，この人は正常値から外れた項目はない．報告書中，金属名は陽イオン，“リン”はリン酸イオンを指している)．

検査項目	結　果	正常値
アルブミン	4.3 g/dL	3.5 ～ 5.3 g/dL
AL–P*	33 U/L	25 ～ 90 U/L
BUN*	8 mg/dL	8 ～ 23 mg/dL
総ビリルビン	0.1 mg/dL	0.2 ～ 1.6 mg/dL
カルシウム	8.6 mg/dL	8.5 ～ 10.5 mg/dL
コレステロール	227 mg/dL	120 ～ 250 mg/dL
コレステロール HDL*	75 mg/dL	30 ～ 75 mg/dL
クレアチニン	0.6 mg/dL	0.7 ～ 1.5 mg/dL
グルコース(血糖)	86 mg/dL	65 ～ 110 mg/dL
鉄	101 mg/dL	35 ～ 140 mg/dL
LDH*	48 U/L	50 ～ 166 U/L
SGOT*	23 U/L	0 ～ 28 U/L
総タンパク質	5.9 g/dL	6.2 ～ 8.5 g/dL
トリグリセリド	75 mg/dL	36 ～ 165 mg/dL
尿　酸	4.1 mg/dL	2.5 ～ 7.7 mg/dL
GGT*	23 U/L	0 ～ 45 U/L
マグネシウム	1.7 mmol/L	1.3 ～ 2.5 mmol/L
リン酸	2.6 mg/dL	2.5 ～ 4.8 mg/dL
SGPT*	13 U/L	0 ～ 26 U/L
ナトリウム	137.7 mmol/L	135 ～ 155 mmol/L
カリウム	3.8 mmol/L	3.5 ～ 5.5 mmol/L

▲ **通常の健康診断報告書の血液分析結果．** ＊印の略称は下記のとおり(カッコ内は一般的略号)．AL-P：アルカリホスファターゼ(ALP)，BUN：血中尿酸窒素，コレステロール HDL：コレステロール高密度リポタンパク質，LDH：乳酸デヒドロゲナーゼ，SGOT：血清グルタミン酸–オキサロ酢酸トランスアミナーゼ(AST)，GGT：γ-グルタミルトランスフェラーゼ，SGPT：血清グルタミン酸ピルビン酸トランスアミナーゼ(ALT)．

CIA 問題 11.1 内分泌系の役割の一つは，体内のホメオスタシスの維持である．ホメオスタシスとはなにか，簡潔に述べよ．

CIA 問題 11.2 臨床化学の分析の目的はなにか．

CIA 問題 11.3 ヒトにおいては，全遺伝子のうちの約12%が細胞中でホメオスタシス維持に必要な調節遺伝子である．健康診断書の血液欄には血中グルコース(血糖)，トリアシルグリセロールの測定値がよく含まれている．代謝に関する知識に基づいて，なぜこれらが含まれているのか，調節遺伝子とどう関係するのか考えよ．

問題 11.9

ナンドロロンはアナボリックステロイドで，筋肉増強のために運動選手によって摂取されている[国際オリンピック委員会(IOC)などのスポーツ組織によって禁止されている]．その作用に高い男性ホルモン活性がある．p.305 に示した男性ホルモンのうちどれがもっともよく似ているだろうか．また，その男性ホルモンとどこが違うだろうか．

OH
H_3C
O
ナンドロロン

11.5 神経伝達物質

学習目標：

- 神経伝達物質の起源，経路，作用について説明できる．

神経伝達物質(neurotransmitter)は神経系における化学メッセンジャーである．神経細胞(**ニューロン** neuron)から放出され，シグナルを隣の標的細胞，すなわちほかの神経細胞，筋肉細胞，内分泌細胞などに伝達する．構造的には，神経伝達物質に依存している典型的な神経細胞は，**軸索**(axon)と呼ばれる細長い軸に連結した球根のような構造をもっている(図 11.5)．短い触手状の付属物，**樹状突起**(dendrite)が球根状のニューロンの先端から突き出ている．一方，反対側の先端にある軸索からは無数の糸状体が出ている．糸状体は標的細胞近くに存在し，わずかな隙間で隔てられている——**シナプス**．

シナプス(synapse)　ニューロンの先端と標的細胞が互いに隣接する場所．

神経刺激は，細胞膜の内と外での陽イオンと陰イオンの交換によっておきる電位変化として神経細胞へ伝わる．神経細胞と標的細胞間での刺激の伝達は，神経伝達物質が**シナプス前ニューロン**(presynaptic neuron)から放出され，シナプスを渡って標的細胞上の受容体に結合することによりおきる．図 11.5 に示すように，標的が別の神経細胞の場合，神経伝達物質は**シナプス後ニューロン**(postsynaptic neuron)の樹状突起に存在する受容体に結合する．神経伝達物質–受容体間が結合すると情報が伝達される．つぎにシナプス後ニューロンは神経刺激を軸索に流して，神経伝達物質がつぎの神経細胞やほかの標的細胞に情報を伝達する．

神経伝達物質はシナプス前ニューロンで合成され，その中の**小胞体**(vesicle)と呼ばれる小さなポケットにたくわえられ，必要に応じて放出される．神経伝達物質は，役割を終えるとシナプス後ニューロンが新たな刺激を受け取る準備ができるように，シナプス間隙から**速やかに**排除されなければならない．これは二つの方法で行われる．その一つは，シナプス間隙にある酵素に触媒される化学変化によって神経伝達物質を不活性化する．また別の方法では，神経伝達物質がシナプス前ニューロンに戻され[神経伝達物質の**再取込み**(reuptake)と呼

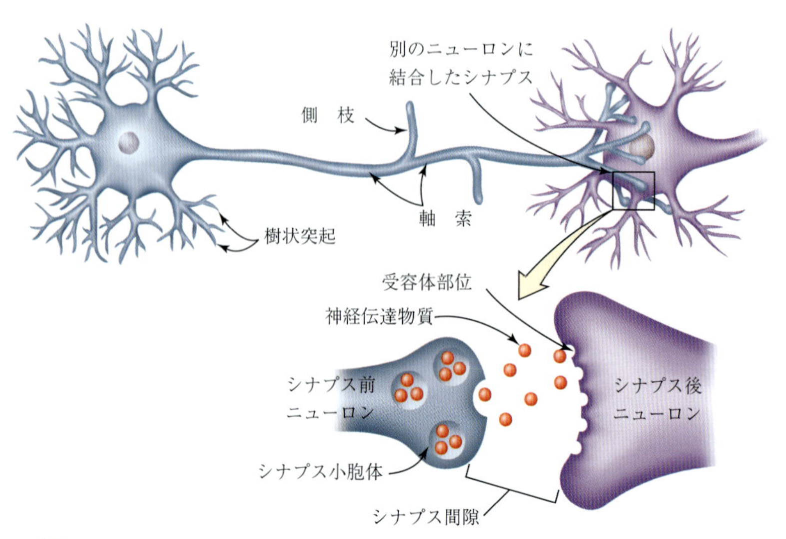

▲ **図 11.5**
神経細胞と神経伝達物質による神経シグナルの伝達
神経伝達物質がシナプス前ニューロンにより放出され，シナプス間隙を渡って，シナプス後ニューロンの受容体に結合するとき，神経細胞間の情報伝達が成立する．

トリプトファン → 5-ヒドロキシトリプトファン →($-CO_2$)

セロトニン（脳の神経伝達物質） → *N*-アセチルセロトニン →

メラトニン（ホルモン）

▲ **図 11.6**

トリプトファンから化学メッセンジャーの合成

各段階での化学変化をハイライトで示す．付加は黄色で，脱離は緑色で示している．

ばれる過程］，再び必要になるまでたくわえられる．

神経伝達物質のほとんどはアミンで，アミノ酸から合成される．チロシンからドーパミン，ノルアドレナリン，アドレナリンの合成経路を図 11.4 に示した．トリプトファンからセロトニン，メラトニンの合成経路は図 11.6 に示す．神経伝達物質には，受容体に結合すると即座に隣の細胞に変化を引きおこすものもあれば，ホルモンにも利用されるセカンドメッセンジャー cAMP に依存するものもある．次の節で述べるように個々の神経伝達物質は感情，薬物中毒，鎮痛，そのほかの脳の機能に関連している．

問題 11.10

図 11.6 で，以下の(a)～(c)のアミンの変換反応は，(1)アセチル化，(2)メチル化，(3)脱炭酸のうちのどれにあたるか．

(a) 5-ヒドロキシトリプトファンからセロトニンへの変換
(b) セロトニンから *N*-アセチルセロトニンへの変換
(c) *N*-アセチルセロトニンからメラトニンへの変換

11.6　神経伝達物質の作用：アセチルコリンとアゴニストおよびアンタゴニスト

学習目標：

- 神経伝達物質アセチルコリンの作用について段階を追って説明し，アゴニスト，アンタゴニストについて認識できる．

アセチルコリンの作用

アセチルコリンは，骨格筋の調節を司る神経伝達物質である．これは脳にも広く分布しており，睡眠–覚醒周期，学習と記憶，情緒にかかわっている．アセチルコリンを神経伝達物質とする神経は**コリン作動性神経**(cholinergic nerves)として分類される．

アセチルコリン(acetylcholine)　骨格筋神経細胞にもっとも一般的にみられる脊椎動物の神経伝達物質．

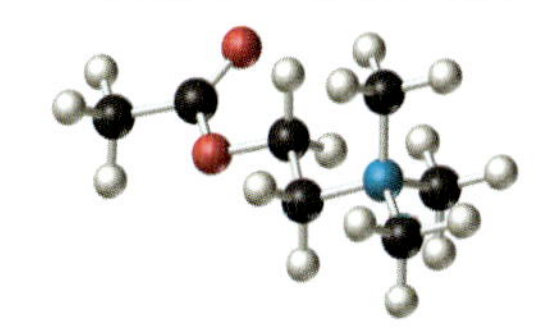

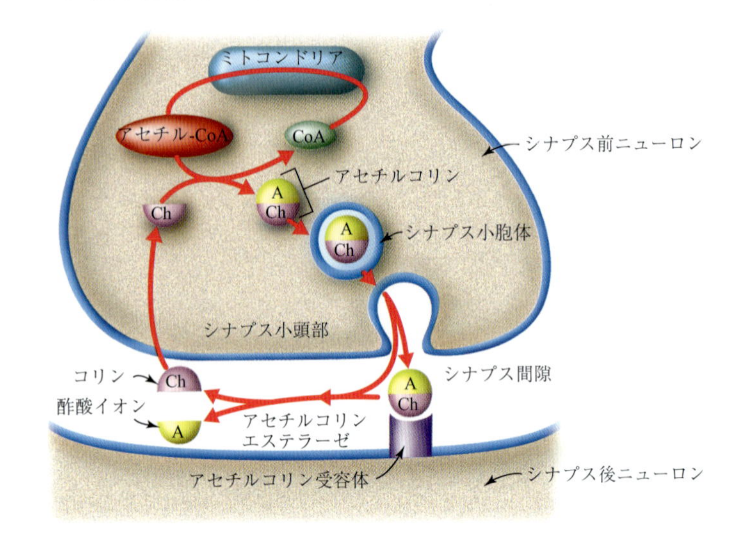

▶**図 11.7**
アセチルコリンの放出と再取込み
アセチルコリンはシナプス前ニューロンの小胞体中にたくわえられる．アセチルコリンがシナプス間隙に放出され，受容体に結合した後，アセチルコリンエステラーゼに触媒されてコリンと酢酸イオンに加水分解される．コリンはシナプス小頭部に再び取り込まれて，アセチルコリン合成に使われ，必要なときまで小胞体中にたくわえられる．

アセチルコリンはシナプス前ニューロンにおいて合成され，小胞体中にたくわえられる(図 11.7)．神経細胞間の情報伝達におけるアセチルコリン作用の一連の速い事象はつぎのとおりである．

- シナプス前ニューロンに刺激が到達する．
- 小胞体が細胞膜に移動し，融合，アセチルコリン分子を放出する(各小胞体から数千もの分子が放出される)．
- アセチルコリンがシナプスを渡ってシナプス後ニューロンの受容体に結合し，イオンに対する膜透過性に変化を生じる．
- その結果，シナプス後ニューロンのイオン透過性が変化し，ニューロン中に神経刺激がおきる．
- 情報が伝達されると，シナプス間隙にあるアセチルコリンエステラーゼがアセチルコリンの分解を触媒する．

$$\underset{\text{アセチルコリン}}{CH_3-\overset{\overset{\displaystyle O}{\|}}{C}-O-CH_2-CH_2-\overset{+}{N}(CH_3)_3} \xrightarrow[H_2O]{\text{アセチルコリン エステラーゼ}} \underset{\text{酢酸イオン}}{CH_3COO^-} + \underset{\text{コリン}}{HO-CH_2-CH_2-\overset{+}{N}(CH_3)_3}$$

- コリンは再びシナプス前ニューロンに吸収され，新しいアセチルコリンが合成される．

薬物とアセチルコリン

アセチルコリンを放出するニューロンの先端と，標的細胞が互いに隣接するアセチルコリンシナプスで多くの薬物が作用する．体内に入って正常な機能を変化させてしまう分子は何でも**薬物**と呼ぶ．その作用は分子レベルでおこり，治療薬にも毒にもなる．効果を発揮するためには基質が酵素にあるいはホルモンや神経伝達物質が受容体に結合するように，薬物は受容体に結合しなければならない．実際，多くの薬物は既存のホルモンや神経伝達物質に似せてデザインされていて，生理作用を増進または減退する効果を発揮する．

薬物(drug)　外部から体内に入って体の機能を変化させる物質．

薬理学者は，受容体に結合してその受容体の正常な生化学的応答をおこす物質を**アゴニスト**と分類する．それに対して，結合した受容体の正常な応答を止めるか阻害する物質を**アンタゴニスト**として分類する．阻害物質が酵素の活性部位で基質と競争するように，多くのアゴニストやアンタゴニストは通常のシ

アゴニスト(agonist)　受容体に結合して，受容体の本来の生化学的応答をおこしたり，長引かせる物質．

グナル分子と競争して，受容体と相互作用する．薬物が私たちの体の生理作用にどのように影響をおよぼすかを示すために，いくつかの薬の作用について述べる．これらの薬はすべて中枢神経のアセチルコリンシナプスで作用する点で共通している．図 11.7 で，作用する場所を見ることができる．表 11.2 にはアセチルコリン関連薬をまとめてある．

アンタゴニスト(antagonist)　受容体の本来の生化学的応答をブロックしたり，阻害する物質．

アルカロイドは植物由来の窒素を含む天然化合物であり，通常，塩基性で苦く，毒性である(有機化学編 5.7 節参照)．

表 11.2　アセチルコリン関連薬(治療薬または毒素)

名前(分類)	起源	薬物作用
ボツリヌス毒素(アンタゴニスト)	土壌中に生息するボツリヌス菌(*Clostridium botulinum*)によって生産される．汚染された缶詰などから感染する場合がある．	ボツリヌス毒素はシナプス前ニューロンに不可逆的に結合し，アセチルコリンの放出を阻害する．筋肉の痙攣をおこし，しばしば死に至る．
クロゴケグモ毒素(アゴニスト)	クロゴケグモの牙に含まれる毒．	クロゴケグモ毒素によりシナプス中にアセチルコリンがあふれ，筋肉の痙攣や発作をおこす．
有機リン殺虫剤(アンタゴニスト)	パラチオン，ジアジノン，マラチオンなどの合成化合物．	すべての有機リン系殺虫剤はシナプス中でアセチルコリンエステラーゼによるアセチルコリンの分解を阻害する．その結果，神経刺激が継続し，筋収縮，筋力低下，協調運動障害，ひどいときは引きつけなどさまざまな症状をおこす．
ニコチン(アゴニスト，有機化学編 5 章)	タバコの生産に利用されるナス科タバコ属植物の葉に含まれるニコチンアルカロイド．	少量のときはアセチルコリン受容体を刺激して刺激剤となる．喫煙によって覚醒や満足感が得られるのはこの作用の結果である．多量になるとニコチンはアセチルコリン受容体を不可逆的にブロックし，変性させる．
アトロピン(アンタゴニスト)	広くナス科植物に含まれるアルカロイドで過剰に摂取すると毒性がある．	異常に低下した心拍数を上げたり，手術時に目の筋肉を麻痺させたり，胃腸が不調なときに腸の筋肉を弛緩させたりするなど，時に治療に使われる．もっとも重要なのは，有機リン系殺虫剤などのアセチルコリンエステラーゼ毒素に対する選択的解毒剤である．受容体をブロックすることで過剰なアセチルコリンの作用を抑える．
ツボクラリン(アンタゴニスト)	南米産の植物から抽出される混合物クラーレから精製されるアルカロイド．	ツボクラリンはアセチルコリンと競争的に受容体に結合する．外科手術用麻酔薬として使用される．

問題 11.11

プロプラノロール（商品名 Inderal）はアドレナリン受容体のアンタゴニストであり，β 遮断薬として知られる（β 受容体を遮断する）薬の一つである．プロプラノロール中の官能基を○で囲み，その名前を書け．プロプラノロールとアドレナリンの構造を比較し，相違点を書け．

$$\text{O—}CH_2CH(OH)CH_2NHCH(CH_3)CH_3\ (\text{1-naphthyl})$$

プロプラノロール
（Inderal）

$$HO,\ HO\text{-}C_6H_3\text{—}CH(OH)CH_2\text{—NH—}CH_3$$

アドレナリン
（エピネフリン）

問題 11.12

先に述べた三つの有機リン殺虫剤の LD_{50}（ラットに対する 50％致死量 mg/kg）はパラチオン 3 ～ 13 mg/kg，ディアジノン 250 ～ 285 mg/kg，マラチオン 1000 ～ 1375 mg/kg である．

（a）インターネットで分子構造を検索せよ．

（b）あなたの庭にはどれを使うか．その理由はなにか．

（c）水溶性か脂溶性かを考えてどれがもっとも危険か．その理由はなにか．

基礎問題 11.13

薬物にはアゴニストやアンタゴニストに分類されるものがある．

（a）スマトリプタン（sumatriptan）は Imitrex の商品名で市販され，偏頭痛の治療に効果がある．Imitrex はセロトニン受容体のアゴニストとして作用するが，その効果を説明せよ．

（b）オンダンセトロン（ondansetron）は Zofran の商品名で市販され，セロトニン受容体の一つ（5-HT_3）に結合して，嘔吐，吐き気を予防するため，しばしば抗がん剤治療を受ける患者に処方される．Zofran はセロトニン受容体のアンタゴニストとして作用するが，その効果を説明せよ．

11.7　ヒスタミン，抗ヒスタミン薬，そのほかの主要な神経伝達物質

学習目標：

- アレルギー，うつ病，薬物中毒における神経伝達物質，薬の作用について説明できる．

ヒスタミンと抗ヒスタミン薬

ヒスタミン（histamine）は，花粉症や動物アレルギーで知られるようなアレルギー反応の症状をおこす神経伝達物質である．また，虫にさされたときにかゆみをおこす化学物質でもある．ヒスタミンはアミノ酸のヒスチジンからの脱炭酸反応により体内で生成する．

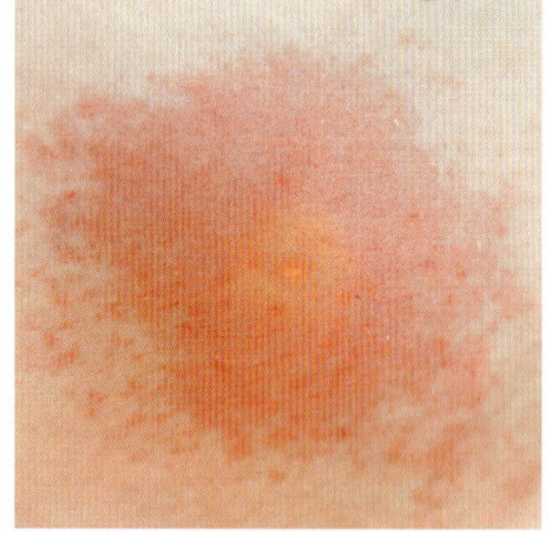

▲ 虫さされにより，ヒスタミンが分泌されたことによる腫れと炎症

$$\text{(imidazolyl)}\text{—}CH_2CH(\overset{+}{N}H_3)\text{—}C(=O)\text{—}O^- \xrightarrow{-CO_2} \text{(imidazolyl)}\text{—}CH_2CH_2\overset{+}{N}H_3$$

ヒスチジン　　　　ヒスタミン

抗ヒスタミン薬(antihistamine)とは，ヒスタミン受容体アンタゴニストとしてヒスタミンの作用を打ち消す薬物の仲間である．抗ヒスタミン薬は競争的にヒスタミンが受容体に結合するのをブロックする．これらの化合物は共通して二置換エチルアミン側鎖，通常二つの*N*-メチル基をもつ．つぎに示す例のように，反対側のR′基とR″基は立体的にかさ高い芳香環をもつ傾向がある．

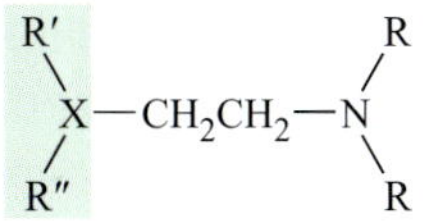

抗ヒスタミン薬の一般的な構造

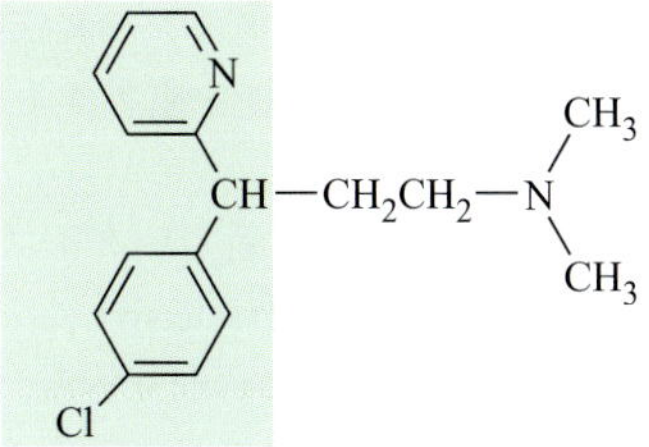

クロロフェニラミン
(抗ヒスタミン薬)

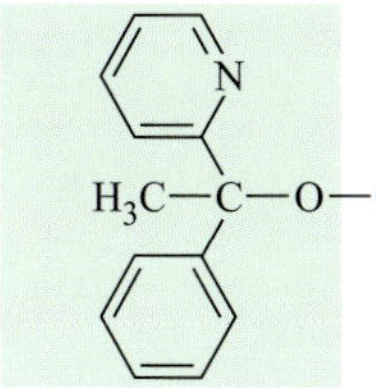

ドキシルアミン
(抗ヒスタミン薬)

ヒスタミンは胃酸の分泌を促進する．ヒスタミンの構造を変化させた200種もの化合物が合成され，目的のヒスタミンアンタゴニストが開発された．その結果，**シメチジン**(cimetidine)が胸やけの薬としてTagametという商品名で広く市販されるようになった．今日では商品名Zantacとして販売されているラニチジンなど，多くのヒスタミンアンタゴニストが知られている．

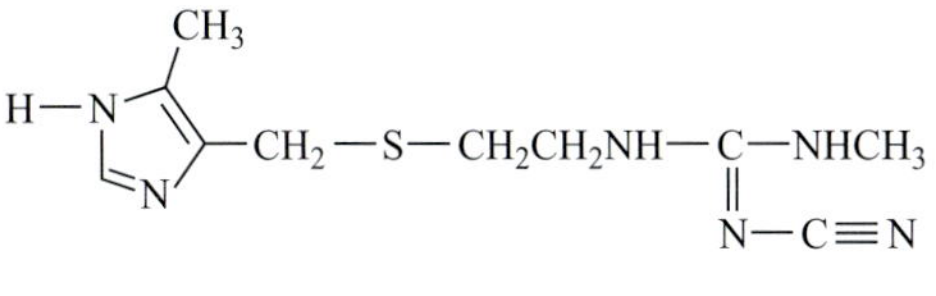

シメチジン
(cimetidine)

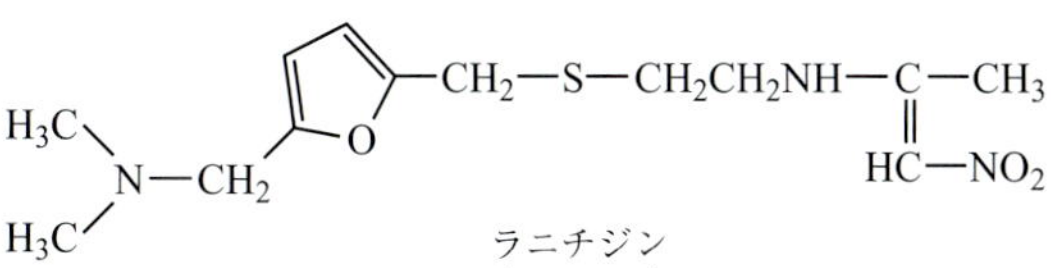

ラニチジン
(ranitidine)

セロトニン，ノルアドレナリン，ドーパミン

セロトニン，ノルアドレナリン，ドーパミンは神経伝達物質の“御三家”と呼んでよいだろう．これらについての発見があるたびにニュースとなっている．セロトニン，ノルアドレナリン，ドーパミンはひとまとめにして**モノアミン**(monoamine)ということができる(これらの生合成は図11.4，11.6に示した)．これらはすべて脳内で働いており，情緒，恐怖，歓び，精神病，薬物中毒に関係している．

セロトニン，ノルアドレナリン，ドーパミンが不足すると重いうつ病になることが知られている．それはうつ病に対する三つのタイプの治療薬の作用の違いからわかる．アミトリプチリン，フェネルジン，フルオキセチンはこの三つのタイプの薬の代表である．これらはそれぞれ異なる方法でシナプス内の神経伝達物質の濃度を上げる．

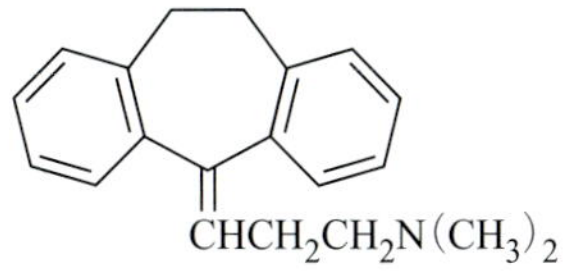

アミトリプチリン，三環系の抗うつ薬
(amitriptyline)

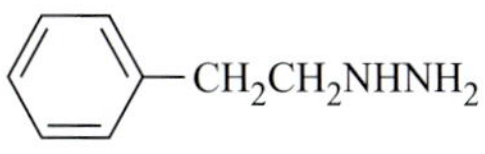

フェネルジン，MAO阻害剤
(phenelzine)

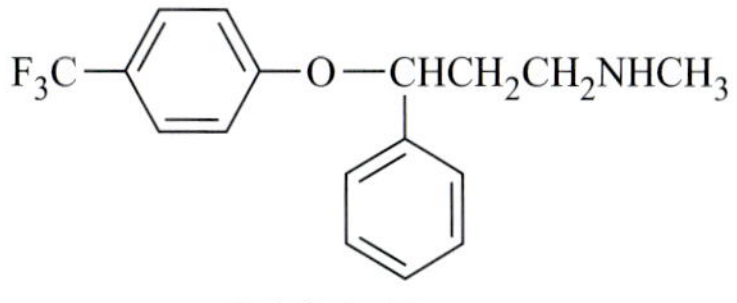

フルオキセチン，SSRI
(fluoxetine)

- アミトリプチリン：**三環系の抗うつ薬**(tricyclic antidepressant)の代表であり，この種の薬の第1世代である．この三環系の化合物はセロトニン，ノルアドレナリンがシナプスから再び取込まれるのを妨げる．セロトニンは気分のコントロールに重要で，ほかの神経伝達物質にくらべて作用が遅く，その再取り込みを遅らせることでうつ病の気分が改善される．
- フェネルジン：**モノアミン酸化酵素(MAO)阻害剤**［monoamine oxidase (MAO) inhibitor］で，モノアミン神経伝達物質を分解する酵素を阻害する薬物の一つである．MAOを阻害するとシナプスでモノアミンの濃度が増加する．
- フルオキセチン：もっとも新しいタイプの抗うつ薬の代表で，**選択的セロトニン再取り込み阻害剤**(selective serotonin reuptake inhibitor，SSRI)である．SSRIはセロトニンの再取り込みのみを阻害するので，三環系の化合物よりも選択的である．フルオキセチン(Prozac)は，非常に重症の場合を除くすべてのうつ病に対する処方箋薬として，たちまちもっとも広く使われるようになった．多くの抗うつ薬は不快な副作用をおこすが，フルオキセチンにはそれがないのが大きな利点である．

特筆すべきは，これらの薬によってうつ病の症状が緩和されるからといって，うつ病の化学的な基礎が十分理解されたことにはならないし，神経伝達物質の濃度を上げることだけがこれらの薬の作用だという証拠もないということである．脳はまだまだ多くの秘密をもっている．いまだ十分に理解されていない神経伝達物質の活性と効果との複雑な関係は，フルオキセチンがうつ病以外に使用されることでもわかる．フルオキセチンは，強迫性障害，過食症，肥満，パニック障害，身体醜形障害，思春期うつ症状，月経前症候群(PMSとして知られる)，などの治療にも使われている．この種の薬の新しい効能はつねに開拓されている．

ドーパミンと薬物中毒

ドーパミンは，脳内において行動，感情，喜びや痛みなどを調節する過程で作用している．脳の異なる部位で5種類の受容体と相互作用をする．ドーパミンが過剰に供給されると統合失調症になり，一方，供給が不足すると細かい運動が調整できなくなり，パーキンソン病になる(12章，Chemistry in Action“血液脳関門(BBB)”参照)．ドーパミンは脳の報酬系に重要な役割を果たす．脳内にドーパミンがほどよく供給されると，やりがい，つまり“ナチュラルハイ(自然な高揚感)”から快い満足感が得られる．ここに薬物中毒におけるドーパミンの役割がある．ドーパミン受容体が刺激されればされるほど，高揚感はさらに大きくなる．

コカインがシナプスからのドーパミンの再取り込みをブロックし，アンフェタミンがドーパミンの放出を促進することが実験的に示されている．またドーパミンの脳内のレベルの高さから，アルコールがニコチン中毒と結びついていることも研究によってわかっている．薬物によってドーパミン受容体が通常を上回る刺激を受けると耐性をもつようになる．定常状態を維持しようとして(Chemistry in Action“ホメオスタシス”参照)ドーパミン受容体の数が減少して感受性が低下する．その結果，脳細胞は見かけ上過剰な刺激に適応し，おなじ刺激を得るためにはより多くの薬物を必要とするようになる．

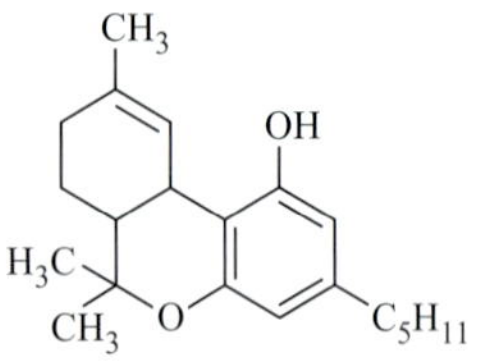

ヘロインやコカインがドーパミン量を上げる脳のおなじ場所で，マリファナもドーパミン量を上昇させる．マリファナに含まれるもっとも効果の大きい成分はテトラヒドロカンナビノール(THC)である．近年，マリファナを慢性痛の

テトラヒドロカンナビノール(THC)

緩和のために医療に利用することが議論の的になっており，その利点と欠点が議論されている．

基礎問題 11.14

THC 中の官能基を示せ．この分子は親水性か疎水性か．また，THC は体内で脂肪組織に蓄積されると予測するか，あるいは直ちに尿中に消えていくと予測するか．

例題 11.2　構造から生理活性を予測する

分子の構造と生化学的機能との相関は，生化学研究や薬物分子設計の重要な分野である．テルフェナジン(Seldane)は新世代の非催眠性抗ヒスタミン薬の最初の一つである(心臓毒性のために市場からは排除された)．これまで学んできたことをふまえて，どの構造上の特徴が抗ヒスタミン薬として作用するか示せ．

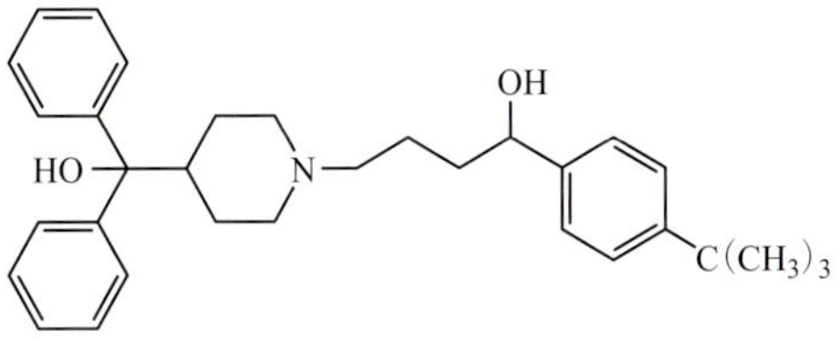

OH
HO
N
$C(CH_3)_3$

テルフェナジン

解　説　一連の抗ヒスタミン薬は下に示すような共通の一般的構造を有している．つまり二つの芳香環［図中の Aryl(アリール)］が結合する X(通常 CH)をもつ．X は二置換窒素と炭素鎖でつながっている．

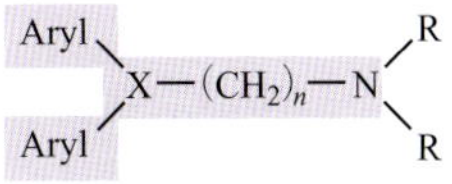

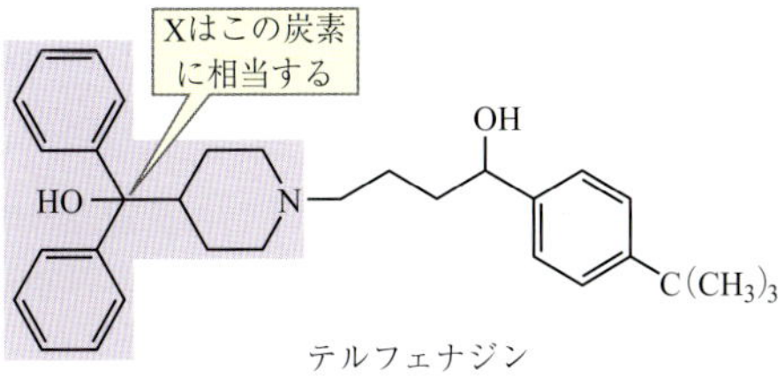

Aryl
X—$(CH_2)_n$—N
Aryl
R
R

Xはこの炭素に相当する
OH
HO
N
$C(CH_3)_3$

テルフェナジン

解　答

テルフェナジンは一般的な抗ヒスタミン薬とおなじ基本構造を有しているので，その生化学的機能も似ている．

基礎問題 11.15

つぎの化合物のうちどちらが抗ヒスタミン薬でどちらが抗うつ薬かを予測せよ．

(a) C_6H_5, C_6H_5 — $CHOCH_2CH_2N$ — CH_3, CH_3

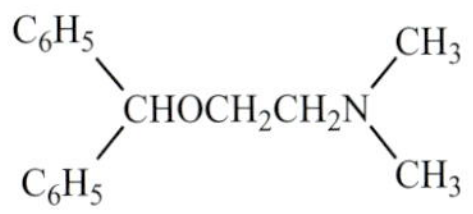

(b) $NHCH_3$, Cl, Cl

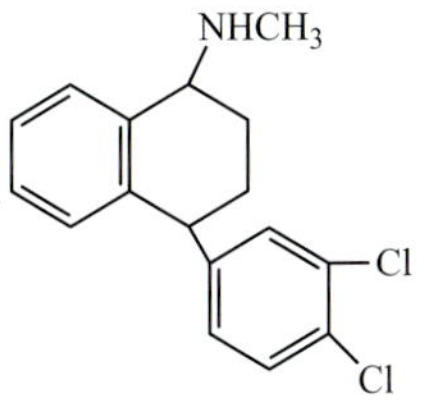

HANDS-ON CHEMISTRY 11.1

この課題によって単純な活動に伴うさまざまな生化学的応答をたどることができ，セロトニンやアドレナリンなど本章に登場した特定のホルモンや神経伝達物質を突き止めることができるだろう．

数日間，表の注意力に関連する項目の記録をつけてみよう．

1. 1日目：授業開始直前の注意力，気分，その持続時間について記録し，同時に，表の項目に従って体調を記録する．つぎに，授業の合間の休憩時間に注意力，気分，その持続時間，そして表の項目を記録する．
2. 2日目：授業前に5分間歩いた後に注意力，気

集中力	1	2	3	4	5	6
脈　拍	1	2	3	4	5	6
手の冷え	1	2	3	4	5	6
睡眠の質	1	2	3	4	5	6
欲求不満	1	2	3	4	5	6
吐き気	1	2	3	4	5	6
頭　痛	1	2	3	4	5	6
食　欲	1	2	3	4	5	6
呼　吸	1	2	3	4	5	6

1：非常に良い，2：いつもより良い，3：いつもどおり，4：いつもより悪い，5：非常に悪い，6：変化なし．

神経ペプチドと鎮痛

1970年代，モルヒネなどのアヘンアルカロイドの研究から，中毒性はあるが痛みを消すのに有効なこれらの物質が，脳の特定の受容体に結合して作用することが明らかになった．そして，これがいくつかの興味深い問題を提起した．なぜ人間の脳内に植物由来の化合物に対する受容体が存在するのか？ おなじ受容体に作用する動物の神経伝達物質は存在するのか？

この疑問に答えるために研究した結果，**Met-エンケファリン**(Met-enkephalin)と**Leu-エンケファリン**(Leu-enkephalin)（MetとLeuはC末端アミノ酸をあらわす，1.3節参照）という二つのペンタペプチドが発見された．両物質とも，実験動物の脳に注射するとモルヒネ様の鎮痛作用を示した．

Met-エンケファリン：Tyr-Gly-Gly-Phe-Met
Leu-エンケファリン：Tyr-Gly-Gly-Phe-Leu

Met-エンケファリンとモルヒネとの構造上の類似点は，つぎの図に強調してあるとおり，両者が脳や脊髄にあって痛みの知覚に作用するおなじ受容体に結合するという考え方を支持している．

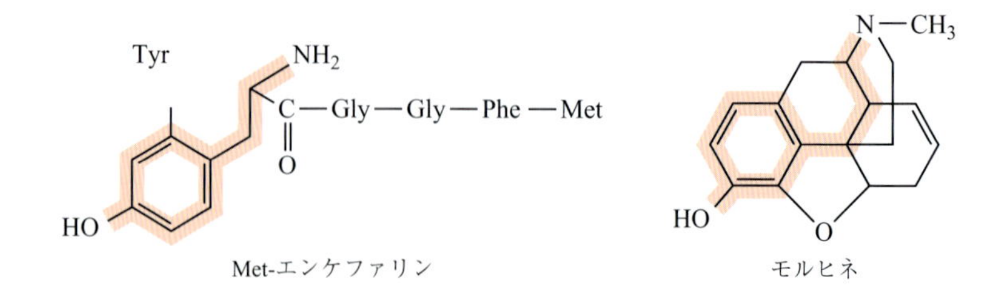

Met-エンケファリン　　モルヒネ

結果的に，オピオイド受容体に結合する十数個の天然鎮痛ポリペプチドが発見された．それらは**エンドルフィン**(endorphin)と分類される．Met-エンケファリンとおなじ五つのアミノ酸配列の31残基のアミノ酸ポリペプチドは，モルヒネよりも強い鎮痛作用がある．

分，その持続時間，そして表の項目を記録する．授業の合間の休憩時間にも同様の記録を取る．

3. 3日目：2日目を繰り返すが，もう少し長めに歩いた後に注意力，気分，その持続時間，そして表の項目を記録する．
4. 4日目：2日目を繰り返すが，3日目よりさらに長めに歩いた後に注意力，気分，その持続時間，そして表の項目を記録する．

体調の記録にはつぎの基準で記録する．

これらのデータを収集して，ホルモンレベルの上昇，低下と照合してみよう．一般的には，頭痛，心拍，呼吸，集中力がいつもと違っているときにはアドレナリンかノルアドレナリンのレベルが上昇している可能性がある．睡眠や食欲にはセロトニンが関係している．吐き気や手の冷えはコルチゾールによるとされている．

気分の良いときにクラスメートとつぎの点について話し合ってみよう．よく眠れなかったときと散歩などして気分の良いときとで集中力が変化したか？ イライラしているときには心拍数が上昇しているか？ 互いが気づいた点に共通するものがあったか？

要　約　章の学習目標の復習

- **ホルモンの起源，経路，作用について理解する**

ホルモンは**内分泌系**の化学メッセンジャーである．視床下部の調節によりさまざまな部位から放出され，その多くは中間生成物に応じて調節ホルモンになる．ホルモンは血流中を移動して細胞に到達する．そこで受容体に結合して細胞内での化学変化を引きおこす（問題 22 ～ 27）．

- **ホルモンによる制御方法を理解する**

ホルモンによる内分泌系と各体内器官の制御方法には三つある．神経の直接制御，ホルモンの直接放出，調節ホルモンの放出による間接制御である．神経の直接制御では視床下部からの神経伝達によって副腎によりホルモンが放出される．ホルモンの直接放出では視床下部から脳下垂体後葉へ移動してたくわえられたホルモンが必要なときに放出される．調節ホルモンは視床下部から分泌され，脳下垂体前葉によるホルモン放出を刺激したり抑制したりする．つぎに，脳下垂体からのホルモンがほかのホルモンの放出を促進する（問題 28 ～ 31）．

- **ホルモンの化学構造による分類を理解する**

ホルモンには**ポリペプチド**，**ステロイド**，**アミノ酸誘導体**がある（表 11.1）．多くはポリペプチドであり，バソプレッシンのような小さな分子からインスリンのように大きなものまで分子量はさまざまである．調節ホルモンはすべてポリペプチドである．ステロイドは特徴的な四環性の構造をもっており，疎水性なので脂質として分類される．すべての性ホルモンはステロイドである（問題 32 ～ 35）．

- **アドレナリンの作用機構を理解する**

アドレナリンは闘争・逃避ホルモンと呼ばれ，細胞膜に存在する表面受容体に結合して酵素に連動しているGタンパク質に作用する．酵素アデニル酸シクラーゼが標的細胞内で**セカンドメッセンジャー**，サイクリック AMP（cAMP）に情報を伝達する（問題 36 ～ 45）．

- **主な3種類のホルモン，アミノ酸誘導体，ポリペプチド，ステロイドの機能を理解する**

アミノ酸誘導体ホルモンはアミノ酸から**合成**される（図 11.4，11.6）．アドレナリン，ノルアドレナリンは体内ホルモンとして作用し，脳では神経伝達物質として作用する．ポリペプチドホルモンは概ね大きな分子である．ステロイドホルモンは鉱質コルチコイド，グルココルチコイド，性ホルモンに分類される．これらはすべて内分泌系で合成される（問題 46 ～ 57）．

- **神経伝達物質の起源，経路，作用について理解する**

神経伝達物質はシナプス前ニューロンで合成され，小胞体にたくわえられ，そこから必要なときに放出される．神経伝達物質は**シナプス間隙**を渡り，隣接する細胞の**受容体**に結合する．あるものは受容体を介して直接に作用し，cAMP そのほかのセカンドメッセンジャーを利用するものもある．シグナルを伝達した後，神経伝達物質はすみやかに分解されるかシナプス前ニューロンに戻るので，受容体はつぎの情報を受けることができる（問題 58 ～ 67）．

- **神経伝達物質アセチルコリンの作用について段階的に説明し，アゴニスト，アンタゴニストについて理解する**

アセチルコリンはシナプス前ニューロンの小胞体から放出され，受容体に結合して，シナプス後ニューロンに神経刺激を伝えていく．つぎにシナプス間隙でアセチルコリンエステラーゼにより分解されてコリンになり，シナプス前ニューロンに戻されて，再びアセチルコリンに変換される．ニコチンなどの**アゴニスト**

は，少量ではアセチルコリン受容体を活性化する刺激剤である．ツボクラリンやアトロピンなどの**アンタゴニスト**は，受容体の活性化を妨げ多量になると毒性をもつ．しかし少量であれば筋弛緩剤として有用である（問題 68 ～ 70）．

- **アレルギー，うつ病，薬物中毒における神経伝達物質，薬の作用について理解する**

アミノ酸誘導体の**ヒスタミン**はアレルギー症状をおこす．**抗ヒスタミン薬**は，一方の末端にかさ高いグループをもつヒスタミンとよく似た構造のアンタゴニストである．モノアミン（セロトニン，ノルアドレナリン，ドーパミン）は脳神経伝達物質で，このうちのどれかが不足するとうつ病をおこす．それらの活性を高める薬物には，**三環系の抗うつ薬**（アミトリプチリンなど），**モノアミン酸化酵素（MAO）阻害剤**（フェネルジンなど），**選択的セロトニン再取込み阻害剤**（SSRI，フルオキセチンなど）がある．脳内のドーパミン活性の上昇は，ほとんどの中毒性薬物の効果と関係がある．ある種の神経ペプチドはオピオイド受容体（モルヒネ受容体）に作用し，痛みを和らげ，依存性がある（問題 71 ～ 82）．

KEY WORDS

概念図：ホルモンと神経伝達物質

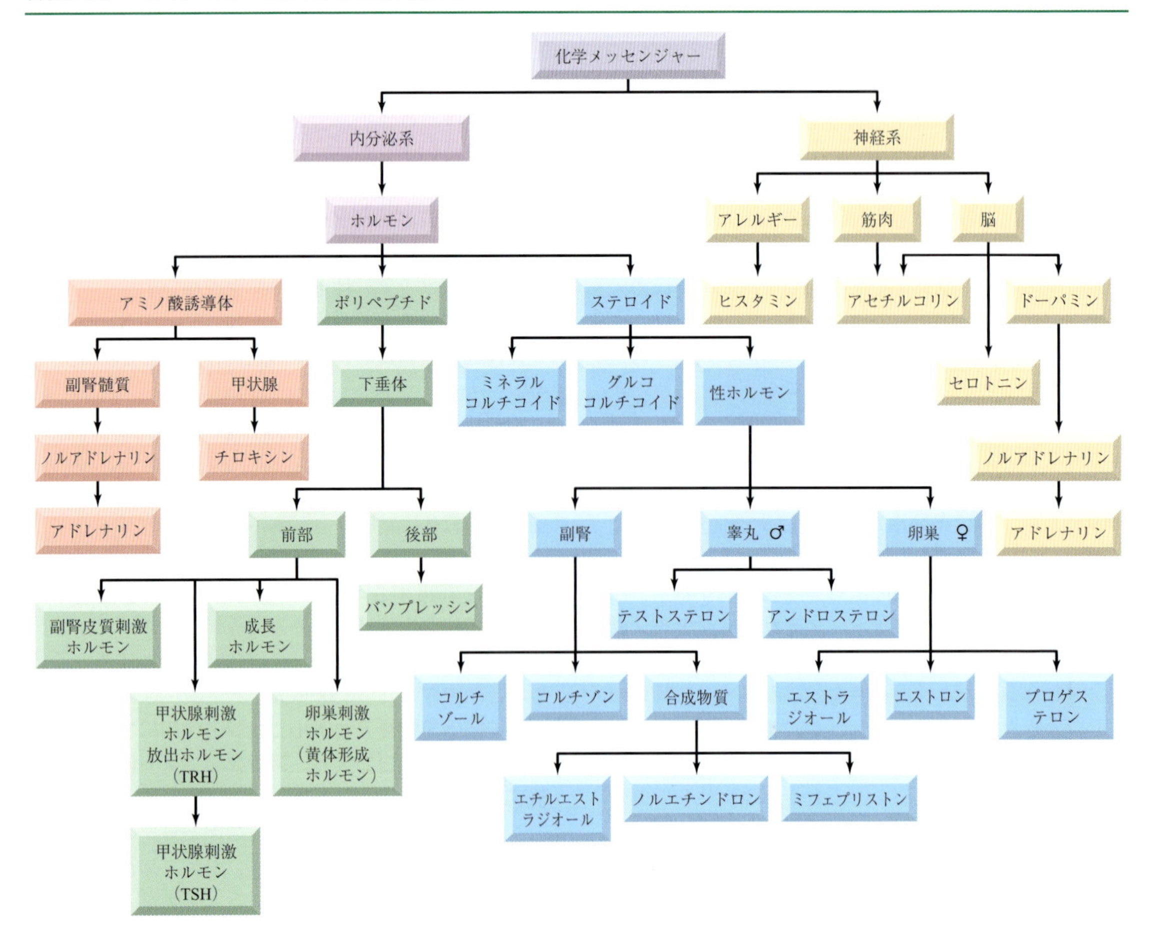

▲**図 11.8　概念図**
この図はホルモンと神経伝達物質の分類を示したものである．

基本概念を理解するために

11.16 多くの動物では妊娠すると黄体形成ホルモン(LH)が放出され，妊娠を継続させる中心的なホルモンのプロゲステロンの合成を促進する．
(a) LH はどこで生産されるか．そして，どういう種類のホルモンに属するか．
(b) プロゲステロンはどこで生産されるか．そして，どういう種類のホルモンに属するか．
(c) プロゲステロンを生産する細胞はその表面に LH 受容体を発現しているのか．それとも，LH は機能するために細胞内に入っていくのか．
(d) プロゲステロンは機能するために細胞表面受容体に結合するのか．それとも細胞内に入っていくのか，説明せよ．

11.17 危険に直面してアドレナリンがどっと放出されると筋細胞内で“闘争・逃避”のためにグルコースが放出される．副腎でこのホルモンがごく少量生産されるだけで強い反応をおこす．そのような強い反応をおこすためには，アドレナリンのもとのシグナルは何回も増幅されなければならない．一連の現象のどの段階(11.3 節)で増幅がおきると予想されるか．そして，その増幅はどのようにしておきるかを説明せよ．

11.18 糖尿病は，血液中から細胞へグルコースの取り込みがうまく機能しないときにおきる．あなたの友達の弟がⅠ型糖尿病と診断され，友達はあなたにつぎのような質問をした．あなたならどう答えるか．
(a) 何というホルモンが関係しているのか．それはどんな種類のものか．
(b) そのホルモンはどこで放出されるか．
(c) そのホルモンはグルコースを取り入れようとする細胞にどのようにして運ばれるか．
(d) そのホルモンは作用をおこすために細胞の中に入るか．

11.19 神経伝達物質が作用する二つの機構を示せ．

11.20 刺激がシナプスに到達したとき，1000 分の 1 秒のあいだにシナプス小胞体が開いてシナプス間隙中に神経伝達物質を放出する．つぎの 1000 分の 10 秒のあいだにこれらの分子は間隙中に拡散し，受容細胞の受容体に結合する．ニューロンのシグナルを完結させるために神経伝達物質がシナプスを渡って伝達が終了する 2 通りの方法とはなにか．

11.21 コカイン，アンフェタミン，アルコールが中毒性を示すときのドーパミンの役割とはなにか．

補 充 問 題

メッセンジャー分子(11.1 節)

11.22 化学メッセンジャー，標的組織，ホルモン受容体の意味を述べよ．

11.23 ホルモンとはなにか．ホルモンの役割はなにか．ホルモンが受容体に結合するとどうなるか．

11.24 ホルモンとビタミンの主な違いはなにか．

11.25 ホルモンと神経伝達物質の主な違いはなにか．

11.26 ホルモンは受容体に結合すると変化するか．受容体はホルモンが結合すると変化するか．ホルモンと受容体の結合力はどれほどか．

11.27 ホルモンの受容体への結合が基質の酵素への結合よりもアロステリック調節因子の酵素への結合により似ているというのはなぜか．

ホルモンと内分泌系(11.2 節)

11.28 体の内分泌系の役割はなにか．

11.29 できるだけたくさんの内分泌腺の名前をあげよ．

11.30 主要な三つのホルモンの種類をあげよ．

11.31 主要な三つのホルモンの種類についてそれぞれ二つずつ例をあげよ．

11.32 酵素とホルモンの構造的な違いはなにか．

11.33 酵素の基質特異性とホルモンの組織特異性との関係はなにか．

11.34 ペプチドホルモンがどのように働くか一般的に述べよ．

11.35 ステロイドホルモンがどのように働くか一般的に述べよ．

ホルモンの作用：アドレナリン(11.3 節)

11.36 アドレナリンが生産され放出されるのは何腺か．

11.37 アドレナリンはどのような状況で放出されるか．

11.38 アドレナリンはどのようにして標的組織に到達するか．

11.39 アドレナリンは標的組織で主にどのような働きをするか．

11.40 アドレナリンのメッセージを細胞膜を通して伝えるのに働く三つの膜結合タンパク質を，働く順にあげよ．

11.41 アドレナリンの情報により生じる細胞内のセカンドメッセンジャーはなにか．アドレナリンとセカンドメッセンジャーの比率は 1：1 より大きいか小さいか．

11.42 アドレナリンにより刺激を受けた細胞内でセカンドメッセンジャーはどのような役割をするか．

11.43 どの酵素がセカンドメッセンジャーの加水分解を触媒し，情報を完結させるのか．その生成物は何と呼ばれるか(ヒント：図 11.2 参照)．

11.44 アドレナリンは医学的には何というアレルギー反

応の治療に用いられるか(ヒント：EpiPen について考えてみよ).

11.45 虫刺されや特定の食物アレルギーによるアナフィラキシーショックに敏感な人々は，もしそれらにさらされたときに自ら対処ができるように備えなくてはならない．彼らはどのように準備をすればよいか．また，なにをすべきだろうか．

アミノ酸誘導体，ポリペプチド，ステロイドホルモン(11.4 節)

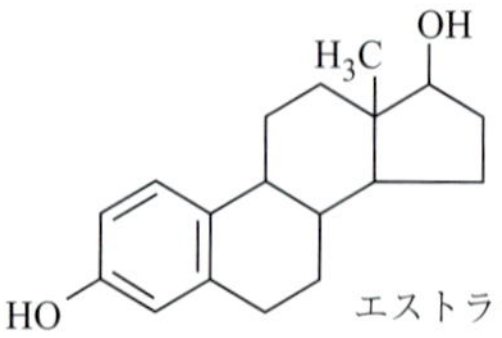

11.46 ポリペプチドホルモンの例をあげよ．そのホルモンにはいくつのアミノ酸が含まれるか．どこで放出されるのか．どこで働くか．その結果どうなるか．

11.47 ステロイドホルモンの例をあげよ．そのホルモンの構造はどうか．どこで放出されるのか．どこで働くか．その結果どうなるか．

11.48 ステロイドホルモンの主な 3 種類とはなにか．

11.49 ステロイドホルモンはなにから生成するか．またその生理活性はほかのホルモンとどこが異なるか．

11.50 主な男性ホルモン二つの名前をあげよ．

11.51 主な女性ホルモン三つの名前をあげよ．

11.52 比較的最近までアンドロゲンはアスリートにより普通に合法的に使われていた．アスリートがアンドロゲンをトレーニングや競技中に使用する利点とはなにか．

11.53 スポーツのトレーニングや競技中にアンドロゲンを使用することは禁止されている．アンドロゲンをトレーニングや競技中に使用する危険性とはなにか．

11.54 神経伝達物質としても働くホルモンを二つあげよ．

11.55 アドレナリンはなぜ神経伝達物質とホルモンの両方の働きができるのか説明せよ．

11.56 つぎのホルモンはどの種類に属するか示せ．

(a) HO, HO, $CH_2CH_2NH_2$

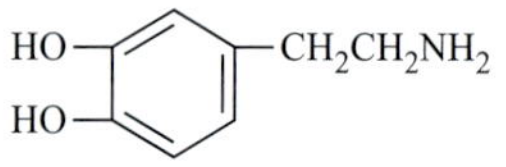

(b) インスリン

(c) H_3C, OH, H_3C, O

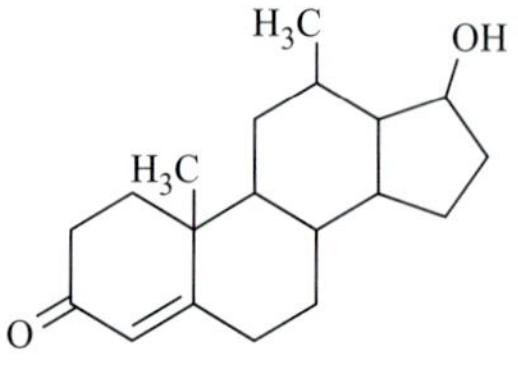

11.57 つぎのホルモンはどの種類に属するか示せ．

(a) グルカゴン

(b) I, I, HO, O, I, I, CH_2—CH—COO^-, NH_3^+

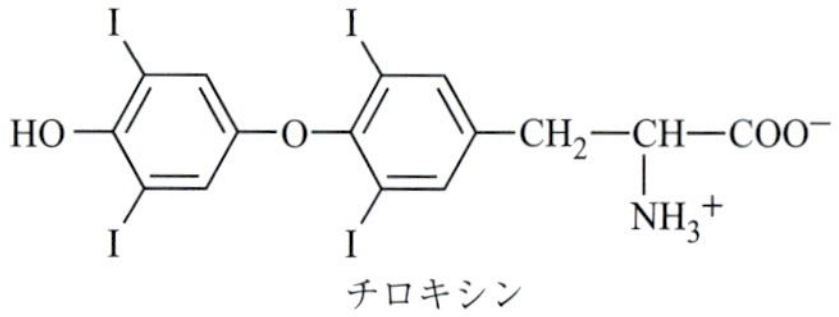

チロキシン

(c) H_3C, OH, HO

エストラジオール

神経伝達物質(11.5 節)

11.58 シナプスとはなにか．神経伝達におけるその役割はなにか．

11.59 軸索とはなにか．神経伝達におけるその役割はなにか．

11.60 神経伝達物質から伝わる情報を受ける細胞の三つの種類をあげよ．

11.61 どのような細胞や器官が，神経伝達物質によって影響を受けると思うか．

11.62 どのように神経刺激がニューロンからニューロンへと伝わるか一般的に述べよ．

11.63 神経伝達物質が役割を終えた後，除かれる二つの方法とはなにか．

11.64 神経細胞と標的細胞間で刺激が化学的に伝わるときの三つの段階をあげよ．

11.65 アセチルコリンエステラーゼに触媒される反応式を書け．

11.66 エンケファリンが神経ホルモンと呼ばれるのはなぜか．

11.67 コリンが働く神経伝達における六つのステップの概要を書け．

神経伝達物質の作用(11.6 節)

11.68 アゴニストとして働く薬物とアンタゴニストとして働く薬物の違いを示せ．

11.69 アセチルコリン受容体に対してアゴニストとして働く薬物とアンタゴニストとして働く薬物の例を示せ．

11.70 問題 11.69 のアセチルコリン受容体のアゴニストおよびアンタゴニストとして作用する薬の例をあげよ．

ヒスタミン，抗ヒスタミン薬，その他の主要な神経伝達物質(11.7 節)

11.71 全く違う組織特異性と機能をもつヒスタミンアンタゴニストの例を二つあげよ．

11.72 うつ病の治療に用いられる薬物の三つのタイプをあげよ．

11.73 モノアミン神経伝達物質の“御三家”をあげよ．

11.74 コカインは脳内でドーパミンの濃度にどのような作用を及ぼすか．

11.75 アンフェタミンは脳内でドーパミンの濃度にどのような作用を及ぼすか．

11.76 マリファナに含まれるテトラヒドロカンナビノール(THL)はどのようにヘロインやコカインと似た作用をするか．

11.77 植物に含まれるモルヒネやモルヒネ誘導体に対する受容体がなぜ私たちの脳に存在するか.

11.78 統合失調症ではドーパミン作動性ニューロンが過剰亢進している. その治療に使われるクロルプロマジン(Thorazine)はドーパミン受容体に結合して, シグナルを阻害する. クロルプロマジンはアゴニストとして作用するか, アンタゴニストとして作用するか.

11.79 "メタンフェタミンハイ"は統合失調症とよく似た症状を示す. メタンフェタミンはアゴニストかアンタゴニストか.

11.80 エンドルフィンとはなにか. それは体のどこにあるか.

11.81 エンケファリンやエンドルフィンは自然の鎮痛薬といわれる理由を説明せよ.

11.82 動物が自らの体内で痛みを抑える分子を生成する利点とはなにか.

全般的な問題

11.83 アラスカの野原をハイキング中, クマに遭遇したとしよう. とっさの対応に何というホルモンが放出されるか.

11.84 クラーレを込めた矢はどのように作用するか.

11.85 チロキシンの作用メカニズムはどのような点でステロイドホルモンと似ているか.

11.86 ホルモンのシグナル伝達に働く3種類のタンパク質をあげ, それらについて説明せよ.

11.87 シグナル伝達においてcAMP(セカンドメッセンジャー)は反応性が高く, 合成後, すばやく分解される. このことが情報伝達になぜ重要か.

11.88 情報は伝達される過程で増幅される. シグナルの増幅はどのようにおこるか. また, それは細胞の活性部位にシグナルが伝達されることにどういう意味をもつか.

11.89 性ホルモンのテストステロンとプロゲステロンの構造を比較して, おなじ部位, 違う部位を指摘せよ.

11.90 エチニルエストラジオールとノルエチンドロンの構造を比較してその違いを指摘せよ. また, エチニルエストラジオールはエストラジオールとどこが似ているか. ノルエチンドロンはプロゲステロンとどこが似ているか.

11.91 チロシンからアドレナリンへの反応(図11.4)のうち, はじめの2段階でおこる構造的変化を述べよ. また, これらの反応の触媒となっている酵素は, どの分類(主な分類と下位分類)に属するか.

11.92 p.305の二つの男性ホルモンの構造を見よ. テストステロンとアンドロステロンを互いに変換するためには, 官能基をどのように変化させればよいか. その変化は何という化学反応か.

11.93 p.305の三つの女性ホルモンの構造を見よ. エストラジオールとエストロンを互いに変換するためには, 官能基をどのように変化させればよいか. その変化は何という化学反応か.

グループ問題

11.94 アナンダミドは脳組織から単離されテトラヒドロカンナビノールとおなじ受容体に結合する天然のリガンド(基質類似体)である. アナンダミドはチョコレートやココアにも含まれている. チョコレートが無性に欲しくなるのはなぜか説明せよ.

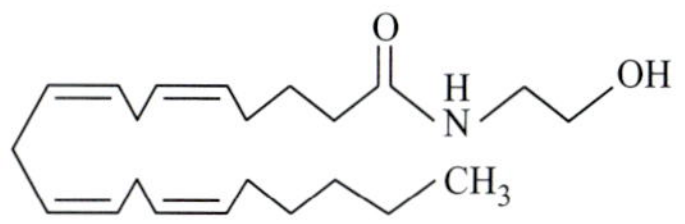

O
H
N
OH
CH_3

アナンダミドの構造

11.95 cAMPの加水分解を触媒するホスホジエステラーゼはカフェインによって阻害される. カフェインはcAMPに仲介されるシグナル伝達に結果的にどのような効果を与えるか.

12

体　　液

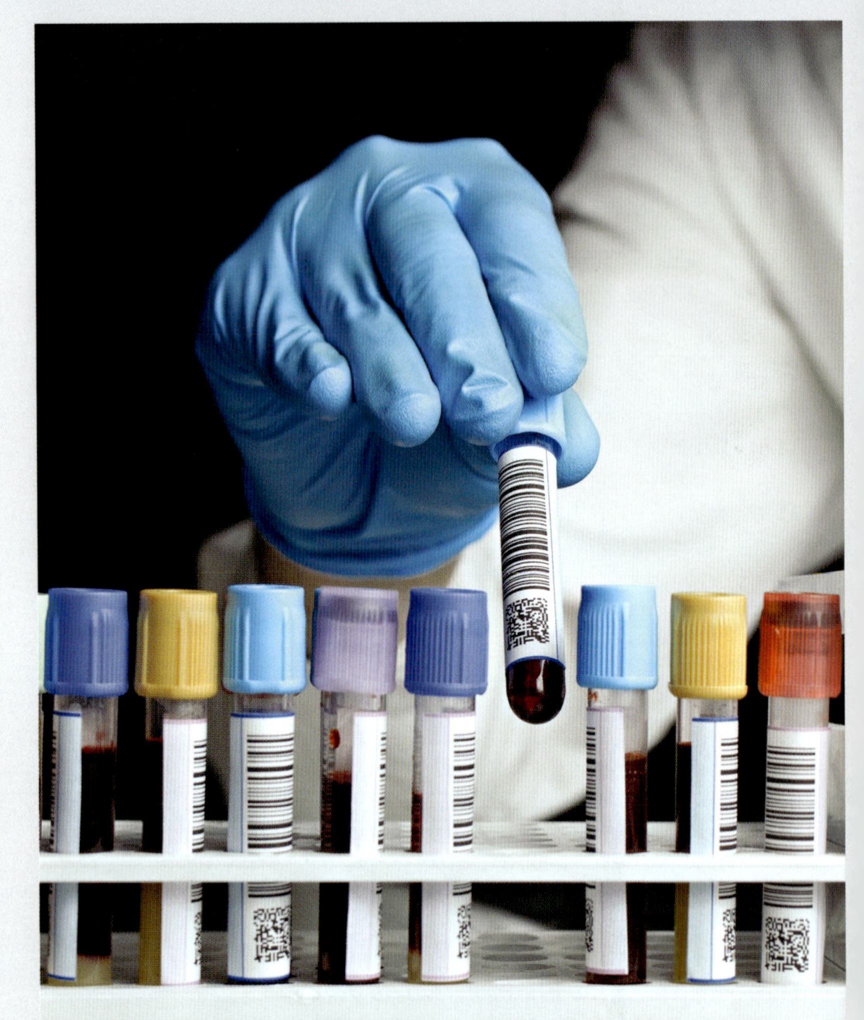

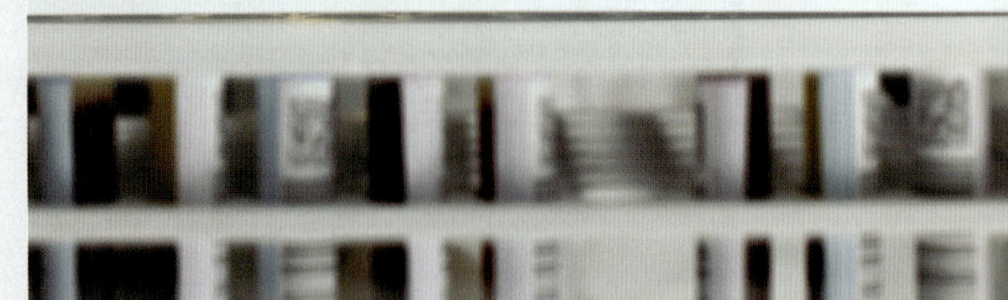

▲ 毎年の血液検査によって，生命を脅かされる前に，医学的な問題を検診することができる．

目　次

復習事項

A. 溶　液
（基礎化学編 9.1，9.2，9.11 節）
B. 浸透と浸透圧
（基礎化学編 9.12 節）
C. 透　析
（基礎化学編 9.13 節）
D. pH
（基礎化学編 10.7，10.8 節）

若いときはなにか病気になったと感じたときに医者にかかる．そして，採血して，病状と病気の原因を調べる．歳をとってくると年 1 回の定期健診が必要である，それによって医師はかなり正確に診断できる，なぜかというと，血液は体の各所を回っているからであり，心臓，腎臓，肝臓やそのほかの臓器の健康状態を診察する手がかりとなる．Chemistry in Action“血液検査とはなにか”では，正常な血液パネルとくらべて何が変化していて，どんな意味があるのかを調べる．たとえば，複雑な代謝パネルでなぜカルシウムレベル（濃度）が測定されるのか，あるいは脂質パネルでなにを診るのか，または絶食した血液でグルコースを分析する目的はなにかということだ．

これまでに学んできたすべての化学的な知識を活用して，最終章で“体液”について論じたい．電解質，栄養素や老廃物，代謝中間物質，そして化学メッセンジャーなどは，血流やリンパ液にのって私たちの体内を流れ，また尿や汗として排泄される．したがって，血液や尿の化学的な組成は体内の化学反応を反映する．幸いなことに，これらの液体は容易に集められるので研究することができる．これまでに生物化学を理解するための多くの進歩は，血液や尿の分析から得られる知見を基にしてきた．その結果，血液や尿の化学的な研究は，病気の診断や治療に必須な情報を提供することとなった．

12.1　体内水分と溶解物

学習目標：

- 体液を主な範ちゅうに分類し，それらの一般的な組成やそれぞれのあいだの交換系について述べることができる．

細胞内液（intracellular fluid）　細胞内に存在する体液．

細胞外液（extracellular fluid）　細胞外に存在する体液．血漿と間質液より構成される．

血漿（blood plasma）　血液から血球を除いた体液成分．細胞外液．

間質液（interstitial fluid）　細胞周囲の液．細胞外液．

人体の水分含量は，平均，約 60％（重量比）になる．生理学者は体液を二つの異なった“区域”，すなわち**細胞内**（intracellular）と**細胞外**（extracellular）区域を占めるものと考える．化学反応は主に**細胞内液**（細胞の中の液体）中でおこるものとみなしてきたが，この細胞の内側にある液は体内水分の約 3 分の 2 を含む（図 12.1）．体内水分の残りの 3 分の 1，主として**血漿**（血液のうちの水溶液分）と**間質液**（細胞と細胞の隙間を埋める液）を含む**細胞外液**に注目しよう．

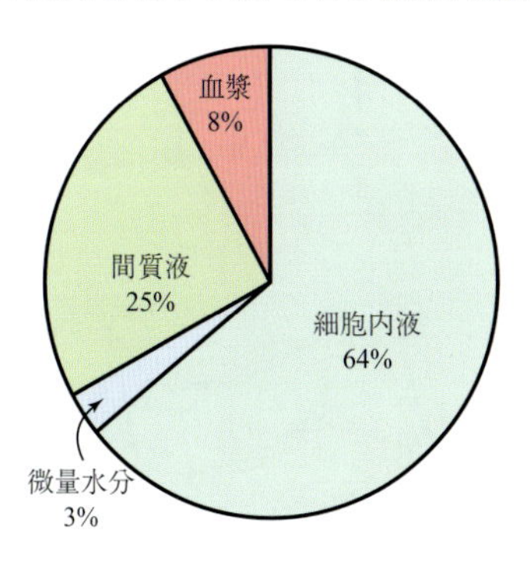

◀ **図 12.1**
体内水分の分布
体内水分の約 2/3 は，細胞内（細胞の中）にある．細胞外液は，血漿，細胞周囲の液（間質液），そして量的には少ないが，リンパ液，髄液，関節滑液などを含む．

水に溶解するためには，物質はイオン，ガス，小さな極性分子，あるいは多くの極性基，親水基，あるいはイオン基を表面にもつ大きな分子でなければならない．体液には全 4 種類の溶質が存在する．大多数の分子は，図 12.2 に示すように，無機イオンやイオン化した生体分子（主にタンパク質）である．これらの液体の組成は異なっているが，**モル浸透圧濃度**はおなじである．すなわち，1 L 当たりの溶解した電解質粒子（イオンや分子）の物質量はおなじになる．モル浸透圧濃度は，モル浸透圧濃度の違いによって生じる浸透により細胞膜を通過する水によってバランスが保たれる．

モル浸透圧濃度，オスモル濃度（osmolarity）　溶液の体積あたりの溶けている溶質の量．

◀◀◀ **復習事項**　親水基と疎水基の概念については有機化学編 3.3 節で学んだ．また，イオン化した生体分子の考え方については，有機化学編 6 章，Chemistry in Action“薬物療法，体液と‘溶解性スイッチ’”で学んだ．

無機イオンは，集合的に**電解質**（electrolyte；基礎化学編 9.9 節）として知られ，体液のモル浸透圧濃度に大きくかかわっていて，電荷のバランスを維持するのに不可欠な動きをする．水溶性のタンパク質は，血漿や間質液の溶質の大部分を占めている．たとえば，1 dL の血液中には約 7 g のタンパク質が含まれている．血中タンパク質は脂質やそのほかの分子を輸送し，血液の凝固反応（12.5 節）や免疫反応（12.4 節）などで必須な役割を果たす．また血液ガス（酸素や二酸化炭素）は，グルコース，アミノ酸，あるいはタンパク質の異化作用の副産物となる窒素含有物などとともに，血液中の主な小分子である．

血液は，循環系の動脈と静脈を結ぶ細かな毛細管ネットワークによって末梢組織間を移動する（図 12.3）．ここで，栄養や代謝の最終生成物の血液と間質液間の交換が行われる．毛細血管壁は，細胞どうしが少し隙間のあるような単層から成り立っている．水や多くの小さな溶質は，液圧や濃度の差に応じて毛細血管壁を自由に通過する（図 12.3）．

▶ 図 12.2
体液中の陽イオンと陰イオンの分布
細胞外では，Na^+が主な陽イオンで，Cl^-が主な陰イオンになる．細胞内では，K^+が主な陽イオンに，そしてHPO_4^{2-}が主な陰イオンになる．生理的pHでは，タンパク質は負電荷を帯びていることに注意する．

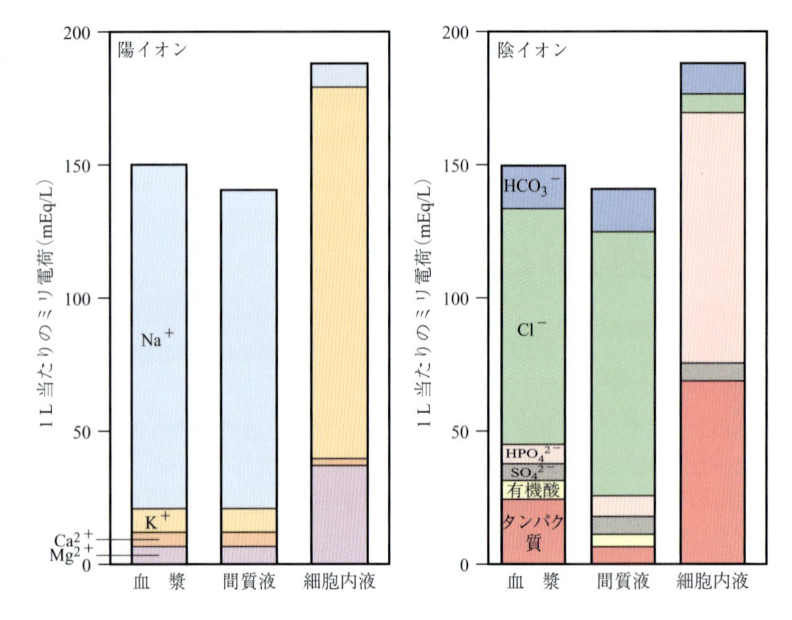

▶ 図 12.3
毛細管ネットワーク
血液と間質液の溶質の交換は，毛細血管壁を通じて行われる．矢印は，動脈内での流れを太線，静脈内での流れを細線，また毛細血管内の流れを点線で示す．

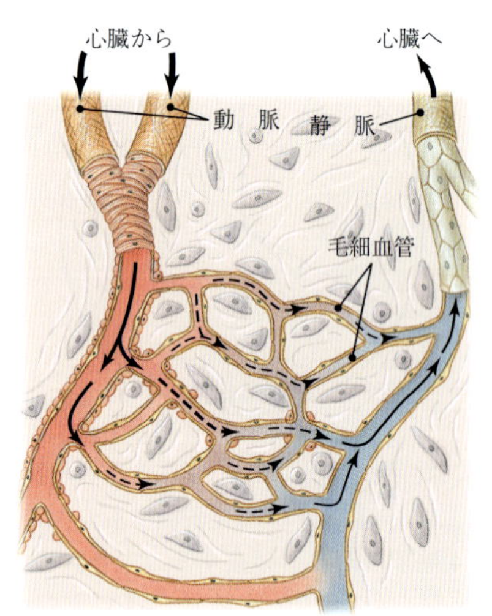

◀◀◀ 浸透においては，水は濃度のより低い溶液から高い溶液に向かって半透膜を移動する（基礎化学編 9.12 節参照）．

自由に細胞膜を通過（受動拡散）できる溶質は，溶質濃度の高い場所から溶質濃度の低い場所へ移動する．動脈の毛細血管の末端では，血圧は間質液圧よりも高く，溶質や水は間質液へ押し出されることになる．静脈の末端では血圧のほうが低く，周囲の組織から水や溶質は血漿中に戻る．毛細血管における水と溶質の交換の結果，血漿と間質液はその組成がタンパク質を除いて類似することになる（図 12.2）．

さらに，末梢組織は毛細リンパ管で網状になっている（図 12.4）．リンパ系は過剰の間質液や破壊された細胞の残がい，あるいは毛細血管壁を通過するには大きすぎるタンパク質や脂質の小滴を集める．間質液とそれに付随してリンパ系にもち込まれる物質が**リンパ液**となり，毛細リンパ管の壁がつくられ，その結果リンパ液がまわりの組織に逆戻りすることはない．結局，リンパ液は胸管で血流に入る．

間質液と細胞内液のあいだの溶質の交換は，細胞膜を横切って行われる．ここでは，主な濃度の差は，濃度勾配（**低濃度領域**から**高濃度領域**へ）に逆らう能動輸送と（エネルギーを必要とする），たとえば，ナトリウムイオン（Na^+）などのある種の溶質に対する膜の不透過性によって維持される（図 12.5）．Na^+濃度

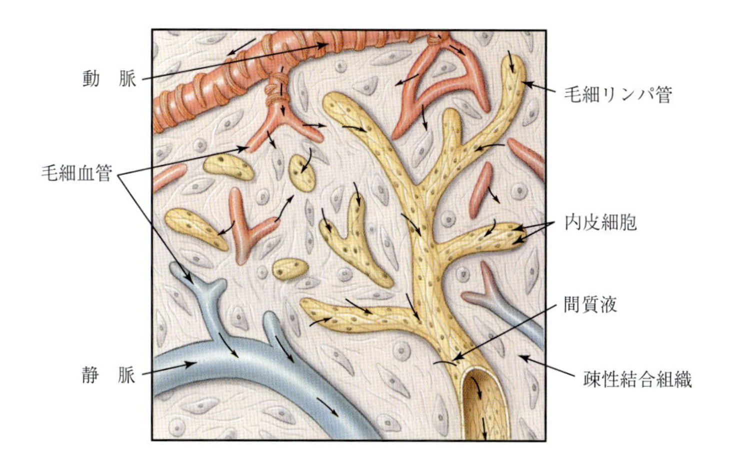

◀図 12.4
毛細血管と毛細リンパ管
矢印は，周辺組織への種々の成分が出入りする体液が流れる方向を示す．

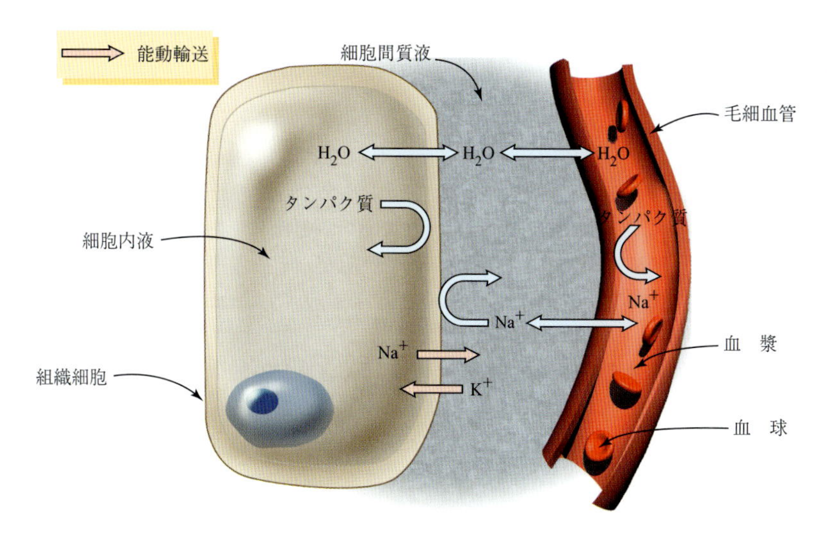

◀図 12.5
体液の交換
水はほとんどの組織中で自由に交換され，そのため血漿，間質液，細胞内液におけるモル浸透圧濃度は等しくなる．分子量の大きいタンパク質は毛細血管壁も細胞膜も通過できないので，間質液中でのタンパク質濃度は低くなる．間質液と細胞内液のあいだの濃度差は Na^+ と K^+ の能動輸送によって保たれる．

は細胞外液では高く，細胞内液では低い．一方，カリウムイオン(K^+)はちょうどその逆で細胞の内側では高く，外側では低い(図 12.2)．

基礎問題 12.1

医薬品のシスプラチンは，種々のヒトがんに対して処方される．多くのほかの抗がん剤と同様に，細胞内への輸送を保証する構造をもつようにシスプラチンをデザインすることが創薬の難点といえる．投与されるとき，シスプラチンが体内でおこす平衡反応はつぎのようになる．

$$\left[\begin{array}{ccc} Cl & & NH_3 \\ & Pt & \\ Cl & & NH_3 \end{array}\right](\text{水}) + H_2O(\text{液}) \rightleftharpoons \left[\begin{array}{ccc} Cl & & NH_3 \\ & Pt & \\ H_2O & & NH_3 \end{array}\right]^+(\text{水}) + Cl^-(\text{水})$$

シスプラチン　　　　　シスプラチン一水和物

細胞内ではどちらの形のシスプラチンが存在するだろうか(ここでは塩素イオン濃度は低いとする)．細胞外ではどちらの形のシスプラチンが存在するだろうか(ここでは塩素イオン濃度は高いとする)．シスプラチンとシスプラチン一水和物では，どちらが細胞内に容易に入るだろうか．その理由はなにか．

表 12.1　成人の1日の平均水分摂取量と排泄量

水分の摂取量（mL/日）		水分の排泄量（mL/日）	
飲み水	1200	尿	1400
食物からの摂水	1000	皮 膚	400
食物の代謝による酸化からの水	300	肺	400
		汗	100
		顔 面	200
総 量	2500		2500

表 12.2　スポーツの持久運動における体重減少への影響

体重の減少(%)	徴候と活動
0	正常な心臓の制御と活動
1	のどの渇きの促進，心臓の制御の変化，活動の減弱
2～3	心臓制御の低下，のどの渇きの上昇，活動の悪化
4	運動能力の20～30％低下
5	頭痛，興奮，緊迫感，疲労
6	衰弱，体温調節の減弱
7	瀕死の状態（運動を停止しないと）

12.2　体液のバランス

学習目標：

- どのようにして体液バランスを維持するのか説明できる．

体液は体内では一定量であり，そのバランスは生理的な恒常性（ホメオスタシス）を維持するために厳密に保たれている．これを果たすための一つの方法は，1日の水分の摂取量と排泄量をほぼ等しくすることであり，表12.1に示すように，ほぼ等しい．

この微妙なバランスが維持できなかったら，どんな生理的影響が現れるだろう，持久力を必要とするアスリートたちにとってはきわめて重要である．典型的なこととして，とくに心臓でおこると，水分摂取量の制限によって体液の消失がおこる．表12.2で示すように，体重が減少する典型的な結果となり，体液の消失に対する活動を容易に監視できる．

運動生理学者は，4％以上の体重減少は“危険ゾーン”と考えている．事実，スポーツドリンクのGatoradeは1965年に開発された．Florida大学の医師たちは大学のフットボールチームの脱水という深刻な問題を解決するため，独自の処方を開発した．この処方は大成功を収め，1968年にGatoradeは，ナショナルフットボールリーグの公式スポーツドリンクとなり，今日ではスポーツドリンク市場の主なシェアを占め，その売上高は年間8億ドルを超えている．いまでは市場に“スポーツドリンク”があふれているが，その理由が水を与える研究によるものであることを見て取れる（基礎化学編 9章，Chemistry in Action “電解質，水分補給，スポーツドリンク”参照）．

生理的には，水分や電解質の摂取はそれほど精密には制御されていない．しかしながら，これらの排泄は**かなり**厳密に調節されている．水分の摂取と排泄は，ホルモンによって制御される．視床下部にある受容体が血漿中の電解質濃度を測定し，わずか2％以下のモル浸透圧濃度の変化であってもホルモン分泌量の変化をおこす．たとえば血液のモル浸透圧濃度の上昇は，電解質の濃度の増加を示し，したがって水分が欠乏している．そこで**抗利尿ホルモン**[antidiuretic hormone，ADH，**バソプレッシン**（vasopressin）として知られる]が分泌される．腎臓の重要な役割の一つに，排泄する量を増減して水と電解質のバランスを維持することがある．腎臓では，ADHの作用によって尿中の水分量が減少する．それと同時に，視床下部の浸透圧受容器，心臓の圧受容器（圧力変化を感じる知覚神経の終末）と血管が，渇きを感じる機構を活性化して水分の摂取を誘発する．

ADHは非常に厳密に制御されているので，過剰分泌や分泌低下は重篤な病状となる．抗利尿ホルモンの過剰な分泌によって，**抗利尿ホルモン不適切分泌症候群**（syndrome of inappropriate ADH secretion, SIADH）が発症する．SIADHの原因としては主に二つあり，心臓に戻る血液の減少（たとえば，喘息，肺炎，呼吸器障害や心臓機能異常などによっておこる）による局所的な血容量の減少と，視床下部によるモル浸透圧濃度の感知の異常（たとえば，中枢神経系の異常やバルビツール酸塩やモルヒネなどによる）などが考えられる．ADHの分泌量が多すぎるときには，腎臓から排泄される水分は非常に少なく，体中の水分量が増大し，血清中の電解質の濃度が危険なほど低レベルまで下がる．

逆の問題として，ADHの不十分な分泌は，しばしば視床下部の障害によることがあり，**尿崩症**（diabetes insipidus）がおこる．この症状では（糖尿病とは無関係に），毎日15 L以上もの薄まった尿が排泄される．合成ホルモンを投与することによってこの症状は改善される．

HANDS-ON CHEMISTRY 12.1

スポーツ飲料とスポーツエネルギー菓子は，競技場で重要となっている．より良いエネルギーやより良い成果，より早い回復力が求められていることから，これらのスポーツ飲料やスナック菓子は，競技場から消費者の市場に移っていった．しかしこれらをつくる会社は，その要求を満たしているだろうか．この運動にはどの商品が良くて，その科学的根拠はなにかをインターネットで調べてみよう．この問題は，いわゆるエネルギー飲料とは関係なく，今日の大学キャンパスでは非常にふつうのことになっている．

a. 米国スポーツ医学会(ACSM)では，スポーツ飲料やエネルギー菓子の選び方，効果的な利用について研究している．最初の情報源としてACSMを利用するとよい．まず，スポーツ飲料とはなにかを正確に調べる．何が典型的で，中身はなにか，選択にはなにを考慮するのか，たんに水を飲むのでは良くないのか，などである．

b. ここでスポーツエネルギー菓子を考えてみよう．典型的なものはなにか．それを選ぶときに何を考えるか．大部分のエネルギー菓子は高カロリー値を示す．それはなぜか．なぜ高カロリーエネルギー菓子は人を引きつけるのか．

c. 最後に，a. と b. でわかったことをもとにして，平均的な人がスポーツ飲料やエネルギー菓子をとるのは賢明なことなのかを考えてみよう．平均的な人とは，走者でもなく持久力のある競技者でもない普通の人をさす．

12.3 血 液

学習目標：

- 血液の構成成分と機能について述べることができる．

血液は循環系によって体内を流れるが，その循環系は外傷や病気がなければ基本的には閉じた系になる．血液の約55%が血漿であり，それは図12.6に示すようにタンパク質やほかの溶質を含んでいる．残りの45%は**赤血球(エリス**

赤血球(エリスロサイト)(erythrocyte) RBC(red blood cell)と略される．血中ガスの運搬を担当．

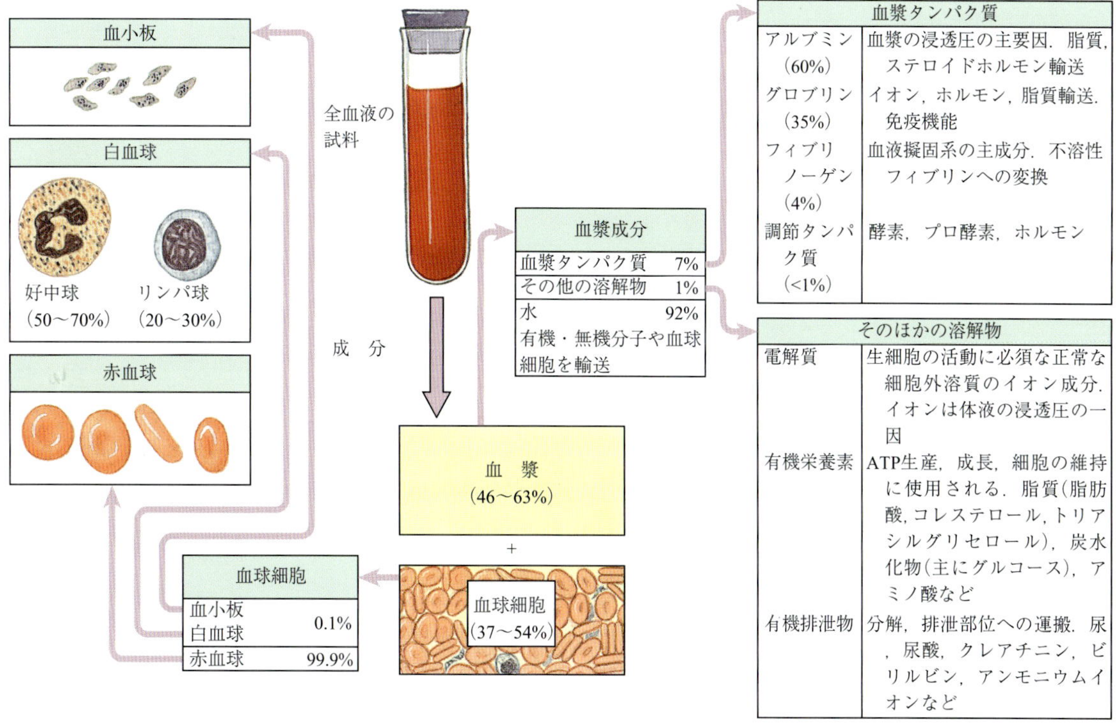

▲ **図 12.6**
全血液の構成

白血球（ロイコサイト）（leukocyte）　WBC（white blood cell）と略される．
全血液（whole blood）　血漿と血球細胞を合わせたもの．

ロサイト，RBC），血小板，そして**白血球**（**ロイコサイト**，WBC）の混合物になる．

血漿と血球細胞が一緒になって**全血液**を構成しており（図 12.6），日常的に臨床検査のために採取される．全血液の試料は，抗凝固剤（室温では 20 ～ 26 分間で血液凝固がおこる）の入った減圧管に直接採取される．典型的な抗凝固剤は，ヘパリン（血液凝固に必要な酵素活性を阻害する），クエン酸やシュウ酸イオン（どちらも血液凝固に必要なカルシウムイオンと沈澱を形成し，溶液中からカルシウムイオンを除去する）などがある．血漿と血球細胞は，遠心分離法によって分けられる．血球細胞は沈澱に，血漿は上清に残る．

血清（blood serum）　血液凝固の後に残った血液の液体部分．

多くの実験室で実施される分析は，**血清** — 凝固が完結した後の液体 — に対して行われる．血清成分は，血漿の成分とは同じではない．12.5 節で示すように，凝固物はたんなる細胞の塊ではなく，血漿に由来する関連タンパク質の塊を含んでいる．血清試料が必要なとき，全血液は凝固促進剤を使用して採取される．トロンビンは凝固系で働く天然のタンパク質で，この目的のためによく用いられる．遠心分離法は固形物と細胞を分離し，後には血清が残る．

血液の主成分

- **全血液**
  - **血　漿**：水溶性の溶解物を含む血液の液体の部分
  - **血球細胞**：RBC（気体の運搬）
    - ：WBC（免疫系の一部）
    - ：血小板（血液凝固の開始補助）
- **血　清**：血液が凝固した後に残った血漿の液体部分

主なタンパク質と細胞成分の機能を表 12.3 に示す．これらの機能はつぎの三つに分類される．

表 12.3　血中のタンパク質と細胞成分の機能

血中成分	機　能
タンパク質	
アルブミン	脂質，ホルモン，薬物の輸送．血漿浸透圧の調節
グロブリン	
免疫グロブリン（γ-グロブリン，抗体）	抗原（微生物や外来の侵入物）の認識とそれらの破壊の開始
輸送グロブリン	脂質と金属イオンの輸送
フィブリノーゲン	血液凝固に含まれるフィブリンの形成
血球細胞	
赤血球（エリスロサイト）	O_2，CO_2，H^+の輸送
白血球（ロイコサイト）	
リンパ球	特定の病原菌や外来の物質に対して防御する（T 細胞と B 細胞）
貪食細胞	貪食を行う — 外来侵入物を食する（好中球，好酸球，単球）
好塩基球	損傷を受けた組織の炎症反応のとき，ヒスタミンを放出する
血小板	血液凝固の開始を助ける

CHEMISTRY IN ACTION

血液脳関門(BBB)

ヒトの体の中で，体内環境を一定に保つという点で脳ほど重要な場所はない．よって，体のいたるところでおこるホルモン，アミノ酸，神経伝達物質，そしてカリウムなどの血中濃度の変化に対して，脳は血液組成の変動とは厳密に隔離されたものでなければならない．

では，脳は毛細血管の血液から栄養分を受け取りながらも，どのようにして防御しているのだろうか？その答えは脳毛細血管の壁を構成する**内皮細胞**(endothelial cell)の特殊な構造にある．ほかのほとんどの毛細血管とは異なり，脳の毛細血管は連続的な接合点を形成しており，そのため血管の間をなにも通過できないようになっている．脳に到達するためには，物質は内皮細胞膜を横切って，この血液脳関門(blood-brain barrier, BBB)を通過しなければならない．頭骨が外部から保護しているように，BBBは内部から保護している．BBBは，それ自身が臓器のようなもので，神経空胞と呼ばれていた．関門ということがわかったのは，多くの疾患，脳腫瘍やアルツハイマー病などの知見による．

脳細胞の主なエネルギー源のグルコースを考えてみると，脳に運ぶ道をもたなければならない．また，脳がつくらないある種のアミノ酸は認識され，それぞれの分子に特異的な輸送機構によって細胞膜を横切って運ばれなければならない．つまり，特異的な輸送体が存在し，脳の内と外に物質を運ばなければならない．グリシンは脳に運ばれなければならない物質のもう一つの例である．グリシンは，神経伝達物質となる小さなアミノ酸であり，非対称(一方向)の輸送系がある．神経のシグナル伝達を活性化するのではなく，むしろ抑制する働きがあり，その脳内濃度は血中濃度よりも低く抑えられていなければならない．これを実現するため，脳にもっとも近い細胞膜にはグリシン輸送系があり，反対側にこのような輸送系は存在しない．このようにグリシンは脳の外部へは輸送されるが，内部に輸送されることはない．

脳は“代謝的”なBBBによっても保護されている．この場合は，内皮細胞の中に入る化合物は，脳に侵入できない化合物に細胞内で変換される．脳関門におけるこの代謝の特筆すべき例は，神経伝達物質**ドーパミン**(dopamine)やドーパミンの代謝前駆体**L-ドーパ**(L-dopa)である．

L-ドーパは輸送系の一つによって認識されて，脳内に入ることも出ることもできる．しかしながら，脳は内皮細胞内でドーパミンに変換して，過剰のL-ドーパの流入を防いでいる．ドーパミンは脳内でL-ドーパから生産されるが，グリシンとおなじように脳から

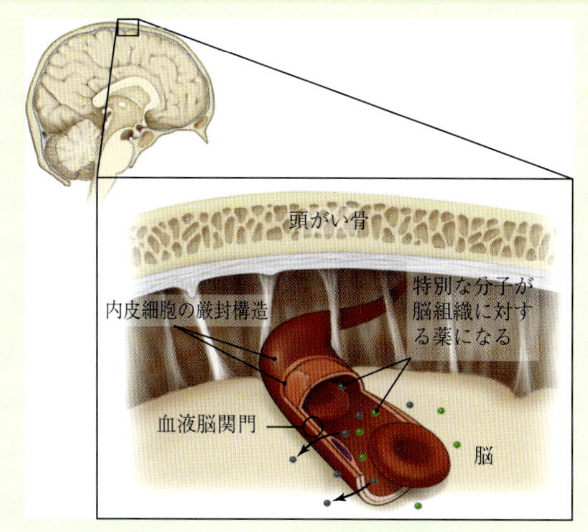

▲ 血液脳関門

出ることはあっても入ることはない．パーキンソン病にみられるドーパミン不足は，L-ドーパの投与によって治療される．

$$\text{HO, HO-}C_6H_3\text{-}CH_2\text{-}CH(\overset{+}{N}H_3)\text{-}COO^- \longrightarrow \text{HO, HO-}C_6H_3\text{-}CH_2\text{-}CH_2\text{-}\overset{+}{N}H_3 + CO_2$$

L-ドーパ　　　ドーパミン

内皮細胞膜を通過することが脳に入る経路となっているため，脂質膜に溶解する物質は容易にBBBを通過する．モルヒネと異なるヘロインについて考えると，モルヒネが極性のヒドロキシ基を二つもっているのに対し，ヘロインは非極性のアセチル基を二つもっていることである(有機化学編 表5.2参照)．脂質に対する溶解性の違いの結果，ヘロインはモルヒネよりも効果的に脳内に入ることができる．いったん脳内に入ると，酵素反応がアセチル基を除いてモルヒネに変え，脳内に蓄積される．長いこと科学者は，BBBは不可侵な壁で通過させることが難しいと考えられていた．BBBを通過させる方法を発見することは，創薬化学者にとって大きな関心事である．たとえば，脳腫瘍では典型的な化学療法剤が血液脳関門を通過できないので，放射線治療や外科的手術がこれまで行われてきた．研究者は，半分が医薬(これはBBBを通過できない)で半分が“トロイの木馬分子”(BBBを通過できる組換えタンパク質)の物質を，**キメラ治療法**(chimeric therapeutic)として治験をはじめている．この方法

つづく

はマウスではうまくいっているが，ヒトでの試みはこれからである．この厳しい関門を理解できさえすれば，これまで最高の挿入技術を使わなければ処置できなかった脳の疾患治療にとって，大きな進展となる．

CIA 問題 12.1　非対称輸送系とはなにか．その特異的な例を一つあげよ．

CIA 問題 12.2　どのような種類の物質が BBB を通過しやすいか．エタノールはこの関門を通過しやすいか．また，それはなぜか．

CIA 問題 12.3　BBB における代謝はどうなっているのか．

CIA 問題 12.4　ヘロインはモルヒネより BBB を通過しやすい．二つの分子の構造(有機化学編 表 5.2 参照)を比較して，どこが違うのか，またヘロインとモルヒネの薬効の強さの違いを構造式から説明せよ．

血液の主機能

- **輸　送**：循環系は全身の中では高速道路に相当し，この系に入ってきた輸送物質を使用したり廃棄する場所へ運ぶ．酸素や二酸化炭素は，RBC によって輸送される．栄養分は腸から異化する場所へ運ばれる．代謝の廃棄物は腎臓へ運ばれる．内分泌腺から分泌されたホルモンは，標的組織に引き渡される．
- **制　御**：血液が流れると体温を拡散させ，したがって体温の調節に寄与する．また，水や溶解物を必要とする場所へ運搬する．それに加えて，血液の緩衝作用は酸–塩基のバランスを保つうえで必須である．
- **防　御**：血液はつぎの二つの主要な防御機構に必要な分子や細胞を運搬する．
  (1) 外敵を破壊するための免疫応答
  (2) 血液の流出を防ぎ，傷を治癒するための血液凝固

問題 12.2

(a)～(e)の語句と(i)～(v)の定義を組み合わせよ．

(a) 間質液　(i) 血球を除いたときに残る溶液
(b) 全血液　(ii) 動脈や静脈に流れるすべての溶液，溶解物，細胞
(c) 血清　(iii) 細胞間の空間を埋める溶液
(d) 細胞内液　(iv) 血漿から血液凝固成分が除かれた時に残る溶液
(e) 血漿　(v) 細胞内の溶液

12.4　血漿タンパク質，白血球および免疫

学習目標：

- 炎症や免疫応答における血液構成成分の役割を説明できる．

抗原は，外来の侵入者として生体によって認識されるある分子，あるいは分子の一部である．これまでに出合ったことのない分子や侵入者として体によって認識される分子の一部(たとえば，微生物やウイルスの表面にある分子)も抗原になると思われる．抗原が**ハプテン**(hapten)として知られる小分子の場合も，それらがキャリヤータンパク質に結合したときにのみ抗原として認識される．ハプテンには抗菌薬や環境汚染物質，そして動植物からのアレルゲンといったものも含まれる．

抗原の認識は三つの異なる応答を開始する．まず最初に，**炎症応答**は抗原に対する非特異的で局所的な反応である．残り二つのタイプの**免疫応答**(細胞性

抗原(antigen)　免疫反応をおこす，生体にとって外来の物質．

炎症応答(inflammatory response)　抗原あるいは組織の損傷によっておこされる非特異的な防御機構．

免疫応答(immune response)　特定の抗原，たとえばウイルスや細菌や毒性物質，あるいは感染細胞の認識に伴う免疫系の防御機構で，細胞性と抗体性がある．

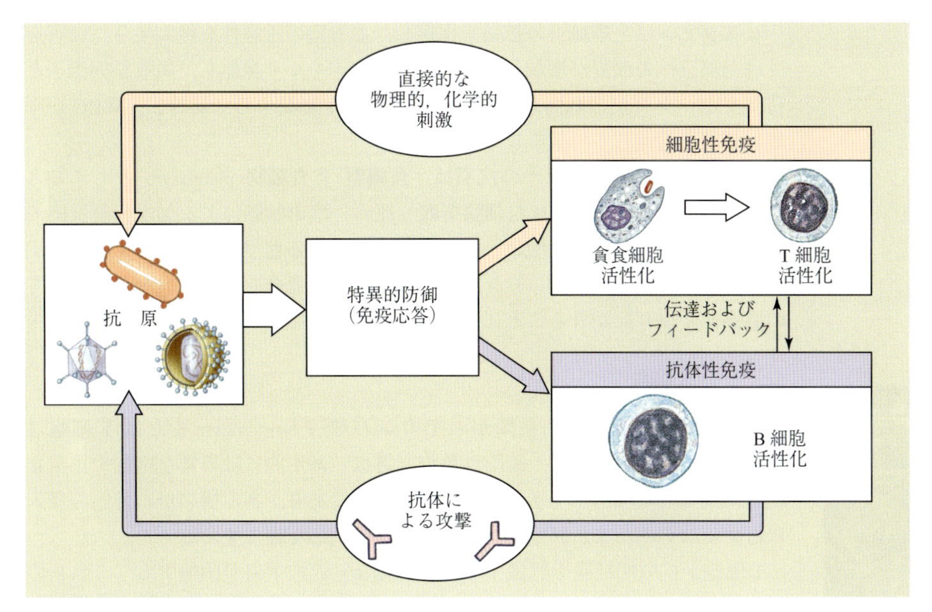

▲ 図 12.7
免疫応答
抗原刺激は細胞性免疫応答と抗体性免疫応答をおこす．

反応および抗体性反応）は，ある**特異的な**侵入者（たとえば，ウイルス，細菌，毒物，あるいは感染した細胞など，図 12.7）の認識に依存する．分子レベルでは，侵入した抗原はちょうど酵素と基質のあいだで生じる相互作用とおなじようにして認識される．非共有結合の親和力が，抗原と抗原に特異な防御物質を空間的に適合させる．**細胞性免疫応答**（cell-mediated immune response）は，**T 細胞**（T cell）として知られる WBC に依存する．また**抗体性免疫応答**（antibody-mediated immune reponse）は，**B 細胞**（B cell）として知られる WBC によって産生される**抗体**（あるいは**免疫グロブリン**）に依存する．

抗体（免疫グロブリン）〔antibody〕（immunogloblin） イムノグロブリン（Ig）ともよばれる．抗原を認識する糖タンパク質分子．

炎症と免疫応答のいずれもが効果的になるには，通常数の WBC（5 ～ 10 × 10^6/mL）を必要とする．もし WBC 数が血液 1 mL 当たり 1000 以下のとき，どのような感染でも致命的になる．後天性免疫不全症候群（AIDS）は WBC が破壊した結果の 1 例である．

炎症応答

感染やけがなどによる細胞の傷害は**炎症**を引きおこすが，これは腫れ，赤み，発熱，そして痛みを生じる生体の非特異的な防御機構である．たとえば，腫れ上がって痛みのある赤いこぶが指の分かれ目にできていたら，それは炎症による（一般的に，**膨疹・発赤反応**（wheal-and-flare reaction）として知られている）．傷などのあるところから放出された化学メッセンジャーが直接炎症応答をおこす．そのようなメッセンジャー分子にはヒスタミンがあり，アミノ酸のヒスチジンから合成され，体中の細胞にたくわえられる．ヒスタミンの放出は，アレルギー反応によっても誘起される．

炎症（inflammation） 炎症反応の結果で腫れ，赤みを帯びる，発熱，痛みを伴う．

$$\text{(imidazole)}-CH_2CH(COO^-)-\overset{+}{N}H_3 \xrightarrow{\text{ヒスチジンデカルボキシラーゼ}} \text{(imidazole)}-CH_2CH_2-\overset{+}{N}H_3 + CO_2$$

ヒスチジン　　　　ヒスタミン

ヒスタミンは毛細血管の拡張を促進し，血管壁の透過性を増大する．傷害を受けた部位への血流が増加した結果，皮膚が赤くなり発熱し，血液凝固因子と防御タンパク質が細胞間隙に入り込むと血漿が膨潤する．同時に，WBC が毛細血管壁を通過して外敵を攻撃する．

炎症部位では細菌やほかの抗原は，**食細胞**(**貪食細胞** phagocyte)として知られる WBC によって侵入した細胞を取り囲み，酵素触媒による加水分解反応でそれらを破壊する．食細胞は，炎症応答を指示する化学メッセンジャーを放出する．外傷による炎症は，リンパ系に吸着された死細胞や残がいなどのすべての感染源が取り除かれることによって，はじめて完全に治まる．

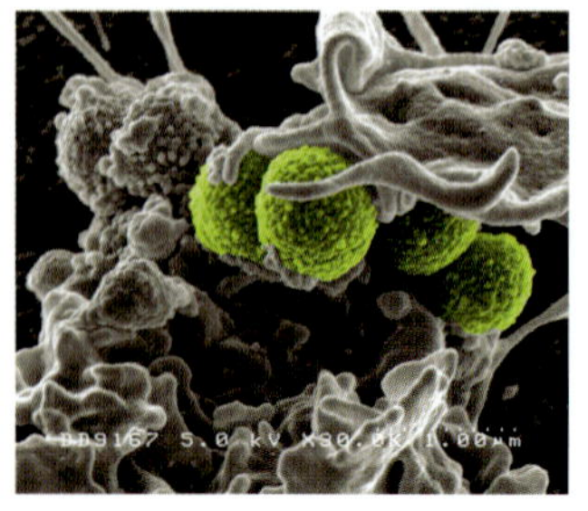

▲ 一つのリンパ球がいくつかの黄色ブドウ球菌(緑色で示す)を捕まえようとしている

細胞性免疫応答

細胞性免疫応答は，何種類かの **T リンパ球**(T lymphocyte または **T 細胞** T cell)によって制御される．細胞性免疫応答は，基本的には異常な細胞や正常な細胞に侵入した細菌やウイルスに対する防御であり，ある種のがん細胞の侵入に対する防御や，また移植臓器に対する拒絶反応をおこす．

T 細胞が抗原性細胞を認識すると，複雑な一連の事象が開始する．これらの事象の結果，侵入物を破壊する力(たとえば，細胞膜に穴を開けることによって殺す毒性タンパク質を放出するなど)をもつ**細胞傷害性 T 細胞**(cytotoxic T cell)あるいは**キラーT 細胞**(killer T cell)と，さまざまな方法で侵入物に対する防御を強化する**ヘルパーT 細胞**(helper T cell)が産生される．多くの**メモリーT 細胞**(memory T cell)もまた産生されて見張りとして残り，もし同一の病原体が再び現れた場合には，適合するキラーT 細胞を即座につくり出す．

抗体性免疫応答

WBC の一種，**B リンパ球**(B lymphocyte)あるいは **B 細胞**(B cell)は，T 細胞の補助によって抗体性免疫応答にかかわっている．抗原性細胞しか認識しない T 細胞と異なり，B 細胞は体液中に漂う抗原を認識する．B 細胞は最初に抗原と結合するときと，つぎにおなじ抗原を認識するヘルパーT 細胞に出合うときに活性化される．この活性化は体のどこでもおこるが，高濃度のリンパ球をもつリンパ節，扁桃腺，脾臓に多くみられる．

いったん活性化されると，B 細胞は分裂し，抗原特異的な抗体を分泌するプラズマ細胞を生成する．抗体は**免疫グロブリン**である．体はいつでも 10 000 もの異なった免疫グロブリンを常備しており，私たちは 1 億以上の免疫グロブリン分子をつくり出す能力をもつ．免疫グロブリンは，図 12.8 に示すように

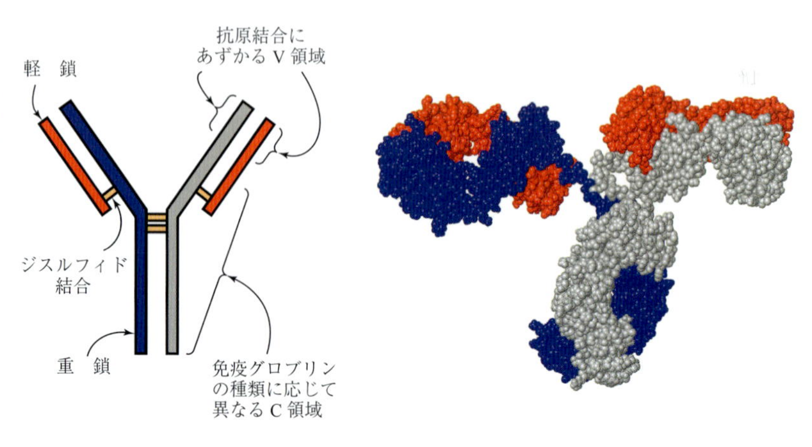

▶図 12.8
免疫グロブリン(抗体)の構造
(a) 免疫グロブリンの領域．両鎖をつなぐジスルフィド結合を橙色で示す．(b) 免疫グロブリンの分子モデル．重鎖を灰色と青色，軽鎖を赤色で示す．

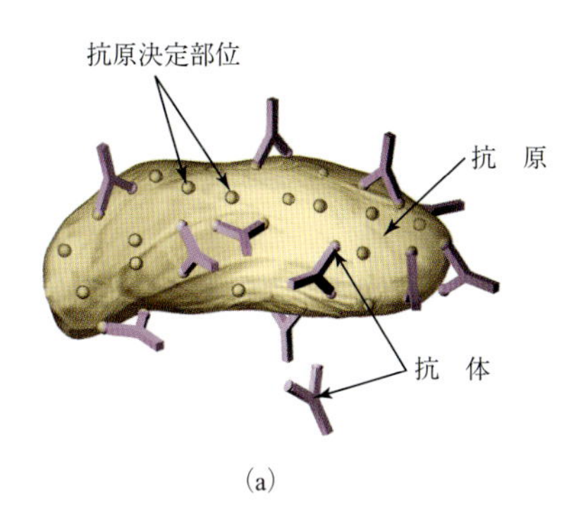

(a)

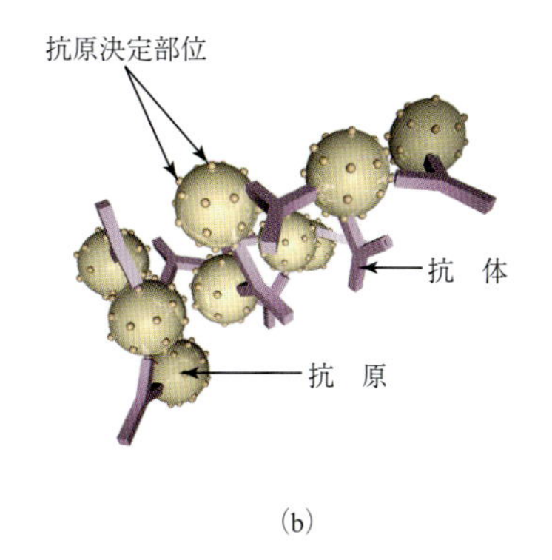

(b)

◀**図 12.9**
抗原−抗体複合体
(a) 抗体は，たとえば細菌などの表面にある抗原決定部位に結合する．(b) 各抗体には二つの結合部位があるので，多くの抗原と抗体の相互作用によって大きな免疫複合体ができる．

二つの“重鎖”ポリペプチドと“軽鎖”ポリペプチドがジスルフィド結合した糖タンパク質である．変異する場所は，特異的な抗原に結合するアミノ酸配列になる．いったん合成されると，抗体は自らの抗原を求めて拡散する．

抗原−抗体複合体(図 12.9)の形成は，いくつかある方法の一つで抗原を不活性化する．たとえば，その複合体は貪食細胞を引きつける，あるいは侵入物が標的細胞と結合するメカニズムを阻止する．

活性化された B 細胞の分裂は，防御のために残るメモリーT 細胞も産生し，もしおなじ抗原が出現したときに，すばやくより多くのプラズマ細胞をつくり出す．長く生き続ける B 細胞およびメモリーT 細胞は，一度病気にかかった後あるいはワクチン接種後の，病気に対する長期的な免疫応答を担う．

数クラスの免疫グロブリンが発見されている．たとえば**免疫グロブリン G 抗体**［immunoglobulin G antibody, IgG，**γ-グロブリン**(gamma globulin)とも呼ばれる］はウイルスや細菌に対して防御する．アレルギーや喘息などは，**免疫グロブリン E**（immunoglobulin E, IgE)の過剰供給が原因でおこる．正常な体の一部を非自己と認識し，それらを攻撃する抗体が過剰に産生されてしまったために生じる多くの疾患がある．これらの**自己免疫疾患**には，結合組織が攻撃される関節リウマチ，膵臓の島細胞(ランゲルハンス島)が攻撃される糖尿病の一種，そして自己の核酸や血液中の成分に対して抗体を産生してしまう全身性エリテマトーデスなどが含まれる．

自己免疫疾患(autoimmune disease) 免疫系が正常な生体成分の一部を抗原と認識し，それに対する抗体を産生する疾患．

12.5 血液凝固

学習目標：

- 血液凝固に関与する段階をあげることができる．

血液凝固は，**フィブリン**という不溶性の繊維タンパク質の網目に捕捉された血球細胞からできている．凝固形成は 12 個の凝固因子が必要な多段階の反応である．カルシウムイオンはその凝固因子の中の一つである．そのほかのものはほとんどが糖タンパク質で，ビタミン K を補酵素として要求する反応経路により肝臓内で合成される．そのため，ビタミン K が欠乏した場合や，ビタミン K の競合阻害剤が存在した場合，あるいは凝固因子が欠乏した場合などには，わずかな組織の損傷でも出血がなかなか止まらないことがある．血友病は，非遺伝性の遺伝子異常によっておこる疾患で，一つかそれ以上の凝固因子の欠損による．血友病患者は 1 万人に 1 人の確率で生まれるが，80 ～ 90％の血友病患者は男性である．

フィブリン(fibrin) 血液凝固の繊維構造を形成する不溶性タンパク質．

ビタミンK
(フィロキノン)

もっとも小さな毛細血管から血液の流出を防ぐための生体機構は，**ヘモスタシス**(止血作用)と呼ばれている．ヘモスタシスの最初の事象は，組織の損傷の

ヘモスタシス(hemostasis) 流血を止めること．

血液凝固(blood clot)　血液が流出する場所で形成されるフィブリン繊維の編み目と捕捉された血球細胞.

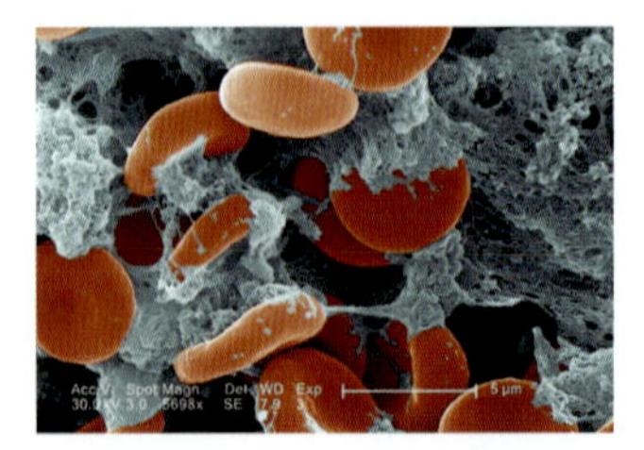
▲ 凝固した血液のカラー化電子顕微鏡像. 赤血球がフィブリン集合の中にみられる.

ある場所で,(1) 周囲の血管の圧縮と,(2) **血小板**(platelet)として知られる血球細胞からなるプラグ(栓)の形成である.

つぎに,**血液凝固**は以下の二つの経路によって誘発される過程で形成される.(1) **内因的経路**は,組織が損傷した部分で露出される,繊維タンパク質コラーゲンの負電荷を帯びた表面に血球細胞が接触したときに開始する.ガラス表面は負に電荷を帯びているので,ガラス管の中に血球細胞を置くと全くおなじように凝固が促進される.(2) **外因的経路**は,損傷した組織が**組織因子**(tissue factor)として知られる膜に内在する糖タンパク質を放出する時に始まる.

いずれの経路も結果的にはカスケード反応になり,不活型の凝固因子(チモーゲン,2.8 節)が,表面の特定のポリペプチド配列の切断によって活性型になる.通常,新たに活性化された酵素はつぎの因子の活性化を触媒する.そして二つの経路が融合し,一般的な経路の最終段階で,酵素**トロンビン**(thrombin)が溶解性の血漿タンパク質フィブリノーゲンから小さなポリペプチドの切断を触媒する.これらポリペプチドの負に荷電したアミノ酸残基は,フィブリノーゲンを溶解させ,分子どうしを離れたままに保つ.そしてこれらのポリペプチドが取り除かれると,直ちに不溶性のフィブリン分子どうしが非共有結合的に相互作用し集合する.つぎに,それらはほかの凝固因子によって触媒される反応で,リシンとグルタミン残基のあいだでアミド結合を形成して,繊維になる.

$$\text{Gln}-CH_2CH_2-\overset{O}{\overset{\|}{C}}-NH_2 + H_3\overset{+}{N}CH_2CH_2CH_2CH_2-\text{Lys} \longrightarrow$$

$$\text{Gln}-CH_2CH_2-\overset{O}{\overset{\|}{C}}-NHCH_2CH_2CH_2CH_2-\text{Lys} + NH_4^+$$

タンパク質鎖

タンパク質鎖間の結合

血液凝固が流血を防ぎ,治療のため損傷した表面をつないでおくという働きをした後,ペプチド結合の加水分解によって凝固は壊れる.

12.6　赤血球と血液ガス

学習目標:

- 酸素と二酸化炭素の輸送と酸-塩基バランスとのあいだの関係を説明できる.

RBC すなわちエリスロサイトは,“血液ガス”を運搬するという一つの重要な目的をもつ.哺乳類の赤血球には核やリボソームがなく,それら自体で複製することはない.しかもミトコンドリアやグリコーゲンをもっておらず,周囲の血漿からグルコースを得なければならない.その莫大な細胞数は血液の 1 滴中に約 2 億 5000 万個で,大きい表面積は体中の迅速なガス交換を可能にする.赤血球は小さくて柔軟なので,押しつぶしてもっとも狭い毛細血管を通過することができる.

赤血球中のタンパク質の 95%がヘモグロビンで,酸素と二酸化炭素を運搬する.ヘモグロビン(Hb)は四つのポリペプチド鎖からなる構造をしており,そのことはすでに図 1.5 で示した.それぞれのタンパク質鎖は非極性内部の中央にヘム分子をもち,四つのヘムそれぞれが酸素 1 分子と結合できる.

酸素の運搬

鉄(Ⅱ)イオン(Fe^{2+})はそれぞれのヘム分子の中心にあり，O_2が酸素の非共有電子対の一つを介して結合する場所にある．鉄がFe^{2+}とFe^{3+}いずれの状態にもなり得る呼吸鎖伝達系のシトクロムとは対照的に，ヘム鉄は還元されたFe^{2+}の状態で酸素を運搬する能力を維持しなければならない．酸素4分子を抱えたヘモグロビン(オキシヘモグロビン)は明るい赤色である．一つ以上の酸素を失ったヘモグロビン(デオキシヘモグロビン)は濃赤色あるいは紫色で，それは静脈血の濃赤色を説明する．大気中の酸素にさらすと鉄を酸化するので(さびを考える)，乾燥した血は茶褐色になる．酸素を運ぶ動脈血の色は，赤血球の酸素化を測定するため，臨床的に有効な方法で使われている(**パルスオキシメトリー**，図12.10)．

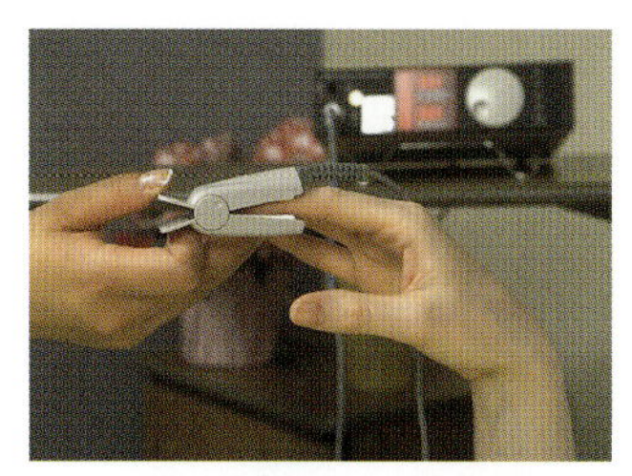

▲ 図 12.10
連続的に血中酸素量を測定するパルスオキシメトリーセンサー
センサーの一方には二つの発光ダイオード(LED)，一つは可視の赤色光(濃赤色の脱酸素化した血によってよく吸収される波長)で，もう一つは赤外光(明赤色の酸素化した血によってよく吸収される波長)が取り付けられている．センサーの反対側には，透過光を計測する光度計があり，血液の酸素飽和百分率と脈拍数を計算する装置にその信号を送り記録する．正常酸素飽和百分率は95～100%である．85%以下の組織は危険であり，70%以下の致命的である．

正常な生理学的条件では，酸素を抱えるヘム分子の**飽和百分率**(percent saturation)は，周囲の組織における酸素分圧に依存する(図12.11)．その曲線のカーブは，酸素とヘムの結合がアロステリックの性質をもつことを示している(2.7節参照)．結合するそれぞれのO_2は，つぎのO_2の結合を促進するようにヘモグロビンの四量体構造を変え，各酸素の放出はつぎの酸素の放出を促進する．その結果，酸素分圧の低い組織により酸素が放出されやすくなる．末梢組織の酸素分圧は平均40 mmHgであって，ヘモグロビンが75%酸素で飽和しているが，これは緊急時のために大量の酸素をたくわえた状態である．しかしながら，代謝が活発な筋肉などの組織では，酸素分圧が40 mmHgと20 mmHgのあいだで曲線が急に低下することに注意すべきである．

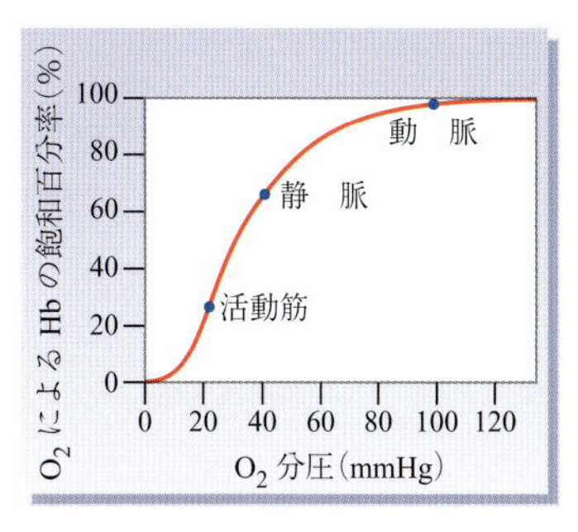

▲ 図 12.11
通常の生理的条件におけるヘモグロビンの酸素飽和
酸素の分圧は，動脈では約100 mmHgであり，活動中の筋肉では約20 mmHgである．分圧が40 mmHgから20 mmHgになると，多量の酸素が放出されることに注意．1 mmHg≒133.322 Pa

二酸化炭素の輸送，アシドーシスとアルカドーシス

酸素と二酸化炭素は，赤血球によって運搬される“血中ガス”である．重炭酸イオン-二酸化炭素の緩衝液のように，H^+とHCO_3^-濃度のあいだの関係と，O_2とCO_2分圧のあいだの密接な関係は，電荷と酸-塩基のバランスを維持するうえで必要である．

$$\underbrace{CO_2(\text{水}) + H_2O(\text{液})}_{\text{肺による制御}} \rightleftharpoons H_2CO_3(\text{水}) \rightleftharpoons \underbrace{HCO_3^-(\text{水}) + H^+(\text{水})}_{\text{腎臓による制御}}$$

したがって臨床の立場では，“血中ガス”を測定することは，通常血液のガス濃度と同様にpHも測定することを示している．末梢の細胞における代謝物の二酸化炭素は間質液中に拡散し，毛細血管に浸透した後に3通りの方法で血液に運ばれる．つまり，(1) 溶解したCO_2(水)として，(2) Hbに結合する，あるいは(3) 血液中の炭酸水素イオンHCO_3^-として，である．生じたCO_2の約7%が血漿中に溶け込んでいる．残りは赤血球中に入り，そのいくつかがイオン化していないアミノ酸残基の$-NH_2$基と反応してヘモグロビンのタンパク質部分と結合する．

$$Hb—NH_2 + CO_2 \rightleftharpoons Hb—NHCOO^- + H^+$$

ほとんどのCO_2は，高濃度のカルボニックアンヒドラーゼ(炭酸デヒドラターゼ)を含む赤血球中ですばやく炭酸イオンに変換される．生成した水溶性のHCO_3^-は赤血球を離れ，血中を移動して肺に到達すると，そこで呼気としてCO_2に戻される．電解質の濃度のバランスを保つために，離れていくおのおののHCO_3^-の代わりにCl^-が赤血球に入り，その過程は肺に血球が到達すると逆転する．

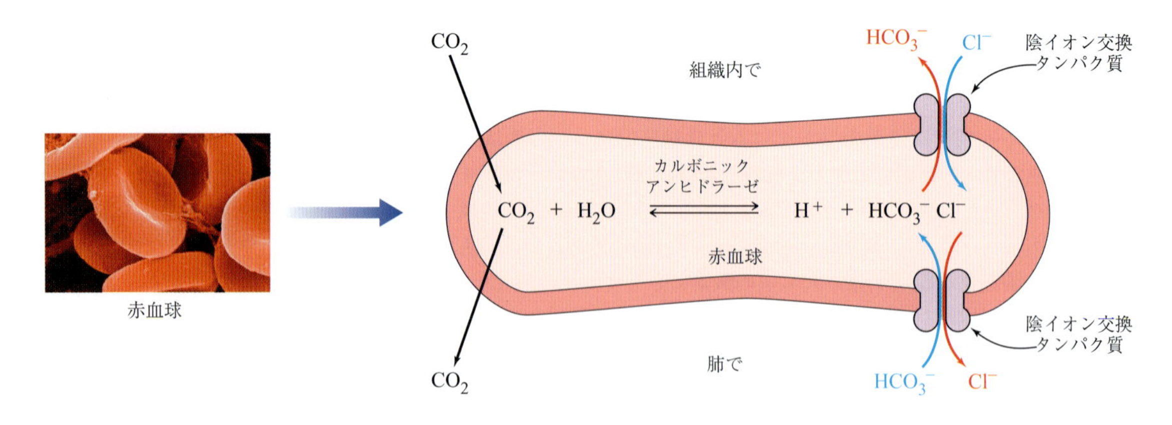

細胞膜タンパク質は，このイオン交換を制御している．その交換は受動的で，イオンは自然濃度勾配が高いほうから低いほうへと移動する．

何らかの埋合せがなければ，CO_2 と反応するヘモグロビンやカルボニックアンヒドラーゼの作用の結果，受け入れ難いほど酸性度が上昇する．この問題に対処するために，ヘモグロビンは可逆的に水素イオン(H^+)と結合する．

$$Hb \cdot 4\,O_2 + 2\,H^+ \rightleftharpoons Hb \cdot 2\,H^+ + 4\,O_2$$

H^+が上昇するとき，アロステリック効果によって酸素の放出が増大し，H^+濃度が減少すると酸素はより強固に捕獲される．

CO_2 と H^+ 濃度，そして温度による酸素飽和曲線の変化を図 12.12 に示す．H^+ と CO_2 濃度が増加するときや温度が上昇するとき，曲線が右側に移動しヘモグロビンの酸素との親和性が減少する．これらは，まさに筋肉が過度に働いてより多くの酸素を必要としている状態である．H^+ と CO_2 濃度の減少と温度の低下という逆の状況下では，曲線が左に移動し酸素に対するヘモグロビンの親和性が増大する．

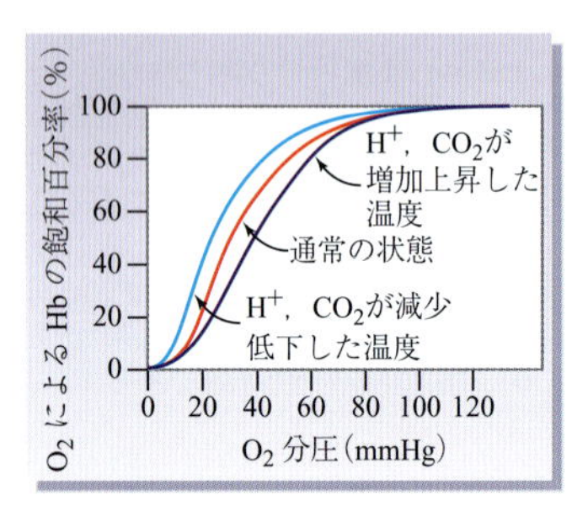

▲ **図 12.12**
条件の変化に伴うヘモグロビンによる酸素親和性の変動
図 12.11 の通常の曲線をここでは赤色で示した．

ホメオスタシスは，7.35 ～ 7.45 のあいだの血液 pH を要求する．この範囲外の pH は**アシドーシス**，あるいは**アルカローシス**になる．

アシドーシス(acidosis)　血漿 pH が 7.35 以下になった状態で，呼吸異常によるものと代謝異常によるものとがある．

アルカローシス(alkalosis)　血漿 pH が 7.45 以上になった状態で，呼吸異常によるものと代謝異常によるものとがある．

アシドーシス	正 常	アルカローシス
血液のpH 7.35以下	血液のpH 7.35～7.45	血液のpH 7.45以上

アシドーシスあるいはアルカローシスの原因となる種々の状況は，呼吸不全と代謝不全のあいだに分配される．表 12.4 にそれぞれの例を示す．酸–塩基バランスの**呼吸**異常は，代謝による二酸化炭素の発生と肺における二酸化炭素の排除のバランスがとれていない場合に生じる可能性がある．酸–塩基バランスの**代謝**異常は，異常に高い酸の発生，あるいは重炭酸を調整する緩衝系と腎機能系の不全により生じる可能性がある．

基礎問題 12.3

体液中に溶存する二酸化炭素は pH に影響を及ぼす．

(a) 体液中に二酸化炭素が溶け込むと pH は上がるか下がるか？ この変化は高酸性または低酸性を示すか．

(b) 血液ガス分析ではなにを測定するのか．

表 12.4 アシドーシスとアルカローシスの原因

症 状	原 因
呼吸性アシドーシス	CO_2 の増加： 呼吸減少(低呼吸状態)，心不全(たとえば充血，心拍停止など)， 肺機能の悪化(たとえば，喘息，肺気腫，呼吸障害，肺炎など)による
呼吸性アルカローシス	CO_2 の減少： 呼吸増加(過呼吸状態，たとえば高熱，精神状態の変化など)による
代謝性アシドーシス	代謝による酸の過剰生産： 断食や絶食，無処置の糖尿病，過剰な運動による 尿中への酸の排出が減少： 毒物，腎不全による 血漿中の炭酸水素ナトリウムの低下： 下痢による
代謝性アルカローシス	血漿中の炭酸水素ナトリウムの上昇： 嘔吐，利尿剤，制酸剤の飲みすぎによる

問題 12.4

呼吸または代謝異常によってアシドーシスとアルカローシスになるつぎの条件を分類せよ(表 12.4).

(a) 肺気腫　(b) 腎疾患　(c) 制酸剤過剰

問題 12.5

呼吸または代謝異常によってアシドーシスとアルカローシスになるつぎの条件を分類せよ(表 12.4).

(a) 強度のパニック　(b) うっ血性心不全　(c) マラソン走行

12.7 腎臓と尿の生成

学習目標：

- 尿形成時における水分と電解質の輸送について説明できる.

腎臓は，体内における一定の内部環境を維持する主要な責任を担っている．適切な量の水分，電解質，水素イオン，そして窒素含有老廃物などの排泄を管理することによって，腎臓は健康，食餌そして体調の変化に応答する．

血液の約 25% が心臓から直接腎臓に流れ込み，そこで機能するのは**ネフロン**(nephron，図 12.13)である．おのおのの腎臓は，これらを 100 万個以上も含む．血液は，体液で満たされた空間に囲まれた毛細血管の束の**糸球体**(glomerulus，図 12.13 の上の部分)からネフロンに入る．腎臓の三つの必須な機能の一つめ，**沪過**はここでおこる．心臓から糸球体へ直接送り出される血圧は十分高く，血漿と分子量の大きいタンパク質を除いた全溶質を，毛細血管の膜を横切って周囲の液体(**糸球体沪液**)に押し出す．その沪液は糸球体からネフロンの残りの部分を形成している細管へ流れ込み，血液はその細管内部に巻き付く毛細血管の網目に入る．

1 分間当たり約 125 mL の沪液が腎臓に流入し，1 日当たり 180 L の沪液をつくる．この沪液中には，老廃物だけではなく，たとえばグルコースや電解質など体内から失われてはならない溶質も含まれている．ヒトの場合 1 日に約 1.4

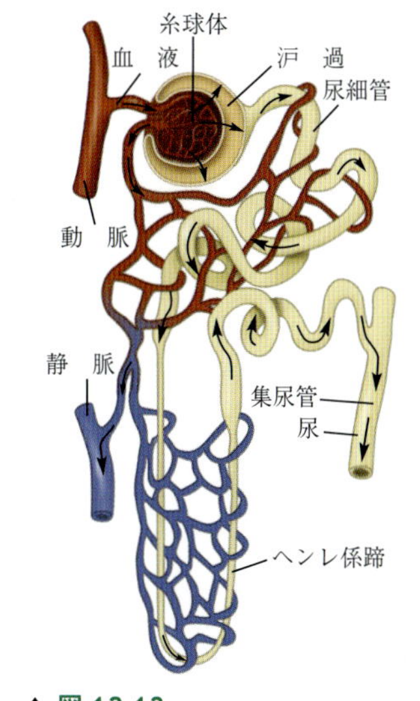

▲ **図 12.13**
ネフロンの構造
水は尿細管と集尿管を出る．尿中の溶質の濃度は，それらの管に沿った出入りの移動によって決まる．

沪過(腎臓)[filtration(kidney)] 血漿を糸球体をとおして沪過し，腎ネフロンへ流し込む.

糸球体沪液(glomerular filtrate) 糸球体からネフロンへ流入する沪液(沪過された血漿).

再吸収（腎臓）［reabsorption（kidney）］　腎細管で沪液から除かれる溶質の移動.

分泌（腎臓）［secretion（kidney）］　腎細管で沪液に入る溶質の移動.

L の尿を排泄するため，腎臓のもう一つの重要な機能は**再吸収**（水分や必須の溶質を細管から取り戻すこと）である.

しかしながら，再吸収だけでは必要とされる尿組成をすべてまかなうには十分ではない．ある特定の溶質は，沪液中の濃度よりも高い濃度で排泄されなければならない．これは溶質の腎臓の細管への輸送 ― **分泌**で対処される.

再吸収と分泌は，沪液すなわち細管を囲む間質液と毛細血管中の血液のあいだで溶質と水の交換を必要とする．再吸収または分泌されるいくつかの物質を表 12.5 に示す．溶質は，その濃度やイオンの荷電状態の違いに応じて受動輸送，あるいは能動輸送によって細管や毛細血管の膜を通過する．水は膜の両側の液のモル浸透圧濃度の差に応じて移動する．溶質と水の移動は，ホルモンによる細管膜の透過性の変化によっても制御される.

表 12.5　腎細管における再吸収と分泌

再吸収されるもの	分泌物
イオン	**イオン**
Na^+，Cl^-，K^+，Ca^{2+}，Mg^{2+}，PO_4^{3-}，SO_4^{2-}，HCO_3^-	K^+，H^+，Ca^{2+}
代謝物	**老廃物**
グルコース	クレアチニン
アミノ酸	尿　素
タンパク質	アンモニア
ビタミン	種々の有機酸と塩基（尿酸を含む）
	代謝物
	神経伝達物質
	ヒスタミン
	薬物（ペニシリン，アトロピン，モルヒネ，そのほか多くのもの）

12.8　尿の組成と機能

学習目標：

- 尿の組成について述べることができる.

尿は，糸球体沪液から細管で再吸収された物質を除き，細管で分泌された物質を加えた糸球体沪液を含む．尿中のこれら物質の実際の濃度はつねに排泄される水分量によって決まるが，それは水の摂取量，運動量，温度，そして健康状態などによって影響を受ける（同一量の溶質であっても，溶媒の**水の量が増える**とその**濃度は減少**し，逆に**水の量が減る**と**濃度は増加**する）.

約 50 g の溶液中の固体が毎日排泄されるが，そのうち約 20 g が電解質で 30 g が窒素を含む老廃物（アミノ酸の異化から生じる尿素やアンモニア，筋肉でクレアチンリン酸の分解から生じるクレアチニン，プリンの異化で生じる尿酸など）になる．正常な尿の成分は，通常 1 日当たりに排泄されるそれぞれの溶質の量として報告されるので，臨床の尿検査では 24 時間に排泄される尿を集める必要がある．以下に尿の成分を制御する 2，3 の機構について述べる.

酸–塩基バランス

呼吸，緩衝液，水素イオン（H^+）の尿中への排泄などが混合して，酸–塩基のバランスを維持している．代謝は通常，過剰の H^+ を生産する．これらの一部はアシドーシスにならないように毎日排泄されている．血漿中では遊離の H^+

はほとんど存在せず，したがってほとんど糸球体を通過することもない．その代わり，除去されるべきH^+はネフロンの細管に並んだ細胞中で二酸化炭素(CO_2)と水の反応から生成される．

$$CO_2 + H_2O \xrightarrow{\text{カルボニックアンヒドラーゼ}} H^+ + HCO_3^-$$

（H^+ → 沪液へ，HCO_3^- → 血中へ）

炭酸水素イオン(HCO_3^-)は血流中に戻り，H^+は沪液に入る．このようにして，排泄されるべきH^+があればあるほどHCO_3^-は血流中に戻る．

尿は過剰に酸性にならないように，必要な量のH^+を運び去らなければならない．これを行うために，H^+は糸球体に吸収しているHPO_4^{2-}と反応して結合するか，あるいは末端の細管細胞でグルタミン酸の脱アミノ化によって生じたアンモニア(NH_3)と反応して結合する．

$$H^+ + HPO_4^{2-} \longrightarrow H_2PO_4^-$$
$$H^+ + NH_3 \longrightarrow NH_4^+$$

アシドーシスが発症するときは，腎臓がより多くのアンモニアを生成するようになり，したがって多量のH^+が排泄されることになる．

細管の細胞でのH^+生産の最後の役割は，糸球体の沪液に入ってきたHCO_3^-を再吸収することである．体は第一緩衝イオンのHCO_3^-を失うことはできない．もしHCO_3^-が失われると，体はそれを生産しなければならなくなる．その結果，CO_2が水と反応して他の酸を生産することになる．その代わり，沪液に分泌されるH^+は沪液中のHCO_3^-と結合してCO_2と水を生産する．

$$H^+ + \underset{\text{沪液中}}{HCO_3^-} \longrightarrow CO_2 + H_2O$$

（CO_2 → 血中へ）

血流中に戻ると，そのCO_2は再びHCO_3^-に変換される．

結局，腎臓における酸–塩基反応はつぎのような結果になる．

- 分泌されたH^+は，尿中にNH_4^+あるいは$H_2PO_4^-$として排泄される．
- 分泌されたH^+は沪過されたHCO_3^-と結合し，CO_2を生産して血流に戻った後，再びHCO_3^-に変換される．

体液とNa^+のバランス

再吸収される水分量は，腎臓を通過する液のモル浸透圧濃度や抗利尿ホルモン(ADH)に制御される集尿管の膜透過性，さらに能動的に再吸収されるNa^+量に依存する．ナトリウムの再吸収が増加すると間質液のモル浸透圧濃度が増大し，より多くの水が再吸収され，尿量が減少する．逆にナトリウムの再吸収が減少した場合には，再吸収する水が減り，尿量が増加する．フロセミド(商品名 Lasix)のような利尿薬は，高血圧症や充血性の心臓病の治療に用いられるものだが，ヘンレ係蹄と呼ばれる尿細管の部位から出るNa^+の能動輸送を阻害する．カフェインもおなじような作用の利尿薬として働く．

Na^+の再吸収は，通常ステロイドホルモンの一種，アルドステロンによって制御されている．総血漿量が減少したことを知らせる化学メッセンジャーが到達するとアルドステロンの分泌を促進する．その結果，腎臓の細管におけるNa^+の再吸収が増加すると，水の再吸収も同時に増加する．

CHEMISTRY IN ACTION

血液検査とはなにか？

ほとんどの医師は，被検者の毎年の健康状態を比べてみるために，診察の前後に一般的な血液検査を行う．被検者は，検査結果が出たら，CBC や CMP，WBC といった略号がなにを意味するのか，LP との違いなどについても確かめなければならない．また，医師はなにを検査したいのか，なんのためなのかも尋ねるべきである．

本章のはじめで学んだように，血液は体液の一つであり，主な臓器を含む体のすべての部位の状態を教えてくれるので，いわば体の“生化学的高速道路”であり，生理的に近づけない部位でなにがおきているのかを知る糸口となる．その糸口となるのは，そこに存在する化学的分子種の生成レベル（濃度）である．血中のある化学物質の量は，溶液検体を検査項目ごとに分けて，試薬と反応させ，直接的あるいは間接的に自動分析装置によって測定される．その結果，一般的な検査項目が明らかになる．さらに，基本的な（BMP）あるいは複雑な（CMP）代謝パネル，総血球数（CBC）や脂質パネル（LP）も必要とされる．年齢，性別，病歴に応じて，別の検査も行う．下表はもっとも一般的な血液検査の項目とその内容を示している．正常値については，ほかの項目も含めて，検査手法や年齢，性別に依存するので，省いている．

定期健診における一般的な血液検査項目

検査項目	分　類	内　容
血清グルコース*[1]	一般検査	異常レベルは糖尿病またはその予備軍である．8～12時間前から絶食して調べる必要がある．
カルシウム*[2] 血清カルシウム*[1]	一般検査 タンパク質検査	異常血中レベルは腎臓，骨，胸腺の病気の予兆 がん，栄養失調，その他の変性疾患
ナトリウム*[1] カリウム*[1] 塩　素*[1] 二酸化炭素*[1]	電解質検査	異常レベルは脱水，腎疾患，肝疾患，心臓以上
ヒト血清アルブミン*[2]	タンパク質検査	肝臓で産生され，血中にもっとも多いタンパク質．低レベルは肝疾患，腎臓損傷，栄養失調の兆候．高レベルは脱水の可能性．
ビリルビン	肝機能	老化血球細胞の分解産物，胆汁に存在．高レベルは肝臓や膀胱の疾患
赤血球（RBC） 平均血球体積（MCV または MPV）	総血球数（CBC）	RBC は肺から酸素を全身に運ぶ．異常な RBC レベルは貧血，脱水，出血や他の疾患の兆候．MCV は RBC の平均サイズから測定．異常な MCV レベルは貧血の予兆．

＊1　BMP と CMP 試験，＊2　CMP 試験のみ．

要　約　章の学習目標の復習

- **体液の主分類，組成，溶質の交換を述べることができる．**

体液は細胞内と細胞外のどちらにも存在する．**細胞外液**には**血漿**（血液の液体部分）や**間質液**が含まれる．**血清**は血液凝固の後に残った液である．体液中の溶質は血液ガス，電解質，代謝物，そしてタンパク質を含む．溶質は血管やリンパ管をとおして体中に輸送される．血液と間質液とのあいだの溶質の交換は，末梢組織の毛細血管と毛細リンパ管のネットワークでおこる．間質液と細胞内液とのあいだの溶質の交換は，細胞膜を通過することでおこる（問題 6，13～15，18，19，23，26，27，55～59）．

- **体液バランスはどのように維持されているのか説明できる．**

生理的な恒常性（ホメオスタシス）を維持するために，1 日の水の摂取量は，その排出量とほぼ等しくしなければならない．成人では約 2500 mL/日である．もし排出量が摂取量を上回ると（持久力の競技者の場合と同じように），体重は減少するだろう．4%かそれ以上の減少は危険である．水と電解質の排出量は，ホルモンによって非常に厳密に調節されている．水分の減少は ADH の分泌の原因となる．腎臓において，

重要なことは，実測値が現在受け入れられている正常値の範囲内にあるかということ，また，一般的な血液検査では，簡単に最初の指標を示してくれることである．それによって医師は，血糖値をみて高ければ糖尿病を疑い，さらに精密検査を指示することになる．血液検査をした後で，医師にその意味を伺い，もし，正常値をはずれている場合には，その範囲に戻るためになにをすべきかを聞く必要がある．毎年の血液検査は，病気予防のための第1段階となる．

CIA 問題 12.5　脱水か貧血かはどの検査でわかるか．

CIA 問題 12.6　血液検査は，患者の健康状態を予測するのになぜ重要か．

CIA 問題 12.7　脂質を調べるために使われる血液検査の一つが遠心分離法のVAP(垂直自動プロファイル)試験である．インターネットを利用して，この試験でなにがわかり，またなぜ通常のLPよりも心臓機能のよい指標となるのか説明せよ．

検査項目	分 類	内 容
白血球(WBC) 分化型WBC	CBC	WBCは免疫システムの一部で感染や疾患に関与．異常なWBCレベルは感染，血液がん，免疫系疾患の予兆
ヘモグロビン(Hgb)	CBC	赤血球内の鉄含有タンパク質で酸素を運搬．異常なレベルは貧血やそのほかの血液疾患の予兆．糖尿病による過剰グルコースはヘモグロビンA1cのレベルを上昇
全コレステロール	脂質パネル(LP)	全リポタンパク質粒子中のコレステロールを測定．高レベルは心筋梗塞や高血圧と関係
高密度リポタンパク質コレステロール(HDLC)	LP	HDL粒子中のコレステロール量．しばしば“善玉コレステロール”と呼ばれ，過剰のコレステロールを肝臓から除去する．高レベルでは心筋梗塞や高血圧のリスクを軽減
低密度リポタンパク質コレステロール(LDLC)	LP	LDL粒子中のコレステロール量．しばしば“悪玉コレステロール”と呼ばれ，動脈硬化に関与．高レベルは心筋梗塞や高血圧のリスクを上昇
トリアシルグリセロール	LP	全リポタンパク質粒子中のトリアシルグリセロールを測定．大部分は超低密度リポタンパク質(VLDL)．高レベルは心筋梗塞や高血圧の高リスクと関係

ADHは尿の水分量を減少させ，下垂体，心臓，血管における渇きの受容体は，水分摂取のきっかけとなる(問題6，12，20，21，23，26～29，53，57，61)．

- **血液の組成と機能を述べることができる．**

血液の主要な機能はつぎのとおりである．(1) 溶質と血液ガスの輸送，(2) 制御，体温や酸–塩基バランスなどの制御，そして(3) 防御，すなわち**免疫応答**や**血液凝固**などである．血漿やタンパク質に加えて，血液は酸素を運搬する赤血球RBC(**エリスロサイト**)，生体防御を行う白血球WBC(**ロイコサイト**)，そして血液凝固にかかわる**血小板**によって構成される(表12.3)(問題7，8，15～17，22，25～28，61)．

- **炎症と免疫応答に関与する血液の構成成分の役割を説明できる．**

抗原(体にとって外来の物質)が血中に存在する場合，以下の現象が開始する．(1) 炎症応答，(2) 細胞性免疫応答，そして(3) 抗体性免疫応答である．**炎症応答**はヒスタミンによって開始され，**貪食**による侵入物の破壊を伴う．**細胞性免疫応答**は**T細胞**の効果によるものであり，たとえば侵入者を殺す毒性タンパク質を放出する．**抗体性免疫応答**は**B細胞**によるもので，**抗原**と複合体を形成するタンパク質(**イムノグロブリン**)を生成し，抗原を破壊する．(問題8～11，18，19，29～36)．

- **血液凝固の過程をあげられる．**

血液凝固は，血液がコラーゲンタンパク質と接触するときにはじまる内因的経路，または組織が損傷を受けたときに組織因子として知られている細胞膜糖タンパク質の遊離によってはじまる外因的経路がきっかけとなる多段階の過程である．いずれの経路も一連の血液凝固反応のカスケードでおこり，チモーゲンが活性化され，最終的に不溶性の繊維タンパク質の**フィブリン**と血小板によって構成される塊を形成する（問題 7，37 ～ 40，56）．

- **酸素と二酸化炭素の輸送と酸–塩基バランスを説明できる．**

酸素はヘモグロビン中の Fe^{2+} に結合して輸送される．ヘモグロビンの酸素飽和百分率（図 12.12）は，周囲の組織における酸素分圧とヘモグロビンの分子構造のアロステリック変化によって調節される．二酸化炭素は，溶質として血中でヘモグロビンに結合した状態で，あるいは溶液中では炭酸水素イオンとして輸送される．末梢組織では二酸化炭素は赤血球の中に入り込み，そこで炭酸水素イオンに変換される．酸–塩基バランスは，炭酸水素ナトリウムが生成するときに生じた水素イオンがヘモグロビンに結びつくことによって調節される．肺では酸素は赤血球中に入り込み，炭酸水素イオンと水素イオンが出てくる．血液の pH が正常値の 7.35 ～ 7.45 のあいだに入っていなければ，それは呼吸異常や代謝異常によるもので，ひどくなると**アシドーシス**あるいは**アルカローシス**という重篤な症状を呈する場合もある（問題 12，41 ～ 52，60）．

- **尿形成における水と溶質の転換を説明できる．**

腎臓の最初の必須な機能は**沪過**で，血漿とその大部分の溶質が毛細血管の膜を横切って**糸球体沪液**へ流入する．水やそのほかの必須な溶質はつぎに再吸収され，その一方で，溶質がその沪液へ分泌して除かれる（問題 12，20，53，54，60）．

- **尿の組成を説明できる．**

尿は，糸球体で沪過された沪液から再吸収された物質を除き，分泌された物質を加えてできあがる．結局，尿というのは水，窒素含有老廃物，そして酸–塩基バランスを保つために排泄される電解質（$H_2PO_4^-$ や NH_4^+ を含む）で構成されている．排泄されたり吸収される水と Na^+ のバランスは腎臓内のモル浸透圧濃度，ホルモンのアルドステロン，そして化学メッセンジャーなどによって調節される（問題 12，20，53，57，60）．

KEY WORDS

基本概念を理解するために

12.6 体液は二つの異なった領域，細胞内と細胞外を占めている．
(a) 細胞内にある体液は何と呼ばれるか．
(b) 細胞外にある体液は何と呼ばれるか．
(c) 細胞外にある主な二つの液は何というか．
(d) 細胞内の主な電解質はなにか．
(e) 細胞外の主な電解質はなにか．

12.7 下の図で，全血液の構成物の名称を空欄に埋めよ．

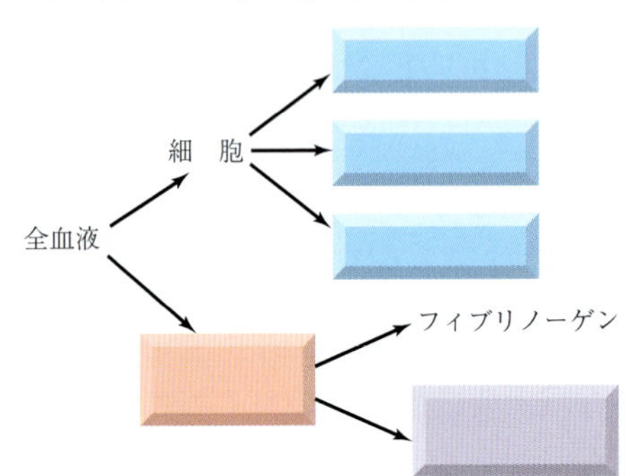

12.8 血液の主な機能で以下の空欄を埋めよ．
(a) 血液は______を肺から組織へ運搬する．
(b) 血液は______を組織から肺へ運搬する．
(c) 血液は______を消化器系から組織へ運搬する．
(d) 血液は______を組織から排泄器官へ運搬する．
(e) 血液は______を分泌器官からその結合するところへ輸送する．
(f) 血液は，______のような生体物質を，外来物質を破壊するために，そして______を血液の損失を防ぐために輸送する．

12.9 炎症の四つの症状をあげよ．

12.10 化学メッセンジャーのヒスタミンがどのように生合成されるかを説明し，どのようにして炎症のそれぞれの症状を誘発するかを述べよ．

12.11 細胞性免疫応答と抗体性免疫応答の違いについて述べよ．

12.12 尿の成分は，どのようにして健常な生理的酸–塩基バランスを維持するのを助けているか述べよ．

補充問題

体　液

12.13 三つの主要な体液はなにか．それぞれ全体液の何パーセントか．

12.14 体液に可溶な物質に求められる特徴はなにか．

12.15 血中で溶解しない組織中でみられる物質の例をあげよ．血液輸送において，通常不溶性の物質はどうなるか．

12.16 動脈毛細血管，間質液，そして静脈毛細血管のあいだの圧力の違いが，細胞膜を横切る溶質に与える影響はなにか．

12.17 動脈毛細血管と間質液の血圧を比較するとどうか．静脈毛細血管と間質液の血圧を比較した場合はどうか．

12.18 リンパ系の目的はなにか．

12.19 体内のどこでリンパ液は血流に入るか．

12.20 バソプレッシンとはなにか．

12.21 ADH が過剰に放出されると何がおこるか．二つの場合を述べよ．

12.22 血漿と血清の違いはなにか．

12.23 全体液量の何パーセントが失われると倒れるようになるのか．

12.24 血液にみられる主な 3 種類の細胞はなにか．

12.25 問題 12.24 の 3 種類の血球おのおのの主な機能はなにか．

12.26 電解質とはなにか．

12.27 間質液にみられる電解質はなにか．

12.28 細胞内にみられる電解質はなにか．

12.29 抗原とはなにか．

12.30 抗原を認識したときの三つの応答はなにか．

12.31 酵素–基質相互作用と類似する免疫特異性とはどのようなものか(2.4 節参照)．

12.32 抗体性免疫応答に含まれる血漿タンパク質はどのようなものか．

12.33 抗体による免疫応答にかかわる細胞はどのようなもので，それらはどのように働くか．

12.34 細胞性免疫応答において，3 種類の T 細胞はなにか，また各機能をあげよ．

12.35 T 細胞はしばしば AIDS に関連づけられて議論されるが，それは AIDS ウイルスが T 細胞を破壊するから．T 細胞はどのように病気と戦うのか．

12.36 メモリー T 細胞とはなにか，また免疫応答での役割はなにか．

12.37 血液凝固とはなにか．何で構成されているか．

12.38 血液凝固の過程にとくに関係の深いビタミンとミネラルはなにか．

12.39 血液凝固を誘起する内在的経路はなにか．

12.40 血液凝固に含まれる酵素の多くが体からチモーゲンとして分泌されるのはなぜか．

12.41 ヘモグロビン四量体と結合する O_2 分子はどれだけあるか．

12.42 ヘモグロビン中の鉄の電荷は，その機能を果たすためにどのようになっているか．

12.43 デオキシヘモグロビンの色はなにか，またそれはなぜか．

12.44 ヘモグロビンの酸素飽和の程度は，組織中の O_2 の分圧に応じてどのように変化するか．

12.45 酸素はヘモグロビンとアロステリック相互作用をする．(a) 酸素が結合しているとき，そして (b) 放出されるとき，この相互作用はどのような結果になるか．

12.46 体における CO_2 輸送の三つの方法はなにか．

12.47 通常条件下においてヘモグロビンが酸素飽和 50% における O_2 の分圧を図 12.11 を用いて評価せよ．海抜 0 m の乾燥空気は，酸素は約 21% である．これらの条件ではヘモグロビンの飽和百分率はいくつになるか．

12.48 活発に代謝している組織が CO_2 を生産しているとき，血中の H^+ 濃度は上昇する．この現象の理由を化学式を用いて説明せよ．

12.49 以下の状況でヘモグロビンは組織に対して O_2 を放出するか，あるいは吸収するか．
(a) 温度の上昇
(b) CO_2 の生成上昇
(c) H^+ 濃度の上昇

12.50 アシドーシスの二つのタイプはなにか．また，その違いはなにか(ヒント：表 12.4 参照)．

12.51 ケトアシドーシスは，ケトン体の過剰生産によって糖尿病患者におこる症状である．これは代謝異常アシドーシスか，あるいは呼吸異常アシドーシスか．その理由も説明せよ(ヒント：表 12.4 参照)．

12.52 アルカローシスの二つのタイプはなにか．また，その違いはなにか．

12.53 腎臓はしばしば血液を沪過するフィルターに例えられる．ホメオスタシスを維持するため，腎臓のほかの二つの必須な機能とはなにか．

12.54 HPO_4^{2-} と HCO_3^- が，排泄前の尿から過剰の H^+ を吸収する反応式を書け．

全般的な問題

12.55 なぜエタノールは血中に溶解するか．

12.56 子育て中の母親は自分の乳児に免疫を分け与えることができる．その理由はなにか．

12.57 多くの人々は，塩辛い食事の後で指やくるぶしがふくらんで，水分を体内にたくわえるように感じる．この現象を腎臓の機能の点から説明せよ．

12.58 能動輸送は浸透とどのように異なっているか？

12.59 細胞膜をとおして物質を移動させるために，能動輸送が必要となるのはどのようなときか？

12.60 血液と尿中における CO_2/HCO_3^- 平衡の重要性について述べよ．

12.61 本章で恒常性(ホメオスタシス)について学んだ．ところで，ヘモスタシスとは一体なにか．これはホメオスタシスと関係しているか．

12.62 人がパニック状態になったり，泣いたり，熱が出たりするとしばしば過呼吸状態に陥る．過呼吸状態では異常に呼吸が速くなり，しかも深い状態で血中の二酸化炭素が減少する．過呼吸状態がどのように血液の化学を変えるか説明せよ．なぜ紙袋を用いて呼吸すると過呼吸状態が軽減されるか．

グループ問題

12.63 各グループでエネルギー飲料を選び，インターネットで検索して，どんな成分が入っていて，どんな働きをしているのかを調べよ．その結果から，なにが共通で，なにが異なっているかを比較せよ．

12.64 有機化学編 表 5.2 を参照して，どの化合物が BBB をもっとも通過しやすいか．各グループで一つ化合物を選択して，その答えを化学的に予測せよ．

12.65 肝機能を医師が健診するのに必要な共通な項目をインターネットで検索してリスト化せよ．各グループで医薬品を選定し，どんなときに使われるかを示せ．

科学的記数法

科学的記数法とは？

化学で扱う数値は，一般的に非常に大きいか非常に小さい．たとえば水 1.0 mL 中には，約 33 000 000 000 000 000 000 000 の H_2O 分子があり，H_2O 分子の H と O の距離は，0.000 000 000 095 7 m になる．記数法を使うと，このような数値を 3.3×10^{22} 分子および 9.57×10^{-11} m のように簡単にあらわすことができる．**科学的記数法**(scientific notation または**指数的記数法** exponential notation)では，1 から 10 の数字に 10 の累乗(冪(べき))を掛けて数をあらわす．この方法では，指数を 10 の右上の小さい数字であらわす．

数	累 乗	指 数
1 000 000	1×10^{6}	6
100 000	1×10^{5}	5
10 000	1×10^{4}	4
1000	1×10^{3}	3
100	1×10^{2}	2
10	1×10^{1}	1
1		
0.1	1×10^{-1}	−1
0.01	1×10^{-2}	−2
0.001	1×10^{-3}	−3
0.0001	1×10^{-4}	−4
0.000 01	1×10^{-5}	−5
0.000 001	1×10^{-6}	−6
0.000 000 1	1×10^{-7}	−7

1 より大きい数値は**正の指数**(positive exponent)をもち，何回 10 を掛けると実際の数値になるかを示している．たとえば 5.2×10^{3} は，5.2 に 10 を 3 回掛けることを意味している．

$$5.2\times10^{3} = 5.2\times10\times10\times10 = 5.2\times1000 = 5200$$

ここでは，小数点を 3 回右に移動させることに注意する．

5200.
1 2 3

正の指数の数字は，小数点を**何回右に移動させなければならないか**を示している．

1 より小さい数値は**負の指数**(negative exponent)をもち，何回 10 で割ると(あるいは 0.1 を掛けると)実際の数値になるかを示している．たとえば 3.7×10^{-2} は，3.7 を 10 で 2 回割ることを意味している．

$$3.7\times10^{-2} = \frac{3.7}{10\times10} = \frac{3.7}{100} = 0.037$$

ここでは，小数点を 2 回左に移動させることに注意する．

0.037
2 1

負の指数の数字は，小数点を**何回左に移動させなければならないか**を示している．

科学的記数法での数字のあらわしかた

普通の数値を科学的記数法に換算するには，どうすればよいだろうか．数値が 10 以上のときは，1 から 10 のあいだの数字になるまで小数点を**左**に n 回移す．つぎに，その数字に 10^n を掛ける．たとえば，8137.6 は 8.1376×10^3 になる．

$$8137.6 = 8.1376 \times 10^3$$

1 から10のあいだの数字になるように，小数点を左に 3 回移す

小数点を左に移した回数

小数点を左に 3 回移すことは，$10 \times 10 \times 10 = 1000 = 10^3$ で割ったことになる．そこで，10^3 を掛ければもとの数値とおなじになる．

1 以下の数値を変換するには，1 から 10 のあいだの数字になるまで小数点を**右**に n 回移す．つぎに，その数字に 10^{-n} を掛ける．たとえば，0.012 は 1.2×10^{-2} になる．

$$0.012 = 1.2 \times 10^{-2}$$

1 から10のあいだの数字になるように，小数点を右に 2 回移す

小数点を右に移した回数

小数点を右に 2 回移すことは，$10 \times 10 = 100$ を掛けたことになる．そこで，10^{-2} を掛ければもとの数値とおなじになる（$10^2 \times 10^{-2} = 10^0 = 1$）．

つぎの表にいくつかの例を示す．科学的記数法を普通の記数法に変換するには，上と反対のやり方をすればよい．つまり，5.84×10^4 は小数点を 4 回右に移す（$5.84 \times 10^4 = 58\,400$）．$3.5 \times 10^{-1}$ は小数点を左に 1 回移す（$3.5 \times 10^{-1} = 0.35$）．1 から 10 のあいだの数字では，$10^0 = 1$ なので科学的記数法を使用しない．

数	科学的記数法
58 400	5.84×10^4
0.35	3.5×10^{-1}
7.296	$7.296 \times 10^0 = 7.296 \times 1$

科学的記数法を使う演算

加算減算

科学的記数法で加算と減算をするには，指数が一致していなければならない．つまり 7.16×10^3 と 1.32×10^2 を足すには，まず後ろの数字を 0.132×10^3 と書き直してから計算する．

$$\begin{array}{r} 7.16 \times 10^3 \\ +\,0.132 \times 10^3 \\ \hline 7.29 \times 10^3 \end{array}$$

答えは，3 桁の有効数字になる（有効数字については，基礎化学編 1.9 節参照）．もう一つの方法は，最初の数字を 71.6×10^2 と書き直して計算する．

$$\begin{array}{r} 71.6 \times 10^2 \\ +\ \ 1.32 \times 10^2 \\ \hline 72.9 \times 10^2 \end{array} = 7.29 \times 10^3$$

減算もおなじような方法で計算する.

$$\begin{array}{r} 7.16 \quad \times 10^3 \\ -0.132 \times 10^3 \\ \hline 7.03 \quad \times 10^3 \end{array} \quad \text{または} \quad \begin{array}{r} 71.6 \quad \times 10^2 \\ -1.32 \times 10^2 \\ \hline 70.3 \quad \times 10^2 \end{array} = 7.03 \times 10^3$$

乗　算

科学的記数法で乗算をするには，まず指数の前の数字の掛け算をして，つぎに指数を計算する．たとえば,

$$(2.5 \times 10^4)(4.7 \times 10^7) = (2.5)(4.7) \times 10^{4+7} = 12 \times 10^{11} = 1.2 \times 10^{12}$$

$$(3.46 \times 10^5)(2.2 \times 10^{-2}) = (3.46)(2.2) \times 10^{5+(-2)} = 7.6 \times 10^3$$

両方とも答えを有効数字にする.

除　算

科学的記数法で除算するには，指数の前の数字の割り算をして，つぎに指数を計算する．たとえば,

$$\frac{3 \times 10^6}{7.2 \times 10^2} = \frac{3}{7.2} \times 10^{6-2} = 0.4 \times 10^4 = 4 \times 10^3 \text{（有効数字 1 桁）}$$

$$\frac{7.50 \times 10^{-5}}{2.5 \times 10^{-7}} = \frac{7.50}{2.5} \times 10^{-5-(-7)} = 3.0 \times 10^2 \text{（有効数字 2 桁）}$$

両方とも答えを有効数字にする.

科学的記述法と計算機

関数電子計算機で科学的記数法の計算ができる．指数関数の扱い方は，計算機の取扱い説明書を参照するとよい．一般的な計算機で $A \times 10^n$ を入れるには，(i) A の数値を入れる，(ii) EXP, EE または E のキーを押す，(iii) 指数の n を入れる．指数が負のときは，n を入れる前に + / − のキーを押す(10 の数字を入れる必要はないことに注意する)．計算機には E の左側に A が，右側に指数の n が $A \times 10^n$ の数値として表示される．たとえば，4.625×10^2 は，4.625E02 のように表示される.

指数を加減乗除するには，普通に計算機を使えばよい．指数を合わせることは，計算機で加減するためには必要はない．計算機は自動的に指数を合わせてくれる．しかし計算機は，計算結果の有効数字を合わせてくれないことに注意する．有効数字を絶えず注意するのに役立つことが往々にしてあるので，計算の途中経過を紙に書き残すのがよい.

問題 A.1

計算機を使わずに以下を計算せよ．有効数字を合わせた科学的記数法で答える.

(a) $(1.50 \times 10^4) + (5.04 \times 10^3)$
(b) $(2.5 \times 10^{-2}) - (5.0 \times 10^{-3})$
(c) $(6.3 \times 10^{15}) \times (10.1 \times 10^3)$
(d) $(2.5 \times 10^{-3}) \times (3.2 \times 10^{-4})$
(e) $(8.4 \times 10^4) \div (3.0 \times 10^6)$
(f) $(5.530 \times 10^{-2}) \div (2.5 \times 10^{-5})$

解　答

(a) 2.00×10^4　(b) 2.0×10^{-2}　(c) 6.4×10^{19}
(d) 8.0×10^{-7}　(e) 2.8×10^{-2}　(f) 2.2×10^3

問題 A.2

計算機を使って以下を計算せよ．正確に有効数字を合わせて結果を科学的記数法で答える．

(a)　$(9.72 \times 10^{-1}) + (3.4823 \times 10^{2})$

(b)　$(3.772 \times 10^{3}) - (2.891 \times 10^{4})$

(c)　$(1.956 \times 10^{3}) \div (6.02 \times 10^{23})$

(d)　$3.2811 \times (9.45 \times 10^{21})$

(e)　$(1.0015 \times 10^{3}) \div (5.202 \times 10^{-9})$

(f)　$(6.56 \times 10^{-6}) \times (9.238 \times 10^{-4})$

解　答

(a)　3.4920×10^{2}　(b)　-2.514×10^{4}　(c)　3.25×10^{-21}

(d)　3.10×10^{22}　(e)　1.925×10^{11}　(f)　6.06×10^{-9}

電気陰性度

原子の電気的陽性と陰性の程度を示すパラメーターとして電気陰性度がある．おもな原子の電気陰性度を以下に示す．

原子	電気陰性度	原子	電気陰性度
H	2.2		
Li	1.0	Na	0.9
Be	1.5	Mg	1.2
B	2.0	Al	1.5
C	2.5	Si	1.8
N	3.0	P	2.1
O	3.5	S	2.5
F	4.0	Cl	3.0

［L.Pauling："The Nature of the Chemical Bond"（1939）］

換　算　表

長　さ　SI 単位：メートル(m)

1 メートル = 0.001 キロメートル(km)
　　= 100 センチメートル(cm)
　　= 1.0936 ヤード(yd)
1 センチメートル = 10 ミリメートル(mm)
　　= 0.3937 インチ(in.)
1 ナノメートル = 1×10^{-9} メートル
1 オングストローム(Å) = 1×10^{-10} メートル
1 インチ = 2.54 センチメートル
1 マイル = 1.6094 キロメートル

量　SI 単位：立方メートル(m3)

1 立方メートル = 1000 リットル(L)
1 リットル = 1000 立方センチメートル(cm^3)
　　= 1000 ミリリットル(mL)
　　= 1.056 710 クォーツ(qt)
1 立方インチ = 16.4 立方センチメートル

温　度　SI 単位：ケルビン(K)

0 K = −273.15 ℃
　　= −459.67 °F
F = (9/5) ℃ + 32°，°F= (1.8 × °C) + 32
℃ = (5/9) (°F− 32°)，℃ = $\dfrac{(°F - 32°)}{1.8}$
K = ℃ + 273.15°

(訳注：ケルビンの記号には° をつけない)

質　量　SI 単位：キログラム(kg)

1 キログラム = 1000 グラム(g)
　　= 2.205 ポンド(lb)
1 グラム = 1000 ミリグラム(mg)
　　= 0.035 27 オンス(oz)
1 ポンド = 453.6 グラム
1 原子質量単位 = 1.66054×10^{-24} グラム

圧　力　SI 単位：パスカル(Pa)

1 パスカル = 9.869×10^{-6} 気圧
1 気圧 = 101 325 パスカル
　　= 760 mmHg(トール Torr)
　　= 14.70 lb/in^2

エネルギー　SI 単位：ジュール(J)

1 ジュール = 0.239 01 カロリー(cal)
1 カロリー = 4.184 ジュール

(訳注 1) SI 単位とは，1960 年の第 11 回国際度量衡総会で決議された国際統一単位．定義：“メートルは 1 秒の 2 億 9979 万 2458 分の 1 の時間に光が真空中を伝わる行程の長さ”である．
(訳注 2) 量の値の規制：量の値は数と単位の積としてあらわす．数値はつねに単位の前に置き，あいだには積の印とみなす空白を入れる．セルシウス度(℃)は通常の扱いとして空白を入れるが，平面角の度，分，秒(°, ′, ″)については空白を入れない(例外とする)．%は慣例として空白を入れない場合が多い．

(訳注 3)：10 の整数倍をあらわす接頭語

倍　数	接頭語		記　号	倍　数	接頭語		記　号
10^{-18}	atto	アト	a	10	deca	デカ	da
10^{-15}	femto	フェムト	f	10^2	hecto	ヘクト	h
10^{-12}	pico	ピコ	p	10^3	kilo	キロ	k
10^{-9}	nano	ナノ	n	10^6	mega	メガ	M
10^{-6}	micro	マイクロ	μ	10^9	giga	ギガ	G
10^{-3}	milli	ミリ	m	10^{12}	tera	テラ	T
10^{-2}	centi	センチ	c	10^{15}	peta	ペタ	P
10^{-1}	deci	デシ	d	10^{18}	exa	エクサ	E

用語解説

アキラル（achiral） キラルの反対．対称性がなく，鏡像体がない．

亜原子粒子（subatomic particle） 原子の基本的な 3 要素．陽子，中性子，電子．

アゴニスト（作用薬）（agonist） 受容体と結合して，受容体の正常な生化学反応を惹起または遅延する物質．

アシドーシス（酸性症）（acidosis） 血漿の pH が 7.35 以下になったためにおこる，呼吸や代謝の異常状態．

アシル基（acyl group） 官能基，RC=O.

アセタール（acetal） かつてはアルデヒドのおなじ炭素原子に結合する二つの−OR 基をもつ化合物．

アセチル基（acetyl group） 官能基，CH_3C=O.

アセチル-CoA（acetyl coenzyme A, acetyl-CoA） アセチル置換した補酵素 A．アセチル基をクエン酸回路に運ぶ一般的な中間体．

アセチルコリン（acetylcholine） 筋肉と神経にもっとも一般的にみられる脊椎動物の神経伝達物質．

圧力（*P*）（pressure） 表面を押す単位面積あたりの力．

アデノシン三リン酸（ATP）（adenosine triphosphate） エネルギーを運ぶ主要な分子．1 リン酸基を脱離して ADP になり自由エネルギーを放出する．

アニオン（anion） 陰イオン．負に荷電したイオン．

アノマー（anomer） ヘミアセタール炭素（アノメリック炭素）の置換基の立体が異なるだけの環状の糖．α 体は −OH 基が $-CH_2OH$ 基の反対側にある．β 体は −OH 基が $-CH_2OH$ 基とおなじ側にある．

アノマー炭素（anomeric carbon atom） 環状糖のヘミアセタールの炭素原子．−OH 基と環内の O に結合する C 原子．

油（oil） 不飽和脂肪酸を多く含むトリアシルグリセロールの液体の混合物．

アボガドロ定数（N_A）（Avogadro's number） 1 モルの物質中の分子の数，6.02×10^{23}.

アボガドロの法則（Avogadro's law） おなじ温度と圧力下では，気体の体積は，そのモル量に正比例する．（V/n = 定数，または $V_1/n_1 = V_2/n_2$）．

アミド（amide） 炭素原子や窒素原子に結合したカルボニル基をもつ化合物 $RCONR'_2$；R′ 基はアルキル基または水素原子．

アミノ基（amino group） 官能基，$-NH_2$.

アミノ基転移（transamination） アミノ酸のアミノ基と α-ケト酸のケト基との交換．

アミノ酸（amino acid） アミノ基とカルボキシ基を含む分子．

アミノ酸プール（amino acid pool） 体内の遊離アミノ酸の総量．

アミノ末端（N 末端）アミノ酸（amino-terminal（N-terminal）amino acid） タンパク質の末端で，遊離の $-NH_3^+$ 基をもつアミノ酸．

アミン（amine） 窒素に結合する一つ以上の有機基をもつ化合物．第一級 RNH_2，第二級 R_2NH，第三級 R_3N.

アルカリ金属（alkali metal） 周期表の 1 族の元素．

アルカリ土類金属（alkaline earth metal） 周期表の 2 族の元素．

アルカロイド（alkaloid） 窒素を包含する天然の植物成分で，通常塩基性を示し，苦味があり毒性がある．

アルカロシス（alkalosis） 血漿の pH が 7.45 以上になる，呼吸や代謝の異常状態．

アルカン（alkane） 単結合だけもつ炭化水素化合物．

アルキル基（alkyl group） 水素 1 原子が除去されたアルカンの残りの部分．

アルキン（alkyne） 炭素–炭素間に三重結合を含む炭化水素．

アルケン（alkene） 炭素–炭素間に二重結合を含む炭化水素．

アルコキシ基（alkoxy group） 官能基，−OR.

アルコキシドイオン（alkoxide ion） アルコールから脱水素してできるアニオン，RO^-.

アルコール（alcohol） 飽和アルカンのような炭素原子に結合した −OH 基をもつ化合物，R−OH.

アルコール発酵（alcohol fermentation） 嫌気的にグルコースを分解してエタノールと二酸化炭素にする酵母の酵素による作用．

アルデヒド（aldehyde） 少なくとも水素 1 原子に結合したカルボニル基をもつ化合物，RCHO.

アルドース（aldose） アルデヒドのカルボニル基を含む単糖．

α-アミノ酸（alpha（α-）amino acid） アミノ基が−COOH 基の隣りの炭素原子に結合するアミノ酸．

α-ヘリックス（alpha（α-）helix） タンパク質の鎖が，骨格に沿ったペプチド基のあいだの水素結合によって安定化される右巻きのコイルをつくる，タンパク質の二次構造．

α 粒子（alpha（α）particle） α 線として放射されるヘリウム核，He^{2+}.

アロステリック酵素（allosteric enzyme） 活性部位以外の場所に活性化物質や阻害剤が結合すると，その活性が制御される酵素．

アロステリック制御（allosteric control） タンパク質のある場所に制御因子が結合することにより，おなじタンパク質がほかの場所で別の化合物と結合する能力に影響を及ぼす相互作用．

アンタゴニスト（antagonist） 受容体の正常な生化学的反応を遮断または阻害する物質．

アンチコドン（anticodon） mRNA 上の相補的な配列（コドン）を認識する tRNA 上の三つの核酸の配列．

アンモニウムイオン（ammonium ion） 水素がアンモニアかアミン（第一級，第二級または第三級）に付加してできるカチオン．

アンモニウム塩（ammonium salt） アンモニアのカチオンとアニオンからできているイオン性化合物．アミン塩．

イオン（ion） 電気的に荷電した原子または基．

イオン化エネルギー（ionization energy） 気体状態の 1 原子から 1 電子を除去

するために必要なエネルギー．

イオン化合物（ionic compound）　イオン結合を含む化合物．

イオン結合（ionic bond）　イオン化合物中の反対荷電のイオン間の電気的引力．

イオン性固体（ionic solid）　イオン結合で集合した結晶性固体．

イオン体積定数（K_w）（水の）（ion-product constant of water）　水およびある溶液中の H_3O^+ と OH^- のモル濃度の積（$K_w = [H_3O^+][OH^-]$）．

イオン反応式（ionic equation）　イオンがよくわかるように示した反応式．

異化，異化作用（catabolism）　食物分子を分解し，生化学的なエネルギーを発生させる代謝の反応経路．

イコサノイド（icosanoid）　炭素数 20 の不飽和カルボン酸から誘導される脂質．

異性体（isomer）　同一の分子式をもつ異なる構造の化合物．

イソプロピル基（isopropyl group）　分枝アルキル基，$-CH(CH_3)_2$．

一塩基多型（SNP）（single-nucleotide polymorphism）　DNA における一般的な一塩基対の変異．

1,4 結合（1,4 link）　ある糖の C1 位のヘミアセタールのヒドロキシ基と，ほかの糖の C4 位のヒドロキシ基が結合するグリコシド結合．

遺伝子（gene）　一本鎖ポリペプチドの合成を指図する DNA の部分．

遺伝子暗号（genetic code）　タンパク質合成でアミノ酸配列を決定する，mRNA の三文字暗号（コドン）のヌクレオチド配列．

遺伝子（酵素）制御（genetic（enzyme）control）　酵素の合成を制御する酵素活性の制御．

イントロン（intron）　タンパク質の一部をコードしない mRNA のヌクレオチド配列．mRNA がタンパク質合成に進む前に除去される．イオン電荷を有する原子または結合した原子群．

宇宙線（cosmic ray）　宇宙から地球に降り注ぐ，高エネルギー粒子（プロトンや種々の原子核）の混合物．

運動エネルギー（kinetic energy）　物体が動くときのエネルギー．

液体（liquid）　容器を満たすように形を変える，明確な体積をもつ物質．

エクソン（exon）　遺伝子の一部で，タンパク質部分をコードするヌクレオチド配列．

SI 単位（SI unit）　国際単位で規定された測定値の単位．たとえば，キログラム（kg），メートル（m），温度（K，℃）など．

エステル（ester）　RCOOR′．$-OR$ 基に結合したカルボニル基をもつ化合物．

エステル化（esterification）　アルコールとカルボン酸が結合してエステルと水を生成する反応．

s ブロック元素（s-block element）　1 族元素（水素，アルカリ金属），2 族元素（ベリリウム，マグネシウム，アルカリ土類金属）およびヘリウムのこと．周期ごとに二つの電子が s 軌道に満たされる．

エチル基（ethyl group）　アルキル基，$-C_2H_5$．

X 線（X ray）　γ 線より弱いエネルギーを伴う電磁放射．

ATP シンターゼ（ATP synthase）　水素イオンが通過するミトコンドリア内膜にある酵素の複合体で，ADP から ATP が合成される．

エーテル（ether）　R−O−R′．二つの有機基に結合した酸素原子をもつ化合物．

エナンチオマー，光学異性体（enantiomer, optical isomer）　鏡像異性体ともいう．キラル分子の二つの鏡像体．

エネルギー（energy）　仕事をする，または熱を供給する能力．

エネルギー保存の法則（law of conversion of energy）　物理的または化学的変化のあいだ，エネルギーは生産も分解もされない．

f ブロック元素（f-block element）　ランタノイドおよびアクチノイドなどの内部遷移元素のこと．f 軌道を電子が満たす．

L 糖（L-sugar）　カルボニル基からもっとも遠いキラル炭素原子上の $-OH$ 基が，Fischer 投影法で左側に位置する単糖．

塩（salt）　酸と塩基の反応で形成されるイオン化合物．

塩基（base）　水中で OH^- を供給する物質．

塩基の対合（base pairing）　DNA 二重らせんのような，水素結合で結合した塩基対（G−C と A−T）．

塩基の当量（equivalent of base）　1 モルの OH^- を含む塩基の量．

炎症（inflammation）　炎症性応答の結果．膨張，赤み，発熱，痛みなど．

炎症応答（inflammatory response）　抗原または組織の損傷でおこされる非特異的防御機構．

エンタルピー（H）（enthalpy）　物質の熱力学的性質を規定する関数の一つ，H．物質が発熱して熱を出すとエンタルピーが下がり，吸熱して外部より熱を受け取るとエンタルピーが上がる．

エンタルピー変化（ΔH）（enthalpy change）　反応熱の別称．

エントロピー（S）　ある系における不確かさの数量的大きさ．

エントロピー変化（ΔS）　化学反応あるいは物理的変化がおきたときの不確かさの増加量（$\Delta S>0$）あるいは減少（$\Delta S<0$）量．

オクテット則（octet rule）　安定な中性分子では，原子は 8 個の電子によって取り囲まれている．

温度（temperature）　物質がどれほど温かいか，または冷たいかの尺度．

概数（rounding off）　有効数字以外の数字を削除する方法．

回転（turnover）　生体分子の継続的な更新あるいは置換．タンパク質では，タンパク質合成とタンパク質分解のあいだのバランスによって定義される．

解糖（glycolysis）　グルコース 1 分子が分解し，ピルビン酸 2 分子とエネルギーを生成する生化学経路．

壊変（nuclear decay）　不安定な核からの粒子の連続的な放出．

壊変系列（decay series）　重放射性同位体が非放射性元素に壊変する一連の系列．

解離（dissociation）　水中で H^+ とアニオンになる酸の分裂．

化学（chemistry）　物質の性質，特性，変換の科学．

化学式（chemical formula）　化合物を構成する元素記号に元素数を下付きに表記した式．

化学式単位（formula unit）　イオン化合物の最小単位を識別する式．

科学的記数法（scientific notation）　1 から 10 までの数値と累乗を使う表記法．

科学的方法（scientific method）　知識

を広げ，洗練するための観察，仮説，実験の系統的な過程.

化学反応（chemical reaction） 一つ以上の物質の性質や要素が変化する過程.

化学反応式（chemical equation） 分子式や構造式で化学反応を表記した式.

化学平衡（chemical equilibrium） 可逆反応（forward and reverse reaction）の比がおなじ状態.

化学変化（chemical change） 物質の化学的性質の変化.

鍵と鍵穴モデル（lock-and-key model） 酵素を堅い鍵穴に例えて，基質を正確に合う鍵とする酵素反応のモデル.

可逆反応（reversible reaction） 正反応（反応物から生成物へ）と逆反応（生成物から反応物へ）がともにおこる反応.

殻（電子の）（shell（electron）） エネルギーに従う原子の中の電子のグループ.

核酸（nucleic acid） ヌクレオチドのポリマー.

核子（nucleon） 陽子と中性子を示す用語.

核種（nuclide） 元素の特定の同位元素の核.

核反応（nuclear reaction） ある元素からほかの元素に変化する原子核を変化させる反応.

核分裂（nuclear fission） 質量数の重い原子核が軽い原子核に分裂する現象.

核変換（transmutation） ある元素が別の元素に変わること.

核融合（nuclear fusion） 質量数の軽い原子核が結合し，より大きいエネルギーを放出する核反応.

化合物（chemical compound） 化学反応で単純な物質に分解し得る純粋な物質.

加水分解（hydrolysis） 一つ以上の結合が切れ，水の H− と −OH が切れた結合の原子に付加する.

カチオン（cation） 陽イオン．正に荷電したイオン.

活性化（酵素の）（activation（of an enzyme）） 酵素の作用を活性化あるいは増加させる過程.

活性化エネルギー（E_{act}）（activation energy） 反応物に必要なエネルギー量．反応速度を決定する.

活性タンパク質（native protein） 生物体に自然に存在する形（二次構造，三次構造，四次構造）のタンパク質.

活性部位（active site） 酵素の特別な形をしたポケットで，基質と結合するために必要な化学的な構造.

価電子（valence electron） 原子の最外殻にある電子.

過飽和溶液（supersaturated solution） 溶解可能な量より多い溶質を含む溶液．非平衡状態.

カルボキシ末端（C 末端）アミノ酸（carboxyl-terminal（C-terminal）amino acid） タンパク質の末端の遊離 $-COO^-$ 基をもつアミノ酸.

カルボキシ基（carboxyl group） 官能基，$-COOH$.

カルボニル化合物（carbonyl compound） C=O 基を含む化合物.

カルボニル基（carbonyl group） 炭素原子と酸素原子が二重結合している官能基，C=O.

カルボニル置換反応（carbonyl-group substitution reaction） アシル基のカルボニル炭素に結合した官能基を，新しい官能基に置き換える（置換）反応.

カルボン酸（carboxylic acid） 炭素原子と −OH 基が結合したカルボニル基をもつ化合物，RCOOH.

カルボン酸アニオン（carboxylate anion） カルボン酸がイオン化してできるアニオン，$RCOO^-$.

カルボン酸塩（carboxylic acid salt） カルボン酸アニオンとカチオンを含むイオン性化合物.

間隙液（interstitial fluid） 細胞を囲む液体．細胞外液.

還元（reduction） 原子による 1 電子以上の獲得.

還元剤（reducing agent） 電子を渡して，別の反応物の還元を引きおこす物質.

還元的アミノ化（reductive amination） NH_4^+ との反応による α-ケト酸のアミノ酸への変換.

還元糖（reducing sugar） 塩基性溶液中で弱い酸化剤と反応する炭水化物.

緩衝液（buffer） pH の急激な変化を抑制するように働く物質の組合せ．一般的に弱酸とその共役塩基.

官能基（functional group） 特徴的な構造と化学的性質をもつ分子内の原子または原子の基.

官能基異性体（functional group isomer） おなじ化学式をもちながら，結合の違いによって化学的に異なる族に属する異性体．エチルアルコールとエチルエーテルがその一例.

γ 線（gamma radiation） 高エネルギー電磁波の放射活性.

貴ガス（noble gas） 周期表 18 族の元素.

基質（substrate） 酵素触媒反応の反応物.

希釈率（dilution factor） 初めと終わりの溶液の体積比（V_1/V_2）.

気体（gas） 体積も形も決めることができない物質.

気体定数（R）（gas constant） R であらわされる，理想気体法則における定数．$PV = nRT$.

気体の法則（gas law） 気体または気体の混合物の圧力（P），体積（V），温度（T）の影響を予測する一連の法則.

気体反応の法則（combined gas law） 気体の圧力と体積の積は温度に比例する（PV/T = 定数，または $P_1V_1/T_1 = P_2V_2/T_2$）.

気体分子運動論（kinetic-molecular theory of gas） 気体の動きを説明する一群の仮定.

規定度（N）（normality） 溶液 1 L 中に酸（塩基）が何当量含まれているかをあらわす酸（塩基）の濃度の単位.

軌道（orbital） 原子や分子中における電子の状態をあらわす波動関数.

起動図（orbital diagram） 軌道への電子分布の描写．軌道は 1 本の線あるいは一つの箱で示され，各軌道の電子は矢印で表示される.

吸エルゴン的（endergonic） 非連続反応あるいは過程で，自由エネルギーを吸収し正の ΔG をもつ.

球状タンパク質（globular protein） 外側に親水性基が配置して密に折りたたまれた水溶性タンパク質.

吸熱的（endothermic） 熱を吸収して正の ΔG をもつ過程または反応.

強塩基（strong base） H^+ に親和性が高く，しっかり保持する塩基.

競合（酵素）阻害（competitive（enzyme）inhibition） 阻害剤が酵素の活性部位と結合して基質と競合する酵素の

制御.

強酸（strong acid）　容易にH^+を引き渡す酸で，基本的に100%解離する.

強電解質（strong electrolyte）　水に溶解すると完全にイオン化する物質.

共鳴（resonance）　分子の真の構造が複数の普通の構造となる現象.

共役塩基（conjugate base）　酸からH^+を放出した物質.

共役酸（conjugate acid）　塩基にH^+が付加した物質.

共役酸塩基対（conjugate acid-base pair）　水素イオンH^+だけが異なる分子式の2分子.

共有結合（covalent bond）　原子間で電子を共有して形成する結合.

極性共有結合（polar covalent bond）　電子が，他方の原子より一方の原子に強く引きつけられる結合.

キラル，キラリティー（chiral, chirality）　二つの異なる鏡像体（mirror image form）．右手と左手の関係をもつ.

キラル炭素，不斉炭素原子，キラル中心（chiral carbon atom, chiral center）　四つの異なる基に結合した炭素原子.

均一混合物（homogeneous mixture）　全体におなじ成分の均一な混合物.

金属（metal）　熱と電気をよく通す光沢のある可鍛性の元素.

クエン酸回路（citric acid cycle）Kreb's回路，TCA回路，トリカルボン酸回路とも呼ばれる．還元補酵素と二酸化炭素で運搬されるエネルギーを，アセチル基を分解して生産する一連の生化学反応.

薬（drug）　体外から導入されると，体内の機能を変化させる物質.

組換えDNA（recombinant DNA）　異種のDNAを含有するDNA.

グリコーゲン形成（glycogenesis）　グリコーゲン合成の生化学経路．グルコースの分岐ポリマー.

グリコーゲン分解（glycogenolysis）　グリコーゲンを遊離グルコースに分解する生化学経路.

グリコシド（glycoside）　単糖がアルコールと反応して水分子を失って生成する環状アセタール.

グリコシド結合（glycoside bond）　単糖のアノマー炭素原子と−OR基の結合.

グリコール（glycol）　隣り合う炭素に二つの−OH基をもつジアルコールまたはジオール.

グリセロリン脂質（glycerophospholipid, phosphoglyceride）　グリセロールが二つの脂肪酸および一つのリン酸とエステル結合でつながる脂質で，リン酸基はさらにアミノアルコール（あるいはほかのアルコール）とエステル結合でつながる.

クローン（clone）　単一の祖先からの組織，細胞あるいはDNA部分のおなじ複製.

係数（coefficient）　化学反応式を量的に一致させるため，分子式の前におく数値.

ゲイ-リュサックの法則（Gay-Lussac's law）　定容の気体では，圧力はケルビン値に比例する（P/T＝定数，または$P_1/T_1 = P_2/T_2$）.

経路（pathway）　酵素触媒による一連の化学反応．すなわち，最初の反応の生成物はつぎの反応物になるなど，反応はそれらの中間体によって連結される.

ケタール（ketal）　もともとケトンであったおなじ炭素原子に結合する，二つの疑似エーテル基をもつ化合物.

血液凝固（blood clot）　血が傷ついた場所で形成する，フィブリン線維と閉じ込められた血球細胞の網状組織.

結合解離エネルギー（bond dissociation energy）　隔離された気体状態の分子の結合を切って，原子を分離するエネルギー量.

結合角（bond angle）　分子内の隣接する3原子による角度.

結合距離（bond length）　共有結合の核間の最適な距離.

血漿（blood plasma）　血液中から血球を除いた部分．細胞外液.

結晶性固体（crystalline solid）　原子，分子あるいはイオンが規則正しく配列する固体.

血清（blood serum）　凝固した後に残る血液の液体部分.

ケトアシドーシス（ketoacidosis）　ケトン体の蓄積による血中pHの低下.

ケトース（ketose）　ケトンのカルボニル基を含む単糖.

ケトン（ketone）　おなじまたは異なる有機基の炭素2原子が結合したカルボニル基をもつ化合物，$R_2C{=}O$，RCOR′.

ケトン体（ketone body）　肝臓で生成する化合物で，筋肉および脳組織で燃料として利用される．3-ヒドロキシ酪酸，アセト酢酸，アセトン.

ケトン体生成（ketogenesis）　アセチル-CoAからのケトン体合成.

ゲノミクス（genomics）　全遺伝子と機能の科学.

ゲノム（genome）　生物の染色体の全遺伝子情報．その大きさは塩基対の数で決定される.

けん化（saponification）　水溶性水酸化物イオンにより，アルコールとカルボン酸の金属塩を生成するエステルの反応.

嫌気(性)（anaerobic）　無酸素状態.

原子（atom）　元素の最小かつもっとも単純な粒子.

原子価殻電子対反発モデル（VSEPRモデル）（valence shell electron pair repulsion model）　原子のまわりがどれだけの数の電子雲の荷電におおわれているかを知ることによって分子の形を予測し，電子雲が可能な限り互いに遠くになるように予想する方法.

原子価殻（valence shell）　原子のもっとも外側の電子殻.

原子核（nucleus）　陽子と中性子からなる，高密度の原子の中心.

原子質量単位（amu）（atomic mass unit）　原子質量をあらわす単位．1amu＝1/12で，炭素12の質量を基準とする.

原子説（atomic theory）　英国人科学者John Daltonによって提唱された，物質の化学反応を説明するための一連の仮定.

原子番号（Z）（atomic number）　与えられた要素の原子核中の陽子数.

原子量（atomic weight）　原子の平均質量（表紙裏右ページ参照）.

元素（element）　化学的にそれ以上分解できない最小単位の基本物質.

限定試薬（limiting reagent）　化学反応で最初に消費される試薬.

好気(性)（aerobic）　酸素が存在する状態.

高血糖（hyperglycemia）　正常より高濃度な血中グルコース.

抗原（antigen）　免疫反応を引きおこす体外の物質.

抗酸化物質（antioxidant）　酸化剤による酸化反応を止める物質.

酵素（enzyme）　生物反応に対して触

媒として働くタンパク質などの分子.

構造異性体（constitutional isomer または structural isomer）　おなじ分子式だが，原子の結合が異なる化合物.

構造式（structural formula）　共有結合をあらわす線を使って原子間の結合をあらわす分子の表記法.

抗体（イムノグロブリンまたは免疫グロブリン）（antibody（immunoglobulin））　抗原を認識する糖タンパク質.

高張（hypertonic）　血漿や細胞よりも浸透圧の高い状態.

固体（solid）　規定できる形態と体積をもつ物質.

コドン（codon）　mRNA 鎖のリボヌクレオチド 3 分子の配列で，特定のアミノ酸を暗号化する，あるいは翻訳を止めるヌクレオチド 3 分子の配列（停止コドン）.

コロイド（colloid）　直径 2～500 nm の範囲の粒子を含む均一な混合物.

混合物（mixture）　それぞれの化学的性質を維持する 2 種以上の物質の混合物.

コンホーマー（conformer）　原子間の結合が等しい複数の分子構造は，炭素-炭素結合回転の相互変換が原子の異なる空間配置をもたらす.

コンホメーション，立体配座（conformation）　分子における原子の特定の三次元的な配置は，炭素-炭素結合のまわりの回転によって特異的に形成される.

混和性（miscible）　すべての割合で溶解する性質.

再吸収（腎臓の）（reabsorption（kidny））腎細管で沪過された溶質の移動.

細胞外液（extracellular fluid）　細胞外の液体.

細胞質（cytoplasm）　真核細胞の細胞膜と核膜の間の部分.

細胞質ゾル（cytosol）　細胞内のオルガネラを囲む細胞質の液体．溶解したタンパク質や栄養素を含む.

細胞質タンパク質（cellular protein）　細胞内に存在するタンパク質.

細胞内液（intracellular fluid）　細胞内の液体.

酸（acid）　水中で H^+ を供給する物質.

酸塩基（pH）指示薬（acid-base indicator）　溶液の pH に応じて色が変化する色素.

酸化（oxidation）　原子から一つ以上の電子が失われること.

酸解離定数（K_a）（acid dissociation constant）　酸（HA）が解離する平衡定数で［H^+］［A^-］/［HA］に等しい.

酸化還元（レドックス）反応（oxidation-reduction（redox）reaction）　電子がある原子からほかの原子へ移動する反応.

酸化剤（oxidizing agent）　電子を得ることによって酸化をおこす，あるいはほかの反応物の酸化数を増す反応物.

酸化数（oxidation number）　原子が中性か，電子が多いか少ないかを示す数字.

酸化的脱アミノ化（oxidative deamination）　NH_4^+ の除去によるアミノ酸の $-NH_2$ の α-ケト基への変換.

酸化的リン酸化（oxidative phosphorylation）　電子伝達系から放出されるエネルギーを使う ADP からの ATP の合成.

残基（アミノ酸の）（residue（amino acid））　ポリペプチド鎖のアミノ酸.

三重結合（triple bond）　3 対の電子を共有する共有結合.

酸の当量（equivalent of acid）　1 モルの H^+ を含む酸の量.

ジアステレオマー（diastereomer）　互いに鏡像体とならない立体異性体.

糸球体沪液（glomerular filtrate）　糸球体（glomerulu）からネフロン（nephron）に入る液体．血漿を沪過する.

式量（formula weight）　任意の化合物の式 1 分子に含まれる原子の原子量の総和.

シクロアルカン（cycloalkane）　環状炭素原子を含むアルカン.

シクロアルケン（cycloalkene）　環状炭素原子を含むアルケン.

止血（hemostasis）　血流の停止.

自己免疫疾患（autoimmune disease）　正常な体内の物質を抗原として認識して抗体をつくる免疫系の異常.

脂質（lipid）　非極性有機溶媒に可溶な，植物または動物由来の天然有機化合物.

脂質二重層（lipid bilayer）　細胞膜の基本構造単位．脂質分子の疎水性基が内側に向き合う膜脂質分子から構成される二重層.

シス-トランス異性体（cis-trans isomer）　原子間の結合はおなじで，二重結合に結合する基の位置が異なるために三次元構造が異なるアルケン．シス体は，水素原子が二重結合のおなじ側，トランス体は反対側.

ジスルフィド（disulfide）　硫黄と硫黄の結合で構成される化合物，RS-SR.

ジスルフィド結合（disulfide bond）　2 分子のシステイン側鎖で形成される S-S 結合．二つのペプチド鎖を結合することができ，ペプチド鎖にループをつくる.

自然放射性同位体元素（natural radioisotope）　自然に存在し，地殻に見出される放射性同位体元素.

実収量（actual yield）　反応で実際に生成した生成物の量.

質量（mass）　物体の量の測定単位.

質量パーセント濃度［(m/m)%］　溶液の 100 g あたりの溶質のグラム数をあらわした濃度.

質量/体積パーセント濃度［(m/v)%］　溶液 100 mL あたりの溶質のグラム数をあらわした濃度.

質量数（A）（mass number）　原子中の陽子と中性子の総数.

質量保存の法則（law of conversion of mass）　物理的または化学的変化のあいだ，物質は生産も分解もされない.

GTP（guanosine triphosphate）　ATP とおなじくエネルギーを運搬する分子．リン酸基を失うとエネルギーを放出して GDP になる.

GDP（guanosine diphosphate）　リン酸基と結合する，あるいは解裂してエネルギーを運搬する分子.

シナプス（synapse）　ニューロンの先端と標的細胞が互いに接合する場所.

自発的な過程（spontaneous process）　一度反応がはじまると，系外の影響を受けずに進む過程または反応.

脂肪（fat）　トリアシルグリセロールの混合物で，高い比率で飽和脂肪酸を多く含むため固体になる.

脂肪酸（fatty acid）　長鎖カルボン酸．動物性脂肪や植物油の脂肪酸は，一般的に炭素原子数が 12～22.

弱塩基（weak base）　H^+ との親和性が弱く，H^+ の保持力が弱い塩基.

弱酸（weak acid）　水中で H^+ を供給し

にくく，解離度が100%以下の酸．

弱電解質（weak electrolyte）　水中で部分的にしかイオン化しない物質．

シャルルの法則（Charles's law）　定圧の気体の体積は絶対温度（Kelvin temperature）に比例する（$V/T=$定数，または$V_1/T_1=V_2/T_2$）．

自由エネルギー変化（ΔG）（free energy change）　化学反応あるいは物理変化に伴う自由エネルギーの変化量．

周期（period）　周期表の横7段．

周期表（periodic table）　各元素ごとに原子番号（上），元素記号（中），原子量（下）が示された元素表で，化学的類似性に従って分類される（表紙裏参照）．

十億分率（ppb）（parts par billion）　溶液を10億（10^9）としたときの溶質の重量比あるいは体積比．

収率（percent yield）　化学反応の理論収量と実収量の百分率．

重量（weight）　地球またはほかの大きな物体から物体に作用する引力の尺度．

主殻（電子の）（shell（electron））　エネルギーに従う原子内の電子の一群．

主族元素（main group element）　周期表の左側2族（1, 2族）と右側6族（13～18族）の元素．典型元素のこと．

受動輸送（passive transport）　濃度の高い所から低い所へ，エネルギーを消費することなく細胞膜を横切る物質の移動．

純物質（pure substance）　隅から隅まで一律の化学的な組織をもつ物質．

消化（digestion）　食物を小さい分子に分解することを意味する一般的な用語．

蒸気（vapor）　液体と平衡状態にある気体分子．

蒸気圧（vapor pressure）　液体と平衡状態にある気体分子の分圧．

状態変化（change of state）　液体から気体のように，ある状態からほかの状態へ物質が変化すること．

蒸発熱（heat of vaporization）　沸点に到達した液体を完全に気化するのに必要な熱量．

触媒（catalyst）　化学反応の速度を増すが，それ自身は変化しない物質．

真イオン反応式（net ionic equation）　自らは変化しないイオンを除いた反応式．

神経伝達物質（neurotransmitter）　ニューロンとニューロンまたは神経刺激を伝達する標的細胞のあいだを動く化学物質．

人工核変換（artificial transmutation）　ある原子がほかの原子になる核分裂反応による変化．

人工放射性同位体（artificial radioisotope）　自然界には存在しない放射性同位体元素．

親水性（hydrophilic）　水を好む性質．親水性物質は水に可溶．

浸透（osmosis）　異なる濃度の二つの溶液を隔離している浸透膜を横切る溶媒の通過．

浸透圧（osmotic pressure）　浸透膜を横切る溶媒分子の通過を停止させる，より高濃度の溶液にかかる外圧の総量．

水素化（hydrogenation）　多重結合にH_2が付加して飽和化合物を生成する反応．

水素結合（hydrogen bond）　電気的に陰性なO, N, Fなどの原子に結合した水素原子と，ほかの電気的に陰性なO, N, F原子が引き合うこと．

水和（hydration）　多重結合に水が付加してアルコールを生成する反応．

ステロール（sterol）　つぎのような縮合四環性炭素骨格に基づく構造の脂質．

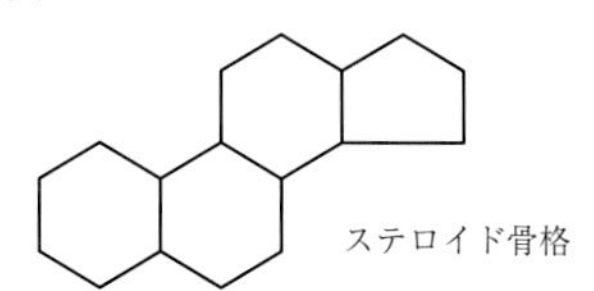
ステロイド骨格

スフィンゴ脂質（sphingolipid）　アミノアルコールスフィンゴシンから誘導される脂質．

正四面体（regular tetrahedron）　おなじ大きさの4個の正三角形の面をもつ立体．

生成物（product）　化学反応で形成される物質で，化学反応式では矢印の右側に描く．

セカンドメッセンジャー（second messenger）　親水性のホルモンまたは神経伝達物質が，細胞表面の受容体と結合したときに細胞内に放出される化学物質．

赤血球，エリスロサイト（erythrocyte）　血中の赤色細胞（RBC）．血中の気体を輸送する．

セッケン（soap）　動物性脂肪のけん化でつくられる脂肪酸の塩の混合物．

遷移金属元素（transition metal element）　周期表の中央付近の10族（3～12族）の元素．

繊維状タンパク質（fibrous protein）　繊維状または板状のタンパク質を形成する硬い不溶性のタンパク質．

全血（whole blood）　血漿と血液細胞．

線構造（line structure）　原子を示さずに構造を描く簡便法．炭素原子は線の始点，終点および交点にあり，水素は炭素が形成する四つの結合に充足していると考える．

染色体，クロモソーム（chromosome）　タンパク質とDNAの複合体．細胞分裂期に見ることができる．

セントロメア（centromere）　染色体の中心領域．

双極子，ダイポール（dipole）　共有結合の一方の末端と反対側の末端，あるいは分子の末端と反対側の末端における電荷（＋あるいは－）の違い．

双極子-双極子相互作用（dipole-dipole force）　極性分子の正と負の末端が引き合う力．

阻害（酵素の）（inhibition（of an enzyme））　酵素の活動を遅延または停止させる過程．

族（group）　周期表の元素の縦18列．

束一的性質（collogative property）　溶解する粒子の数に依存し，化学的性質には依存しない溶液の性質．

側鎖（アミノ酸の）（side chain（amino acid））　アミノ酸のカルボキシ基の隣りの炭素に結合する基．アミノ酸によって異なる．

促進拡散（facilitated diffusion）　形を変える輸送タンパク質の補助により細胞膜を横切る能動輸送．

束縛回転（restricted rotation）　ある結合のまわりを回転する分子の限られた能力．

疎水性（hydrophobic）　水を嫌う性質．疎水性物質は水に不溶．

第一級炭素原子（1°）（primary carbon atom）　ほかの炭素1原子と結合した炭素原子．

第三級炭素原子（3°）（tertiary carbon atom）　ほかの炭素3原子と結合した炭素原子．

代謝（metabolism）　有機体でおこる全化学反応の総体.

体積パーセント濃度［(v/v)%］（volume/volume percent concentration）　溶液 100 mL 中に溶解している溶質の体積（ミリリットル）としてあらわされる濃度.

第二級炭素原子（2°）（secondary carbon atom）　ほかの炭素 2 原子と結合した炭素原子.

第四級アンモニウムイオン（quaternary ammonium ion）　窒素原子に四つの有機基が結合した正のイオン.

第四級アンモニウム塩（quaternary ammonium salt）　第四級アンモニウムイオンとアニオンで構成されるイオン化合物.

第四級炭素原子（4°）（quaternary carbon atom）　ほかの炭素 4 原子と結合した炭素原子.

多型（polymorphism）　集団内の DNA 配列における変異.

多原子イオン（polyatomic ion）　1 原子以上で構成されるイオン.

脱水（dehydration）　アルコールから水が脱離してアルケン生成する.

脱離反応（elimination reaction）　飽和反応物が隣り合った 2 原子から基を失い，不飽和物質を生成する反応の一般的な型.

多糖(polysaccharide）　複雑な炭水化物．単糖の重合体となる炭水化物.

多不飽和脂肪酸（polyunsaturated fatty acid）　二つ以上の C=C 二重結合をもつ長鎖脂肪酸.

単位（unit）　標準的な計量に用いられる定義された量.

ターンオーバー数（turnover number）　1 分子の酵素が単位時間あたりに作用する基質分子.

炭化水素（hydrocarbon）　炭素と水素のみを含む有機化合物.

単結合（single bond）　1 対の電子を共有して形成される共有結合.

胆汁（bile）　消化のあいだに肝臓から分泌され，胆嚢から小腸へ放出される液体．胆汁酸，コレステロール，リン脂質，二酸化炭素イオンなどの電解質を含む.

胆汁酸（bile acid）　胆汁に分泌されるコレステロール類縁体の酸.

短縮構造（condensed structure）　C−C や C−H の結合を省略して構造を描く簡単な方法.

単純拡散（simple diffusion）　細胞膜を通る拡散の無作為な動きによる受動輸送.

単純タンパク質（simple protein）　アミノ酸のみで構成されるタンパク質.

炭水化物（carbohydrate）　天然のポリヒドロキシケトンとアルデヒドからなる非常に多くの糖質（糖類）の総称.

単糖（monosaccharide, simple sugar）　炭素 3～7 原子の炭水化物.

タンパク質（protein）　アミド（ペプチド）結合で多くのアミノ酸がつながった大きい生体分子.

タンパク質の一次構造（primary protein structure）　タンパク質でアミノ酸がペプチド結合でつながる配列.

タンパク質の二次構造(secondary protein structure）　規則正しい繰返し構造（例：α-ヘリックス，β-シート）．近接するタンパク質鎖の部分で，骨格原子の間の水素結合でつくられる.

タンパク質の三次構造（tertiary protein structure）　全タンパク鎖がコイル状になり，特異な三次元型に折りたたまれている構造.

タンパク質の四次構造（quaternary protein structure）　二つ以上のタンパク質が集合して形成する規則正しい大きな構造.

チオール（thiol）　−SH 基を含む化合物，R−SH.

置換基（substituent）　母体に結合する原子または基.

置換反応（substitution reaction）　分子の原子または基が，ほかの原子または基で置換される一般的な反応の型.

チモーゲン（zymogen）　化学的な変化を受けた後に活性酵素になる化合物.

中性子（neutron）　電気的に中性な原子より小さい粒子.

中和反応（neutralization reaction）　酸と塩基の反応.

直鎖アルカン（straight-chain alkane）　すべての炭素が直線に並んだアルカン.

沈殿（precipitate）　化学反応のあいだに溶液内に生成する不溶性の固体.

低血糖（hypoglycemia）　正常より低濃度な血中グルコース.

低張（hypotonic）　血漿や細胞の周よりも浸透圧が低い状態.

デオキシリボ核酸（DNA）（deoxyribonucleic acid）　遺伝情報を蓄積する核酸．デオキシリボ核酸の重合体.

デオキシリボヌクレオチド(deoxyribonucleotide）　2-デオキシ-D-リボースを含むヌクレオチド.

滴定（titration）　溶液の酸または塩基の全量を決定する方法.

D 糖（D-sugar）　Fischer 投影式でカルボニル基からもっとも遠いキラル炭素原子上の右側に，−OH 基をもつ単糖.

d ブロック元素（d-block element）　鉄族，銅族などの遷移元素の総称．d 軌道に入る電子の配置で物性が決定される.

テロメア（telomere）　染色体の末端．ヒトでは，反復する長いヌクレオチド鎖を含む領域.

転位反応（rearrangement reaction）　分子の結合が再配列して異性体が生成するような一般的な反応型.

電解質（electrolyte）　水に溶解するとイオンをつくり，電気を通す物質.

電気陰性度（electronegativity）　共有結合で電子を引き寄せる原子の能力.

電子（electron）　負に荷電した粒子.

電子親和力（electron affinity）　気体状態で 1 電子が 1 原子と付加して放出されるエネルギー.

電子伝達系（electron-transport chain）　還元補酵素から酸素へ電子を渡し，ATP 形成へと続く一連の生化学反応.

電子配置（electron configuration）　原子殻と副殻における電子固有の配列.

電子捕獲（EC）（electron capture）　核が電子雲から内殻電子を捕捉する過程，陽子が中性子になる.

転写（transcription）　DNA 情報を読んで RNA を合成する過程.

点電子記号，ルイス構造（electron dot structure, Lewis structure）　価電子の数をあらわすために原子のまわりに点を置く原子の表記法.

電離放射線（ionizing radiation）　高エネルギー放射線の一般名.

同位体，アイソトープ（isotope）　おなじ原子番号で異なる質量数をもつ原子.

同化，同化作用（anabolism）　小さい分子から大きい生体分子を構築する代謝反応．

等式の反応式（balanced equation）　原子の数と種類が矢印の両側で等しい化学反応式．

糖脂質（glycolipid）　スフィンゴシンの C2 位の $-NH_2$ に脂肪酸が結合し，糖が C1 位の −OH 基に結合したスフィンゴ脂質．

糖新生（gluconeogenesis）　乳酸，アミノ酸，またはグリセロールなどの非炭水化物からグルコースを合成する生化学経路．

糖タンパク質（glycoprotein）　短い炭水化物鎖を含むタンパク質．

等張（isotonic）　同じ浸透圧をもつこと．

等電点（p*I*）（isoelectric point）　アミノ酸の試料が同数の＋と−の荷電をもつ pH.

糖尿病（diabetes mellitus）　インスリンの不足または，インスリンが細胞膜を横切るためのグルコースによる活性化ができないためにおこる症状．

当量（Eq）（equivalent）　イオンでは，荷電 1 モルに等しい量．

特異性（酵素の）（specificity (enzyme)）　特定の基質，特定の反応または特定の反応型に対する酵素活性の制限．

特性（property）　物質や物体を特定するのに有益な特性．

トランスファーRNA（tRNA）（transfer RNA）　タンパク質を合成する場所にアミノ酸を輸送する RNA.

トリアシルグリセロール，トリグリセリド（triacylglycerol, triglycerid）　脂肪酸 3 分子によるグリセロールのトリエステル．

ドルトンの法則（Dalton's law）　気体の混合物による全圧力は，個々の気体の分圧の総量に等しい．

内遷移金属元素（inner transition metal element）　周期表の底辺に分離して並ぶ 14 族の元素．

内分泌系（endocrine system）　特別な細胞，組織，内分泌腺の系で，ホルモンを分泌し，神経系とともに体内の恒常性を維持し環境の変化に対応する．

二元化合物（binary compound）　二つの異なる元素の組合せからなる化合物．

二重結合（double bond）　2 電子対を共有してできる共有結合．

二重らせん（double helix）　スクリュー型に互いにからみ合う二つのらせん．ほとんどの生物では，DNA の二つのポリヌクレオチド鎖は二重らせんを形成する．

二糖（disaccharide）　単糖 2 分子で構成される炭水化物．

ニトロ化（nitration）　芳香環上の水素がニトロ基（$-NO_2$）に置換する反応．

尿素回路（urea cycle）　尿素を生成して排出する生化学的な回路．

ヌクレオシド（nucleoside）　複素環式窒素塩基に結合した五炭糖．ヌクレオチドに似ているがリン酸基をもたない．

ヌクレオチド（nucleotide）　複素環式窒素塩基と一つのリン酸基が結合した五炭糖（ヌクレオシド一リン酸）．核酸のモノマー．

熱（heat）　熱エネルギーの移動量．

燃焼（combustion）　炎をつくる化学反応で，一般的に酸素との燃焼をいう．

濃度（concentration）　混合物のある物質の量の尺度．

能動輸送（active transport）　エネルギー（たとえば ATP）を使って細胞膜を横切る物質の移動．

濃度勾配（concentration gradient）　おなじ系内の濃度の差．

配位共有結合（coordinate covalent bond）　2 電子が同一原子から供出されて形成される共有結合．

発エルゴン的（exergonic）　自由エネルギーを放出し，負の ΔG をもつ連続的な反応または過程．

白血球，ロイコサイト（leukocyte）　白血球細胞（WBC）．

発酵（fermentation）　嫌気条件下でのエネルギー生産．

発熱的（exothermic）　熱を放出し，負の ΔH をもつ過程または反応．

ハロゲン（halogen）　周期表の 17 族の元素．

ハロゲン化（アルケンの）（halogenation (alkene)）　1,2-ジハロゲン化合物を生成する多重結合への Cl_2 あるいは Br_2 の付加．

ハロゲン化（芳香族の）（halogenation (aromatic)）　芳香環の水素原子がハロゲン原子（−X）で置換されること．

ハロゲン化アリール（aryl halide）　ハロゲン原子に結合する芳香族をもつ化合物，Ar−X.

ハロゲン化アルキル（alkyl halide）　アルキル基がハロゲン原子に結合した化合物，R−X.

ハロゲン化水素化（hydrohalogenation）　多重結合に HCl または HBr が付加してハロゲン化アルキルを生成する反応．

半減期（$t_{1/2}$）（half-time）　放射性物質が半分分解するのに要する時間．

反応機構（reaction mechanism）　古い結合が壊れて新しい結合ができる反応の各段階の記述法．

反応速度（reaction rate）　反応がどれだけ速くおこるかの尺度，E_{act}

反応熱（Δ*H*）（heat of reaction）　反応物中で分解された結合エネルギーと，生成物中で形成された結合エネルギーとの差．

反応物（reactant）　化学反応で変化する物質で，化学反応式では矢印の左側に描く．

pH　溶液の酸性度の尺度．H_3O^+ 濃度の負の常用対数．

非拮抗（酵素）阻害（uncompetitive (enzyme) inhibition）　阻害剤が酵素に可逆的に結合し，つぎの基質の活性部位の結合を遮断する酵素．

非共有（孤立）電子対（lone pair）　結合に使われない電子対．

非共有力（noncovalent forces）　共有結合以外の，分子間あるいは分子内の引力．

非金属（nonmetal）　熱と電気の伝導度が低い元素．

p 関数（p function）　若干の変数の負の常用対数．$pX = -(\log X)$.

ビシナル（vicinal）　隣接する炭素上の官能基を意味する．

比重（specific gravity）　同一温度の水の密度で物質の密度を割った値．

ビタミン（vitamin）　体内で合成されないので，食餌から微量を摂取しなければならない必須の有機分子．

必須アミノ酸（essential amino acid）　体内で合成されないので，食餌から摂取しなければならないアミノ酸．

非電解質（nonelectrolyte）　水に溶解したときにイオンを生成しない物質．

ヒドロニウムイオン（hydronium ion）　酸が水と反応したときに生成する H_3O^+（IUPAC 名：オキソニウムイオン）.

比熱（specific heat）　物質 1 g の温度を 1℃上昇させるために必要な熱量.

非必須アミノ酸（nonessential amino acid）　体内で合成されるので食餌から摂取する必要のない 11 種類のアミノ酸の一つ.

百万分率（ppm）（parts per million）　溶液を 100 万（10^6）としたときの溶質の重量比あるいは体積比.

p ブロック元素（p-block element）　13～18 族に属する元素．典型元素．p 軌道に元素が満たされる.

標準状態（STP）（standard temperature and pressure）　0℃（273 K），1 気圧（760 mmHg）として定義される気体の標準状態.

標準沸点（normal boiling point）　正確に 1 気圧のときの沸点.

標準モル体積（standard molar volume）　標準温度で理想気体 1 モルの体積（22.4 L）と圧力.

フィッシャー投影式（Fischer projection）　手前の結合をあらわす水平線と，後ろの結合をあらわす垂直線の 2 本の線を交点にキラル炭素原子を表記する構造式．糖類では，アルデヒドまたはケトンを上に置く.

フィードバック制御（feedback control）　経路後半の反応生成物による酵素活性の制御.

フィブリン（fibrin）　血液凝固の繊維質骨格を形成する不溶性タンパク質.

フェニル(基)(phenyl)　官能基，C_6H_5-.

フェノール（phenol）　芳香環に直接 −OH 基が結合している化合物，Ar−OH.

不可逆(酵素)阻害(irreversible(enzyme) inhibition)　阻害剤が活性部位と共有結合して永遠に防げる，酵素の不活性化.

付加反応（addition reaction）　物質 X−Y が不飽和結合に付加して，単結合の飽和化合物になる一般的な反応型.

付加反応（アルデヒドとケトンの）（addition reaction, aldehyde and ketone）　アルコールなどの化合物が炭素−酸素の二重結合に付加して炭素−酸素単結合になる付加反応.

不均一混合物（heterogeneous mixture）　異種物質の不均一な混合物.

副殻（電子の）（subshell（electron））　電子が占有する空間域の形に従う殻内の電子群.

複合タンパク質（conjugated protein）　一つ以上の非アミノ酸を構造に含むタンパク質.

複製（replication）　細胞分裂の際につくられる DNA 複製の過程.

複素環（heterocycle）　炭素に加え，窒素またはほかの原子で構成される環.

物質（matter）　宇宙をつくる物理的物質．質量をもち空間を占有するもの.

物質の三態（state of matter）　物質の物理的状態で固体，液体，気体.

沸点（bp）（boiling point）　液体と気体が平衡状態になる温度.

物理変化（physical change）　物質あるいは物体の化学的状態に影響しない変化.

物理量（physical quantity）　測定可能な物理的性質.

浮動性タンパク質（mobile protein）　血液などの体液中に存在するタンパク質.

不飽和（unsaturated）　一つ以上の炭素−炭素多重結合を含む分子.

不飽和脂肪酸（unsaturated fatty acid）　炭素−炭素結合間に一つ以上の二重結合を含む長鎖カルボン酸.

不飽和度（degree of unsaturation）　分子中の炭素−炭素二重結合の数.

フリーラジカル（free radical）　不対電子をもつ原子または分子.

ブレンステッド−ローリー塩基（Brønsted-Lowry base）　酸から水素イオン H^+を受容できる物質.

ブレンステッド−ローリー酸（Brønsted- Lowry acid）　水素イオン H^+を，ほかの分子やイオンに供給する物質.

プロピル基（propyl group）　直鎖アルキル基，$-CH_2CH_2CH_3$

分圧（partial pressure）　混合物中のある気体の全圧力.

分子（molecule）　共有結合で保持された原子の集団.

分枝アルカン（branched-chain alkane）　炭素が分枝する結合をもつアルカン.

分子化合物（molecular compound）　イオン以外の分子で構成される化合物.

分子間力（intermolecular force）　分子または孤立原子間で働き，それらを互いに緊密に保つ力．ファンデルワールス力ともいう.

分子式（molecular formula）　化合物 1 分子の原子の数と種類を示す式.

分子量（molecular weight）　分子中の原子の原子量の総計.

分泌（腎臓の）（secretion（kidney））　腎細管での溶質の沪液への移動.

平衡定数（*K*）（equilibrium constant）　化学平衡が成り立っているとき，反応物と生成物の濃度の比から得られる値．*K* は一定温度では濃度によらず一定値をとる.

β-酸化経路（beta（β-）oxidation pathway）　脂肪酸を一度に炭素 2 原子ずつ分解してアセチル-CoA にする生化学的反応を反復する経路.

β-シート（beta（β-）sheet）　同一あるいは異なる分子の隣接するタンパク質の鎖が，骨格に沿って水素結合によって規則的に配置され，平坦なシート状の構造を形成するタンパク質の二次構造.

β 粒子（beta（β）particle）　β 線として放射される電子，e^-.

ヘテロ核リボ核酸（hnRNA）（heterogeneous nuclear RNA）　イントロンとエクソンを含む，はじめに合成される mRNA の混合物.

ペプチド結合（peptide bond）　二つのアミノ酸をつなぐアミド結合.

ヘミアセタール（hemiacetal）　アルコール様の −OH 基とエーテル様の −OR 基の両方がアルデヒドカルボニル炭素の炭素原子に結合した化合物.

ヘミケタール（hemiketal）　もともとケトンカルボニル炭素であった炭素原子に，疑似アルコール基と疑似エーテル基の両方が結合する化合物.

変異原性（mutagen）　変異をおこす物質.

変異体（mutation）　DNA 複製に伴い子孫に引きわたされる塩基配列の誤り.

変換係数（conversion factor）　二つの単位の関係を示す式.

変性（denaturation）　非共有結合の相互作用やジスルフィド結合の崩壊のため，ペプチド結合と一次構造は維持しているが，二次，三次，四次構造を失うこと．

変旋光（mutarotation）　糖の環状のアノマーと直鎖型の間の平衡によって起こる偏光の回転の変化．

ヘンダーソン-ハッセルバルヒの式（Henderson-Hasselbalch equation）　弱酸の平衡式 K_a の対数は，緩衝液を用いた実験に応用される．

ペントースリン酸回路（pentose phosphate pathway）　リボース（五炭糖），NADPH，リン酸化糖などをグルコースから生成する生化学経路．解糖系の代替．

ヘンリーの法則（Henry's law）　定温では，液体中の気体の溶解性はその分圧に比例する．

ボイルの法則（Boyle's law）　一定温度における気体の圧力は体積に反比例する（PV＝定数，$P_1V_1 = P_2V_2$）．

傍観イオン（spectator ion）　反応式の矢印の両側で変化のないイオン．

芳香性（aromatic）　ベンゼンのような環を包含する化合物群．

放射性核種（radionuclide）　放射性同位体の原子核．

放射性同位体（radioisotope）　放射活性な同位体．

放射能（radioactivity）　核からの放射線の自発的な照射．

飽和化合物（saturated）　炭素原子が可能な単結合の最大数（四つ）をもつ分子．

飽和溶液（saturated solution）　平衡状態で可溶化している溶質が最大量を含む溶液．

飽和脂肪酸（saturated fatty acid）　炭素-炭素の単結合のみを含む長鎖カルボン酸．

補酵素，コエンザイム（coenzyme）　酵素の働きを補助する有機分子．

ポジトロン，陽電子（positron）　電子とおなじ質量をもつ正に荷電した電子．

補助因子（cofactor）　酵素の触媒作用に必須の酵素の非タンパク質部分．金属イオンあるいは補酵素．

ポテンシャルエネルギー（potential energy）　位置，組成，形などによってたくわえられるエネルギー．

ポリマー（polymer）　多くの小分子が集まって繰り返し結合によってつくられる大きい分子．重合体．

ホルモン（hormone）　内分泌系の細胞から分泌され，反応をおこす受容体の細胞まで血流で輸送される化学メッセンジャー．

翻訳（translation）　RNA によるタンパク質合成の過程．

マルコフニコフ則（Markovnikov's law）　アルケンへハロゲン化水素（HX）が付加するとき，主成生物は水素原子がより多い炭素二重結合に付加する水素と，水素原子のより少ない炭素原子にハロゲンが付加する．

ミセル（micelle）　セッケンまたは界面活性分子が集合し，疎水性基が中心で親水性基が表面にある球状の集団．

密度（density）　物質の質量に対する体積に依存する物理的性質；単位体積あたりの質量．

ミトコンドリア（mitochondrion，複数形 mitochondria）　小分子が分解されて生物体にエネルギーを供給する卵形のオルガネラ．

ミトコンドリアマトリックス（mitochondria matrix）　ミトコンドリアの内膜に囲まれた空間．

無定形固体（amorphous solid）　規則的な配列をもたない粒子の固体．

メタロイド（半金属）（metalloid）　金属と非金属の中間的な性質をもつ元素．

メチル基（methyl group）　アルキル基，$-CH_3$．

メチレン基（methylene）　$-CH_2$ 単位の名称．

メッセンジャーRNA（mRNA）（messenger RNA）　遺伝暗号を DNA から転写し，タンパク質合成を指示する RNA．

免疫応答（immune response）　ウイルス，細菌，毒物質，感染細胞などの特異抗原の認識に依存する免疫系の防御機構．

モノマー（monomer）　ポリマーをつくるために使われる小さい分子．

モル（mole）　6.02×10^{23} 単位に相当する物質の総計．

モル質量（molar mass）　物質 1 モルの質量（グラム）で，分子量または式量に等しい数．

モル浸透圧濃度，オスモル濃度（osmol/L）（osmolarity, osmol）　溶液 1 L 中に溶解しているすべての粒子（osmol）のモル総数．

モル濃度（mol/L，M）（molarity）　溶液 1 L あたりの溶質の物質量をあらわす濃度．

問題解法 FLM（factor-label method）　不要な単位を約し，必要な単位のみを残した反応式を用いる解法．

融解熱（heat of fusion）　融点に到達した物質を完全に融かすために必要な熱量．

有機化学（organic chemistry）　炭素化合物の化学．

有効数字（significant figure）　値をあらわすために使われる意味のある数．

融点（mp）（melting point）　固体と液体が平衡状態になる温度．

誘導適合モデル（induced-fit model）　酵素が柔軟な結合部位をもち，形を変えて基質に最適に結合して反応を触媒する酵素活性のモデル．

溶液（solution）　典型的なイオンや低分子の大きさの粒子を含む均一な混合物．

溶解度（solubility）　特定の温度で任意の量の溶媒に溶ける物質の最大量．

溶質（solute）　溶媒に溶けている物質．

陽子，プロトン（proton）　正に荷電した原子より小さい粒子．

溶媒（solvent）　ほかの物質（溶質）を溶解している物質．

溶媒和（solvation）　溶解した溶質分子またはイオンのまわりを囲む溶媒分子の集合．

理想気体（ideal gas）　気体分子運動論のすべての仮定に準じる気体．

理想気体の法則（ideal gas law）　理想気体の圧力，体積，温度，量に関する一般式，$PV = nRT$．

立体異性体（stereoisomer）　おなじ分子と構造式をもつが，原子の空間的な配置が異なる異性体．

立体化学（stereochemistry）　分子の中の原子の相対的な三次元の空間的な配列の研究．

立体配置，コンフィギュレーション（configuration）　単結合のまわりで，回転によって互いに入れ替わることができない立体異性体．

リボ核酸（RNA）（ribonucleic acid）　タンパク質合成で使うための遺伝情報を入れる核酸（伝令，転移，リボゾーム）．リボヌクレオチドのポリマー．メッセンジャーRNA（mRNA），転移 RNA（tRNA），リボソーム RNA（rRNA）が知られている.

リポゲネシス（lipogenesis）アセチル-CoA から脂肪酸が合成される生化学経路.

リポソーム（liposome）脂質二重層が水を囲む球状の微細な被膜粒子.

リボソーム（ribosome）タンパク質合成が行われる細胞内の構造. タンパク質と rRNA からなる.

リボソーム RNA（rRNA）（ribosomal RNA）リボソーム中の RNA とタンパク質の複合体.

リポタンパク質（lipoprotein）脂質を輸送する脂質–タンパク質の複合体.

リボヌクレオチド（ribonucleotide）D-リボースを含むヌクレオチド.

硫酸化（sulfonation）スルホン酸基（$-SO_3H$）による芳香環上の水素の置換反応.

流動化（トリアシルグリセロールの）（mobilization（of triacylglycerol））脂肪組織でのトリアシルグリセロールの加水分解と血流中への脂肪酸の放出.

両性（amphoteric）酸または塩基として反応する物質の説明.

両性イオン（zwitterion）＋と－の電荷を一つずつもつ中性の双極子イオン.

理論収量（theoretical yield）限定試薬がすべて反応したと仮定したときの生成物の量.

臨界質量（critical mass）核反応を持続するのに必要な放射性物質の最小量.

リン酸エステル（phosphate ester）アルコールとリン酸の反応で生成する化合物. モノエステル $ROPO_3H_2$, ジエステル $(RO)_2PO_3H$, トリエステル $(RO)_3PO$, 二リン酸または三リン酸.

リン酸化（phosphorylation）有機分子間でのリン酸基 $-PO_3^{2-}$ の移動.

リン酸基（phosphoryl group）有機リン酸基, $-PO_3^{2-}$.

リン脂質（phospholipid）リン酸とアルコール（グリセロールやスフィンゴシン）の間のエステル結合をもつ脂質.

ルイス塩基（Lewis base）不対電子をもつ化合物.

ルイス構造（Lewis structure）原子と非共有電子対の結合をあらわした分子の表記法.

ルシャトリエの法則（Le Châtelier’s principle）平衡状態の系に圧力が加わるとき, 平衡は圧力を開放する方向に向かう.

レセプター, 受容体（receptor）ホルモン, 神経伝達物質, そのほかの生化学的活性分子が標的細胞の応答をうながす分子またはその一部.

連鎖反応（chain reaction）連続的に進む反応.

ろう, ワックス（wax）長鎖アルコールと長鎖脂肪酸のエステル混合物.

沪過（腎臓の）（filtration（kidney））糸球体（glomerulus）を通して血漿腎臓のネフロン（nephron）に入る沪過.

ロンドン分散力（London dispersion force）分子内電子の一定の運動をもたらす短時間の引力.

問題の解答

各章の“問題”，“基本概念を理解するために”の問題，および偶数番号の“補充問題”に簡単な解答を記載した．

1 章

1.1 酵素　**1.2** ホルモン類

1.3

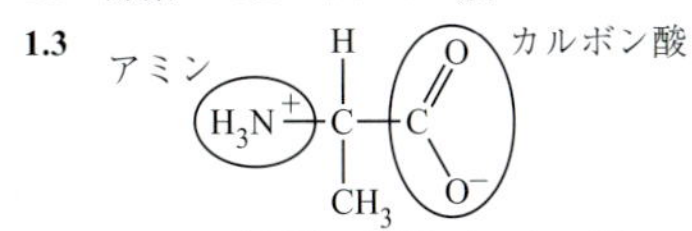

Ala, A, 非極性．側鎖（メチル基）．

1.4

アミノ基 → H_2N　C(=O)OH ← カルボキシ基

HC(H)　H_3C　CH_3 } R基

バリン

1.5 α-アミノ酸：(a)，(d)．アミド：(b)．アミン：(c)．

1.6 (a) 芳香環：フェニルアラニン，チロシン，トリプトファン．(b) 含硫：システイン，メチオニン．(c) アルコール：セリン，トレオニン，チロシン(フェノール)．(d) アルキル側鎖：アラニン，バリン，ロイシン，イソロイシン

1.7

COOH　H　C　NH_2　$HOCH_2$　セリン

COOH　H　C　NH_2　$(CH_3)_2CH$　バリン

(a) セリンの側鎖は極性のヒドロキシ基をもつ．バリンの側鎖は非極性のイソプロピル基をもつ．　(b) セリン：親水性，バリン：疎水性

1.8 (c) アスパラギン酸．側鎖に極性のカルボキシ基をもつ．

1.9 (b) トリプトファン．側鎖に非極性の芳香環をもつ．

1.10

COO^-
$H_3\overset{+}{N}$—C*—H
H—C—H
OH

*の不斉炭素は，四つの異なる基に結合する．

1.11

COO^-
$H_3\overset{+}{N}$—C—H
H—C—H
OH

L-セリン

COO^-
H—C—$\overset{+}{N}H_3$
H—C—H
OH

D-セリン

1.12

COOH
H_2N—*C—H
H—*C—OH
CH_3

トレオニン

COOH
H_2N—*C—H
H_3C—*C—H
CH_2CH_3

イソロイシン

*は不斉炭素を示す．

1.13

$H_3\overset{+}{N}$—CH(COOH)—CH_2—COOH　低 pH

$H_3\overset{+}{N}$—CH(COO^-)—CH_2—COOH　中間 pH　双性イオン

$H_3\overset{+}{N}$—CH(COO^-)—CH_2—COO^-　中間 pH

H_2N—CH(COO^-)—CH_2—COO^-　高 pH

1.14 双性イオンの型構造では，アミノ酸の$-NH_3^+$基が酸で，$-COO^-$基が塩基となる．

1.15

$H_2N-CH(CH_2OH)-C(=O)-NH-CH(CH(CH_3)_2)-C(=O)-OH$

セリン　バリン

$H_2N-CH(CH(CH_3)_2)-C(=O)-NH-CH(CH_2OH)-C(=O)-OH$

バリン　セリン

1.16 (a) Gly-Ser-Tyr　Tyr-Ser-Gly　Ser-Tyr-Gly　Gly-Tyr-Ser　Tyr-Gly-Ser　Ser-Gly-Tyr

(b)

$H_3\overset{+}{N}-CH_2-C(=O)-NH-CH(CH_2OH)-C(=O)-NH-CH(CH_2C_6H_4OH)-C(=O)-O^-$

Gly–Ser–Tyr

$H_3\overset{+}{N}-CH_2-C(=O)-NH-CH(CH_2C_6H_4OH)-C(=O)-NH-CH(CH_2OH)-C(=O)-O^-$

Gly–Tyr–Ser

1.17 Ile-Arg-Val　Arg-Ile-Val　Val-Arg-Ile　Ile-Val-Arg　Arg-Val-Ile　Val-Ile-Arg　**1.18** (a) Leu-Asp(非極性，極性)　(b) Tyr-Ser-Lys(すべて極性)．他は省略．　**1.19** 七つ　**1.20** (a) 6 原子　(b) 2 アミノ酸単位．カルボニルのすべての電子はC−N結合と共有され，二重結合のように強固にしている．　**1.21** 24 通り　**1.22** タンパク質の機能はアミノ酸の種類に依存している．　**1.23** 11 個の主鎖原子　**1.24** (a) 水素結合

(b) 隣り合う鎖上のカルボニル酸素原子とアミド水素原子間の水素結合　**1.25** (a) 球状あるいは繊維状 (b) 繊維状　**1.26** 外部に面する大部分は，疎水性のアミノ酸側鎖で構成されている．**1.27** (b) Asn, Ser (c) Thr, Tyr

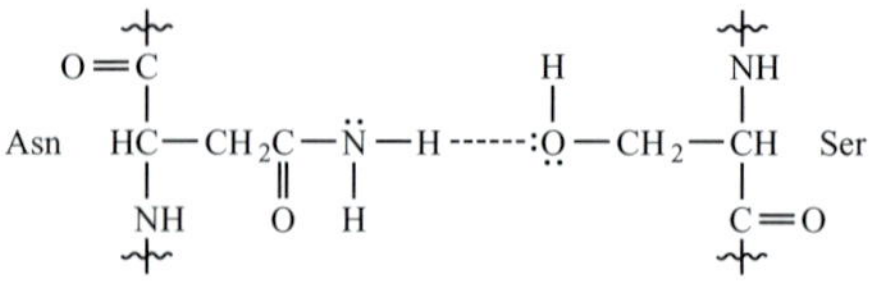

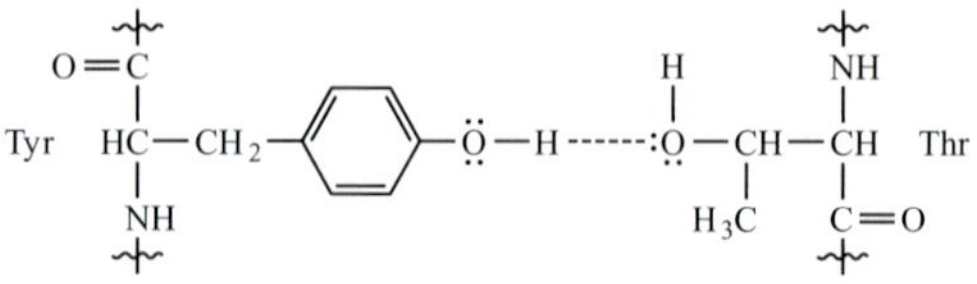

1.28 (a) 水素結合 (b) 疎水性相互作用 (c) 塩橋 (d) 疎水性相互作用　**1.29** (a) Tyr, Asn, Ser (b) Ala, Ile, Val, Leu　**1.30** (a) リポタンパク質 (b) 金属タンパク質 (c) リン酸化タンパク質 (d) 糖タンパク質 (e) 血液タンパク質 (f) 核タンパク質　**1.31** α-ケラチンでは，α-ヘリックス対が束にねじれて短いフィブリル(繊維)をつくり，これらがねじれて大きなバンドル(束)をつくる．トロポコラーゲンでは，3本のコイル状の鎖が互いのまわりを包み込み合って，三重らせんをつくる．**1.32** 三つのフラグメント(断片)：Ala-Phe-Lys, Cys-Gly-Asp-Arg, Leu-Leu-Phe-Gly-Ala　**1.33** 12種類のアミノ酸のみで，フラグメントは生じない．酸加水分解はすべてのペプチド結合を切断し，選択的でない．**1.34** 低 pH：ポリペプチド鎖の末端は $-NH_3^+$ と $-COOH$．高 pH：$-NH_2$ と $-COO^-$．側鎖：(a) 変化なし (b) 低 pH で正電荷．高 pH で中性 (c) Tyr は低 pH で中性，高 pH で負電荷 (d) Glu, Asp は低 pH で中性，高 pH で負電荷 (e) 変化なし (f) Cys は低 pH で中性，高 pH で負電荷　**1.35** (a) 1と4 (b) 2と4 (c) 2　**1.36** 下記参照

1.37 繊維状タンパク質：構造タンパク質，水に不溶性，Gly と Pro を多く含む，α-ヘリックスや β-シートの部分を多くもち，側鎖環の相互作用はほとんどない．例：コラーゲン，α-ケラチン，フィブロイン．球状タンパク質：酵素やホルモン，通常水に可溶，ほとんどのアミノ酸を含み，α-ヘリックスや β-シートの部分は少ない，複雑な四次構造．例：リボヌクレアーゼ，ヘモグロビン，インスリン　**1.38** (a) Leu, Phe, Ala ほか非極性側鎖をもつアミノ酸 (b), (c) Asp, Lys, Thr ほか極性側鎖をもつアミノ酸

1.39

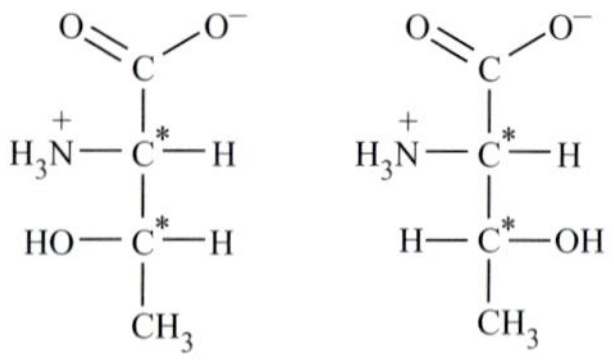

＊は不斉炭素を示す．
上のほうのキラル炭素が D,L 配置を決める．

1.40

タンパク質の種類	機　能	例
酵　素	生化学反応を触媒する	リボヌクレアーゼ
ホルモン	生体の機能を制御する	インスリン
貯蔵タンパク質	必須の物質を貯蔵する	ミオグロビン
輸送タンパク質	体液により物質を輸送する	血清アルブミン
構造タンパク質	形を決定し維持する	コラーゲン
防御タンパク質	外敵から体を守る	免疫グロブリン
収縮タンパク質	機械的な仕事をする	ミオシンやアクチン

1.42 (a) (b) 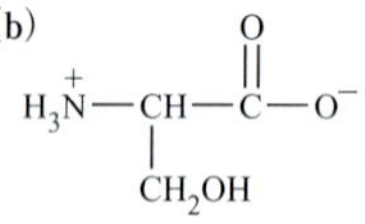 (c)

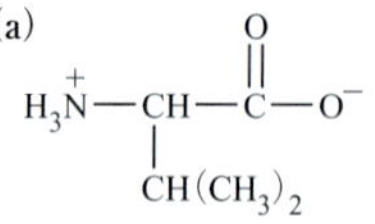

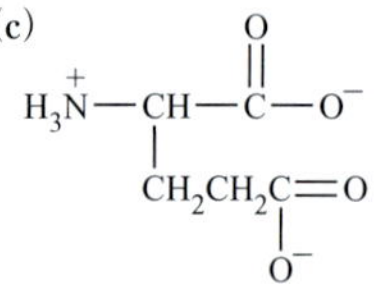

1.44 (a) (b)

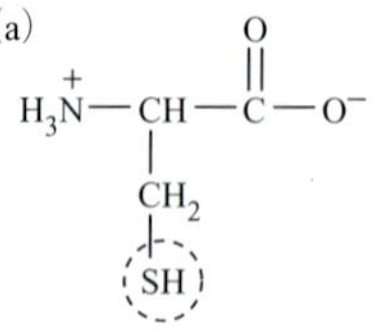

システイン(Cys)

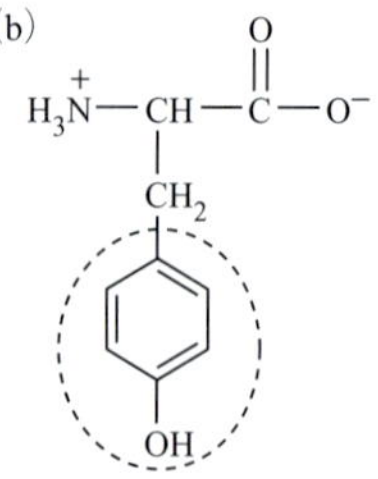

チロシン(Tyr)

1.36

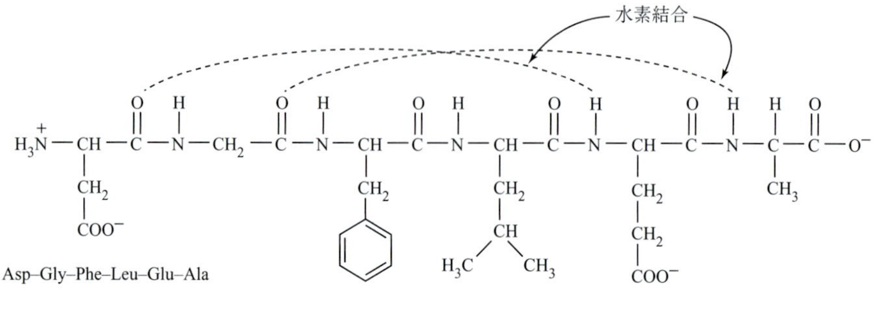

水素結合

Asp–Gly–Phe–Leu–Glu–Ala

1.46　キラルな物質は対掌性である．例：手袋，ハサミ．

1.48

$$\overset{+}{H_3N}-\overset{*}{C}H-\overset{\overset{O}{\|}}{C}-O^-$$
$$|$$
$$CH_2$$
$$|$$
$$H_3C-C-CH_3$$
$$|$$
$$CH_3$$

＊は不斉炭素を示す．

1.50　疎水性：側鎖が非極性　**1.52**　正電荷：(b)．負電荷：なし　中性：(a)，(c)．　**1.54**　低 pH：(c)．高 pH：(b)．中性：(a)　**1.56**　(a) pH 7（中性 pH）　(b) pH 3（低 pH）　(c) pH 9.7 (pI)（高 pH）　**1.58**　等電点でタンパク質は電気的に中性であり，水に不溶である．タンパク質が荷電すると可溶になる．　**1.60**　Val-Met-Leu，Met-Val-Leu，Leu-Met-Val，Val-Leu-Met，Met-Leu-Val，Leu-Val-Met

1.62　N末端　　C末端

$$\overset{+}{H_3N}CH\overset{\overset{O}{\|}}{C}NHCH_2\overset{\overset{O}{\|}}{C}NHCH_2\overset{\overset{O}{\|}}{C}NHCH\overset{\overset{O}{\|}}{C}NHCH\overset{\overset{O}{\|}}{C}O^-$$

（側鎖：CH_2–C$_6$H$_4$–OH，CH_2–C$_6$H$_5$，$CH_2CH_2SCH_3$）

1.64　(a) Val-Gly-Ser-Ala-Asp．(b) N 末端：Val-Gly-Ser-Ala-Asp：C 末端　**1.66**　一次構造：タンパク質におけるアミノ酸の結合配列　**1.68**　(a) 下記参照　(b) プロリンの環状構造は，ねじれや屈曲をもたらし，水素結合の形成を妨げる．　**1.70**　二次構造：α-ヘリックスや β-シートなどのように，骨格原子間の水素結合によって，タンパク質の主鎖の方向が一定となる規則的な立体構造　**1.72**　ポリペプチド骨格のカルボニル酸素と 4 アミノ酸離れたアミド水素間の水素結合によって安定化される　**1.74**　α-ケラチン：羊毛，毛髪，爪．繊維状　**1.76**　(a) ジスルフィド結合　(b) 疎水性相互作用　(c) 塩橋　(d) 水素結合　**1.78**　親水性アミノ酸残基は水環境で相互作用し，疎水性アミノ酸残基は水環境からはなれるように内部にフォールディングする．　**1.80**　単純タンパク質：アミノ酸だけで構成されている．複合タンパク質：一つのタンパク質と一つ以上の非タンパク質からなる．　**1.82**　システインがつくるジスルフィド結合は三次構造を安定化する．　**1.84**　(a) 一次構造：タンパク質中のアミノ酸の結合順序　(b) 二次構造：α-ヘリックスや β-ターンなどのように，骨格原子間の水素結合によってタンパク質鎖の部分構造が，規則的なパターンへと配置されること．(c) 三次構造：アミノ酸側鎖どうしの相互作用によって，タンパク質全体の鎖がコイルを形成したりフォールディングすることで形成される三次元構造　(d) 四次構造：複数のタンパク質鎖が複合体を形成することで形成される巨大な構造　**1.86**　(a) 疎水性相互作用：炭化水素の側鎖はタンパク質の中心に密集し，タンパク質を球状にする．例：Phe, Ile.　(b) 塩橋：遠い位置にあるポリペプチド鎖を近づける．例：Lys, Asp　**1.88**　二つ　**1.90**　非アミノ酸基をもつタンパク質，ミオグロビン．　**1.92**　タンパク質が変性すると一次構造以外の構造が壊れるため，機能不全がおこる．　**1.94**　タンパク質の消化は，ペプチド結合の加水分解によるアミノ酸の生成，タンパク質の変性は，ペプチド結合を壊すことなくタンパク質の二次，三次，四次構造を破壊することである．　**1.96**　缶詰のパイナップルは加熱されているので酵素が変性している．　**1.98**　疎水性相互作用：(e)，(f)，(g)，(h)　水素結合：(a)，(c)，(d)　塩橋：(d)　共有結合：(b)　**1.100**　メチオニンはスルフィドでありチオールではない．チオールのみがジスルフィド結合をつくる．　**1.102**　球状タンパク質の外側：(b) Glu，(e) Ser．繊維状タンパク質の外側：(a) Ala，(c) Leu，(f) Val．どちらともいえない：(d) Phe　**1.104**　Asp，理由：Asp の大きさと機能は Glu に似ている．　**1.106**　酵素がインスリンを分解しやすいため．　**1.108**　穀物，マメ類，木の実の組合わせを毎食摂ることで，すべての必須アミノ酸を摂ることができる．　**1.110**　外側：Asp, His（これらは水素結合する）．内側：Val, Ala（これらは疎水性相互作用する）．

1.112　Arg, Asp, Asn, Glu, Gln, His, Lys, Ser, Thr, Tyr

Asn　$HC-CH_2\overset{\overset{}{}}{C}(=O)-\ddot{N}(H)-H\cdots\ddot{O}(H)-CH_2-CH$　Ser

Asn　$HC-CH_2C(=O)-N(H)-H\cdots :O(H)H$

$H(H)O:\cdots H-\ddot{O}-CH_2-CH$　Ser

1.68　(a)

$$\overset{+}{H_3N}-CH-\overset{\overset{O}{\|}}{C}-N-CH-\overset{\overset{O}{\|}}{C}-N-CH-\overset{\overset{O}{\|}}{C}-N-CH_2-\overset{\overset{O}{\|}}{C}-N-CH-\overset{\overset{O}{\|}}{C}-N-CH-\overset{\overset{O}{\|}}{C}-N-CH-\overset{\overset{O}{\|}}{C}-N-CH-\overset{\overset{O}{\|}}{C}-N-CH-\overset{\overset{O}{\|}}{C}-O^-$$

（側鎖：Arg $CH_2CH_2CH_2NHC(=\overset{+}{N}H_2)NH_2$，Pro 環 H_2C–$C(H)(H)$–CH_2，Phe $CH_2C_6H_5$，Ser CH_2OH）

Arg —— Pro —— Pro —— Gly —— Phe —— Ser —— Pro —— Phe —— Arg

2　章

2.1　キナーゼ　**2.2**　酵素は二つの鏡像異性体のうち一つに特異的である．乳酸にはD体とL体があるので，LDHには二つの型が存在しなければならない．　**2.3**　(a) NAD^+，補酵素A，FAD　(b) 補助因子は金属イオンであり，補酵素は非タンパク質の有機分子である．　**2.4**　(a) アルコールから二つの−Hを除去する反応を触媒する．　(b) アルパラギン酸からつぎの基質へのアミノ基の転移を触媒する．　(c) ATPの加水分解と共役して，チロシンとそのtRNAからチロシン-tRNAの合成を触媒する．　(d) ホスホヘキソースの異性化を触媒する．　**2.5**　(a) ウレアーゼ　(b) セルラーゼ　**2.6**　トランスフェラーゼ．リン酸基のヘキソースへの転移を触媒する．　**2.7**　水がフマル酸(基質)に付加してL-リンゴ酸(生成物)になる．　**2.8**　反応(a)　**2.9**　酸性，塩基性，極性の側鎖が触媒の活性に寄与し，すべての側鎖が基質を活性部位に保持する．　**2.10**　基質分子はすべての活性化部位に結合する．(a) 影響なし　(b) 速度が上昇　**2.11**　いずれも35 ℃が速い．　**2.12**　速度はpH2のほうがかなり大きい．　**2.13**　(b)，基質に似ている．　**2.14**　生成物が基質に似ている．　**2.15**　(a) E1　(b) 呼べない．最初の反応の生成物であるため．　**2.16**　(a) 競合阻害　(b) 共有結合による修飾あるいはフィードバック制御　(c) チモーゲン型の存在　(d) 遺伝子制御　**2.17**　(a) 補助因子が必要　(b) 補助因子が必要　(c) 補助因子は不要　**2.18**　(a) ナイアシン(B_3)　(b) パントテン酸(B_5)．　**2.19**　ビタミンA：長い炭化水素鎖をもつため脂溶性．ビタミンC：極性ヒドロキシ基をもつため水溶性　**2.20**　レチナール：アルデヒド．レチノイン酸：カルボン酸．レチノール：アルコール．官能基がそれぞれの分子で異なる．　**2.21**　補酵素，抗酸化剤，カルシウムとリン酸イオンの吸収を補助，色素と血液凝固の合成を補助　**2.22**　ビタミンCとE，β-カロテン．これらのビタミンは有害なフリーラジカルを除去する．　**2.23**　銅，セレン．いずれも生物学的に機能するが，過剰の場合にのみ有毒．

2.24

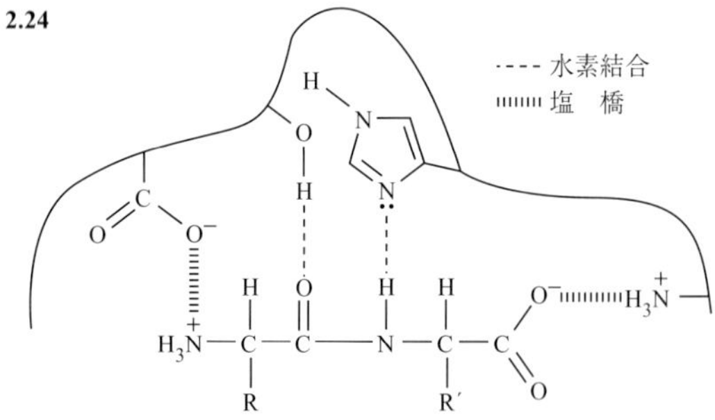

2.25　(a) オキシドレダクターゼ　(b) デヒドロゲナーゼ　(c) L-乳酸　(d) ピルビン酸　(e) L-乳酸デヒドロゲナーゼ　**2.26**　いいえ：酵素は通常，一方の異性体のみの反応を触媒する．D-乳酸は競合阻害剤になる可能性がある．　**2.27**　NAD^+は酸化剤でありビタミンのナイアシンを含む．　**2.28**　(a) 基質濃度が高いとき，速度は増加するが，まもなく最大速度に到達する．最大速度は，阻害されない反応の最大速度よりつねに低くなる．　(b) 速度は増加する．　**2.29**　(a) 共有結合する基の付加あるいは脱離は酵素の活性を変える．　(b) ホルモンは酵素の合成を制御する．　(c) 触媒部位から離れた場所に制御因子が結合することで酵素の形を変える．　(d) フィードバック制御は一連の反応の生成物が初期の反応の阻害剤となるときにおこる．　**2.30**　(a) フィードバック制御　(b) 不可逆的阻害　(c) 遺伝子制御　(d) 非競合阻害　**2.31**　左から右：アスパラギン酸(酸性)，セリン，グルタミン，アルギニン(塩基性)，ヒスチジン(塩基性)　**2.32**　(a) リボフラビン(B_2)　(b) パントテン酸(B_5)　(c) ナイアシン(B_3)　**2.34**　(b)　**2.36**　(a) 基質から2個の水素を除いて二重結合を形成する．　(b) カルボキシ基を水素と交換する．　(c) 脂質のエステル基を加水分解する．　**2.38**　(a) アミラーゼ　(b) カタラーゼ　(c) デオキシリボヌクレアーゼ　**2.40**　酵素は三次元構造をもつ巨大分子で，基質が収まるような触媒部位をもつ．一つあるいはわずかな分子のみが，その触媒部位に適合するのにふさわしい形と官能基をもつため，酵素の働きは特異的である．　**2.42**　(a) ヒドロラーゼ(加水分解酵素)　(b) リアーゼ(脱離酵素)　(c) オキシドレダクターゼ(酸化還元酵素)　**2.44**　(a) 二つの基質分子が同時に結合する．　(b) 基質間でメチル基を転移する．　(c) 基質の還元　**2.46**　ヒドロラーゼ　**2.48**　鍵と鍵穴：酵素(鍵穴)は硬くて曲がらないため，一つの基質(鍵)だけが活性部位(鍵穴)に適合することができる．誘導適合：酵素は基質と協調して反応を触媒できるように形を変えることができる．　**2.50**　いいえ．タンパク質が折りたたむ(フォールディングする)ことで，残基が互いに近づくように動く．　**2.52**　ペプシンは胃の酸性pHで活性でなければならず，トリプシンは小腸の高めのpHで活性でなければならないが，pH 1.5で活性である必要はない．　**2.54**　酵素濃度に対して基質濃度が十分に大きい場合には，酵素濃度が3倍になれば反応速度も3倍になる．　**2.56**　(a)，(b)：低い反応速度，酵素が変性している　(c)：酵素が変性し反応が止まる．　**2.58**　非競合阻害：阻害剤が活性部位から離れたところで可逆的に非共有結合し，その部位の形を変える結果，酵素が反応を触媒するのを難しくする．競合阻害：阻害剤が可逆的に活性部位に非共有結合し，基質が入らないようにする．不可逆的阻害：阻害剤が活性部位で不可逆的に共有結合し，酵素の触媒能を破壊する．　**2.60**　図B　**2.62**　(1) 活性部位から必須金属を置換する．(2) システイン残基に結合(不可逆的)する　**2.64**　パパインは，ペプチド結合の加水分解を触媒し，食肉中のタンパク質を部分消化する．　**2.66**　一方は触媒のため，一方は調節のため．　**2.68**　一連の反応の最終生成物が，初期段階の阻害剤になる．　**2.70**　チモーゲンは，活性型酵素が組織をなにかしら傷つけるかもしれないため，活性型とは異なる型で合成される酵素である．　**2.72**　トリプシンとキモトリプシンは，膵臓を消化しないような不活性型でなければならない　**2.74**　ビタミンは必須の有機小分子であり，食物から摂取されなければならない．　**2.76**　ビタミンCは排出されるが，ビタミンAは脂肪組織に貯蔵される．　**2.78**　骨はカルシウムとリン酸からなる．　**2.80**　次ページ参照　**2.82**　漂白剤は酵素を変性させ，冷凍食品の食品としての品質低下を抑える．　**2.84**　反応をおこすため，あるいは効果的な衝突に必要なエネルギーの総量．反応の速度を決定する．　**2.86**　(a) 速度が減少する．反応がおこるために必要なエネルギーの不足　(b) 速度が減少する．酵素の変性　(c) 速度が減少する．酵素の変性　(d) 速度が減少する．酵素の変性　(e) 速度が2倍以上に上昇する．(飽和しないという前提なら)より多くの基質が酵素と反応　(f) 速度が半分に減少する．反応する基質が少ない　**2.88**　9.3 L　**2.90**　ポリペプチド鎖の塩基性アミノ酸Arg，His，Lysを見る，塩基性アミノ酸と右側の結合を切る，三つの断片になる．

Leu—Gly—Arg ⫮ Ile—Met—His ⫮ Tyr—Trp—Ala

↓ トリプシン

Leu—Gly—Arg ＋ Ile—Met—His ＋ Tyr—Trp—Ala

2.80

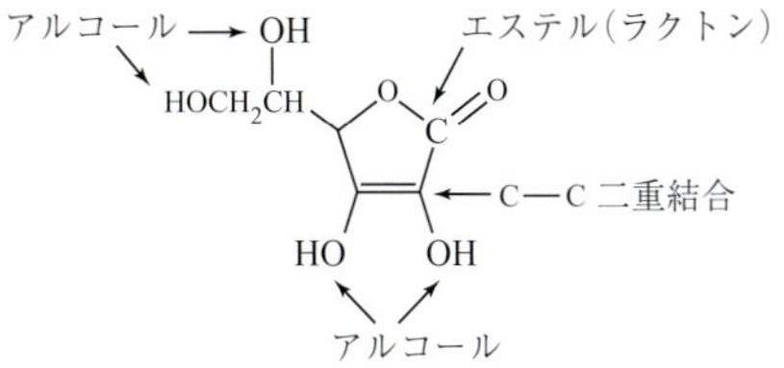

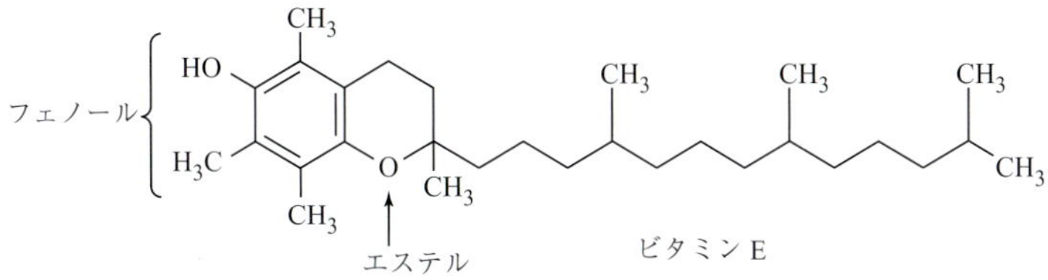

アルコール → OH　エステル(ラクトン)

HOCH$_2$CH　O　C=O

← C—C 二重結合

HO　OH

アルコール

CH_3　HO　CH_3　CH_3　CH_3

フェノール

H_3C　O　CH_3　CH_3

CH_3

エステル　ビタミン E

3 章

3.1 (a) アルドペントース　(b) ケトトリオース　(c) アルドテトロース

3.2

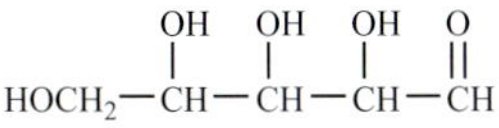

OH　OH　OH　O

HOCH$_2$—CH—CH—CH—CH

アルドペントース

OH　OH　OH　O

HOCH$_2$—CH—CH—CH—C—CH$_2$OH

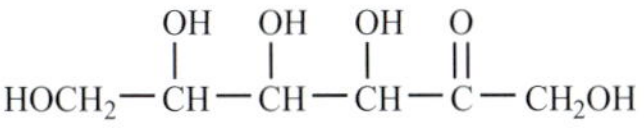

ケトヘキソース

3.3 下の炭素はキラルではない．不斉炭素に結合するヒドロキシ基の方向は，どちらの立体異性体が図示されているかを明確にするように示されなければならない．　**3.4** (d)　**3.5** 32 立体異性体

3.6 (a)

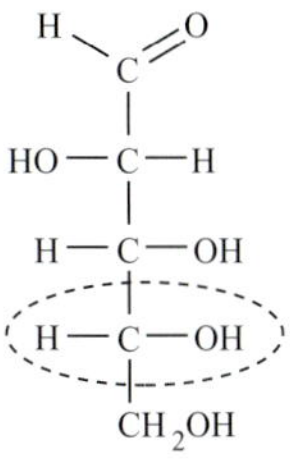

H—C=O / HO—C—H / H—C—OH / H—C—OH / CH$_2$OH

D-アルドペントース

H—C=O / H—C—OH / HO—C—H / HO—C—H / CH$_2$OH

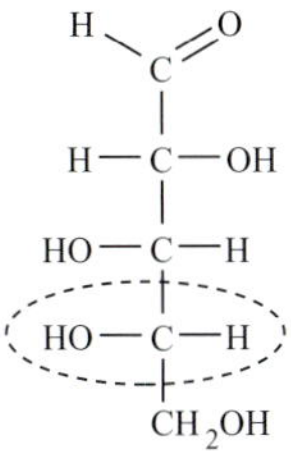

L-アルドペントース

(b)

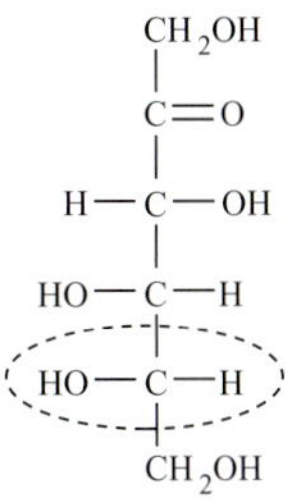

CH$_2$OH / C=O / H—C—OH / HO—C—H / HO—C—H / CH$_2$OH

L-ケトヘキソース

CH$_2$OH / C=O / HO—C—H / H—C—OH / H—C—OH / CH$_2$OH

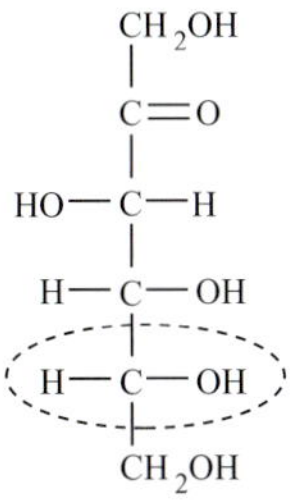

D-ケトヘキソース

3.7

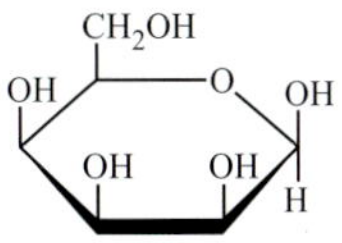

CH$_2$OH　O　OH　OH　OH　OH　H

β-アノマー

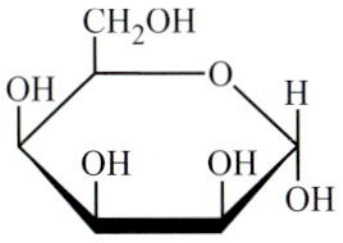

CH$_2$OH　O　OH　OH　OH　H　OH

α-アノマー

3.8

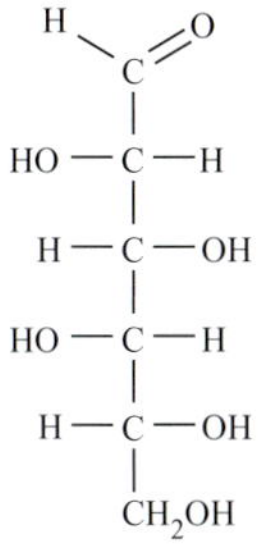

H—C=O / HO—C—H / H—C—OH / HO—C—H / H—C—OH / CH$_2$OH

D-イドース

3.9 (a)

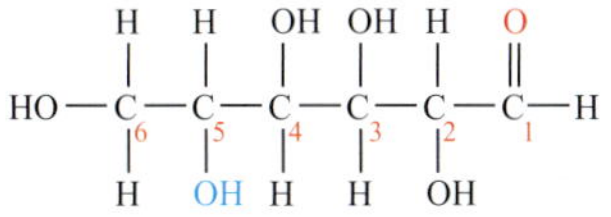

H　H　OH　OH　H　O

HO—C—C—C—C—C—C—H
　 6　5　4　3　2　1

H　OH　H　H　OH

(b)

6 CH$_2$OH　O　1 CH$_2$OH　5　HO　2　OH　4　3　OH

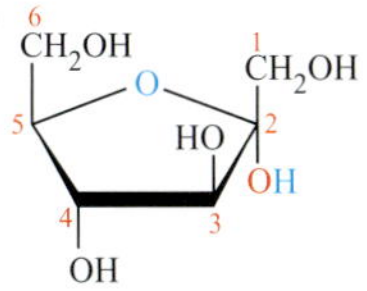

3.10 (a) 環 1 と 4(5 炭素原子)がアミノ糖，(b) 環 3(4 炭素原子)が非修飾糖，(c) 環 2(6 炭素原子)が糖でない．

3.11

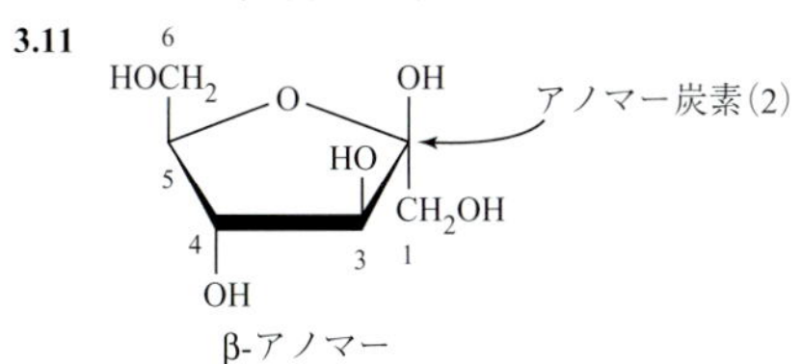

β-アノマー

3.12

(a)

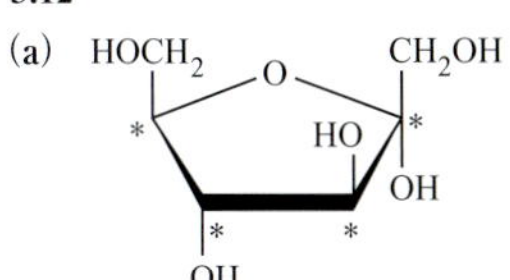

(b)

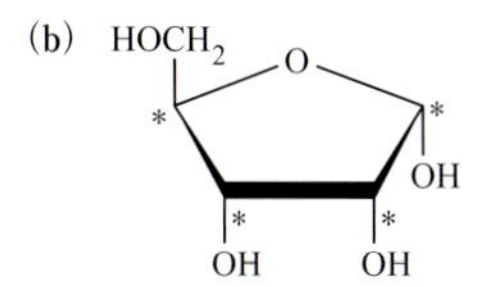

(c)

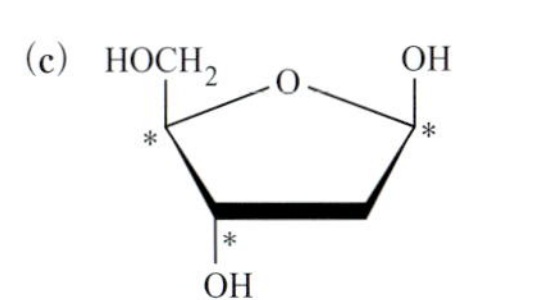

＊は不斉炭素を示す．

3.13 (a) α-アノマー (b) 6位の炭素 (c) D-ガラクトースでは環平面の下側に位置する官能基が，L-フコースでは環平面の上側に位置する．D-ガラクトースでは環平面の上側に位置する官能基が，L-フコースでは環平面の下側に位置する． (d) はい

3.14 いずれもアセタール

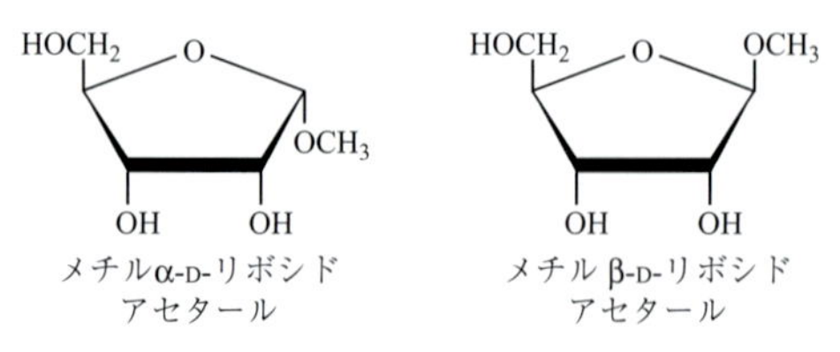

メチルα-D-リボシド　アセタール　　メチル β-D-リボシド　アセタール

3.15 β-1,4-グリコシド結合　**3.16** β-D-グルコースと β-D-グルコース　**3.17** (a) マルトース(発酵穀物) (b) スクロース(サトウダイコン) (c) ラクトース(牛乳)

3.18 (a) グルコースの C5 には $-CH_2OH$ 基があり，β-D-グルクロン酸では $-COOH$ がある． (b) グルコースの C2 には $-OH$ 基があり，β-D-グルコサミンでは $-NH_2$ がある． (c) グルコースの C2 には $-OH$ 基があり，*N*-アセチル-β-D-グルコサミンでは $-NHCOCH_3$ がある．

3.19 グルタミン，アスパラギン

3.20

デンプン（多糖類） —アミラーゼ→ マルトース（二糖類） —マルターゼ→ グルコース（単糖類）

3.21 (a) ジアステレオマー，アノマー (b) エナンチオマー (c) ジアステレオマー　**3.22** (a), (b)

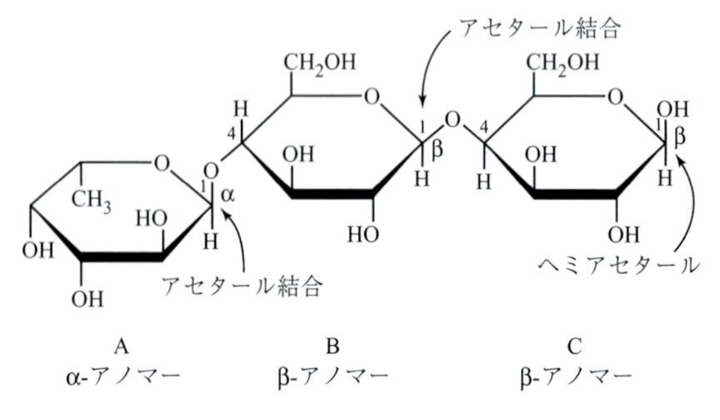

(c) B の C4 位と A の C1 位は α-1,4-グリコシド結合 (d) C の C4 位と B の C1 位は β-1,4-グリコシド結合　**3.23** (a), (b)：同じ単糖はなく，エナンチオマーもない．

(c), (d)

L-フコース：CHO／HO—C—H／H—C—OH／H—C—OH／HO—C—H／CH_3

D-グルコース：CHO／H—C—OH／HO—C—H／H—C—OH／H—C—OH／CH_2OH

D-ガラクトース：CHO／H—C—OH／HO—C—H／HO—C—H／H—C—OH／CH_2OH

3.24 単糖 C が酸化される．カルボン酸の同定は，同時に末端の単糖を同定することになる．

HO—C=O／H—C—OH／HO—C—H／HO—C—H／H—C—OH／CH_2OH

3.25 いいえ

3.26

多糖類	結　合	分岐？
セルロース	β-1,4	いいえ
アミロース	α-1,4	いいえ
アミロペクチン	α-1,4	はい：α-1,6 分岐が 25 単糖ごとに存在
グリコーゲン	α-1,4	はい：α-1,6 分岐はアミロペクチンより幾分多い

3.27 グルコースは開環のアルデヒド型と平衡状態にあり，酸化剤と反応する．　**3.28** 炭水化物とは，ポリヒドロキシ化したアルデヒドあるいはケトンであり，生物学的にもっとも重要な分子に属する．　**3.30** アルドースはアルデヒドを，ケトースはケトンを含む．　**3.32** (a) 2 (b) 2 (c) 3 (d) 3

3.34

CH_2OH／C=O／H—C—OH／HO—C—H／HO—C—H／H—C—OH／CH_2OH　ケトヘプトース

3.36 グルコース：果物や野菜などの食物，ガラクトース：脳組織およびラクトースの構成成分，フルクトース：ハチミツや果物，リボース：核酸　**3.38** エナンチオマーは重なり合わない鏡像体

3.40

CH_3／Cl—C—Br／Br—C—Cl／CH_3　　CH_3／Br—C—Cl／Cl—C—Br／CH_3　（エナンチオマー）

CH_3／Br—C—Cl／------ 対称面／Br—C—Cl／CH_3

3 番目の立体異性体は対称面をもち，かつキラルではないため，エナンチオマーではない．　**3.42** (a) フルクトースは，グルコース以上に光を左に回転させる． (b) フルクトースとグルコースの混合物の回転の方向は，スクロースの回転の方向と逆になるか反対になる．

3.44 酸化剤(Tollens 試薬あるいは Benedict 試薬)処理するとき，陽性反応する糖　**3.46** 変旋光は，純粋なアノマーあるいはアノマーの混合物を水に溶かしたときにおこる．平面偏光の回転が観察されるとき，回転の度合いもアノマーの比率も，一定の値に達するまで変化する．このとき，溶液中には両アノマーの平衡混

合物が存在する．変旋光は，すべてのキラル化合物の一般的な特性ではない． **3.48** 糖において，C1 に結合する－OH 基が C5 に結合する$-CH_2OH$ 基と同じ側になるのが β 型，反対側になるのが α 型．

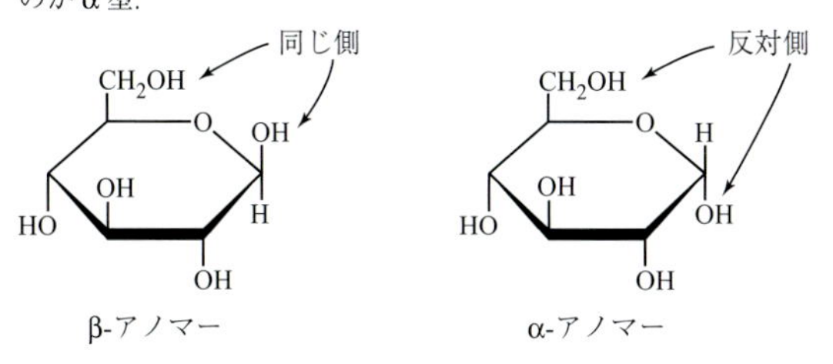

3.50

$$HO-CH_2-CH(OH)... $$

HO－C(H)(H)－C(H)(OH)－C(H)(OH)－C(OH)(H)－C(OH)(H)－C(=O)－H ＝ (環状構造 CH_2OH, OH, HO, C=O, H)

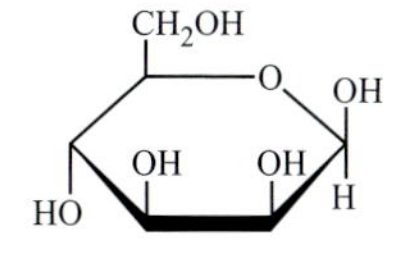

β-D-マンノース

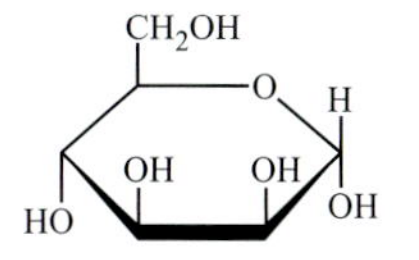

α-D-マンノース

3.52

CH_2OH
H－C－OH
HO－C－H
H－C－OH
H－C－OH
CH_2OH

ソルビトール

3.54

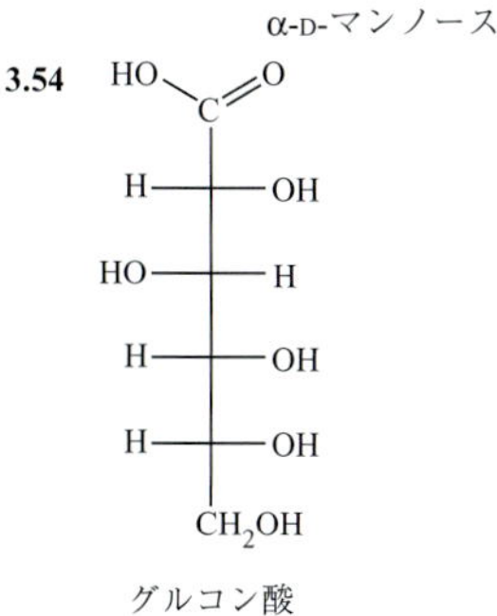

グルコン酸

3.56 ヘミアセタールでは，－OH 基と－OR 基がもともと一つのカルボニル炭素であった一つの炭素に結合する．アセタールでは，もともと一つのカルボニル炭素に二つの－OR 基が結合する．

3.58

（構造式）$+ H_2O$

メチル β-D-マンノシド

H_2O +（構造式）

メチル α-D-マンノシド

3.60 マルトース：醱酵穀物，二つのグルコース単位，ラクトース：乳，ガラクトースとグルコース，スクロース：植物，グルコース，フルクトース **3.62** アミロースはヒトの食事の主要な成分であり，α-D-グルコース単位で構成される．セルロースは植物の構造材であり，β-1,4 グリコシド結合でつながる β-D-グルコース単位で構成される． **3.64** (c) **3.66** 二つの β-D-グルコース単位 **3.68** 二つの α-D-グルコース単位 **3.70** グリコーゲンはより多くの分岐をもち，アミロペクチンよりもはるかに大きい． **3.72** ヘパリン：β-D-グルクロン酸と β-D-グルコサミン，ヒアルロン酸：β-D-グルクロン酸と *N*-アセチル-β-D-グルコサミン，コンドロイチン 6-硫酸：β-D-グルクロン酸と *N*-アセチル-β-D-グルコサミン **3.74** ジアステレオマー：エナンチオマーではないから

3.76

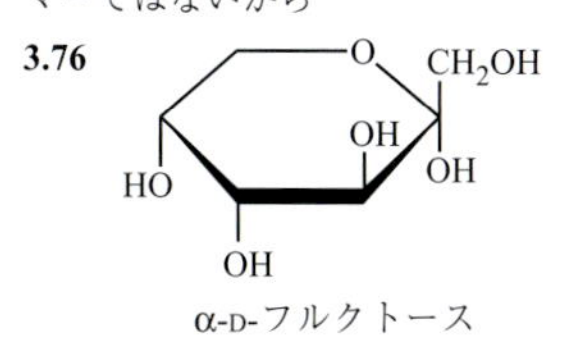

α-D-フルクトース

3.78 $HOCH_2C(=O)CH_2OH$ キラルではないため，1,3- ジヒドロキシアセトンはエナンチオマーをもたない．

3.80 乳糖不耐症はラクトースを消化できない；腹部膨満，腹痛，下痢などの症状を伴う．

3.82

CH_2OH
H－C－OH
HO－C－H
ズルシトール - - - - - - - - 対称面
HO－C－H
H－C－OH
CH_2OH

ズルシトールは対称面をもっているのでエナンチオマーをもたず，光学不活性である． **3.84** フルクトース：果物．ラクトース：牛乳．アミロース：小麦デンプン． **3.86** ヨーグルト内の細菌が生成する酵素類がほとんどのラクトースを消化しやすいようにするため，乳糖不耐症の人でも症候なしにヨーグルトを食べることができる． **3.88** 170 kcal（710 kJ）

4 章

4.1 両経路ともに同量のエネルギーを生産する． **4.2** (a) 発エルゴン：グルコースの酸化，吸エルゴン：光合成 (b) 太陽光 **4.3** (a)

炭水化物 $\xrightarrow{\text{消化}}$ グルコース，糖 $\xrightarrow{\text{解糖}}$ ピルビン酸 $\longrightarrow$ アセチル-CoA $\xrightarrow[\text{回路}]{\text{クエン酸}}$ 還元型補酵素 $\xrightarrow[\text{伝達}]{\text{電子}}$ ATP

(b) ピルビン酸，アセチル-CoA，クエン酸回路中間体

4.4

$$H_3C-C(=O)-O-P(=O)(O^-)-O^- + H_2O \longrightarrow H_3C-C(=O)-O^- + {}^-O-P(=O)(OH)-O^- + H^+$$

4.5 エネルギーは必要なときだけつくられる．

4.6

$$HOCH_2CH(OH)CH_2OH \xrightarrow{ATP \to ADP} HOCH_2CH(OH)CH_2O-P(=O)(O^-)-O^-$$

4.7 もしある過程が発エルゴン反応なら，その正反対の過程は吸エルゴン反応となり，異なる過程で発エルゴン反応が連結するまでおこり得ない．　**4.8** 有利($\Delta G = -3.0$ kcal/mol；-12.3 kJ/mol)　**4.9** (b)，(c)，(d) FAD は五つのヘテロ環をもつ(三つは ADP 部分にあり，二つは左側の反応部位にある)．

4.10 (a)

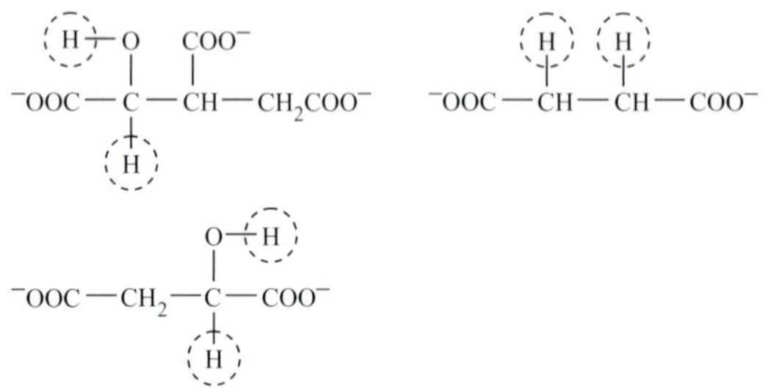

$$^{-}OOC-\overset{\overset{\text{(H)}-O}{|}}{\underset{\underset{\text{(H)}}{|}}{C}}-\overset{\overset{COO^-}{|}}{CH}-CH_2COO^- \qquad ^{-}OOC-\overset{\overset{\text{(H)}}{|}}{CH}-\overset{\overset{\text{(H)}}{|}}{CH}-COO^-$$

$$^{-}OOC-CH_2-\overset{\overset{O-\text{(H)}}{|}}{\underset{\underset{\text{(H)}}{|}}{C}}-COO^-$$

(b) オキシドレダクターゼ

4.11 クエン酸，イソクエン酸　**4.12** 段階 3，4，6，8　**4.13** コハク酸デヒドロゲナーゼは，コハク酸から 2 水素を除去してフマル酸を生じる反応を触媒し，FAD は脱水素反応に関与する補酵素である．　**4.14** クエン酸(第三級)；イソクエン酸(第二級)；リンゴ酸(第二級)　**4.15** イソクエン酸　**4.16** 段階 1～4 は最初の過程に相当し，段階 5～8 は 2 番目の過程に相当する．　**4.17** ミトコンドリアマトリックス．膜間腔のほうが高い．ミトコンドリア内膜は H^+ を通さないため．　**4.18** 類似点：いずれも，反応にグルコース，酸素，二酸化炭素，水が含まれている．オルガネラ(細胞小器官・葉緑体とミトコンドリア)中でおこる．金属イオンを含む大きな分子(クロロフィルとヘム)を含む．電子伝達系を含む．類似の補酵素を含む．相異点：光合成はエネルギーを捕捉し，電子伝達系はエネルギーを放出する．光合成は光を必要とするが，酸化的リン酸化は必要としない．
4.19 O_2．高濃度$[H]^+$の領域から低濃度$[H]^+$の領域へ H^+ が移動すると，ATP 合成で使用されるエネルギーを放出する．

4.20 (a) スクシニルリン酸 + $H_2O \longrightarrow$ コハク酸 + $HOPO_3^{2-} + H^+$

(b) ADP + $HOPO_3^{2-} + H^+ \longrightarrow$ ATP + H_2O

$\Delta G = +7.3$ kcal/mol ($+30.5$ kJ/mol)

4.21 (a) 段階 1(消化)　(b) 段階 4(ATP 合成)　(c) 段階 2(解糖)　(d) 段階 3(クエン酸回路)　**4.22** 吸エルゴン反応：共役反応　**4.23** NAD^+ はヒドリドイオンを受け取る．水素イオンはミトコンドリアマトリックスへ放出され，最終的には O_2 と結合して H_2O になる．　**4.24** (a) 段階 A(NAD^+)　(b) 段階 B　(c) A の生産物(中間体)　(d) オキシドレダクターゼ　**4.25** 段階 1：リアーゼ．段階 2：イソメラーゼ．段階 3：オキシドレダクターゼ．段階 4：オキシドレダクターゼ，リアーゼ．段階 5：リガーゼ．段階 6：オキシドレダクターゼ．段階 7：リアーゼ．段階 8：オキシドレダクターゼ　**4.26** 金属はよい酸化・還元剤であるとともに，電子を受容・供与することで 1 電子ずつ増加する．　**4.28** 吸エルゴン反応はエネルギーを必要とし，発エルゴン反応はエネルギーを放出する．　**4.30** 酵素は反応速度にのみ影響し，ΔG の大きさや符号(正負)には作用しない．　**4.32** 発エルゴン反応：(a)，(b)．吸エルゴン反応：(c)．反応(b)が生成物に対してもっとも速く進む．　**4.34** 原核生物：(b)，(e)．真核生物：(a)，(b)，(c)，(d)．　**4.36** オルガネラは細胞中で特定の役割を担う細胞内器官である．　**4.38** クリステはミトコンドリア内膜の折りたたみ構造であり，電子伝達系と ATP 合成のために大きい表面積を提供している．　**4.40** 代謝とは細胞内でおこるすべての反応．消化とは食物が細胞に吸収される前に小さい有機分子に分解する代謝の一部である　**4.42** アセチル-CoA　**4.44** ATP 分子は発エルゴン的にリン酸基をほかの分子に転移する．　**4.46** $\Delta G = -4.5$ kcal/mol (-18.8 kJ/mol)．二つの反応の共役により発エルゴン的になるから．　**4.48** 適していない(ΔG は正)　**4.50** (a) NAD^+ が還元される　(b) NAD^+ が酸化剤　(c) NAD^+ が第二級アルコールをケトンに酸化する　(d) $NADH/H^+$
(e)

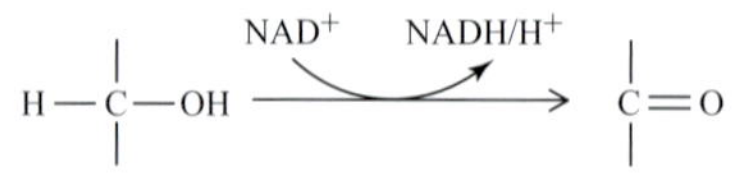

$$H-\overset{|}{\underset{|}{C}}-OH \xrightarrow{NAD^+ \;\rightarrow\; NADH/H^+} \overset{|}{\underset{|}{C}}=O$$

4.52 ミトコンドリア　**4.54** 両炭素とも酸化されて CO_2 になる．　**4.56** 3 NADH，1 $FADH_2$　**4.58** 段階 3(イソクエン酸 → α-ケトグルタル酸)，段階 4(α-ケトグルタル酸 → スクシニル-CoA)，段階 8(リンゴ酸 → オキサロ酢酸)が NADH としてエネルギーを移す．　**4.60** クエン酸回路 1 回につき四つの還元型補酵素が生成し，それらが電子伝達系に入り最終的に ATP を合成する．　**4.62** H_2O，ATP，酸化型補酵素　**4.64** (a) フラビンアデニンジヌクレオチド　(b) 補酵素 Q　(c) 還元型ニコチンアミドジヌクレオチドおよび水素イオン　(d) シトクロム *c*
4.66 NADH，補酵素 Q，シトクロム *c*　**4.68** クエン酸回路が止まる．　**4.70** 酸化的リン酸化において還元型補酵素が酸化されて ADP がリン酸化される．　**4.72** H^+ は ATP 合成酵素の一部であるチャネルをとおり，そのとき放出されるエネルギーで酸化的リン酸化が進行する．　**4.74** ATP 合成によるプロトン勾配の消失により，酸素消費量が増加する．　**4.76** 大量の熱の生産を避け，エネルギーを貯蔵し，代謝の速度を制御し，エネルギー的に有利な段階とエネルギー的に不利な段階を連結することを可能にする．　**4.78** シス二重結合の異性体は酵素の基質にはならない．　**4.80** 還元型補酵素の酸化からの電子は O_2 を減少するために使われ，結局 H_2O を生成する　**4.82** 燃焼によるエネルギーは熱として周辺に放出される．代謝の酸化によるエネルギーは数段階で放出され，各段階で貯蔵される結果，他の代謝過程で利用可能になる．　**4.84** いいえ．段階 5 は，ATP に変換される GTP を生産する．　**4.86** 細胞はエネルギーをポリマーとして貯蔵し，エネルギーが必要な場合に加水分解される　**4.88** ランニングによって代謝速度が上昇すると電子伝達系で酸素を消費するため，酸素の借りがおこる．息切れは，体が組織に酸素を供給しようとするためである．

5 章

5.1 (a) グリコーゲン合成　(b) グリコーゲン分解　(c) 糖新生　**5.2** グリコーゲン合成，ペントースリン酸経路，解糖系
5.3 段階 6 と 7，段階 9 と 10　**5.4** 異性化：段階 2，5，8
5.5

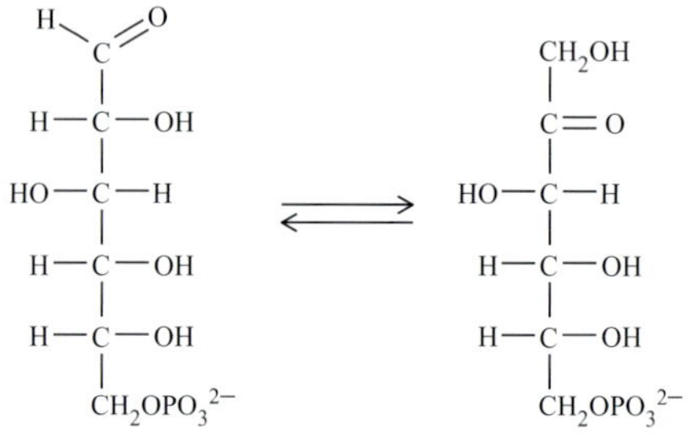

$$\begin{array}{c} H\diagdown C \diagup\!\!\!\!= O \\ | \\ H-C-OH \\ | \\ HO-C-H \\ | \\ H-C-OH \\ | \\ H-C-OH \\ | \\ CH_2OPO_3^{2-} \end{array} \rightleftharpoons \begin{array}{c} CH_2OH \\ | \\ C=O \\ | \\ HO-C-H \\ | \\ H-C-OH \\ | \\ H-C-OH \\ | \\ CH_2OPO_3^{2-} \end{array}$$

5.6 (a) ピルビン酸 (b) 段階 6. グリセルアルデヒド 3-リン酸が酸化される. NAD^+ が酸化剤 **5.7** フルクトース 6-リン酸は段階 3 で解糖系に入る.

$$HOCH_2\text{-フルクトース（フラノース）} \xrightarrow{ATP \to ADP} CH_2OPO_3^{2-}\text{-フルクトース（フラノース）}$$

5.8 グルコースとガラクトースは, C4 位での立体配置が異なる. **5.9** (a) エネルギーは熱として失われる (b) 発酵の逆はきわめて吸熱的になる. CO_2 の損失は反応が終結する方向に加速する. **5.10** パン, ヨーグルト, チーズ, ビールおよびワインの作製 **5.11** (a) 好気性条件下でのアセチル-CoA (b) 嫌気性条件下での乳酸 (c) 肝細胞でのみおこる糖新生によるグルコース **5.12** 80 ATP 分子 **5.13** ATP 38 モル **5.14** インスリンが減少する；血中グルコースが減少, グルカゴン濃度の増加. グルカゴンは肝臓のグリコーゲンを分解させ, グルコースを放出させる. グリコーゲンを消費するにつれ, 遊離脂肪酸とケトン体の濃度が増加する. **5.15** ソルビトールはカルボニル基をもたないので, 環状ヘミアセタールをつくらない.

$$\begin{array}{c} CH_2OH \\ | \\ H-C-OH \\ | \\ HO-C-H \\ | \\ H-C-OH \\ | \\ H-C-OH \\ | \\ CH_2OH \end{array}$$

ソルビトール

5.16 (a) 水素イオン濃度[H^+]が増加すると, 平衡を右に加速し, CO_2 を生成するようになる. (b) ルシャトリエの原理 **5.17** グリコーゲン合成はグルコース分子からグリコーゲンを合成する経路であり, 一方グリコーゲン分解はグリコーゲンを分解し遊離グルコースになる経路である. **5.18** グリコーゲン合成は, グルコース濃度が高いとき, グルコース分子を後で使うために貯蔵する目的でおこる. グリコーゲン分解は, 筋肉細胞でエネルギーが必要なとき, あるいは血中グルコース濃度が低いときにおこる. **5.19** リン酸化, 酸化 **5.20** 乳酸, アミノ酸, グリセロールからグルコースをつくる経路 **5.21** 断食や初期の飢餓の間にエネルギー生産のためのグルコースを提供するために重要. 糖新生なしでは死に至る. **5.22** ヒドロラーゼ **5.23** (a) グルコースの供給が十分で, 体がエネルギーを必要とする場合 (b) 体が遊離グルコースを必要とする場合 (c) リボース 5-リン酸または NADPH が必要な場合 (d) グルコースの供給が十分で, 体がエネルギー生産のためにグルコースを使う必要がない場合 **5.24** グルコースおよびフルクトース 6-リン酸のリン酸化は, 最初のエネルギー消費を補てんする重要な中間体をつくる. フルクトース 1,6-ビスリン酸が開裂して 3 炭素化合物 2 分子をつくり, それらはピルビン酸に変換される. **5.25** (a) 体がエネルギーを必要とする場合, ミトコンドリア (b) 嫌気的条件下, 酵母 (c) 嫌気的条件下, 筋肉, 赤血球細胞 (d) 体が遊離グルコースを必要とする場合, 肝臓 **5.26** 段階 1：トランスフェラーゼ. 段階 2：イソメラーゼ. 段階 3：トランスフェラーゼ. 段階 4：リアーゼ. 段階 5：イソメラーゼ. 段階 6：オキシドレダクターゼ, トランスフェラーゼ. 段階 7：トランスフェラーゼ. 段階 8：イソメラーゼ. 段階 9：リアーゼ. 段階 10：トランスフェラーゼ. トランスフェラーゼ群(リン酸基の転移には多くの反応が関与するため). リガーゼは分子を合成する多くの反応に関与しているが, 分子を分解する反応には関与しない. **5.27** (g), (c), (b), (e), (f), (a), (d) **5.28** 糖新生に必要な化合物の出所：ピルビン酸, 乳酸, クエン酸回路中間体, 多くのアミノ酸. 糖新生はグルコース濃度が低いときにおこる. **5.29** ヒトは食物から炭水化物を摂取する. 発芽種子は, 脂肪から炭水化物を合成する必要がある. **5.30** (a) いいえ (b) 分子状酸素は電子伝達系の最後の段階に現れ, 水と結合して H^+ と(電子伝達系からの)電子から H_2O をつくる. **5.32** グルコース＋ガラクトース, 小腸内壁の中

5.34

食物分子の型	消化の産物
タンパク質	アミノ酸
トリアシルグリセロール	グリセロールと脂肪酸
スクロース	グルコースとフルクトース
ラクトース	グルコースとガラクトース
デンプン, マルトース	グルコース

5.36 アセチル-CoA, 乳酸, エタノール＋CO_2 **5.38** グリコーゲン合成：グルコースからグリコーゲンを合成する. グリコーゲン分解：グリコーゲンを分解してグルコースをつくる. **5.40** リボース 5-リン酸 **5.42** (a) 全器官 (b) 肝臓 (c), (d) 筋肉, 肝臓 **5.44** 解糖のどの段階も酸素を要求しない. **5.46** (a) 段階 1, 3, 6, 7, 10 (b) 段階 6 (c) 段階 9 **5.48** (a) 基質レベルのリン酸化：2 モル ATP. 酸化的リン酸化(理論値)：6 モル ATP. (b) 酸化的リン酸化：3 モル ATP. (c) 基質レベルのリン酸化：1 モル ATP. 酸化的リン酸化：11 モル ATP. 基質レベルのリン酸化では反応の副産物として ATP を生成し, 酸化的リン酸化では電子伝達系の副産物として ATP を生成する.

5.50

$$\underset{\text{乳酸}}{CH_3\overset{OH}{\overset{|}{C}H}-\overset{O}{\overset{\|}{C}}-O^-} \xrightarrow[\text{乳酸デヒドロゲナーゼ}]{NAD^+ \to NADH/H^+} \underset{\text{ピルビン酸}}{CH_3\overset{O}{\overset{\|}{C}}-\overset{O}{\overset{\|}{C}}-O^-}$$

5.52 4 モル **5.54** 低血糖症：血中の低血糖, 虚弱, 発汗, 動悸, 精神錯乱, 昏睡, 死. 高血糖症：血中の高血糖, 頻尿, 血圧低下, 昏睡, 死. **5.56** ケトン体 **5.58** 筋肉細胞 **5.60** グリコーゲン分解は加水分解反応なので, 合成反応よりも反応段階は少なく, エネルギー消費が少ない. **5.62** ピルビン酸, 乳酸 **5.64** 解糖系の逆経路における数段階はエネルギー的に不利である. **5.66** 解糖系の段階 1, 3, 10. すべての段階はリン酸基の転移を含んでいる. **5.68** 筋肉のグルコースが使い果たされるとき, 新たなグルコースを供給するため. 酸素の供給が不足するときに用いられる. **5.70** リン酸基の転移過程 **5.72** グリコーゲンの加水分解から得られるグルコースは, 無機リン酸イオンとの反応によってリン酸化され, グルコース 6-リン酸として解糖系に入る. このため(段階 1 で)必要とされる ATP は一つ少なく, 一つ多い ATP がつくられる. **5.74** (a) エネルギー消費 (b) エネルギー生産 **5.76** (a) グルコースの供給が十分にあり, 体がエネルギーを必要とするとき. (b) 絶食や飢餓の状態で, グルコースの供給が不足するとき. **5.78** 過剰な

喉の渇き，頻尿，尿中や血中の高濃度グルコース，体重の減少などの症状． **5.80** メタボリックシンドロームは前糖尿病状態に似ており，血糖値が若干上昇する，血圧が若干高い，グルコース耐性が若干減じるなど，糖尿病の予測因子である． **5.82** 筋肉組織はグルコースの定常的な供給を必要としており，糖新生によるグルコース合成に必要な化合物は肝臓に存在する． **5.84** 酸素がない条件のとき，ワインの中でグルコースの異化により生じたピルビン酸が酵母の酵素によってエタノールと CO_2 に変換（醸造）される．ここで生成した CO_2 が瓶内の圧力を上げ，蓋を吹き飛ばした．

6 章

6.1 (a) イコサノイド　(b) グリセロリン脂質　(c) ろう

6.2

$$CH_3(CH_2)_{18}\overset{O}{\overset{\|}{C}}-OCH_2(CH_2)_{30}CH_3$$

6.3

$$\begin{array}{l} CH_2O\overset{O}{\overset{\|}{C}}(CH_2)_7CH{=}CH(CH_2)_7CH_3 \\ CHO\overset{O}{\overset{\|}{C}}(CH_2)_7CH{=}CH(CH_2)_7CH_3 \\ CH_2O\overset{O}{\overset{\|}{C}}(CH_2)_7CH{=}CH(CH_2)_7CH_3 \end{array}$$

6.4 (a) バター　(b) 大豆油　(c) 大豆油　**6.5** 下記参照

6.6 異なる二つの脂肪酸がグリセロールの C1 位と C3 位に結合するとき，C2 位はキラルになる． **6.7** ロンドン分散力．弱い．水分子間の水素結合はロンドン分散力より強い．

6.8 アシル基はステアリン酸から生じるもの．

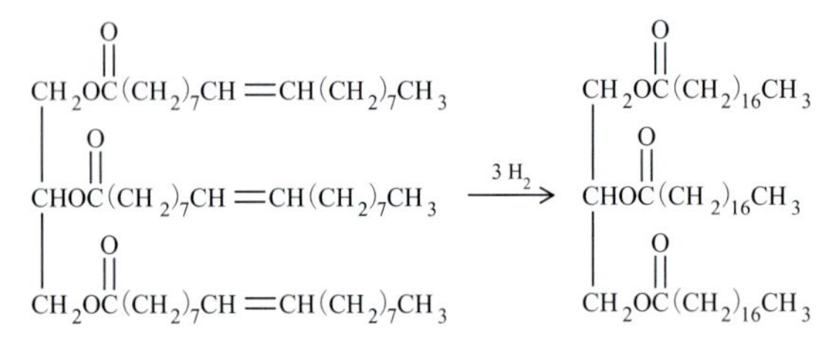

6.9 バター：コレステロール．マーガリン：トランス脂肪酸．

6.10

6.11

$$\begin{array}{l} CH_2O\overset{O}{\overset{\|}{C}}(CH_2)_{16}CH_3 \\ CHO\overset{O}{\overset{\|}{C}}(CH_2)_{16}CH_3 \\ CH_2O\overset{O}{\overset{\|}{C}}(CH_2)_7CH{=}CH(CH_2)_7CH_3 \end{array} \xrightarrow{NaOH,\ H_2O}$$

または異性体

$$\begin{array}{l} CH_2OH \\ CHOH \\ CH_2OH \end{array} + \begin{array}{l} 2\,CH_3(CH_2)_{16}COO^-\,Na^+ \\ CH_3(CH_2)_7CH{=}CH(CH_2)_7COO^-\,Na^+ \end{array}$$

6.12 レシチンは，セッケンが油脂を溶かすのと同様にして，油脂を乳化する．油脂は，レシチンの非極性部分に覆われ，レシチンの極性部分は油脂を水溶液中に分散させる． **6.13** (a) グリセロール，リン酸イオン，コリン，$RCOO^-Na^+$，$R'COO^-Na$ (b) スフィンゴシン，リン酸イオン，コリン，パルミチン酸ナトリウム

6.14

$$(CH_3)_3\overset{+}{N}CH_2CH_2O-\overset{O}{\overset{\|}{\underset{O^-}{\underset{|}{P}}}}-O-CH_2$$
$$CHNH-\overset{O}{\overset{\|}{C}}(CH_2)_{12}CH_3$$
$$CHOH$$
$$CH{=}CH(CH_2)_{12}CH_3$$

コリン　リン酸　ミリスチン酸　疎水性尾部

親水性頭部　疎水性尾部

6.15

$$CH_2-O-\overset{O}{\overset{\|}{C}}-(CH_2)_{16}CH_3$$
$$CH-O-\overset{O}{\overset{\|}{C}}-(CH_2)_7CH{=}CH(CH_2)_7CH_3$$
$$CH_2-O-\overset{O}{\overset{\|}{\underset{O^-}{\underset{|}{P}}}}-OCH_2CH_2NH_3^+$$

ステアリン酸のアシル基　オレイン酸のアシル基　リン酸　エタノールアミン

6.16 (c) **6.17** それらは疎水性でなければならず，非極性側鎖のアミノ酸を多く含み，折りたたまれることによって親水性部が膜の外側に出る． **6.18** する（非極性分子だから） **6.19** グルコース 6-リン酸は荷電したリン酸基をもち，疎水性の脂質二重層を通過できない． **6.20** 細胞の内と外の二つの表面は異なる環境下にあり，異なる機能を提供する． **6.21** A はもっとも高い融点をもち，B と C は不飽和脂肪酸の含有量が多いため室温では液体と予想される． **6.22** 脂肪酸組成は問題 6.21 の表に

6.5

$$H_3C-CH_2-CH_2-CH_2-CH_2-CH_2-CH{=}CH-CH_2-CH{=}CH-CH_2-CH{=}CH-CH_2-CH{=}CH-CH_2-CH_2-CH_2-\overset{O}{\overset{\|}{C}}-OH$$

記したとおり，不飽和脂肪酸はいずれも水素化によってステアリン酸になるので，Bに近くなる．

6.23

$$\begin{array}{l} \quad\;\; O \\ \quad\;\; \| \\ CH_2OC(CH_2)_{14}CH_3 \\ | \quad\;\; O \\ | \quad\;\; \| \\ CHOC(CH_2)_7CH{=}CH(CH_2)_7CH_3 \\ | \qquad\quad O \\ | \qquad\quad \| \\ CH_2O{-}P{-}OCH_2CH_2 \\ \qquad\quad | \qquad\quad | \\ \qquad\quad O^- \qquad NH_3^+ \end{array}$$

グリセロリン脂質

6.24 膜は液体なので，損傷しても流れて再び結合することができる．　**6.25** C16飽和脂肪酸．極性の頭部は肺組織側にあり，炭化水素の尾部は肺胞内に突き出ている．　**6.26** 脂質は天然由来の分子で非極性溶媒に可溶である　**6.28** $CH_3(CH_{12})_{16}COOH$，直鎖　**6.30** 飽和脂肪酸：炭素–炭素二重結合を含まない直鎖カルボン酸，単不飽和脂肪酸：1ヵ所の炭素–炭素二重結合を含む，多重不飽和脂肪酸：2ヵ所以上の炭素–炭素二重結合を含む．
6.32 必須脂肪酸は人体で合成されないので，食餌に含まれていなければならない．　**6.34** (a)，不飽和脂肪酸（リノレン酸）中の二重結合によって，結晶中でこれらの分子は規則的に配置しにくくなる．　**6.36** 脂肪：飽和および不飽和脂肪酸のトリアシルグリセロール（TAG）から構成される固体．油：おもに飽和脂肪酸を含むTAGで液体．

6.38

$$\begin{array}{l} CH_2{-}O{-}C({=}O){-}CH_2(CH_2)_9CH_3 \\ | \\ CH{-}O{-}C({=}O){-}CH_2(CH_2)_9CH_3 \\ | \\ CH_2{-}O{-}C({=}O){-}CH_2(CH_2)_9CH_3 \end{array}$$

6.40 保護膜

6.42

$$CH_3(CH_2)_{13}CH_2C({=}O){-}OCH_2(CH_2)_{14}CH_3$$

パルミチン酸セチル

6.44

$$\begin{array}{l} CH_2{-}O{-}C({=}O){-}(CH_2)_nCH_3 \\ | \\ CH{-}O{-}C({=}O){-}(CH_2)_nCH{=}CH(CH_2)_nCH_3 \\ | \\ CH_2{-}O{-}P({=}O)(O^-){-}OCH_2CH_2CH_2\overset{+}{N}(CH_3)_3 \end{array}$$

6.46 水素化　**6.48** けん化　**6.50** 生成物は問題6.8に示した．融点は高くなる．　**6.52** マーガリンは一不飽和，ならびに多不飽和油脂をより多く含むだけでなく，トランス脂肪酸もより多く含むと思われる．　**6.54** トリアシルグリセロールはグリセロールを，リン脂質はグリセロール三リン酸を基本骨格にもつ．
6.56 スフィンゴミエリンとセレブロシドは，いずれもスフィンゴシン骨格をもつ点が共通している．これら二つの違いは，スフィンゴシンのC1位にある．スフィンゴミエリンは，C1位にリン酸基とそれに結合したアミノアルコールをもち，セレブロシドはC1位にグリコシド結合で結合した単糖をもつ．　**6.58** グリセロリン脂質は，水分子によって溶媒和されるイオン性のリン酸基をもつ．

6.60 下記参照

6.62

$$\begin{array}{l} CH_2{-}O{-}C({=}O){-}(CH_2)_{14}CH_3 \leftarrow \text{パルミチン酸} \\ | \\ CH{-}O{-}C({=}O){-}(CH_2)_7CH{=}CH(CH_2)_7CH_3 \leftarrow \text{オレイン酸} \\ | \\ CH_2{-}O{-}P({=}O)(O^-){-}OCH_2CH_2CH_2NH_3^+ \leftarrow \text{プロパノールアミン} \end{array}$$

グリセロール（↑ CH_2），リン酸基（↖ P）

グリセロリン脂質

6.64 コレステロールは細胞膜の成分であり，またほかのステロイド合成の原料となる．　**6.66** 男性ホルモン：アンドロステロン，テストステロン．女性ホルモン：エストロン，エストラジオール，プロゲステロン．　**6.68** セッケンのミセルでは，水溶性の極性頭部が表面に，非極性尾部が中心部分でクラスターを形成している．脂質二重層では，水溶性の頭部は膜の内側および外側表面に位置しており，二つの表面に挟まれた領域には疎水性の尾部が配置している．　**6.70** 糖脂質，コレステロール，タンパク質　**6.72** 能動輸送は，拡散しやすい方向とは逆向きに膜を通過して物質を輸送するプロセスであり，エネルギーを必要とする．　**6.74** (a) 単純拡散　(b) 促進拡散　(c) 能動拡散　**6.76** (b)，(c)，(e)，(f)

6.60

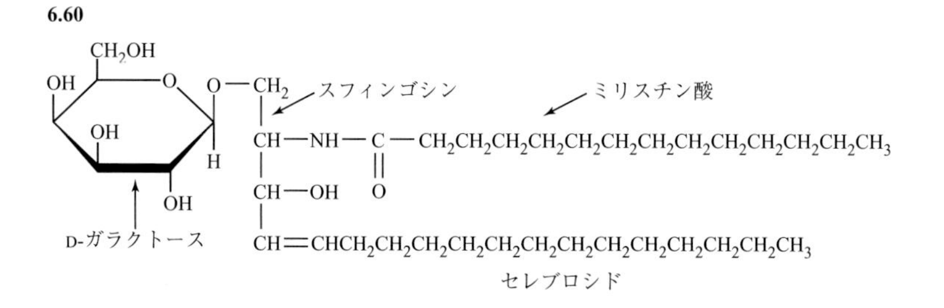

6.78

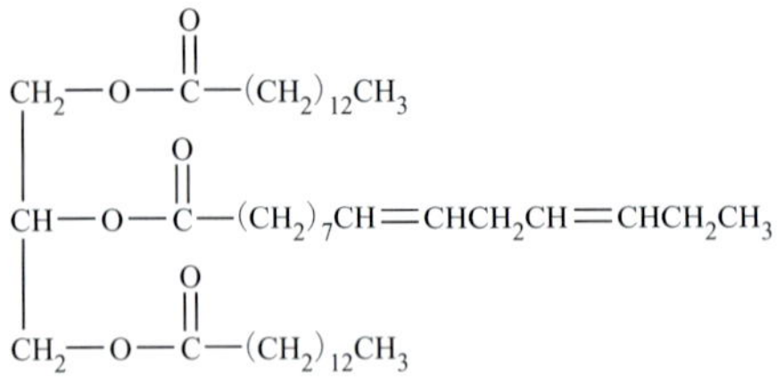

$$\begin{array}{l} CH_2-O-\overset{O}{\overset{\|}{C}}-(CH_2)_{12}CH_3 \\ | \\ CH-O-\overset{O}{\overset{\|}{C}}-(CH_2)_7CH{=}CHCH_2CH{=}CHCH_2CH_3 \\ | \\ CH_2-O-\overset{O}{\overset{\|}{C}}-(CH_2)_{12}CH_3 \end{array}$$

または

$$\begin{array}{l} CH_2-O-\overset{O}{\overset{\|}{C}}-(CH_2)_{12}CH_3 \\ | \\ CH-O-\overset{O}{\overset{\|}{C}}-(CH_2)_{12}CH_3 \\ | \\ CH_2-O-\overset{O}{\overset{\|}{C}}-(CH_2)_7CH{=}CHCH_2CH{=}CHCH_2CH_3 \end{array}$$

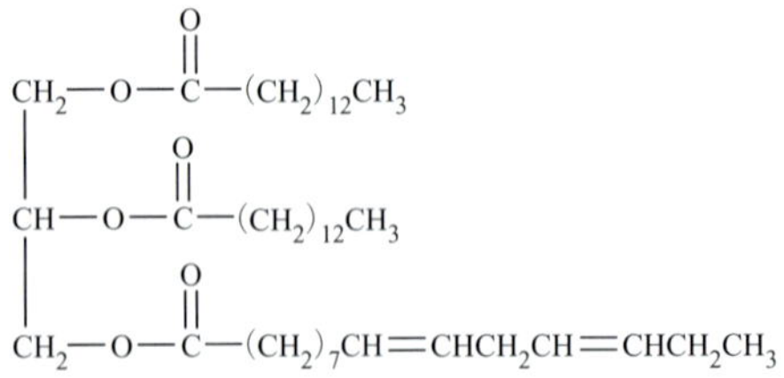

6.80　(a)牛脂　(b) 植物油　(c) 豚脂
6.82　けん化できる．

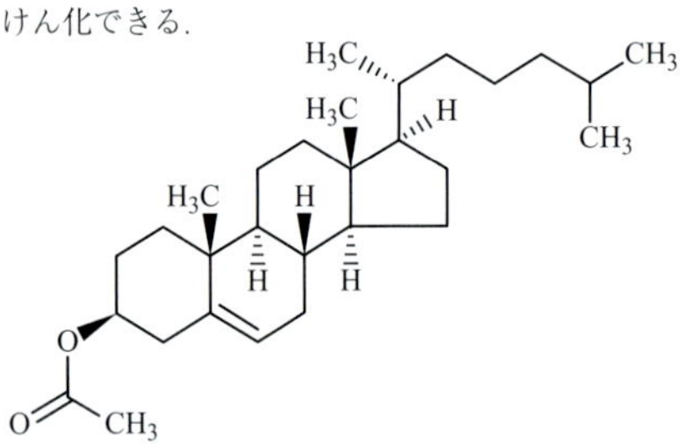

H_3C　CH_3　H_3C　H　CH_3　H_3C　H　H　H　O　O　CH_3

6.84　神経線維皮膜の主成分で，脳組織に存在する．　**6.86**　0.40 g NaOH
6.88

$$\underbrace{CH_3(CH_2)_{16}\overset{O}{\overset{\|}{C}}}_{\text{ステアリン酸から}}-\underbrace{OCH_2(CH_2)_{20}CH_3}_{\text{C22 アルコールから}}\quad \text{ホホバろう}$$

ホホバろうは，C22 アルコールと C18 カルボン酸によるエステルでつくられる．鯨ろうは，C18 アルコールと C16 カルボン酸のエステルでつくられる．ホホバろうは鯨ろうよりも分子量が大きく，融点が高い．この性質が化粧品としての性質に影響しなければ，代替品として使用できる．

7 章

7.1　コール酸は親水性側に四つの極性基をもつため，水溶性の環境と相互作用できる．疎水性側はトリアシルグリセロールと相互作用する．コール酸とコレステロールは，その役割を交換することはできない．　**7.2**　ジヒドロキシアセトンリン酸(DHAP)はグリセルアルデヒド 3-リン酸に異性化し，解糖系に入る．　**7.3**　遊離脂肪酸はアルブミン(血液−血漿タンパク質)とともに動く．**7.4**　(a)，(b) 段階 1：C=C 二重結合ができる：FAD が酸化剤．段階 3：アルコールはケトンに酸化される：NAD^+ が酸化剤．(c) 段階 2：C=C 二重結合に水が付加する．　(d) 段階 4：HS−CoA がアセチル-CoA に置き換わり，鎖が短くなった脂肪酸のアシル-CoA が生じる．　**7.5**　(a) アセチル-CoA が 8 分子，β 酸化が 7 回．　(b) アセチル-CoA が 12 分子，β 酸化が 11 回　**7.6**　段階 6，7，8　**7.7**　ATP146 分子　**7.8**　(d)　**7.9**　(a) アセチル-CoA はケトン体の合成に使われるアセチル基を供給する．(b) 3 分子　(c) 飢餓になると，体はケトン体をエネルギー源として使う．　**7.10**　アセチル-CoA 7 分子．CO_2 8 分子．　**7.11**　β 酸化で生じた還元型補酵素を電子伝達系で再酸化するために酸素は必要である．　**7.12**　(a) キロミクロン，タンパク質に対する脂質の比がもっとも大きくなるため．　(b) キロミクロン　(c) HDL　(d) LDL　(e) HDL　(f) VLDL，貯蔵あるいはエネルギー生産に使われる．　(g) LDL　**7.13**　高血中グルコース→高インスリン / 低グルカゴン→脂肪酸とトリアシルグリセロールの合成．低血中グルコース→低インスリン / 高グルカゴン→トリアシルグリセロールの加水分解．脂肪酸の酸化　**7.14**　脂肪酸のアシル-CoA の形成は，ATP から AMP とピロリン酸への変換と共役しており，このエネルギーの消費は β 酸化で取り戻される．**7.15**　クエン酸回路で異化されるアセチル-CoA が少量になり，アセチル-CoA はケトン体生成に転用される．　**7.16**　1 g 当たりで脂肪の異化はグリコーゲンの異化よりも多くのエネルギーを供給するので，脂肪はエネルギーを貯蔵するためのより効率的な方法である．　**7.17**　ケトン体は代謝されてアセチル-CoA を生成し，エネルギーを供給する．　**7.18**　いいえ．これらは 2 炭素を付加あるいは除去するものの，互いに逆反応にはならない．用いられる酵素，補酵素，活性化の過程が異なる．　**7.20**　小腸　**7.22**　コレステロールから肝臓で合成される　**7.24**　膵リパーゼ：モノおよびジアシルグリセロール，脂肪酸，グリセロール．リポタンパク質リパーゼ：脂肪酸とグリセロール　**7.26**　肝臓　**7.28**　LDL によって末梢組織へ運ばれ，細胞膜の合成とステロール合成に使われる　**7.30**　ATP 6 分子　**7.32**　アセチル-CoA 19 分子　**7.34**　トリアシルグリセロールの貯蔵と流動化．皮膚下および腹腔に存在する　**7.36**　ミトコンドリアマトリックス　**7.38**　活性化した脂肪酸は，細胞質ゾルからミトコンドリアマトリックスに輸送されなければならない　**7.40**　最初の脂肪酸が消費されるまで，一連の同じ反応が 2 炭素短くなった脂肪酸で繰り返されるので，この反応はスパイラルである．回路であれば，最後の段階の生成物は最初の段階の反応物とおなじになる．**7.42**　異なる．NAD^+ と FAD の代わりに補酵素 NADPH が必要になる．　**7.44**　1 モルのミリスチン酸あたり ATP 112 モル　**7.46**　(b)<(c)<(a)
7.48

$$CH_3\overset{O}{\overset{\|}{C}}CH_2\overset{O}{\overset{\|}{C}}S-CoA \xrightarrow[\text{アセチル-CoA トランスフェラーゼ}]{HS-CoA} 2CH_3\overset{O}{\overset{\|}{C}}S-CoA$$

7.50　カプリル酸：3 回．ミリスチン酸：6 回　**7.52**　ケトーシスは，ケトン体が代謝される以上の速度で血中に蓄積される状態．二つのケトン体はカルボン酸なので，血中の pH を下げ，ケトアシドーシスとして知られる症状をもたらす．ケトアシドーシスの症状は，脱水症状，呼吸困難，うつ状態などがある．慢性のケトアシドーシスは昏睡さらには死に至る．　**7.54**　ケトンはほとんど pH に影響しないが，二つのケトン体は酸性であり，尿の pH を下げる．　**7.56**　リポゲネシス　**7.58**　アセチル-CoA　**7.60**　8 回　**7.62**　脂肪酸合成は細胞質ゾルで行われ，分解はミトコンドリアで行われる．　**7.64**　炭水化物の異化による過剰のアセチル-CoA は脂肪として貯蔵される．体はアセチル-CoA から炭水化物を再合成できない．　**7.66**　β 酸化経路のアルコール中間体はキラルである．　**7.68**　(a) 内因性　(b) 外因性　**7.70**　食餌中にコレステロールがない場合，体はコレステロールを合成する．体は膜機能やステロイドホルモン合成のためにコレステロールを必要とする．　**7.72**　過剰の炭水化物は解糖系をとおり，最後にはアセチル-CoA になる．体がそれ以上のエネルギーを必要としないので，アセチル-CoA はリポゲネシスに入って脂肪酸を合成し，脂肪細胞でトリアシルグリセロールとして貯蔵され，体重の増加につながる．

8 章

8.1 (a) 誤 (b) 正 (c) 正　**8.2** オキシドレダクターゼ，リアーゼ

8.3　**8.4**

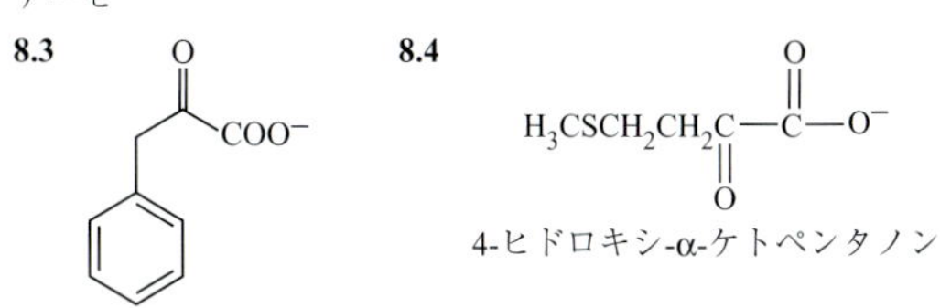

8.5 NAD^+あるいは$NADP^+$から2水素原子を失う．

8.6 バリン，ロイシン，イソロイシン

$(CH_3)CH(CH_3)CH(^+NH_3)COO^-$（バリン）＋ $^-OOCCH_2CH_2C(=O)COO^-$（α-ケトグルタル酸）

↓

$CH_3CH(CH_3)C(=O)COO^-$（α-ケト-3-メチルブタノン）＋ $^-OOCCH_2CH_2CH(^+NH_3)COO^-$（グルタミン酸）

8.7 (a) $H_2N^+=C(NH_2)-NH-CH_2-CH_2-CH_2-HC(^+NH_3)-COO^-$（$H_2N^+=C(-NH)-NH_2$ 部分を破線で囲む）
(b) $H-C(^+NH_3)(H)-CH_2-CH_2-HC(^+NH_3)-COO^-$（$H-C(^+NH_3)-H$ 部分を破線で囲む）
(c) $H-C(=O)-CH_2-CH_2-HC(^+NH_3)-COO^-$（$H-C=O$ 部分を破線で囲む）
(d) $COO^--CH_2-CH_2-HC(^+NH_3)-COO^-$（$HC-^+NH_3$ 部分を破線で囲む）
(e) $COO^--CH_2-CH_2-C(=O)-COO^-$

8.8 (a) 5 (b) 1 (c) 3　**8.9** 糖原性アミノ酸：ヒスチジン，トレオニン，メチオニン，バリン，ケト原性アミノ酸：ロイシン，両方：イソロイシン，リシン，フェニルアラニン，トリプトファン．　**8.10** 3-ホスホグリセリン酸→3-ホスホヒドロキシピルビン酸(酸化)　3-ホスホヒドロキシピルビン酸→3-ホスホセリン(アミノ転移反応)　3-ホスホセリン→セリン(加水分解)

8.11

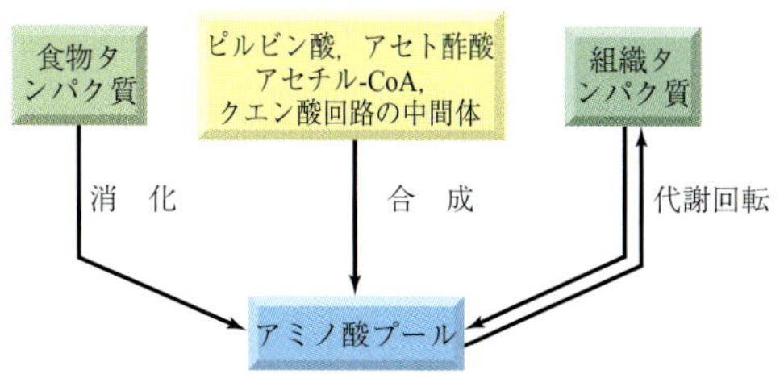

8.12 (1) アミノ酸の異化は，アミノ酸の窒素を除去するアミノ基転移反応からはじまる．(2) 生成するα-ケト酸は炭素原子を含み，共通の代謝中間体になる．(3) グルタミン酸のアミノ基は酸化的脱アミノ基反応で除去される．(4) アミノ窒素は尿素回路で尿素に変換され，排除される．　**8.13** グルタミン酸デヒドロゲナーゼ，アラニンアミノトランスフェラーゼ．生成物はアラニン　**8.14** ケト原生アミノ酸由来の炭素原子は，ケトン体あるいはアセチル-CoAに変換される．糖原生アミノ酸由来の炭素原子は，糖新生経路に入る化合物に変換されてグルコースを生成し，解糖系でアセチル-CoAをつくる．　**8.15** すべてのアミノ酸がタンパク質合成に必要であるが，体は一部のアミノ酸しか合成できない．ほかのアミノ酸は食物から供給しなければならないので，食餌に入っていることが重要である．　**8.16** アンモニアを急速に排除すること，尿素の形成とオルニチンの欠乏　**8.18** 消化は胃ではじまる　**8.20** オキサロ酢酸とα-ケトグルタル酸　**8.22** 下記参照

8.24 (a) $CH_3CH_2CH(CH_3)C(=O)COO^-$　(b) $(CH_3)_2CHC(=O)COO^-$

8.26 NAD^+または$NADP^+$　**8.28** アンモニウムイオン　**8.30** ピルビン酸またはクエン酸回路の中間体に異化され，糖新生に入ることができる．例：アラニン，グリシン，セリン

8.32 カルバモイルリン酸　**8.34** 段階2で尿素回路に入り，段階3でフマル酸として去り，クエン酸回路に入る　**8.36** グルタミン酸　**8.38** フェニルアラニンのヒドロキシ化によって生合成される．フェニルケトン尿症．この症状の人にとってチロシンは必須アミノ酸になる．　**8.40** アスパルテームはフェニルアラニンを含むジペプチドで，フェニルケトン尿症には厳しく制限されなければならない．　**8.42** ATP 3分子　**8.44** (a) スクシニル-CoA，フマル酸，オキサロ酢酸，ピルビン酸 (b) フマル酸　**8.46** 肝臓．腎臓に運ばれ，尿内に排出される　**8.48** 貯蔵：脂肪と炭水化物は体に貯蔵される一方，アミノ酸はない．エネルギー：余剰のアミノ酸は，エネルギー源となる脂肪あるいは炭水化物に変換されなければならない．貯蔵されない脂肪と炭水化物は異化されない．　**8.50** プロテアーゼの活性型は，膵臓のタンパク質を加水分解する．不活性型では，それらは安全に貯蔵される　**8.52** 尿素回路でATPの一つが加水分解してAMPになり，それは2 AMPと等価である．　**8.54** 答えはどのような

8.22

$$RCH(^+NH_3)COO^- + CH_3C(=O)COO^- \xrightleftharpoons{\text{α-アミノトランスフェラーゼ}} RC(=O)COO^- + CH_3CH(^+NH_3)COO^-$$

α-アミノ酸　ピルビン酸　α-ケト酸　アラニン

$$RCH(^+NH_3)COO^- + {}^-OOCCH_2C(=O)COO^- \xrightleftharpoons{\text{α-アミノトランスフェラーゼ}} RC(=O)COO^- + {}^-OOCCH_2CH(^+NH_3)COO^-$$

α-アミノ酸　オキサロ酢酸　α-ケト酸　アスパラギン酸

食物が消費されるかによる．図8.2を参照．必須アミノ酸：ヒスチジン，リシン，トレオニン，イソロイシン，メチオニン，トリプトファン，ロイシン，フェニルアラニン，バリン
完全なタンパク質源：肉と乳製品．完全なタンパク質源：穀物，ナッツ，種，さや，トウモロコシ　**8.56**　ロイシン：12 ATP，ヒスチジン：9 ATP，バリン：3 ATP，リシン：12 ATP，全ATP：36 ATP.

9　章

9.1

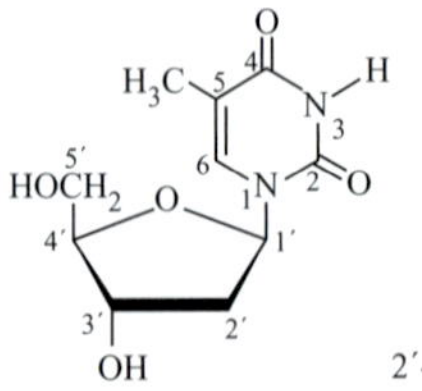

2′-デオキシチミジン

9.2　D-リボース($C_5H_{10}O_5$)は，2-デオキシ-D-リボース($C_5H_{10}O_4$)より酸素原子が一つ多いので，より多くの水素結合をつくることができる．

9.3

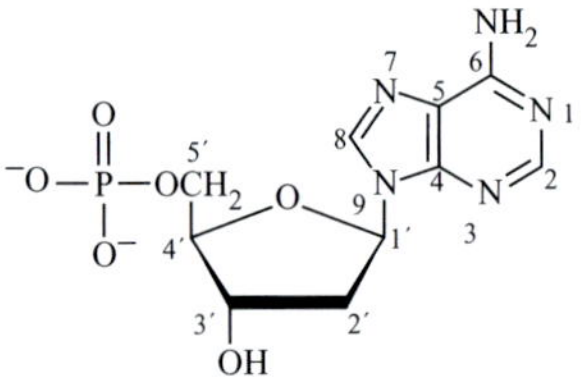

2′-デオキシアデノシン5′-一リン酸(dAMP)

9.4

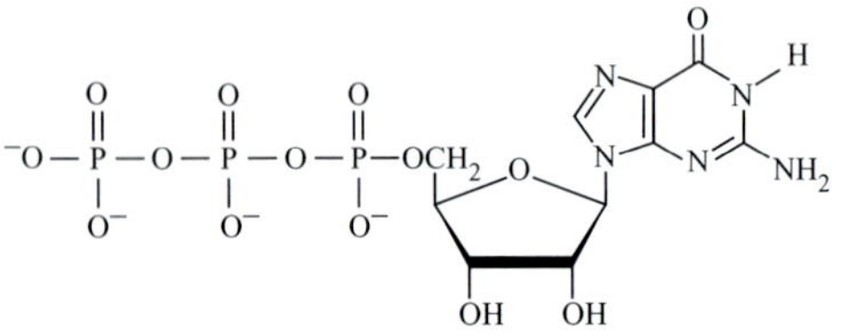

グアノシン 5′- 三リン酸(GTP)

9.5　dUMP：2′- デオキシウリジン 5′- 一リン酸，UMP：ウリジン 5′- 一リン酸，CDP：シチジン 5′-ジリン酸，AMP：アデノシン一リン酸，ATP：アデノシン三リン酸　**9.6**　グアニン-アデニン-ウラシル-シトシン-アデニン．ウラシルが存在するので，このヌクレオチド五量体はRNAに由来する．

9.7

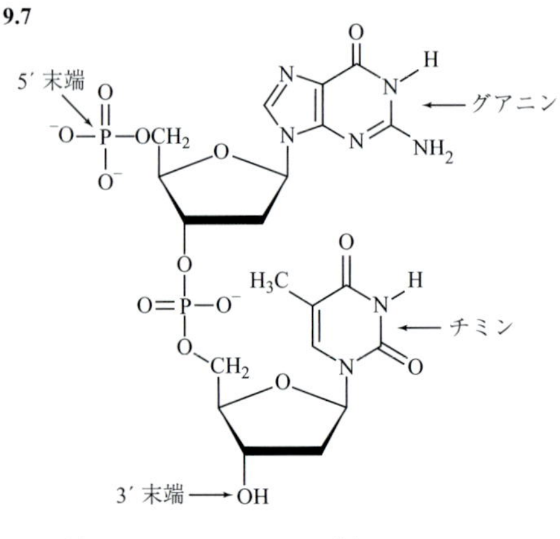

5′ 末端
グアニン
チミン
3′ 末端

9.8　(a) 3′ A-T-A-T-G-A-C 5′　(b) 3′ C-T-A-G-C-G-A-G-A 5′

9.9

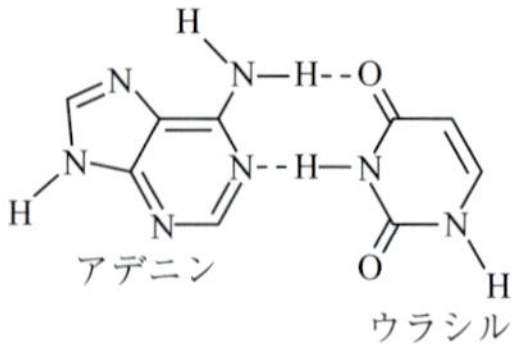

アデニン
ウラシル

9.10　負に電荷(リン酸基があるため)　**9.11**　(a) より長い鎖は，より多くの水素結合をもつ．　(b) G：C 含量の高い鎖は，より多くの水素結合をもつので高い融点をもつ．　**9.12**　岡崎フラグメントは，ラギング鎖を鋳型として合成されるDNAの断片である．フラグメントはその後DNAリガーゼ酵素によって結合する．　**9.13**　DNAポリメラーゼは一本鎖DNAの転写を促進し，一方DNAリガーゼはラギング鎖内の短いDNAらせん(岡崎フラグメント)をつなぎ合わせる．　**9.14**　スプライソソームではイントロンが除去され，エクソンが切り出されてmRNAになる．　**9.15**　(a) 3′ G-U-A-C-G-A-G-A-U-G-U-C 5′　(b) 5′ A-U-A-A-U-C-G-C-U-G-G-C 3′　**9.16**　(a) GUU GUC GUA GUG　(b) UUU UUC　(c) AAU AAC　(d) GGU GGC GGA GGG　(e) AUG　**9.17**　GAG配列はGAAと同じくグルタミン酸をコードする．　**9.18**　(a) Ile　(b) Ala　(c) Arg　(d) Lys

9.19　6個のmRNAトリプレットがLeuをコードする：UUA, UUG, CUU, CUC, CUA, CUG(コドンが重複しない場合)可能な組合せとしては：

5′ UUAUUGCUU 3′　5′ UUAUUGCUC 3′　5′ UUAUUGCUA 3′
5′ UUAUUGCUG 3′　5′ UUACUUCUC 3′　5′ UUACUUCUA 3′

9.20 ～ 9.21

mRNA 配列：　5′ CUC-AUU-CCA-UGC-GAC-GUA 3′
アミノ酸配列：　Leu - Ile - Plo - Cys - Asp - Val
tRNA アンチコドン：3′ GAG UAA GGU ACG CUG CAU 5′

9.22

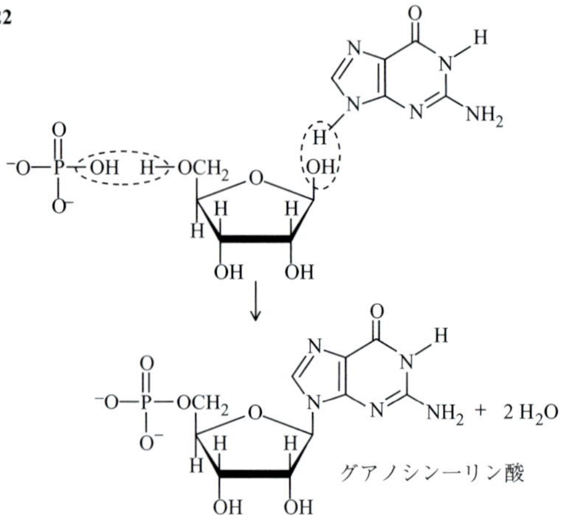

$+\ 2\,H_2O$

グアノシン一リン酸

9.23

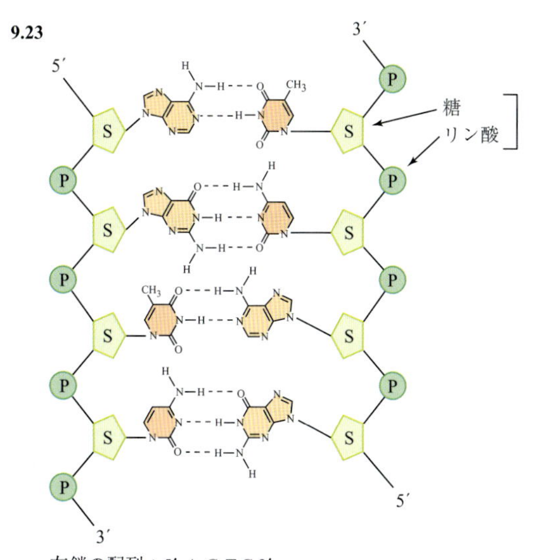

左鎖の配列：5′ A-G-T-C 3′

右鎖の配列：5′ G-A-C-T 3′

9.24 (a), (b) 下図のとおり

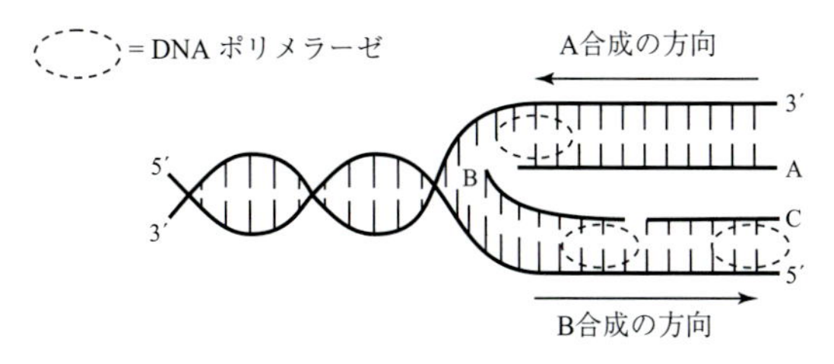

(c) 岡崎フラグメントはDNAリガーゼによってつながれていく.

9.25 DNA二重らせん構造の外側は糖–リン酸骨格がみられる. ヒストンは陽性で, Lys, Arg, Hisなどが多く含まれている.

9.26

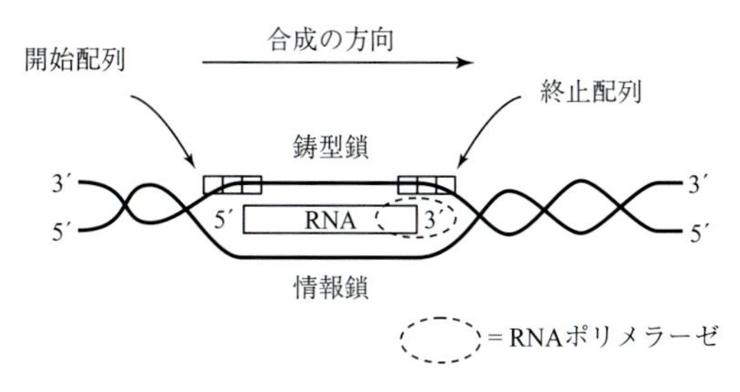

9.27 複数のコドンがアミノ酸をコードする. 一例を示す.

(a) 5′ C A A C A C C C C G G G 3′ mRNA

(b) 3′ G T T G T G G G G C C C 5′ DNA 鋳型鎖

(c) 5′ C A A C A C C C C G G G 3′ DNA 情報鎖

(d) 可能な配列は64通り

9.28 染色体は非常に多くのDNA分子が重合したものである. 遺伝子は染色体の一部であり, 細胞に必要とされるタンパク質をコードする.　**9.30** 遺伝子は, 特定のポリペプチドを合成するために必要なDNAコードである.　**9.32** 下記参照

9.34 (a) アデニン, シトシン, グアニン, チミン　(b) アデニン, シトシン, グアニン, ウラシル　(c) アデニン, シトシン, グアニンはDNAとRNAに共通, チミンはピリミジン環の5位にメチル基をもちウラシルと異なる.

9.36

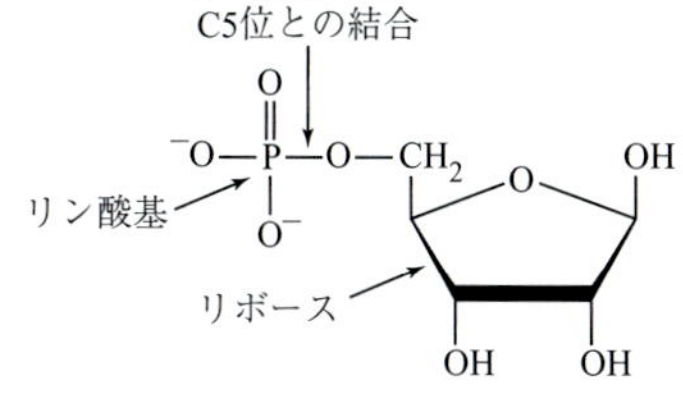

9.38 ヌクレオチドの5′末端は, リボースのC5位の炭素に結合するリン酸基である. 3′末端は, リボースのC3位に結合する–OH基である.

9.40

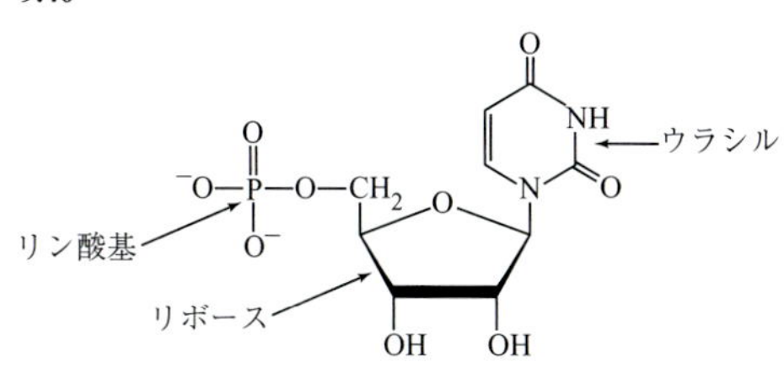

9.42 (a) 塩基対とは, DNA上の相補的な関係をもつ特定の複素環塩基の水素結合による対合である.　(b) アデニンはチミン (RNAではウラシル) と, グアニンはシトシンと対になる.　(c) アデニンとチミン (またはウラシル) は二つの, シトシンとグアニンは三つの水素結合をつくる.

9.44 対でおこる. つねに互いに水素結合している.　**9.46**

9.32

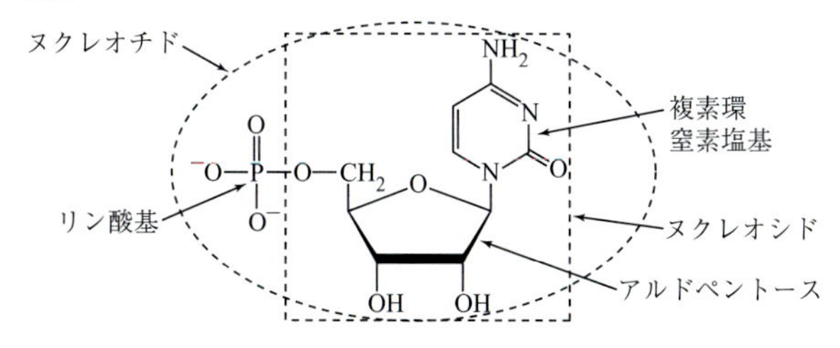

22% G, 22% C, 28% A, 28% T(% G = % C, % A = % T, % T + % A + % C + % G = 100%)　**9.48**　DNA の複製の速度を増加させるため.　**9.50**　mRNA は DNA からリボソームに遺伝情報を運ぶ. rRNA はタンパク質と複合体を形成してリボソームをつくり, そこでタンパク質合成がおこる. tRNA はリボソームへ指定されたアミノ酸を運ぶ. そこでそれらはタンパク質の一部となる.　**9.52**　エクソンは, 特定のタンパク質の部分をコードする DNA 配列である. イントロンは, エクソンの間に見られる機能の不明な DNA の配列である. タンパク質合成の前に mRNA から切断される.　**9.54**　鋳型鎖　**9.56**　アンチコドンは三つのヌクレオチドの配列であり, 一つのコドンの配列に対して相補的である. tRNA

9.58

アミノ酸	コドン(5′→3′)					
(a) Val	GUU	GUC	GUA	GUG		
(b) Arg	CGU	CGC	CGA	CGG	AGA	AGG
(c) Ser	UCU	UCC	UCA	UCG	AGU	AGC

9.60　(a) 3′－GGG－5′　(b) 3′－CGC－5′　(c) 3′－AAU－5′
9.62　3′－ATG－GGA－5′　**9.64**　Tyr－Pro
9.66

Met エンケファリン：

```
mRNA(5′→3′)   Tyr — Gly — Gly — Phe — Met   終止
              UAU – GGU – GGU – UUU – AUG – UAA
              UAC   GGC   GGC   UUC         UAG
                    GGG   GGG               UGA
                    GGA   GGA
```

9.68　tRNA 分子はクローバーの葉のような形をしている. tRNA のアンチコドンのトリプレットはその葉の一部分であり, アミノ酸は 3′ 末端に共有結合している.　**9.70**　Glu の二つの mRNA コドンは GAA と GAG. Val の四つのコドンは GUU, GUC, CUA, GUG. Glu のコドン GAG と Val のコドン GUG は, 1 塩基の違いである.

9.72

位置 9　：ウマ = Gly　　ヒト = Ser

mRNA コドン(5′→3′)：

GGU GGC GGA GGG　　UCU UCC UCA UCG AGU AGC

DNA 塩基(鋳型鎖 3′→5′)：

CCA CCG CCT CCC　　AGA AGG AGT AGC TCA TCG

下線部のウマ DNA 塩基のトリプレットは, ヒトのものと 1 塩基のみ異なる.

位置 30　：ウマ = Ala　　ヒト = Thr

mRNA コドン(5′→3′)：

GCU GCC GCA GCG　　ACU ACC ACA ACG

DNA 塩基(鋳型鎖 3′→5′)：

CGA CGG CGT CGC　　TGA TGG TGT TGC

ウマインスリンの三つの DNA 塩基の各組は, 1 塩基だけが異なるヒトインスリンに相対する. ウマインスリン DNA がヒトインスリン DNA と異なるのは, 159 のうち 2 塩基だけである.

9.74　dCTP　**9.76**　鳥インフルエンザウイルスは, 渡り鳥から感染した家禽からヒトに感染した可能性がある. ウイルスは, ブタなどの中間宿主から移された可能性が考えられる.　**9.78**　A 型インフルエンザウイルスは, ヘマグルチニン(H)とノイラミニダーゼ(N)を表すコードで表現される. N1H1 ウイルスは, 1918 年に大流行した病原体であり, H5N1 は鳥インフルエンザウイルスである. これらのウイルスは宿主動物内で抗原シフトする可能性があるため, 感染した鳥や動物がインフルエンザウイルスを宿すことが懸念される.

10 章

10.1　"the fat red rat ate the bad rat"(太った赤いネズミが悪いネズミを食べた).　**10.2**　SNP の結果, その塩基配列は Cys ではなく Trp をコード化する. この変異はタンパク質の機能に影響する可能性がある.　**10.3**　3′-T-C-T-A-G-//-A-5′　**10.4**　3′-C-T-T-A-A-//-G-5′　**10.5**　(a) 接着末端　(b), (c) 接着末端ではない.　**10.6**　(a) 比較ゲノム科学　(b) 遺伝子工学　(c) 薬理遺伝学　(d) バイオインフォマティクス　**10.7**　(1) 100 万ごとの核酸の位置によるマーカーを示す遺伝子マップを作成する. (2) つぎに, マーカー間の距離を 10 万塩基対に精密化した物理マップを作成する. (3) 染色体を開裂して重複するクローンの大きな断片にする. (4) クローンは 500 塩基対に断片化し, 配列を決定する.　**10.8**　変異はゲノムのほんのわずかな部分で, 残りの部分は人類のあいだで共通である. 多様なグループの人たちがプロジェクトに DNA を提供した.　**10.9**　(1) テロメア(老化などの障害から染色体を守る), (2) セントロメア(細胞分裂に含まれる), (3) プロモーター配列(複製される遺伝子を決める), (4) イントロン(機能未知)　**10.10**　突然変異：複製において伝達された誤りで, わずかな人々にのみ影響する. 多型：特定の人口に共通する配列における変異.　**10.11**　組換え DNA は, 自然界ではともには存在しえない二つ以上の DNA 断片を含む. 特定のヒトタンパク質をコードする DNA は, 組換え DNA 技術によって細菌のプラスミドに組み込むことができる. つぎに, そのプラスミドは細菌の細胞に再挿入されると, そこでは機械的にタンパク質合成がおこり, 目的のタンパク質を得ることができる.　**10.12**　ゲノム科学の主な利点：病害抵抗性と富栄養性作物の創製, 遺伝子治療, 遺伝子診断. 主な欠点：個人の遺伝子情報の悪用, 治療法のない遺伝病の予測　**10.14**　Celera 社はゲノムを破壊して多くの未同定の断片にした. その断片を増幅し, 切断して 500 塩基対として配列を解析した. 塩基の順序を決定するため, スーパーコンピュータが採用された. この方法により, ヒトゲノム解析が加速された.　**10.16**　テロメア, セントロメア　**10.18**　(a) おおむね 200 遺伝子が細菌とヒトの間で共通である. (b) 単一遺伝子が複数のタンパク質をつくる.　**10.20**　DNA 地図に使われたクローンは, 単一の個体に由来する DNA 断片の同一の複製である. 地図の作成では, 実験的操作に足る大量の試料量を得ることが重要となる.　**10.22**　もっとも若い細胞は長いテロメアをもち, もっとも老化した細胞は短いテロメアをもつ.　**10.24**　細胞分裂の間に染色体の形を決めるくびれ.　**10.26**　mRNA 配列におけるエラーは, 1 分子の RNA にのみ影響する. DNA 配列におけるエラーは, 複製においてすべての DNA 分子の配列に写される.　**10.28**　一塩基多型(SNP)とは, 一つのヌクレオチドの塩基が DNA らせんの同じ場所でほかの塩基に置き換わることである.　**10.30**　髪と目の色の変化, 鎌状赤血球貧血, てんかん, 色覚異常, アルツハイマー病, 乳がん, AIDS のような病気に対する抵抗性.　**10.32**　いくつかのアミノ酸が, いつも複数の異なる塩基配列でコードされているとは限らない.

10.34

	正常	アミノ酸	変異	アミノ酸
(a)	UCA	Ser	UCG	Ser
(b)	UAA	終止	UAU	Tyr

(a)では, 変異 mRNA が正常 mRNA と同じアミノ酸をコードするため, 変異の影響はない. (b)では, 終止コドンが Tyr に入れ

替わる．タンパク質の合成が止まる代わりに，mRNA がポリペプチド鎖にアミノ酸を付加し続けるので，変異(b)は，変異(a)よりも深刻になる．　**10.36**　細菌細胞の DNA は，ほんのわずかな遺伝子を運ぶプラズミドにある．プラズミドは容易に単離され，各プラズミドの数コピーは細菌の細胞内にあり，プラズミドの DNA は急速に複製する．　**10.38**　電気泳動　**10.40**　(a) CCATG (b) TGGGT　(c) CACAG　**10.42**　薬理ゲノム科学は，薬物療法に対する応答の遺伝学に基づく研究である．薬理ゲノム科学は，患者の遺伝的な状況に基づいて，医師が患者にもっとも効果的な薬を処方する助けになる．　**10.44**　トウモロコシ，ダイズ　**10.46**　生命倫理は，所有権や遺伝子情報，遺伝子診断にまつわる意味，遺伝病の予防，遺伝子治療などに関する倫理問題を研究する．　**10.48**　ベクターは，治療量の DNA を細胞の核に直接導入するための運び屋として使われる．　**10.50**　変異は Ile(疎水性側鎖)を Thr(親水性側鎖)に置換するため，タンパク質の三次構造に影響する．　**10.52**　生殖細胞(精子または卵子)　**10.54**　遺伝子治療における現在の進捗の例(ここでは詳細を省くが，各遺伝病にはさらなる研究が存在する)

パーキンソン病：運動機能の制御に関与するドーパミンを産生する脳細胞を再プログラムする遺伝子治療．

ハンチントン病：マウスで特有の脳領域でハンチントン病を止める遺伝子変異を変える．ハンチントン病が発症するとき，早期か後期に影響する遺伝子変異が，すでに同定されている．

前立腺がん：体内の自己免疫系を刺激してがんを攻撃する，前立腺がんの外科的切除を避ける可能性がある．どの程度の侵攻性がんかを決めることのできる *EZH2* 遺伝子の産物．

膵臓がん：進行する膵臓がんの個人のリスクを増大させる遺伝子の同定．前がん状態の膵臓がんにおいて，遺伝性の遺伝子変異を診断する方法を開発する．

筋ジストロフィー：筋組織が機能するのを助けるために不可欠な遺伝子配列の識別．遺伝子突然変異まで網羅するように分子設計され，その変異が無視されてタンパク質機能に及ばないような，子どものための治験薬を創製する．

11 章

11.1　水素結合，疎水性相互作用，イオン性引力あるいは塩橋　**11.2**　アミノ酸誘導体　**11.3**　チロシン　**11.4**　ヒスチジン　**11.5**　(b)　**11.6**　その分子は cAMP のヘテロ環の部分に類似しており，cAMP を不活性化する酵素の阻害剤として働く．　**11.7**　Glp-His-Pro(Glp：ピログルタミン酸)　**11.8**　疎水性．構造の疎水性部分は，親水性の極性部分より大きいから．　**11.9**　テストステロン．最初の二つの環の間には $-CH_3$ 基があるがナンドロロンにはなく，それ以外の構造は同じである．　**11.10**　(a) 3 (b) 1　(c) 2　**11.11**　類似点：両方の構造とも芳香環，第二級アミン，アルコールをもつ．相違点：プロプラノロールはエーテルとナフタレン環を，アドレナリンは二つのフェノール性ヒドロキシ基をもつ．これらの化合物の側鎖と炭素骨格が異なる．
11.12

(a)

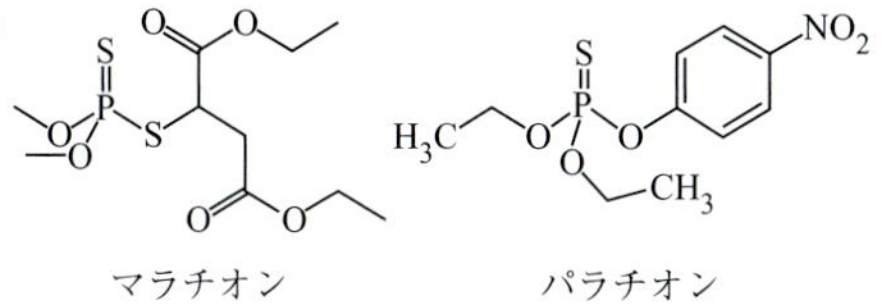

マラチオン　　　パラチオン

(b) マラチオンの毒性がもっとも弱い．　(c) パラチオンの毒性がもっとも強い(もっとも小さな LD_{50})．　**11.13**　(a) セロトニンの効果が持続する．　(b) 受容体の応答をブロックする．

11.14　フェノール性ヒドロキシ基，エーテル，炭素-炭素二重結合，芳香環．THC は疎水性であり，脂肪組織に貯蔵されると思われる．　**11.15**　(a) 抗ヒスタミン薬　(b) 抗うつ薬　**11.16**　(a) ポリペプチドホルモン(脳下垂体前葉で産生)　(b) ステロイドホルモン(卵巣で産生)　(c) プロゲステロン産生細胞は LH 受容体をもつ．　(d) プロゲステロンは脂溶性で細胞に入る．　**11.17**　アデニル酸シクラーゼはきわめて多くの cAMP を生産し，キナーゼをリン酸化する．グリコーゲンホスホリラーゼが活性化され，グリコーゲンを分解し，大量のグルコースが放出される．　**11.18**　(a) インスリン(ポリペプチドホルモン)　(b) 膵臓　(c) 血流内　(d) 細胞膜を通過できないインスリンが直接細胞に入ることはないが，細胞表面の受容体に結合する．　**11.19**　神経伝達物質は受容体と結合する．セカンドメッセンジャーを活性化する．　**11.20**　酵素の失活．シナプス前ニューロンによる神経伝達物質の再取り込み　**11.21**　これらの物質が脳内のドーパミンレベルを上昇させると，ドーパミン受容体の数と感受性を減らすように脳が応答する結果，ドーパミンレベルを上昇させるにはより多くの物質が必要になるため，依存症(中毒)になる．　**11.22**　**化学メッセンジャー**：体内のある場所からほかの場所へ血流を通して標的組織まで移動し，そこでシグナルを伝達し，代謝を調節する．**標的組織**：メッセンジャーによって調節される細胞(群)である．**ホルモン受容体**：分子がホルモンのとき化学メッセンジャーが結合する分子である．　**11.24**　ビタミンは通常補酵素として働き，ホルモンがその酵素の活性を調節している．　**11.26**　ホルモンもその受容体も互いに結合しても化学的に変化することはない．両者の結合は非共有結合である．　**11.28**　内分泌系はホルモンを製造し，分泌する．　**11.30**　ポリペプチドホルモン，ステロイドホルモン，アミノ酸誘導体　**11.32**　酵素はタンパク質．ホルモンはポリペプチド，タンパク質，ステロイド，アミノ酸誘導体など．　**11.34**　ポリペプチドホルモンが血流を通して移動し，細胞の外側表面にある受容体と結合すると，受容体は酵素を活性化する"セカンドメッセンジャー"を細胞内で生産させるようになる．　**11.36**　副腎髄質　**11.38**　血流を通して　**11.40**　関与する順：ホルモン受容体，G タンパク質，アデニル酸シクラーゼ　**11.42**　セカンドメッセンジャーは貯蔵されているグルコースを放出する反応を開始し，ホスホジエステラーゼが cAMP を AMP に変換すると終結する．　**11.44**　アナフィラキシー(過敏症)　**11.46**　51 アミノ酸からなるインスリンは膵臓から放出され，細胞におけるグルコースの取り込みを促進する働きをする．　**11.48**　鉱質コルチコイド(アルドステロン)，糖質コルチコイド(コルチゾン)，性ホルモン(テストステロン，エストロン)．これらすべて縮合四環骨格をもっている．　**11.50**　アンドロステロン，テストステロン　**11.52**　男性ホルモンは筋肉量を増やし，強くする．　**11.54**　アドレナリン，ノルアドレナリン，ドーパミン　**11.56**　(a) アミノ酸誘導体　(b) ポリペプチドホルモン　(c) ステロイドホルモン　**11.58**　シナプスは二つの神経細胞の間隙で，神経伝達物質が交差して情報を受け渡す　**11.60**　神経細胞，筋肉細胞，内分泌腺　**11.62**　ニューロンのシナプス末端に到達する神経衝撃は，神経伝達物質を含む小胞を刺激して細胞膜に向かう運動をさせる．小胞は細胞膜と融合して神経伝達物質を放出し，その物質はシナプス間隙を横切って第二のニューロンのシナプス後ニューロンの受容体部位に到達する．受容後，その細胞は電気的信号を軸索に伝達して衝撃を受け渡す．ついで酵素が神経伝達物質を不活性化するので，ニューロンはつぎの衝撃を受け取ることが可能になる．あるいはまた，神経伝達物質はシナプス前ニューロンに戻ることもできる．　**11.64**　(1) 神経伝達物質は，シナプス前ニューロンから放出される．(2) 神経伝達物質は，標的細胞の受容体と結合する．(3) その神経伝達物質は不活性化される．　**11.66**　それらは中枢神経系で分泌され，脳組織に受容体をもつ．　**11.68**　アゴニストは受容体の応答を持続する．アンタゴニストは受容体の応答を抑える．　**11.70**　アゴニスト：ニコチン，アンタゴニスト：アトロピン　**11.72**　**三環性抗うつ薬**：Elavil，**MAO 阻害薬**：Nardil，SSRI：Prozac　**11.74**　コカインは，再取り込みを抑制することでドーパミンレベルを増す．　**11.76**　ヘロインやコカインの投与後にドーパミンレベルが増加するが，テトラヒドロカンナビノール(THC)は同じ脳の部位でドーパミンレベルを上げる．　**11.78**　アンタゴニスト　**11.80**　エンドルフィンはモルヒネ様の活性をもつポリペプチドで，脳下垂体で産生され脳に受容体がある．　**11.82**　もし動物が自身の痛みを抑える分子をつくるなら，傷ついたときに捕食者から逃げる際に有利である．　**11.84**　クラーレは受容体でアセチルコリンに対するアンタゴニストとして働く．　**11.86**　ホルモン受容体はホルモンを認識し，運動を一連の反応として位置づける結果，ホルモン刺激に対する細胞の応答をもたらすことになる．ホルモン受容体は G タンパク質と相互作用し，GTP との結合をおこす．G タンパク質は，受容体とアデニル酸シクラーゼとの反応を媒介する．G タンパク質と GTP- 複合体はアデニル酸シクラーゼを活性化し，セカンドメッセンジャー cAMP の産生を触媒する．cAMP は，ホルモンが刺激するように仕組まれた反応を開始する．　**11.88**　シグナルの増幅は，小さなシグナルがおこす反応を増幅し，もともとのシグナルよりもかなり大きくする過程である．ホルモンにとって，この増幅は G タンパク質の活性化により開始する．一つのホルモンと受容体の複合体は多くの G タンパク質-GTP 複合体の活性化を開始する．各 G タンパク質-GTP 複合体は，つぎに多数のアデニル酸シクラーゼ分子を活性化することができ，多数の cAMP 分子の産生を促すことができる．シグナル増幅の重要性は，少量のホルモンが大きな反応をおこすことができることにある．　**11.90**　エチニルエストラジオールとノルエチンドロンとは左端の環構造が，フェノールかエノンという点だけが異なっている．エチニルエストラジオールとエストラジホルとは五員環に $-C\equiv CH$ が結合しているかいないかという点だけが異なっている．ノルエチンドロンはプロゲステロンとほとんどよく似ているが，プロゲステロンでは 1 番目と 2 番目の環のあいだにメチル基がある点と，五員環にアセチル基がある点の二つだけが異なっている．　**11.92**　テストステロンは，ケトン基と最初の環の二重結合を還元し，五員環のヒドロキシ基を酸化すればアンドロステロンに変換される．これらの反応は，還元と酸化である．　**11.94**　チョコレートが欲しくてしかたがないのは，つぎのように説明できるかもしれない．ドーパミン受容体がアナンダミドによって刺激され，THC でつくられる満足感と類似の感覚がつくられるためである．つまり，チョコレートを食べる効果はマフリファナの効果のマイルドなバージョンといえる．

12 章

12.1　細胞内：荷電した形．細胞外：荷電しない形　**12.2**　(a) iii　(b) ii　(c) iv　(d) v　(e) i　**12.3**　(a) pH が低下し，より酸性になる　(b) $[O_2]$，$[CO_2]$，[pH]　**12.4**　(a) 呼吸性アシドーシス　(b) 代謝性アシドーシス　(c) 代謝性アルカローシス　**12.5**　(a) 呼吸性アルカローシス　(b) 呼吸性アシドーシス　(c) 代謝性アシドーシス　**12.6**　(a) 細胞内液　(b) 細胞外液　(c) 血漿，間質液　(d) K^+，Mg^{2+}，HPO_4^{2-}　(e) Na^+，Cl^-

12.7

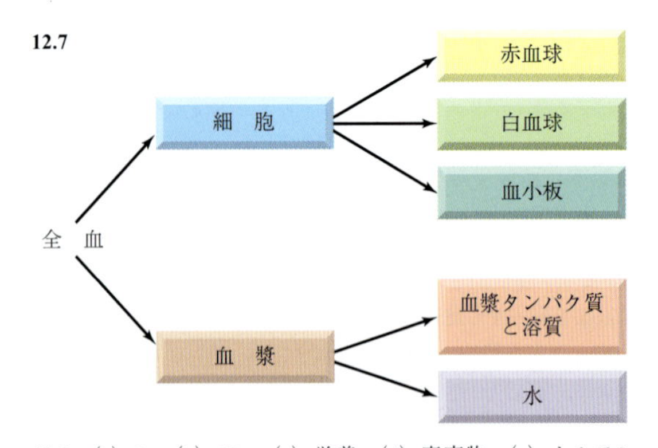

12.8　(a) O_2　(b) CO_2　(c) 栄養　(d) 廃棄物　(e) ホルモン　(f) 白血球，血小板　**12.9**　膨張，発赤，発熱，痛み　**12.10**　ヒスタミンは酵素によるヒスチジンの脱炭酸によって合成される．ヒスタミンは毛細血管を拡張し，血流が増加するので肌が発赤し熱をもたらす．血液凝固因子と防御タンパク質は痛みと膨張をもたらす．　**12.11**　細胞免疫応答：T 細胞　抗体免疫応答：B 細胞による制御，T 細胞によって補助される　**12.12**　過剰の水素イオンは NH_3 または HPO_4^{2-} と反応して排出される．H^+ も炭酸水素ナトリウムと結合し，血流に戻る CO_2 をつくる．　**12.14**　イオン，気体，小分子，あるいは表面に多くの極性基かイオン基をもつ分子．　**12.16**　動脈の毛細血管と間質液の間の血圧の差が，溶質と水を間質に押し出す．間質と静脈の毛細血管の間の血圧の差が，毛細血管に溶質と水を引き込む．　**12.18**　過剰の間質液，細胞の破片，タンパク質，脂肪粒を集め，究極的にはそれらを血流に戻す．　**12.20**　抗利尿性ホルモン　**12.22**　血漿：血液の液体部分で，水と可溶性の溶質を含む．血清：血液が完全に凝集した後に残る液体．　**12.24**　赤血球(赤血球細胞)，血小板，白血球　**12.26**　電解質とは水中でイオンをつくり，電気を通す．それらは，水のバランス，血中 pH，筋肉の機能など多くを維持する．　**12.28**　K^+，Mg^{2+}　**12.30**　炎症，細胞性免疫応答，抗体性免疫応答など　**12.32**　免疫(イムノ)グロブリン　**12.34**　キラーT 細胞：侵入者を破壊する．ヘルパーT 細胞：防御を強化する．メモリーT 細胞：必要に応じて新しいキラーT 細胞をつくる．　**12.36**　メモリーT 細胞は“抗原”を記憶しており，長期間にわたって抗体をつくることができる．　**12.38**　ビタミン K^+，Ca^{2+}　**12.40**　非傷害組織の好ましくない血液凝固を避けるため，それらはチモーゲンとして放出される．　**12.42**　+ 2　**12.44**　もし酸素分圧(pO_2)が 10 mmHg 以下ならへモグロビンは飽和されない．もし pO_2 が 100 mmHg 以上であればへモグロビンは完全に飽和される．この間の圧では，へモグロビンは部分的に飽和される．　**12.46**　溶解した気体，へモグロビンに結合，炭酸水素イオン．

12.48

$$CO_2 + H_2O \xrightleftharpoons[\text{アンヒドラーゼ}]{\text{カルボニック}} HCO_3^- + H^+$$

12.50　呼吸性アシドーシス：血液中の二酸化炭素の上昇によっておこる．代謝性アシドーシス：代謝性酸生物質の産生増加によっておこる．　**12.52**　呼吸性アルカローシス：二酸化炭素の減少によっておこる．代謝性アルカローシス：血漿中の炭酸水素ナトリウム濃度の上昇によっておこる．

12.54

$$H^+ + HCO_3^- \rightleftharpoons CO_2 + H_2O$$

$$H^+ + HPO_4^{2-} \rightleftharpoons H_2PO_4^-$$

12.56　子育て中の母親の抗体が，授乳によって乳児の体に送られるため．　**12.58**　能動輸送は，低濃度領域から高濃度領域へ濃度勾配に逆らって物質が移動することであり，エネルギーを必要とする．一方，浸透は，水が濃度の低いほうから高いほうへ半透膜を移動することであり，エネルギーを必要としない．**12.60**　血液においては，代謝によって生成した二酸化炭素は水と反応して，HCO_3^- + H^+となる．このH^+は，O_2を遊離したヘモグロビンと結合して，肺に運ばれる．そこでは，H^+が解離して，O_2がヘモグロビンと結合する．一方，尿においては，二酸化炭素は水と反応してHCO_3^-とH^+になる．このHCO_3^-は，血液に再吸収され，H^+はHPO_4^{2-}やNH_3と反応して中和される．血液や尿でHCO_3^-が過剰になっても，H^+と反応して，水と二酸化炭素になる．　**12.62**　血中の二酸化炭素濃度が減少すると，つぎの反応によって二酸化炭素を回復させる．

$$H^+ + HCO_3^- \longrightarrow H_2CO_3 \longrightarrow CO_2 + H_2O$$

この反応は，H^+の消費を上げるため，アルカローシスへと導く．紙袋を用いて呼吸すると，過呼吸での二酸化炭素を捉えることができ，血中の二酸化炭素濃度を正常に戻すことができる．**12.64**　BBBを容易に通過：コニイン，アトロピン，コデイン，ヘロイン．BBBへの通過が困難：ソラニン，レゼルピン，モルヒネ．化学理論的解釈：コニインはニコチンと類似の構造をもち，ほぼ完全に非極性で比較的小さい．アトロピンは，その表面に極性基をほとんどもたず，相対的に非極性となり，血中から脳関門へ横切ることができる．ソラニンは，大きく非極性な表面をもつが，ほかの分子よりも大きい．これは，移動速度を下げることになる．レゼルピンもまた，大きな非極性表面と少ない極性基をもつ．しかし，有機化学編 表5.2に示した中ではもっとも大きな分子であり，移動速度は遅くなる．モルヒネ，コデイン，ヘロインは類似の構造と大きさをもつ．表面がより極性となる二つのアルコール基をもつモルヒネを除き，コデインは一つのアルコール基とエーテル，ヘロインは二つのエステルをもつため，表面は最小限の極性となる．したがって，これらの薬の中では，ヘロインがもっとも容易にBBBを通過することができる．

Credits

Text and Art Credits

Chapter 2：69, Based on Frederic H. Martini, Fundamentals of Anatomy and Physiology, 4th edition（Prentice Hall, 1998）.；**70**, Based on Frederic H. Martini, Fundamentals of Anatomy and Physiology, 4th edition（Prentice Hall, 1998）.

Photo Credits

Chapter 1：2, NMSB/Custom Medical Stock Photo；**15（左）**, Swalls/Getty Images；**15（右）**, Centers for Disease Control and Prevention（CDC）；**18**, Centers for Disease Control and Prevention（CDC）；**22（上）**, Larry Ye/Shutterstock；**22（下）**, Nata/Shutterstock；**26（両方）**, Pearson Education, Inc.；**29**, Pearson Education, Inc.；**30（両方）**, Pearson Education, Inc.；**33**, Vladimir Glazkov/iStock/Getty Images.

Chapter 2：42, Olegpchelov/Fotolia；**44**, Ted Foxx/Alamy；**68**, voylodyon/Shutterstock；**70**, marlee/Shutterstock.

Chapter 3：82, Wavebreakmedia/Shutterstock；**88**, Sergey Kolesnikov/iStock/Getty Images；**101（a）**, Lew Robertson/Corbis；**101（b）**, Pearson Education, Inc.；**101（c）**, Olga Langerova/iStock/Getty Images；**102**, Pearson Education, Inc.；**109**, Grublee/iStock/Getty Images.

Chapter 4：116, Miljko/Getty Images；**120**, Aleksey Stemmer/Shutterstock；**127**, Ooyoo/Getty Images；**129**, Joao Virissimo/Shutterstock.

Chapter 5：148, Olga Miltsova/Shutterstock；**150**, Steve Gschmeissner/Science Photo Library/Alamy；**155（左）**, Elena Elisseeva/Getty Images；**155（中）**, David Crockett/Getty Images；**155（右）**, Luca Manieri/Getty Images；**162**, Peter Kirillov/Shutterstock；**169**, Glen Teitell/iStock/Getty Images.

Chapter 6：174, Oksana Struk/Getty Images；**179**, wim claes/Shutterstock；**182**, Pearson Education, Inc.；**181**, Steve Gschmeissner/Science Photo Library/Alamy；**188**, C Squared Studios/Getty Images.

Chapter 7：204, Zephyr/Science Source；**215**, Cinoby/Getty Images；**222**, Silver/Fotolia.

Chapter 8：228, CNRI/Science Source；**230**, Eric Schrader/Pearson Education, Inc.；**234**, Shutterstock.

Chapter 9：246, Christopher Futcher/Getty Images；**247**, ThomasDeerinck/NCMIR/Science Source；**250**, Molekuul.be/Shutterstock；**257**, Reproduced by permission from H.J. Kreigstein and D.S. Hogness, Proceedings of the National Academy of Sciences 71：136（1974）, page 137, Fig. 2.；**265**, Centers for Disease Control and Prevention（CDC）.

Chapter 10：276, James King-Holmes/Science Source；**277**, Ermakoff/Science Source；**280**, Biophoto Associates/Science Source；**281**, Splash News/Newscom；**286**, Dr. Gopal Murti/Science Source；**288**, Syngenta.

Chapter 11：296, Michael Patrick O' Neill/Alamy；**303**, Carlos Davila/Alamy；**312**, Borut Trdina/Getty Images.

Chapter 12：322, Angellodeco/Shutterstock；**332**, Centers for Disease Control and Prevention（CDC）；**334**, BSIP SA/Alamy；**335**, Pearson Education, Inc.

索　引

1. 本文中に外国語のままで示した語および外国語で始まる語の索引は日本語索引とは別にしてある．
2. 英語の略号はアルファベットの読みで日本語索引に配列してある．
3. 長音符(ー)は，読みを省略してある．
4. 化学構造を示す数(1-，2-，3-，……)や文字(*o*-，*m*-，*p*-，D-，L-，……)は，それらの文字を除いた語によって配列してある(ただし，その語の構成上，無視できないものは読んで配列してある)．

あ

い

こ

さ

し

ぬ

ね

の

は

ひ

ふ

や

ゆ

よ

ら

り

る

れ

ろ

わ

A

B

C

D

E

F

G

H

K

S

T

U

V

W

Z

マクマリー 生物有機化学［生化学編］ 原書8版

平成30年1月10日 発 行
令和 2 年1月15日 第2刷発行

監訳者 菅 原 二三男
倉 持 幸 司

発行者 池 田 和 博

発行所 丸善出版株式会社
〒101-0051 東京都千代田区神田神保町二丁目17番
編集：電話（03）3512-3261／FAX（03）3512-3272
営業：電話（03）3512-3256／FAX（03）3512-3270
https://www.maruzen-publishing.co.jp

組版印刷・シナノ印刷株式会社／製本・株式会社 星共社

ISBN 978-4-621-30240-8 C3043 Printed in Japan

生化学分子で重要な官能基

官能基	構　造	生体分子の種類
アミノ基	$-NH_3^+$，$-NH_2$	アルカロイドおよび神経伝達物質．アミノ酸，タンパク質（有機化学編 5.1，5.3，5.6 節；生化学編 1.3，1.7，11.6 節）
ヒドロキシ基	$-OH$	単糖類（炭水化物），グリセロール．トリアシルグリセロール（脂質）の構成要素（有機化学編 3.1，3.2 節；生化学編 3.1，6.2 節）
カルボニル基	$-C(=O)-$	単糖類（炭水化物）．異化作用における炭素原子の転移に用いられるアセチル基（CH_3CO）に含まれる（有機化学編 4.1，6.4 節；生化学編 3.4，4.4，4.8 節）
カルボキシ基	$-C(=O)-OH$，$-C(=O)-O^-$	アミノ酸，タンパク質，脂肪酸（脂質）（有機化学編 6.1 節；生化学編 1.3，1.7，6.2 節）
アミド基	$-C(=O)-N<$	タンパク質中のアミノ酸に結合．アミノ基とカルボキシ基の反応によって形成される（有機化学編 6.1，6.4 節；生化学編 1.7 節）
カルボン酸エステル	$-C(=O)-O-R$	トリアシルグリセロール（およびほかの脂質）．カルボキシ基とヒドロキシ基の反応によって形成される（有機化学編 6.1，6.4 節；生化学編 6.2 節）
リン酸：モノ -，ジ -，トリ -	$\geq C-O-P(=O)(O^-)-O^-$ $\geq C-O-P(=O)(O^-)-O-P(=O)(O^-)-O^-$ $-\overset{\vert}{C}-O-P(=O)(O^-)-O-P(=O)(O^-)-O-P(=O)(O^-)-O^-$	ATP，代謝の中間生成物（有機化学編 6.6 節；生化学編 4.4 節，および代謝の節全般）
ヘミアセタール基 ヘミケタール基	$-\overset{\vert}{C}(OR)-OH$	単糖類の環形成．カルボニル基のヒドロキシ基との反応によって形成（有機化学編 4.7 節；生化学編 3.3 節）
アセタール基 ケタール基	$-\overset{\vert}{C}(OR)-OR$	二糖類や多糖類中の単糖どうしを結合．カルボニル基のヒドロキシ基との反応によって形成（有機化学編 4.7 節；生化学編 3.3，3.5 節）
チオール スルフィド ジスルフィド	$-SH$ $-S-$ $-S-S-$	アミノ酸のシステイン，メチオニン中にみられる．タンパク質の構成成分（有機化学編 3.8 節；生化学編 1.3，1.8，1.10 節）